中国气象灾害大典

新疆卷

主　　编　温克刚
本卷主编　史玉光

气象出版社

图书在版编目（CIP）数据

中国气象灾害大典. 新疆卷/《中国气象灾害大典》
编委会编. —北京：气象出版社，2006.12
ISBN 7-5029-4230-0

Ⅰ. 中… Ⅱ. 中… Ⅲ. ①气象灾害-气象资料-
中国②气象灾害-气象资料-新疆 Ⅳ. P429

中国版本图书馆 CIP 数据核字（2006）第 154212 号

出 版 者：	气象出版社
地 　 址：	北京市海淀区中关村南大街 46 号
邮 　 编：	100081
电 　 话：	总编室 010-68407112 　发行部 010-62175925
网 　 址：	http://cmp.cma.gov.cn
E－mail：	qxcbs@263.net
责任编辑：	王存忠
终　 审：	黄润恒
封面设计：	刘　扬
责任技编：	都　平
责任校对：	魏春红　杨泽彬
印　 刷：	北京中新伟业印刷有限公司
装　 订：	北京恒智彩印有限公司
发 行 者：	气象出版社
开 　 本：	787mm×1092mm　1/16
印 　 张：	22
插 　 页：	6
字 　 数：	535 千字
版 　 次：	2006 年 12 月第 1 版
印 　 次：	2006 年 12 月第 1 次印刷
印 　 数：	1—3000
定 　 价：	80.00 元

ISBN 7-5029-4230-0/P·1563

《中国气象灾害大典》编委会

主　　任：温克刚（兼主编）

副 主 任：李　黄　毛耀顺　阮水根

　　　　　丁一汇　朱祥瑞

委　　员：（按姓氏笔画排列）

　　　　　于新文　王存忠　孙　健

　　　　　许小峰　李泽椿　李维京

　　　　　沈国权　周曙光　倪允琪

　　　　　裘国庆　董超华　韩通武

《中国气象灾害大典》编辑部

主　　任：毛耀顺（兼副主编）

副 主 任：王存忠　朱祥瑞　李维京

特约编辑：江彦文

《中国气象灾害大典·新疆卷》编委会

主　任：史玉光

成　员：任宜勇　陈洪武　王秋香
　　　　季元中　吴友法　陆　炯

联络员：王秋香

《中国气象灾害大典·新疆卷》编写组

主　　编：史玉光

副 主 编：任宜勇

编 写 组：陈洪武　王秋香　季元中
　　　　　陆　炯　任水莲

执行编辑：王秋香　季元中

总　序

　　我国是一个季风气候特点显著的国家。季风气候有利的方面是：气候类型多样，气候资源丰富，世界上绝大多数动植物类型都能在我国生存繁衍，从而为大农业（农林牧副渔）的发展提供了宝贵的种质资源。但是，季风气候不利方面是：它的不稳定性又使我国成为气象灾害频繁发生的国家。干旱、洪涝、台风、寒潮以及冰雹、龙卷、高温酷暑、低温冷害等对国民经济和人民生命财产安全造成严重危害，此类灾害所带来的损失约占所有自然灾害的70％，随着经济不断发展，气象灾害造成损失的绝对值越来越大。20世纪90年代全球重大气象灾害造成的损失比50年代高出10倍。我国每年因气象灾害造成的经济损失占GDP的3％～6％。天气气候的变化，气象灾害的发生是客观存在。中国几千年的文明史就是认识自然，掌握天气变化规律，与气象灾害作斗争，推动生产力向前发展的历史。早在原始社会时期，人类就学会了在各种天气气候条件下生存的本领，在殷商时期的甲骨文中就有关于气象灾害的记载，在2000多年前，黄河流域一带形成了反映季节与农事活动关系的"二十四节气"。随着生产力的发展，人类为了取得生产的主动权，更加关心天气气候的变化，在生产实践中逐渐加深了对气象变化规律的认识，学会了在复杂变化的天气气候条件下生产、生活，逐步积累了预防、抵御气象灾害的经验，从而推动了气象科学的发展。气象科学的发展离不开劳动人民的实践与智慧。

　　随着现代科技水平的提高与全球化趋势的发展，气候变化和气象灾害问题受到世界各国的普遍关注。由于人类对自然认识的局限性以及社会经济和科技发展水平等诸多原因，从总体上说，今后相当长的时期内气象灾害对国民经济和人民生命财产安全带来的危害仍然是难以完全避免的。但是，只要我们在规划国民经济、社会发展时坚持可持续发展的观点，依靠科技进步，充分重视气象灾害所带来的影响，加强对气象灾害规律的研究、监测和预报，立足于趋利避害，增强防灾抗灾意识，克服侥幸心理，树立长期作战的思想，人类必将在防御减轻并最终战胜气象灾害的斗争中不断前进！

　　编纂《中国气象灾害大典》（以下简称《大典》）正是在这样的背景下经过长期酝酿而付诸实施的。编纂《大典》旨在全面反映我国几千年来发生过的气象灾害以及劳动人民与其斗争的历史，总结历史经验，承上启下，继往开来，服务当代，有益后世。编纂《大典》既是气象文化建设的内在要求，也是社会主义精神文明建设系统工程的组成部分。《大典》把实用性放在第一位，以现代资料为重点，由近及远，详今略古，立足气象行业，面向全社会。

　　《大典》的问世将有助于提高全民族对气象灾害的忧患意识，加深对气象工作在经济、社会发展中的地位和作用的认识，为各级党政领导规划经济、社会发展和组织防灾减灾提供科学依据。《大典》收集了大量宝贵而翔实的资料，不仅可以为气象科研人员研究气候变化特别是短期气候预测提供基础性资料，同时也为其他学科的专家学者从事社会、经济、军事、科技、文化诸多领域的研究提供历史证据，为后人搜集整理我国劳动人民与自然作斗争的史料奠定基础。

编纂《大典》按照"大统一，小灵活"的原则，整体上分卷、章、节、目四级。全书编成若干卷，每卷单独成册，综合卷为全国性气象灾害的综述、评价；地方卷为各地具体灾害的"概述"与个例的辑录，分地区单独成卷。章按气象灾害种类划分，每卷设章数量按各地灾害种类发生的多少与频繁程度而定；节按年代划分，每章设节的多少按资料密集程度而定。章节的设定地方卷有一定的灵活性。章节之前分别撰写"绪论"和"概述"。条目是《大典》内容的基本单元，每个条目包括：灾害出现时间、地点，灾情（气象要素、造成的危害），防灾减灾措施等，编排按时间先后列出。

《大典》既是历代劳动人民的贡献积累，也是当代气象工作者集体智慧的结晶。编纂者虽然尽了很大的努力，但不足与疏漏仍在所难免，恳请读者批评指正。

《中国气象灾害大典》编委会
2005 年 3 月 23 日

凡 例

一、《中国气象灾害大典·新疆卷》（下称本卷）是一部坚持辩证唯物主义和历史唯物主义，系统地记载新疆维吾尔自治区干旱、寒潮、雪灾、霜冻、冻害、低温冷害、风灾、洪水、冰雹等气象灾害，客观地分析了这些灾害发生、演变、分布及经济损失等特点，资料翔实、准确，是具有史志性质的典籍。

二、本卷贯通古今，上限追溯至灾害记载初始年，下断至 2000 年。

三、本卷设绪论、章、节、条（目），各章均有该灾种的概述，灾情资料。依照 1949 年以前、1950 年到 1966 年、1967 年到 1979 年、1980 年到 1990 年、1991 年到 2000 年顺序划分各节，对数量较少的灾情资料，如病虫害按照 1949 年后分为两节，资料数量更少的低温冷害和雷击、大雾等灾情资料为一节。图片集中排版，附录归列最后。

四、本卷条目为灾害的具体内容，系本卷的基本单元，每条灾害包括出现时间、地点、灾情等项。

五、本卷纪年，1949 年以前采用中国历史纪年与公元纪年对照方式书写，如清康熙十四年（公元 1675），月、日均用阴历，以保持与原文一致，1949—2000 年用公元纪年。

六、本卷所用地名，按照历史原貌，在本书的附录里给出现今地名对照表和新疆生产建设兵团团场地址表，便于阅读。对于极少数难以查证的地名，只能沿用旧名。对于自治州的名称，本卷中用了简称，具体是：伊犁哈萨克自治州简称伊犁自治州，博尔塔拉蒙古自治州简称博尔塔拉自治州，昌吉回族自治州简称昌吉自治州，巴音郭楞蒙古自治州简称巴音郭楞自治州，克孜勒苏克尔克孜自治州简称克孜勒苏自治州。在书写新疆生产建设兵团团场番号时按照新疆习惯用法书写，例如，兵团农一师 11 团。为了方便读者查找，将灾情资料中地州地名用【】标出。

七、本卷所用的计量单位，按照历史原貌，没有都换算成国际单位。在本书的附录里给出计量换算表。

八、本卷第二章寒潮中因为寒潮灾害里有大风、霜冻、冻害等造成的灾情，凡是列入寒潮的此类灾害就不再列入其他灾种里了，特此说明。

九、本卷横排种类，纵述史实。全书除引用原文外，均以第三人称记述，文体采用现代汉语（语体文）记述体。书中，除必要时使用繁体字外，一律按照国务院《简化字总表》执行。

十、本卷资料来源见参考文献和后记。

1958年8月12～13日，库车洪水，图为老城遭洪水肆虐后的惨状。

1958年8月12～13日，库车洪水，当地群众制作出简易的钢丝悬索桥，在救灾中起到联结两岸交通的重要作用。

1975年夏季，昌吉州阜康县洪水，淹死35人。图为洪水冲毁的河道。

1975年夏季，昌吉州阜康县洪水，淹死35人。图为洪水冲毁的物资。

1996年7月，新疆出现50年一遇的特大洪水。北疆阿勒泰地区、塔城地区、博州、昌吉州、乌鲁木齐，东疆吐鲁番地区，南疆巴州、喀什地区等地州市20多个县受灾严重，4县9市城区进水，几十个乡被淹，数万人被洪水围困，16人死亡，4人失踪，农作物受灾面积60万亩，死亡牲畜2.06万头（只），直接经济损失达40亿元以上。

北疆铁路部分路段被冲毁，铁轨悬空。

兰新铁路达坂城段被冲毁。

昌吉州阜康市进水。

昌吉州阜康县民房被冲毁。

白杨河公路大桥被冲毁之一。

白杨河公路大桥被冲毁之二。

1987年6月29日,克拉玛依塔岔口山洪。养路道班房屋普遍遭淹,房子进水深0.5~0.6米,最深达1米。图为水淹房屋的情景。

2000年7月17日,博州小营盘镇及青德里镇洪水冲毁庭院。

1999年7月18日～20日，巴音布鲁克暴雨、洪水。上图、右图为哈尔莫墩镇被水淹的情景。

2000年6月12日，柴窝堡洪水，冲倒过往车辆。

1956年9月，克拉玛依地区出现12级大风，油田帐篷被大风掀掉。

1979年4月10日，克拉玛依市区等地12级大风，刮倒井架3座，刮坏帐篷288顶、设备28台。

1983年5月21～22日，克拉玛依大风，吹倒胡杨树。

1983年5月21日,克拉玛依大风,井架被大风刮倒。

1983年4月26～27日,吐鲁番县大风,吹断水泥电杆。

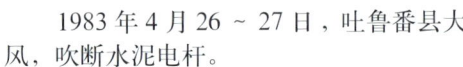

1985年4月20日,吐鲁番大风,最大风力达10级。图为大风刮断飞机的全部定钩,"运5型"农用飞机被吹翻受损。

1984年4月24日,克拉玛依大风,钻井架被风吹倒。

1984年4月24日，克拉玛依大风。铁条围墙和砖砌桩子被风吹倒。

1984年4月24日，克拉玛依大风。被风揭的房顶遍地皆是。

1998年5月19日，克拉玛依油田出现10～11级大风并有沙尘暴，10个浅油队停工30小时，少产原油6971吨。图为沙尘暴袭击时的情景。

1998年4月18日，昌吉黑风（沙尘暴）。

1998年4月18日，克拉玛依大风，乌尔禾地区邮电通讯塔被大风拦腰刮断。

1999年4月23～24日，铁干里克大风、沙尘暴。大部分棉苗被沙子掩埋。

1999年9月21日，塔城偏东大风，同时发生干热风，将还未收获的向日葵一扫而空。

1998年4月18日，昌吉大风。图为大棚被损毁情况。

1982年8月1日，克拉玛依乌尔禾地区特大冰雹。图为被冰雹砸烂的西瓜。

1982年8月1日，克拉玛依乌尔禾地区特大冰雹。图为活动房纸精板被冰雹砸穿的坑印。

1982年8月1日，克拉玛依乌尔禾冰雹。雹径最大为20厘米，积地厚度10厘米。图为作物受灾情景。

1992年5月2日，拜城县冰雹，最大直径31毫米，平均重3克。受灾面积9.5万亩，成灾面积5.6万亩，经济损失930万元。

1992年6月18日，若羌县36团冰雹，图为被打坏的西瓜。

1992年6月18日，若羌县36团冰雹，图为农作物中的冰雹。

1990年5月11日,乌苏县冰雹。图为红星公社第十一小队棉苗受灾情景。

2000年5月27日,石河子冰雹。图为棉苗遭受冰雹袭击后的情形。

1996年12月27日至1997年1月3日,阿勒泰地区暴风雪成灾,图为公路被雪堵塞。

1996年12月27日至1997年1月3日,阿勒泰地区暴风雪成灾,风力5~9级,积雪厚度0.5~2.5米,最低气温-36.6℃。图为由于无法采食而死亡的牲畜。

目 录

绪论 ··· (1)

第一章 干旱 ··· (4)
第一节 概述 ··· (4)
第二节 公元1949年以前的干旱灾害 ··· (7)
第三节 公元1950—1966年的干旱灾害 ······································ (11)
第四节 公元1967—1979年的干旱灾害 ······································ (16)
第五节 公元1980—1990年的干旱灾害 ······································ (19)
第六节 公元1991—2000年的干旱灾害 ······································ (27)

第二章 寒潮灾害 ··· (36)
第一节 概述 ··· (36)
第二节 公元1957—1966年的寒潮灾害 ······································ (39)
第三节 公元1967—1979年的寒潮灾害 ······································ (49)
第四节 公元1980—1990年的寒潮灾害 ······································ (57)
第五节 公元1991—2000年的寒潮灾害 ······································ (67)

第三章 洪水灾害 ··· (75)
第一节 概述 ··· (75)
第二节 公元1949年以前的洪水灾害 ··· (78)
第三节 公元1950—1966年的洪水灾害 ······································ (88)
第四节 公元1967—1979年的洪水灾害 ······································ (99)
第五节 公元1980—1990年的洪水灾害 ······································ (106)
第六节 公元1991—2000年的洪水灾害 ······································ (124)

第四章 雪灾 ··· (147)
第一节 概述 ··· (147)
第二节 公元1949年以前的雪灾 ·· (150)
第三节 公元1950—1966年的雪灾 ··· (152)
第四节 公元1967—1979年的雪灾 ··· (154)
第五节 公元1980—1990年的雪灾 ··· (157)
第六节 公元1991—2000年的雪灾 ··· (162)

第五章 霜冻 ··· (169)
第一节 概述 ··· (169)
第二节 公元1949年以前的霜冻灾害 ··· (171)
第三节 公元1950—1966年的霜冻灾害 ······································ (171)
第四节 公元1967—1979年的霜冻灾害 ······································ (173)

第五节　公元1980—1990年的霜冻灾害 …………………………………………（174）
　　第六节　公元1991—2000年的霜冻灾害 …………………………………………（177）
第六章　冻害 ……………………………………………………………………………（182）
　　第一节　概述 …………………………………………………………………………（182）
　　第二节　公元1949年以前的冻害 …………………………………………………（185）
　　第三节　公元1950—1966年的冻害 ………………………………………………（187）
　　第四节　公元1967—1979年的冻害 ………………………………………………（188）
　　第五节　公元1980—1990年的冻害 ………………………………………………（190）
　　第六节　公元1991—2000年的冻害 ………………………………………………（191）
第七章　低温冷害 ………………………………………………………………………（193）
　　第一节　概述 …………………………………………………………………………（193）
　　第二节　公元1887—2000年的低温冷害 …………………………………………（194）
第八章　风灾 ……………………………………………………………………………（197）
　　第一节　概述 …………………………………………………………………………（197）
　　第二节　公元1949年以前的风灾 …………………………………………………（201）
　　第三节　公元1950—1966年的风灾 ………………………………………………（202）
　　第四节　公元1967—1979年的风灾 ………………………………………………（206）
　　第五节　公元1980—1990年的风灾 ………………………………………………（209）
　　第六节　公元1991—2000年的风灾 ………………………………………………（220）
第九章　冰雹灾害 ………………………………………………………………………（233）
　　第一节　概述 …………………………………………………………………………（233）
　　第二节　公元1949年以前的冰雹灾害 ……………………………………………（234）
　　第三节　公元1950—1966年的冰雹灾害 …………………………………………（237）
　　第四节　公元1967—1979年的冰雹灾害 …………………………………………（247）
　　第五节　公元1980—1990年的冰雹灾害 …………………………………………（255）
　　第六节　公元1991—2000年的冰雹灾害 …………………………………………（273）
第十章　病虫害 …………………………………………………………………………（287）
　　第一节　概述 …………………………………………………………………………（287）
　　第二节　公元1949年以前的蝗虫害 ………………………………………………（288）
　　第三节　公元1950—2000年的蝗虫害 ……………………………………………（290）
　　第四节　公元1950—2000年的其它病虫害 ………………………………………（296）
第十一章　其他灾害 ……………………………………………………………………（302）
　　第一节　概述 …………………………………………………………………………（302）
　　第二节　历年雷击灾害 ………………………………………………………………（303）
　　第三节　历年大雾灾害 ………………………………………………………………（307）
　　第四节　历年雨凇和雾凇灾害 ………………………………………………………（308）
　　第五节　历年碱害 ……………………………………………………………………（309）
　　第六节　历年森林草原火灾 …………………………………………………………（310）
附录一　新疆地名变迁表 ………………………………………………………………（312）

附录二　新疆新旧地名对照表……………………………………………………（317）
附录三　新疆生产建设兵团团场地址一览表……………………………………（319）
附录四　新疆降水等级划分标准…………………………………………………（324）
附录五　风级风速等级表…………………………………………………………（325）
附录六　本卷常用计量单位对照表………………………………………………（326）
附录七　新疆气象局突发气象灾害预警信号及防御指南………………………（327）
主要参考文献…………………………………………………………………………（339）
编后记…………………………………………………………………………………（340）

绪　　论

一、新疆自然环境与成灾条件

（一）自然地貌环境

新疆位于亚欧大陆腹地，地处中国西北边陲，东西长约 2000 公里，南北宽约 1600 公里，面积约 166 万平方公里，占全国总面积的 1/6，是我国面积最大的省区。自然地貌十分独特，四周高山环绕，北有阿尔泰山，西有准噶尔西部山地、天山南支和帕米尔高原，南有昆仑山、喀喇昆仑山和阿尔金山，并和青藏高原相连，东天山和甘肃境内的北山山脉相接。天山横贯全疆，把全境分为北疆和南疆两大部分，天山以北统称北疆，以南统称南疆。北疆主要有半封闭的准噶尔盆地，南疆主要有封闭的塔里木盆地。新疆地势高差悬殊，有海拔 8611 米的世界第二高峰乔戈里峰，还有低于海平面 154 米的艾丁湖。地貌奇特多样，有古尔班通古特沙漠和塔克拉玛干沙漠，还有浩瀚的戈壁和辽阔的草原，以及 800 多块星罗棋布的绿洲。

（二）基本气候特点

独特的自然地貌环境对形成新疆独特的气候起到重要的作用，由于离海洋遥远，又有高山阻挡，源自于海洋的水汽输送到新疆上空时已是强弩之末，所以，新疆属大陆性很强的温带干旱气候区。其基本特点，一是光能充裕，日照时间长。年太阳总辐射量 5000～6400 兆焦耳/平方米，全年日照时数达 2500～3550 小时，均居全国前列。二是热量丰富，冷热变化剧烈。下限温度≥10℃的活动积温，准噶尔盆地南缘和北疆西部为 2500～3500 度·日，南疆在 4000 度·日以上，吐鲁番盆地高达 5400 度·日。新疆有中国最热的地方——俗称"火州"的吐鲁番盆地，最高气温记录达 47.7℃（1986 年 7 月 23 日出现）；也有中国第二寒极——富蕴县可可托海，最低气温达 -51.5℃（1960 年 1 月 21 日出现）。气温年较差（月平均气温的年较差）北疆为 30℃～45℃，南疆为 30℃～35℃；气温日较差平均为 12℃～16℃，最大 20℃～30℃。"早穿皮袄午穿纱"是气温变化剧烈的生动写照。三是干燥少雨，蒸发量大。北疆年平均降水量 210 毫米；南疆更少，年平均降水量不到 100 毫米。而蒸发量一般为 2000～4000 毫米，蒸发量为降水量的几倍至几十倍。四是风能资源丰富，在新疆有 9 个风能利用最有前途的风区。年平均风速，北疆、南疆东部及东疆多在 4～5 米/秒之间，其中阿拉山口、乌鲁木齐到达坂城等谷地可达 6 米/秒，十三间房达到 8.7 米/秒；在沙源丰富的两大盆地常形成风沙甚至沙尘暴。五是气候垂直变化明显，新疆境内地势高差悬殊，高度差异引起的气候垂直变化，比纬度差异引起的南北气候变化差别明显。

(三) 成灾条件

气象灾害是自然灾害的一种，它的形成、发展以及造成某个地区灾害严重程度与一个地区的天气气候背景、地理位置、地形地貌以及人类活动都有密切关系，异常的天气气候和不恰当人类活动会加重气象灾害的发展。

新疆地处中纬度，既受西风带天气系统和极地北冰洋系统的影响，而且还受副热带天气系统的影响。冬季新疆位于蒙古冷高压的西南沿，极地冷空气常顺西北气流南下，引起急剧降温，并伴有降雪，发生冻害或雪灾。春季冷暖交替频繁，常形成霜冻、大风、风沙、沙尘暴等危害。夏季新疆为南亚大陆热低压控制，大气结构不稳定，多阵性风雨天气，山区可出现暴雨，形成洪水灾害；夏季多阵性大风，遇干热环境易酿成干热风；夏季热力不稳定，在中低山区和山麓地带，常有雷击和冰雹灾害发生。秋末冷空气入侵频繁，常形成初霜冻和冻害。

新疆是典型的干旱地区，生态环境脆弱，植物种类稀少，覆盖度低，类型结构简单，土地易遭沙漠化，土壤容易盐化，在这样恶劣的自然条件下，地理位置、地形地貌、地质水文、大气环流等综合作用加剧了气象灾害的危害。

二、新疆气象灾害特点

(一) 种类多、范围广

由大气运动和变化引起的对人类的生命财产和经济建设以及国防建设等造成的直接或间接的损害，称为气象灾害。从造成气象灾害的持续时间和范围上，可以把气象灾害分为气候灾害、天气灾害和次生气象灾害三大类，其中气候灾害主要包括干旱、洪涝灾害、雪灾、低温冷害等；天气灾害主要包括寒潮、大风、暴雨洪水、沙尘暴、干热风、冰雹、霜冻、暴风雪等；次生气象灾害主要有泥石流、山体滑坡等。一般来说，天气灾害持续时间短，气候灾害持续时间长，影响范围广。天气灾害和气候灾害是可以互相转化的，天气灾害的多次积累有可能引起气候灾害，气候灾害也有可能转化为突发性天气灾害。次生气象灾害是由天气灾害和气候灾害诱发的间接灾害。

灾害性天气气候种类繁多、影响范围广是新疆气候的一个基本特征。新疆气象灾害主要有干旱、寒潮、洪水、大风、霜冻、雪灾、干热风、沙尘暴、低温冷害、冰雹等，这些灾害不仅直接给自治区的经济和人民生命财产造成严重损失，而且引发泥石流、山体滑坡、病虫害、生物疫病和交通事故等灾害，因此，气象灾害成为新疆国民经济和社会发展的一大制约因素。

各种气象灾害影响范围可波及若干县，甚至涉及几个地州，有时影响到全疆，例如1979年4月9～12日的全疆寒潮；1989年出现了全疆性干旱，涉及到北疆、东疆、南疆44个县；1996年7月中下旬的洪灾影响到12个地州，1999年12月30日到2000年1月10日，北疆地区有28个县遭受雪灾，受灾人口达108万。

(二) 发生频率高

新疆气象灾害相当频繁，寒潮、洪水、干旱、雪灾、大风、冻害等交替肆虐，每年都有发生，从收集到的资料统计看，平均每年有4.7次寒潮（包括强冷空气）入侵；干旱是新疆的主要灾害，如果以县为单位统计，可以说是干旱年年有；以有一个季节出现干旱视为这一年就有"干旱出现",那么,有61.7%的年份有"干旱出现";以年为单位统计,北疆的干旱年频率可达到36.8%,也就是说,几乎每3年就出现1次干旱年;雪灾在新疆每年都有发生,遍及南北疆,据1954—2000年的雪灾资料不完全统计,47年来全疆共发生雪灾近250次,重大、一般雪灾分别为39.8%、60.2%;从1951—2000年的50年中,如果以县为单位统计,一共发生重大洪水灾害802县次,平均每年发生重大洪水灾害16县次;霜冻灾情几乎年年发生,50年来共发生126次左右,冻害也发生了101次,至于大风、冰雹更是频繁。

(三) 群发性显著

自然灾害的发生往往不是孤立的,它们常常在某一时间段或某一地区相对集中出现,形成众灾丛生、多灾并发的局面,这种现象称为灾害群发性。新疆气象灾害群发性多为一种灾害在同一时间不同地方多处发生的现象。以冰雹为例,40年中,同一天在3个以上地点降雹的达500次以上,这种情况以1984年最为突出,全年有29天之多。又如,1987年7月一个月内,有10个地州发生了洪水,其中塔城、伊犁、昌吉、乌鲁木齐、阿克苏、喀什、和田等地州出现了2次以上的洪水,阿克苏、喀什出现了3次。

(四) 突发性强

气象灾害的突发性很强,局地暴雨洪水、冰雹、暴风雪、局地大风、沙尘暴的突发性显著,往往在1~2天之内甚至几分钟、几十分钟就会造成严重损失,其中不少是毁灭性损失。例如洪水灾害,往往一场不太大的山区降水、或者冰坝溃决都有可能造成洪水,在短时间内下游河水暴涨暴落、破坏力大。1975年9月5日夜间,昌吉自治州阜康县降水量达36.5毫米,洪水仅持续5.5个小时,冲进居住着知识青年的地窝子,结果淹死35人,伤22人。冰雹是短历时的天气现象,其持续时间短,一般不会超过一个小时,突发性极强,可使农作物瞬间遭到毁灭性损失,例如,1984年7月5日,塔城地区乌苏县冰雹,仅持续10分钟左右,就使212人受伤,4万亩农田受灾,羊被砸死102只。

(五) 灾害损失严重

目前,全国气象灾害损失约占所有自然灾害损失的70%,频繁的气象灾害给新疆带来了严重的损失。据1951—2000年统计,由于自然灾害新疆平均每年受灾面积达76.4万公顷,粮食减产约32.7万吨,经济损失32亿元,其中由气象灾害造成的灾害约占所有自然灾害损失的80%。例如:1996年,仅洪水一项灾害所造成的经济损失达48.28亿元,占全年各种自然灾害造成的经济损失的72.8%;1998年4月17日8时至19日9时,北疆的伊犁、昌吉,东疆的哈密,及南疆的喀什、阿克苏、巴音郭楞等6地州的20个县(市)的牧区遭到20年未见的大风袭击,农作物受灾面积16万公顷,成灾120万公顷,死亡牲畜10.5万头(只),火烧和刮毁民房3.83万间,刮毁毡房1.05万座,并造成死亡7人,重伤47人,直接经济损失15亿元;1999年12月30日到2000年1月10日,受西西伯利亚不断南下的强冷空气影响,北疆地区连续出现了3场较大的降雪天气,有28个县降大雪,受灾108.3万人,死亡11人,死亡牲畜17.25万头(只),损坏供电、通讯线路数百米,公路和牧道被积雪覆盖,山区地段及峡谷发生雪崩和泥石流,交通被迫中断,几千辆客车和上万名旅客被困在雪野中,直接经济损失4.85亿元;2000年南疆5地州和东疆、北疆部分地区受旱面积达50万公顷,160万人受灾,89万头(只)牲畜饮水困难,直接经济损失7.94亿元。

第一章 干 旱

第一节 概 述

一、新疆干旱概述

干旱灾害是新疆经常发生的、危害最严重的气候灾害,对经济建设、人民生活特别是对大农业生产危害极大,表现为影响范围广、持续时间长、后果严重。

干旱实质上就是持续缺水。干旱的各种定义是对干旱这一整体空间系统的不同环节的描述。干旱的最初体现就是大气的有效降水显著偏少,即气象干旱。它决定干旱的其它定义,严重的气象干旱可以导致农业干旱和水文干旱,但气象干旱又不能反映干旱特征的全部,它无法解释沙漠上绿洲的存在。特别是在年平均降水量极少的南疆地区,仅用气象干旱来描述或者解释干旱,形成一个长期走不出去的误区。因此,新疆干旱是指在干旱气候这个准平衡状态下,自然降水、山区积雪、地表径流、土壤墒情、空气湿度等综合要素出现大的负距平,并构成了灾害。其直接表现是,在一个较长时段内,可以调配、利用的水资源严重短缺。

黑灾是新疆干旱的一种特殊形式,是特指对畜牧业的灾害,是发生在冬季到初春的无水草场和冬春牧场的一种旱灾,牲畜长期处于缺乏饮水条件的一种"渴灾"。

1. 新疆干旱气候的成因

新疆平原区不仅是我国的最干旱地区,也是世界上少数极端干旱气候区之一。形成新疆干旱气候的主要原因是:

(1) 地理位置离海洋较远。欧亚大陆的中心在新疆的乌鲁木齐,东距太平洋约 4400 公里,西距大西洋约 4300 公里,南离印度洋 3400 公里,北离北冰洋 3400 公里。由于新疆的水汽输送路径较远,大量水汽难以到达新疆,这是新疆干旱的最主要原因。

(2) 三面环山的地形,特别是南面的青藏高原阻挡了南来的水汽。根据对"96·7"新疆特大暴雨的大气三维气流结构分析,暴雨前和暴雨中有大范围的西南气流和偏南气流的存在,表明偏南气流是新疆大降水水汽的重要输送通道。

(3) 青藏高原的加热作用。4~8 月份由于青藏高原的加热作用,高原上空气流以上升运动为主,由于局部环流的补偿作用,在 40°N~50°N 为较强的下沉区,下沉运动减弱了大气系统的上升运动强度,造成降水量减少,而这个区域正好是新疆的塔里木盆地和准噶尔盆地。

2. 新疆干旱指标

干旱指标的确定是个非常复杂的问题，目前没有统一的标准。衡量一个地区是否属于干旱气候，一般用干燥指数，即蒸发势与降水量的比值。当干燥指数等于1，表示干湿适中；当干燥指数小于1，表示过分潮湿、雨水过多；当干燥指数大于1，表示干旱、雨水不足；当干燥指数大于4，表示极端干旱。但是这样的指标对新疆来说过于笼统，在实践中，不同时间、不同地域有不同的干旱指标。从时间上划分有月、季、年等阶段性的干旱指标，从地域上划分有局地、区域、全区的干旱指标。

（1）北疆平原地区的干旱指标

为了较好研究北疆平原地区干旱问题，简化干旱指标，选取了北疆平原地区8个代表站，即阿勒泰、塔城、伊宁（市）、精河、石河子、乌鲁木齐、奇台的月降水量资料，并根据国家气候中心关于降水量等级的五级划分的基本原则：降水量显著偏少（特旱）的概率10%，偏少（旱）的概率20%，正常级的概率为40%，偏多的概率20%，显著偏多的概率10%。

（2）南疆平原地区的干旱指标

前述的干旱标准对北疆平原地区较为合适，但用降水量不能客观地反映出南疆地区农业的旱情，因此，将直接用河水径流量来研究南疆的干旱问题。为了较好地分析南疆的干旱指标，选用了南疆几条大河：阿克苏河、渭干河、玉龙喀什河、喀拉喀什河的资料，由于南疆夏季（6～8月）河水流量约占年总径流量70%，夏季农业用水并不紧张，因此我们着重研究南疆春季的干旱问题。计算南疆春季（3～5月）几条河流径流量的距平百分率，得出南疆春季干旱指标。具体是：月季河流量距平百分率（H）：$0 > H \geq -15$ 为轻度干旱，$-15 > H \geq -30$ 为中度干旱，$-30 > H$ 为严重干旱。

二、新疆干旱灾害评述

1. 北疆平原地区干旱的时空分布

（1）干旱发生频繁

干旱是新疆的主要经常性自然灾害，如果以县为单位统计，可以说干旱年年有。应用上述干旱指标，从1961—1998年可以确定北疆地区严重干旱年为1962、1967和1974年，一般性干旱年有（按干旱严重程度）1991、1965、1975、1982、1997、1963、1977、1968、1995、1978和1989年；春季严重干旱为1991、1965、1989、1967、1962、1975和1977年，春季一般干旱有1961、1997、1982、1995、2000、1963和1974年；夏季严重干旱为1962、1974、1976、1968和1980年，夏季一般干旱有1971、1977、1986、1997、1989和1980年；秋季严重干旱为1997、1991、1971、1966和1967年，秋季一般干旱有1978、1955、1985、1974、1998、1964、1963、1956、1990和1954年。

统计表明，北疆干旱年的频率达到36.8%，也就是说，几乎每3年就出现1次干旱年。如果把有一个季节出现干旱视为这一年就有"干旱出现"，那么，有61.7%的年份有"干旱出现"，这可说是很高的。

从北疆阿勒泰等9个站进行统计可以得到：从1961—1998年一共出现了110站年的干旱，占32.2%。其中乌苏15年次、克拉玛依14年次、博乐14年次、阿勒泰13年次、伊宁13年次、塔城11年次、石河子11年次、奇台11年次、乌鲁木齐8年次。

上述所确定的干旱年、干旱季都与北疆地区实际农牧业的旱情和旱灾相符合,因此,进一步表明上述干旱指标的科学合理性。

(2) 春旱严重

从新疆农牧业生产角度来说,春季干旱的威胁是最大的,特别是5月份,正是农作物需水时期,那时河流仍处在枯水期,如果降水再严重偏少,那么给农业生产带来极大的影响。

从资料统计来看,北疆47年中春季出现阶段性干旱15次,出现频率是31.9%,与秋季出现次数和频率相差不多(16次,34.0%),但出现严重干旱是7年,频率是14.9%,严重干旱出现次数占春季出现干旱的总次数的46.7%,是各季中最多的。严重干旱秋季出现频率是10.6%,严重干旱出现次数占秋季出现干旱的总次数的31.3%,是远远低于春季的。

(3) 干旱持续时间长

持续性干旱是新疆干旱的一个显著特点。

据统计,从1961年1月至1994年12月北疆地区一共出现了9次大范围长时间的干旱,它们分别是:

1961年11月至1964年2月,长达28个月;1964年10月至1965年10月,13个月;1967年1月至1968年12月,24个月;1973年10月至1976年9月,长达36个月;1977年4月至1978年5月,14个月;1981年11月至1983年7月,21个月;1985年7月至1986年11月,17个月;1989年3月至1989年9月,7个月;1991年4月至1992年4月,13个月。其中,1961至1962年、1967至1968年、1974至1975年、1982至1983年、1991年,是最严重的干旱时段。

(4) 区域性强

干旱区域性强是新疆干旱的又一特征。从北疆14次干旱年中,随机抽取了两年作一简要的分析。1982年的干旱,涉及到30个站,占样本数(39个站)的76.9%,1991年的干旱涉及到27个站,占样本数(39个站)的69.2%,其中有21个站这两年都出现干旱的,占53.9%,超过了一半。

分析春旱情况,1982年4月和1983年4月都是干旱严重的月份,1982年涉及到34个站(占87.1%),1983年39个站中有37个出现干旱(占97.4%),而两个月都出现干旱月的有29个站。这说明这些地方容易发生干旱。

(5) 干旱影响范围广

干旱影响范围广是新疆干旱的又一特征。往往一出现干旱就是几个县、几个地州,甚至全疆。如1989年出现了全疆性干旱,涉及到北疆、东疆、南疆44个县。

2. 山区的干旱

新疆山区降水量是比较稳定的,但也有出现少雨的时候。自20世纪60年代以来,大约每隔5～6年出现一次干旱年,其中大旱每11～12年发生一次,北疆山区1962、1965、1974、1977、1989、1991年是旱年,其中1974、1977、1989和1991年旱情较重,南疆山区干旱年份与北疆略有不同,1961、1964、1968、1973和1979年是旱年。

3. 黑灾分布

黑灾是牧区的一种灾害,其分布与冬春季降水量的分布有关,南疆多北疆少,山区多平原少，干旱区多湿润区少，山麓多河谷少，背风冬窝子多迎风冬窝子少。南疆克孜勒苏自治州、阿克苏地区的柯坪、乌什等牧场发生较多，帕米尔高原、昆仑山、阿尔金山冬春牧场、天山南麓冬季牧场次之，北疆冬牧场发生较少。

4. 特大干旱灾害

农田受灾面积超过 100 万亩的旱灾或草场受灾面积超过 1000 万亩为重大灾害。农田受灾面积超过 500 万亩或草场受灾面积超过 1 亿亩为特大灾害。这里需要说明的是，由于资料收集方面的原因，个别按气象水文标准应该是干旱年份的但没有收集到灾害资料，例如 1967 年是北疆严重干旱年，由于正处"文革"十年动乱时期，灾情资料很不完整。

1961—2000 年 40 年间，有重大旱灾 17 次，占 42.5%；特大旱灾 9 次，占 22.5%。具体是：1983、1985、1986、1989、1990、1991、1995、1997、2000 年。

第二节 公元 1949 年以前的干旱灾害

东汉 建武二十七年（公元 51 年） 新疆旱、蝗，人、畜多有病死。

东汉 建初元年（公元 76 年） 罗布泊大旱，粮食昂贵。

北魏 太延四年（公元 438 年） 漠北（天山一带）大旱，无水草，军马多死。

唐 垂拱二年（公元 686 年） 新疆大旱，野皆赤地，少有生草，羊马死耗十之八九。

唐 开成五年（公元 840 年） 哈密、吐鲁番、昌吉、乌鲁木齐县一带天旱少雨，粮食歉收。

宋 绍定元年、金正大五年（公元 1228 年） 哈密县干旱，农田无法下种，百姓饥饿。

元 至元十七至二十四年（公元 1280—1287 年） 哈密县大旱，庄稼无收，世祖先命哈密屯田头目爱牙赤从屯田粮中救济。

清 乾隆三十一年（公元 1766 年） 伊塔道、宁远（伊犁）旱灾、蝗灾严重，农作物歉收，准免征田赋。

清 乾隆四十一年（公元 1776 年） 迪化县（乌鲁木齐）至镇西厅（巴里坤）一带（包括现昌吉自治州的米泉、阜康、吉木萨尔、奇台、木垒等县）大旱。镇西厅受旱地亩 2.67 万亩。

清　嘉庆二十一年（公元 1816 年）　迪化县遭受严重旱灾，地方当局缓征赋税，并贷粮赈灾区。巴里坤大旱歉收，免赋粮税，并贷口粮。

清　道光八年（公元 1828 年）　哈密县大旱，免征粮及赋税。

清　道光二十三年（公元 1843 年）　伊犁大旱，夏秋雨泽甚稀，收成歉薄，每以野火自焚。

清　咸丰五年（公元 1855 年）　奇台县大旱，农作物普遍枯死。

清　同治六年（公元 1867 年）　哈密县荒旱不雨，播种面积不及十分之二，严重歉收，曾发生人食人的情况。

清　同治十三年（公元 1874 年）　塔城、奇台、济木萨（吉木萨尔县）天旱，收成歉薄。昌吉旱、蝗频仍，豁免额征。

清　光绪元年（公元 1875 年）　昌吉县干旱。

清　光绪二年（公元 1876 年）　新疆南路（吐鲁番、托克逊、焉耆、喀什等县）旱蝗为灾，收成歉薄。

清　光绪三年（公元 1877 年）　新疆大旱，夏禾无收，秋粮难补种，人民困苦。

清　光绪九年（公元 1883 年）　布尔津、青河、福海等县春秋亢旱，草菜枯稀，牲畜死毙甚多。

清　光绪十一年（公元 1885 年）　奇台、绥来（玛纳斯）、阜康、呼图壁、昌吉、迪化等县旱，春夏雨水稀少，奇台五万余亩农田颗粒无收；绥来、阜康、呼图壁、昌吉、迪化等县三万八千余亩农田受灾。迪化上头屯、下头屯、安南夷户、军户、宣仁铁厂、西工、头坪、二坪、三坪、西沟、坂房沟等七千五百多亩夏粮受旱。木垒县春夏少雨，东吉尔（今东城乡）、西吉尔（今西吉尔乡）、木垒河及平顶山（今照壁山乡、地域包括今新户、白杨河乡）所种禾苗因干旱枯死，无收成。

清　光绪十四年（公元 1888 年）　新疆镇西厅旱。

清　光绪十九年（公元 1893 年）　迪化、昌吉等县受旱，灾情严重，清朝政府免收受灾地方的粮草课税。

第一章 干　旱

清　光绪二十七年（公元 1901 年）　塔尔巴哈台等地属被旱、被风成灾。

清　光绪二十九年（公元 1903 年）　镇西、阜康、绥来等县一带大旱，受旱面积六万六千亩，其中二万三千亩绝收，三万七千亩减产五至七成。

清　宣统二年（公元 1910 年）　承化（阿勒泰）、绥来等县旱，额粮豁免。木垒县东吉尔、西吉尔、英格堡乡、木垒河地区遭旱灾，农田无收。

民国　二年（公元 1913 年）　镇西县大旱，东乡大泉东、西渠（石人子乡大泉湾、三十里馆子），因旱灾豁免征粮征草。

民国　五年（公元 1916 年）　春夏，阜康县缺水少雨，三工台子、七运、五工梁、二道河子等村受旱庄稼四千六百多亩。

民国　六年（公元 1917 年）　伊犁、阜康、英吉沙、皮山等县干旱，粮价昂贵，百姓逃亡，十室九空。英吉沙三十三万五千余亩农田七成受灾。

民国　七年（公元 1918 年）　巴楚、伽师、叶城等县旱，近十三万亩农田成灾。

民国　八年（公元 1919 年）　焉耆县所属之库尔楚庄及乌什克地、曲惠两庄遭受旱灾。报准至民国十一年（1922 年）免征。

民国　九年（公元 1920 年）　昌吉、阜康、英吉沙等县旱、鼠灾，六千三百余亩农田受灾。

民国　十年（公元 1921 年）　伊宁、阜康、吐鲁番、鄯善等县夏、秋大旱，夏禾无收，秋粮难补种，人民困苦。

民国　十四至十六年（公元 1925—1927 年）　塔里木河改道北流汇入孔雀河，少量河水经群克流入铁干里克。乌鲁克（今兵团农二师 32 团场附近）村民百余户、库兹列克（今兵团农二师 33 团场附近）村民二百户由于干旱缺水，弃耕逃荒，形成"无人村"。

民国　十五年（公元 1926 年）　伊宁县春、夏旱，四万三千余亩禾苗枯死。

民国　十九年（公元 1930 年）　疏勒县出现极端缺水现象。

民国　二十一年（公元 1932 年）　伊宁、阜康、吐鲁番、鄯善等县夏、秋大旱，夏禾无收，秋粮难补种，人民困苦。

民国　二十二年（公元 1933 年）　沙湾县南山一带，禾苗受旱蝗之灾均为焦枯，颗粒无收。

民国　二十三年（公元 1934 年）　巴里坤县大旱歉收，有人饿死。

民国　二十四年（公元 1935 年）　迪化县境东五道湾、芦草沟及木垒河等地旱，农作物颗粒无收。米泉县夏秋无雨，上梧桐、下梧桐、蒋家湾、三个泉等乡农民耕种无收。

民国　二十五年（公元 1936 年）　吐鲁番县旱，坎儿井干涸，农田受灾。库尔勒西北两乡春季热风，小麦遭灾。绥定恩惠等渠户民，稻地水泽缺乏，荒芜多年，要求注销良田。

民国　二十六年（公元 1937 年）　迪化县南山春旱乏雨，发生虫灾，受灾农田面积达五分之二，当年歉收。额敏、托里县春旱，境内一千九百六十亩庄稼"田禾仅五六寸许，尚未抽穗即皆枯萎倒地"，颗粒未收，农家十室九空。

民国　二十七年（公元 1938 年）　伊犁区洪旱交替，夏秋缺雨，田苗干枯占十分之九。

民国　二十九年（公元 1940 年）　秋，铁里木华（属岳普湖县）旱灾，农作物绝收。

民国　三十年（公元 1941 年）　全疆干旱，奇台、木垒等县小麦、青稞等作物减产五至八成。布尔津、奇台、鄯善、库尔勒、和田等县一万余亩农田受灾，秋粮均歉收。哈密、额敏等县热风，小麦大半干枯，秋收无望。布尔津县海流滩等村农田枯旱率达五成。额敏县境内小麦先生黄疸，又遇干旱，以致大半干枯，粮食减产，农民生活无着。木垒县旱，田赋减免。库尔勒县库尔楚河渠涸竭，受旱七分者十二户，六分者二十户，受灾麦田七百八十亩，俱不能收得种子。

民国　三十一年（公元 1942 年）　北疆部分地区干旱。绥定县四千四百四十余亩农田受灾，有的颗粒无收。呼图壁县四个区的农田受旱减产，无收入之民请免税。昭苏县所有晚秋作物受灾近半，收成无望，早秋作物收成大减；牧草大半枯死。

民国　三十二年（公元 1943 年）　北疆大旱，十五个县上年冬雪稀薄，本年雨量缺乏，河水干涸，农田禾苗失灌，夏秋田禾歉收，受灾减产十五万亩，绝收十万亩，牧草大部分枯死。裕民县全境缺雨，巴尔鲁克山北坡河流基本干涸，庄稼颗粒无收，人畜饮水困难，一千三百多家农户的庄稼，黄枯者十分之八。额敏县所种春麦、秋田十之七八枯死。沙湾县三、四、五区的三千八百多亩稻田均遭干旱。伊宁县田禾七千六百余亩干枯成灾。巩留县三万八千亩农田受灾。博乐县夏日布呼村十六户农民的三百四十五亩地无收成。奇台数月未雨，四万八千余亩农田颗粒无收。呼图壁县春季无雨，乱山子、五工台等地六千二百多亩地无收获，受旱率达六成多；东雀尔沟二十五户的五十多石（折合一千二百八十余亩）地麦苗旱死；石梯子二十八户的二百五十亩田禾干枯；大土古里一千四百余亩田禾收成无望。农家十室九空。阜康县因上年冬雪稀薄，当年少雨，气温低，山上积雪未融化，导致河水干枯，农田无水灌溉。滋泥泉子地区冬麦八成、春麦八成五旱死。玛纳斯县干旱、蝗虫，受灾十三个村，六百八十五户，地六万四千八百亩，占十分之七八，危害草原。孚远县（吉木萨尔县）四厂湖久旱无雨，禾苗枯萎死亡，大部分只收获一二成，小部分颗粒无收。迪化天寒，山雪未融，河水小，农田受旱，秋收无望。

民国　三十三年（公元 1944 年）　呼图壁县永丰乡（北区）第五保下湖渠干枯，田禾无水灌溉，饮水困难，大多数户民无法生活。第四保三甲的破口、西沟等处灾民四出逃荒乞讨。东西雀尔沟、石梯子、宽沟等地四千余亩地歉收三至十成，赋粮无法交纳，农民生活无靠。

民国　三十四年（公元 1945 年）　米泉县夏季少雨，全县受旱面积二万五千九百亩。白杨河干涸，人畜吃水都成了严重问题，有八户农民逃荒到外地以打短工维持生活。

民国　三十五年（公元 1946 年）　阜康县大旱，头工、泉泉沟、五工梁、西泉等地成灾。

民国　三十六年（公元 1947 年）　六月，现巴音郭楞自治州和喀什地区干旱。和硕县曲惠村因缺水，八成的小麦枯死。铁里木华"满目疮痍，豁免半数额粮"。

民国　三十七年（公元 1948 年）　现昌吉自治州、巴音郭楞自治州干旱。呼图壁县南山一带遭受十年未见的大旱，河渠干涸，秋收无望，冬麦播种甚少。玛纳斯县蝗虫、旱灾，北五岔一带灾情严重，头茬苜蓿草未有收获。和硕县全县旱死的小麦占播种总面积的三成，其他农作物歉收五成，农业濒于破产，农民在饥寒交迫中逃荒求生。

民国　三十八年（公元 1949 年）　呼图壁、昌吉、奇台、轮台、若羌、岳普湖县等地干旱，八万五千余亩农田受灾。呼图壁县五户地、丹坂等地遭受严重旱灾，庄民流离失所。阜康县二道河子、八户沟庄稼全部旱死。东泉、中沟、上户沟等地冬麦只有三分之一成活，受灾三百户。昌吉县受旱面积一千三百亩。铁里木华禾苗枯萎，喀什地区行政长指令伽师县长前往勘察，疏附、疏勒两县让水十日。

第三节　公元 1950—1966 年的干旱灾害

1950 年　岳普湖县旱，河水干涸，春播只完成 20%，2600 人逃亡。

1951 年 北疆【昌吉自治州】部分地区干旱。玛纳斯县山区最重，麦子仅收十分之八九。吉木萨尔县入夏以来，久旱无雨，旱情严重，受灾户民达 733 户，面积 2.57 万亩，占全县当年播种总面积的 57%，农作物减产八至九成。昌吉县山区雪融较迟，形成春旱，受灾农田面积 16.28 万亩。阜康县全县共播种 8993.6 亩，受旱面积 1630.9 亩。

1952 年 北疆伊犁、昌吉部分地区和南疆喀什部分地区干旱。【伊犁地区】宁西县（察布查尔锡伯族自治县）2.05 万亩受重旱灾，霍城县 909 亩绝收，另有重灾旱地 89 亩，特克斯县 50% 的旱地、树木受灾。【昌吉自治州】玛纳斯县受旱面积 1.25 万亩。奇台县由于上年冬季降水少，7～8 月降水不足 8 毫米，农作物歉收，第二年农区发生严重春荒，县人民政府拨款农业救济款 3000 元，救济粮 0.55 万公斤，进行重点救灾，使 627 户农民 2791 人度过春荒。【喀什地区】岳普湖县春旱严重，农作物损失占总播种面积的 35%。

1953 年 北疆部分地区干旱。【昌吉自治州】乾德县（米泉县）3.7 万余亩农田受灾，部分受旱无收。乌鲁木齐河、头屯河流域 4～6 月农田缺水，三工乡、四工乡受旱损失冬春麦 625 亩、苜蓿 825 亩，青格达湖乡水稻受旱 1000 亩，火星集体农庄受旱 800 亩。

1954 年 东疆、南疆部分地区干旱。【哈密地区】巴里坤县山区山洪 5 月迟迟不来，专区动员机关干部、军人、学生、居民到陶家宫新庄子挑水浇麦子。巴里坤县奎苏楼房沟庄稼颗粒无收，居民到 5.5 公里以外的沟口挑水吃。

1955 年 南、北疆部分地区干旱。【塔城地区】降水量比 1954 年减少 20%，粮食总产减少 15.5%。【昌吉自治州】玛纳斯县 3 万多亩水稻、小麦受旱。吉木萨尔县受旱灾面积 1.55 万亩，平均减产 30% 左右。奇台县 5 月中旬至 7 月上旬没有下过一场透雨，约 2 万亩农田受灾，减产 35%。春夏（自播种至 6 月底），【哈密地区】哈密县阿牙区一、二、三乡，由于山水下来过迟，致使依靠山水灌溉的田地在不同程度上大面积受旱，该区 5000 亩农田受旱灾，占种植面积的 55.6%，其中近 500 亩农作物播种已十多天没有浇过头水。受旱 186 户 913 人，庙尔沟夏田减产 30%，秋田减产 50%，三乡黄田村的 946.3 亩农作物中旱死 84.5 亩（其中小麦 61.3 亩，豆子 23.2 亩），其余减产 40%。【巴音郭楞自治州】库尔勒县四区上户乡库尔楚村受旱缺水，全村共种植冬小麦 2445 亩，其中 962 亩颗粒无收，其他农作物也不同程度受旱减产，受灾 95 户。【阿克苏地区】库车县 4～5 月干旱严重，旱死小麦 4.6 万余亩，九区受灾农田面积 3613 亩，受灾群众 893 户，4437 人。

1956 年 南、北疆部分地区干旱。【塔城地区】与 1954 年相比，降水量减少 22%，粮食总产减少 5.5%。沙湾县到 5 月底，三区共播种 2.48 万亩，仅完成计划的 65%，冬麦因受旱而干枯，每棵麦苗分蘖数减少 40% 左右。【昌吉自治州】呼图壁县农作物受旱灾面积 93.53 石。【克孜勒苏自治州】阿克陶县牧场夏季发生旱灾，死亡牲畜 2348 头，经济损失达 4.76 万元。

第一章 干 旱

1957年 新疆大旱，全疆粮食减产1.27亿公斤，死亡牲畜2648头（只）。【塔城地区】乌苏县甘河子一带至6月7日，冬麦才第一次浇水，而棉花、水稻尚无法播种。塔城县二区至7月4日尚有1.66万亩玉米等农作物未浇一次水。和布克赛尔县种植的1.1万亩农作物中，有3435亩一直未浇水，其余仅浇1次水。【博尔塔拉自治州】春季境内牧区旱灾，牧草枯萎，饿死牲畜2648头（只）。【昌吉自治州】吉木萨尔县一、三区尤为严重，受灾农田面积1.72万亩，其中旱死禾苗6681亩，减产五成的面积1.05万亩。昌吉市春旱，头屯河流域2/3的冬麦受灾。木垒县秋季作物3.38万亩受旱。【哈密地区】巴里坤县发生旱灾面积5.8万亩。【阿克苏地区】阿瓦提县受灾农田面积3.86万亩，因缺水还使1.22万亩玉米未能及时播种，嗣后虽然补种了晚玉米，也因时间短未能成熟。

1959年 北疆昌吉自治州秋旱，南疆巴音郭楞自治州、阿克苏地区、克孜勒苏自治州部分地区干旱。【克拉玛依】乌尔禾春夏旱灾面积1053.9亩。【伊犁地区】尼勒克县夏季，有1.2万亩农作物遭受旱灾，成灾面积8849亩。红旗人民公社（加哈乌拉斯台乡）、东风人民公社（群吉牧场）有4948亩夏粮无收，冬麦失种，牧区牧草成片枯死。【昌吉自治州】兵团农六师103团受旱灾面积达2350亩。【巴音郭楞自治州】若羌县受灾农田面积2.19万亩，占全县耕地总面积的67%，造成四个生产队、一个公社加工厂和敬老院缺粮。【阿克苏地区】阿瓦提县到7月底还有3万余亩玉米未浇过头水，死亡2005亩；棉花未浇水的2589亩，死亡660亩；水稻地干裂1105亩，成片死亡1695亩，拜什艾日克公社700亩水稻，死亡20%。为了争取时间，全县3.8万余亩晚秋作物中有60%没浇水干播，出苗率极低。【克孜勒苏自治州】阿克陶县阿克塔拉牧场发生旱灾，因无水可饮，死亡大小牲畜2348头（只），经济损失4.8万元。

1960年 北疆、东疆干旱。【塔城地区】兵团农七师种植面积和林地面积160万余亩，引水只能满足130万亩灌溉需求，造成30万亩作物受旱，其中17.46万亩绝产。兵团农七师123团场（乌苏县车排子）供水量仅3000万立方米，旱死作物5.45万亩，占播种面积的40.4%，尤以卫星三场受灾最为严重，颗粒无收的达1.35万亩，受旱减产的冬麦1万亩、春麦2.67万亩，粮食单产分别只有60和62.1公斤，棉花单产为12.2公斤。乌苏县农田受旱面积1.04万亩。【昌吉自治州】米泉县晚秋作物受旱面积1.09万亩，其中严重受旱7737亩，旱死3961亩。吉木萨尔县受灾农田面积达25.63万亩，其中颗粒无收的5.43万亩，减产50%的有7.52万亩，其余均减产20%。兵团农六师103团受旱灾面积达1.88万亩。【哈密地区】飞机在东天山冰川上撒煤面子和投炸弹，融冰化雪，缓解干旱。【巴音郭楞自治州】库尔勒县因受干旱，有1.97万亩农作物轻微受害减产。

1961年 北疆伊犁自治州、塔城地区、昌吉自治州等地旱情严重，130余万亩农田受灾。南疆巴音郭楞自治州、阿克苏地区、克孜勒苏自治州等地干旱。【塔城地区】北五县（塔城、额敏、裕民、托里、和布克赛尔县，下同）降水量比正常年份减少19.5%，南两县（乌苏、沙湾县，下同）降水量比正常年份减少32.5%，和布克赛尔县作物受旱灾面积3万亩，其中粮食作物2.31万亩，油料作物1077亩。乌苏上半年旱灾面积1.3万亩。【伊犁地区】霍城、绥定（霍城县）两县许多早春作物受旱而枯黄，晚秋作物缺苗，旱田收成无望。伊宁市郊农作物12.1万亩受灾,其中2.4万亩颗粒未收,余下9.7万亩比1960年减产665万公斤。察布查尔县山区农作物被旱死40%以上。昭苏县粮食总产降至949.5万公斤,比1960年减产763万公斤。亩产量下降51.4%。【昌吉自治州】昌吉市冬雪薄,春雨少,夏温高,蒸发大,平原水库无水可蓄,发生干旱,全县23万亩粮食作物实收19万亩,减产49.69%。阜康县全县播种面积31.3万亩,受旱面积6.03万亩,粮食总产量比1960年减少15.4%,单产仅有36.9公斤。【乌鲁木齐市】初春近100天没有降雨,加之南山气候较冷,山上积雪融化迟,正值冬小麦灌溉时节,近2万亩农田受灾,其中1万亩旱死绝收。乌鲁木齐县遭受旱灾、风灾的农田总面积是9.34万亩,其中粮食作物受灾8.75万亩,蔬菜5162亩,油料722亩。【巴音郭楞自治州】兵团农二师30团受旱2106亩。【阿克苏地区】库车县旱灾造成重大损失。【克孜勒苏自治州】阿图什市冬小麦单产仅有71.7公斤,是近19年来最低的一年。受灾农田面积4.1万亩。【喀什地区】喀什市干旱,5个大队685户2595人受灾,受灾耕地7295亩,减产16.42万公斤。岳普湖县旱灾,受灾农田面积2.43万亩。【和田地区】皮山县旱灾,作物受害9.81万亩。

1962年 新疆大旱,全疆共28个县(市)受旱成灾。截止到6月底,阿勒泰、昌吉、乌鲁木齐、哈密、阿克苏、克孜勒苏、喀什、和田等地州100余万亩农田受灾。【阿勒泰地区】阿勒泰市河流来水量仅有正常年景的50%,全市粮食产量仅有正常年景的39%。布尔津县布尔津河水减少40%,降雨量只有14.4毫米,致使13.2万亩农田受旱,占播种面积的40%,全年粮食平均亩产仅11公斤。死亡大小牲畜1.36万头(只)。冬,阿勒泰市、布尔津县出现黑灾,阿勒泰市牲畜干渴,损失牲畜5.6万头(只)。布尔津县人畜饮水发生困难,畜群因无水造成膘情下降。【塔城地区】北五县降水量比正常年份减少25.5%,南两县降水量比正常年份减少33.5%。全地区粮食总产减产一半左右。和布克赛尔县受灾农田面积3.3万亩,占耕地面积的40%。额敏县粮食作物大面积减产。乌苏县作物受旱灾4.34万亩。【伊犁地区】察布查尔县受旱灾14.6万亩。【昌吉自治州】玛纳斯县4~6月份降水量不足40毫米。农作物受灾面积占播种面积的17%,棉花、瓜菜减产。昌吉市气温偏高,多风沙,枯水期长,形成全年性干旱,粮食减产42.3%,油料减产70.6%。米泉县2~8月降水量偏少40%~96%,5月份没有下过一场透雨,全县受旱面积8.17万亩,其中减产七成以上的4.6万亩。吉木萨尔县由于年前少雪,自春至夏,降雨总量不到30毫米,比1961年同期减少60毫米左右,气温平均值比同期高,旱情严重。全县播种总面积42.85万亩,失收7.91万亩,其余均减产40%以上。阜康县由于上年积雪不多,春季降水比历史同期减少57%,又遇春寒,河系来水比常年减少30%,土壤墒情差,只完成84.7%的播种面积,受旱面积占实播面积的32.59%,小麦减产150万公斤,单产36.5公斤,总产比1961年减少40%。奇台县年降水量比历年偏少55%,发生干旱,43个生产大队的57.49万亩农作物受灾,受灾人口2.15万,全县展开了"生产自救、节约度荒、克服困难、自力更生"的群众运动。木垒县全年降水量只有15.8毫米,粮食亩产只有7.4公斤。兵团农六师103团5、7月气温偏高,4~8月降水持续偏少,5、7、8份月降水量总计不到3毫米,旱情严重,受灾农田面积达6.01万亩。【乌鲁木齐市】乌鲁木齐县冬麦几乎全部干死,面积达7.8万亩,由于上半年多风少雨,气温较高,在禾苗发育生长期间,5级以上的大风就有6次,加上病虫害也较为严重,致使单产仅36公

第一章 干　旱

斤。【哈密地区】发生全区性干旱。哈密县8万亩小麦因缺水大部分枯萎而死。巴里坤县8万亩作物未出苗。伊吾县受灾农田面积1.12万亩，占播种面积的34.14%，其中颗粒无收者达5000亩，1118亩经济作物减产八成以上。【阿克苏地区】库车县4、5月份库车河水减少60%，渭干河水量减少48%，出现严重旱情，受灾农田面积4.9万亩。同时发生小麦锈病，蚜虫危害空前。春播推迟，小麦减产。【喀什地区】疏勒县小麦死亡近万亩。

1963年　北疆阿勒泰、塔城、伊犁等地，南疆巴音郭楞自治州部分地区干旱。其中，阿勒泰、伊犁等地受灾农田、草场面积达44万余亩。【阿勒泰地区】1963年底至1964年春雨雪少，发生干旱，牧草生长不好，载畜量大大减少，持续低温，并伴有7、8级大风，给畜牧业带来严重的灾害，全区入冬以来损失马7000余匹、牛3000余头，羊1.1万余只。【塔城地区】和布克赛尔县受旱面积1.17万亩，占总播面积的19.23%。塔城县农作物受旱面积16.06万亩，占当年全县总播种面积的51%。【哈密地区】巴里坤县受灾农田面积近9万亩，占播种面积的34%，3.64万亩绝收。【巴音郭楞自治州】和硕县受旱面积近万亩。若羌县部分农作物亩产仅9公斤。

1964年　北疆昌吉自治州部分地区、南疆喀什地区部分县干旱。【昌吉自治州】兵团农六师103团发生干旱，受旱面积达2243亩。【喀什地区】岳普湖县受灾农田面积1.37万亩，其中粮食作物1.12万亩、棉花985亩，8756亩粮食作物减产50%，980亩棉花减产40%。

1965年　北疆塔城、伊犁、昌吉等地州和南疆的巴音郭楞自治州、阿克苏地区部分县发生干旱。仅伊犁、昌吉5月就有85万余亩农田受灾。【塔城地区】3月上旬至5月上旬，全地区降水量比历年同期平均值偏少47%~65%。全地区受灾农田面积为47.48万亩，成灾面积35.49万亩。和布克赛尔县1~6月份降水量比1964年减少29%，全年粮食作物比1964年总产量减少18.8%。塔城县受灾农田面积18.45万亩，成灾面积11.43万亩。额敏县成灾面积4.64万亩。乌苏县成灾面积5.81万亩。沙湾县受灾农田面积10万亩，成灾面积6.41万亩。裕民县成灾面积2.25万亩。托里县受灾农田面积3.79万亩，成灾面积2.88万亩。和布克赛尔县受灾农田面积1.20万亩，成灾面积9400亩，地区直属单位受灾农田面积1.36万亩，成灾面积1.13万亩。兵团农七师河流来水比正常年份少30%，25万亩作物受旱。【伊犁地区】霍城、绥定两县山区积雪少，春夏季无雨，群众采取清泉眼、节约用水等措施减少旱灾损失。察布查尔县干旱，受灾农田面积24万余亩，占总面积的39%，粮食总产较上年减产53%，油料总产较上年减产66%。【昌吉自治州】玛纳斯县1/2的农田无收，收获面积的单产只有5.5公斤。吉木萨尔县受旱无收面积达3.76万亩。6.80万余头牲畜受灾，占全县牲畜总头数的22%。昌吉市全年性干旱，粮食减产27%。阜康县春季降水比历史同期减少81%，受旱面积7.40万亩，占总播面积的25.8%。粮食总产比1964年减少16.1%。木垒县牧草生长不好，牲畜膘情差，冬春乏弱严重，部分牲畜死亡。兵团农六师103团旱灾2085亩。【巴音郭楞自治州】和硕县开都河流量比历年偏少32%，北部山系河流来水只有历年平均值的30%。5月底，塔哈其公社和乌什塔拉公社农作物旱灾面积达5000亩，出现冬春麦苗发黄的严重情况。【阿克苏地区】库车县 3.8 万多亩作物枯萎。

第四节 公元 1967—1979 年的干旱灾害

1967 年 北疆伊犁、昌吉、乌鲁木齐等地州市，东疆哈密地区、南疆巴音郭楞自治州的部分县市发生干旱。【伊犁地区】霍城县年平均降水只占正常降水量的一半左右，旱情严重。【昌吉自治州】玛纳斯县春季降水量不到 30 毫米，干旱严重。昌吉市 4～6 月降水总量为 39.8 毫米，气温比历史同期高 1～2℃，形成春旱，农作物缺苗 3 万余亩，干旱引起碱害，冬麦死亡 3 万亩。阜康县 3～8 月河系来水量比 1966 年减少 29%，全县受旱面积 4.5 万亩，占总播面积的 16%，粮食总产比 1966 年减少 33.5%。【乌鲁木齐市】乌鲁木齐县粮食失收面积达 24.23 万亩。【哈密地区】庄稼歉收。【巴音郭楞自治州】和硕县 5 月下旬至 6 月上旬小麦抽穗灌浆、玉米拔节孕穗期间，因缺水大面积麦苗发黄、玉米叶卷缩。

1968 年 北疆塔城、昌吉、乌鲁木齐等地州市和南疆阿克苏地区等地出现干旱。【塔城地区】北五县降水量比正常年份减少 17.5%，南两县降水量比正常年份减少 27.4%，全地区粮食总产比上年减少 27.6%。5～6 月额敏县降水量偏少，粮食作物大面积减产。【博尔塔拉自治州】温泉县 4～6 月降水量比历年同期减少 50% 以上，牧草生长不良，造成 1969 年牲畜数量减少 4.3 万头（只）。【伊犁地区】伊宁县大旱，农作物普遍受灾，旱田基本无收，粮食总产较上年减少 38%。【昌吉自治州】阜康县 1967 年以来持续干旱，春季降水比历史同期减少 82%，形成典型的五月旱，全县有 18 个重灾生产队，受旱面积 7.09 万亩，占总播面积的 23.8%，粮食总产比 1967 年减少 40%。【乌鲁木齐市】乌鲁木齐县粮食总播面积 30 万亩，失收、歉收面积达 14.35 万亩，粮食亩产只有 46 公斤。【阿克苏地区】阿瓦提县阿依库勒公社播种的 1.7 万亩玉米，到 7 月 15 日浇头水的仅有 3000 亩，仅占播种面积的 17.1%。该社伊来克二大队播种的 1347 亩玉米因未浇水，叶子干枯。早播的玉米虽已开花吐穗，因未及时浇水，当年减产 50%。

1970 年 【昌吉自治州】昌吉市春旱，冬麦死亡 10 万亩。

1971 年 【昌吉自治州】吉木萨尔县干旱，全县受旱面积 11.87 万亩，苗死无收面积 5.03 万亩。

1972 年 4 月末至 5 月，【昌吉自治州】兵团农六师 103 团（米泉县蔡家湖）干旱，5 月降水量与历年同期平均值相比偏少 87%。受灾面积 1737 亩。

1973 年 【石河子市】兵团农八师 150 团因夏灌供水不及时旱情十分严重。玉米无收面积达 1786 亩，棉花蕾铃脱落严重而减产，还有 1 万亩苜蓿一茬未收。

第一章 干 旱

1974年 新疆大旱,上年冬季积雪少,加之该年春夏干旱少雨,全区农田受旱面积达21.8万公顷,粮食减产4.78亿公斤,占总产15.6%。【阿勒泰地区】额尔齐斯河径流较常年减少60%以上,阿勒泰地区大旱之年,许多地方春小麦单产仅占常年单产的四成左右。全地区农田受灾面积64.6万亩,占粮食作物播种面积的57%。使粮食产量比1973年减产50%。其中福海县受灾11.74万亩,总产粮食仅310万公斤。阿勒泰市粮食产量仅有正常年景的60%左右,切木尔切克公社的5万亩春小麦平均单产仅12公斤。布尔津县作物生长期间仅有20几毫米,为往年同期的38%,河水又很少,只有历年平均流量的65%,水旱地全面受旱,全县粮食单产仅13公斤。依靠调进粮维持生活。因大旱牧草生长不良,淘汰牲畜达11.5万头,淘汰率高达35.53%。【塔城地区】旱情严重,南两县降水量比正常年份减少22.5%,北五县降水量比正常年份减少44.4%,全年计划粮食产量8250万公斤,由于灾害影响,实际收获粮食2510万公斤,是原计划的26%,减产幅度为74%,属特重灾害年。全地区粮食总产比上年减少17.4%。额敏县因1973年秋冬雨雪少,山泉干涸,小河断流,水源减少70%,致使粮食亩产平均仅为17.4公斤,全县吃国家回销粮667万公斤。裕民县12万亩农作物,只有1/3有收成,全县吃国家回销粮310.5万公斤,牲畜损失1万余头(只)。【伊犁地区】新源县6、7月出现干热风天气,造成各社场的春小麦减产13.9%～19.7%,巩乃斯种羊场的1.3万亩小麦由于受干热风、干旱影响,总产仅7.05万公斤,单产5.45公斤/亩。【博尔塔拉自治州】博尔塔拉河下游的博乐市乌图布拉格、达勒特公社和兵团农五师86团(博乐市青达拉)、89团(博乐市塔斯尔海)、90团(博乐市塔格特)均遭旱灾。达勒特公社旱情最重,作物实播面积3.36万亩,受旱面积2.64万亩,其中旱死7580亩。【昌吉自治州】呼图壁县因1973年秋、冬雨雪稀少,山泉干涸,1974年4～9月中旬,呼图壁河上游来水量仅为1.32亿立方米,比往年同期减少26%。尤其是4～5月份,春播和冬麦浇头水之时,呼图壁河仅来水1420万立方米,比往年同期减少50%;红山水库蓄水800万立方米,比往年同期减少34%;地下水出露地带水位显著下降。冬麦播种只完成13.9万亩,完成计划的87%,春播完成16万亩,完成计划的80%。冬麦因干旱死亡1万多亩,春麦干旱无收的达1.8万亩。吉木萨尔县3～5月降水量为19.8毫米,旱死禾苗11.64万亩,致使当年粮油总产下降到1830万公斤,较1973年减产50.8%。昌吉市大旱长达12个月,是历年持续时期最长一年,河水流量小,地下水位下降,不少水井干枯,全县受旱面积43.18万亩,占播种面积的近90%,成灾减产5成以上的32.85万亩,其中减产八成以上至绝收的面积达12.2万亩,实收1928万公斤。秋作物无法下种。死亡大小牲畜3843头(只),受灾1.1万户4.61万人。米泉县较上年减产1060万公斤,减产48.2%。阜康县由于1973年8月至1974年4月降水量比大旱的1961年8月至1962年4月还减少50%,河系来水量比1962年减少52%,年降水量比历史平均值减少81%,形成严重干旱。粮食总产比1973年减少47.9%,全县有34.4%的生产队缺粮。奇台县总降水量只占历年平均降水量的一半,6月、7月出现了历年同期最少值,分别比历年同期平均值偏少78%和90%;奇台县北塔山牧场死亡牛46头、马43匹、骆驼36峰、山羊564只、绵羊3336只。木垒县干旱严重,造成9万亩农田失收,全县平均亩产只有24公斤。兵团农六师103团干旱,4月～7月降水量与历年同期平均值相比偏少70%左右;其中以农业用水最需要的5月降水量与历年同期平均值相比偏少最多；9月降水量与历年同期平均值相比又偏少67％，持续的降水偏少致使受旱5.33万亩，旱情十分严重。【乌鲁木齐市】年降水量是历年平均值的50.2％，生长期（4～10月），降水量是历年同期平均值的56.3％，6.69万亩农作物歉收，占总播种面积的15％，单产仅64公斤。【吐鲁番地区】鄯善县1974年旱灾严重。红星公社吐峪沟大队，洋海公社三、四大队的葡萄总产29.6万公斤，比1973年减少41.6万公斤，减产幅度为71.09％，总收入40.5万元比1973年减少49.8万元，其中因葡萄减产造成的收入减少占93％。【哈密地区】巴里坤县春夏连续干旱，粮食总产比上年减产60.6％，油料减产47％。【巴音郭楞自治州】兵团农二师30团（库尔勒市郊）受灾面积为8300亩。和硕县受灾农田面积达17.6万亩，包括小麦5920亩、水稻1692亩、油菜2990亩等。【阿克苏地区】乌什县托什干河河水径流量仅有历年同期的20％。5万亩小麦受不同程度的旱灾；水稻推迟播期，少种1～5万亩；牲畜缺水少草，加上疫病流行，死亡大畜和幼羔4万余头。

1975年 北疆昌吉自治州、博尔塔拉自治州和南疆克孜勒苏自治州干旱。【昌吉自治州】昌吉市春旱加冻害，全县23.4万亩冬麦死亡12.46万亩。【博尔塔拉自治州】4月遭受旱、风、虫灾，2.7万余亩农田受灾。【克孜勒苏自治州】阿合奇县春季降水量不足10毫米，仅为常年降水量的21％，牧草迟迟不能返青，牲畜无法转出冬牧场，接着夏季又是干旱，整个夏季降水量为常年的40％，春夏连续干旱，牲畜无水可饮，无草可食，死亡大小牲畜2万余头（只）。

1976年 北疆昌吉自治州、南疆喀什地区干旱。【昌吉自治州】30多万亩农田受旱，其中16万余亩颗粒无收。玛纳斯县减免农业税8.84万元。【喀什地区】泽普县旱死小麦2282亩。岳普湖县5万余亩粮食作物受灾。

1977年 北疆昌吉自治州、石河子市，南疆克孜勒苏自治州、喀什地区等地干旱。【塔城地区】7月几乎每天5～7级热风，粮食作物受灾面积58.32万亩，牧草受灾面积更大。【石河子市】16万亩小麦受损，4～5万亩玉米和棉花缺苗。6月，莫索湾垦区出现四次干热风，冬小麦千粒重明显下降，对产量有很大影响。【昌吉自治州】春旱，20多万亩农田受灾。玛纳斯县4～6月份降水量为33.6毫米。春播作物2.66万亩缺苗。兵团农六师103团（米泉县）3～9月降水量比历年同期平均值明显偏少，发生干旱，农作物受旱面积达1203亩。【克孜勒苏自治州】干旱风灾，截至5月12日，全州2.84万亩冬麦死亡，阿图什市减少播种面积4万多亩。由于干旱、低温和风灾使牧业生产受到了很大影响，死亡牲畜3113头（只），成畜死亡达10％左右。乌恰县托云草场连续4年没有下雪，牧草枯死。【喀什地区】疏附县部分公社到5月18日，还有1.47万亩冬麦未浇一次水，萨依巴格公社6231亩地，至5月20日尚有未浇头水，计划播种秋粮2.35万亩，只播种9540亩。有少数地块的麦苗接近枯死。

1978年 新疆全年干旱少雨，农作物和牧草生长受到较大影响。北疆昌吉、东疆哈密，南疆和田等地州受灾。【伊犁地区】尼勒克县火箭人民公社（乌拉斯台乡），红旗人民公社（加哈乌拉斯台乡），卫星人民公社（喀拉苏乡），东风人民公社（速不台乡）发生春旱，受灾农田面积4.8万亩，成灾面积3.36万亩。公社领导组织社员进行生产自救，对旱死的冬麦进行补种，使65%的小麦播种面积免受重大损失。【昌吉自治州】阜康县春旱严重，3~5月份河系来水量比正常年份减少47%，6月25日至11月底未降过透雨，河系水量比正常年份减少20%，但由于抗旱措施得力，成灾面积占总播面积的21.8%。兵团农六师103团干旱，4~9月降水量比历年同期平均值偏少20%~65%，农田受旱害面积1007亩。【哈密地区】哈密县部分泉眼干涸，有的坎儿井断流，许多山村人畜饮水困难。各山沟河水减少30%~40%。小麦因头水迟迟浇不上，造成大面积缺苗。草场变黄，草皮干裂。【和田地区】旱死小麦2.59万亩。其中墨玉县干热风，3万余亩冬麦和2.3万余亩棉花受灾。民丰县1个公社2个大队农作物受灾面积1.21万亩。

1979年 北疆博尔塔拉和南疆巴音郭楞、阿克苏、喀什、克孜勒苏、和田等地州发生干旱灾害。【博尔塔拉自治州】夏季大旱，受灾农田面积3万亩，损失粮食126.3万公斤。加之蝗虫猖獗，400万亩草场受灾，20.1万头（只）牲畜缺草。其中，温泉县6万头（只）、精河县7.2万头（只）、博乐县6.9万头（只）牲畜缺草。【巴音郭楞自治州】且末县南山降水很少，牧草生长很差，牲畜吃不饱，体质瘦弱。1979年春，牧草极缺，致使牲畜大量死亡，年底存栏仅11.41万头（只），比1978年减少6.9万头（只）。【阿克苏地区】阿克苏市4、5两月正值春播季节出现严重春旱，特别是沙井子一带，水稻进水面积仅有2.6万亩，有的已进水但又晒干，当年水稻仅完成播种任务的1/3。水果、蔬菜也因干旱减产。阿瓦提县棉花播种前因缺水无灌溉，造成缺苗减产。【喀什地区】麦盖提县因向下游灌区退水不够，巴楚县将奥依布格达依渠危险渠段挖开，使该渠洪水期引不上水，造成玉米、棉花严重干旱，使玉米减产75万公斤，棉花减产25万公斤，经济损失76万元。叶城县春旱，总产量减少14%以上。【克孜勒苏自治州】阿合奇县从9月24日至1980年2月2日连续123天滴雨未降，草木一片光秃，因干旱死亡牲畜3万余头（只），损失100多万元。【和田地区】和田县火箭公社附近草场春夏连旱，牧草生长差，羊只因饥饿死亡万头（只）。民丰县干旱，牲畜死亡3万头（只）。策勒县特大旱灾、虫灾，粮食作物减产3~5成，牧业减产10%。和田等地4~5月干热风，1.3万余亩小麦受灾，果树落果率达40%~60%。

第五节 公元1980—1990年的干旱灾害

1980年 全疆旱，入夏以后，全区河流水量普遍比往年减少20%~40%，严重影响了农牧业生产。200余万亩农田重灾，7000万亩草场受灾。【塔城地区】遭受旱灾面积26万亩，其中，成灾面积25万亩，占受灾农田面积的97.2%。【昌吉自治州】吉木萨尔县5~8月降水量只有22.2毫米，东大龙口河累计断流9天，为历史上罕见的旱象，12.4万亩农田受旱减产，1.8万亩庄稼颗粒无收。阜康县受旱面积24万亩，成灾面积2.9万亩，有1.6万亩粮食作物减产50%~80%，2000亩减产80%以上。【哈密地区】遭受严重的自然灾害，突出的是旱灾，哈密、巴里坤、伊吾三县牧草枯黄，泉眼干涸，牲畜缺水缺草，牲畜过冬受到严重威胁。6~8月未曾下雨，加之春寒、大雨、低温、洪水和局部地区出的冰雹等灾害，使全地区农业受灾农田面积达16万亩，占总播种面积的21%。成灾面积8.8万亩，占播种面积的11.5%。其中，巴里坤县遭受了几十年罕见的旱灾，成灾面积7.43万亩。全地区因干旱、风雪等灾害死亡大小牲畜3.37万头（只），仅巴里坤县因干旱草场不良，死亡大小牲畜2.47万头（只）。【巴音郭楞自治州】6月轮台河水流量减少2/3，有1万多亩小麦不能浇水，其中8000亩受旱减产37.5万公斤。【阿克苏地区】库车、新和、沙雅、柯坪因干旱缺水而减产22万公斤。【克孜勒苏自治州】阿克陶县部分地区干旱严重，40多个生产队的农田受灾，部分麦苗干枯死亡。【喀什地区】巴楚县、岳普湖县人畜饮水困难，得病者千余人，死亡32人，牧草成片枯死。【和田地区】皮山县干旱受灾农田面积7万余亩，其中，旱死面积3.14万亩。民丰县遭受旱灾，1767亩冬小麦颗粒无收，683亩春麦受旱，其中704亩连种子也没收回。所有重新补种的作物绝大多数又受旱。

1981年 春夏，北疆阿勒泰、塔城、乌鲁木齐和昌吉等地州市严重干旱，南疆巴音郭楞自治州、喀什地区干旱。仅昌吉自治州、乌鲁木齐市就有67.6万亩农田受灾，严重减产的37.8万亩。【阿勒泰地区】水库蓄水较往年减少1/3，吉木乃、富蕴、青河等县旱情较重，受旱农作物14.6万亩；其中粮食4.6万亩，油料1.8万亩，蔬菜0.9万亩。到7月初，该地区受旱面积已达24.1万亩，其中失收面积12.3万亩。福海县6月下旬以来连续刮风，高温干燥，雨量稀少，乌伦古河断流，福海水库蓄水最多只能维持到7月中旬，乌伦古河两岸灌区已旱死农作物1.4万亩。【塔城地区】正当小麦抽穗灌浆之际，和布克赛尔、额敏、裕民、托里等县的部分公社出现严重旱情，北五县降水量比正常年份减少15.8%，南两县降水量比正常年份减少16.4%，旱情较重。加之一些地方受干热风的袭击，使25万亩农作物因受干旱、虫灾而大幅度减产。其中，旱灾面积12万亩，基本绝收面积3万亩；旱灾严重的有托里县库普公社，裕民县的阿勒腾也木勒公社以及和布克赛尔蒙古自治县的夏孜盖公社。【乌鲁木齐市】5月中旬至7月上旬受旱减产面积达14.6万亩，占总播面积的24%，失收面积近6万亩。【昌吉自治州】去冬今春少雨，春播墒差，井水水位下降，河系流量比去年同期减少50%，旱情严重，尤以东4县为重。4~5月份，全州来水量较往年减少4~7成，30万亩小麦严重受旱。奇台县4月22日到6月12日50天里降水不到15毫米，在农作物春播、春种阶段发生严重旱情，社员生产生活极端困难，各乡开展生产自救，县政府拨款2.5万元救助受灾群众。木垒大石头公社1.13万亩农作物全部失收，人畜饮用水从20公里外拉来定量分配。全州受灾63.6万亩，成灾54.57万亩，减产7852.71万斤。【巴音郭楞自治州】兵团农二师30团（库尔勒市郊）旱灾，受旱为6699亩。【阿克苏地区】柯坪县上半年干旱、草原牧场枯干，羊只，尤其是羔羊渡春死亡6002只。【喀什地区】泽普县干旱损失小麦1560亩。

1982年 北疆阿勒泰、塔城、伊犁、克拉玛依等地州市和南疆巴音郭楞自治州、喀什地区出现干旱。478万余亩农田受灾。【阿勒泰地区】粮食减产125万公斤。其中，布尔津县受旱0.4万亩，水地比往年减产10%，旱地绝收。【塔城地区】全地区旱灾面积20

万亩，成灾面积15.8万亩。同年，病虫灾害受灾面积为17万亩，成灾面积5万亩，两种灾害使农作物减产705.6万公斤。其中，和布克赛尔、额敏、裕民、托里等县的部分社队旱情严重。和布克赛尔县铁布肯乌散公社4500亩小麦旱死，莫特格公社有2000亩小麦旱死。【克拉玛依市】降水异常偏少，当年进库水量仅有3500万立方米，比常年少1/3，至7月，水库已无法放水，全市工业、生活等用水十分紧张。【伊犁地区】100多万亩旱地几乎无收，夏粮减产5000万公斤。【昌吉自治州】山区冬季降雪量比历年平均少50%～60%，全州水库蓄水比往年同期减少24.2%，5月全州河水流量比上年减少60%，气温高、地墒差，春播基本上"无墒可抢"，播种面积占往年的10%，近100万亩农田严重受旱。【哈密地区】巴里坤县干旱，有8万亩作物未出苗；减产三成以上，部分颗粒无收。【巴音郭楞自治州】兵团农二师30团（库尔勒市郊）受旱为1300亩。【喀什地区】疏附县1/4的大队缺水，其中克孜勒河流域受干旱威胁的大队43个，面积13万余亩；盖孜河受干旱威胁的大队16个，面积7万余亩。全县全年缺水约1.01万立方米。

1983年 全区遭受建国以来罕见的干旱，从1982年11月起至1983年5月，全疆降水量普遍偏少。在春播关键时段，北疆和东疆降水量比常年少70%，全疆主要河流的水量比多年平均值少60%～94%，不少河流断流，水库少蓄水3亿多力立方米，由于降水量和河水量大幅度下降，加之久旱造成底墒不足，截止6月13日，新疆21个县（市）干旱，570余万亩农田受灾。粮食作物比1982年同期少播122万亩，草场受旱超过1亿亩，牧区20万人500万头牲畜饮水困难，瘦弱畜比例高达1/3。【阿勒泰地区】布尔津县冬雪很少，春墒极差，为历史上罕见的大干旱年，布尔津河4月下旬流量只有13立方米/秒，额尔齐斯河5月3日流量只有0.5立方米/秒，全县人民投入紧张抗旱中，拦河5处，紧抓破冰引水，清淤抗旱。【塔城地区】3月至4月底，几乎未下一滴雨，3月份全地区7条主要河流流量为历年同期的66%，4月份减少到50%以下，有的河水已断流，水库蓄水量仅为上年的一半，出现"山无雪、天无雨、渠无洪、地无墒"的严重旱象。在这一年中，全地区有近29.6万亩农作物受各种自然灾害袭击，成灾面积19.5万亩。其中，旱灾面积13.2万亩，成灾面积10.1万亩，分别占当年受灾、成灾面积的44.6%和51.8%。【伊犁地区】伊宁市春旱严重，粮食作物受灾4.5万亩、蔬菜受灾1642亩、果园受灾4136亩。【昌吉自治州】山区冬季降雪量比历年平均少50%～60%，平原地带冬季最大积雪深度不足10厘米。气温高、地墒差，春播基本上"无墒可抢"。往年抢墒播种面积均在百万亩左右，当年仅有10万多亩。到3月25日，全州水库蓄水比往年同期减少2900万立方米，相差24.2%。5月全州河水流量比上年减少60%，有近100万亩严重受旱。玛纳斯县去冬积雪只有5～10厘米，已于2月底全部化完。3月份降水仅为历年同期平均值的18%。4月份降水也只有历年同期平均值的8%。4～5月，玛纳斯河水量比去年同期减少36%～37%，塔西河水量减少54%～68%，6～7月份玛河流量比上年同期减少35%～59%。旱情之重，受害面积之广，是30年所罕见的。由于土壤墒情太差，春播作物无法抢墒播种；勉强播种的，也因底墒不足造成严重缺苗。到5月9日，夏粮灌水面积12.1万亩，占播种面积的57%，包家店、乐土驿两公社只浇水四分之一。小麦受旱地块根部22～30厘米深处无湿墒，次生根30%死亡，6片春生叶有一半枯黄，到抽穗期，植株只有30～35厘米高。全县受旱作物18万亩，其中夏粮9万亩，秋田作物9万亩。呼图壁县

3~4月降水只有28毫米,较历年平均减少9成,连续无降水日为60天,4~5月河水流量较历年同期少12%,春播期间河水流量较历年同期少61%,河水流量仅有0.7~1立方米/秒,地下水位下降2~3.6米,水库蓄水量较历年同期(3~5月)减少78.6%。全县冬麦因干旱死亡2.25万亩,春播任务至5月底仅完成50%。旱期每天需用8辆汽车为山区人畜运送饮用水,山区牧草因无雨迟迟不发青,牲畜缺草体弱。昌吉市3万亩小麦、2万亩高粱、2万亩油料作物失收。【哈密地区】伊吾县由于降水偏少,造成地下水、河水、井水普遍减少,根据苇子峡水文站观测资料,1983年3月与4月伊吾河平均水量只有1.81立方米/秒,5月是1.75立方米/秒,比1982年同期偏少0.3立方米/秒。由于干旱,造成牧草生长缓慢,枯黄稀少,死亡成畜3550头(只),损失率为2.9%。为解决饮水问题,各地出动了大量汽车、拖拉机进行拉水。石城子河4月下旬来水量仅0.64立方米/秒,为历年平均的10%,水库蓄水比历年同期减少900万立方米,庄稼歉收。【巴音郭楞自治州】焉耆县15万亩小麦受灾。兵团农二师30团受旱2200亩。【克孜勒苏自治州】阿合奇县80%的牧区因干旱未长牧草,有些区域虽然长了一些草,终因久旱不雨而干枯。各乡场的草场载畜量普遍下降,一部分已进入夏牧场的畜群,被迫迁往边远和高山区放牧,有些牧群饮水要往返20多公里。全县有2/3的牲畜吃不饱,瘦弱牲畜比重很大,牲畜保膘率较往年普遍偏低50%左右。【和田地区】民丰县严重干旱,粮食减少30%。

1984年 南疆干旱。【巴音郭楞自治州】兵团农二师30团受旱1153亩。和硕县540亩水稻因缺水无法播种,旱死小麦310亩,1.44万亩小麦减产。【喀什地区】疏附县干旱,6月中旬山水仍下不来,河道中总水量只有正常年份的1/4,粮食减产150万公斤,疏附县部分干渠4月份就断了水,社员吃水要到几公里之外去拉,麦地无水可浇,造成大面积减产、绝收,不少葡萄、果树干死。泽普县干旱损失小麦1328亩。叶城县5月主要河流来水量猛减,提孜那甫河流量仅为常年的40%,旱象严重。全县30万亩小麦中的6万亩没有浇上头水,其中5万亩基本失收,6万亩玉米无墒下种。【和田地区】干旱严重,直至5月30日才首次来水,3~5月全区8条大河总来水量3.998亿立方米,比去年减少52%,到5月20日,春灌才完成230万亩次,比去年同期少灌100万亩次,1.8万亩未浇头水,由于浇水迟或浇不上水,小麦错过扬花孕穗季节,损失较大,6月1日开始,皮山、民丰又遇到干热风,10万亩农田受灾,减产40%以上,3万亩新造林枯死。

1985年 新疆春旱,23个县市受旱,554万亩农田、1.5亿亩草场受灾,约250万头牲畜越冬困难。【阿勒泰地区】阿勒泰市干旱,18.4万亩农田受灾。吉木乃县春季干旱,6万余亩农田受旱,13万亩旱死。1.7万亩苜蓿旱死,天然草场牧草干枯。全县中小型水库和塘坝仅剩300万立方米水,存水严重不足。【塔城地区】和布克赛尔县少收牧草7500吨,比1984年少收60%。【博尔塔拉自治州】旱灾,博乐县、温泉县7月以来一直高温少雨,引发旱灾,两县有1014万亩草场遭灾,其中110万亩牧草旱死,610群牲畜无草吃,牲畜死亡8.73万头(只),占两县牲畜存栏数的16.3%。【昌吉自治州】秋季干旱,农作物受灾面积59.1万亩,牧草长势不好,各类牲畜膘情比往年差2~3成,大量乏畜不能过冬被淘汰。呼图壁县6月中旬至10月降水较历年同期少6成,河水较历年同期少6551万立方米,秋粮作物严重缺水,冬麦播种水情紧张,玉米因干旱造成籽粒不满,减产10%以上。昌吉市4.64万亩农田受灾,其中2.05万亩颗粒无收,秋粮减产27.27%。米泉县6月3日至1986年2月,降水量比历年同期偏少62%～82%。境内水库水位多降至死库容,稻区抽水抗旱,加大了开支;牧区因旱牧草枯萎,牲畜越冬饲草靠农区供给。【乌鲁木齐市】农作物受灾面积达1.8万亩,减产110万公斤,合55万元,受灾林80亩,冬夏草场受灾40%～50%,过冬储备草减少750万公斤,合150万元。【吐鲁番地区】吐鲁番市第一人民渠全年引水量只有2920万立方米,比1984年减少33.3%;第二人民渠全年只有540万立方米,比1984年减少16%;黑沟渠全年只有1400万立方米,比1984年减少23.3%。地表水减少,地下水量也明显下降,全年干涸停水的坎儿井达71条。水库蓄水也比上年减少150万立方米。由于缺水,全市2.2万亩小麦只浇过一次水,0.4万亩头水未灌。8万亩棉花中,有4万亩至7月10日才开始灌头水。葡萄公社先锋三大队,棉花头水至二水的间隔时间长达49天。由于干旱粮食减产35.24%,棉花减产27.48%,葡萄减产7.46%。农业收入比上年减少12.62%,人均收入100元以下的农民有2419户。【哈密地区】全地区干旱严重。1～9月降水量54毫米,比干旱的1984年同期减少63.4%,其中巴里坤县年降水量139.5毫米,比1984年减少近一半,发生严重干旱,粮食总产比上年减产40%,油料减产4成。伊吾县年降水量35.1毫米,比1984年减少近四分之三。播种面积比上年减少2成左右,农作物受灾面积18.2万亩。全县60余万亩草场有一半长势不良,700余万亩冬草场受到旱灾的严重破坏,全县成畜死亡2400头(只),幼畜死亡6800头(只)。口粮、牲畜饲料发生严重困难,盐池和前山牧场部分牲畜由哈密市乡、场代牧。哈密市入夏没有下过一次透雨,年降水量为12.5毫米,比1984年减少75.1%;3至7月份,哈密市没有好好下过雨,降水量仅为历年同期的一半,受旱面积占总面积的60%,达438万亩。【巴音郭楞自治州】且末县南山牧草稀疏矮小,饿死牲畜4.5万只(头)。【阿克苏地区】阿克苏市播种面积减至2.88万亩。当年粮食作物播种总面积比往年减少近万亩。【克孜勒苏自治州】遭受自1984年入夏以来连续的干旱,牧草生长极差,入冬前膘情不好,三类畜达53万头,占全州总头数的33%。阿克陶县布仑口、木吉两个乡因干旱缺草死亡成畜6200头(只),占两个乡总头数的7.3%。【喀什地区】春旱,5条河流来水比历年减少38.9%,叶尔羌河减少56.1%,克孜河减少56.8%。全地区浇头水比去年减少25%,旱情比较严重,播种面积48.6万亩,只占年计划的44.8%。岳普湖县5月盖孜河来水骤减,造成巴依阿瓦提乡、铁热木乡、阿洪鲁库木乡人畜饮水困难。英吉沙县旱灾,入春以来,由于5月份滴雨未下,县主要河流流量锐减,4～5月河流流量仅15～20立方米/秒,只有同期的1/5。3.5万亩农田没有浇上水,占播种面积的21%,只有4202亩浇了水。

1986年 新疆干旱,波及10个地州的28个县,656万亩农田受灾,1984万亩草场严重受灾,259万头(只)牲畜饮水困难,瘦弱牲畜达450万余头(只)。【昌吉自治州】兵团农六师103团7月月平均气温26.4℃,比历年同期平均值偏高0.9℃,月最高气温40.2℃,月总降水量为3.1毫米,与历年同期平均值相比偏少76%,旱灾2700亩。【哈密地区】各河流来水量比前年同期减少48%,全地区有50万亩农田、5万人、20万头牲畜受到干旱缺水的严重威胁,是30年来最严重的一年。【巴音郭楞自治州】受灾农田面积7.2万亩,绝收1.3万亩,减产843.8万公斤。和静县作物受灾2万亩,成灾面积6713.1

亩，绝收小麦1345.1亩，玉米940亩。【和田地区】民丰县持续干旱达240多天，除山区年初降有3厘米厚的雪外，一直无降水。全县牧畜死亡率为3.7%，山区为6.34%，其中弱瘦畜占总畜群的44%，山区草场为缓解旱情，调运饲料30万公斤，比前一年增拨10万公斤；农田受旱面积达1万多亩，有几千亩地未浇头水，叶子已开始发黄，因无水，蔬菜的播种面积比前一年减少了2/3。

1987年 南、北疆干旱，310万余亩农田受灾。【伊犁地区】旱灾，受灾农田面积2700亩，成灾面积1600亩。尼勒克县1987年夏季（主要在8月）自然降水量比往年减少40%至60%。农田重灾面积达4.4万亩，成灾面积3万亩，死亡大小牲畜9.42万头（只），人、畜用水都发生困难。【乌鲁木齐市】牧区草场产草量下降40%。【石河子市】兵团农八师150团（莫索湾垦区）5月由于大渠停水，使小麦拔节受影响。【哈密地区】连续3年干旱，伊吾县的前山牧场、盐池牧场直到5月底旱情才缓解，成畜和幼畜死亡4545头（只），农作物受灾1.3万亩，损失60万元。石城子水库来水量比历年同期减少20%~60%，旱情严重。【巴音郭楞自治州】旱灾，受灾农田面积17.3万亩，成灾面积2.4万亩。【和田地区】皮山县出现自1984年以来第四个干旱年，截止到4月底，与去年同期来水量相比，皮山河3月份来水量减少18.9%，4月份减少40.3%，桑株河3月份减少48.7%，4月减少77.7%。由于干旱截止5月3日为止，全县仍有4.2万亩麦田滴水未灌，部分小麦出现枯死现象，牧区人畜饮水十分困难，不少村民到几公里之外的地方提水度日。

1988年 北疆、东疆干旱，150万余亩农田受灾。【阿勒泰地区】1988年冬至1989年5月山区积雪比前一年少60%，降雨1~4月份比多年同期平均值少50%，5月份基本上无降水，河道来水4月前各河流量比多年平均值少20%，5月份少60%，水库蓄水比前一年同期减少15%左右；入春后的气温偏低，后山有限的积雪水下不来。受旱粮食面积达20万亩（其中旱地10余万亩），占粮食播种面积的28%左右，2万亩粮食作物因干旱无收。福海县旱死小麦3000亩，草场因无降雨而大部分枯黄，高度较上年同期平均减少15~20厘米，冬牧场严重缺水，远征牧场过冬的106万头（只）牲畜，还有52万头（只）无法进入冬牧场，占49%。这部分牲畜停留在河谷时间长，河谷草场消耗很大，人畜饮水相当困难，畜膘下降，灾情严重。吉木乃县、富蕴县沿山一带受灾农田面积8.5万亩，为保重点，吉木乃县放弃麦地1.5万亩。【昌吉自治州】木垒县夏季17天没有下雨，20万亩粮食作物减产2成左右，大部分冬秋草场牧草枯竭。【哈密地区】伊吾县211群9.5万只羊和321户牧民严重缺水。伊吾县为解决冬草场人畜缺水问题，先后出动车辆4221车次，拉冰运水2万多吨，共计投放资金38万元。

1989年 新疆特大干旱，全疆13个地州44个县受灾，受旱总面积722.55万亩。3~5月，降雨偏少54%，河流来水量少，5~6月，26条主要河流来水量比历年同期减少35亿立方米，旱情较重的有28个县市（北疆22个、南疆6个）受旱面积272.55万亩。冬麦未浇头水的66万亩，抢墒播种后出苗很差的68万亩，35个县（市）的7000余万亩草场受灾，农牧区100万人和801万头（只）牲畜缺水，瘦弱牲畜达700万头（只），牧草减产6.06亿公斤。【阿勒泰地区】全地区农作物受灾面积45.5万亩。布尔津县3～4月降水仅有3.7毫米，加之上年冬季降雪较少，土地墒情很差，全县春小麦受旱面积达6.4万亩，其中未出苗的达2.5万亩。【塔城地区】北五县3月下旬至5月中旬60天内降水仅17.1毫米，较历年同期减少71.5%，4～5月河流来水较历年减少37%～64%，地区各主要河流的流量也较往年少，六七两月，塔城市卡浪古尔河平均流量为3.89立方米/秒，比历年同期减少31%，比去年同期减少63%。到6月下旬，小麦及春播作物严重受害面积52万亩，受旱农田占总播种面积的33.9%，5.1万亩小麦严重减产，8万亩小麦绝收。8月，塔城市三大干渠水量较上年度少50%，发生干旱，加之局部地区受植物病虫害和风灾的影响，全市受灾农田面积1.7万亩，其中绝收面积2080亩，夏粮总产量5.43万吨，比去年减少6131吨，油料总产量为8.79万吨，比去年减少49.6%。今年秋到次年春季因灾而缺粮的有292户1634人。和布克赛尔县全县4个牧场50%冬窝子、60%的配种站和50%的秋春草场都没有草，4个牧场的25万头牲畜，有60%因旱受到草荒的严重威胁。兵团农七师受灾农田面积和成灾面积分别为43.23万亩和39.12万亩，分别占播种面积的44.5%和40.3%，受灾的棉花达25.37万亩，占年旱灾面积的58.7%。这是兵团农七师旱灾最严重的年份。由于干旱、蝗虫、鼠害并重的三大自然灾害，草场遭到严重毁坏，塔城全地区草场受灾面积1251万亩，约占草场总面积的1/3，打草场受灾面积105万亩，其中26万亩无草可打，占打草场面积的25%，比上年储草量减少23%，全区共有5994个冬季放牧的冬窝子，其中979个牲畜无法进点，无法安排过冬的牲畜达31.96万头（只）。全地区农牧民共有9806户5.28万人，缺口量704.2万公斤，双缺户（缺粮、缺钱）和因灾缺粮户需经费293.5万元。【伊犁地区】11.9万亩农田旱死，颗粒无收。【昌吉自治州】全州5月份平均降雨量不足3毫米，春季河水流量比历年平均减少3～5成。由于干旱缺水，农作物严重受旱面积73万亩，夏粮生产损失严重，比上年减产5000万公斤。吉木萨尔县3～6月降水量比历年同期偏少67%，比历史上最为干旱的1962年同期降水量还少。尤其是在农作物生长关键期的5、6月份，降水量比历史同期分别偏少96%和44%。农作物严重受旱10～12万亩，颗粒无收4万亩，玉米、高粱重新补种面积2.9万亩，粮食比上年减产1800万公斤；由于旱情严重，牧草长势差，对畜牧业造成一定的危害。新湖农场春旱面积达17.63万亩，占播种面积的65%。11月20日至12月30日，吉木萨尔县气温比历年同期偏高0.6℃，11月下旬气温比历年同期偏高4.5℃，加之全月降水又明显偏少，地面基本无积雪，致使冬麦地块丧失水分过多，苗木顶部枯死现象较为严重。米泉县3～5月降水量只有26.3毫米，其中5月全月无降水，是20世纪60年代以来降水量最少的一年，形成了春季大旱。冬小麦1000余亩没有返青，春小麦2200亩没出苗，春秋草场大面积枯死，蝗虫成灾，受灾农田面积30万亩，成灾1.25万亩；同时河道干枯，牲畜采食、饮水极度困难，牲畜死亡3000余头（只）。阜康县受灾农田面积2万亩，受灾农民3947人。奇台县从3月19日到6月16日，仅有16.4毫米的降水量，且较集中，全县总来水量比上年同期下降50%，水库蓄水量下降81.2%，受旱失收面积34.5万亩，其中小麦15.5万亩、豆类7.7万亩、油料7.3万亩，粮食比上年减产4000万公斤。蔡家湖年平均气温比历年平均值偏高，年降水量比历年平均值偏少，5月、7月降水比历年同期减少5成以上，农作物受旱害面积达4500亩；由于饲草减少，农区载畜量过大，因而宰杀、死亡过多，导致牛羊价格暴跌。木垒从3月26日开始至4月20日，降水不足14毫米，到6月底，长达62天无强降水，木垒河等六条河系来水比上年减少50%~70%，全县受旱面积40万亩以上，其中水浇地17万亩，11万亩严重受旱，山旱地29万余亩全部受旱，旱地播种的15万亩豌豆、10万亩小麦、3万亩油菜基本无收，比1988年减产粮食2750~3000万公斤。【哈密地区】哈密市山水来水量比历年平均减少54%，春播面积只完成计划的78%，少播7万亩。干旱成灾面积21万亩，占总面积的85%，其中减产3~5成的4.6万亩，减产5~8成的5.1万亩，绝收的11.3万亩。到5月底，哈密地区降水比历年减少40~60%，进入6月后，旱情持续发展，5月25日以后气温又偏低，积雪难以融化，河水基本断流。巴里坤县去冬山区积雪甚少，只有1.5厘米，较正常年景减少45厘米以上。春播时节，气温偏低，降水量较历年平均值减少38%，造成干旱无墒的不利播种局面。该县今年实播24.6万亩，完成计划的78.3%。进入5、6月份，旱情不断发展，降水量持续偏少，5月份降水量比历年同期减少99.4%，6月份比历年同期减少58.5%，县境内十几条河沟断流，部分未断流的河沟来水量也只有正常年景同期的25%~50%，致使10余万亩靠山水灌溉的农田基本绝收。该县4万余亩靠机井灌溉的农田，因水利发电严重不足而受旱。全县所有农田均不同程度受旱，成灾面积达21万亩，占播种面积的85.4%。全县成灾人口4.08万，占全县农业人口的81%，粮食总产比上年减产51%。直接经济损失1034万元。由于北部山地干旱，位于该地区的西黑沟电站，装机容量为1200千瓦，因水量太少只能发电100千瓦。哈密市河流基本断流，地区库容量最大的石城子水库，到6月中旬库存仅为去年同期的1/6，全区山沟水系断流，泉眼干涸，天无降水，地下水位下降，部分地区出现人畜饮水困难的局面。全地区播种面积比去年减少5.36万亩，受旱农作物面积达26.2万亩，占总播种面积的64.5%，草场一片枯黄。【巴音郭楞自治州】受旱面积30万亩，主要分布在轮台和和硕两县。轮台县需水量8679万立方米，河道、水库和提取地下水总水量7045.97万立方米，缺水1633.03万立方米，受旱面积10万亩，其中迪那河灌区6万亩，阳霞乡3万亩，策达雅乡0.8万亩，野云沟乡0.2万亩。【喀什地区】6月下旬至7月上旬5大河流（叶尔羌河、提孜那甫河、盖孜河、克孜河、库山河）来水量比上年同期减少44%。此时正值复播和棉田灌水关键时期，造成复播进度缓慢，棉花大量落蕾。到6月29日统计，180万亩复播任务只完成95万亩，占52.8%。165.5万亩棉花，6月25日已进入盛花期，急需灌水，但到7月4日也未能浇水，导致花蕾大量脱落。截至7月7日，叶城县全县仅有5.7万亩玉米、3.5万亩棉花灌溉头水，分别占玉米播种面积的28%和棉花播种面积的31.8%。

1990年 新疆前冬气温高，积雪较同期减少3~9成，冬麦越冬困难，北部和东部春季降水减少3~9成，春旱严重，全疆受旱县（市）48个，受旱、成灾面积分别达43.0万公顷和27.8万公顷。【阿勒泰地区】布尔津县4月5日至7月10日，降雨量不足16毫米，比常年同期偏少63%，加之气温比常年高1~2℃，又刮着5级以下热风，蒸发量增大，草木枯黄，8000余亩旱地受旱致枯，牧草生长受到抑制，农牧民直接损失在300万元以上。【塔城地区】受灾农田面积17.07万亩，成灾10.5万亩，绝收10万亩，减产1500万公斤。6月底7月初和布克赛尔县连续刮干热风，降水量极少，仅有3.8毫米，造成农作物大面积严重受灾，全县受灾农田面积2.21万亩，成灾面积1.19万亩，预计减产101.5万公斤，成灾2.12万人，灾害造成61.5万公斤籽种和44.5万公斤口粮的缺口。

塔城市9月5日至10月6日，连续32天无降水，此时正是冬麦播种的最佳时期，由于土壤干旱，2000亩冬麦干死。和布克赛尔县从6月初到7月底没有下过一场透雨，同时连续刮6~7级热风，小麦扬花受到严重影响，造成粮食大面积减产，全县有2.21万亩小麦颗粒无收，占总面积的32%，约减产195万公斤。【乌鲁木齐市】7~10月南郊沙尔达坂、水西沟、坂房沟、永丰乡受旱。仅达坂城区四乡一镇的粮食受旱就达4000余亩，减产20万公斤。全县共计受旱1.2万亩，粮食减产50公万斤。牧草后期受旱，冬夏窝子牧草生长不好，致使部分牲畜膘情差。东山区芦草沟乡持续干旱，五个村农作物受旱面积2750亩。【巴音郭楞自治州】兵团农二师30团受旱为2300亩。轮台县全县10.6万亩小麦到5月10日浇头水的仅3.7万亩，致使7万亩小麦受旱，截止5月25日才浇完水头，比去年推迟15天，全县小麦大面积受旱。

第六节　公元1991—2000年的干旱灾害

1991年　新疆特大干旱，特点是面积大、强度重、阶段性影响明显，即春季干旱最重，夏季有所缓解，秋季又旱。干旱波及全疆15个地州市38个县，受旱严重的有塔城、伊犁、阿勒泰、哈密、昌吉等地州。阿克苏、喀什等地州灾情也比较严重。北疆地区，3~5月降水持续偏少，6站降水平均值偏少程度是历史上最少年份的第三位，由于自然降水少，加之4月中旬到5月上旬气温偏低，使得全疆33条主要河流来水不稳，水量普遍较历年同期偏少20%，小河出现断流。据4月底统计，昌吉、阿勒泰、克拉玛依、阿克苏等地州市的水库蓄水较去年同期偏少8379万立方米。南疆春季天气不稳定，气温低，降水少，致使河水流量减少，喀什4月份主要河流来水量较常年减少0.57亿立方米。全疆农田累积受旱面积为1126万亩，占农田总面积的四分之一，成灾590万亩，绝收126万亩；草场受旱面积3.28亿亩，占山区可利用草场面积的45%；受旱牲畜1500多万头（只）。自治区政府拿出资金350万元、柴油400吨、氮肥6000吨、磷肥5000吨用于抗旱。地州受灾情况：【阿勒泰地区】4~7月基本无雨，造成严重干旱。全地区粮食作物受灾68万亩，成灾17.20万亩。减产粮食2000万公斤以上，成灾人口4.36万，其中特重灾民3898人，重灾1.35万人。4~5月除布尔津县、哈巴河县降3~5毫米的雨水以外，绝大部分县基本无降水，比常年偏少8~10成，受灾小麦11.9万亩，减产892.5万公斤，旱地小麦9万亩全部绝收，减产360万公斤，合计1250万公斤，受灾甜菜1万亩，经济损失875万元；四季草场均受旱，其中，旱情较重的有2640万亩，受灾牲畜86万头（只），20万头（只）牲畜饮水困难，损失牧草6.6亿公斤。布尔津县全县2.3万亩农田受灾，受灾人口250户1500人。富蕴县、福海县旱情严重，富蕴县受旱面积6.6万亩，其中干旱严重的有3.7万多亩，草场受旱面积1291万亩，占牧场总面积的84%，畜牧业生产出现严重困难。福海县受旱灾面积7.15万亩，有2.3万亩绝收。【塔城地区】4~6月份旱情尤为严重，平均降雨量比去年同期减少59.2%，区内各条主要河流来水量比上年减少30%，此时正是该地区部分县的棉花、玉米等喜温作物播种时期，由于土壤墒情不好，出苗受到很大影响，全区5275万亩草场干旱、缺草，占总面积的56%。瘦弱畜84

万头（只），死亡5.5万头（只），10万头（只）牲畜和5000牧民饮水困难，损失牧草7.4亿公斤。全区农作物受灾132.5万亩，占播种面积的40.8%，其中粮食作物受灾72.87万亩，棉花油料等经济作物受灾60万亩，成灾72万亩，减产4650万公斤。和布克赛尔县有2万亩春播作物受不同程度的旱灾危害，有30万亩草场发生蝗虫，200平方公里草场严重枯黄，牲畜死亡率高。塔城市连续41天无降水，夏季持续干旱，只有50%的草场可打草，受灾农田面积共38.3万亩，成灾30.27万亩。其中以干旱灾害为主，共减产粮食975.9万公斤。额敏县受灾农田面积达13万亩，成灾11万亩，粮食比上年减产1100多万公斤，死亡牲畜5000余头（只）。裕民县受灾农田面积22.4万亩，其中旱灾17万亩，病虫害4.83万亩，其它灾害5000多亩。托里县以干旱为主，其他灾害也有发生，受灾12万亩，成灾8.2万亩，其中3.3万亩绝收，减产粮食200万公斤，有15万亩草场发生蝗虫灾害。乌苏县从3月8日至5月3日56天中，仅4月上旬下过3.9毫米的雨，河流来水减少40%，气温偏高，土壤水分大量蒸发，全县60万亩耕地缺水8500万立方米，2000万亩草场有1130万亩受旱，春播作物中有1.45万亩棉花等未出苗。沙湾县是1962年以来干旱最严重的一年，损失无法估计。【伊犁地区】4～5月，60多天未降雨，全地区地表面水流量减少40%～60%，全地区草场受旱面积2243万亩，饮水有困难的牧民6.74万人、牲畜150.7万头（只）。较为严重的是霍城、伊宁、察布查尔等县减少60%左右，特克斯、巩留县减少50%左右，农田受旱146万亩，严重旱灾面积48万亩，受旱草场1500万亩；昭苏县遭特大旱灾，致使22万亩农作物受灾，占总播种面积的10%，成灾面积19万亩，减产粮食1044万公斤，油料减产330万公斤。【博尔塔拉自治州】1990年冬降雪量偏少，1991年2月到6月的月降水比往年少50%，4月至5月，博尔塔拉自治州所有四季草场都没有降雨，农业用水最多的5月份博乐县降水只有0.9毫米，为历年同期最少值。开春至5月底，该州的博乐河流量下降，山水比往年减少50%。全州受灾1.17万户5.80万人，农作物受灾面积34.42万亩，成灾面积12.7万亩，其中14.33万亩小麦未浇头水，因缺苗翻种面积1.76万亩，补种面积6.28万亩，全州成灾面积12.74万亩，其中粮食成灾面积9.24万亩，减产380.2万公斤；经济作物成灾面积3.49万亩，减产79.5万公斤，另外还有8万亩待播地因缺水不能播种。牧业受灾人口为3406户，牧草大部分枯死，春秋牧场基本无草可觅，大部分牲畜体质下降，受旱草场面积1185万亩，其中，严重受旱556万亩，损失牧草2.8亿公斤，成幼畜死亡3.9万头（只），接经济损失1390万元。博乐市因缺水少播4500亩；牧区因干旱造成1965万亩草场受害，牧草枯死170万亩，全州大畜死亡3452头，羊死亡49912只。【石河子市】3～5月份各地降水量比常年偏少62%～67%，各河流水系来水比去年减少1/2，比常年减少40%，全地区水库蓄水比去年减少7800万立方米。干旱使春灌供水不足，墒情不好，影响各种作物的正常生长发育。兵团农八师150团（莫索湾垦区）春小麦60%受旱，不能正常灌浆，20%小麦过早干秕，棉花约10%植株分叶片卷缩。兵团农八师121团（炮台垦区）干旱和虫害危害，使农业收入减少190万元。【昌吉自治州】降雨比历年平均值少41%，河系来水比去年少40%，其中奇台少89%，木垒少64%，全州旱灾成灾面积85.33万亩，减产粮食6173.58万公斤。死亡牲畜4.56万头（只）。干旱使全州棉花等经济作物长势较去年差，牧区牧草生长低矮，产量减少，造成冬春缺草9500万公斤。截止5月31日，全州水库总蓄水量比去年同期少2402.4万立方米，比春旱较重的1989年少

2171.3万立方米，地表土5～10厘米呈干土，地下水位下降1～1.5米，泉眼干涸、牧草枯黄，人畜饮水困难，到5月5日冬麦头水只灌溉了11万亩，不及上年同期的一半，干旱使该州作物播种期普遍缩短，东部和山区旱地的小麦处在严重失水状态下，产量受到严重影响，受旱春秋草场2000万亩，损失牧草2亿公斤，直接经济损失1000万元。奇台、木垒两县旱地春麦出苗率只有50%，棉田缺苗严重，50%以上不出苗。玛纳斯县4～5月持续高温，降水偏少，粮食作物成灾1.47万亩，减产147万公斤，有17.8万亩小麦因缺水比常年少灌一次水，减产20%，其中有1.06万亩绝收。有300多万亩放牧草场及10万亩打草场发生严重干旱，牧草未长，且有107万亩发生蝗灾。因旱无草生，死亡大小牲畜1.94万头（只）。呼图壁县粮食作物成灾1.47万亩，减产36.75万公斤。昌吉县粮食作物成灾1.6万亩，减产200万公斤。吉木萨尔县粮食作物成灾9.46万亩，减产394.38万公斤。米泉县从4月7日至6月12日的66天的降水量严重偏少，还不到5毫米，加之5月中旬出现的历史上罕见的持续高温，造成河水流量减少，地下水位下降，水库水量骤减，小麦因缺水减产，个别绝产，牧区草场枯竭，人畜饮水艰难，牲畜部分死亡，产毛量大幅度下降。秋旱又给冬小麦播种、出苗造成了危害。粮食作物成灾1.25万亩，减产280.71万公斤。阜康县粮食作物成灾面积3.8万亩，经济作物成灾面积5000亩，共减产300万公斤。奇台县3月7日至6月8日二个月内降水量只有14毫米，有26个村2409户13万人受灾，成灾面积52万亩，占播种面积的61.4%，其中粮食作物成灾31.5万亩，减产2205.31万公斤。木垒县干旱成灾面积36.5万亩，减产1159万公斤，成灾人口4.2万。【乌鲁木齐市】1～2月，山区积雪偏少，春季稳定积雪融化提前半个月，造成河水流量偏少。4～5月份降水总量比正常年份降水减少80%左右；10月至12月中旬，降水量比正常年份减少60%以上。至6月20日，乌鲁木齐青年渠输入乌拉泊水库的水量仅为正常年份的2%，乌拉泊、红雁池水库均接近死库容，致使乌鲁木齐市郊区的水浇地，尤其是南郊部分靠雨水耕种的农田严重缺水。尽管乌鲁木齐市和县人工影响天气办公室与气象部门联合进行多次山区人工增雨作业，其中三次取得显著的作用，在一定程度上缓解了旱情，但是，干旱造成的损失还相当严重，全市受旱面积为33.63万亩，占实播面积的53%，其中农垦局和东山区分别高达65%和66%。因严重缺水春苗枯萎而放弃的各种农作物和牧草面积为9.47万亩，占耕种面积的15%，其中农垦系统高达20%。出现了1297户缺粮，造成1990万元的损失。受旱草场500万亩，由于春旱缺草，严重影响了牧区的接羔育幼工作，幼畜死亡率比较高，乌鲁木齐县各种牲畜死亡2万余头（只），占存栏数的3.6%。造成直接经济损失约为4259万元。东山区芦草沟乡所属五个农牧业村农作物受旱2750亩，损失粮食20万公斤，蔬菜200亩，损失10万元。两个牧业村春秋草场受旱14.78万亩、夏草场受旱2.96万亩、冬草场受旱9.78万亩。使2.1万头（只）牲畜饮水、饲草严重不足，死亡成畜306头（只），流产幼畜2009只，牧民收入减少11.14万元，合计经济损失33.4万元，造成175户1486人越冬生活困难。【哈密地区】1～4月总降水量比上年减少2/3，4～5月的降雨量，比大旱的1989年减少59%。受旱草场总面积2450万亩，损失牧草6.2亿公斤；全区农作物受灾35万亩，占播种面积70%，绝收4.8万亩，减产粮食1.1万吨、棉花1234吨、油料959吨，直接经济损失1140万元。受旱草场4150万亩，蝗虫发生面积513万亩，产草量比上年减少37%，全区成灾人口7.6万。哈密地区受旱最重的是巴里坤、伊吾等县，该地由于冬雪少，4月份气温回升仍缓慢，低温无雨，山水流下来的时间较上年晚20天，且流量小。巴里坤县农作物成灾15万亩，占总播种面积55％，绝收2.3万亩。全县只完成播种面积的74％，受灾草场1597万亩，产草量比去年减少30％，绝收600万亩，受灾9203户4.61万人。自然放牧草场牧草长势只有正常年景的25％，打草场为40％，全县大部分牲畜的采食、饮水都有困难。伊吾县粮食作物受灾面积1.35万亩，减产粮食27.50万公斤、棉花27吨、油料72吨，牧区6000多亩草料因缺水无法播种，草场受旱面积600万亩，其中，400万亩一片干黄。哈密市，特别是沿天山一带各乡旱情严重，从4月起一直延续到11月份，减产粮食近300万公斤，草场受旱1600万亩，占可利用草场82％，其中重灾干枯草场800万亩，产草量降低60％，死亡牲畜近万头（只）。蝗虫危害草场87万亩。【吐鲁番地区】小麦受旱11.2万亩，占播种面积51％，其中5.84万亩大幅减产，占27％，几乎无收7700亩，总减产250万公斤。棉花受旱20.2万亩，占播种面积79.5％。受棉蚜虫灾8.8万亩。葡萄受旱6.8万亩，占全地区葡萄面积41.7％，其中严重减产2.45万亩，占15％。全地区840万亩草场受旱，680万亩严重受旱，缺水、缺草牲畜13.59万头（只），死亡3.26万头（只）。2210名牧民饮水困难，损失牧草5250万公斤；鄯善县0.2万亩棉花缺水不能播种。【巴音郭楞自治州】农作物受灾面积16万余亩，和静、尉犁、轮台、且末、若羌县4～5月50％的小麦未浇头水，受旱草场面积1301万亩，受灾牲畜59万头（只），幼畜死亡8.73万头（只）。其中，20万头（只）牲畜和3200个牧民饮水困难，损失牧草4.6亿公斤。【阿克苏地区】草场受旱面积950万亩，18万头（只）牲畜和1130名牧民饮水困难，损失牧草3.3亿公斤。【克孜勒苏自治州】春草场受旱面积300万亩，其他草场也有不同程度的旱情，阿克陶、乌恰、阿图什9个牧业乡的40万头（只）牲畜受灾，其中，32万头（只）牲畜饮水困难，损失牧草1.05亿公斤。

1992年 上半年部分地区因无水，加之1991年秋旱严重，旱情持续加重。全疆受旱农作物面积达70余万亩。木垒、巴里坤、伊吾等县一带受旱草场在600万亩以上。【博尔塔拉自治州】精河县托里乡529人受灾，小麦受灾面积500亩，损失均在8成以上。【吐鲁番地区】吐鲁番市由于春季牧区缺水，有7650只羊死亡，2300余只羊羔流产，480万亩草场缺水，50多万头牲畜受到干旱威协。2月，吐鲁番市牧区雪少成灾，2100名牧民和6.22万只羊缺水。【喀什地区】小海子垦区（巴楚县）干旱缺水，6月20日喀什地区防汛抗旱指挥部及时调水缓解旱情。叶尔羌河水量减少一半，巴楚县40万亩棉花久旱成灾。【和田地区】干旱，截止5月底全地区河流水量较上年同期减少32％，较历年同期减少24％，农作物受灾18.03万亩，其中绝收2972亩。

1993年 北疆部分地区和南疆干旱，其中南疆的克孜勒苏、喀什、和田等州地发生全年性干旱。1993年末至1994年春，巴音郭楞自治州、阿克苏、克孜勒苏自治州、喀什、和田等地入冬以来降雪很少或无降雪，和田地区比历史同期减少79.5％，喀什、克孜勒苏等地基本无降水，阿克苏、巴音郭楞等地州缺水2.6亿立方米，持续干旱使南疆形成历史上少见的枯水年，草场干旱，灾情严重。全区旱灾面积13.2万亩。【石河子市】兵团农八师121团（炮台垦区）出现春旱。【昌吉自治州】奇台县北塔山牧场死亡牛39头、马92匹、骆驼41峰、山羊1362只、绵羊4478只。【哈密地区】伊吾县冬草场普遍缺水，

第一章 干 旱

牲畜转入冬草场后，前山、盐池、吐葫芦3乡（场）150群牲畜和牧民饮水十分困难，其中80余群牲畜因长距离驱赶放牧，造成3.5万头牲畜膘情下降、瘦弱畜增加、乏弱畜增多。为缓解牧区人畜饮水紧张的局面，伊吾县投入38万元挖泉眼，掏废井，拉水运冰10余天。【巴音郭楞自治州】若羌县铁干里克乡英苏牧区因春旱致使草饲料严重不足，共死亡牲畜1938（头）只，价值16.11万元，并出现55户225人短缺口粮现象。【阿克苏地区】库车、拜城、乌什等县的60多万头牲畜需到30公里以外的地方去喝水。沙雅县粮食减产约650吨，棉花减产约1680吨。【喀什地区】5月英吉沙县旱情严重，库山河和依格孜牙沙河水流量比去年同期少40%。【和田地区】全年除个别月份有些降水外其余大部时段基本无降水，发生全年性干旱。1993年末至1994年春，降水量比历史同期减少79.5%，形成历史上少见的枯水年。

1994年 北疆部分地区和南疆干旱，特别是南疆的哈密、阿克苏、巴音郭楞、喀什、和田等地州降水稀少，河流来水量及水库储水量比历年同期偏少50%～70%。截止4月下旬，全区有180万亩冬小麦没有浇头水，有44万亩小麦到6月初没灌二水，同时30万亩棉花也没水浇。七八月份，全疆有7个地州、19个县出现旱情，严重影响了夏粮作物生长及产量。其中，哈密、阿克苏、巴音郭楞、喀什、和田等地州受旱面积达103.69万亩，其中绝收12.36万亩，减产粮食5.51万吨，经济损失2.09亿元。喀什、和田地区的牧区产草量比常年下降50%左右。【阿勒泰地区】布尔津县5～6月降水比常年同期少60%，比干旱年的1962年还少，5月降水为9.8毫米，6月降水仅0.1毫米，加之出现干热风，旱情加剧，致使全县3万亩小麦、油料作物叶片焦卷发黄，其中8000亩小麦和4000亩油料作物已枯死，损失在300万元以上。全县百万亩草场受害，牧草高度比常年矮30～60厘米，直接经济损失在500万元以上。吉木乃县有1.45万亩小麦因无水可浇开始大面积枯死，占全部小麦播种面积的26.9%，减产600万公斤以上。350万亩草场产草量仅为往年的30%左右，6.8万亩自然打草场仅为往年的10%～15%，2.2万亩苜蓿地只有1万亩能打一茬草，减产饲草5万立方米；三北防护林阿海工程50%的林木受灾。【塔城地区】北部地区旱情最为严重，塔城市20%的冬麦未浇三水，17万亩农作物因无水浇而近于绝收。【昌吉自治州】米泉县由于夏季高温少雨，后夏异常酷热，旱情严重。柏杨河乡3500亩草场受灾，较严重的红柳村、独山子村1500亩草场枯萎，经济损失达45万元。【乌鲁木齐市】达坂城区遭受春旱，1000多亩草场干枯，8万头牲畜瘦弱，面临着"冬草场吃光，夏草场无草"的严重局面，315户牧民的1906头牲畜死亡，经济损失51.8万元。【哈密地区】哈密市共有冬草场544.5万亩，干枯无草的占50%，12月18日，降雪，虽缓解了旱情，然而，降雪甚厚又形成白灾，给牲畜越冬渡春造成了很大的困难。【巴音郭楞自治州】343万亩草场受旱，有35万头牲畜饮水困难。兵团农二师30团受旱2295亩。【喀什地区】春季干旱缺水，旱情严重。6月农三师库容量5亿立方米的小海子水库和蓄水量为2亿立方米的永安坝水库（巴楚县）全部干涸，出现严重干旱。【和田地区】河流来水量及水库储水量比历年同期偏少50%～70%，夏季酷热少雨，其中民丰年降水量比常年明显偏少，气温≥35℃的高温日数达41天，大面积牧草枯萎，品质下降，影响畜牧业的发展，产草量比1993年下降50%左右，山区草场有6000万亩受旱，受灾牲畜350万头左右，其中有80万头被迫转往农区过冬。

1995年 北疆地区和南疆部分地区干旱。阿勒泰、塔城、伊犁、昌吉、博尔塔拉等地州积雪较常年偏少40%～60%；加之1～6月份北疆地区降水持续偏少，大部份地区6个月的总降水量比历年同期偏少30%～60%，农业生产关键季节的4月总降水量比历年同期偏少50%左右，河水来水量也较往年减少，其中阿勒泰乌伦古河断流，水库蓄水也比往年偏少，哈密地区比往年少蓄水45%左右；全疆受旱农田达660万亩，草场受旱达1.6亿亩，受灾牲畜1000多万头（只），冬春草场产草量减少40%～50%。【阿勒泰地区】吉木乃县5000亩小麦旱死。阿勒泰市农作物成灾6520亩，减产196万公斤，玉米成灾4300亩，绝收3580亩，减产172万公斤，其它作物成灾4380亩，绝收2780亩，减产41万公斤。【塔城地区】农作物受灾面积6.73万公顷，成灾4.87万公顷，其中1.2万公顷绝收。直接经济损失1.2亿元。塔城市9月13日，南湖草场因干旱引起火灾，过火面积达4.2万亩，损失牧草4200万公斤，直接经济损失21万元。裕民县因干旱引起蝗虫灾害，受灾草场面积达42万亩，损失牧草4200万公斤，直接经济损失2100万元。【伊犁地区】农作物受灾面积5.87万公顷，成灾4.67万公顷。其中夏粮绝收1万公顷，减产2660万公斤，草场受灾200万公顷，减少储草2亿多公斤，全地区受灾户3.4万户，15.6万人，直接经济损失2.65亿元。察布查尔县遭遇到历史上最为严重的干旱灾情，3月底至5月上旬近40天无降雨，受灾农田面积1.2万公顷，占总播种面积的45.6%。灾情主要集中在山区5个乡，受灾7780户，4.51万人。【博尔塔拉自治州】博乐市、温泉县、精河县五六月份农牧区没有下过一场透雨，全州平均降水量与历年同期相比减少48%。其中春季温泉县干旱严重，4～6月份降水量分别比历年同期偏少42%～89%，河流和水库水位下降，大部分农田、牧场严重缺水。旱情持续时间长达50多天，全州各种农作物受旱面积73.6万亩，占总播面积的76.5%，成灾面积16.16万亩。【昌吉自治州】奇台县春夏季降水较少，北塔山牧场牲畜饮水十分困难，三个畜牧队每天动用六辆车往返十二趟拉水供牲畜饮用。由于干旱导致死亡牛64头、马123匹、骆驼92峰、山羊1537只、绵羊4562只。木垒县秋旱十分严重，基本未降雨雪，使自然打草场产草量减产30%，各春牧场牧草减产50%，沿天山一带4.88万亩冬小麦不能适时播种，占计划数的4.5%，冬麦播种仅完成计划的34.1%。【乌鲁木齐市】5～6月连续30余天滴雨未见，使10余万亩大田作物遭受严重干旱。为此全市农业战线的干部和广大群众积极开展抗旱救灾，除在水资源上利用强化节水措施，限制每亩农田用水量外，又在6月份开展人工增雨，缓解旱情。【哈密地区】巴里坤县干旱，北山地表水量比历年减少80%，部分河道出现断流，7.6万亩小麦不能播种，牧草长势差，乏弱畜增多，幼畜死亡率上升，仔畜死亡1.15万头（只），母畜流产2.19万头（只）。【巴音郭楞自治州】轮台县2～5月各主要河流来水量比历年同期减少60%，由于旱情严重，夏粮比上年减产235万公斤。

1996年 夏季，北疆阿勒泰地区、克拉玛依市干旱。【阿勒泰地区】哈巴河县2个乡6个村的作物受灾，其中小麦受灾农田面积3600亩，减产21.6万公斤，受灾286户1742人，经济损失34万元。布尔津县窝依莫克村、也拉曼村、阿合加尔村受旱小麦3173亩、苜蓿400亩、塔尔米300亩、洋芋100亩，损失107.50万元；3.3万亩旱地作物绝收，减产423万公斤，折合人民币634万元；水地受旱1.46万亩，减产122万公斤，绝收

0.17万亩；重灾0.29万亩，轻灾1万亩，折合人民币183万元。阿勒泰市因降水少，河水流量不足，出现干旱，全市农作物受灾面积4万亩，绝收6189亩，其中，小麦严重受灾3万亩，绝收3280亩；玉米绝收2429亩；油料绝收480亩；合计损失1916万元。吉木乃县4个乡26个村2072户1.14万人受灾，农作物受灾面积5～6万亩，其中粮食作物受灾农田面积4.1万亩，苜蓿受灾农田面积1.5万亩，7000亩防风林无水可浇；8月初，又遭历年不遇的干旱，450多万亩春秋牧场牧草枯萎发黄，县水泥厂因缺水处于停产状态，合计经济损失280.3万元。福海县5个乡970户5335人受灾，农作物受灾面积2.03万亩，其中小麦1.23万亩、甜菜0.5万亩、玉米0.3万亩，绝收面积0.66万亩，其中小麦0.4万亩、甜菜0.2万亩、玉米0.06万亩。严重受灾0.77万亩，其中小麦0.5万亩、甜菜0.2万亩、玉米0.07万亩。合计经济损失235万元。富蕴县4个乡13个村受灾，受灾小麦2.6万亩，豌豆1万亩，绝收小麦2.3万亩，豌豆0.8万亩，经济损失385.2万元。【克拉玛依市】由于高山积雪薄，致使严重干旱。为确保居民的生活和石油生产的用水，克拉玛依市政府采取限量供水，每人每月仅2立方米生活用水，绿化带全部用污水浇灌。

1997年 全疆干旱。范围涉及到阿勒泰、塔城、博尔塔拉、伊犁、昌吉、乌鲁木齐、哈密、巴音郭楞、喀什、克孜勒苏、和田等11个地州60多个县（市），受灾的范围之广、持续时间之长都是多年来罕见的。4～10月，上述地州的降水量远远低于历年同期水平，其中阿勒泰减少80%，昌吉减少67%，哈密减少78.6%，和田减少61.2%。全疆各河道来水量平均比常年减少20%～70%不等，工程蓄水量比常年减少10%～25%，106座小型水库干涸，3809眼机电井出水不足。农作物受旱面积37.85万公顷，成灾24.62万公顷，绝收7.13万公顷。全疆因受旱小麦播种面积比计划减少近10%。草场受旱面积约0.22亿公顷，其中阿勒泰、塔城、昌吉、哈密、克孜勒苏、和田等地州的春、秋、冬草场80%以上受旱，夏草场50%以上受旱，产草量一般减少30%～40%，严重的减少50%以上，天然草场打草量比去年减少17%。受旱灾影响昌吉有近15%的牲畜被迫转到农区饲养，伊犁地区冬草场只能安排73%的牲畜过冬。大批活畜提前出栏，活畜价格比上年下降30%。入冬后，全区的旱情始终没有得到缓解，直到11月9日局部地区才降了少量的雪，比往年降雪时间迟了两个多月，给人畜饮水造成严重困难。因旱缺草，死亡牲畜45万余头（只），当年羔子的体重比一般年份减少3～5公斤。旱灾对全区农牧业生产造成的直接经济损失27亿元。【阿勒泰地区】基本无降雨，全地区冬春草场普遍干旱，受旱草场面积达4000多万亩。乌伦古河断流，福海水库蓄水量不到往年的一半，额尔齐斯河水流量也比往年大大减少，打草场无法灌溉，产草量减少50%。富蕴县农作物受灾3.78万亩，绝收0.47万亩，经济损失345万元。吉木乃县全县183户972人缺粮2个月，计2.92万公斤；314户1782人缺粮4个月，计10.70万公斤；缺粮6个月的有552户3286人，计29.57万公斤，全县共计缺粮43.19万公斤。【塔城地区】托里县1997年开春以来，特别是5～6月旱情严重，致使全县3404户1.63万人受灾（其中农业户1482户6689人，牧业户1922户9610人）损失极为严重。【伊犁地区】所有牧区滴雨未下，春秋草场受旱面积900万亩，打草场也受到严重干旱影响，损失牧草9亿公斤。直接经济损失4500万元。【博尔塔拉自治州】温泉县农作物成灾面积104公顷，直接经济损失7.2万元。博乐市乌图布拉格乡等4个乡（镇、场）干旱，受灾320人，农作物受灾面积1660公顷，成灾面积940公顷，造成直接经济损失30万元。【昌吉自治州】玛纳斯县农作物受旱面积35万亩，严重受旱面积20万亩。吉木萨尔县旱灾面积6.47万亩，占总播种面积25.5％，其中，冬小麦4.89万亩，地膜玉米1.23万亩，其它农作物3500亩。阜康县农作物受灾面积6万亩，绝收面积1.25万亩。奇台县农作物受灾面积达52万亩。米泉县农作物受灾面积1271亩，受灾户401户。木垒县农作物受灾面积1.33万公顷，绝收面积2000公顷，山区牲畜因采食困难受到严重威胁，直接损失112.50万元。兵团农六师103团受灾1414亩。【乌鲁木齐市】大面积春季作物受灾，乌鲁木齐河灌区4万亩农田绝收，水库蓄水量锐减，供水量仅有往年的40％，水产养殖损失严重，数万亩农作物、7000多亩新增绿地、600亩草场受到严重威胁，城市水荒加剧。为缓解旱情，乌鲁木齐市人工影响天气办公室在驻军和有关单位配合下，利用5月3日的有利天气过程，在永丰乡、后峡两个炮点，进行了人工增雨作业。【巴音郭楞自治州】若羌县南部山区因冬春降雪量急剧减少，若羌河、瓦石峡河水流量比正常年份同期减少近一半，发生旱灾，2500亩小麦中50％以上枯死，650亩小麦全部枯死，林带、果园遇到病虫害的侵袭，20％～30％的林木枝叶全部脱落，直接经济损失120万元。【克孜勒苏自治州】全州因持续干旱受灾牧民1.1万户5.1万人。受灾牲畜99.64万头（只），占牲畜存栏的52.8％。受灾草场面积3500万亩，占全州可利用草场总面积的70％，其中，春秋草场1900万亩，夏秋草场550万亩，冬春草场1050万亩。各季草场和打草场分别减产50％～30％，严重的达70％～80％，最严重的超过90％。【喀什地区】塔什库尔干县自然草场年产草量减少40％～60％，致使大量牲畜死亡，各种农作物也相应减产。【和田地区】春、冬草场受旱80％以上，夏草场受旱50％以上，产草量减少20％～30％，严重的减产50％，天然草场打草量比去年减少17％；干旱使春玉米结实率普遍降低，平均只有60％，差的还不到50％。民丰县降水量异常偏少，连续无降水日数251天，由于气温持续偏高、风速较大，使蒸发旺盛，土壤失墒快，全县大部分棉花出现出苗不齐，缺苗严重；春草场草料严重不足，引起瘦弱牲畜明显增多，母畜体质下降，存畜成活率下降。

1998年 南疆干旱。巴音郭楞、阿克苏、喀什、克孜勒苏、和田等地州从1997年9月份以来，除个别月份有些降水外，其余大部时间无降水。尤其是和田地区春季冬春草场旱情严重，全地区约有800多万亩将萌发的牧草基本干枯，且牲畜由于长期采食含沙尘量较多的牧草，腹泻较为严重，加之春季牲畜膘情差，成幼畜死亡和仔畜死亡增多。据统计，到5月初，全地区死亡牲畜（成畜）3.5万头（只），比1997年同期增加20％；仔畜死亡3.08万头（只），比1997年同期增加15％；牲畜损失约750万元。【巴音郭楞自治州】轮台县2～5月九条山溪性河流来水量不足3立方米/秒。全县冬麦受灾面积达10万亩。为抗旱，共投入资金50万元，春季破冰25.58公里，开电井34眼，提取地下水610万立方米，使用FA旱地龙喷施面积7.3万亩。【和田地区】9月份以来基本无降水，引发干旱。全地区约有800多万亩将萌发的牧草基本干枯，牲畜由于长期采食含沙尘量较多的牧草，腹泻较为严重，加之春季牲畜膘情差，牲畜死亡3.5万头（只），比1997年同期增加20％；仔畜死亡3.08万头（只），比1997年同期增加15％；牲畜损失约750万元。

1999 年 7 月【昌吉自治州】马纳斯县高温干旱，新湖农场 5 万亩棉花受灾，蕾铃大量脱落。影响产量。1～6 月，南疆大部分地区降水持续偏少，近 3000 万亩农田缺水。【和田地区】1999 年冬到 2000 年 3 月上旬无降水，冬季昆仑山积雪较少，近 3000 万亩农田缺水，民丰县有 1 万亩棉花受旱。

2000 年 北疆部分地区和南疆 5 地州出现不同程度的旱情。其中喀什地区大部分县，阿克苏、和田地区及巴音郭楞州有 15 个县受旱最为严重。喀什地区 1～4 月 5 条大河来水总量比上年减少 10.6%，3 月下旬至 5 月，主要河流叶尔羌河来水量比上年同期减少 20%，致使喀什地区春小麦头水灌溉仅完成计划的 32.9%。巴音郭楞州山溪性河流和塔里木河下游来水偏少，水库蓄水比上年同期减少 34%。南疆 5 地州和东疆、北疆部分地区受旱面积达 50 万公顷，其中，26.47 万公顷严重干旱，11.25 万公顷绝收，减产粮食约 31.62 万吨，受灾 160 万人，成灾 116 万人，造成 56.07 万人和 89 万头（只）牲畜饮水困难。直接经济损失 7.94 亿元。【阿勒泰地区】哈巴河县 6 月至 7 月 40 天的干旱，使 3574 人受灾，农作物成灾 942 公顷，直接经济损失 375 万元，共有 2443 人缺粮。【博尔塔拉自治州】温泉县 5 月春麦二水不能及时浇灌，有近 400 亩春麦受旱翻种油葵。【昌吉自治州】玛纳斯县新湖农场 4 月上旬至 5 月上旬，因干旱使棉田失墒面积达 15.59 万亩，经济损失 3000 万元。

第二章 寒潮灾害

第一节 概述

一、寒潮概述

当极地北冰洋或高纬度地区的强冷空气向南暴发，侵入新疆时，常常造成大范围的剧烈降温、大风、降水等天气，这就是寒潮。它对国民经济、社会发展和人民生活有严重影响，是新疆重要的气象灾害。

1. 新疆寒潮天气指标

1) 北疆寒潮

凡北疆地区的代表站中，有1/2以上同时达到下述三条标准时，称为北疆寒潮：

（1）日极端最低气温连续过程总降温达10℃以上；

（2）日极端最低气温24小时内下降最大值达8℃以上，或者日极端最低气温和同期历史平均值比较，负距平大于6℃；

（3）日极端最低气温低于3℃。

其中，日极端最低气温连续过程降温达15℃以上或24小时下降最大值达10℃以上者，称为北疆强寒潮。

2) 南疆寒潮

凡南疆地区的代表站中，有1/2以上同时达到下述三条标准时，称为南疆寒潮：

（1）日极端最低气温连续过程总降温达8℃以上；

（2）日极端最低气温24小时内下降最大值达6℃以上，或者日极端最低气温和同期历史平均值比较，负距平大于5℃；

（3）日极端最低气温低于5℃。

其中，日极端最低气温连续过程降温达10℃以上或24小时下降最大值达8℃以上者，称为南疆强寒潮。

3) 全疆寒潮

凡南、北疆分别同时达到其相应南、北疆寒潮或强寒潮标准时，则称为全疆寒潮或全疆强寒潮。

2. 影响新疆寒潮天气的路径

造成新疆寒潮天气冷空气的源地最终可以追溯到北冰洋及其附近地区。一般来说，对

第二章 寒潮灾害

新疆有直接影响的是泰米尔半岛及以东地区、新地岛及东西两侧、巴伦支海和喀拉海、北欧地区、欧洲中部地区。

入侵新疆的寒潮路径有4条：1）西方路径，源地在欧洲中部，逐渐连续东移，经黑海、里海和中亚地区进入新疆。从源地到黑海一带，一般需要1天左右时间，由黑海移到中亚地区需要2天；2）西北路径，源地在北欧的波罗的海附近，由西北向东南方向移动，经乌拉尔山南端折向东移，再经巴尔喀什湖北部，影响新疆。整个过程需要2～3天；3）北方路径，源地在新地岛附近，沿乌拉尔山南端，大约要2天左右，之后再折向50°N东移，1天后可到巴尔喀什湖附近，然后侵入新疆；4）超极地路径，源地在泰米尔半岛附近，先向西南方向移动，至乌拉尔山东南侧再折向，沿50°N东移，侵入新疆。从泰米尔半岛到乌拉尔山南端，一般需要4～5天，折向东移1天就可到巴尔喀什湖地区。

二、新疆寒潮的天气气候特征

1. 天气特征

由于寒潮源地、路径以及发生的季节不同，它所产生的天气也有很大的差异。

北方路径及超极地路径的寒潮影响范围广、强度大，主要表现为全疆性的剧烈降温，有时可长期维持低温。北方路径寒潮入侵时，北疆、东疆各地和巴音郭楞蒙古自治州最低气温的过程降温都在10℃以上，其中阿勒泰地区、准噶尔盆地及东疆北部，过程降温在15℃以上，南疆其它各地降温6～8℃。在特强寒潮入侵时，北疆各地及东疆北部大部分地区的过程降温可超过25℃，甚至出现过过程降温达39℃，24小时降温29℃的极端情况。在春秋季发生北方路径寒潮时，除了出现强降温外，往往引起全疆性大风。

西北路径寒潮的天气特点是大风、降温、降水兼有，主要影响地区是北疆、东疆和南疆东部地区。阿勒泰地区和塔城地区北部降温15℃以上，北疆其他各地和东疆北部过程降温为12～15℃；东疆南部和南疆东部最低气温可下降8～10℃，南疆其他地区一般下降6℃左右。7级以上的大风可遍及全疆，风口地区的风力可达11级左右。降水主要出现在北疆沿天山一带，一般为小到中雨。

西方路径的寒潮主要影响北疆和东疆北部，偶尔影响南疆西部，主要天气是降水、大风。伊犁河谷和北疆沿天山一带可发生较大的降水，局部地区有暴雨。7级以上的大风，主要发生在北疆和东疆北部，它降温不太强，一般为10～13℃，但阿勒泰东部可下降15℃左右，南疆降温不明显，仅沿天山山间缺口地区会有5～6级偏北风。

总之，北方路径或超极地路径的寒潮，降温特别明显；西北路径寒潮以大风、降温、降水兼有为特征；西方路径的寒潮，以降水最明显。各类寒潮天气主要影响北疆，但东疆和南疆也有部分地区受其影响，特强的寒潮可影响全疆。不同路径的寒潮，以西北路径最多，约占45%，西方路径的约占29%，北方路径的寒潮约占20%，超极地路径的约占7%。

在新疆发生寒潮天气过程的基本环流是：北欧阻塞高压东南衰退，乌拉尔横槽转向东移型；欧洲高压向东南衰退，乌拉尔大槽东移型；乌拉尔脊发展，不稳定低槽南下发展型；极地高压南下登陆与里海脊叠加，喀拉海低槽南下加深型；乌拉尔脊不连续西退，极地冷空气南下型；南欧浅脊和东欧槽东移发展型等6个主要类型。

2. 气候特征

从1957年到2000年，一共出现了202次寒潮，平均每年4.59次（见表2.1）。

表2.1　新疆寒潮出现次数（1957—2000年）

年　代	寒潮总次数	每年平均
1957—1960	37	9.3
1961—1970	69	6.9
1971—1980	42	4.2
1981—1990	26	2.6
1991—2000	28	2.8

从表2.1可以明显地看到，近50年来寒潮次数是每10年明显减少的，特别是1980年代以后，减少更为显著。这说明气候变暖十分显著。

新疆寒潮出现最早的是1992年9月2～4日，出现最晚的是1958年5月30日至6月1日。

新疆寒潮从季节来看，春季最多，占39％，秋季次之，占34％，冬季占27％。其中以3月出现次数最多，4月为次多。

三、新疆寒潮灾害评述

1. 新疆寒潮灾害的一般情况

寒潮天气造成灾害的范围大小、严重程度，与季节、生产水平、经济状况、预防能力有密切关系。在统计的202次寒潮天气中，可以得到下列的结论：1）对新疆国民经济有重大影响的寒潮天气主要发生在春季，特别是4、5月份；2）春季的寒潮灾害是全方位的，雨雪、大风、降温、霜冻往往同时对农业、牧业、交通、石油造成严重影响；冬季的寒潮主要造成雪灾、冻害，对牧业、交通危害显著；秋季的寒潮如果出现过早，在9月中上旬出现，造成霜后花增加，对棉花的产量质量产生极大影响；3）春季寒潮天气中的大风及沙尘暴对交通运输，特别是兰新铁路的百里风区、三十里风区造成极大危害；4）全疆性寒潮灾害北疆以降温、大风为主，南疆则以大风、沙尘暴为多。

2. 重大寒潮灾害

以死亡人数≥5人、经济损失≥1亿元、农田受灾≥100万亩、牲畜受灾≥5万头作为特大灾害的标准。凡是一次灾害造成上述损失之一，就定为是特大灾害。虽然经济损失、农田受灾、牲畜受灾没有达到上述标准，但只要造成人员死亡的寒潮就是重大灾害。根据收集到的灾害情况报告统计来看，重大灾害占32.9％；特大灾害占25％。

1958年5月28～30日全疆寒潮，1966年12月15～17日北疆特强寒潮，1979年4月9～12日全疆强寒潮，1982年5月8～12日全疆寒潮及1999年4月22～25日全疆寒潮都是造成重大经济损失、甚至人员死亡的寒潮天气。由于全球气候变暖，新疆冷空气活动特别是强冷空气活动显著减少，加上防灾科学技术的进步，20世纪90年代以后，寒潮灾害也明显减少。

由于寒潮灾害是与寒潮天气相匹配的，这里只列出了1957年新疆有完整天气图资料以来的寒潮灾害年表。由于各种原因,灾害的收集很不全面,有的灾情资料完整些,有的欠缺较多,有的甚至没有。另外,因为寒潮灾害里有大风、霜冻、冻害等造成的灾情,凡是列入寒潮的灾害就不再列入其他灾种里了,有些冷空气天气过程虽然某些指标未达到寒潮的天气学标准,但已造成严重灾害,也收集在本章中,特此说明。

第二节 公元1957—1966年的寒潮灾害

1957年 1月25~27日全疆特强寒潮,造成阿勒泰、塔城、伊犁等三地区最低气温下降达22~23℃,北疆沿天山一带最低气温下降了15~20℃,其他各地最低气温下降8~12℃。北疆西部下了大雪,北疆其他地方小到中雪,南疆普遍微到小雪。因为是隆冬季节,主要对畜牧业和人类户外活动造成影响。

2月2~4日北疆特强寒潮,北疆北部、西部最低温度下降15~20℃,沿天山一带最低温度下降8~10℃,北疆各地小到中量的降雪。

4月20~22日发生全疆强冷空气入侵。【阿勒泰地区】气候突变,忽降大雪,时风时雪,相继10天之久。在寒潮侵袭下,全地区死亡大小牲畜4100头(只),其中哈巴河县死亡大畜9头(匹)、小畜40头(只);阿勒泰县共死亡大畜310头(匹)、小畜1210只;布尔津县死亡大畜23头(匹),小畜129头(只);吉木乃县羊场死亡大羊216只,小羔2097只。【伊犁地区】出现霜冻,霍城县小卡子乡(兵团农四师62团)油菜大部分烂杆,因冻伤而下陷,数天后干枯;冬小麦叶片变色,苹果树部分花凋落,葡萄发芽部分受冻脱落、干枯。

5月12~13日,全疆强冷空气入侵。【伊犁地区】霍城县出现晚霜,受害面积2.45万亩,其中,棉花受害6700亩,个别地区死亡达70%;玉米受害1.1万亩,伤苗70%左右;大豆受害4200亩,严重地区损苗达80%;油菜受害2560亩,伤苗100%。伊宁县大潘金乡86.8%的大豆受冻,66%死亡;87.5%的玉米受冻,98%以上冻枯;棉花受冻和死亡率达100%,葡萄新梢冻死率达25%,果树受冻率达30%。新源县的烟叶、玉米叶子全部冻坏。【喀什地区】巴楚县大风吹倒土墙和小树,吹掉部分梨、杏花果,玉米、小麦叶子被吹干。塔什库尔干县最大风速达40米/秒,县俱乐部房顶一角及气象站值班室的门窗被大风吹毁,约150亩的麦苗枯死。

10月13~14日北疆中强冷空气,使北疆、东疆各地平均气温下降了14~20℃,南疆部分地区平均气温下降8℃左右,有微到小量降水,风力5级左右。北疆风口7~8级。主要对农业生产造成影响。

11月14~16日北疆强冷空气,造成北疆、东疆各地平均气温下降了10~15℃,北疆北部大雪,其他地区小到中量。对农业生产造成影响(缺少灾情资料)。

1958年 1月8~11日北疆特强寒潮,气温大幅度下降,日平均气温北疆北部为-25~-30℃,北疆沿天山一带为-20~-25℃,北疆西部为-10℃;南疆-5~-10℃。降雪量北疆北部为中量,北疆沿天山一带中到大量,北疆其他各地小到中量。北疆各风口

8级左右西北风,南疆东部6~7级偏东风。因为是隆冬季节,主要对畜牧业和人类户外活动造成影响。

1月25~27日北疆强冷空气,北疆北部最低气温下降了8~10℃,阿勒泰县最低温度-30.1℃,北疆西部、准噶尔盆地腹地的最低气温下降了16~18℃,炮台达到-31.3℃;乌鲁木齐市以东的沿天山一带降温也十分显著,奇台最低气温达到-29.3℃,东疆也有10℃的降温。北疆普遍微到小量的雪。风力5~6级,风口8级。主要对牧业和户外活动造成影响,但灾情不详。

3月21~24日强冷空气,使北疆北部平均气温下降了20℃,北疆其他地区平均气温下降了10~15℃,南疆平均气温下降了10℃,北疆各地下了中到大雨或雪,很多地区刮了6~7级的大风,风口风力达10级左右。对开春生产造成相当损失,但缺少灾情资料。【吐鲁番地区】托克逊县大风持续2天,小麦重灾110亩,轻灾510亩。

4月2~4日全疆受到一次寒潮侵袭,影响到伊犁自治州、昌吉自治州和吐、鄯、托盆地并造成阿克苏、喀什及和田等地区的牧业减产。【乌鲁木齐市】4月4日,达坂城西北大风,平均风力在11~12级左右,瞬间风速在40米/秒以上,摧毁力极大,气象站附近的电杆被吹歪、树木被折断吹倒,损坏许多玻璃窗,吹坏若干处烟囱;打坏水文站水温表,风向杆与雨量器也被吹歪。【吐鲁番地区】鄯善县4月4日1~7时出现9级大风,大树被吹倒。浮尘使白天阴暗,汽车通行要开灯。4月3~4日晚托克逊县大风刮了一昼夜,小麦80%受灾计1.2万亩,其中重灾8816.7亩,沙土填塞渠道63条1.07万米,坎儿井口21个,刮倒各种树187株、新树苗234亩,损失牲畜71头,吹倒房屋25间、墙184堵。【哈密地区】哈密县4月4日大风,三堡乡、五堡乡大部分及陶家宫乡、回城乡受灾,其中三堡乡最严重,农田受灾为1.4万亩,田地肥土普遍刮走2~3厘米,受灾严重。1200亩农作物需重播,800亩需补种。被沙填掉坎儿井明渠共54道,有16道完全不出水,仅陶家宫乡就有4道坎儿井被毁,小型涝坝71个被填平,个别庄稼地也被沙埋厚达22厘米,有的发芽小麦被连根刮走。吹走饲草2.25万公斤,压死羊46只,吹倒树40株,填平畜圈4个,吹掉房屋3间,吹倒墙8丈,压坏犁4部,吹走肥料,仅两个公社统计就达6622车(每车500斤),减产15%左右。

4月27~28日全疆强冷空气活动。【克拉玛依市】大风,风力12级,损坏住房门窗、电线等。【吐鲁番地区】托克逊县突起大风连续半昼一夜,农作物重灾1661亩,轻灾616亩,刮倒大树13棵,吹干幼树141亩,刮倒墙36堵、房屋数座,填埋涝坝3个、坎儿井明渠4道。

5月7~12日南疆遭受强冷空气袭击,【哈密地区】哈密县大风,大泉湾乡圪垯井风势最猛,有19条坎儿井明渠被埋。全部麦田被盖上厚厚一层沙土。5月10~13日,【喀什地区】叶城县连降大雪,牧区积雪深度50~90厘米,县委组成救灾工作组深入灾区,送去饲草6.32万公斤,饲料3532公斤。

5月30日~6月1日,全疆出现强冷空气,使北疆、东疆大部分地区发生霜冻。【阿勒泰地区】兵团北屯农十师183团气温下降到-2℃,作物普遍受冻,以玉米损失最重,全团受灾农田面积为7200亩。【伊犁地区】昭苏县降温强度大,农牧业受到严重的危害。新源县降温伴大风雪,吹断小树6株,冬麦成片倒伏,玉米叶部受冻害。春季转场途经乌(乌鲁木齐)伊(伊宁)公路果子沟的4000多头羊和2个牧工因大风雪而被冻死。【昌吉自治州】呼图壁县寒流过境,降雨雪,气温骤降,全县受灾农作物2.09万亩,损失葡萄64架,冻死大小牲畜46头(只)。米泉县由于当晚通宵熏烟防霜,仅损失部分粮食作物和蔬菜。【乌鲁木齐市】出现寒潮天气,是当时有气象记录以来最晚的一次,由于人们无准备,气温剧降,风雪交加,使许多人冻伤、冻病。乌鲁木齐县农作物大面积受害,损失严重。【哈密地区】十三间房大风,吹毁屋顶、帐篷数处,刮走6人,伤3人。巴里坤县三塘湖盆地,风雪交加,2名石油地质队员在野外被冻死。【阿克苏地区】英阿瓦提县5月30日12级大风,吹死1000多亩苜蓿。

9月21~23日中强冷空气入侵,北疆以降水大风为主,南疆以降温为主。北疆平均气温下降了10℃左右,南疆平均气温下降了12℃左右,北疆降水量达中到大量,南疆有微量降水,北疆的风力7级左右。这场天气给农业带来了相当的损失,但缺少灾情资料。【吐鲁番地区】鄯善县小卡子乡9月26日初霜,将农场全部棉花及部分蔬菜冻死。托克逊县大风将高粱、棉花的大部份叶子打落并枯萎,且有部分折断,另有部分树枝吹折。

11月8~11日北疆强冷空气入侵,使北疆西部和准噶尔盆地最低气温下降了10℃,北疆西部和沿天山一带下了小到中雪,个别地方大雪。对生产带来损失。缺少灾情资料。

12月21~23日北疆受中强冷空气影响,北疆北部最低气温下降了12~15℃,北疆西部和沿天山一带最低气温下降了10~12℃,北疆北部小到中雪,个别地方大雪,北疆西部和沿天山一带微到小雪。对牧业生产带来损失。

12月27~29日北疆强冷空气使北疆平均气温下降13~20℃,南疆平均气温下降12~14℃,北疆西部和北疆沿天山一带出现中量的雪,北疆其他各地微到小量的雪,南疆微量的雪。北疆风口7~8级西北风,南疆东部5~6级偏东风。对牧业和人类户外活动造成影响。

1959年 1月5~8日全疆寒潮。北疆降温15~20℃,南疆东部降温12~14℃,南疆西部降温6~10℃,北疆西部和北部出现中量的雪,北疆其他各地小到中量的雪,南疆西部微到小量的雪,南疆东部小雪。北疆风口7~8级西北风,南疆东部5~6级偏东风。对牧业和人类户外活动造成影响。

2月2~5日全疆强冷空气,造成北疆北部降温8~10℃、西部降温10℃左右,乌鲁木齐市以西的北疆沿天山一带和东疆降温7~8℃,北疆西部和北疆北部中雪,个别地方大雪,北疆沿天山一带小雪,北疆风口7~8级西北风。对农牧业生产带来一定危害。受灾情况不详。

3月17~18日北疆强冷空气入侵,北疆北部和西部降温10~15℃,乌鲁木齐市以西的北疆沿天山一带和东疆降温15~20℃,南疆降温5~8℃,北疆西部和北疆沿天山一带出现大雪,北疆风口7~8级西北风。对农业生产带来一定危害。缺少灾情资料。

4月6~9日全疆强冷空气入侵,北疆各地普遍出现霜冻,哈密地区有轻霜冻,北疆北部、西部出现大到暴雪,北疆沿天山一带小到中雪,乌鲁木齐市中雪,对农业生产带来不利影响。

4月28~30日全疆强冷空气入侵,【伊犁地区】伊宁县的部分乡出现霜冻,冬小麦受害100%,葡萄根部新芽受害85%,杏树90%受灾,10%冻死。【昌吉自治州】奇台县北塔山在5天时间里降温近20℃,致使北塔山牧场的羊群冻死不少。从青河县转场过来的几群羊全部冻死在山沟里。【乌鲁木齐市】达坂城乡霜冻,凡未覆盖的蔬菜全部冻死,小麦叶片受害,个别死亡。【哈密地区】巴里坤县的红旗公社受寒潮袭击,冻死牲畜102头(匹)。【巴音郭楞自治州】若羌县棉花等喜温作物受冻或死亡。【阿克苏地区】柯坪县风灾,受灾农田466亩。【喀什地区】叶城县春播作物2.1万余亩受冻改种,冻死牲畜4405头(只)。

5月16～18日全疆寒潮,北疆普遍出现霜冻,南疆出现轻霜冻,【石河子市】5月19日出现霜冻,500亩棉花损失三成,38亩损失五成,4亩甜瓜全部被冻死。炮台农区2000亩棉花中部分被冻死,部分受灾较重,还有少数受轻微冻害。【喀什地区】疏勒、疏附、莎车、泽普、岳普湖等县,连续4～5天毛毛雨,气温降至2℃,出现霜冻危害,导致棉花受损约三成。

10月17～21全疆强冷空气造成北疆普遍出现霜冻,塔里木盆地北缘的库尔勒、阿克苏等县国也出现霜冻。对棉花生产影响较大。但灾情收集不全。【石河子市】10月22日,炮台农区出现霜冻,南瓜等作物冻坏,棉花全部冻死。

11月15～18日北疆强冷空气,造成以降温降水为主的天气,使北疆北部、西部降温达到12～15℃,沿天山一带降温6～9℃,小到中量的降水。对农牧业生产带来一定危害。

11月21～23日北疆冷空气,造成以降温降水为主的天气,使北疆各地降温达到5～8℃,小到中量的降水。对农牧业生产带来一定危害,灾情不详。

1960年 1月18～21日北疆受特强冷空气影响,发生冻害。【昌吉自治州】米泉县积雪浅薄,冻死冬小麦7.62万亩,占播种面积的52.3%,造成夏粮严重减产。

2月5～8日受北疆强冷空气的影响,北疆北部最低气温下降8～10℃,对牧业生产带来一定危害,但缺少灾情资料。

3月8～9日北疆强冷空气,造成以降温大风为主的天气,使北疆北部、西部降温达到10～15℃,沿天山一带降温8～10℃,微到小量的雨雪。6～7级的西或西北大风,风口达10级。对农牧业生产带来一定危害。

4月8～12日全疆强冷空气,【阿勒泰地区】阿勒泰县大风雪,死亡成畜5万余头(只)、幼畜5万余头(只)。【伊犁地区】在4月7～12日的5天当中,就死亡大小牲畜3.13万头。【博尔塔拉自治州】4月7～9日,温泉县牲畜在转场途中遭受到寒潮袭击,牲畜死亡严重,是40年来损失最严重的一次。【乌鲁木齐市】乌鲁木齐县达板城乡死亡羊2000余只,大畜死亡若干。【巴音郭楞自治州】风雪天气,降温剧烈。12日晨,焉耆盆地最低气温降至-6～-5℃,库尔勒县、尉犁县、轮台县最低气温降至-4～-3℃,杏花受冻,库尔勒县及尉犁县铁干里克镇还形成积雪。【阿克苏地区】拜城县牲畜大量死亡,仅七个大队的统计死亡大羊442只、羔羊919只,最严重的死亡率达50%以上。牙吐尔公社4月8～12日降大雪,平地雪深达15～20厘米。库车县克力西、钢厂地区下雪达70厘米,草湖地区气温突然下降并降雪,复盖草场,造成牲畜死亡3778只。

4月26～27日南疆冷空气入侵,使部分地方降温6～8℃,东部出现6～7级大风。对农业生产带来一定危害。

5月1～3日强冷空气,造成北疆降温达到10～15℃,南疆降温8～10℃。北疆小到中量的降水,东疆和南疆北部微到小量的降水,喀什市、和田县大量降水。普遍6级大风,风口达8~10级。对农牧业生产带来一定危害。

5月4~7日南疆冷空气入侵,使部分地方降温6~7℃,东部出现6~7级大风。对农业生产带来一定危害。

9月25~28日,全疆受中强冷空气影响,【克孜勒苏自治州】9月25日,阿图什市、阿克陶县等地刮10级大风,大树刮倒,电线刮断,高粱连根拔掉,籽粒摔得满地皆是,损失粮食150万公斤,牧区除遭到11级大风外,还遭霜冻袭击。

10月21~22日,中强冷空气侵入新疆,北疆北部、东部降温13~15℃,北疆西部和沿天山一带降温8~10℃,东疆北部降温15℃左右,南疆东部降温8~10℃,南疆西部降温5~8℃,北疆西部和沿天山一带出现中量的雪,北疆其他各地小量的雪。北疆风口8级左右的西北风,南疆东部7级左右偏东风。对农牧业造成损失。

11月5~7日冷空气侵入北疆,北疆北部、东部降温8~10℃,北疆西部和沿天山一带降温5~7℃,北疆各地小量的雪,北疆风口8级左右的西北风,对农牧业造成损失,灾情不详。

11月16~19日北疆受特强冷空气影响。北疆北部最低气温下降了30℃,北疆其他各地最低气温下降了18~20℃,北疆北部下了大雪,其他地方小到中雪。【阿勒泰地区】降温30℃左右,阿勒泰县极端最低气温达-33.5℃,并伴有大雪和6级西北风,致使牲畜顺风奔跑,迷失方向,许多牲畜丢失、摔死、淹死,损失惨重,山区积雪增厚70厘米左右,平原丘陵增厚20厘米左右,风口风力10~12级,24小时内降温20~25℃,最低气温下降到-30℃。大雪封山,风吹雪阻断交通。据不完全统计,冻害伤亡20余人,冻死大小牲畜上万头(只)。11月19日早晨,风雪过后,气温骤降,在乌鲁木齐市至奇台县公路上发现一具冻僵的死人。

1961年 1月8~9日北疆强冷空气,造成北疆北部最低气温下降10℃左右,其他各地最低气温下降8~10℃,北疆微到小量的雪,个别地区中量,普遍6级大风,风口达8~10级。时值隆冬季节对农牧业生产带来一定危害。

1月21~22日北疆强冷空气,造成北疆北部最低气温下降10℃左右,其他各地最低气温下降8~10℃,北疆微到小量的雪,北疆沿天山一带小量,个别地区中量,普遍6级大风,风口达8~10级。缺少灾情资料。

2月6~9日南疆强冷空气,造成部分地区最低气温下降8~10℃,微到小量的雪,普遍6级大风,风口达8~10级。对农牧业生产带来一定危害。

2月27~28日强冷空气,造成北疆平均气温下降10~14℃,南疆平均气温下降6~8℃,北疆微到小量的雪,南疆微量的降水,普遍6级大风,风口达8~10级。对农牧业生产带来一定危害。

4月17~18日北疆强冷空气,造成北疆北部最低气温下降10~12℃,北疆西部、北疆沿天山一带最低气温下降12℃左右,北疆小量的降水,沿天山一带的部分地方降水达中量,普遍6级大风,风口达8~10级。对农牧业生产带来一定危害。【博尔塔拉自治州】精河县风灾,风速达40米/秒,不少电杆被吹倒,电线被刮断。

4月27~28日北疆强冷空气入侵,【塔城地区】4月29日,入侵北疆的强冷空气使托里县连刮两天暴风雪,正在转场的畜群受到严重的威胁。由于县社领导及时组织抢救,

178群大小牲畜仅损失15只羔羊。【吐鲁番地区】吐鲁番县27日下午刮了一场10级以上大风,农业生产受到严重损失,受灾农田面积达8195亩,其中小麦1873亩、高粱1316亩、棉花4426亩、瓜349亩、菜231亩,杏子刮落50%,葡萄损失20%~30%;埋没坎儿井24条,水渠32道,五星公社前进大队共有坎儿井12条,被风沙埋掉6条,还刮倒树木、刮跑羊只。

5月7~12日全疆强冷空气,使北疆北部出现霜冻,北疆其他地区降温8~10℃,普遍6级大风,风口达8~10级。对农牧业生产带来一定危害。【哈密地区】哈密县大风,大泉湾圪垯井风势最猛,有19条坎儿井明渠被埋,全部麦田被盖上厚厚一层沙土。

5月31~6月1日北疆特强冷空气入侵,造成北疆各地寒潮。【克拉玛依市】市区等地12级大风。损坏电杆50多根,刮坏不少门窗。【博尔塔拉自治州】博乐市最大风速达40米/秒,许多电杆和大树被刮倒。温泉各地最大风速达40米/秒,大量电话线杆和树被刮倒。【乌鲁木齐市】后沟到吐鲁番县的三个泉子之间,因刮西北大风造成列车脱轨的严重事故;电线杆被刮断几百根,致使有线通讯中断。【吐鲁番地区】吐鲁番县5月31日下午6时许,出现沙尘天气,能见度不足50米,12级大风连续刮了13小时。全县2.58万亩农作物受灾,占总播种面积的85%,另有1.88万亩耕地被刮走地皮土或成为沙丘,不能继续耕种。即将开镰收割的11万亩小麦中,重灾面积10万亩,大风刮倒房屋86间,因房屋倒塌死亡4人,重伤8人,刮死骆驼41峰、耕畜22头、羊302只,埋掉坎儿井125条。大风还使位于大河沿的自治区商业厅二级站露天货场的货物几乎被卷光,损失达几千万元。连几吨重的集装箱都被大风刮到了戈壁滩上。棉花等细软布匹物品被撕扬,有的挂在树上,有的裹在了电杆上,石油站的一个5吨重的储油罐从大河沿一直刮到40公里外的艾丁湖公社。鄯善县4.1万余亩农田受灾,其中颗粒无收的2.2万余亩,损坏坎儿井69道,吹坏房屋2间,死牛、骆驼2匹。【哈密地区】大风、降温,巴里坤、伊吾县气温降至-2~-1℃,风力为10~12级,最大风速40米/秒以上,受害粮食作物3.07万亩,冻死马4匹、羊16只,刮掉房顶46间,埋掉坎儿井40道,填埋水渠36公里。瞭墩火车站附近,沙埋轨道,积沙1米多,列车出轨,客车车厢窗玻璃被击穿。多名野外工作人员迷路死亡。兰新铁路烟墩车站的野外巡道工被风刮到数十里之外,埋于沙中,到70年代后期才被704队在思甜车站南面的沙丘顶部发现,该工人已成木乃伊。淖毛湖戈壁测量铁塔被刮倒。十三间房大风,吹毁屋顶、帐篷数处,刮走6人,伤3人。【阿克苏地区】英阿瓦提县12级大风,吹毁1000多亩苜蓿。

9月25~26日全疆强冷空气,北疆北部出现霜冻,其他各地最低气温下降7~8℃,小到中雪,普遍6级大风,风口达8~10级。对农牧业生产带来一定危害。缺少灾情资料。9月25、26日连续两日,【克孜勒苏自治州】阿图什县出现10级大风,使本县高粱减产50%,损失近50万公斤。

10月7~9日,特强冷空气入侵,北疆北部最低气温下降15℃,沿天山一带降温10℃,对农牧业生产带来一定危害。灾情资料较少。【塔城地区】10月8日开始风雪交加,托里县冻死4人,冻死牲畜1300头(只),冻伤279头(只)。【吐鲁番地区】托克逊县出现霜冻,高粱、棉花、秋菜等全部冻死。

10月23~26日北疆强冷空气入侵,造成北疆北部最低气温下降10~15℃,其他各地最低气温下降7~8℃,小到中雪,普遍6级大风,风口达8~10级。对农牧业生产带来一定危害。

11月15～16日北疆强冷空气入侵，造成北疆北部最低气温下降10～15℃，其他各地最低气温下降7～8℃，北疆北部微到小雪，西部和沿天山一带小到中雪，普遍6级大风，风口达8～10级。对农牧业生产带来一定危害。

12月27～30日北疆强冷空气，【塔城地区】托里县风雪交加，气温骤然降至－10～－14℃，持续2日，发生冻害，并伴有8～10级大风。造成3人死亡，有1300多头（只）牲畜死亡。

1962年 1月11～20日全疆强冷空气，造成塔城最低气温下降20℃，准噶尔盆地的炮台垦区最低气温降至－31.7℃，其他各地最低气温下降10～15℃，北疆各地小雪，普遍6级大风，风口达8～10级。时为隆冬季节对牧业和户外活动生产带来一定危害。缺少灾情资料。

4月19～20日北疆强冷空气，【塔城地区】塔城市境内风灾，主要发生在洪积平原中部，瞬时风速大于40米/秒，风向偏东。吹倒电杆30多根，街道部分树木被吹倒，数米内物体形象难辨，交通中断。【克拉玛依市】乌尔禾镇大风，刮坏矿区电杆100多根，停工1天。

10月27～29日全疆寒潮，北疆北部和东部降温18～20℃，北疆沿天山一带降温10～12℃，北疆西部降温8℃左右，南疆东部降温12～15℃，南疆西部降温6～8℃，北疆各地小雪，其中西部、北部和沿天山一带部分地区出现中到大雪，天山南麓微雪，全疆普遍有5～6级的风，北疆风口有9～10级大风。对农业生产和交通运输带来一定危害。

11月23～26日全疆强冷空气，造成北疆北部和西部降温15～18℃，北疆沿天山一带降温8℃左右，南疆东部降温10～15℃，北疆西部、北部出现微到小雪，全疆普遍有5～6级的风，北疆风口有10级大风，南疆东部5～6级的偏东风。对农业生产和交通运输带来一定危害。

12月11～12日北疆强冷空气，造成北疆北部降温20℃，北疆西部和北疆沿天山一带降温10℃左右，北疆普遍出现小到中雪，全疆普遍有5～6级的风，北疆风口有10级大风，南疆东部5～6级的偏东风。对农业生产和交通运输带来一定危害。

12月25～27日全疆强冷空气，北疆北部和东部降温15～20℃，北疆沿天山一带降温12～15℃，南疆东部降温10～15℃，南疆西部降温8～10℃，北疆各地小雪，其中西部、北部出现中到大雪，南疆各地微到小雪，全疆普遍有5～6级的风，北疆风口有10级大风，南疆东部5～6级的偏东风。对农业生产和交通运输带来一定危害。

1963年 2月3～5日北疆强冷空气，北疆北部最低气温下降20～25℃，北疆西部最低气温下降15℃，北疆沿天山一带降温10～12℃，北疆各地微到小雪，其中西部、北部出现中雪，全疆普遍有5～6级的风，北疆风口有10级大风，对农牧业生产和交通运输带来一定危害。

4月1～3日北疆特强冷空气，【博尔塔拉自治州】博乐市风力达10级以上，并降雨和雪，气温下降到－5.7℃，已解冻的土壤又冻结，冻死一些刚出土的蔬菜幼苗。【伊犁地区】察布查尔县霜冻，使80%已开的杏花冻死。【哈密地区】哈密县风灾，风力7～8级，伴雪，山区积雪30～90厘米，农作物受灾面积3.3万亩，改种2万亩，54道坎儿井被掩埋，冻死牲畜396头（只），刮倒圈棚17个，刮走饲草1.77万公斤，倒房8间。大泉湾圪垯井大队刮起8级大风，将坎儿井龙口和明渠填平。

4月14～15日北疆强冷空气，造成【阿勒泰地区】山区风力达7～8级，山外与风口风力高达11～12级，吉木乃、哈巴河两县雨雪交加，福海县还降了冰雹，全地区损失各种牲畜4000余头（只），灾情最重的吉木乃损失了2600余头（只）。全区共冻伤牧工17人，冻死3人，烧伤2人，刮失毡房12顶，火烧4顶，毁坏农田1.5万余亩。【塔城地区】4月14日夜和布克赛尔县遭受大风，风力12级伴有降雪，气温下降至-13.9℃。晚12时至次日3时，风力均在12级左右，整个风暴持续20多个小时，损失牲畜7842头（只），1300棵树连根拔起，牧场破坏严重，坡上的草被吹走，凹处被石砂掩盖，6.22万米渠道被填平，受灾农田1000多亩，427亩表土和籽种被刮走，吹倒毡房90顶，伤14人，以上合计损失人民币16.37万元。【克拉玛依市】市区大风12级以上。刮倒钻井架2座，刮斜1座，刮倒电线杆499根、锅炉烟囱35座，刮断电话线190对，损坏变压器5台、柴油机1台、513个油井压力表、约2万平方米房顶、2800余平方米玻璃，另有许多房屋、门窗被损坏。【吐鲁番地区】大风造成电杆及中等大树被折断1066株（根），近10万亩农田不同程度受害，死亡牲畜106头，死2人，263道坎儿井与954条渠道被埋。【哈密地区】哈密县、巴里坤县4月14日风灾，风力8级，受灾2386亩，麦地土层被风刮走3～5厘米，填塞坎儿井明渠39道，涝坝8个，支渠1.02万米，刮走肥料731万公斤，饲草2.07万公斤，冻死牲畜1154头（只），倒房29间。【巴音郭楞自治州】和静县巴音布鲁克乡雪深达38厘米，冻死各类牲畜7029头（只）。

10月17～19日强冷空气入侵，使北疆北部最低气温下降了10℃，有微到小量的雪。对农业生产带来一定危害。

11月2～3日北疆强冷空气入侵，造成北疆沿天山一带小到中量的雪，其他各地微量降雪。北疆最低气温普遍下降了8～10℃，出现了6～7级的大风，风口风力达10级左右。对农牧业生产和交通运输带来一定危害。

1964年 5月13～17日全疆强冷空气，使北疆北部最低气温下降12～14℃，北疆西部和沿天山一带最低气温下降10℃左右，出现了6～7级的大风，风口风力达10级左右。对农牧业生产和交通运输带来一定危害。其中，【巴音郭楞自治州】和静县巴音布鲁克乡在5月15日20时07分，出现特大狂风，瞬间风速超过40米/秒，吹翻蒙古包。

9月18～20日偏西偏北强冷空气，使北疆北部、西部最低气温下降了8～12℃，出现了8～9级的大风，风口风力达11级左右。对农牧业生产和交通运输带来严重危害。【伊犁地区】伊宁市刮了10级以上大风，吹断城区电线50余条、电线杆20根，中断了电路。

9月29日～10月2日特强寒潮，北疆北部和东部降温15℃左右，北疆西部和北疆沿天山一带降温12～15℃，南疆东部降温10～12℃，南疆西部下降了6～8℃，北疆西部和沿天山一带出现了小到中量的降水，北疆其他各地和南疆各地微到小量，其中个别地区中量，各地刮了6级左右的风，北疆风口出现了10级左右的大风。这场天气给农业生产带了危害，正好又是自治区成立10周年之际，给各种庆祝活动带来影响。10月1～2日，【博尔塔拉自治州】精河县初霜，棉花和一些蔬菜冻死。【伊犁地区】巩留县出现初霜冻，蔬菜和其它部分作物受冻害。【阿克苏地区】新和县急降温，冻死40%的棉花。

10月17~19日偏北强冷空气，造成北疆北部最低气温下降10~13℃，阿勒泰有小到中量的降水，塔城有微量降水。【阿克苏地区】受其影响新和县出现严重初霜冻，玉米、棉花全部冻死。

12月5~8日北疆强寒潮，使北疆平均气温下降了20℃左右，降水小到中量，个别地区大量。对农业生产和交通运输带来一定危害。

12月26~27日北疆寒潮，北疆北部最低气温下降了10~12℃，西部最低气温下降了15℃左右，沿天山一带最低气温下降了8~10℃。降水小到中量，个别地区大量。对牧业生产和交通运输带来一定危害。

1965年 1月28日至2月1日北疆受强冷空气影响，【塔城地区】北部的塔城县和额敏县四天内气温急剧下降，以上两县在野外工作的人员因迷失方向冻死6人，冻伤多人。2月1日大风，造成和布克赛尔县风雪灾害，全县损失204头牛、5806只羊，冻死小孩1名，吹走吹坏毡房75顶。

2月16~17日全疆寒潮，阿勒泰县最低气温达到-31℃，北疆沿天山一带最低气温下降了10~15℃，焉耆县最低气温下降了10℃，北疆大部分地方微到小量的雪。6~7级的大风，风口9~10级大风，对牧业生产和交通运输带来一定危害。

5月9~10南疆强冷空气入侵，天山南麓最低气温下降了10℃左右，7~8级的大风，给农业生产带来很大损失。

9月30~10月1日全疆强冷空气入侵，北疆最低气温下降了6~7℃，南疆最低气温下降了5℃左右。降水微到小量，风口8级左右的大风。给牧业生产和交通运输带来一定危害。【吐鲁番地区】10月2日，鄯善县降温至-2.4℃，粮、棉、葡萄等60%受冻害。

11月20~22日北疆强冷空气造成平均气温下降15~20℃，中到大量的降水，7~8级的大风，给农牧业生产和交通运输带来一定危害。【阿勒泰地区】吉木乃县冻死4人及若干牲畜。

12月12~14日北疆寒潮，造成平均气温下降15~20℃，微到小量的降水，6~7级的大风，对农牧业生产和交通运输带来一定危害。【阿勒泰地区】阿勒泰县最低温度降至-45℃，5人冻死，10人冻伤。【博尔塔拉自治州】造成冬小麦大面积冻害。

1966年 1月6~8日寒潮，使北疆平均气温下降15~20℃，南疆下降了6~8℃，北疆各地下了微到小量的雪，其中个别地区中量。这场天气给农牧业生产带了危害。

2月17~20日强冷空气入侵，使北疆东部降温15~20℃，北疆西部降温20℃左右，北疆其他各地降温10~15℃，南疆东部降温8~10℃，南疆西部下降了6~8℃，北疆各地下了微到小量的雪，其中北疆西部和沿天山一带个别地区中量，南疆东部微到小量。这场天气给农牧业生产带了危害。

3月15~17日全疆寒潮，【阿勒泰地区】共冻死18人、雪崩压死2人，其中，哈巴河县冻死8人；富蕴县冻死5人，雪崩压死2人；布尔津县冻死4人；古木乃县冻死1人。正值春季转场期间，布尔津县寒潮，并出现沙尘暴，全县死亡牲畜3万头（只），损失率30.8%，年末存栏减少了29.8%。【乌鲁木齐市】达坂城乡大风，刮倒从公社到东沟乡的电线杆47根，高压线1根，土墙两堵，拉到地里的肥料被吹走约1/3左右。【吐鲁番地区】12级大风，小麦1.3万余亩受损，刮走土肥料1000公斤、麦草2.2万公斤，刮倒房屋9间，死亡牲畜32头，风沙掩没、堵塞坎儿井66道、水渠59条。

4月2～4日全疆寒潮，其中4月3日，沿天山山脉一带普降大雪，山区达到中量和大量积雪。【阿勒泰地区】遭受暴风雪侵袭，并发生雪崩，使得4月上旬的旬平均气温比历年同期低10.3℃，加上上年度干旱草情差，前期积雪厚，牲畜膘情极差，经不起强寒潮的侵袭，羊群大批死亡，造成阿勒泰几十年不遇的灾情，全地区死亡牲畜40万头（只），有34人死亡。【昌吉自治州】死亡牲畜46.6万头（只）。【乌鲁木齐市】春播时间延迟半个多月，羊羔冻死2100余头（只）。【哈密地区】4月3～4日，哈密县大泉湾公社连续刮两天大风，有1500亩已播小麦被刮走，41道坎儿井、34道明渠被沙填平。【巴音郭楞自治州】和静县巴音布鲁克山区连降大雪，地面积雪一般40厘米以上，有些地区达70～80厘米，巩乃斯沟达200厘米以上，损失大小牲畜2018头（只）。和静县盛开的桃花受冻害，当年桃杏无收。焉耆县冻死牲畜2709头（只），兵团农二师焉耆管理处各团场冻死牲畜452头（只）。兵团农二师23团降大雪，平原积雪40厘米，山区1米，死亡牲畜155头（只）。兵团农二师27团突降大雪，随之寒流，农作物受害。

9月3～4日偏西偏北强冷空气，造成平均气温下降12～17℃，并下了微到小量的雪，风力7级左右。这场天气给农业生产带了危害。

9月16～17日北疆强冷空气，造成最低气温下降10℃左右，北疆下了微到小雪，北疆西部中量。风力7级左右。这场天气给农业生产带了危害。

10月3～4日强冷空气，造成最低气温下降10℃左右，北疆北部出现霜冻，北疆其他各地出现轻霜冻。北疆下了微到小量的雨夹雪。风力7级左右。这场天气给农业生产带了危害。

10月23～25日强冷空气入侵，北疆北部最低气温下降了12～15℃，北疆西部和沿天山一带最低气温下降了10～12℃，奇台县最低气温下降到-17.8℃。南疆的阿克苏、库尔勒、焉耆等县降温也有8～10℃，各风口出现了9～10级的大风。【吐鲁番地区】的部分地区遭受10级以上大风袭击。损失高粱、小麦276吨、棉花42吨，大风过后，温度降至零度以下，开始霜冻、结冰。【哈密地区】巴里坤、伊吾两县也出现霜冻，农作物受灾0.31万亩，绝收0.26万亩。

11月2～3日北疆寒潮，造成北疆平均气温下降15～18℃，北疆各地下了微到小量的雪，其中个别地区中雪。风力6～7级。这场天气给农牧业生产带了危害。

11月22～23日北疆强冷空气造成北疆北部最低气温下降15℃左右，北疆其他各地降温8～10℃，北疆下了小到中雪，其中塔城大雪，风力5～6级，风口风力9级。这场天气给农业生产带了危害。缺少灾情资料。

12月15～17日特强寒潮，使北疆北部和东部大幅度降温，北疆其他各地降温22～25℃，南疆东部降温8～10℃，南疆西部下降了6℃左右，北疆各地下了小到中量的雪，个别地区大量，北疆各地风力5～6级，风口风力10级左右。这场天气出现在隆冬，给牧业生产和人类的户外活动带了严重影响。【阿勒泰地区】12月19日阿勒泰县气温降到-42.5℃，兵团农十师187团（北屯）冻伤1人，工程团4队冻死1人；另外，8天后在3连北边推出1无名女尸。【塔城地区】乌苏县15～20日最低气温-30℃，发生冻害，直立果树全部冻死。【博尔塔拉自治州】温泉县15～20日，降温幅度21～24℃，由于地面无积雪覆盖，造成冬麦大面积冻死。【伊犁地区】大雪，死39人，损失牲畜1200多头（只）。其中，12月22日晚巩乃斯县和喀什河流域发生大范围雪崩，致使穿越巩乃斯沟的伊宁—焉耆公路沿线、巩乃斯沟沟口至艾肯山隘全线被堵，雪堆最深可达12米，据统计，这段路面雪堆体积达44万余立方米，这些雪堆直至翌年四五月才化完，交通运输中断半年之久，这是新疆公路史上最严重的一次雪崩灾害。巩乃斯沟有4760平方米的混交林被破坏，摧毁树木200余株，绝大多数直径为30～46厘米的桦树及云杉和天山杨。察布查尔县伊昭公路53公里处南山脚下，两座伐木工人住房被雪崩下来的雪压住，雪深达10米，屋内16人除1人被救活外，其余15人死亡。

12月27～30日，寒潮入侵，塔城、伊犁、石河子、乌鲁木齐等地市最低气温下降了10～15℃【伊犁地区】出现大风雪，降温14.2℃，造成平地雪阻，交通困难。

第三节 公元1967—1979年的寒潮灾害

1967年 2月3～5日北疆寒潮，使北疆平均气温下降了15℃左右，微到小量的雪，6～7级的大风，给农牧业生产带来了一定的损失。

2月17～22日全疆寒潮，造成北疆北部最低气温下降12～15℃，北疆西部和沿天山一带最低气温下降15～18℃，北疆西部微到小量的雪，个别地方中量，南疆的焉耆盆地最低气温下降8℃，普遍有6～7级的大风，给农牧业生产带来了一定的损失。

2月28～3月2日北疆强冷空气入侵，造成平均气温下降12～18℃，微到小量的雪，6～7级的大风，给农牧业生产带来了一定的损失。

1968年 1月29～31日北疆寒潮，造成北疆北部最低气温下降10～15℃，北疆西部和沿天山一带最低气温下降10℃左右，微到小量的雪，个别地方中量，普遍有6～7级的大风，风口风力9～10级。正值隆冬时节，对农牧业生产和户外活动带来了影响。

3月2～6日北疆强寒潮，造成北疆北部最低气温下降15～20℃，沿天山一带最低气温下降8～10℃左右，北疆北部中到大雪，北疆西部和沿天山一带小雪，个别地方中雪，风力5～6级，风口风力8级左右。对农牧业生产和交通运输带来严重影响。

9月4～6日寒潮，【伊犁地区】河谷地区出现大风降温，有初霜冻和结冰，对后秋生长作物造成危害。【塔城地区】额敏县出现霜冻，最低气温达−6.2℃，给玉米、蔬菜、农作物幼苗、瓜果造成很大损失。【乌鲁木齐市】风雪交加，气温急降，使许多人冻病，农作物大片冻坏，损失严重。【石河子市】垦区出现霜冻，大部分玉米、棉花受冻。玉米不能正常成熟，棉花霜后花增加而造成减产。【昌吉自治州】呼图壁县最低气温达0.1℃，地面最低温度达−2.1℃，比历年平均提早20天出现初霜。由于霜期过早，对棉花、水稻、玉米、酒花、蔬菜及瓜果等喜温作物造成了较大灾害。【巴音郭楞自治州】若羌县气温偏低，本地瓜菜、玉米全部冻坏。

9月25～26日东疆北部强冷空气，使巴里坤、伊吾、淖毛湖等县最低气温下降了

15℃左右，微到小量的雪，7~8级的风。给农牧业带来不利影响。

11月24~25日北疆强寒潮，使阿勒泰县的最低气温降到了-34.7℃，沿天山一带最低气温下降了10℃左右，奇台县最低气温下降了近20℃。北疆北部和西部大雪，沿天山一带小雪。普遍5~6级风，风口有8级大风。给农牧业和交通运输带来不利影响。

12月17~18日北疆寒潮，北疆北部最低气温下降了15~20℃，沿天山一带最低气温下降了10℃左右，北疆各地小到中雪，个别地方大雪。普遍5~6级风，风口有8级大风。给农牧业和交通运输带来不利影响。

12月26~27日北疆寒潮，寒潮过后，气温骤降，北疆最低气温普遍在-30℃以下，阿勒泰县的最低气温降到了-44.6℃，塔城县为-38.3℃，伊宁市-36.7℃，石河子-33.4℃，奇台县-36.8℃，乌鲁木齐市-32.0℃，普遍微到小雪，风力6~7级，风口风力8~9级。给农牧业和交通运输带来不利影响。

1969年 1月19~30日全疆寒潮造成【塔城地区】额敏县雪灾，平原地区积雪55厘米，山区积雪厚达100厘米以上，全县牛羊死亡2万多头（只）。【博尔塔拉自治州】赛里木湖地区连续大风雪，最大风力9级以上，公路雪深150厘米以上，中断交通近一个月，冻死200余人，众多牲畜埋入雪中，冻死成群的羊只，损失巨大。【伊犁地区】伊宁县连续降雪9天9夜，平地积雪100厘米以上，山区200~300厘米，道路阻塞，交通中断，霍城县、察布查尔县牲畜死亡近15万头（只）。其中，霍城县山区雪深1.5米以上，再加大风，形成特大雪暴、雪崩，电线杆被埋没，平原地区雪深1米左右，大量牲畜被冻、饿死。前进牧场2万余头（只）牲畜死亡78%。察布查尔县牛羊死尸到处可见，牲畜死亡率达54%。

2月9~11日北疆寒潮，造成北疆北部平均气温下降25℃左右，其他地区平均气温下降15~18℃，小到中雪，个别地区大雪，风力6~7级。对农牧业生产带来了一定的损失。

3月23~25日 北疆部分地区寒潮，造成北疆平均气温下降10~12℃左右，小到中雪，个别地区大雪，风力6~7级。死亡牲畜230万头（只）。【博尔塔拉自治州】温泉县冬小麦大部分冻死。

9月12~16日强降温天气，【克孜勒苏自治州】9月16日，阿克陶县农区初霜，皮拉力乡80%的复播玉米受冻造成干枯和水稻减产。

1970年 5月1~3日北疆寒潮天气，【塔城地区】额敏县霜冻，最低气温达-2.0℃，日平均气温-1.0℃，给玉米、蔬菜、农作物幼苗及瓜果造成很大损失，冻死冬麦10余万亩。【伊犁地区】5月3日，新源巩乃斯艾肯大坂大风雪，冻死3人。【吐鲁番地区】5月2日大风，风力达10~12级，持续时间长达10小时，吐鲁番县农作物严重受灾，受灾农田面积1.37万亩，坎儿井被沙填埋达2897米，葡萄减产15%~20%。【巴音郭楞自治州】和静县巩乃斯艾肯达坂风雪交加，冻死3人。

10月4~6日以大风降温为主的冷空气活动，造成北疆平均气温下降15~20℃左右，7~8级大风。给农牧业生产带来了一定的损失。

11月16~19日北疆强寒潮，使北疆北部平均气温下降22℃左右，其他地区平均气温下降15~18℃左右，小到中雪，个别地区大雪。6~7级大风。给农牧业生产带来了一定的损失。

12月18~24日北疆弱寒潮，对牧业生产有些影响。但灾情资料不足。

1971年 2月18~20日全疆以降温为主的寒潮天气，使北疆北部平均气温下降了16~19℃，北疆其它各地平均气温下降了12~14℃，南疆东部平均气温下降了9℃左右。北疆下了微到小雪。对农业生产带来不利影响。

5月1~3日北疆寒潮，北疆北部最低气温下降了10℃左右，其他各地最低气温下降了6~8℃左右，大部分地方下了小雪，个别地方中雪。此时正是农业生产关键时刻，给农业生产带来了一定的损失。

9月10~13日强降温天气，给农业生产带来了一定的损失。

1972年 5月24~26日南疆强冷空气，使南疆降温8℃，南疆东部6~7级大风。出现沙尘天气，给农业生产带了危害。但灾情资料不足。

9月17~18日强降温天气，使北疆各地降温10~15℃，南疆东部降温12~15℃，南疆西部下降了5℃左右，北疆各地小雪，个别地区中雪，南疆东部小雪，北疆各地出现了5级左右的西北风，风口风力7~8级，南疆东部风力6~7级。北疆北部出现了霜冻，给农业生产带来了危害。

10月11~13日全疆寒潮，普遍出现霜冻，给农业生产带了危害。【巴音郭楞自治州】10月14日，若羌霜冻，喜温蔬菜全部冻死。

10月17~18日寒潮，使北疆北部和东部降温13~15℃，北疆沿天山一带和南疆东部降温10~12℃，北疆、南疆西部气温下降了8℃左右，北疆各地下了小到中量的雪，部分地区大量，南疆东部微到小量，北疆各地出现了5~6级偏西风，风口风力10级左右，南疆东部偏东风6~7级。这场天气给农牧业生产带了危害。

11月11~13日北疆寒潮，使北疆北部和东部最低气温下降15℃左右，北疆西部最低气温下降10℃左右，北疆沿天山一带降温8~10℃，北疆各地下了小雪，部分地区中雪，北疆各地出现了5~6级偏西风，风口风力8级左右，这场天气给农牧业生产带来了危害。

1973年 2月1~3日北疆寒潮，使北疆北部最低气温下降20℃左右，阿勒泰县最低气温是-38.2℃。北疆西部最低气温下降15℃左右，北疆沿天山一带降温8~10℃，北疆各地下了微到小量的雪。北疆各地出现了5~6级偏西风，风口风力8级左右，这场天气给农牧业生产带来了危害。

4月12~14日北疆强降温，使很多地方出现霜冻和大风天气，给农牧业生产带了危害。

4月26~28日北疆寒潮，以大风为主，风力6~7级，风口风力10级，给农业生产和交通运输带来很大危害。【哈密地区】大风使停在兰新铁路山口车站的几节车厢被风吹翻。

5月11~15日北疆寒潮，使不少地方出现霜冻。【伊犁地区】5月15日，查布察尔县蔬菜瓜果遭受冻害。【哈密地区】5月16日，哈密县七角井小麦、瓜菜等受冻。【巴音郭楞自治州】5月16日兵团农二师21团晚霜，675亩农作物受冻害。22团5月16晚霜冻，造成27.1公顷作物失收，和硕1.1万亩农田受灾。

1974年 2月19～22日北疆寒潮，使北疆各地降温15～18℃，其中西部的部分地区降温25℃左右，南疆西部下降了8～10℃，东部降温6～8℃。北疆各地下了微到小量的雪，其中西部、北部的部分地区中量，南疆昆仑山麓小量。北疆各风口9级左右西北风，南疆东部6级左右偏东风。这场天气给农牧业生产带来了危害，南疆开春延迟。

11月30日至12月1日寒潮，使北疆北部、西部和乌鲁木齐以西的北疆沿天山一带降温15～18℃，个别地区降温20℃左右，北疆东部下降8℃左右，南疆各地下降了8～10℃。北疆各地下了微到小量的雪，南疆西部微到小量，其中个别地区中量。北疆各风口7～9级西北风，南疆西部的部分地区5～6级偏西风，南疆东部5～6级偏东风。这场天气给农牧业生产和户外活动带来了危害。

1975年 2月1～5日北疆寒潮，使北疆北部、西部和乌鲁木齐以西的北疆沿天山一带降温15～18℃，个别地区降温20℃左右，南疆各地气温下降了7～10℃。北疆各地下了小到中雪，南疆西部微到小雪，其中个别地区中雪。北疆各风口7～9级西北风，南疆西部的部分地区5～6级偏西风，南疆东部5～6级偏东风。这场天气给农牧业生产和户外活动带来了危害。

5月13～15日全疆寒潮，【博尔塔拉自治州】5月13日，博乐市塔斯尔海风灾，部分电杆倒地，树木折断，作物叶片损坏。【伊犁地区】5月14日，察布查尔县蔬菜瓜果遭受冻害。【哈密地区】5月14日大风，铁轨多处被沙掩埋，尾亚至红柳河间一列车被颠覆，行车中断11小时。【巴音郭楞自治州】和静县巴音布鲁克乡刮大风，一乡揭开房顶两处，二乡刮翻蒙古包数个，个别民房烟囱倒塌。农二师1.5万亩农田受灾，部分重播。

10月17～20日全疆寒潮，使北疆各地平均气温普遍下降了14～17℃，北疆北部个别地方降温18℃。北疆北部微到小雪，北疆沿天山一带小到中雪，北疆5～6级的风，给农业生产带来不利影响。

11月6～9日全疆寒潮，使北疆各地平均气温普遍下降了11～14℃，北疆北部个别地方降温16℃。北疆北部小雪，北疆沿天山一带小到中雪，北疆6～7级的风，风口风力达9～10级，给农业生产带来不利影响。灾情资料不足。【伊犁地区】伊宁市冻坏大白菜3000吨。

12月6～11日全疆寒潮，使北疆北部平均气温普遍下降了10℃，北疆其他地方降温8℃左右。北疆北部小雪，北疆沿天山一带微到小雪，北疆5～6级的风，风口风力达8级，给农业生产带来不利影响。

1976年 2月11～13日北疆寒潮，使北疆北部平均气温普遍下降了15～20℃，北疆其他地方降温16℃左右。北疆北部小量的雪，北疆沿天山一带微到小雪，北疆5～6级的风，风口风力达8级，给农业生产带来不利影响。

3月26～27日北疆寒潮，使北疆各地平均气温普遍下降了10～13℃。北疆北部小量的雪，北疆沿天山一带微到小雪，北疆5～6级的风，风口风力达8级左右，给农业生产带来不利影响。【阿勒泰地区】福海县损失牲畜 5700 头（只），富蕴县损失马 1000 匹。【吐鲁番地区】大风，小麦 13 万余亩受灾，损失粮食 5 万公斤、棉花 1750 公斤，死亡牲畜 14 头（只）。

10 月 5～9 日全疆寒潮，【克孜勒苏自治州】阿图什市初霜提早 20 余天，阿图什市平原地区的水稻单产比正常年景减产 30％左右，全市减产约 25 万公斤；同时高粱减产 30％～40％、玉米亦大幅度减产。【和田地区】和田县出现早霜冻，夏播玉米严重受害，单产大幅度下降，总产减少 500 多万公斤。

10 月 20～22 日寒潮，使北疆各地平均气温普遍下降了 11～14℃。北疆普遍降微到小雪，5～6 级的风，风口风力达 8 级左右，给农业生产带来不利影响。

10 月 31～11 月 2 日寒潮，使北疆各地平均气温普遍下降了 11～14℃，北疆北部个别地方降温 16℃。北疆北部小雪，北疆沿天山一带小到中雪，北疆 6～7 级的风，风口风力达 9～10 级，给农业生产带来不利影响。

11 月 7～9 日北疆寒潮，使北疆各地平均气温普遍下降了 10～15℃，北疆北部个别地方降温 20℃。北疆北部小雪，个别地方大雪，北疆沿天山一带小到中雪，北疆 5～6 级的风，给农业生产带来不利影响。【哈密地区】巴里坤县提前降雪，天山北麓小麦尚未收割的全部结冰，全县减产 500 余万公斤。哈密县冬白菜全部冻坏在地里，损失约 1000 万公斤。造成哈密白菜奇缺，每公斤售价为往年的 4 倍以上。

12 月 22～27 日全疆寒潮，使北疆北部和东部降温 25～30℃，北疆其他各地气温下降了 18～20℃。南疆降温 6～8℃。北疆各地小雪，其中北疆西部和北部的部分地区中到大雪，南疆西部微到小雪。北疆西部和沿天山一带 5～6 级偏西风，北疆风口 8～9 级，南疆东部 6 级左右偏东风。这场天气给农牧业生产造成冻害。【昌吉自治州】大雪，牲畜死亡 1.4 万头（只）。【巴音郭楞自治州】12 月 25～28 日，焉耆盆地出现冻害，剧烈降温，最低气温降到 -26～-25℃，农二师 21 团场部分桃树枝条被冻死。

1977 年 2 月 27～28 日北疆寒潮，使北疆各地平均气温普遍下降了 15～19℃，东疆平均气温下降了 10～15℃，北疆微到小雪，个别地方中雪，北疆 5～6 级的风，给农业生产带来不利影响。

4 月 2 日北疆强冷空气入侵，【塔城地区】额敏县出现最低气温 -10.3℃，日平均气温 -4.4℃，冻死冬麦 1.0 万亩。【博尔塔拉自治州】博乐市阿拉山口风灾，最大风速 55 米/秒，飞砂走石、天昏地暗。阿拉山口气象站大百叶箱被风吹坏，雨量筒被吹歪，伙房的水泥墙被风吹倒，水井被填塞。

4 月 21～22 日北疆强冷空气入侵，使北疆大部分地方出现霜冻，并波及南疆部分地方。【阿克苏地区】阿瓦提县出现 8～9 级大风，使英艾日克公社损失棉花 1100 亩、小麦 300 亩、小茴香 800 亩、玉米 600 亩、油料 2000 亩，牲畜死亡 28 头（只）。塔木托格拉克公社刮毁玉米 1100 亩、小麦 115 亩，刮倒大树 19 棵，冻死苗圃树苗 1.5 亩。

9 月 30 日至 10 月 1 日寒潮，北疆北部出现霜冻，北疆西部和沿天山一带最低气温下降了 10℃左右。北疆西部有小量降水，其他地方微量。北疆 5～6 级的风，给农业生产带来不利影响。

10 月 22～25 日强降温天气，给农牧业带来危害。

1978年 2月3~8日全疆寒潮，给农牧业带来严重影响，其中【喀什地区】疏勒县普降大雪，积雪40厘米，个别地方达100厘米以上，造成交通受阻，越冬农作物受损害。叶城降雪，积雪深100厘米左右，死亡牲畜2万头（只）。

11月28~30日北疆寒潮，使北疆各地平均气温普遍下降了12~15℃，北疆微到小雪，个别地方中雪，5~6级的风，给农业生产带来不利影响。

1979年 1月8~10日北疆寒潮，使北疆各地平均气温普遍下降了10℃，北疆微到小雪，个别地方中雪，给农牧业生产带来危害。

1月26~29日北疆寒潮，使北疆各地平均气温普遍下降了10~15℃，北疆微到小雪，个别地方中雪，有5级的风，给农业生产带来不利影响。

4月9~12日，南北疆普遍遭受一次强寒潮袭击，北疆各地普遍下了雪，沿天山一带达中到大雪。并引起了全疆性强风。天山以北的阿勒泰、塔城、伊犁、哈密地区和塔里木盆地边缘的喀什、阿克苏、巴音郭楞、克孜勒苏等地州普遍刮了8级以上大风，其中吉木乃、布尔津、托克逊、吐鲁番、轮台、焉耆、库车、新和、喀什、克拉玛依等县市风力达10~12级。受灾地区大风持续时间12~30小时。克拉玛依油区遭受到空前的大风，气象站可以记录49米/秒的强风观测仪被损坏，无法记录最大风速。吐鲁番、喀什两地区降了4~5天浮尘。北疆普遍下了大雪，沿天山一带积雪一般5~20厘米，山区厚达1米左右。不降雪的地方，落沙土一层，有的达5厘米以上。风雪之后，北疆出现了强降温，气温下降8~10℃，阿勒泰地区最低温度达-30℃。由于这次天气正值春播期间，春播受到极大影响。大风将种子裸露、刮跑，风沙淹埋、冻死农作物（主要是油料、春麦、蔬菜）109.8万亩左右，因降温降雪播期推迟15~20天，风毁蔬菜拱棚520亩、饲草438万公斤、粮食143.5万公斤、化肥1.4万吨、塑膜63吨、树木82万棵。畜牧业正值牲畜转场、产羔季节，损失牲畜50万头（只），其中80%是羊羔。大风雪毁坏房屋2300多间、毡房400多顶、棚圈630多个、电线杆7334根。因受冻、雪崩、房屋倒塌、火灾致死108人，伤447人，大风雪中失踪未回16人。大风对交通运输的影响十分巨大，铁路运输损失惨重，兰新铁路线火车被刮翻，损失7000万元。大风引起火灾，烧毁粮食、皮棉。这次大风雪全区经济损失约2亿元。【阿勒泰地区】寒潮使哈巴河县死亡羊1万只；布尔津县牲畜到达春牧场后，因畜体极度瘦弱，死亡成畜5800多头（只）、幼畜3754头（只），刮坏棚圈20个，刮跑毡房46顶。1万亩小麦种籽刮出地面，损失2000亩。【塔城地区】各县气温下降16~18℃，个别地方下降25℃，风力9级，风口风力10~12级，其中，和布克赛尔县风力12级。额敏、托里2县个别地方积雪50厘米。受强寒潮侵袭，全地区死亡3人，冻伤80人，冻死小麦3.9万亩，冻死牲畜超过12万头（只）。额敏县冻死牲畜7000头（只），裕民县冻死牲畜1244头（只），塔城县冻死牲畜1000头（只）；托里县冻死3人，冻伤20人（其中5人重伤），冻死各类牲畜6万余头（只）；乌苏县冻死大羊3643头（只）；沙湾冻死牲畜3090头（只）。农七师137团960亩春麦地表土和种子一起被刮走。地方政府分5批拨27万元救灾。【克拉玛依市】4月10日，市区大风达12级。刮坏2台6000千瓦机组循环线，3天共少供电92万千瓦小时、少产水6.45万吨、少输油5000吨。炼油厂停电7小时，减少加工原油400多吨。野外作业全部停止。油井

第二章 寒潮灾害

被迫关井，原油由日产 1 万吨减少至 7857 吨。刮倒井架 3 座，刮坏帐篷 288 顶、设备 28 台，摔坏 5 台，大风引发火灾 3 起。直接损失共计 467 万元。因气温急降，冻死牧工 2 人，冻死牲畜 40％左右。【伊犁地区】霍城县大风。霍尔果斯一带部分电线杆被刮断，电话中断。伊宁县大风、降温，全县 51 万亩冬麦中有 19.24 万亩被冻死，占播种面积的 39.6％，3.47 万亩胡麻全部被冻死，占播种面积 48.1％。冻死油菜 380 亩，死亡羊 2641 只，大风引发火灾，16 户房屋被烧，损失 2.1 万元。巩留县最大风力达 11 级，许多房屋被吹坏，冻死农作物 6400 亩。【博尔塔拉自治州】冻死 19121 只羊。博乐市阿拉山口风力 12 级，最大风速 39 米/秒，刮断气象站天线，伙房屋顶被掀，墙皮被揭，大石油桶被刮走 70 米远，刮起的石子把门窗玻璃打碎。【昌吉自治州】昌吉市冻死牲畜 3000 多头（只）。奇台县北塔山的羊和羊羔死亡率近 40％。【乌鲁木齐市】大风雪，风力 7 级以上，乌鲁木齐到吐鲁番公路途中有 200 多辆汽车受阻，芨芨槽子一段路上有 36 辆汽车被雪掩埋，有些水箱被冻坏。兰新铁路线 1512 次货车行至天山站到三个泉站之间被颠覆，翻车 16 节，其中 12 节被刮倒在路基下，损失 7000 万元；另外，冻死各种农作物 1.06 万亩，冻死羊羔 1.4 万只。【吐鲁番地区】4 月 10～11 日，刮了 18 个小时大风，小麦等作物 19.7 万余亩受灾，棉花 2.5 万亩全部被毁，葡萄受灾 1.49 万亩，死 10 人，伤 40 人，塌房 16 间，死羊 300 余只，刮倒树 5758 株，沙填坎儿井 183 道、水渠 402 条，刮走麦草 6.2 万公斤、肥料 1500 万公斤、化肥 2.5 吨、风化煤 360 吨。吐鲁番县大河沿镇因火灾烧毁粮食 22.5 万公斤，皮棉 3 万公斤，刮倒化工厂 15 米高的烟囱。托克逊县风力 12 级以上，持续 24 小时，特大暴风并伴降温。作物枝叶枯死 5.66 万亩，农田地表土被风刮跑，耕地被沙埋达 47 厘米，沙埋而彻底摧毁的 2.94 万亩，6705 亩棉花全部被刮坏，冻死棉花 6705 亩，刮毁其他作物 525 亩，损失粮食等 16.2 万公斤，沙埋坎儿井 22 条、主渠道 15 公里、明渠 12 公里，毁坏机井 13 眼，沙埋涝坝 3 个、林带 4150 米，刮倒防风墙 8700 米，死 13 人、失踪 5 人，损失 182.5 万元。全县已开墩发芽的葡萄全部干死，小麦成灾面积占播种面积的 1/3。大风给铁路运输带来极大损失，大风沙把南疆铁路线埋了一大段，最深处有 5 米多，大风卷起沙石，将一列正在南疆铁路线上行驶的客车车窗玻璃全部打碎，列车被风沙刮去了一层皮，成了绛红色的破车，车箱里装满黄沙，损失 2583 万元。另外，有 140 多根水泥电杆被折断。灾情发生后，托克逊车站全体职工紧急出动，包着头、戴上风镜爬上列车，打开背风一侧车门把旅客接下车。火车站一名职工在抢险中被风刮走。大风致使电讯中断，铁路局急救的汽车和直升飞机无法开动，滞留旅客两天两夜。【哈密地区】4 月 10～12 日，受寒潮侵袭，造成大风、大雪、降温。最大风力 10 级。致使死亡 17 人，受伤 141 人，死亡牲畜 10.71 万头，倒塌房屋 66 间，刮坏牧民毡房 21 顶，毁坏牲畜棚圈 70 个，堵塞机井 54 眼、坎儿井 9 道，填塞明渠 16 条，刮倒电杆 40 根和大树 2 万棵，沙尘埋没麦田 8500 亩。兰新铁路列车受阻，1402 次货车在红柳河车站被刮翻 3 节，派出救援的吊车也被雪阻，不能前进到达现场，铁路、通讯中断。大风后浮尘两三天未散，经济损失上亿元。沁城羊羔死亡 1800 只，冻死牧民 3 人。巴里坤县和伊吾县前山境内最低气温分别骤降到 -18.2℃ 和 -18.7℃，伊吾县前山境内扬风搅雪三天两夜，冻死 4 人，冻伤 278 人，冻死牲畜 1.80 万头（只）。淖毛湖农作物受灾面积达 590 亩，饿死冻死成畜 480 头、幼畜 875 头，刮倒牧工毡房 8 顶，冻伤 13 人。【巴音郭楞自治州】大风，一般 9 级，轮台县、焉耆县山口一带瞬间最大风力 11 级，伴降温，一般地区下降 5～7℃，焉耆盆地下降 15℃，风吹起尘土，且末县落尘 2 厘米，个别地区出现洪水，山区普降大雪。全州小麦损失严重，其中半数被沙土埋没，另一半被大风吹尽。3.62 万亩油菜被冻死。轮台、焉耆、和静等县沿山一带大小渠被填满沙子，已播小麦、油菜田被吹平。和静县农作物损失过半，损失大小牲畜 1.36 万头（只），其中，冻死牲畜 50 头（只），4000 亩作物受灾死亡。和静县巴音布鲁克乡牧区近十多天风雪交加，大风雪封死巩乃斯沟，数个牧场被围困，10 万头（只）牲畜受灾，死亡 2000 头（只）。和硕县损失农作物 870 亩、牲畜 1500 头（只）。博湖县 8000 亩农作物受灾，200 亩死亡，270 头（只）牲畜死亡。焉耆县冻死或吹毁作物 9000 亩，其中春小麦 4000 亩、油料作物 5000 亩，死亡牲畜 403 头（只），填平渠道 10 条，倒房 8 户。新定植的 8 公里长 24 行宽林带迎风面树皮全被风沙打掉、枯死，林带积沙 50～100 厘米深，沿戈壁渠道几乎全被填平。造成停电，广播和通讯中断。轮台县最大风力 12 级，全县冬麦死亡面积达 1 万余亩，创伤面积 5.3 万亩；玉米受害面积 1100 亩，死亡 290 亩，5 万公斤粮食被沙土覆盖，8000 亩油菜毁于风灾，2000 棵果树吹折，130 户社员的房顶被风掀掉，死亡大小牲畜 1124 头（只），倒房 360（间）、林木 8117 棵，填平渠道 94.75 公里，损失 80 万元。库尔勒市的杏花遭风吹霜打，普惠地区死羊 1500 只。尉犁县受害农作物 4000 亩，死亡农作物 846 亩，死亡牲畜 4800 头（只），境内的乌鲁克地区各农垦团场，已出苗的油菜几乎全部被冻死，春小麦普遍受害。若羌县大风引发火灾，烧毁皮棉 550 担，合 20 万元，损失树木 1.3 万棵，倒房 7 间，损失饲草 3000 公斤。大风激起水浪冲毁若羌县先锋水库，水毁农作物 427 亩、牲畜 3400 头（只），冲垮水库 1 座，春小麦受害较重，部分杏树受冻枯死。且末县 2400 亩农作物受灾，1000 亩死亡，死亡牲畜 3 万头（只）。【阿克苏地区】各县大风普遍 8～10 级，库车县瞬间风力超过 40 米/秒，大风持续时间 7～20 小时，风后气温猛降，大部分县市气温下降 10 度以上。地区受灾农田面积 38.06 万亩，死亡牲畜 2.87 万头（只），死亡 16 人，伤 16 人，房屋倒塌 623 间，吹到树木 5.67 万棵，刮走饲料（草）178 万公斤。库车县出现罕见的大风，从 10 日 19 时至 11 日 2 时，平均风力 9～10 级，最大风力 12 级，19 时 20 分和 20 时 44 分前后极大风速超过 40 米/秒，造成严重灾害，同时出现强沙暴，能见度 30 米，最差时只有 1 米左右。小麦、玉米、油料等作物有的被大风刮走，有的被刮干，有的被沙掩埋。全县冬麦死亡 6.2 万亩，占总面积的 19.5%，春麦死亡 3244 亩，占播种面积 66.8%；玉米、棉花受害分别为 28.6% 和 25.6%；大畜死亡 43 头，小畜死亡 1621 只。死亡 8 人、伤 2 人、失踪 9 人。刮倒树木、房屋、围墙、电线杆等多处，当晚停电，通讯中断。4 月 10 日下午 17 时，新和县遭受沙尘暴袭击，黄尘从东北方向滚滚而来，稍顷，狂风呼啸，飞沙走石，天昏地暗，使车辆停驶，交通中断。大风持续 12 小时，风力达 11 级（风口风力达 12 级），最大风速 29 米/秒。全县小麦受灾 5.01 万亩，其中死亡 2.04 万亩。大风吹倒树木 3.13 万株（其中果树 1.03 万棵）、电杆 22 根、房子 170 间、库房 8 座、棚厩 22 处，牲畜死伤 889 头（只）。温宿县刮西北大风，历时 9 小时。瞬间最大风速 40 米/秒。全县 11 个社场受灾。受灾小麦 2.66 万亩、油料 7074 亩、棉花 70 亩、其他作物 708 亩；刮毁林带 169 千米、果园 121 亩；填平水渠 326 条，倒塌房屋 19 间，棚圈 25 个，吹走牲畜饲草 9143 吨；丢失牛羊 1440 头（只），死亡 9135 头（只）。这场大风是沙雅县本世纪初至 1979 年的 60 年中出现的最大一次风灾。有的庄稼被风刮走，有的被刮干死亡，有的则被沙埋，造成 7 万亩小麦受害，8000 亩小麦绝收，玉米严重受害而绝收 280 亩，油菜、春麦绝收 0.8 万多亩，大畜死亡 108 头，小畜死亡 578 只。阿瓦提县出现 8 级偏北大风，瞬间最大风力达 11 级，气温骤然下降，水面结冰，4.22 万亩作物受害，死亡牲畜 379 头（只），刮走棉种 19.39 吨，倒塌房屋 35 间。此外，还有些电杆、树木被刮倒，饲草被刮跑。拜城县大风，近 6 万亩农田被沙淹没，死 8 人，死亡牲畜 3467 头（只），烧毁房屋 328 间。柯坪县刮 12 级大风，持续 7～12 小时，农作物枝杆折断，有的连根被卷走，幼苗被冻死，风沙埋田，灾情为历年所罕见。【喀什地区】4 月 11 日，巴楚县大风，最大风力达 10 级，持续时间 8 个小时，致使 1 万余亩刚下种的棉花表土被刮跑，种子裸露。伽师县沙碱覆盖各种农作物 4.22 万亩，刮死冬麦、大麦 3325 亩，刮走肥料 352.8 万袋，损失各种树木 10 万株。麦盖提县大风，农田受灾农田面积 3 万多亩，其中玉米枯死 2616 亩，棉花受灾面积 5976 亩。【克孜勒苏自治州】4 月 10 日 10 级大风，全州死亡大小牲畜 2000 只，母畜流产 3068 只，丢失牦牛 123 头，2 人死亡。阿图什市格达良乡 8000 亩农作物被碱土覆盖，厚达 10～15 厘米，麦苗受到严重损坏。灾情发生后，自治区党委、自治区革委会 4 月 12 日召开专门会议部署抗灾救灾，并成立了抗灾救灾指挥部。4 月 9 日、10 日、11 日各受灾地区组织动员地县领导和机关干部奔赴抗灾第一线，阿勒泰、阿克苏地区都在 1000 名以上。自治区财政及时拨出 300 万元救灾款，大批救灾物资源源不断运到灾区。

10 月 12～14 日全疆寒潮，使北疆各地平均气温普遍下降了 10～13℃，北疆普降微到小雪，塔城大雪，北疆 5～6 级的风，给农业生产带来不利影响。【伊犁地区】昭苏县降暴雪，降雪量 13.2 毫米，全县 10 多万亩已收割的小麦压在地里，其中，昭苏县 8 万亩、兵团农四师 77 团 1.9 万亩、75 团数千亩，影响收获，失收粮食近 500 万公斤。积雪厚，使牲畜无法觅食，导致牲畜饥寒交加而死亡。

11 月 6～8 日全疆寒潮，使北疆东部和乌鲁木齐以东的北疆沿天山一带降温 23～26℃，北疆西部降温 20℃左右，北疆其他各地下降了 14～18℃。南疆西部降温 5℃左右，东部下降 10～12℃。北疆各地小雪，其中北疆西部和乌鲁木齐市以东的北疆沿天山一带中到大雪。北疆部分地区 5 级左右偏西风，北疆各风口 7～8 级，南疆东部 5～6 级偏东风。这场天气给农牧业生产带来了危害。【伊犁地区】霍城县大雪、寒潮，大部分冬菜被冻坏。

第四节　公元 1980—1990 年的寒潮灾害

1980 年　3 月 6～10 日寒潮造成持续春寒，阿勒泰、塔城、伊犁、昌吉、巴音郭楞、克孜勒苏、和田等地州的 87 万余亩农田受灾，124 万余头牲畜冻死。灾区春耕推迟 21～30 天，少播夏粮 227 万亩。其中，【巴音郭楞自治州】轮台县积雪 3 厘米，雪灾引起麦田碱害，占全县小麦的 50%，约 6.1 万余亩，其中死亡 1.15 万亩。【克孜勒苏自治州】中雪，部分草场积雪 50 厘米左右，牲畜死亡 9877 头（只）。

9 月 11～13 日强降温天气，北疆最低气温下降了 8～10℃，山区个别地方出现轻霜冻。【阿克苏地区】9 月 12 日，乌什县的部分地区出现早霜，农作物受灾 0.37 万亩，损失水稻 131.06 万公斤。

12 月 11～13 日强降温天气，给农牧业生产带来危害。

1982 年 5 月 8～12 日，全疆寒潮。北疆各地普遍降温 10～15℃，最低气温达到 0℃以下，并伴有 8 级左右的大风，南疆是以大风为主的一次天气过程，对农牧业及瓜果蔬菜等造成不同程度的危害。对北疆的粮食作物，南疆的棉花带来重大损失。全疆死亡牲畜 5.5 万头（只），其中伊犁地区 2.8 万头（只）、巴音郭楞自治州 1.31 万头（只）、哈密地区 4364 头（只）、塔城地区 2459 头（只）、阿克苏地区 4843 头（只）、喀什地区 178 头（只）、克孜勒苏自治州乌恰县 178 头（只）、和田地区民丰县 337 头（只）、兵团二个师 1586 头（只）；塔城、巴音郭楞、阿克苏、克孜勒苏 4 个地州损失树木 17.2 万株；死亡 3 人。【塔城地区】塔城市因冷空气入侵，5 月 9～12 日连续降温达 11℃，5 月 10 日最低温度为 -0.5℃，10 日、12 日，地面最低温度分别为 -2.3℃、-2.0℃，全市各地均出现不同程度的霜冻危害。工农兵农场 600 亩玉米叶子全部冻坏，冻死油菜 100 亩、豌豆 130 亩，绿豆全部冻死，冻死西瓜、豆角、黄瓜、葫芦等 62 亩。5 月 8 日 16 时 30 分，塔城县哈尔哈巴克乡出现了龙卷风（即陆龙卷）危害，长达 6 分钟。共有 8 户社员的房屋，很多树木，两处院墙等受龙卷风危害遭受不同程度的损失，龙卷风直径约 70～100 米，自西向东从林子中间穿过，但因时间短且直径小，故造成的损失不大。【伊犁地区】5 月 9、10、11 日三天连续刮大风，并伴有鹅毛大雪，降雪深度达 20～30 厘米，气温降到 7～10℃左右，伊犁河谷地区有 8～9 级大风，出现终霜冻，对农牧业及瓜果蔬菜等造成不同程度的危害。使伊犁自治州的几个县的部分小麦、油料、棉花、苹果、羊羔等冻死，全州（包括兵团农四师、农七师团场）受灾农田面积近 73 万亩，其中冬麦 3.59 万亩，春麦 35.77 万亩、玉米 4.58 万亩、油料 5.26 万亩、棉花 13.52 万亩、其他作物 10.23 万亩。另外，还冻死羊只 12.5 万只。因大风引起火灾，烧死羊 336 只，烧掉房子 33 间。【昌吉自治州】降温幅度达 9.5℃，玛纳斯县最低气温为 2～3℃，地表温度降至 1～2℃，5 月 10 日下降至 2.9℃。受灾农田面积 6.94 万亩，损失产量 144.35 万公斤，其中粮食 85.8 万公斤，折合人民币 250.3 万元，县园艺场损失 20 万元。灾前县气象部门和广播站及时作出预报，县园艺场 3 队听到广播后，立即动员职工用苇杆、麦草、粪土覆盖瓜菜幼苗，使 20 亩甜瓜、30 亩西瓜免受冻害。米泉县最低气温为 3.0℃，近 30% 的稻秧苗冻死。【巴音郭楞自治州】和静县 9 级大风，3 个公社、10 个牧场共损失牲畜 1034 头，8 间房顶被风揭掉，12.3 万亩作物冻死。尉犁县大风、低温，棉花受冻死亡 70%～80%。轮台县 5 万余亩作物受灾，冻死 1 人。若羌县 9 级大风持续 19 小时，并伴有 2.2 毫米的降雨，地面温度降到 2.6℃。全县有 273 亩棉花、1625 亩玉米、403 亩瓜菜受灾。兵团农二师 21 团气温急剧下降，24 小时内下降 18℃，并伴随七级大风。14 日地面温度 -6℃，出现严重霜冻。全团 1.5 万亩棉花、玉米、瓜类、甜菜遭受重大损失。其中 711 亩玉米、5385 亩棉花全部冻死，经济损失达 200 万元以上。兵团农二师 23 团 5 月 11 日凌晨气温降至 -4℃，棉花、瓜菜受冻，面积 6053 亩，绝收 5041 亩，棉花改播油葵 3224 亩，改播黄豆 350 亩，经济损失 77 万元。【阿克苏地区】最大风力 9～10 级，受灾农作物 27.5 万亩，死亡牲畜 3863 头，刮倒大树 2.87 万棵，小树 5 万株，倒塌房屋 17 间，死亡 1 人。阿克苏市连续 20 多小时 7～8 级（短时 9 级）偏西（北）大风，以后又转 8 级左右的偏东大风，能见度＜50米，市区最大风速25米/秒，风后气温骤降，日平均气温下降9℃。大风对农牧业生产造成严重损失，全市和兵团农一师团场受灾农田面积15万多亩，其中棉花受损3.5万亩。兵团农一师沙井子垦区刮起8~9级大风，大风持续22个小时，已播的棉花等作物损失846.7公顷，其中死亡107.7公顷。乌什5.9万亩农田受灾。【克孜勒苏自治州】阿合奇县3.1万亩农田受灾。5月6~10日，乌恰县境内持续刮了5天大风，平均风力8级，瞬间最大风力达10级。伤亡幼畜178只、成畜235只。粮食作物冻死44％，油料作物冻死69.6％，大风刮走蒙古包93顶。【喀什地区】遭受严重风灾。受灾较重的疏附、疏勒、英吉沙风力达8~9级，受灾农田面积25.8万亩，需改种1524亩，死亡羊178只，倒塌房屋10间，牛棚马圈15处。疏附县5月9~11日，连续刮了8级以上大风3天，靠山区的木什、乌帕尔、塔什米里克和铁日木乡受灾最重。全县受灾农田面积6.13万亩，刮倒树木7511株，刮风致死牲畜12头，刮倒和刮坏房屋10间，桃、梨等果树因受灾减产。【和田地区】民丰、于田两县出现严重春寒，民丰县0.07万亩玉米、0.02万亩棉花受害，少播玉米31％，少播棉花46％。

10月25~29日寒潮，造成北疆北部最低气温下降15℃，北疆西部最低气温下降8~9℃，北疆沿天山一带最低气温下降10℃，北疆西部小量的雪，其他地方微到小量。北疆部分地区5级左右偏西风，北疆各风口7~8级，南疆东部5~6级偏东风。给北疆各地的农牧业生产带来危害，但灾情资料缺乏。

11月11~13日北疆寒潮，造成北疆北部最低气温下降15℃，北疆西部最低气温下降10℃，沿天山一带最低气温下降10~15℃，北疆北部微到小雪，北疆西部中量的雪，沿天山一带小到中量的雪，个别地方有大雪。5~6级左右偏西风，风口风力7~8级，给北疆各地的农牧业生产带来危害，但灾情资料缺乏。

1983年 5月17~20日全疆寒潮，【阿勒泰地区】布尔津县降雪，最大雪深达30~40厘米，最低气温降到2.1℃，造成全县牲畜死亡7045头（只）。【塔城地区】农七师车排子垦区21日风灾，风力10级，持续5个多小时，最大风力11级，作物受灾面积7.9万亩，绝产1.5万亩，600多亩小麦和玉米被沙埋没，苹果花蕾大部分被刮掉，部分牲畜棚圈倒塌，许多树木被拦腰折断。塔城县各类牲畜受灾死亡928头。兵团农七师123团棉苗被风沙打死，刮落苹果，折断树木，21连28米高的铁制三角架被刮断。【克拉玛依市】5月19~21日三天内接连刮了两场（10级以上）大风，造成油田野外作业全部停工、停钻，影响产量943吨，克（克拉玛依）—独（独山子）输油中断16小时，刮坏刮走帐篷97顶，刮断刮倒水泥电杆81根，刮坏大量的门窗玻璃、汽车玻璃，2010平方米的屋顶被掀掉，刮坏各种蔬菜1116亩，各种作物几乎全部干枯，刮坏温室及蔬菜大棚12座。【伊犁地区】霍城县连续刮3次9级大风，气温急骤下降，5月23日全县普遍出现重霜冻，县城附近地温降至-3℃，沿山地带降至-5℃。棉花、甜菜、烟叶、瓜菜等经济作物受害严重。播种棉花8500亩，两次受灾翻种面积6290亩，占80％。大风使正值扬花期小麦的授粉受到影响，造成大面积空壳，红旗公社和羊场空壳面积达5000亩，空壳率70％以上。【石河子市】5月21日大风，风力10~12级，历时9个半小时，棉花受灾严重，有的被沙掩埋，有的刮干了叶子，棉花受灾面积21.95万亩，瓜菜成灾面积4万余亩。【昌吉自治州】呼图壁县先后出现10级以上风灾，风速分别为29米/秒和25米/秒。全县受损面积达 4000 余亩。【哈密地区】伊吾县淖毛湖镇、下马崖乡两地 12 级大风骤起，持续 2 小时，损坏麦苗、蔬菜 1800 亩，吹倒住房 6 间，泥沙填平大渠 2 公里、干渠 10 公里，刮断各种树 1200 棵。【巴音郭楞自治州】和静县巴音布鲁克乡刮 8～11 级大风，损失牲畜 2300 头，损坏房屋 39 间。轮台县大风雨并降温，3.5 万亩农田受灾，需改种的 7822 亩，死亡牲畜 928 头（只），各种果树 1657 株受害，房屋倒塌 21 间。5 月 19 日的低温使 1000 亩棉花遭冻害，600 亩绝收，减产皮棉 4 万公斤，经济损失 13 万余元。【阿克苏地区】5 月 18～20 日大风，最大风力 11 级，受灾农作物 61756 亩，吹倒树木 12190 株，死亡牲畜 928 头（只）。【喀什地区】5 月 19 日凌晨 7 时左右，疏勒县受大风袭击，持续 8 小时，对刚出土的棉花、玉米、小茴香造成重大损失。

10 月 6～9 日强降温天气，使北疆北部最低气温下降了 13～15℃，其他各地降温 8～10℃，北疆北部微到小雨，北疆西部小雨，沿天山一带有大雨。5～6 级左右偏西风，北疆各风口风力 7～8 级，给北疆各地的农业生产带来危害。

10 月 20～23 日强降温天气，北疆北部最低气温下降了 8～10℃，其他各地降温 5～8℃，北疆微到小雨，个别地方中量的降水，5～6 级左右偏西风，给北疆各地的农业生产带来危害。

11 月 5～9 日北疆强降温天气，北疆北部最低气温下降了 15～18℃，其他各地最低气温下降了 10～15℃，北疆北部微到小雨，西部和沿天山一带有中量的降水，个别地方有大量降水，5～6 级左右偏西风，北疆各风口风力 7～8 级，给北疆各地的农业生产带来危害。

1984 年 4 月 24～25 日，北疆遭受寒潮袭击，造成各地大风、剧烈降温，导致部分农田作物被毁，牧区部分幼畜和成畜死亡，阿勒泰地区、乌鲁木齐达扳城盐湖化工厂和吐鲁番各有 1 人死亡。克拉玛依的大风使油田停产，直接损失 406.6 万元。【阿勒泰地区】气温普遍下降 16～18℃，其中富蕴县最低气温为 -10.0℃、青河县最低气温为 -11.7℃。风力 7～9 级，最大 11 级。冻死 1 人、冻伤 11 人，失踪 1 人。全地区有 6.3 万头（只）牲畜死亡。哈巴河县最低气温为 -8.4℃，损失小麦 4000 亩。阿勒泰市最低气温为 -8.7℃，200 亩小麦受冻，另有 500 亩小麦被洪水淹没。布尔津县 1000 亩小麦种子被刮出来。吉木乃县刮倒电杆 50 根以上，300 亩小麦种子被刮出来。福海县 3 个水闸被刮坏，1 万亩小麦受冻，死亡牲畜 8896 头（只），失踪牲畜 439 头（只），受灾农田面积 2.2 万亩，经济损失 52 万元。【塔城地区】4 月 24 日，和布克赛尔县风灾，风力 12 级，风速 > 40 米/秒，死亡大畜 954 头（只）、小畜 1582 只，吹倒毡房 26 顶，约 5 辆汽车草垛和 1250 公斤粮食被吹走，吹倒围墙 195 米，冻坏油菜 2500 亩。沙湾县乌兰乌苏乡和【石河子】兵团农八师 143 团出现了历史上少见的强寒潮天气，伴大风，气温急剧下降，24、25、26 三天最低气温均在零下，分别为 -0.1℃、-5.8℃、-1.5℃，近地面有霜和结冰，使刚出土的甜菜幼苗遭受到一定损失，143 团和乌兰乌苏乡 1500 亩农作物冻死 3%，受害 4%，部分播种偏深的棉花发生严重的烂种烂芽现象，少部分棉田不得不重播，棉花出苗后又有不同程度的根腐病发生，致使棉苗瘦弱，发育迟缓。葫芦瓜死亡 40%，豆角死亡 13%，西瓜死亡 20%，黄瓜死亡 40%。【克拉玛依市】市区等地大风（12 级），最大风速 49 米/秒。伤 22 人，刮倒钻井架 3 座，1 部钻机卡钻，钻井队共停钻 625 小时，刮

第二章 寒潮灾害

倒、刮断水泥电杆166根、通讯电杆67根，钻井、试油、井下作业、基本建设等全面停工。720口油井停产，少产原油2379吨。储油罐刮扁3个。注水站停注，减少注水量1.43万多吨，刮坏板房62幢、门窗948扇、玻璃6395平方米、温室66座3.17万平方米，有104幢楼房被揭顶，刮倒围墙3592米，452辆汽车挡风玻璃被打碎，457亩农田遭受毁灭性灾害，895亩减产，牲畜死亡2473头（只）。直接损失406.6万元。【博尔塔拉自治州】博乐市降雨雪和冰粒，伴有大风，最低气温-4℃，风力9级以上，冻死羔羊5208只，刚出苗的蔬菜几乎全部冻死。阿拉山口至兵团农五师90团（塔格特）一带风灾，最大风速49米/秒，兵团农五师89团（塔斯尔海）33头牲畜被大风刮进艾比湖，其中溺死23头，救起10头，另有17头下落不明。大风将春小麦叶片吹焦，1000多亩待播地的表土刮走十几厘米。精河县风灾，风力9级，县城以北的向阳大队、蘑菇滩地区达10级以上，部分小麦被连根拔起，部分农田被沙子掩埋。气温降至0℃以下，导致牧区部分幼畜和成畜死亡。奎屯农作物3万亩重播、8万余亩缺苗。【昌吉自治州】米泉县刮了1小时10分钟的8级大风，其中10级以上的大风持续了20分钟，风后普遍下了冰雹和中量的雨转雪，积雪厚度达4厘米，最低温度降到-2.7℃。全县2506亩水稻的塑料薄膜被大风刮走，占全县水稻育秧田的75%，其中冻死秧苗400亩，另外部分农电线路被刮坏，牧民的一些毡房被刮倒毁坏，各类损失合计31.06万元。奇台县北塔山乡暴风雪，死亡牲畜4595头。【乌鲁木齐市】25日最低气温-4.2℃，西北风达8级以上，地面结冰，乌鲁木齐县受灾农田面积达6000多亩，北部农区大棚蔬菜损失严重，蔬菜受灾面积千余亩；死亡大小牲畜1.59万头（只），价值300万元，仅安宁渠乡就损失150万元。盐湖化工厂因大风和水浪冲击损失价值30多万元的盐。达坂城大风11级，离气象站15公里处的盐湖化工厂577个盐池被水淹没，死1人，因大风造成损失70万元，对当地农牧业也造成了极大的危害，同时影响交通，汽车、火车短时间阻塞不通。【吐鲁番地区】大风持续23小时，平均风力9～10级，最大12级，大风引发沙尘暴，能见度<50米。小麦受灾面积4.56万亩，成灾2万亩，棉花受灾2.1万亩，成灾1.58万亩，葡萄受灾8315亩，成灾7250亩，刮倒树木8.4万株，大风引发火灾，11户40间房被烧，烧毁麦草5000公斤，沙埋坎儿井20条、主渠道58条、支渠63条，沙埋草场250亩，死羊267只。吐鲁番县大风使2万余亩农田及葡萄受灾，刮断树木4446株，死1人。托克逊县大风，风力8～9级，最大12级，9.5万余亩农田受灾，成灾4.3万亩，7347墩葡萄受灾，死亡牲畜1282头（只）、刮倒房屋40间、树木8.5万株、电杆50根、高压线4根，刮断电线680米，沙埋机井13眼、坎儿井及明渠26道，烧毁房屋29间，死1人，刮走煤200吨。【哈密地区】大风降温，地区南部风力达8级以上，1.1万余亩农田受灾，沙埋坎儿井及填塞渠道13公里，刮毁塑料薄膜6441公斤、尼龙帐篷4顶，死亡牲畜719头。13间房火车站停运26小时。【巴音郭楞自治州】和静县巴音布鲁克区遭受特大风灾，最大风力11级，刮倒9顶蒙古包，区中小学校舍3115平方米房顶及区医院房顶1100平方米油毡被揭走，损失合5万元。若羌县大风使2500亩春麦叶片机械损伤，207亩棉花地膜被揭，510亩瓜菜叶片损伤或全株死亡。【阿克苏地区】最大风力9～10级，库车县受灾农作物3.3万亩，死亡牲畜7587头（只），刮倒树木3.21万棵，吹干树苗112亩，刮倒电杆202根，倒塌房屋6间。新和县510亩小麦被风吹干。

12月1～2日全疆寒潮，【阿勒泰地区】布尔津县平均气温下降22℃，最低气温达到

-29.9℃,并伴有6~7级大风,冻死2人。【克拉玛依市】日平均气温下降10.3℃,最低气温降至-24.7℃。【乌鲁木齐市】气温在2天内骤降11.5℃,最低气温达-26.0℃,大风持续4~5天,最大风力10级,造成发电厂400米水渠封冻,水力发电被迫中断达7天之久。电厂的停电对各部门也带来了影响,供销社锅炉不能正常运转,7个暖气包被冻住,1个气包的水管冻裂,停止营业4天。

1985年 5月13~15日,全疆寒潮,以降温为主,阿勒泰地区、塔城地区、石河子市、昌吉自治州、乌鲁木齐市出现重霜冻,极端最低气温下降到0℃以下,使116万亩农作物受灾,20万头牲畜死亡。【塔城地区】北四县(塔城市、裕民县、额敏县、托里县)受灾最重,南两县较轻。死亡大小牲畜4892头(只),农业受灾总面积12.72万亩。其中冬麦200亩、玉米1.37万亩、春麦5.88万亩、油菜3.6万亩、葵花100亩、红花300亩、啤酒花1000亩、打瓜1.26万亩、蔬菜3500亩、果用瓜600亩、黄豆50亩、葡萄60亩。【博尔塔拉自治州】全州农作物都受到不同程度的灾害。温泉县和博乐县主要是冻害,精河县主要是风沙灾害。博乐、温泉等县出现重霜和冻害,为历史上罕见。使早播的玉米、油料、小麦、棉花、瓜果、蔬菜等喜温作物受到严重损失,各类经济作物受灾面积20.67万亩,成灾面积10.12万亩,其中,棉花0.80万亩、打瓜0.77万亩、油料6.90万亩、西甜瓜0.11万亩、蔬菜和各种果树0.13万亩;粮食作物受灾面积4.85万亩,其中小麦0.59万亩、玉米1.93万亩,成灾面积2.21万亩。经济损失约460万元。【伊犁地区】河谷地区最低气温达到-3℃左右,出现重霜冻、结冰。农作物受灾面积58.14万亩,其中冬麦0.55万亩、春麦0.27万亩、玉米31.86万亩、油料12.78万亩、棉花600亩、甜菜0.59万亩、豆类0.22万亩、蓖麻0.68万亩、西甜瓜2.41万亩、蔬菜3.28万亩、打瓜4.88万亩、其他0.56万亩,造成经济损失3000多万元。霍城、伊宁两县受灾较重,早熟冬麦穗下第一节受冻,出现脱水萎蔫现象。幼畜死亡19.2万余只,瘦弱牲畜达71万余头(只)。【石河子市】乌兰乌苏气象站15日最低气温为-1.0℃,地面最低温度-2.5℃,对农作物危害较严重,对露天栽培的瓜豆、西红柿等蔬菜造成80%~100%的死亡,棉花受害40%,其他作物以及果树葡萄等也有不同程度的冻害。下野地出现霜冻,用烟熏法防霜,使兵团农八师133团2.2万亩、121团1500亩出土的棉苗瓜菜等免受霜冻危害。【昌吉自治州】出现重霜冻,给农牧业生产带来了不同程度的冻害。全州各类作物20余万亩受灾。其中玉米13万亩、高粱1.2万亩、稻田690亩、秧田184亩、棉花0.28万亩、甜菜0.64万亩、瓜类2.1万亩、油料0.36万亩、蔬菜0.87万亩、葡萄及果树0.66万亩。【乌鲁木齐市】普遍降温,极端最低气温下降到-2.4℃,地面最低气温降至-5.5℃,并伴有降雪和霜冻。冻死玉米3300亩、水稻150亩、黄豆350亩、红薯260亩。乌鲁木齐县虽然已有预防准备,但蔬菜仍然受到严重的冻灾,夏菜受灾面积1万亩,成灾8372亩,占播种面积的59%。西红柿、辣椒、茄子等蔬菜受灾减产,延缓上市期半月之久。达坂城乡出现历史上罕见的春寒天气,降雪量1.2毫米,最大雪深2厘米,并伴有雪暴,最大风力9~10级,最低气温下降到-7.8℃,春小麦进入三叶期,油菜、蚕豆出苗期,这次天气带来严重冻害,小麦减产30%,需复种油菜4210亩。此外,向日葵、杏、苹果的花几乎全部遭受冻害,化工厂80%新种小树受损,由于天山站至三个泉站之间雪深1米多,使火车中断30个小时,电线线路中断96个小时。【巴音郭楞自治州】和静县3.1万余亩小麦受灾。和硕县有小量阵性雨夹雪和阵雨，降水量为1.3毫米，15日最低气温0.2℃，地面最低气温-4.6℃。15日清晨和硕县出现霜冻，使全县664亩西（甜）瓜、打瓜、喜温蔬菜受灾，占总面积的22%左右。焉耆县霜冻使4万余亩农作物受灾，近万亩死亡。尉犁县出现大风和沙尘暴，造成部分棉花幼苗受害，经济损失8.4万元。若羌县祁曼区（牧区）受到了十多年来未见过的暴风雪袭击，使牧区受灾严重，冻死生产母羊932只、羊羔3183只。兵团农二师22团5月15日凌晨地面最低温度-3.1℃，出现重霜冻，造成1100亩农作物失收。【喀什地区】巴楚县大风，1.2万余亩棉花受灾，其中死苗6708亩。

10月12~14日寒潮，北疆各地最低气温下降了10℃，出现了不同程度的霜冻，有微到小量的降水，还发生不同程度大风灾害。给北疆各地的农业生产带来危害。

1986年 4月20~24日，北疆大部分地区出现强降温天气，平均降温12~15℃，部分地区下降20℃，阿勒泰、奇台等地气温降至-5~-7℃，北疆、东疆大部分地区和南疆东部均出现霜冻。同时，上述地区还发生不同程度大风灾害。仅吐鲁番、哈密两地区的经济损失就接近1800万元。【阿勒泰地区】25日布尔津县最低气温降至-5.3℃，并伴有7级大风，瞬间风力可达9级，使3543头（只）幼畜受害死亡，2500亩小麦受到冻害。吉木乃县连刮3天大风，1.5万亩小麦苗受灾，2480头（只）牲畜死亡。棉花、玉米、小麦、果树和葡萄均遭受严重损失。福海县大风、降温，风力8级以上，连续降温幅度达16.2℃，损毁小麦6623亩、油料及苜蓿作物3677亩，造成补种面积4100亩。【塔城地区】和布克赛尔县风力12级，风速>40米/秒，死亡大畜954头（只）、小畜1582只，吹倒毡房26顶，5辆汽车草垛和1250公斤粮食被吹走，吹倒围墙195米，冻坏油菜2500亩。【博尔塔拉自治州】精河县4月20日降水量3.3毫米，同时出现7级大风，21日降水5.1毫米，22日降水2.3毫米，23~24日出现7级大风，24日早上出现轻霜冻，25日早晨出现重霜冻，最低气温-0.1℃，地面最低温度-4.8℃，出现结冰。4月20日因刮了7级大风，精河县黑树窝村的40~50亩小麦被大风刮露出根来，由于本次天气持续低温较长，使精河县团结公社的小麦叶子有些受冻，小羊羔也有些损失。【伊犁地区】因霜冻使农作物遭受巨大损失，仅经济作物损失就达951.5万元。【石河子市】下野地垦区降水量达15.6毫米，23日刮了4小时大风，最大风速23米/秒，24、25日最低气温分别为-1.3℃-1.0℃，并出现霜冻和结冰现象，共有2500多亩棉苗受害，死亡100%，部分棉田出现烂种烂芽现象。【吐鲁番地区】鄯善县遭受大风、降温天气。4月25日、26日、27日，气温分别降至-1.8℃、-5.1℃、-0.9℃。这次大风降温天气使是拥有葡萄面积6.8万亩的葡萄主产区鄯善县损失惨重，1.32万户5.14万人受灾，灾害主要对该县火焰山以北4乡1镇1场葡萄生产影响较大。全县农作物受灾4.96万亩，其中葡萄2.45万亩、棉花1.44万亩、西甜瓜7387亩、蔬菜1439亩，直接经济损失1000万元以上。葡萄受灾最重的为鄯善县园艺场、连木沁乡、辟展乡、七克台乡，受灾农田面积分别占葡萄种植面积的94.3%、54.3%、53.8%、100%。【哈密地区】4月24日突然低温降雪，风力5~10级，地表气温降至-5℃，早播瓜冻死7700亩，占瓜总面积36%，葡萄受冻5500多亩，蔬菜3200亩，杏、苹果等果树受灾6300亩。4月25~28日出现了持续冻害，全地区冻害面积为3.33万亩，经济损失951.46万元。哈密市气温急剧下降，大雪纷飞，气温降至 0℃ 以下，造成农作物和花果树木严重冻死，株粒不留，农牧业及农田基础设施破坏严重。【巴音郭楞自治州】和硕县气温下降，24 日出现霜冻，25 日最低气温 -2.6℃，此时正值县园艺场的果树开花盛期，由于果园面积大，未采取防霜措施，霜冻严重，果树产量减产 80 吨，经济损失 3 万元。若羌县大风，平均风力 8 级、瞬间达 11 级。部分出苗的甜瓜和豇豆死亡，棉花稍有损害，受灾较重的瓜地死苗率达 50%。兵团农二师 22 团自 18 日冷空气入侵至 26 日，历时 9 天，降温 11.8℃。25 日凌晨，地面最低温度 -5.3℃，26 日地面最低温度 -6.6℃，出现晚霜冻。兵团农二师 23 团 25 日凌晨 -5℃，水面结冰，瓜菜受冻。

9 月 1～5 日，受乌拉尔山南下强冷空气影响，北疆、东疆北部及南疆部分地区，普降小到中量的雨，个别地区达到大量。黑山头、和布克赛尔、富蕴、青河、北塔山、乌鲁木齐、巴音布鲁克、巴里坤等地由雨转雪。同时，北疆、东疆、吐鄯托盆地及南疆部分地区刮 7 级大风，最大风力 9～10 级，气温明显下降，低温持续时间较长。北疆北部、北疆沿天山一带及东疆北部出现霜冻。伊犁的特克斯县、昭苏县，塔城园艺场，玛纳斯县和哈密市还发生冰雹和洪灾。据统计，由于冷冻、大风、洪水、冰雹及病虫危害，全区农作物受灾总面积 438.82 万亩，其中粮食受灾 172.85 万亩，油料受灾 25.48 万亩，棉花受灾 153.70 万亩；粮食产量损失 0.723 亿公斤；经济损失 1.19 亿元。9 月 3～6 日，【石河子市】过程最低气温只有 2.8℃，对棉花的品质和产量有一定影响。【昌吉自治州】吉木萨尔县瞬间风速达 29 米/秒，10 分钟最大风速达 21.3 米/秒，风向西北，前后持续了 5 小时之多，同时还伴有 3.2 毫米的小量降水；奇台县大风持续了 6 个小时，平均风力 9～10 级，最大风力 12 级，风后平原降雨，降水量 1.7 毫米，山区大雪，积雪达 30 厘米。大风刮倒玉米、高粱 4.6 万亩，损失粮食 130 万公斤、苹果 7 万公斤、饲草 5 万公斤。山区因下雪，致使 6 万多亩油菜全部冻死，大风使变电所管辖的输电线路损坏 2 万米、电瓶无数个，因线路中断停电两天。【乌鲁木齐市】9 月 3～4 日的初雪，是 1948 年以来最早的一次雪，积雪深度 4 厘米，最低气温从 17.5℃ 下降到 0.2℃。各乡的喜温蔬菜都受到冻害，如大湾乡个别洼地部分喜温蔬菜叶片普遍发黑，直接影响到作物的后期产量，南部最低气温降到 -4.0℃，地面最低温度降到 -7.2℃，对马铃薯的生长造成了危害，叶片在受冻后普遍发黑，缩短了生长期，降低了品质和产量。这场天气对园林生产也造成了一定的影响，降雪压断了树枝，打掉了盛开的花蕾，由于突然降温，没有及时地做好防冻准备，乌鲁木齐市动物园发生连续死亡鹿 6 只、虎仔 1 只的重大事故，造成经济损失 1.5 万元。还发生大小交通事故 31 起。【巴音郭楞自治州】焉耆、轮台、尉犁等县刮 7 级以上大风，瞬间最大风力 8～9 级。30.4 万余亩农田受灾，成灾 7.7 万亩，重灾 3.4 万亩，大风造成 70% 的香梨吹落，损失 500 吨以上，大部分玉米叶片被撕裂，部分茎秆折断，重者减产 50 公斤/亩，20%～30% 的棉叶吹干，10% 的玉米被刮断，影响质量和产量，减产 50～75 万公斤，刮倒树木 1927 棵，刮走农家肥 2800 车，刮倒畜圈 12 间，大风引发火灾烧毁房屋 1 间，死亡羊 192 只。

11 月 20～22 日寒潮，造成降温、大风，给农牧业生产带来危害。

1987 年 10 月 26～30 日全疆寒潮，【阿勒泰地区】10 月 26 日，阿勒泰北屯兵团农十师 183 团气温下降到 -22℃，地里冬菜全部冻坏。【塔城地区】托里县老风口刮大风，

第二章 寒潮灾害

各牧场均遭受暴风雪侵袭,交通阻断,正在给小畜配种的牧民被风雪包围,人、畜生命受到严重威胁,冻死牲畜150头,冻伤1272头。【阿克苏地区】各地出现中雪,西部、北部达大雪。库车、拜城县有4.34万头牲畜被困,1000多头牲畜死亡,250头牦牛和150匹马丢失,毁坏住房51间、棚圈57个、配种站20处,民工19人被困,死亡牧工2人,伤2人。

11月23~25日,全疆寒潮,出现强降温,北疆北部最低气温达到-30℃以下,沿天山一带达到-25℃,沿天山一带南疆的最低气温也达到-20℃,并伴有风雪天气,给畜牧业带来严重损失,克拉玛依油田钻井停钻160多小时,公路铁路交通严重受阻。全疆有8人死亡,数十人被冻伤。【阿勒泰地区】阿勒泰沿山中到大雪,气温骤降,24日平均气温比23日下降了20℃左右,25日的日平均气温比23日普遍下降了25~30℃,富蕴县降温达35.5℃。降温幅度和最低气温均破历史同期记录,河谷积雪50厘米,前山80厘米,后山达1.5~1.8米,给人民生命安全和牧业生产造成了严重损失。据统计,冻伤人员799人,其中,重伤的47人,死亡1人。受冻牲畜43.93万头(只),占存栏的19.3%,其中,冻死1.03万头(只),马流产890匹。粮食受潮300万公斤,蔬菜受冻2000吨,损坏毡房70顶,增加危房2.44万平方米,强寒潮期间全区大部分小学都被迫停课,交通中断,阿勒泰市电站水渠冻结,造成停电、停产近半个月,地区直属企业因停电造成经济损失22余万元。【塔城地区】塔城盆地、和布克赛尔谷地最低气温下降到-31~-33℃。和布克赛尔县冻死牲畜3071头(只),冻伤3829头(只),1人死亡,多人冻伤。托里县老风口突起暴风雪,风力达11级,气温骤降至-25℃以下,严重威胁正在接受品种改良的3800只绵羊和从事这一工作的40名牧民的生命。130名旅客和22辆汽车被困在大风雪中。塔城地委、行署,托里县委、县政府迅速组织道班工人和当地驻军抢救,经过一昼夜奋战,共抢救出129名乘客、21辆汽车。在抢救中有3人被冻死。乌苏县、沙湾县一带气温下降至-29℃,均为1949年以来同期最低值,发生冻害,大部分越冬作物受损。受寒潮影响,小畜配种被迫停止,牲畜伤亡严重。【克拉玛依市】过程降温21.6℃,最低气温达到-25.5℃。造成采油井口冻结,输油管线结腊堵塞。105口油井被迫关井停产,原油减产3000多吨。钻井停钻160多小时。【伊犁地区】尼勒克县气温骤降至-27℃,县城及县城西部普降雨夹雪,平地积雪60厘米;种蜂场以东地区积雪达100厘米。造成1.1万余户房屋受损,损失1862.4万元。特克斯县牧业转场和配种工作受影响。【哈密地区】各地连降大雪,哈密至巴里坤、伊吾的公路,天山路段和口门子以东、以西路段雪阻,积雪60厘米左右,"扬风搅雪"使不少路段积雪深达数米。哈密至巴里坤、伊吾客车分别停运2天和3天。正行驶在"百里风区"的54次旅客列车车厢窗玻璃被击毁20多块,雪埋道岔,影响列车运行。巴里坤21万头牲畜被困在冬牧场,受冻牲畜4万头(只),其中6320头(只)无法越冬。【巴音郭楞自治州】48小时平均气温下降12℃以上,并伴有大风。且末县过程降温16.3℃,风力5级。日最低温度下降了23.7℃,持续5天的低温天气。焉耆盆地、兵团农二师28团场、29团场、30团场有10~20厘米厚的积雪。焉耆盆地最低气温降至-22~-24℃,库尔勒一带达-17℃。焉耆县冻死羊188只,和静县巴仑台公路段十几辆汽车因风雪受困,巴音布鲁克区牧业转场受到严重影响。【喀什地区】过程降温22℃,伴有大风。对农牧业有一定影响。

1988年 2月10~12日全疆强降温，北疆北部降温15℃，阿勒泰市最低气温下降到－36.4℃。【哈密地区】哈密铁路分局管内尾亚车站至沙尔车站间普降大雪，积雪5~7厘米，12日深夜刮5~9级大风，持续13小时。雪随风移，尾亚至红旗村86公里沿线的7个车站积雪8厘米，影响行车，站台积雪近1米，行车中断。

2月24~26日，【哈密地区】出现罕见的雨雪天气，积雪40~80厘米，极端最低气温下降到－18.2℃，冻死2个牧民，冻伤62人，其中哈密市冻伤致残15人，成畜死亡5.2万头，直接经济损失610余万元。【巴音郭楞自治州】25~27日，库尔勒市刮7级大风，阵风8~9级，两天内降温10~11℃，致使开春期推迟，春麦播种延后。

11月6~7日寒潮，北疆北部最低气温下降了12~15℃，其他各地最低气温下降了8~10℃，各地出现大风灾害，给北疆各地的农业生产带来危害。

12月5~8日，全疆寒潮，造成降温、大风灾害，给各地的农业生产和交通运输带来危害。【克拉玛依市】市区等地10级大风，致使全矿停电，954口油井停产，少产原油2500吨，3个注水站停注，少注水1100多吨；9台钻机停钻共80多小时；九区20多台重油热采锅停止运行1个多小时。5条高压输电线路跳闸，烧毁高低压保险30多个、烧坏铁壳闸刀6个、烧坏节能电动机2台，刮断电杆20多根，通讯中断1个多小时。克拉玛依——独山子通讯线路中断14个小时，烧坏电话10多部。5个锅炉房煤堆起火，烧毁、刮走煤1000吨。刮坏楼房、井房玻璃500余块、门窗40多个。1座计量站房顶被刮掉，围墙刮倒近100米。油田建设工程426管线管沟被埋，计有土方7000立方米左右，红山嘴、九公里处管沟全部被埋。

1989年 3月1~2日寒潮造成降温、大风灾害。【巴音郭楞自治州】若羌县大风，风力8级，气温急剧下降，造成严重灾害。大风刮走已运至麦地的农家肥7.45万公斤；冻死大羊47只、小羊286只、牛9头；吹走64户农民青储饲草8吨；吹倒围墙10米；吹倒县清真寺高3.5米的砖房三间，门窗全部损坏。【阿克苏地区】拜城县、【克孜勒苏自治州】阿图什、乌恰、阿克陶等县死亡牲畜1.4万头（只），倒塌棚圈200间。【和田地区】民丰县大风、降温，日最低气温下降至－10.7℃，山区伴有小量降雪。全县1.2万亩冬小麦受灾，其中2200亩冬小麦（占总面积的1/6左右）在3月2日前浇了返青水，寒潮天气后部分麦田结了冰，使麦苗受冻。

1990年 1月26~27日北疆强冷空气，使北疆北部降温15℃，北疆西部降温10℃，沿天山一带降温8℃左右，各地小到中量的雪，伴6~7级大风，风口风力10级。给北疆各地的农业生产带来危害。

9月4~6日中强冷空气，北疆降温，给北疆各地的农业生产带来危害。

9月17~19日北疆大风降温，普遍6~7级大风，风口风力10级，北疆北部最低气温下降10~15℃，北疆沿天山一带下降8~10℃，给北疆各地的农业生产和交通运输带来危害。

9月26~27日北疆大风降温，再次出现6~7级大风，风口风力10级，北疆北部出现轻霜冻，气温普遍下降8℃左右，给各地的农业生产和铁路公路运输带来危害。

11月26~29日强降温，北疆北部最低气温下降25℃左右，北疆西部和沿天山一带最低气温下降10℃左右,【塔城地区】11月29日,托里县老风口刮10级偏东风,风起雪舞,有10辆汽车、60余人受阻被困。

第五节 公元1991—2000年的寒潮灾害

1991年 11月3～4日全疆寒潮,最低气温下降8～10℃,北疆北部降微到小雪,乌鲁木齐出现了中雪,其他地方基本无降水,但风大。【克拉玛依市】市区等地9级大风,造成输电线路中断,变电所停电、跳闸等,使部分油田停产,原油减产2565吨,刮倒电线杆9根,损坏门窗26个,玻璃184块,通讯电缆多处被损坏。克拉玛依市炼油厂由于停电造成产品质量下降,少产液化气80吨,重油公司28台蒸汽锅炉停止注汽168小时,大风还使两名工人受伤。

1992年 9月2～4日中强冷空气入侵,北疆北部和北疆沿天山一带中到大雪,降温不明显,阿勒泰、塔城、乌鲁木齐雪量比较大,给农业和交通造成不利影响。

11月4～7日强冷空气,使北疆北部最低气温下降10℃左右,沿天山一带下降8℃。北疆大部分地区小雪,出现5～6级的风,风口风力8级。给北疆农业生产带来危害。

1993年 9月23～25日全疆中强冷空气,造成北疆北部和准噶尔盆地腹地出现霜冻,风灾严重,北疆北部、西部小到中雪,沿天山一带微雪。【巴音郭楞自治州】9月23日,库尔勒市大风成灾,大量成熟待摘的香梨被吹落摔坏,直接经济损失1176万元。

10月25～26日中强冷空气,造成北疆北部最低气温下降13～18℃,北疆西部和沿天山一带最低气温下降8～10℃,北疆普遍微到小雪,出现5～6级的风。给北疆农业生产带来危害。

1994年 9月6～7日弱寒潮,造成北疆北部、北疆西部和沿天山一带最低气温下降8～10℃,北疆普遍微到小雪,出现5～6级的风。给北疆农业生产带来危害。

10月7～10日北疆中强寒潮,普遍出现霜冻,南疆的焉耆盆地和天山前山区也有霜冻,塔城、石河子、乌鲁木齐、奇台等地中到大雪。【乌鲁木齐市】乌鲁木齐县牧场遭到多年不遇的特大雪灾,平原、戈壁积雪60厘米,山区积雪100厘米左右,4万头牲畜被困,牲畜死亡237头(只),其中大畜41头,倒塌牧民住房3间、棚圈22座、毡房7顶,直接经济损失32.3万元。

1995年 3月12～14日全疆出现强降温天气。【伊犁地区】3月13日,尼勒克县703地质队铅锌矿因大雪突发雪崩,埋没职工宿舍,雪厚20米,长350余米,造成10人死亡,阻塞公路2.5公里。【和田地区】3月16～19日民丰县受东灌强冷空气的影响,造成强降温、浮尘天气,17日24小时降温幅度为8.2℃,并出现强沙尘天气,能见度小于1.0公里,由于气温持续较低,且浮尘时间长,造成本月平均气温比历年平均值偏低

1.3℃，对农牧业生产造成不同程度的影响，尤其是对牲畜安全越冬造成了极大危害，对园艺树木、温室蔬菜也有较大程度的影响，还推迟了棉花的播种期，影响了作物正常生长发育。

10月17~20日中强冷空气，北疆和天山南麓各地出现霜冻，北疆北部微到小雪，出现5~6级的风，风口风力10级，给各地的农业生产和铁路公路运输带来危害。

10月25~28日北疆中强冷空气，造成降温和大风，给各地的农业生产和铁路公路运输带来危害。

1996年 1月10~13日北疆强冷空气入侵，北疆北部最低气温下降了15~20℃，西部和沿天山一带最低气温下降了10~15℃，普遍小雪，个别地方中雪，伴5~6级的风，风口风力8级，给农业生产和铁路公路运输带来危害。

4月1日北疆强冷空气入侵，北疆各地普遍降雪，气温偏低，开春较晚。

5月27~31日强冷空气入侵全疆，南疆普遍遭受风灾。【吐鲁番地区】刮死棉花2000亩，受灾棉花总面积达1.6万亩，刮倒小麦1.2万亩，其中8%的小麦掉粒。【巴音郭楞自治州】5月28~29日，大部分地区遭受大风袭击，风力6~7级，全州受灾农田面积8.78万亩，成灾4.39万亩。其中棉花受灾较重，为7.58万亩，成灾4.05万亩，1.25万亩需翻种或改种其它作物，直接经济损失550万余元。【阿克苏地区】兵团农一师3团出现沙尘暴，最大风力7级，后又出现中到大雨，伴有冰雹，降水量18.4毫米；兵团农一师1团最大风力8~9级，伴有3.7毫米降水和冰雹，降雹持续13分钟，冰雹最大直径7毫米，气温下降9.6℃。库车县、新和县、沙雅县、兵团农一师有28.6万亩棉花、2.7万亩小麦、7440亩瓜菜、1.34万亩果园受灾，刮倒大棚31座、树木638棵，沙土填埋渠道20.5公里。【喀什地区】10个县遭受风灾，风力8~9级，其中，莎车县极大风速达到19米/秒，两分钟平均风速达到10米/秒，岳普湖县最大风速21米/秒。伴雷阵雨和冰雹。全地区受灾乡镇112个，农户17.8万户71.2万人。棉花、小麦、瓜菜果木普遍受到不同程度的灾害，全地区受灾农田面积142.2万亩，棉花受灾面积72.8万亩，其中重灾面积40多万亩，绝收面积19万亩左右，小麦倒伏面积占小麦总面积的10%，大风刮断树木十几万株，果园受灾面积13.2万亩，掀毁温室大棚2000间、围墙上万米，刮断、倒电杆4000多根，造成直接经济损失3亿多元。【和田地区】民丰县大风引发强沙尘暴，沙尘暴持续时间长达14个小时，能见度十分差，04~16时能见度都小于0.5公里，0.1公里的能见度持续3个小时。大风造成民丰县部分小麦倒伏，嫁接的果树有2776棵被大风刮断，3800亩棉花受灾，其中1116亩棉苗被刮死。

10月1~4日大风降温，北疆最低气温普遍下降8~10℃，6~7级大风，风口风力10级，给各地的农业生产和铁路公路运输带来危害。

10月20~22日中强冷空气入侵，使北疆北部最低气温下降8℃左右，北疆西部最低气温下降8~10℃，沿天山一带最低气温下降10~12℃，大部分地方微到小量的雪，少数地方中量，个别地方大量，5~6级大风，风口风力8~9级，给各地的农业生产和铁路公路运输带来危害。

1998年 3月15~17日，受西伯利亚南下冷空气影响，全疆出现以大风为主的天气

第二章 寒潮灾害

过程。北疆各地降温10℃以上,并伴有中量的雪。北疆昌吉、伊犁、塔城等地州由于气温下降,春麦开播期比上年推迟5～10天。伊犁、昌吉地区前几天气温偏高,地面解冻,这次又下中雪,对冬麦返青不利,小麦雪霉、雪腐病发病率增加。南疆各地普遍降温10℃以上,大风造成大范围风沙天气,给农业生产带来较大影响,部分地州灾情较重。3月17～18日,强冷空气开始影响南疆,南疆各地普遍降温10℃以上,巴音郭楞自治州各地1～2天内气温下降12～16℃,18日日降温16℃,焉耆、若羌、且末等县最低气温达-9～-8℃,其余地区为-6～-4℃。平均风力6～7级,和静、库尔勒、若羌等县风力达到9级,其它地区7～8级。大风刮起浮尘,棉花播期推迟5天左右。巴音郭楞自治州、阿克苏地区有30%～50%的棉田受大风危害,两地州各有20～30万亩的棉田出现重灾,其它农作物也受到了不同程度的灾害。仅巴音郭楞、哈密和吐鲁番三地州的经济损失就达到1747万元。巴音郭楞自治州有264座温室大棚遭受不同程度破坏,巴音郭楞自治州15万亩、吐鲁番1.2余万亩小麦及6万亩甜菜受灾,直接经济损失256万元。哈密死亡成畜29万头(只);幼畜1.48万头(只),造成直接经济损失464.88万元。【乌鲁木齐市】东沟乡大棚室的十五捆草帘被风卷走,15%的羔羊被冻死,经济损失达3万元左右。西沟乡温室基地的17座温室大棚被吹毁,蔬菜被冻死,直接经济损失25万元左右。高崖子牧场的牲畜有部分被冻死。达坂城到东沟乡、西沟乡的供电线路被吹坏,停电达8小时,一户农家被火烧毁,经济损失2万元左右。【吐鲁番地区】吐鲁番市风力7级以上,风口风力达10～11级,伴有沙尘天气,24小时降温幅度17.4℃,过程降温19.4℃;18、19日平均气温分别为1.1、1.0℃,最低气温降低到-2.0℃。蔬菜受灾面积6771亩,西甜瓜受灾1690亩,4000亩小麦被吹干翻种,其中地膜小麦182亩。大风造成经济损失约1027.5万元。这次降温天气强度大、持续时间长,给农牧业生产和人民生活造成不同程度的影响,冬小麦停止生长,生育期推迟5天左右,严重影响植树造林工作,部分已开墩的葡萄冻死,对山区牧业生产带来一定威胁,病弱牲畜明显增多;在此期间患流行感冒的人明显增多;取暖期延长8～10天;许多蔬菜冻死,导致蔬菜价格上涨。【哈密地区】哈密市山区各牧业乡遭到近年以来最大的暴风雪灾害,风口风力达7～8级,积雪厚达60～70厘米,给畜牧业生产和牧民生活造成极大的困难,死亡成畜29万头(只);幼畜1.48万头(只),造成直接经济损失464.88万元。哈密地区接到气象部门大风预报后提前部署,蔬菜大棚保护较好,大风降温对蔬菜影响不大。但由于雨雪低温,春麦播种不能顺利进行。【巴音郭楞自治州】全州各地1～2天内气温下降12～16℃,18日日降温16℃。且末、若羌最低气温达-9℃,其余地区为-6～-4℃。平均风力6～7级,若羌、库尔勒、和静风力达到9级,其它地区7～8级。浮尘由南向北覆盖全州持久不散,日月无光,17～18日若羌能见度为零。至21日全州各地区气温仍在0℃左右,最高1～2℃,最低-4～-3℃,焉耆盆地、若羌、且末土层冻深5厘米左右,含水量高的下潮地冻深10厘米左右。3月17～18日,和静县巴音布鲁克区气温降到-25.0℃,由于气温较低,1.1万头母羊流产,幼畜死亡2.5万头,300座棚圈的塑料篷膜被刮坏,直接经济损失256万元。焉耆盆地大风引起小麦受灾6353亩,地膜被掀50%左右,少数地膜被揭80%。264座温室大棚遭受不同程度破坏。尉犁县春小麦出苗缓慢,部分大棚作物受到严重的冻害,并且对畜牧业造成损失,冻死大小羊只上千只。若羌县最低气温降至-7.9℃,大风持续长达17小时,瞬间极大风力9级(22.7米/秒),降水量2.5毫米,积雪深度3厘米,300亩春小麦不同程度受害，其中56亩顶凌播种的春小麦幼苗被吹干，瓦石峡乡有些羊被冻死。【阿克苏地区】拜城县受冷空气侵袭，出现大风、降温、浮尘、降雪天气。平原地区最低气温降至－7℃，山区降至－12℃，本已回春解冻的耕地重又冰冻，冻土层达14厘米。从3月23日开始雨转雪，山区积雪15厘米。90％以上的大棚被风刮掉撕碎。因低温三条河流水量较同期减少70％，造成春灌减缓；由于低温、降雪、浮尘，牲畜染腹泻等疾病，死亡960头。【喀什地区】大风，风力8级，12个县（市）气温降至－4.0℃，并伴有沙尘。造成7.2万亩棉田地膜受损，9.3万亩小麦遭受霜冻影响，吹毁182亩温室蔬菜，刮倒电线杆100多根，此次灾害造成直接经济损失达3344万元。叶城县大风引发浮尘，能见度100米。给早春棉田保墒和铺膜棉田带来较大危害。【和田地区】洛浦县地膜棉花损失2834亩。虽然风力不大，但浮尘天气严重，棉花播期推迟5天左右。

4月17～19日全疆性大风强降温天气。4月17日8时至19日9时，北疆的伊犁、昌吉、东疆的哈密，及南疆的喀什、阿克苏、巴音郭楞等6地州的20个县（市）的牧区遭到20年未见的大风袭击，大风持续3～4小时，平均风力在7级左右，风口风力10级以上，瞬间风力达10～12级，吉木乃、富蕴、伊宁、吉木萨尔、奇台、巴里坤、伊吾等县风力达12级。巴里坤、伊吾县出现了能见度为＜50米的黑风沙尘暴天气，裕民、吉木乃、吉木萨尔等县生长几十年的老榆树、柏树被连根拔起，和静县境内大风引发森林火灾。狂风所到之处，树木连根拔起、电线杆被刮断、毡房被毁，棚圈遭遇局部火灾，同时，部分地区雨雪交加，狂风暴雨造成洪水、泥石流灾害。北疆灾害重于南疆。全疆156.63万人受灾，死亡7人，重伤47人；火烧和刮毁民房3.83万间，刮毁毡房1.05万座，农作物受灾面积240万亩，成灾120万亩，死亡牲畜10.5万头（只），直接经济损失15亿元。阿勒泰、塔城、喀什农作物受灾120多万亩，毁坏蔬菜大棚1.55万个。大风过后，全疆大部分地区气温明显下降，北疆各地和东疆北部出现霜冻。这场强暴风灾害天气持续时间长、影响范围广，是新疆历史上罕见的。【阿勒泰地区】阿勒泰市受灾户1179户，受灾人口5305人；风沙掩埋农作物2220亩，其中小麦1480亩，油葵100亩，大棚蔬菜620亩，农民住房受损296户874间，损失达277.57万元；死亡牲畜2031头（只），刮散毡房122个，毁坏接羔点棚圈203个，倒塌羊圈75座，居民住房油毡毁坏43户86间，共计经济损失759万元。【塔城地区】北四县18日最大风速为10～12级，持续时间达7～10个小时，此次大风对农牧业生产造成严重损失，直接经济损失8000万元左右。【博尔塔拉自治州】风力达9级以上，造成受灾人口1.27万人，农作物受灾面积3.6万亩，成灾面积8038亩，温泉县塔秀乡4个村因大风引发火灾，大火烧毁房屋30间，直接经济损失371万元。【伊犁地区】农牧业受灾严重，造成损失约1887.9万元。尼勒克县出现9级大风，吹毁地膜玉米100亩、小麦100亩、洋芋100亩。【克拉玛依市】10级大风，伴有强沙尘暴天气，能见度极差。大风造成输油管线停电7小时，火烧山油田钻井队24小时基本停止作业，石西油田供电线路中断34小时。乌尔禾区水、电、通讯全部中断，邮电局通讯塔被风刮倒；500亩蔬菜大棚、400亩瓜苗被刮坏，近70％的麦苗受损；吹跑牧民毡房149座，瘦畜死亡2591头（只）、崽畜死亡6432头（只）；吹坏城乡学校房屋1925平方米。总计风灾造成损失384.4万元。【石河子市】兵团农八师150团4月20～23日棉花烂种，幼苗根部呈水浸状，子叶干枯，成灾面积6.8万亩，占59.7％。【昌吉自治州】部分地方出现沙尘暴，能见度10米左右，有些地方只有3～5米，牧区发生连片火灾。【巴音郭楞自治州】尉犁县铁干里克乡气温降至9.6℃，时间长达8～10小时，干部职工尽管通宵达旦奋力防霜防冻，却无济于事，2万余亩出土棉花苗全部冻死，需要重播，2000余亩结果果园绝产，无法补救，直接经济损失高达800多万元。【阿克苏地区】库车县偏北大风持续10小时，伴有沙尘暴，最大风力9级左右，瞬时极大风速22.1米/秒。造成1.3万亩棉花受灾，重灾2900亩；受灾小麦143亩、大棚蔬菜15亩、瓜菜70亩。总计经济损失100多万元。

5月12～14日全疆强冷空气入侵，南疆主要以风灾为主。【阿克苏地区】库车、新和、温宿、阿瓦提出现偏北大风。库车县最大风力7～8级，持续3小时；新和县风力6级，瞬时最大风速18米/秒；温宿县8级以上大风持续达3小时，瞬时最大风力10级；阿瓦提县风力7～8级，最大风力达9～10级。全地区81个乡场均不同程度的遭受损失。重灾区集中在西五县市的35个乡镇和13个农牧场，受灾9.1万户45.23万人。农作物受灾面积98.13万亩；死亡牲畜534头（只）；倒塌房屋132间、棚圈44座；因大风发生火灾2起，烧毁民房12间；刮倒电杆31根，损坏变压器2台；造成部分市政设施不同程度损坏。总计经济损失1.9亿元。【喀什地区】麦盖提县瞬间最大风速18米/秒。棉花受灾面积4.16万亩，其中50%以上死苗，吹掉地膜面积1.13万亩，毁种面积6361亩，小麦倒伏4790亩，房屋倒塌66间。

5月18～20日全区出现一次暴雨、大风降温天气过程，北疆出现不同程度霜冻，塔城、博乐、伊犁、吐鲁番等地州发生洪水灾害。北疆各地，东疆北部暴雨、大风、降温天气。全疆范围遭受强风暴侵袭，风力普遍达8～9级，部分地区达12级，同时气温骤降，南疆出现霜冻，北疆出现雨转雪天气。14个地州市的60多个县（市）普遍受灾，造成130万人受灾，9人死亡，重伤2人；7.74万间民房被毁，9500座牧民毡房被刮毁；死亡牲畜36.8万头（只）；各种农作物受灾面积209.1万亩，绝收（翻种）面积54.17万亩。直接经济损失10.9亿元。其中北疆大风、暴雨、洪水、低温、霜冻综合受灾农田面积93.61万亩，绝收17.4万亩。南疆暴雨、低温，受灾农田面积115.49万亩，绝收36.77万亩。在受灾作物中，粮食作物受灾面积37.9万亩，绝收4.67万亩；这次天气过程棉花灾情最重，受灾农田面积137.2万亩，绝收41.63万亩；南疆阿克苏的部分地区和阿克陶、尉犁等县5月20～22日再次出现大风、沙尘暴，同时48小时降温幅度为11.2℃，最低气温降至8.4℃，伴有阵雨和连续3天5级沙尘暴天气。农作物受灾面积达146.8余万亩，甜菜受灾面积3.06万亩，绝收0.4万亩；瓜菜受灾面积7.65万亩，绝收2.86万亩；死亡牲畜142头（只）。【伊犁地区】伊宁县农作物受到不同程度的冻害，造成经济损失580余万元。【博尔塔拉自治州】5月18～21日博乐市小营盘镇、青得里乡及温泉县发生霜冻，受灾人口1.02万，农作物受灾面积3.6万亩，成灾面积2.67万亩，造成直接经济损失470.99万元。温泉县兵团农五师88团油葵受灾面积2.2万亩，其中4590亩需要重播；甜菜受灾面积500亩，其中275亩地被大风吹的基叶全无；酱用番茄受灾面积220亩，需要重播50亩；60亩地膜被大风卷走，共计损失141万元。【克拉玛依市】44个井队停工450小时。乌尔禾区300亩棉花有70%受损，2000亩西瓜有60%受损，2000亩玉米有30%损失。【昌吉自治州】3万亩棉花受灾改种其它作物。【乌鲁木齐市】农垦局45座温室大棚被刮坏掀起，大雨冲毁蔬菜和花卉温室（砖混结构）93座、土温室46座、蔬菜育苗温床6座，乌鲁木齐县安宁渠乡近千亩中小烤盖被风吹掉，板房沟乡121个大棚不同程度受灾，其中7个整棚压塌。大风还对果树、牧业生产造成灾害。【吐鲁番地区】1.69万亩葡萄遭受风灾，700亩绝收，电线短路，房屋倒塌。【巴音郭楞自治州】棉花受灾38.61万亩，成灾33.82万亩，翻种24.78万亩。【阿克苏地区】棉花受灾36.11万亩，绝收7.13万亩。油料受灾面积13.08万亩，绝收1.4万亩。【喀什地区】疏附、莎车、疏勒、麦盖提、巴楚等县8万多亩棉花受损，其中6.7亩绝收，经济损失达3344万元。【和田地区】于田县大风引发扬沙、沙尘暴。受灾农户1352户3116人，棉花受灾面积5237亩，刮倒树29棵，倒塌房屋5间，丢失、死亡牲畜185头（只），经济损失为137万多元。

9月15～17日，北疆各地及南疆局部地区出现区域性寒潮天气过程。受这场天气过程的影响，北疆大部和南疆的个别地区出现初霜冻。其中塔城、石河子、奇台等地的初霜期较常年偏早15～19天，乌鲁木齐较常年偏早27天，偏早程度居历史第二位。南疆的哈密、且末县分别较常年偏早21～23天，偏早幅度均为历史第一位。伴随着这场天气过程，北疆各地，南疆部分地区出现小到中量的雨，而乌鲁木齐以东的北疆沿天山一带，天山山区出现了雨转雪天气。【巴音郭楞自治州】9月19日，尉犁县最低气温0.7℃，地面最低温度降至-4.2℃，出现霜冻，全县25万亩棉花受到不同程度的损害，使棉花植株顶部叶冻死干枯，特别是翻种较晚的棉花损失较重。

10月9～12日大风降温天气，造成北疆北部最低温度下降9～10℃，北疆西部最低温度下降10～12℃，北疆沿天山一带最低温度下降8～10℃，各地出现六七级大风，风灾严重，给农业和交通运输带来极大危害。

1999年 1月2～5日北疆强冷空气，北疆北部和西部降温16～18℃，沿天山一带降温18～20℃，奇台的最低气温为-33.5℃，北疆北部西部微到小雪，北疆沿天山一带小到中雪，个别地方大雪。普遍5～6级西北风。给牧业和交通运输带来极大灾害，但灾情资料缺乏。

4月22～25日，全区出现寒潮天气，13个地、州、市的近70个县市，普遍遭受寒潮袭击，降雪持续10多个小时，北疆各地最低气温普遍下降10～15℃，平原区气温急剧降至-30℃～-15℃。南疆的气温也有较明显下降，部分地区出现轻霜冻，局地出现重霜冻，西北风7级以上，风口和吐、鄯、托盆地平均风力达9～10级，并伴有沙尘暴。哈巴河、七角井、达坂城、托克逊、库尔勒、乌恰等地风力达到12级，全疆普遍出现大雪，部分地区出现沙尘暴。北疆以低温冻害为主，南疆以风沙灾害为主。这次寒潮天气来势之猛，影响范围之大，损失之严重，为1970年以来所罕见。阿勒泰、塔城、博尔塔拉、巴音郭楞等地州的灾情最为严重，部分牧区降雪40多小时，积雪厚度达50厘米以上，致使交通、通讯、供电等设施遭受严重破坏。据统计，1000多万亩农作物被5～10厘米厚的积雪覆盖。全区受灾人口356万，成灾241万，因灾伤病2.9万；损坏房屋2.24万间、棚圈9740座、毡房8830座；受灾农作物1200万亩，占全区已播种面积的60%，其中棉花受灾面积898.92万亩，占棉花播种面积的71.1%，成灾面积575.87万亩，占45.5%，补种和翻种面积481万亩，占38.1%；粮食作物成灾面积50万亩；甜菜受灾面积46.64万亩；油料受灾面积21.09万亩；蔬菜受灾面积12.43万亩；瓜类受灾面积9.72万亩；其它作物受灾面积86.55万亩。造成农业经济损失13亿元。这次灾害共死亡成幼畜3.81万头（只），其中，仔畜死亡2.63万头（只），冻伤牲畜5758头（只），刮坏牧民毡房427座、塑棚暖圈4783座，烧死牲畜54只，刮走饲草400多吨。畜牧业直接经济损失达3000万元。北疆低温冻害发生较重的是塔城、伊犁和昌吉等地州。南疆风沙低温灾害较重的有阿克苏、巴音郭楞、喀什等地州。整个南疆大风吹开地膜、棚膜，土壤失墒严重。交通、通讯、供电设施遭受严重破坏，兰新铁路、南疆铁路及部分城市民航飞机受阻。【塔城地区】大风，平均风力9级，风口风力10级，风速达21米/秒，塔城盆地及和布克赛尔县风力达11级，22日凌晨到25日中午，持续出现中到大量的雨雪天气，平均降水18毫米，最多降水量达20毫米，过程降水达30毫米。额敏县出现30米/秒大风，并伴有降雪5.2毫米，乌苏、沙湾县等地山区最大积雪20厘米，平原积雪6～10厘米；最低气温托里为-0.3℃、和布克赛尔县最低气温-8.4℃。全地区受灾总面积达53.7万亩，成灾并需补种、翻种、改种面积达29.3万亩。损失各类牲畜1.2万头（只），其中成畜3080头（只），仔畜9313头（只），受灾人口9.6万，直接经济损失8000万元。【克拉玛依市】地面最低温度降至-2.1℃，市区及小拐和乌尔禾区出现重霜冻，造成克拉玛依市新种植防护林树苗死亡率达30%。【伊犁地区】农作物受灾面积40.36万亩，其中粮食作物受灾面积7.3万亩，经济作物受灾面积32.9万亩，造成农业经济损失9326万元。伊宁县冻死产羔3100只。【博尔塔拉自治州】各地均出现强降温、大风，致使大部分刚出土的幼苗（80%左右）及瓜菜被重霜冻死，造成重播，虽各地都采取了防霜措施，但由于平流降温过程持续时间长、强度强，防范效果不佳。同时，各地均降了雪，博乐至温泉一带的积雪达10～15厘米，西部浅山区一带积雪深度达50厘米左右，西部地区的最低气温达-16.4℃，同期降温如此之强，积雪如此之厚，历史从未有过。不仅农业受到严重损失，全州牧业也遭到损失，仔畜被冻死，部份母畜掉膘使幸存的仔畜供奶不足。精河县最大风力9～10级，瞬间风速25米/秒，24日晨出现霜冻，导致全县受灾农田面积5.06万亩，地方各乡镇场受灾农田面积3.5万亩，4月15日前播种的棉花受冻害较重，蔬菜瓜果受灾面积480亩。死亡羔羊617只，犊牛20头。山区草场下了中雪，雪深5～10厘米，返青的牧草被冻死，林业受灾面积1700亩左右，重灾500亩左右，受灾最重的是当年种的杨树，这次天气造成果树、李子和梨树花蕾受冻。全县工业也受到了不同程度的损害，造成部分线路损坏、停电，家用电器被烧毁等。【昌吉自治州】农作物受灾面积34.1万亩，其中棉花受灾21.82万亩，蔬菜受灾农田面积6408亩，红花受灾面积1.15万亩，果树受灾面积3.38万亩。【乌鲁木齐市】气温下降至-3.7℃，并出现霜冻，由于受大雨转雪天气的影响，乌鲁木齐市至南疆的列车停运；城市园林、植物园几百株即将参展的菊花受冻凋谢，公园部分树木花芽冻死，乌鲁木齐市县各乡草莓、蔬菜等受害面积约6000多亩，1000多亩烤盖刮坏，三坪农场1.19万亩油葵、玉米绝收，500多亩番茄、棉花受冻；头屯河农场葡萄、果树、草莓、蔬菜完全绝收，直接经济损失640万元。达坂城东沟乡200只羊被冻死，2000亩胡麻需重新播种。达坂城镇红山嘴子村有93亩小麦被大风连根拔起，需重新播种，820亩油菜被冻死，需复种。8座温棚受到不同程度危害，塑料膜损坏，种植的蔬菜被冻死。【巴音郭楞自治州】棉花受灾44.68万亩，翻种15.66万亩，损失大棚1277座。其中，若羌县由于降温剧烈，使全县已出苗1.52万亩棉花全部被风吹死；1.1万亩地膜被揭起；果园、大棚、瓜、菜均严重受损，给农业生产造成毁灭性灾害；死亡牲畜3246头（只）。造成直接经济损失超过450万元。【阿克苏地区】棉花受灾173万亩，成灾87.43万亩，翻种、补种84.28万亩，小麦受灾42.92万亩，玉米受灾10.78万亩，果树受灾8.33万亩。【喀什地区】棉花受灾180万亩，重灾需补种150万亩。灾情发生后，各地党、政领导高度重视，立即采取有效的预防和抢救措施；农业厅驻地州、县、市工作组积极协助当地政府抗灾救灾。

9月5~7日全疆中强冷空气入侵，风雪天气造成农业和交通运输灾害，【阿勒泰地区】9月6~10日阿勒泰市各夏牧场出现降雪天气，形成灾害，死亡骆驼75峰、马110匹、牛200头、羊3608只，2600余人受灾，经济损失172.7万元。【巴音郭楞自治州】若羌县农二师36团大风，平均风速10级。大风来势凶猛，给该团的农业生产带来惨重损失。风沙淤积渠道5400米，造成停水18个小时，果树受灾804亩，2.5万亩棉花的叶片吹被吹干，刮断电线杆20余根，电线多处被吹断，全团停电18个小时。

2000年 1月1~4日，北疆冷空气入侵，大雪过后，气温明显下降，北疆北部的最低气温下降到-30℃~-35℃，北疆大部地区的最低气温为近十年来的最低值。阿勒泰地区富蕴、福海、吉木乃、哈巴河、阿勒泰、青河6县（市）的气温均降到-30℃以下，其中，青河县的最低气温达到-42.3℃，吉木乃县达-30.7℃。北疆沿天山一带的最低气温下降到-20℃以下，其中乌鲁木齐市的最低气温达到-19.1℃，呼图壁县日降温12.3℃，1月5日最低气温达-29.0℃。寒潮加上积雪，给一些牧区的牧民生活带来困难，使牲畜无法采食，一些母畜流产。【阿勒泰地区】青河县就有100万头（只）牲畜无法放牧，冻死牲畜900头（只），直接经济损失54万元。

10月7~9日，一场强寒潮、霜冻天气过程影响全区，部分地区日最低气温突破历史同期极值，北疆各地、东疆北部的最低气温均在0℃以下。10日早晨，乌鲁木齐市最低气温为-5.6℃，是该日有史以来的最低值。在这次过程中，北疆、东疆、天山山区普遍出现小雨转雪，个别地区达中到大雪，北疆大部地区出现积雪，乌鲁木齐市积雪厚度达9厘米。降雨、降雪的同时伴有5级左右西北风，风口风力达8级左右，这次寒潮、霜冻天气使北疆棉区的棉花受到影响，霜前花减少，棉花质量降低，蔬菜受到不同程度的损失。【巴音郭楞自治州】若羌县初霜冻，48小时降温5.3℃，11日最低气温-2.9℃，持续时间较长，全县2万亩棉花均被霜打，造成霜后花增多，3000多亩复播玉米受冻，大部分喜温作物被霜打。

10月20~23日强冷空气，【塔城地区】裕民县雨夹雪转雪并形成积雪，县秋窝子积雪30~40厘米，造成秋季牧业转场期间道路雪阻。受灾牧民60多户300多人，2万头牲畜被大雪围困，死亡牲畜555头（只），直接损失经济70万元。

第三章 洪水灾害

第一节 概 述

洪水灾害是新疆主要的自然灾害之一，不仅成灾损失大，而且发生次数多，给人民生命财产安全和经济建设造成重大损失。

一、洪水的基本特征

（一）类型

新疆洪水主要受降水、气温、山区积雪三个因素影响，不同的情况产生不同类型的洪水。按其成因和灾害特点可分为暴雨型洪水、升温型洪水、暴雨与升温混合型洪水及溃决型洪水等四种类型。暴雨型洪水所占比例仅为24%，但由于降水量大、集流迅速，因此来势凶猛、洪峰大，往往挟带泥石流，破坏性极强，成灾比例最高，为52.9%，造成的损失更高，为63%。升温型洪水虽然占所有洪水比例最高，为39%，但因历时时间长、洪峰不甚高，危害较小，成灾比例仅为3.6%，造成的损失比例只有4.3%。各类洪水发生灾害情况见表3.1。

表 3.1 新疆各类洪水发生灾害情况一览表（统计资料 1950—1990 年）

洪水类型	各类洪水所占比例（%）	各类洪水成灾占总成灾次数比例（%）	各类灾损失占总灾损失比例（%）
暴雨型洪水	24	52.9	63.0
升温型洪水	39	3.6	4.3
混合型洪水	34	10.2	12.1
溃决型洪水	3	33.3	20.6

（二）时空分布及特点

1. 暴雨型洪水

暴雨型洪水是新疆的主要洪水灾害，主要分布在天山南北坡中低山带、准噶尔西部山区、阿尔泰山区以及帕米尔高原山区，其主要特点是：

季节分布特征明显。暴雨洪水主要集中在夏季，大多出现在6、7、8三个月。

年际变化极大。新疆干旱区夏季暴雨的变率远远超过年降水量，在低山区的一些山洪沟，平日干涸无水，只有在夏季降暴雨后才有水流，这种情况有时几年甚至几十年才会出现一次。

来势凶猛，陡涨陡落。一般情况下在降雨过程后期即可发生洪水，历时短暂，通常只有数小时至半天，很少超过一天，其流量过程呈尖峰型。例如，1965年7月1日，头屯河洪水，涨水仅15分钟，流量就由12.7立方米/秒涨到478立方米/秒。

挟泥沙量大，矿化度高，矿化度可达1～3克/升。由于暴雨洪水主要发生在中低山带，植被条件差，地面坡度大，地面组织多为经过风化的疏松物质，遭暴雨和坡面水流后，大量泥沙被带入河中，有些暴雨洪水甚至伴随着泥石流。

破坏性极强。1987年7月14～16日乌鲁木齐市小渠子、达坂城等地的暴雨洪水冲毁农田3000亩、干渠4.5公里、民房35间，洪水将公路中间冲出两道长达5公里、深达50厘米的沟，中断交通，兰新铁路93公里处的路基被冲毁60～70米，铁轨架空，通往南疆的公路也被冲毁11处，交通中断近125小时。

2. 升温型洪水

升温型洪水又称为冰雪融水洪水，它又分为高山冰川融水洪水和季节积雪融水洪水两种。

（1）高山冰川融水洪水　高山冰川融水洪水分布在新疆各山系高山区。主要发生在夏季，与高空气温有很好的相关关系。洪水过程有明显的日变化，呈一日一峰型。特点是洪峰不高，一般在年平均流量的10倍以下，但洪水历时长，洪量较大。

（2）季节积雪融水洪水　季节积雪融水洪水分布在阿尔泰山区和准噶尔西部山区。主要发生在春季。洪水出现的时间与开春早晚有关。阿尔泰山区出现在5月底至6月中旬，准噶尔西部山区的河流一般发生在4月至5月初，天山北坡河流春洪发生在3月下旬至4月。

春洪与前期积雪量大小和气温有关。若前期积雪量大，一般平原积雪大于0.4米，山区积雪大于0.8米，则春洪出现的机会较多，峰量也大。若开春后气温急剧升高，此时极易发生灾害性的融雪性洪水。

与暴雨洪水相比，具有历时时间长，洪峰不甚高的特点，洪水一般历时4～5天，个别在10天以上。

3. 混合型洪水

混合型洪水主要发生在山区，是暴雨与升温融雪共同作用形成的。春夏季在新疆较大的河流流域都可出现，包括季节积雪融水洪水和高山冰川融水洪水。前者多发生在4月中旬至6月初，积雪大量融化如遇暴雨，可发生洪峰高、洪量大的灾害性洪水；后者大多发生在夏季，高山冰川融水下泄至中低山区，如与暴雨洪水汇合，常形成较大洪水。

4. 溃决型洪水

在新疆复杂多样的地理条件下，由于各种原因常产生溃决性洪水。主要有冰川湖溃决引起的冰川洪水，主要发生在叶尔羌河和昆马力克河上；泥石流阻塞河道引起的突发性洪水，主要发生在天山南坡浅山带；山体滑坡阻塞河道形成的溃决型洪水，主要发生在独库公路部分地段；冰凌阻塞河道形成的突发性冰凌洪水，主要发生在天山山区河流上游，在乌苏县四棵树河、伊犁河、开都河都有发生；水库垮坝形成的突发性洪水，多由戈壁荒漠地区的小型平原水库垮坝造成。

二、洪水灾害评述

（一）年际变化

综观新疆50年来洪水灾害损失，具有年际变化的特点。为了使洪水灾害损失值具有可比性，这里将灾害经济损失进行可比性处理，将所有灾情经济损失值换算为与1998年可比价格。分析表明，洪灾可比经济损失在20世纪50年代末、60年代初是一个小高峰，60年代初到70年代末是低值期，从80年代尤其1987年开始，由于新疆气候转暖、夏季降水显著增多，洪灾损失增大，整个80年代末到90年代中后期均处于高值期。50年中，洪水灾害所造成的经济损失最大的年份是1996年，当年洪灾造成的经济损失达48.28亿元。

（二）年变化

新疆洪灾发生季节也具有特殊性，除了春夏之外，冬季也会因冰凌阻塞河道形成洪灾。新疆重大洪水灾害主要发生在3~9月份，其中，7月份是一年中重大洪水灾害次数最多的月份，其次是6月份。3、4、5月份主要是融雪型洪水，6、7、8月份主要是暴雨型洪水。12、1、2月份发生洪水的机会极少，主要是冰洪。10、11月份几乎没有洪水。

（三）重大洪灾及地区分布

依据收集资料统计，以社会财产损失≥100万元、受灾农田面积≥1万亩，且有人口直接死亡，作为重大洪水灾害的指标。考虑到洪灾往往是一种毁灭性的灾害，洪水所到之处，除了农作物之外，所有设施均可能荡然无存。所以，同时选取牲畜死亡总数≥2500头、损失树木≥3500株、倒塌房屋≥500间作为辅助灾度指标。根据上述指标，从1951—2000年的50年中（下同），一共发生重大洪水灾害802县次（洪灾统计方法以县为单位），平均每年发生重大洪水灾害16县次。

新疆重大洪水灾害发生次数最多的地方是南疆的阿克苏、喀什两地区，50年中发生重大洪水灾害的次数占所有重大洪水灾害的32.8%，其中，阿克苏地区50年来共发生重大洪水灾害144县次，喀什地区为119县次，是洪水灾害的重点防范区之一；新疆重大洪水灾害发生次数次多的地方主要在北疆，它们是阿勒泰、塔城、伊犁、昌吉、博尔塔拉等地州，以及南疆的巴音郭楞自治州，50年来发生重大洪水灾害的次数占所有重大洪水灾害的49.9%，每个地州分别发生重大洪灾47~87县次，也是洪水灾害的重点防范区之一；其次是乌鲁木齐、哈密、吐鲁番、克孜勒苏、和田等地州市，50年来分别发生重大洪水灾害18~35县次；克拉玛依、石河子市50年来共发生重大洪水灾害2~4县次，是新疆洪水灾害发生次数较少的地区。

三、泥石流

泥石流是介于挟沙流水和滑坡之间的一种地质作用，是一种土、石、水相混合的流动体，是新疆主要的山地灾害之一。泥石流具有突然暴发、来势凶猛、地质地貌过程强烈的特点。

泥石流主要由洪水引发。按洪水类型，泥石流主要分为暴雨泥石流、冰川泥石流、融雪泥石流等。暴雨泥石流是指以降水为动力条件，以松散堆积物为固体补给来源而形成的泥石流。主要分布在天山山区及其南北麓、昆仑山北麓、阿尔泰山南麓海拔2500米以下的山地。一般出现在6～9月。冰川泥石流是指在冰川进退变化、积累消融所伴生的冰崩、雪崩、冰碛湖溃决等动力作用下所产生的一种泥石流，主要分布在天山山区和昆仑山—喀喇昆仑山山区。天山山区泥石流分布在3000米附近，一般出现在6～7月。昆仑山—喀喇昆仑山山区泥石流分布在4200米附近，一般出现在7～8月。融雪泥石流是由季节性积雪消融而形成的泥石流。温度是诱发因子，通常日升温幅度在5℃以上，2～3天即可暴发泥石流。主要发生在天山北坡和阿尔泰山海拔2500米的山地。一般出现在3月中旬至5月初。

第二节　公元1949年以前的洪水灾害

汉　征和四年（公元前89年）　会连雨雪数月，畜产死，人民疫病，谷稼不熟。

北宋　开宝三年（公元970年）　高昌（今吐鲁番）雨及五寸，庐舍多坏。

清　雍正十二年（公元1734年）　哈密星星峡，山水大发，冲塌庐舍，人民受灾。

清　雍正十三年（公元1735年）　哈密星星峡等处大水。

清　乾隆二十六年（公元1761年）　六月，"喀喇沙尔河水（开都河）忽涨三尺，流至焉耆城下，防护屯田处所筑堤二千四百余丈，幸保无虞。"

清　乾隆三十四年（公元1769年）　三月二十一、二十二日，喀什、叶尔羌、和田等地连续大雨，农田村庄被淹，城镇水灾，房屋倒塌，居民无家可归。

清　乾隆五十至五十一年（公元1785—1786年）　迪化（今乌鲁木齐）一带，夏季连降暴雨，乌鲁木齐河洪水泛滥，居民遭灾，沿河农田村庄被淹，损失惨重。

清　乾隆五十三年（公元1788年）　四月，迪化山洪暴发，淹没城南门民房五百间，都统尚安给各受灾每间发救济银一两，帮助建房。

清　乾隆五十五年（公元1790年）　七月初六夜间，迪化乌鲁木齐河水骤涨，冲塌磨房，存储麦面被淹。

清　乾隆五十七年（公元1792年）　迪化地区冬春降雪大，春暖后气温骤升，近山积雪消融，水流漫溢，二月二十四日，迪化旧城西南门外，洪水冲塌民房五百四十四间，

第三章 洪水灾害

道路成河，交通阻塞。

清 嘉庆四年（公元 1799 年） 六月，山区降雨，玉龙喀什河突发洪水，沿河农田被冲。和田县喀什村一带居民千余户受灾严重。

清 嘉庆八年（公元 1803 年） 伊犁回户所种田禾，雨水过多，收成稍歉……

清 嘉庆九年（公元 1804 年） 七月下旬，叶尔羌河发洪水，沿河农田村庄和各军台被水淹浸。

清 嘉庆十二年（公元 1807 年） 七月，沙雅河水涨溢，西岸决口，水磨地方冲开七丈五尺，沙雅尔所属布兰哈杂克察半回庄三处被淹，河下游泥沙淤塞约十二三里。

清 嘉庆十六年（公元 1811 年） 四月二十八至二十九日，阿克苏阴雨天气，五月二日大雨，洪水流入东门，西北等处城垣被水冲开，城内房屋倒塌，粮仓钱库、衙署住房、商民铺户均遭水淹。城外淹侵农庄九处，淹死九人。同年，喀什一带五月一日大雨，山水骤发，冲毁阿斯图、阿图什、阿尔鼠等地农田民房多处。

清 嘉庆二十二年（公元 1817 年） 伊犁河水涨，惠远城南二三里李公堤全沦于河。

清 道光十三年（公元 1833 年） 伊犁河大水，主流倾趋北岸，冲毁惠远城下河岸堤防工程，年花防洪费 1900～2000 两纹银。

清 道光十六年（公元 1836 年） 五月，迪化屯兵，在头工、二工两水渠加筑护堤，又与屯民一起另于水源上游开一渠，后山洪暴发，渠堤大部被冲毁。

清 咸丰元年（公元 1851 年） 三月二十八至二十九日，伊犁连降大雪，四月十一日大雨，北山发水，由北向南冲断大渠，四处漫流，伊宁县农田、城镇遭受水灾。伊宁至果子沟道路冲断多处，交通断绝。

清 咸丰元年（公元 1851 年） 四月，惠远城东山洪暴发，通惠渠多处冲缺，田亩淹浸。是年，免征伊犁本年被水受灾田亩的田赋。

清 咸丰元年至咸丰十一年年间（公元 1851—1861 年） 巴楚部分地区河水决口，数百间庐舍漂没，城堡塌，驿程梗阻。

清 咸丰六年（公元 1856 年） 惠远、阿奇乌苏等处发生水灾和雹灾，受灾田亩被减免额赋。

清　咸丰九年（公元1859年）　秋，伊犁连降暴雨，伊犁河水暴涨，惠远城南岸堤坝等多处被冲刷毁坏，逼近城下。当年筹款修筑，动员商民各界捐款，以卫城垣。

清　咸丰十年（公元1860年）　五月初八，阿克苏大雨，河水陡涨，所属铁亮庄渠坝被水冲开，官府着民夫一千多人重修，于十九日修完，二十一日天降大雨，河水涨发将渠又冲开，督工官员受责而死。

清　同治三年（公元1864年）　八月初九日，玛札尔被水冲，桥梁折坏，道路不通。

清　光绪八年（公元1882年）　夏，迪化公胜渠山雪溶化，大西沟河水陡涨，又值阴雨连绵，水势溢涨，三渠（渠分公胜上中下三渠）同时俱溢，于是中下两渠分水闸口决堤三十余丈，其年秋堵筑。

清　光绪九年（公元1883年）　四月初三日，焉耆喀喇沙尔城（今焉耆县城）中，积潦数尺，庐舍无复存者。
七月，开都河水暴涨，洪水大发，焉耆城积水数尺，房屋全部被淹，下游庄稼淹没。

清　光绪十一年（公元1885年）　叶尔羌河发洪水，沿河农田村庄被淹，五军台处河道决口，洪水漫淹，居民受灾。组织大批军民抢修，三个月修复。光绪十三年制定均役法，每年各乡派丁逐段修补河堤。

清　光绪十三年（公元1887年）　乌苏县东北六十户皇渠龙口被水冲毁，渠堤覆倾，淘成深涧，田亩荒废。驻地军民四百余人修筑十二昼夜。
四月十三日夜，温宿雪雨大作，逾时而息，十五日复雨，势若倾盆，十六日始止。山水涨溢，平地成湖，新城衙署营房城垣因积水难消，多有坍塌损坏，城关内外和沿河一带民房桥梁道路并附近村庄、禾麦冲塌淹没。

清　光绪十四年（公元1888年）　四月十五至十六日，温宿直隶州大雨，山洪涨溢，新城衙署、营房、城垣因积水难消，多有坍塌损坏。城内民房也多处被冲倒。

清　光绪十六年（公元1890年）　伊犁春雪较大，四月初天暖雪融，又连日倾盆大雨，北山暴发洪水，二十六座桥梁被冲毁，道路被淹，果子沟交通断绝。

清　光绪十七年（公元1891年）　夏，巴里坤城南山暴雨成洪，县城被淹。

清　光绪十八年（公元1892年）　三月，奎屯冰洪泛滥，车排子地区被淹。

清　光绪十九年（公元1893年）　奇台县农区发生严重水灾。

第三章 洪水灾害

清 光绪二十年（公元 1894 年） 夏，迪化南山山洪暴发，东渠坝口被洪水冲毁，堤决三百二十丈，自坝口到分水闸沙石堵塞千余丈，公胜渠和太平渠同时决口。巡抚陶模令营勇筑堤防。

清 光绪二十一年（公元 1895 年） 七月十日，疏勒大雨，山洪暴发，大部分村庄被淹，冲毁桥梁，大树连根拔起，居民四处奔逃。

清 光绪二十四年（公元 1898 年） 五月初七，惠远城东关山水陡发，越日始退。冲塌房屋六百零六间，受灾一百四十户，死伤四百一十九人。

清 光绪二十五年（公元 1899 年） 阜康县四工河上游暴雨、洪水，河口附近农田、房屋被淹；疏附县县属阿斯图等庄突遭水灾，冲毁田地三千三百多亩。

清 光绪二十六年（公元 1900 年） 春，塔里木河洪水，冲毁房屋；六月，迪那河发生洪水，轮台县县城北一片水泽，以至车马阻滞；七月二十七至二十九日，布古孜河洪水暴涨，疏附县属的阿斯图、阿图什、阿湖等地遭受水灾，冲坏农田村庄，受灾二百五十四户近二万人、田地近四千亩。

清 光绪二十九年（公元 1903 年） 达板城至（迪化）后沟，巡抚潘郊苏辟一新途，绕行山峡中，免渝峻岭，戊申秋，被水冲决，乃修筑旧路焉。

清 光绪三十年（公元 1904 年） 六月，迪化永丰渠坝口被冲毁，渠堤决口三百二十多丈，自坝口至分水闸千余丈渠道被沙石淹没，公胜、太平两渠也被冲毁。

清 光绪三十一年（公元 1905 年） 三月，焉耆暴雨，二人致命。八月，吐鲁番暴雨，山谷之内洪水充溢，水势经过逼窄之谷口，如墙壁崩陷，声极猛烈，所有行人牲畜几被湮没。

清 宣统三年（公元 1911 年） 渭干河发生洪水，库车中南乡决口一处，冲成大沟一道，计长二百余里，宽约十六七弓（每弓约七尺半）不等。

民国 元年（公元 1912 年） 九月二日，渭干河决堤，沙雅县亚喀布拉克等四村田舍被淹，二千五百七十亩庄稼绝收，房倒数十间。

民国 二年（公元 1913 年） 七月，阿勒泰洪水，木筏难渡，绝粮半月，农民吃种子，牧民宰杀牛羊。

民国 三年（公元 1914 年） 六月，皮山山洪暴发，冲走民房多间，毁坏大片农田。

— 81 —

民国 四年（公元 1915 年） 哈密石城子发大水，淹没农田，冲毁水磨；和田大水，淹死儿童一名。

农历五月，沙湾县洪水，新盛渠龙口被冲坏长约三十丈，宽十五丈，深六尺余，河水斜由两岸绕行，不能归渠，黄渠西北四十户，三角地无水灌溉，禾苗尽枯。

七月，阜康县二工河下游河水暴涨，溢出河道，周围农田被淹；迪化大雨，乌鲁木齐河洪水暴发，冲毁北郊民渠数十丈，地方当局派新军帮助迪化北郊农民整修大道湾灌渠；库车县中南乡阿克吾斯塘村，发大水泛溢横流，形成大河一道，上下数十里，九千四百余亩农田被淹。

七月十七日夜，焉耆县哈满沟雷雨大作，孔雀河暴涨，受灾者二十二户，房屋倒塌，麦场被淹。

八月，和布克赛尔县地处大拐的玛纳斯河堤决口，决口处宽十丈多，深十二丈，淹没由大拐到和布克赛尔县大路一百多公里，冲倒电杆二百七十多根，使电报、邮路交通中断。

十一月，沙湾县玛纳斯河堤决口，洪水自西向东横流数十里，将大拐赴唐朝渠大路淹没，冲倒电杆二百七十余根，以致电路不通，交通中断。

民国 五年（公元 1916 年） 七月初，阜康县水磨河上游降暴雨，河水上涨，水头九尺高，冲毁农田、房屋，淹死许多牲畜。七月十四日夜，沙湾大拐河水陡涨过两岸二尺有余，引发洪水，数里之遥皆成泽国。

哈密石城子发大水，淹没农田，冲毁水磨。

民国 六年（公元 1917 年） 八月，阜康县白杨河上游降暴雨，持续三天，引发洪水，水头九尺高，滋泥泉子街、东泉村被淹。

民国 七年（公元 1918 年） 奇台暴雨、洪水，两渠决口，五千余亩农田淹没。

民国 八至十二年（公元 1919—1923 年） 沙湾连续发生水灾数次。

民国 八年（公元 1919 年） 哈密石城子发大水，淹没农田，冲毁水磨。

六月，乌鲁木齐河暴发洪水，淹没乌拉泊一带农田一百二十四亩；六月二十六日，尼勒克县因山洪暴发，喀什河洪峰流量达一千一百零六立方米/秒。

民国 九年（公元 1920 年） 夏，乌苏县连下三天三夜大雨，洪水从甘河子渠溢入县城，民房院墙倒塌，商店、库房货物和部分牲畜被冲走，冲毁磨坊多个。

民国 十年（公元 1921 年） 焉耆包头湖等地洪水，五千余亩农田被淹。

民国 十二年（公元 1923 年） 七月，阜康县白杨河上游降暴雨，引发洪水，滋泥泉子街被淹，水深三尺。

第三章 洪水灾害

民国　十三年（公元1924年）　泽普县洪水，冲毁温拉提等庄土地六百八十多亩。

民国　十六年（公元1927年）　精河城南洪灾，部分农作物被淹没，泥沙淤积最深处达三尺。

民国　十九年（公元1930年）　哈密石城子发大水，淹没农田，冲毁水磨。

民国　二十年（公元1931年）　六月十一至二十三日，布尔津县洪灾，全县被洪水全部淹没，只留下三个互不连通的小岛，居民拖儿带女仓皇逃到高处，损失惨重；六月二十四日，米泉县山洪暴发，河水猛涨。上、下梧桐和蒋家湾一带，桥梁被冲断，平地水数尺，淹没土地一万余亩。

民国　二十一年（公元1932年）　七月中旬，阜康县县城南的沙石场一带降暴雨，引发洪水，水面宽二百五十米，深二米多。冲毁民房及麦田。

民国　二十二年（公元1933年）　伊宁县匹里青沟发生大洪水，冲溃堤防，沿沙河子南流，经伊宁市区，冲毁大批民房、街道及沿河农田村庄等，灾情严重；哈密石城子发大水，淹没农田，冲毁水磨。

民国　二十三年（公元1934年）　七月五日，米泉县夜降暴雨，山洪急泻，冲毁东、西工禾苗二百二十亩，淹没二道坝、韩家庄一带稻苗。十五间民房被冲；七月二十七日，米泉县暴雨，大水横流，稻苗被淹没。

民国　二十四年（公元1935年）　哈密东、西河坝洪水猛涨，冲毁桥梁，冲走树木，冲毁水磨；七月，新和县暴雨，渭干河决堤，淹没庄稼，毁坏房屋，冲走粮食、菜籽、苜蓿等；沙雅县渭干河河水暴发，淹坏民庄、房舍、麦谷、苜宿、菜籽等。阜康县三工河发洪水，水深五尺多，一农民被洪水冲走。

九月十五日下午十七时，迪化达坂城忽下大雨，山洪突发，水深一至五尺不等，冲毁东沟、西沟两保耕地一千四百多亩；九月二十日下午六时，迪化达坂城复降猛雨，较前更甚，山水暴发时耕地全部被冲毁，共计三百六十六亩，不能耕种，颗粒无收。

民国　二十五年（公元1936年）　尉犁洪水，本城户民地亩被水冲，淹籽种六百五十勉；阿克苏县民地被水冲没，赔完粮草者居其多数。科尔村与萨卡村地亩普遍荒芜，野草满地；沙雅渭干河决口五处，冲塌房屋一百七十六间，冲倒树木四千八百多株。

夏，新和县渭干河决堤，淹没庄稼，冲毁房屋，冲倒树木，冲走粮食、棉花等。

五月二十五日正午，哈密南山暴雨半小时，南园子农民的菜地被冲毁，洪水冲入县城，不少居民受灾。

五月底，乾德（米泉）境降大雨，河水暴涨，冯家坝码头被冲毁，渠道堵塞，农田被淹。

七月，精河洪灾，大面积农田被水淹没，灾情严重，报请省政府转呈行政院核准，免征额粮；渭干河涨水，下游沙雅河堤五处决口，庄稼被淹，冲毁民房一百七十七间，冲走粮食、棉花、菜籽一千三百多石。

八月一日、二日，迪化天雨淋漓，三日山水暴发，西北乡八家户民及东乡户民地亩被冲成灾，庄房冲倒数间，所种麦地冲坏，共计三十一石一斗地。

九月，呼图壁县县境降雨数日，河水暴涨，水势浩大，芳草湖东河大坝被洪水冲毁二丈余。

十月七日，呼图壁县桑家渠苇湖河水暴涨，将大坝冲毁二丈余。

民国 二十六年（公元 1937 年） 三月下旬，温宿县大河春汛，冲去八十户农民耕地。

五月八日，呼图壁县红山口洪水暴发，干河子上游堤坝被冲溃，公路被毁坏十米，平地积水三尺，房屋、田禾被淹，百姓多有溺死者，大土古里村部分房屋倒塌。

七月二十九日午后 4 时半，乌苏县城关降大雨半小时，发生洪灾，水深二尺，桥梁被冲毁，八十四户乡庄稼、房屋、牲畜、车辆损失惨重。

八月，哈密山区暴雨，洪害严重。倒塌房屋二十七间，多条坎儿井明渠被淹没，九百五十七亩小麦被淹，一千余株大树被冲拔。良田尽成沙滩。

民国 二十七年（公元 1938 年） 阜康县县城南干沟下暴雨，引发洪水，淹死大批牛羊。

三月初，省城（迪化）降大雪。未及数日，气候骤热，附城东、南、西的山岗积雪消尽，融水奔流齐归低处，地亩受灾，房子倒塌数间，水势过猛，各渠无法容纳，于三月十七日下午漫流至西南关一带，淹塌房屋数百间，市区桥梁被冲毁。

三月二十五日，温宿洪水，冲去民地八十户。

七月十六日，伽师天降大雨，山洪暴发，冲坏田禾约数百亩。

八月二十六日，伊吾吐葫芦、苇子峡、淖毛湖、下莫崖等四处，山水冲坏房屋、什物、地亩、田禾。

民国 二十八年（公元 1939 年） 四月十六日，独山子降大雨，两日方晴。计冲坏公路一千米，钻井场山路冲坏四段，引水渠被雨水冲坏及淤平二千五百米，老炼厂附近水坝全被冲坏。炼厂在奎屯设立的砖坯场被雨浸润，损坏土坯九万五千块，砖坯子四十万块。

五月十七日，暴雨引起山洪，惠远东关渠水陡涨，淹东关顺成巷子六十余间房屋，冲毁桥二座；绥定（今霍城县）阴雨天气，山水暴发，东关渠水陡涨，倒塌房屋十四间，冲毁桥二座。

七月十四至二十四日，博乐因连日降雨发生洪灾，四棵树至果子沟（含三台）公路遭受损失，许多路基、桥涵被冲坏，冲毁公路二公里、水渠十余公里。

七月二十二日，拜城洪水，冲毁田地十九亩多。

第三章 洪水灾害

八月五日，迪化东乡山洪暴发，冲毁已种之地十石之多，庄房多已冲毁，损失甚巨。

九月二十五日，伊吾吐葫芦庄被水冲坏地亩。

民国 二十九年（公元1940年） 乌鲁木齐河洪水泛滥，冲毁巩宁桥，后在桥南侧十米东建长五十米宽十米的石墩木面桥，称西大桥。哈密石城子发大水，淹没农田，冲毁水磨。泽普县洪水，冲断叶尔羌河大桥，冲毁土地三百多亩。

二月十四日，山洪暴发，伊宁城艾林巴可等街市泛滥成灾。

四月，呼图壁县积雪消融形成山洪，县属东滩发生洪灾，一千二百亩冬麦被淹，颗粒无收。

六月二至五日，疏附县县境连下三天大雨，洪水暴发，冲毁县城北门、东门大桥，城内房屋倒塌甚多。

六月十六日，岳普湖县大水，冲毁桥梁。

七月，伽师洪水，冲坏民房七十八间，冲走牛十一头、羊七十六只、马二十五匹、水坝九座，冲毁部分农田。

七月十五日、十六日，柯坪县两天暴雨、洪水，作物遭受较大损失。

七月二十八日至八月五日，拜城遭两次暴雨、洪水，冲毁雅提拉等三村房屋十五间，冲毁部分农田。

八月二日，温宿县昆马力克河发洪水，冲毁帕什地什新修河堤和县城附近要道，西南大桥断绝交通，冲毁民房、桥梁、农田甚多。乌哈大雨，冲坏农田计数十家。疏附、疏勒大雨，河水暴发，冲毁民房、田禾，损失甚大，小水坝冲坏九座，淹毙牛羊甚多。

八月四日下午七时，库车县河水猛涨，县城桥北两岸房屋被水淹，二人遇难，冲走大车二辆、木轮轿车一辆、马二匹。

民国 三十年（公元1941年） 阜康县四工河发生洪水，水头高四五米。

三月，伊宁山水暴发，冲坏渠堤三里余长，托乎拉克村被灾地一千多亩。

五月十九日，拜城县洪水，被灾地区或田地被沙泥掩埋，或房屋被水冲坏，冲毁粮食若干，八百八十八户之田地被雨水冲坏，不能耕种。

六月底，呼图壁河水暴涨，上游各庄大坝被冲毁，北区丹坂、五户地两村洪水泛滥，倒塌民房六座，村民寄居野外，冲坏庄稼一千余亩。

七月，阿克苏洪水，栏干村一百三十多亩田地被冲。伊宁银塔木村计五户地间地中涌出泉水，禾苗全淹没无收成，该地永远不能耕种。

七至八月，精河县洪灾，冲坏托托、沙泉子、大河沿子、五台、四台等地段的公路。

七月十四日，于田县山水猛发，一百二十三户受灾，受灾田地三百六十四亩。

七月二十日，呼图壁河水又涨，冲毁大坝四丈余。

七月三十日，阿克苏洪水，五区沙克托乎拉哈提村受灾户民二十四人，田地被水淹坏，河水所到之处，有将田苗冲刷殆尽者，有将地冲成深沟，当时小麦业已登场尚未碾完，即被泥沙湮没，计损伤田苗地亩共有二百二十六亩。

八月，博尔塔拉河洪灾，冲毁夏日布呼两岸水田一百多亩。

八月九日，伊吾县苇子峡、吐葫芦、淖毛湖暴雨，各山水下甚猛，将已成熟之麦淹没,共一百七十九亩受灾。

八月十日,沙湾县黄渠、太平渠河水猛涨,引发洪水,平地水高数尺,冲击面积长五十里,宽十五里,飘没豆麦数十石,冲倒房屋三十多处,衣、食、财产荡然无存。堤坝被冲断,淹没土地六千亩。

民国 三十一年(公元 1942 年) 哈密县石城子洪水,冲毁水磨五座。伊宁县山水暴发,冲毁渠堤多处,毁地二百一十四亩,四百三十五亩潮湿透水,二百六十七亩永远不能耕种。

农历正月二十三日,米泉县积雪融化,山洪暴发,县农场的菜地、稻地被冲淤,堤垄被冲塌。

春季,昌吉县第三区(今昌吉佃坝乡、大西渠乡)下八户马太昌地被水淹,水深数尺,有三十多亩完全成为苇湖不能耕种。

二月四日早八时,麦盖提县提孜那甫河洪水,河堤冲开,地冻起土困难,水流遍地,淹没地亩九十八亩,水深约二三尺对庄稼无大损害。

三月十七日晚间,昌吉县发生融雪性洪水,淹入冰湖村,公路被水漫两段,溢淹村庄五处。

三月十八日下午四时,呼图壁县县南戈壁积雪速融,洪水突发,县城关东头小巷水冲塌民房二十七间,冲毁菜园一百亩。

三月十九日午后三时,奇台县戈壁秋雪消融,引发洪水,流入西关街市及东导巷一带,浸倒民房、铺面五百余间,冲毁四乡道路、桥梁,交通被阻。

三月十九日十二时,孚远县(今吉木萨尔县)山洪暴发,来势汹涌,硕大冰块和卵石随流而下,沟渠塌陷,附城一带茫变泽国,平地水深尺许,公路被冲毁数段。

四月,米泉县又因山洪暴发,冲毁稻田、渠道、桥梁,使多数农民无法耕种。

六月十一至二十三日,布尔津县额尔齐斯河忽然河水猛涨,将河堤冲垮,以致淹塌机关民房五十余间。

六月十六日,米泉县山洪,将沙河、老龙河沿岸的稻田淹没。

六月二十四日,墨玉县山洪暴涨,大渠决口,洪水灌入城内,受灾一百六十八户五百八十人,倒塌民房一百一十五间,损失货物、家具、牲畜约值二万四千三百元。

六月二十八日早九时,和田县山洪暴发,冲毁房子五间,冲坏田地十五亩,二人被淹死。

七月二日,温宿县库木艾日克河水大涨,冲毁河堤,河西岸农田被淹。

七月十一日,伽师县黑孜布庄(伽师克孜勒博依乡)河水猛涨,浸入庄内,冲坏房屋数间,淹坏棉花、苞谷二百九十余亩。

七月间,疏勒大河山水暴发,河身难容,河堤决口,两岸长二十余里、宽五里余被淹,房屋倒塌十余家,共冲坏已种棉花、苞谷、甜瓜二百九十余亩。

七月十八日,鄯善县山水暴发,冲毁耕地八十余亩,连同禾苗一并冲坏。七克台六十亩耕地返碱,二三年内不能生长禾苗。

九月,迪化暴雨、洪水,日降水量达八十毫米,年降水量达六百三十九毫米,是一般年份的三倍。倒塌民房一百余间,冲毁农田一百余亩。米泉县也遭洪水危害。

九月二日，博尔塔拉河水暴张引发洪灾，冲毁农田一百零六亩、房屋七家。

秋季，博乐夏拉博河（温泉县哈日布呼镇）河水暴涨成灾，淘去地亩约一百多亩，其余为旱田。

民国　三十二年（公元 1943 年）　惠远南渠村洪水，十一户稻地被河水冲毁，秋收无望。且末洪水，五十四户受灾，冲毁中地一百六十一亩、下地一百四十亩。洛浦县洪水，冲没民房三十九间、田地共七十亩。

七月二十日至八月五日，焉耆先后发生数次水灾，三次冲坏大渠，冲毁房屋一百七十八间、地亩五百九十亩。

八月，墨玉山洪暴发，一万余亩农田受灾。

八月三日，绥定大雨、山洪暴发，农作物受灾面积一万余亩。早五时，和田山水暴发，淹毁民房五十余间。

八月十一至十四日，和硕特大洪水，淹没农田一万七千余亩，倒塌房屋二百三十三间。

民国　三十三年（公元 1944 年）　墨玉、策勒、洛浦山洪暴发，损失不小。

六月十二日夜，阿图什布谷孜河发生百年一遇洪水，流量达九百二十五立方米/秒，下游一片汪洋，沿岸农田被淹，冲毁老县城，大量房屋倒塌，压死、溺死三百余人，牲畜死亡无数。县政府的办公室倾刻被毁坏殆尽，县府大印及全部档案资料被洪水冲走。

八月六日，呼图壁河发生洪水，西树窝子村被淹，附近道路被毁。

九月十四日，阿瓦提县县内部分村庄受水灾，灾民二百四十七户。受灾上等地一千一百二十二亩，中等地二千五百一十三亩，下等地六百六十二亩。

民国　三十四年（公元 1945 年）　泽普县洪水，冲毁土地九百七十三亩。

六月，阜康县连续数日降大雨，引发洪水，冲毁农作物二百二十五亩。

七月二十四日，精河县基布克山区下了三天三夜的雨，洪水暴发，河岸杨树有些被连根冲走，还冲走一些毡房、羊圈和羊只。

八月六日，呼图壁县降大雨二昼夜，山洪暴发，冲毁西大桥东码头，冲坏公路多处，西树窝子房屋及田禾被淹，上游各庄渠坝被冲坏，北区渭户村水势猛涨，三庄坝被冲毁。

民国　三十五年（公元 1946 年）　五月六日，奇台县开垦河水暴涨，洪峰流量三百立方米/秒，持续四天。七户庄被冲毁。事后才在一米多深的淤泥当中找到了原址。

六月二日，木垒河县、水磨沟河山洪暴发，河水猛涨，淹死居民四十五人，冲走毡房二十顶，牲畜百余头。

七月六日，呼图壁县西河水猛涨，冲毁西河桥畔公路一段，西树窝子村五十余户遭受水灾。

民国　三十六年（公元 1947 年）　莎车县整洁乡（今塔尕尔其乡）夜间猛发洪水，水渠被冲坏，一百八十五亩地、七十一间房屋被淹。

春，呼图壁县积雪融化，河水暴涨，东滩户民的冬麦被淹殆尽。

五月二十八日，温宿县突降大雨，山洪暴发。冲毁五乡七保和七乡八保土地一千二百九十一亩。

七月三十一日中午十二时至八月一日午后，喀什大雨，山水冲坏南疆公路巴什考供工务段路基，损失土石方八千五百五十立方米，经此次大雨后，红柳沟所做工程已前功尽弃，原拟彻底改善红柳沟计划殆将放弃。

八月，阜康县三工河上游连续数日降雨，天池水位上涨，漫过湖堤，下游数百亩农田被淹，平地水深1米。与此同时，水磨河也发生洪水，洪水漫过河堤，持续了三天，头工村、鱼儿沟村被淹。

八月三、四日，轮台县降暴雨，山洪冲断县城西五里余一段公路。

八月五日下午四时许，哈密山洪动地而来，洪水夹有泥石，将测量仪器、电台等卷走，红柳沟工程前功尽弃。

八月五日夜，呼图壁河发生洪水，二千三百亩农田被淹。

十月四日，托克逊、焉耆间连日大雨，干沟东半段路基被冲毁一半以上。

民国　三十七年（公元1948年）　阜康、阿瓦提、乌恰、阿图什、伽师、疏勒等水灾，农田六万二千余亩受灾。

六月，博乐市洪灾，冲坏市境全部农业用水堤坝。

六月二十日，温宿县贾吉代村大雨夹杂冰雹，一千一百八十七亩农作物受灾。

六月二十八至二十九日，岳普湖县接连两日大雨，造成水灾。

夏，岳普湖县水灾。

民国　三十八年（公元1949年）　六月四至九日，乌恰县大雨，昼夜不绝，山洪暴发，毁坏桥梁三座、公路一百六十公里、农田一千六百多亩，死亡牲畜七千四百四十九头（只），受灾户数一千一百二十七户。

六月八日，疏附县大雨，山洪突发，冲毁淹没农田甚多。

七月，呼图壁县河水暴涨，东滩户民的冬麦被淹殆尽，冲塌桥梁，北区东河坝坍塌，毁坏坝基四十余丈。

七月一日，阜康县水磨河、三工河上游降大雨，两河水位迅涨，冲毁农作物三百五十二亩。

七月十一日，阿克苏河水暴涨，部分田禾淹没，一人被洪水冲走死亡。

七月二十五日，阿克苏县洪水暴涨，部分田禾被淹没。

八月，吐鲁番洪水，冲毁清真寺二座、坎儿井数道、房屋九十四户等。

第三节　公元1950—1966年的洪水灾害

1950年　5月6日，【昌吉自治州】呼图壁县洪水，东河坝堤被冲毁30余丈。

7月,【阿克苏地区】渭干河堤溃,沙雅县海楼、阿克墩等3庄被淹,倒塌房375间,3庄田禾绝收。

7月5～12日,【乌鲁木齐市】河堤决口,冲坏中山桥头、人民桥西端,交通中断,沿河居民受灾。

7月14日下午2时,【昌吉自治州】呼图壁县洪水,冲毁西树窝子坝堤,小渠为泥沙堵塞,秋粮作物被冲毁1500余亩,13个庄院房屋被冲塌,交通受阻。

7月末,【喀什地区】英吉沙县大雨、洪水,帕米尔高原山口山洪卷着碾盘大的巨石随声而至,淹没骆驼,岸边三五丈的石头被击成几段。

8月初,【哈密地区】哈密县山洪,冲毁白杨沟渠以及四堡、五堡分水闸。

12月,【阿克苏地区】渭干河堤溃,阿克艾日克村被淹,淹死牛1头、羊15只,倒房37间。

12月26日,迪化市由于去冬红雁池修工,不能进水,将水直放乌河,抬高水位,加之气温升高融化冰雪,造成水灾。冲毁市区房屋8间,17家38间进水,部分房内水深2尺,冲去苜蓿100余捆,冲淹各类粮食作物11斗。

1951年 6～7月,【阿克苏地区】阿瓦提县洪水,293户受灾,受灾作物1332亩,倒塌房屋7间。

6月6日,【阿克苏地区】温宿县大雨、洪灾,7565亩农田被洪水淹没。

6月18日,【阿克苏地区】温宿县暴雨、洪灾,受灾1632户,倒塌房屋30间,农作物受灾2.08万亩。

7月20～21日,【喀什地区】莎车县洪水,冲毁公路桥3座、房屋200间、各种农作物1552亩,淹死15人,死亡牛羊约2000头(只)。

8月1日,【喀什地区】莎车县提孜那甫河河堤决口(东岸40米、西岸60米),倒塌房屋51间、马棚20个,死亡牲畜12头(只),受灾玉米1.42万亩。

1952年 3月下旬,【昌吉自治州】奇台县春洪,洪水灌入县城,部分房屋被冲毁。

5月,【阿克苏地区】大河涨水,发生水灾,受灾农田面积达4万亩。

5月5～9日,【伊犁地区】昭苏县融雪性洪水,淹死马、牛、羊等牲畜2630头(只)。

5月16日,【和田地区】皮山、墨玉、洛浦、策勒、于田等县水灾,全区7个县的公路先后被水冲坏,冲毁房屋881间、农田6500余亩、树木1.2万余株、大小桥梁134座、水闸133座、水磨9盘,死亡6人,死亡牲畜286头(只)。

6月28～30日,【喀什地区】疏附县大雨,引发洪水,冲毁房屋8268间、农田3122亩,大桥1座。

7月16～18日,【喀什地区】莎车县、叶城县融雪性洪水,堤坝决口20处,冲坏桥涵8座、路面30段,全区受灾1588户6048人,淹没农作物6901亩,冲毁树木1414棵、房屋412间、牲畜圈182间,冲走牲畜159头(只),淹死1人,经济损失32万元。

7月21日至8月1日,南疆巴音郭楞自治州、阿克苏地区、喀什地区、克孜勒苏自治州、和田地区洪水。【巴音郭楞自治州】部分地区大雨,开都河沿河部分土地被淹。【阿克苏地区】库车县洪水冲毁棉田 1.12 万亩,专区人民银行解运金银赴迪化的汽车被山洪冲翻,损失各类银元 4331 枚,小天罡 1286 枚,银元宝 15 锭,杂银两箱约 1203 两。【喀什地区】喀什市、岳普湖县、莎车县受灾,喀什市洪水上堤,市环城公路、北大桥及下游河边房屋被冲毁,损失粮食 16 万公斤,倒塌房屋 51 间,马圈 20 个,冲坏公路大桥 3 座,农田受灾 1.6 万余亩,死亡牲畜 12 头(只)。【克孜勒苏自治州】阿图什市 3064 户 1.63 万人受灾,死亡 3 人,伤 5 人,倒塌房屋 1633 间,受灾耕地面积 3.67 万亩,冲毁大小树 37.11 万棵,减收粮食 39.7 万公斤。【和田地区】叶城县冲毁房屋 93 间、农作物 1828 亩、水利设施 149 处,洪水冲出一条深 20 米的沟,3 人死亡。

8 月,北疆阿勒泰地区、南疆阿克苏地区、喀什地区、和田地区等地水灾。冲淹农田 5.4 万余亩、房屋 2761 间,死亡 6 人,冲毁桥梁、道路、河床、水坝甚多。

8 月 4～5 日,北疆昌吉自治州、乌鲁木齐市,东疆吐鲁番地区,南疆巴音郭楞自治州洪水。【昌吉自治州】昌吉县所有大河堵水坝均被冲坏,冲断公路 100 米,冲毁大桥 3 座。【乌鲁木齐】冲毁农田 255.3 亩,受灾 19 户,死亡 3 人,冲毁公路大桥数十座,部分渠道受损。【吐鲁番地区】托克逊县 490 户 3170 人受灾,死亡 1 人,各种农作物受灾 2899 亩,房屋倒塌 723 间,冲坏大小坎儿井 32 座、水闸 2 个、大坝 5 个、桥梁 4 座、水槽 2 个。【巴音郭楞自治州】且末县部分渠道被冲毁,塔佩海大桥及新修大桥亦被冲走。

8 月 4～28 日,【昌吉自治州】绥来县(玛纳斯县)洪水,洪水漫流 24 天,42 户 236 人受灾,冲毁田 1061 亩、房屋 22 间、公路 60 余米、水渠 2800 米、小桥 1 座。

8 月 14 日,【巴音郭楞自治州】库尔勒市洪水,冲倒房屋 91 间,牛圈 63 间,淹死小麦 620 亩、红花 20 亩、棉花 247 亩。

8 月 19 日,【克孜勒苏自治州】阿图什市博古孜河下游洪水,两岸农田全部被冲毁。

12 月 7 日,【阿克苏地区】库车县渭干河水暴涨,冲毁麦苗 300 亩、水磨 27 盘、土房 1 间。

1953 年　6 月,【昌吉自治州】阜康县水磨河因大雨,河水漫堤,引发洪水,水深 4 米,持续 12 小时,平地水深 0.8 米,头工、县城西部被淹,屋内水深 0.6 米。

6 月 26～27 日,【吐鲁番地区】托克逊县大雨、洪水,三个区 391 户 2714 人受灾,倒塌房屋、仓库、圈棚 644 个,农作物受灾 5450 亩,其中高粱 1225 亩,棉花 4225 亩。

8 月 2～4 日,伊犁、乌鲁木齐、昌吉、吐鲁番、巴音郭楞等地州市部分地区洪水。【伊犁地区】察布查尔县冲毁房屋 11 间、院墙 116 堵、农作物 4200 亩。【乌鲁木齐市】河上的三座桥梁(西大桥,中桥,人民桥)全被冲毁,使河东西两岸断绝交通 4～5 天。市区 620 间农房被淹,300 余间房屋倒塌,323 户 1270 余人迁居。报纸信件全用飞机投送,仅防洪费用就达 65 万元之多。农田被淹 6 万亩,损失粮食 5 万公斤,3000 余人受灾,死亡 14 人。【昌吉自治州】昌吉市、呼图壁、米泉县有 195 户遭受水灾,冲毁房屋 101 间、农田 3.14 万亩,粮食减产 80.6%,冲走小麦 20.53 万石、木头 81 根、冲坏渠道 1000 余米、防洪坝堤 7 道、公路 2000 余米。【吐鲁番地区】托克逊县冲毁农作物 2200 亩、大小坎儿井 29 道、树 4.4 万棵、教室 12 间、水磨 3 个,伤多人,死亡 1 人。【巴音郭楞自治州】和静县、焉耆县、轮台县受灾,冲垮房屋 286 间、粮仓 4 间、山磨 5 盘、冲毁麦场 4 个、冲走小麦 5 万公斤,淹没庄稼 3077 亩,冲走山羊 60 余只,冲断公路桥涵 12 座。农二师淹没农田 2 万多亩。

8 月 14 日,【塔城地区】乌苏县暴雨、洪水,伴冰雹,全县玉米、棉花、蔬菜、瓜类严重受灾,水稻受灾一半以上,洪水冲坏部分公路、桥梁、渠道等。

1954 年 4 月,【伊犁地区】尼勒克县融雪、大雨、山洪,93 户 516 人受灾,受灾农作物 1000 余亩,大部分作物减产在 6 成以上,洪水冲走牲畜 800 余头(只),冲毁房屋 28 间、大小桥梁 4 座。

6 月,【伊犁地区】察布查尔县山洪,冲坏锡伯族农民的"阿帕尔水渠",哈族牧民和维族农民闻讯后,冒着倾盆大雨出动大量人力、车辆主动帮助锡伯族农民抢修,使 10 万亩农田免于受灾。

6~7 月,北疆伊犁地区、乌鲁木齐、南疆巴音郭楞自治州、阿克苏地区、喀什地区等地洪水,4.3 万余亩农田受灾,冲毁房屋 97 间、水利设施 71 座,淹死牲畜 13 头(只),死亡 1 人,损失粮食 85 万公斤。

6 月 13 日,【巴音郭楞自治州】和静县洪水,部分民房被淹没,洪水一直持续到 7 月 7 日。

7 月,【昌吉自治州】呼图壁河暴发洪水,淹没村庄 12 个、农田 1500 亩。

7 月上旬,【喀什地区】岳普湖县洪水,冲毁刚建的县总水利枢纽,淹死 1~3 岁小孩 5 人。

7 月 8 日,【伊犁地区】霍城县洪水,码头全部被淹,倒塌货仓 2 座,压伤 2 人,冲毁部分公路和大桥。7 月 15 日,【喀什地区】莎车县连降大雨,山洪暴发,488 户农民遭灾,农作物受灾 1.66 万亩。

7 月 31 日,【昌吉自治州】呼图壁县山洪,河水猛涨,冲塌渠坝 1500 余米。

8 月 8 日,【和田地区】叶城县洪水,洪峰 5 米,持续 4 个小时,116 户农民和 178.4 亩耕地受灾。

8 月 20 日,【伊犁地区】暴雨、洪水,伊宁与昭苏、巩留、特克斯、新源、察布查尔等五县间的交通中断,冲毁农田 10 余亩。

秋,【阿克苏地区】新和县山洪,15 个麦场遭水淹,损失小麦万余捆。

冬,【巴音郭楞自治州】库尔勒市特寒突至,下游河床积冰堵塞,在孔雀河的铁门关和开都河的哈拉毛墩造成凌汛,公路、农田被淹,交通中断。

1955 年 4 月 15 日,【巴音郭楞自治州】尉犁县洪水,冲坏坝口,淹没春麦 358 亩。

5 月 4 日,【克孜勒苏自治州】种羊场暴雨、洪水,粮食、农田、财产受到了损失,价值达 8.59 万元。

5 月 5 日,【塔城地区】塔城县暴雨、洪水,冲毁桥梁 3 座,公路中断,14 户房院被水淹没,淹没农田 390 亩。

5 月 15 日,【阿勒泰地区】阿勒泰市暴雨、洪水,冲毁农田 100 多亩。

6 月 18~24 日,【和田地区】皮山县、民丰县、策勒县大雨洪水,300 户受灾,农作物受灾面积 2116 亩,其中 331 亩被泥沙冲压绝收。民丰县 95% 的房屋受损,倒塌房屋、棚圈 202 间,冲坏大桥 1 座。

6月24日至7月18日，【喀什地区】麦盖提县山洪暴发，1017亩农田严重受灾，其中41亩地被泥沙冲积变成沙滩。

7月，【昌吉自治州】玛纳斯河洪水泛滥，冲毁农田810亩。

7月11～12日，【哈密地区】哈密县大雨、山洪，冲倒住房14间，冲坏房屋28间、大小桥梁21座、坎儿井11道、水井4眼，受灾农田121.9亩。

7月19～20日，【和田地区】皮山县洪水，28户227人受灾，受损农作物133.8亩，倒塌房屋3间。

8月2日，【阿克苏地区】拜城县暴雨、洪水，冲坏民房180间，压死3人，伤4人，淹没农田334.9亩，农作物减产5628公斤，冲毁大小渠道12处。

8月19～21日，【阿克苏地区】新和县洪水，417.5亩农作物被淹，188公斤小麦被冲走。

8月21～24日，【巴音郭楞自治州】和静县、焉耆县、库尔勒市洪水，150处全长29公里堤坝决口，156户受灾，受灾农田2254亩，其中颗粒无收751.56亩，冲走小麦4641公斤，冲毁房屋46间，死亡牲畜69头（只），冲坏水磨1座、仓库1排、涵洞3个。

1956年 5月初，【塔城地区】塔城市、额敏县、裕民县、托里县部分地区山洪，冲毁农田390亩、菜圃20亩、院落1所、桥梁7座，倒塌民房3间。

6月9日，【阿克苏地区】温宿县洪灾，受灾耕地888.6亩，95人受灾，倒塌房屋20间，冲走家禽920只。

6月21～22日，【吐鲁番地区】暴雨、洪水，淹没农田100亩。

7月，【巴音郭楞自治州】焉耆县山洪，3000余亩农田受灾。

7月18日，【巴音郭楞自治州】和硕县喀什大河猛涨，引发洪水，冲坏民房331间，冲毁农作物140亩。

7月中旬，【喀什地区】巴楚县水灾，受灾农民284户，冲垮房屋662间，淹死牲畜366头（只），淹没农作物8469亩。

7月25～30日，【喀什地区】盖孜河洪水，冲淹农田8913亩，淹死7人，死亡牲畜451头（只），冲毁喀什到和田公路大桥一座，交通中断。

8月19日上午8时，【昌吉自治州】奇台县洪水，中断交通。

1957年 3月，【阿勒泰地区】富蕴县洪水，淹没小麦500多亩。

6月初，【喀什地区】疏附县、英吉沙县洪水，冲毁各种农作物2262亩，冲走粮食1783公斤，冲塌房屋101间、院落71处，冲毁大小水渠162条和58盘水磨。

6月20日，【昌吉自治州】吉木萨尔县先雨后雪，历时24小时，引发洪水，21日晚洪水进入三台镇各街巷，冲淹房屋。

8月，【阿克苏地区】渭干河决堤，沙雅县部分地区水灾，2.13万亩庄稼受害，粮食减收20%～50%。

8月1日，【克孜勒苏自治州】乌恰县洪水，冲毁附近公路路基、路面。

8月29日，【阿克苏地区】库车县、新和县暴雨，渭干河洪水成灾，冲垮部分闸口、渠道、房屋、农田和英达里亚大桥。

第三章 洪水灾害

1958年 5月9日,【阿克苏地区】沙雅县降大雨,渭干河暴发洪水,淹没农田7086.9亩、房屋93间、棚圈45间,受灾95户,冲走大小木料257根、羊33只。

5月13~15日,【昌吉自治州】玛纳斯河、塔西河洪水,冲毁河堤数处,毁坏房屋46间,淹没农田2200亩,损失小麦25万公斤。

7月17日,【巴音郭楞自治州】和硕县洪水,全县有9个乡31个生产队234户1081人受灾严重。洪水淹塌房屋319间,淹死牲畜100多头(只),淹没麦场11个,冲毁水利设施8座、渠道1.2公里,淹没农田1.75万亩。

7月18~20日,【吐鲁番地区】托克逊县洪水,三区四乡被水淹。

8月11~14日,全疆大范围大降水,北疆除塔城、博尔塔拉两地州外,其他地区中到大雨,天山山区大到暴雨,南疆中雨。北疆昌吉自治州、克拉玛依市,东疆吐鲁番地区、哈密地区,南疆巴音郭楞自治州、阿克苏地区发生洪水,其中库车大洪水。【克拉玛依市】独山子区冲坏正在修建的人工渠,使工程报废,八一商店大量商品被冲走。【昌吉自治州】玛纳斯县、昌吉县冲毁河堤15米,冲毁公路使交通中断6小时,冲毁庄稼2254亩,住房46间被淹,倒塌23间。【吐鲁番地区】吐鲁番县冲淹农作物2192亩、林苗土地212.5亩,冲毁林苗22.95万株、坎儿井54处、渠道9处,倒塌房屋240间、院子9座、马厩17个、桥梁23处。【哈密地区】哈密县区公所、供销社、食堂、客栈房舍被淹,部分房舍倒塌。【巴音郭楞自治州】和静县、博湖县、焉耆县、轮台县、库尔勒市受灾,淹没农田近6万亩,其中有2032亩全无收成,损失粮食240万公斤,冲毁房屋215间,死亡1人,冲毁桥涵10座、龙口13个、渡槽3个、水磨20多盘。轮台到阳霞公路桥梁全毁,阳霞以东10公里一段路面淤泥1.67米,交通断绝。【阿克苏地区】库车县发生百年一遇的洪水,洪水以1150立方米/秒的流量冲进库车县城,使库车县遭受毁灭性灾害。县城受灾居民3762户,占总户数的61%,冲毁大桥1座、房屋6168间,死亡516人,物资损失约1000万元。农村淹没庄稼1.56万亩,冲走麦场9处,损失小麦8.7万公斤、油菜籽5万公斤,受灾农民358户,死亡3人,冲毁民房994间、道路81公里、桥梁8座、水磨40余盘、汽车20部。渭干河、库车河沿岸农田灌溉渠道进水口及较大渠道多数被毁或被泥沙填塞,淹死牲畜697头(只),冲走金494两、银8004两。沙雅县河堤决口25处,损失粮食5万公斤,死亡羊33只,倒房354间、棚圈149个。

8月19日13时13~55分,【伊犁地区】昭苏县暴雨、山洪,多处公路被冲坏,毁坏电线,通讯停止。

8月19~29日,【阿克苏地区】新和县因连降暴雨,渭干河水暴涨,流量达1780立方米/秒。洪水冲垮龙口大坝,淹没农作物约6100亩,冲毁房屋82间,淹死1人,淹死牲畜300头(只)。

8月25~28日,【伊犁地区】察布查尔县大雨,伊犁河南岸洪水泛滥,损失粮食60%~70%,绰霍尔河电站被洪水冲毁。

8月31日,【昌吉自治州】阜康县暴雨、洪水,沟内水头高5~6米,至城北一队时,水深2米,近1000亩农田被淹,县城邮电局以东被淹,县一中院内水深齐腰。

1959年 3月下旬,【昌吉自治州】木垒县山洪,木垒河水猛增,正在修建的龙王庙水库坝高只有14米，因涵洞未完工，不能泄洪，造成洪水毁坝。

3月21日，【石河子市】宁家河融雪性洪水，持续4天。冲毁农八师143团场渠道4605米、水利设施9座、农田1.3万余亩，2319平方米房屋被淹报废。乌伊公路167～168公里段积水20～40厘米，交通受阻。

4月2日，【昌吉自治州】米泉县山洪，猛进水库决口，冲毁跌水5处、闸门24处、渡槽5个、引水坝11处，冲坏干渠10公里、大小桥梁9座。全县4700多亩冬麦被淹没，淹死牲畜2800头（只）。

4月28日，【昌吉自治州】吉木萨尔县暴雨、洪水，毁房263间，死亡牲畜32头（只），损失作物98亩。100人参加抗洪，由于准备充分，受灾较轻。

5月中旬至6月初，【哈密地区】哈密市两次洪水，冲毁桥梁2座、水渠52条、房屋229间、坎儿井37条、农田3000多亩。【喀什地区】盖孜河防洪工程汛前未完工，洪水来后上游受淹，下游受旱。

6月2～3日，【喀什地区】部分地区洪水。疏附县阿瓦提大渠两处被冲毁。伽师县第四生产队的房屋进水。

6月7日，【哈密地区】哈密市洪水，冲倒房屋170间，冲毁农作物1400亩，冲坏坎儿井29道、涝坝20多个。

6月8日，【博尔塔拉自治州】博乐市暴雨、洪水，2292亩农作物受灾，200多间民房被淹，倒塌4间。

6月9日，【昌吉自治州】奇台县大雨、洪水，降水量为21.2毫米。2万亩农田受灾，淹死牲畜10头，死亡2人。

7月，【昌吉自治州】玛纳斯县、奇台县洪水。冲毁农田2.5万亩，淹死牲畜10头（只），淹死2人，冲坏渠道6条，淹坏房屋9间。

7月初，【阿克苏地区】温宿县、沙雅县、阿克苏市洪水，渭干河决口13处，受灾农田面积1.24万亩，其中1100亩无收成。

7月5日，【昌吉自治州】玛纳斯县洪水，受灾农作物1204亩。

7月7日，【哈密地区】暴雨、洪水，雨势猛，时间长，农作物受灾1.42万亩，淹没坎儿井20道、明渠29条，倒房172间。

7月11日，【克孜勒苏自治州】阿图什县洪水，受灾农田98亩，其中2亩被冲成石头滩，死亡牲畜34头（只），淹死1人。

7月28日，【阿克苏地区】温宿县洪水，受灾农田1830亩，其中1100亩颗粒无收。

8月，【哈密地区】沿天山一带连降暴雨，山洪暴发。

8月8日至10日，【阿克苏地区】柯坪县暴雨、洪水，受灾2679亩，6个麦场进水50厘米，倒塌房屋8间。

12月31日，【阿克苏地区】库车县三道桥公社跃进水库跑水14个小时，淹没冬麦898亩，倒塌房屋35间。

1960年 4月25日，【喀什地区】克孜河山口骤降暴雨，持续约40分钟，山洪夹带大量泥石下泄，历时150分钟，冲毁部分水利工程设施，淤塞电站引水渠、退水渠、阿瓦提渠等共计淤积量达7万立方米，迫使电站停电5天，少发电10万多度。

第三章　洪水灾害

5月4日至8日，【喀什地区】岳普湖县两次暴雨，受灾农田3.6万余亩。

5月4至6日，【喀什地区】英吉沙县暴雨、洪水，水冲农作物2.65万亩。

5月7日，【克孜勒苏自治州】阿图什市连日大雨，各种农作物受灾5524.5亩。

5月24日，【阿克苏地区】多浪渠洪水，淹没部分农田和房屋。

6月10日，【塔城地区】奎屯市暴雨、洪水，房屋进水50多厘米，冲毁兵团农七师131团水库一座。

1961年　5月，【阿勒泰地区】阿勒泰县洪水，农田受灾面积5000亩。

6月4日，【阿克苏地区】柯坪县暴雨、洪水，冲垮十一公社引水渠，农田断水，秋季作物无法播种，夏粮减产3成以上。

6月25日下午7时，【阿克苏地区】乌什县大雨、洪水，25户112人受灾，淹没农田5484亩，冲淹房屋92间，冲毁干渠150.5米。

7月16日，【阿克苏地区】乌什县大雨、洪水，冲毁农作物2621.3亩，16户房屋倒塌，冲垮水渠3100米。

7月20~21日，【哈密地区】哈密县暴雨、洪水。全县农作物受灾5.28万亩，其中重灾2.3万亩，两个小孩下落不明，黄田农场水淹房屋111间，淹死牲畜46头（只），冲坏闸门108个、坎儿井5条、桥45座、大小水渠426条，小南湖水库东面的排洪沟全部冲坏，发生险情，东西河坝桥梁全部被冲毁，建于1958年的阿牙桥青年水库被迫炸坝泄洪，洪水进入哈密火车站广场。

8月14日，【巴音郭楞自治州】和静县暴雨、洪水，淹没农田450亩。

9月2~5日，【喀什地区】莎车县、麦盖提县、泽普县洪水，冲毁叶尔羌河大桥5孔，冲坏公路桥4座，致使喀什——和田公路交通中断，淹死12人，冲毁农田近2万余亩，冲走粮食3.23万余公斤，死亡牲畜190头（只），倒塌房屋124间，冲毁树木1678株。

9月26~27日，【阿克苏地区】阿克苏市、阿瓦提县、农二师暴雨洪水，阿瓦提县最大降水量38.2毫米，过程降水量68.4毫米，兵团农二师13团24小时降水量68.4毫米，沙井子降水量39.2毫米。房屋普遍漏雨，有的倒塌，洪水冲断公路，胜利渠决口，淹没部分农田。

1962年　5月下旬，【昌吉自治州】呼图壁县洪水，冲走10余户牧民房子和一些牛、马、羊等牲畜。

7月7日，【哈密地区】洪水，冲毁干渠4公里、农田1830亩。

8月10日，【阿克苏地区】库车河洪水。冲毁分洪坝68.3米、闸口4处、路基250米、拦洪坝300米、林基路大坝83米、桥梁3座，中断交通，冲毁民房26户、汽车3辆。

1963年　3月15日18时，【伊犁地区】特克斯县洪水，部分地区水深50厘米，房屋被淹塌。

4月15~18日，【乌鲁木齐市】连续4天阴雨，多数土木结构的房子漏水，个别房屋倒塌。

5月17~24日，南疆阿克苏、喀什地区的部分县市暴雨、洪水。【阿克苏地区】拜城县、温宿县农作物受灾4583亩，冲毁房屋144间、水磨4盘，冲走牲畜59头（只），冲坏灌溉渠道10条，死亡1人。【喀什地区】喀什市、麦盖提县、叶城县30万亩农田受灾，倒塌房屋8485间，死亡牲畜1.12万头（只），冲坏仓库47个，冲走粮食25.3万公斤，死亡32人，伤74人。

6月1~7日，北疆塔城地区、伊犁地区、昌吉自治州，南疆喀什地区、克孜勒苏自治州洪水。【塔城地区】乌苏县、沙湾县受灾，水深1.8~2米，农作物受灾面积1.46万亩，成灾6501亩，绝收1210亩，损失粮食1343公斤，4500棵3~4年生的树木被连根拔起，倒塌住房45间。【伊犁地区】伊宁市、伊宁县、霍城县受灾，淹没农田2.5万亩，淹死5人，冲走羊230多只，冲毁渠首、大桥，中断交通，伊犁河北岸造船厂被淹，青年渠多处淤塞。【昌吉自治州】昌吉市冲毁三屯河、头屯河部分水利设施。【喀什地区】24.2万余亩农田受灾，死亡牲畜684头（只），倒房257间，死亡4人，伤29人，冲坏三级电站部分设施，停电一周。【克孜勒苏自治州】阿图什县、阿克陶县受灾，淹死小孩1人，淹没农田5640亩，冲走粮食3635公斤，淹没房屋684间，冲垮水磨54盘、桥梁4座，淹死牲畜143头（只）。

6月13~14日，【昌吉自治州】米泉县连降暴雨，降水量41.9毫米，山洪暴发。冲毁冬麦480亩，倒塌各类房屋94间，冲毁桥梁2座、渠道2000余条、引水坝11处，死亡1人，伤2人。

7月7日，北疆博尔塔拉自治州、东疆哈密地区洪水。【博尔塔拉自治州】博乐市干渠决口40处，冲毁闸门10座，造成部分农作物受灾。【哈密地区】伊吾县冲毁防洪堤1400米、渠道60米、农田干渠1.29万米，冲走木料23立方米、石块3917立方米、水泥8.5万公斤、钢筋60公斤，淹没农田544亩，冲毁公路25公里，受伤4人。

7月10日，【昌吉自治州】阜康县降暴雨，仅1小时，洪峰流量达48立方米/秒，白杨河西支渠被冲毁100米。

7月19日，【伊犁地区】霍尔果斯山区暴雨，山洪冲毁桥梁，造成交通中断。

8月，南疆【阿克苏地区】、【克孜勒苏自治州】暴雨、洪水，5800余亩农田受灾，倒塌房屋153间，冲毁桥梁3座，死亡牲畜20头（只），死亡1人。

8月4~7日，北疆昌吉自治州、南疆克孜勒苏自治州暴雨、洪水，昌吉自治州呼图壁县降水量为48.3毫米。【昌吉自治州】呼图壁县、吉木萨尔县、阜康县受灾，淹没农田3.39万亩，损失粮食298万公斤，冲毁房屋419间，损失羊138只，冲毁干、支渠1534米、桥涵16座。【克孜勒苏自治州】乌恰县冲坏部分吐喀公路和有线电杆。

8月9日下午6时，【阿克苏地区】温宿县洪水，淹没粮食作物1644亩、油料作物538亩，减产粮食4.44万公斤，油料4.7万公斤，倒塌房屋175间，冲走粮食2287.5公斤、油料597公斤，淹死1人，淹死大小牲畜、家禽335头（只）。

8月14日，【伊犁地区】尼勒克县洪水，受灾农作物1888亩，冲毁房屋76间，牲畜死亡、流散1254头（只），受灾300户。

8月17~22日，【昌吉自治州】吉木萨尔县三台镇洪水，66间房屋被毁，部分农田被淹。

9月14日，【和田地区】克里雅河发生洪水，冲毁水文观测桥及刚施工的昆仑渠首。

1964年 4月16～18日，北疆伊犁地区、乌鲁木齐市大雨洪水。【伊犁地区】伊宁市部分房屋漏塌。【乌鲁木齐市】350间房屋倒塌，2286间房屋成为危房，市委号召驻地单位，让出礼堂会议室等，临时安置从危房中搬出来的各族群众，被迫搬出的群众有7403户2.33万人。

5月20～25日，南疆喀什地区、克孜勒苏自治州暴雨洪水，疏勒县降雨量达70毫米，喀什市降雨70多毫米，叶城县降水量达57.2毫米。【喀什地区】疏勒县、喀什市、叶城县受灾，倒塌房屋3718间，1.11万间房屋成危房，农作物受灾面积5.1万亩，死亡11人，伤55人，死亡牲畜5628头（只）。【克孜勒苏自治州】阿图什县倒塌民房399间、畜圈303间，死亡2人，死亡牲畜53头（只），农作物受灾面积2706亩，冲走树250株，冲没苗圃20亩。

6月，【伊犁地区】霍城县暴雨、洪水，冲毁麦田300亩、羊30余只、房屋3幢、桥梁1座、羊毛400余公斤。

7月7日，【吐鲁番地区】托克逊县暴雨、洪水，冲毁麦地6亩、甜瓜8亩，部分水利设施受损。

7月19日，【伊犁地区】霍城县山洪，冲毁桥梁，乌伊公路交通中断。

7月20日中午，【阿克苏地区】沙井子一带暴雨，降水量38.8毫米，其中1小时降水量29.8毫米，造成山洪暴发，冲断公路、渠道。

1965年 3月25日，【阿勒泰地区】阿勒泰市洪水，淹没耕地7015亩。

4月，【乌鲁木齐市】洪水，冲毁八道湾河桥，中断交通，使煤炭运输受阻，影响市民生活。

5月28日至6月1日，【阿克苏地区】温宿县、柯坪县洪水，受灾农作物1.68万亩，3人受伤，冲走骆驼6峰，冲毁房屋92间，冲垮桥梁26座、水闸16个、渠道12公里。洪水冲入温宿县内，水深达1～1.5米。

6月24日，【吐鲁番地区】托克逊县洪水，防洪墙被冲毁数十米。

7月7日，北疆塔城地区、东疆吐鲁番地区暴雨、洪水，【塔城地区】和布克赛尔县降水量41.3毫米，洪水冲垮西大桥，冲毁部分房屋。【吐鲁番地区】托克逊县防洪墙被洪水毁坏20米。

7月16日，【巴音郭楞自治州】和静县暴雨、洪水，冲毁红山（克尔古提山）防洪堤，淹没小麦地。

7月19日，【巴音郭楞自治州】和硕县部分地区暴雨如注，河水暴涨。淹没小麦7783亩，冲倒房舍60间，造成危房48间，冲毁曲惠沟引水设施，河槽被刷深扩宽，马车被冲到下游800多米处，泥沙埋没农田及成熟的麦子，乌—喀公路被冲断多处，交通阻塞。

7月26日，【博尔塔拉自治州】精河县暴雨，历时两个多小时，引发山洪，洪水顺山坡流过南戈壁，向县城猛冲直下，11个单位被淹，城郊部分生产队的农作物、房屋、道路、桥梁等也有不同程度的毁坏。

11月，【昌吉自治州】玛纳斯县洪灾，66户农民房屋、农田被淹，损失粮食75万公斤，油料 0.66 万公斤。

1966 年 3月 11～13 日，【博尔塔拉自治州】博乐市洪水，冲毁民房 118 间、仓库 6 间、门市部 1 个、冬麦地 1650 亩，冲走麦子 1500 公斤、饲料 300 公斤。

3月 15～16 日，【塔城地区】塔城市连续两天雨夹雪，积雪迅速融化，形成猛烈洪水，塔（城）额（敏）公路、桥梁、涵洞被冲毁，交通中断半月之久。

3月 18 日，【塔城地区】叶城县洪水，淹死羊 178 只。

5月 17 日，【塔城地区】裕民县哈拉布拉河洪水，冲跨导流堤和泄洪堤，东干渠 3 处溃口，西干渠 14 处冲垮，淹死 4 人。

6月 3 日，【阿勒泰地区】阿勒泰市克兰河洪水，洪峰是常年流量的 3.4 倍，淹没耕地、草场 8000 余亩，兵团农十师 181 团牧场园林队 70％粮食作物被毁，果园全部被淹没。

6月中旬，北疆阿勒泰地区，南疆喀什地区、和田地区洪水。【阿勒泰地区】布尔津县额尔齐斯河谷地 10 多万亩农田被淹没，淹死牧民 4 人。【喀什地区】伽师县的大部分渠道、龙口和主要道路均被冲毁，淹没农田 7000 多亩。【和田地区】皮山、民丰等县冲毁部分农田、道路和一些水利设施。

7月 12～15 日，北疆伊犁地区，东疆吐鲁番、哈密地区洪水。【伊犁地区】各县交通中断。【吐鲁番地区】托克逊县暴雨、洪水，积水深达 50 厘米左右，冲坏渠道 265 米、堤坝 50 米、坎儿井 13 道，农作物受灾 2650 亩，淹死牛 4 头、鸡 34 只。托克逊县组织 1500 名干部社员，经过五天五夜的抢修、筑堤堵坝，使生产基本恢复了正常。【哈密地区】伊吾县冲垮新修的水泥石头结构大渠，庄稼受淹。

7月 27～29 日，北疆昌吉自治州、东疆哈密地区洪水。【昌吉自治州】昌吉市、阜康县受灾，冲毁渠道 22.86 公里，淹没头屯河水库工地。【哈密地区】巴里坤县、伊吾县受灾，淹毁农田 1900 亩，冲垮城镇防洪坝 20 多米，冲毁渠道 8260 米、坎儿井 5 道、房屋 83 间，冲坏公路大桥 1 座，淹死 6 人，铁路与通讯联络受阻。

8月 1 日，【克孜勒苏自治州】种羊场暴雨、洪水，冲毁渠道 7 公里。

8月 12～14 日，25～28 日，南疆【阿克苏地区】、【喀什地区】连降两次大雨，突发山洪。死亡 8 人，伤 3 人，受灾各种作物 6302 亩，冲走树木 2029 株，冲毁房屋 371 间、果园 42 亩、水磨 34 座、公路 60 米、渠道 600 米、人工河道 4600 米、水库 1 座。

8月 19 日，南疆阿克苏地区、喀什地区洪水。【阿克苏地区】沙雅县一牧场场部被淹，被迫搬迁。【喀什地区】疏附县发生滑坡和泥石流，堵塞克孜河主河道，形成阻塞湖，溃坝后造成喀（喀什）——和（和田）公路中断，冲毁农田 2554 亩、房屋 44 间。

8月中旬～9月，【克孜勒苏自治州】阿图什市、乌恰县、阿克陶县暴雨洪水。全州冲毁土地 7516 亩、草地 1834 亩，冲走大小牲畜 307 头（只），倒塌房屋 203 间，淹死 5 人，冲坏水磨 11 盘，冲走木料 5171 根，冲走粮食 3.6 万公斤，霉变粮食 16.7 万公斤。

第四节　公元1967—1979年的洪水灾害

1967年　7月15～18日,【塔城地区】沙湾县暴雨、洪水,山区洪峰达2米多高,共损失农作物1.1万亩。

8月,【塔城地区】和布克赛尔县洪水,3户受山洪袭击,冲走3顶蒙古包及3家的全部家什,溺死200多头(只)幼畜和1个小女孩。

9月,【巴音郭楞自治州】兵团农二师洪水,开都河西支决口,淹毁庄稼1000多亩。

1968年　5月28日19时38分,【伊犁地区】特克斯县山洪暴发,洪水直冲县城,水深达1米左右,持续时间达3小时左右,部分房屋被淹。

6月27日下午3点,【阿克苏地区】库车县洪水,将跃进渠道冲开四个口子,导致跃进渠停水,跃进电站停电。

6月29日,【阿克苏地区】库车县洪水,倒塌民房69间,冲坏干、支渠350米,冲毁防洪坝1500米、农作物5000多亩,冲走羊4只,死亡1人,倒塌房屋9间。

7月2日16时左右,【哈密地区】伊吾县洪水,农作物受灾面积1138亩。

8月,【克孜勒苏自治州】乌恰县洪水,3000余亩庄稼毁于一旦,颗粒无收。

1969年　3月15～18日,【塔城地区】额敏县连续降水,加之积雪融化,洪水泛滥,造成民房倒塌和人畜伤亡。

3月23日,【塔城地区】裕民县突发洪灾,冲毁房屋30间,冲走大量的农具和种籽,3人被淹死。

5月30日,北疆阿勒泰地区、伊犁地区洪水。【阿勒泰地区】哈巴河县哈巴河河道的村庄全部被洪水淹没,房屋被水冲毁。【伊犁地区】冲毁部分退水闸、渡槽、大桥,淹没农田1万余亩、房屋10间,青年渠、人民渠决堤,被迫停水15天。

6月7日,【吐鲁番地区】兰新铁路线胜金台至七泉湖洪水,冲坏路基7处355米,冲坏导流堤16处725米,行车中断34小时。

6月24～27日,北疆乌鲁木齐市、东疆哈密地区、南疆巴音郭楞自治州洪水。【乌鲁木齐市】大西沟龙口和青年渠遭到严重破坏,仅仅一天多时间就使乌拉泊水库水由1000万立方米猛增到2000多万立方米,对新市区构成了极大的威胁。【哈密地区】冲坏兰新铁路线红旗坝至七克台桥涵、路基20米,中断行车13小时36分。【巴音郭楞自治州】和静县洪水距老桥桥面仅差20～30厘米,河堤数处决口,全县7000余亩土地受水淹漫,成灾面积800余亩。

7月,【克孜勒苏自治州】阿合奇县暴雨,山洪暴发,河水猛涨。农作物被冲刷一光,表土大量流失,造成房屋倒塌、人畜伤亡。

7月1、2、29日,【塔城地区】乌苏县前进牧场暴雨、洪水,冲走羊60只和1名牧童,冲毁农作物1420亩、水磨1座、渠道300米和水利设施17座。

7月16日,【阿克苏地区】乌什县洪水,3.1万余亩农田受灾,损失粮食约100万公斤。

7月30日,【哈密地区】七角井洪水,水毁公路5公里。

1970年 夏季,【博尔塔拉自治州】温泉县西部山区洪水,进入县城低凹处,水深80多厘米,造成房屋倒塌,冲走物资。

7月20~24日,【巴音郭楞自治州】轮台县、和静县巴音布鲁克洪水。轮台县哈里亚水库泄洪闸及阳霞、野云沟等地的堤坝、渠道、涵洞被冲毁,部分麦场、水磨被淹。和静县部份房屋倒塌,三乡一、五大队在沼泽地的牲畜被围困。

8月6日,东疆【吐鲁番地区】【哈密地区】部分地区暴雨洪水,冲毁兰新铁路线瞭墩至吐鲁番间桥涵31座、路基16处,泥石流埋没桥梁,造成2522次货车颠覆,7节车厢严重受损,交通中断41小时。

1971年 5月,【昌吉自治州】奇台县北塔山融雪山洪,淹没河谷两岸庄稼。

5月1日,【克孜勒苏自治州】乌恰县洪水,倒塌部分房屋,冲坏农田。

7月4~7日,【阿克苏地区】洪水,冲淹农田4110亩,死亡牲畜4752头(只),冲坏仓库18座、民房476间、公路40余公里,死伤各1人,损失小麦、水稻205万公斤。

7月16日,【阿克苏地区】温宿县洪水,冲毁乌喀公路桥梁5座,交通中断。

7月23日,【阿克苏地区】温宿县洪水,粮仓被淹,11户社员房屋倒塌,冲走牲畜30头(只),淹没农田4000亩,58%无收。

9月13日,【阿克苏地区】柯坪县暴雨,暴发特大洪水,持续16小时。冲毁克斯力水库退水闸和拦洪坝,冲毁阿恰勒水库堤坝180米,冲断公路、桥梁,交通中断两天,冲毁房屋38间、农田2200亩。

1972年 1月28日晚23时45分,【塔城地区】乌苏县冰洪,最大流量321立方米/秒,总径流量183万立方米,洪水翻过"七一"大渠渠首胸墙,淹没农田。

2月7日晚,【博尔塔拉自治州】博乐市洪水,"八一"水库闸门被冲坏,冲垮堤坝,冲毁16个生产队的耕地7020亩、住房52间、围墙60米。

3月21~22日,【博尔塔拉自治州】博乐市融雪性洪水,淹没耕地1.84万亩,冲毁房屋167间,冲坏干、支渠坝58.5公里,冲坏公路27.4公里、便桥6座,中断交通2天。

4月11日,【昌吉自治州】奇台县大雨,山区暴雨,引发洪水,老奇台公社东风水库大坝决口,11个单位525人受重灾,冲毁耕地和庄稼1990亩,冲垮河道14公里,冲毁房屋667间。驻军部队、兵团农六师109团场、县城各机关、各社场共出动汽车11辆,抽调人员500多人赶赴灾区救灾,支援灾区7.46万元和粮票4063公斤。

5月25~27日,【阿克苏地区】温宿县、阿瓦提县大(暴)雨、洪水,阿瓦提县降雨量33.7毫米,温宿县日最大降水20.8毫米。冲毁农作物3.4亩,死亡牲畜8000余头(只),冲毁道路、桥梁36处。

6月3日中午,【昌吉自治州】呼图壁县暴雨洪水,冲毁粮食作物3043亩,冲垮干渠

13处、支渠6公里，冲塌40户民房、6顶毡房。

6月6日，【阿克苏地区】柯坪县暴雨、洪水，房屋受损。

6月10日，【博尔塔拉自治州】博乐市洪水，5000多亩农作物受灾。

6月18日，【博尔塔拉自治州】精河县洪水，2000多亩土地被冲刷，部分农作物被冲走，公路被冲坏。

6月19日，【和田地区】于田县洪水，死亡8人，冲走牲畜3894头（只），倒塌房屋133间。

6月23～26日，【阿克苏地区】柯坪县洪水。冲毁桥梁、道路及大坝，通讯中断，交通受阻，淹没部分农田。

6月26～28日，北疆塔城地区、伊犁地区暴雨、山洪。【塔城地区】托里县境内庙尔沟镇洪水顺公路、河溪直穿庙尔沟镇，河溪水深约2米多，公路水深约0.5米左右，交通中断5天。【伊犁地区】霍城县淹死10人。

7月，【阿克苏地区】柯坪县洪水，阿恰勒水库多次被洪水冲开缺口，农田断水55天。

7月下旬，【博尔塔拉自治州】精河县暴雨、洪水，乌伊公路部分路面和桥梁被冲毁，洪水涌入驻军营房，水深达30厘米。

8月，【喀什地区】喀（喀什）——塔（塔什库尔干）公路153公里处发生一次两万立方米的泥石流，冲毁道路200米，该段路面上堆积了1～5米厚的泥浆和卵石，交通中断。

8月19日晚12时许，【喀什地区】麦盖提县洪水，提孜那甫河大桥西南200米处决口，口宽15米，水深1.5米，洪水奔泻县城，冲毁房屋100多间，塌裂、下沉、倾斜房屋32栋300余间，塌裂围墙1800米，损失商品10.53万元，淹没农田1000多亩。

1973年 3月24日，【昌吉自治州】奇台县春洪暴发，洪水涌进奇台县城，冲毁房屋500多间，淹没农田4000多亩。

6月，【巴音郭楞自治州】和硕县洪水，冲毁公路13公里。

6月16日中午，【塔城地区】额敏县暴雨、山洪，冲毁民房6间，淹死牲畜49头（只），2000多亩小麦被冲颗粒无收，玉米被水冲淹，秋后收成甚微。

6月22～24日，东疆吐鲁番地区、哈密地区暴雨、洪水。【吐鲁番地区】鄯善县吐峪沟特大泥沙流高达数米，冲毁渠道6000余米、桥梁24座、房屋61间、树木1545棵，淹没农田数百亩，淹死2人。【哈密地区】哈密市10名社员被卷入洪流中，死亡2人，洪水造成交通中断，煤矿被毁，冲毁灌溉渠道10公里、坎儿井5道、闸门桥涵73座、作坊10处，倒塌房屋615间，淹没农田2168亩，损失粮食1.32万公斤、油料6270公斤。

6月26～28日，【伊犁地区】霍城县果子沟暴雨、洪灾，冲毁公路120余米，冲垮公路桥1座，乌伊公路中断交通7天，淹死8人、牲畜300头（只），冲走木材100余立方米，淹没推土机1台。

7月，【塔城地区】和布克赛尔县暴雨、洪水。冲毁新修的和夏干渠部分设施，致使渠首不能使用，淹死2人。

7月15日，【巴音郭楞自治州】和静县巴仑台洪水，观测场被冲，迫使观测场迁移。

8月，【喀什地区】麦盖提县汗库勒水库（红卫水库）决口，2万亩农田被淹，变为盐碱滩，部分牲畜被冲走，1人死亡。

8月4日，【哈密地区】哈密市暴雨、洪水，各种农作物受灾3160亩，冲毁大小渠道353公里、小型水坝40个、机井15眼、桥3座，房屋倒塌73间。

8月14日，【哈密地区】哈密市暴雨、洪水，冲毁部分桥涵和沥青路面1.5公里，阻塞交通1个月。

12月中旬，【阿克苏地区】沙雅县东方红电站失控，洪水直下，堤溃。冬麦4342亩全部淹冻而死，冲垮渠道6条。

1974年　5月18日，【喀什地区】莎车县暴雨、洪水，山洪挟带大量泥沙，冲毁公路桥梁10多处，淹没农田1000亩，倒塌房屋70多户。

6月12～18日，【博尔塔拉自治州】精河县洪水，持续约20分钟。农作物受灾面积3700亩，冲毁干渠50多处、防洪桥30多座。

6月22～25日，南疆阿克苏地区、喀什地区暴雨、洪水，阿克苏地区温宿县降水量52.1毫米，乌什县两天共降雨77.8毫米，阿克苏县降雨量77.6毫米，阿瓦提县降雨量44.1毫米，柯坪县三天降雨量72.7毫米，喀什地区巴楚县降雨量48.9毫米左右。【阿克苏地区】冲淹农作物13.4万亩，乌什县小麦基本绝收，倒塌房屋5074间，死亡11人，死亡大小牲畜1.63万头（只），损失粮食73万公斤，阿克苏——喀什干线和阿克苏——乌鲁木齐公路交通中断3天，冲毁渠道6.71万米、引水渡槽6座、排洪闸1座、冲走化肥31吨、水泥18.5吨、石灰石70吨、炸药1吨、木材10立方米，冲垮水磨46座。【喀什地区】农作物受灾面积20.4万亩，牲畜死亡8337余头（只），倒塌房屋455间。

6月28日，【博尔塔拉自治州】博乐市暴雨、洪水。公路、桥梁多处冲坏，冲垮房屋2间，房内水深达1米，埋入地下1米多深的电缆线也被冲断。

7月23日，【克孜勒苏自治州】乌恰县暴雨、山洪，冲走山羊60只。

7月26日，【巴音郭楞自治州】尉犁县大雨、山洪，冲翻汽车1辆，死亡1人。

8月，【克孜勒苏自治州】阿合奇县洪水，致使河床改道，钢筋混凝土大桥桥头被冲断。

8月14～16日，【巴音郭楞自治州】博湖县大（暴）雨，兵团农二师25团场内损失小麦5万公斤、油料5000公斤，倒塌房屋22间。

1975年　春，【伊犁地区】伊宁县融雪春洪，将大量泥沙推入青年渠、人民渠，人民渠中段9公里淤积泥砂7万立方米，放水推迟到5月上旬，损失近100万元。

4月22日，【哈密地区】伊吾县洪水，21间房屋进水，损坏房屋7间，受灾农田面积150亩，其中100余亩地土表和坝基被水冲走，50余亩地的肥料被水冲走。

6月19日下午5时30分左右，【阿克苏地区】乌什县大雨、洪水，受灾农田面积1244亩。

6月27～28日，【昌吉自治州】阜康县暴雨、山洪，冲毁农田2075亩，冲垮水库主坝，使水库决口。

8月6日，【博尔塔拉自治州】温泉县洪水，冲垮渠道两条，淹没谷子400亩，损失粮食15.5万公斤。

9月5～7日，北疆昌吉自治州、乌鲁木齐市洪水。【昌吉自治州】阜康县洪水，持续5个半小时。淹死35人，伤22人。【乌鲁木齐市】洪水将几十斤重的山石冲到山谷的公路上，水漫进了洪水沟，形成一片汪洋。

12月14日凌晨4点，【博尔塔拉自治州】精河县洪水，淹没4个地窝子，淹死3人，受伤62人。

1976年 3月25～28日，【塔城地区】沙湾县融雪、洪水，冲击面积200平方公里，淹没农田8207亩，冲毁乌伊公路7公里，交通受阻。

5月24日6时，【塔城地区】奎屯河新渠遭遇洪水袭击，泄洪闸未及时开启，洪水漫过闸堤，西导堤决口35米，3名抢险人员被洪水冲走，渠道断水15天。

6月15～18日，【阿克苏地区】拜城县、乌什县、柯坪县、农一师大（暴）雨、洪水。拜城过程降水量18.7毫米；乌什县降水量95.8毫米；柯坪县16日降水量20.1毫米；兵团农一师4团降水量96毫米。拜城县黑英山阿克布拉克草场持续降雪，雪后山洪下泄，托什干河暴涨。冲毁农作物32万亩，绝收面积达3.59万亩，损失粮食21万公斤、油料6200公斤，倒塌房屋4076间，死亡牲畜1.8万头（只），死亡20人，受伤27人，冲坏大小渠道729条、堤坝20处、闸口7个、大小道路108条、桥梁241座、冲走木料1961根。

7月1日，【哈密地区】哈密市山洪，引发泥石流，冲毁桥梁18座，交通中断，电杆被冲倒，邮电中断数日。

7月8日，【巴音郭楞自治州】和硕县清水河洪水，渠首的引水设施受到不同程度破坏，下游乌（乌鲁木齐）——喀（喀什）公路的混凝土桥被冲垮多座，路基多处被冲坏，造成交通阻塞。

7月中旬，【塔城地区】乌苏县山洪，120户农舍被淹，倒房30幢，死亡2人，20头（只）牲畜被淹死，冲毁良田1.4万余亩。

7月18日，【乌鲁木齐市】南山鱼儿沟暴雨、山洪，造成6人死亡，7人受伤，100多人受灾，50间平房被冲垮，冲走粮食1500多公斤。

8月20日13时40分，【哈密地区】伊吾县暴雨、洪水，冲毁公路24公里。

8月26日，【哈密地区】伊吾县洪水，冲倒房屋53间，冲毁麦田220多亩，损失粮食2000余公斤，冲坏公路约14公里。

12月26日，【博尔塔拉自治州】精河县遭冰洪袭击，压塌地窝子，冲走工具，造成58人受伤，3人死亡，冲走棉花278.4公斤、棉布2269.7米。

1977年 1月6日，【阿克苏地区】新和县五一水库副坝决口，形成水灾，冲毁耕地1万亩，数千名社员受到水灾威胁。

3月25～26日，北疆塔城地区、昌吉自治州融雪性春洪。【塔城地区】沙湾县冲毁渠道305公里，水利建筑物78座，受灾农田2.43万亩，冲毁房屋54幢，死亡畜禽560余头（只），损失粮食5万余公斤。【昌吉自治州】玛纳斯县淹没农田1810亩。

3月29～31日，【塔城地区】塔城县、额敏县、乌苏县融雪性洪水，受灾作物3.61

万亩，冲毁渠道1.73万米、桥梁17座、涵洞9个，倒塌房屋500间，死亡8人，死亡大小牲畜3192余头（只）。

4月26日，【喀什地区】岳普湖县大雨，倒塌羊圈4个，压死羊7只。

6月，【喀什地区】叶城县融雪性洪水，提孜那甫河出现特大洪峰，冲毁肖塔渠首，提孜那甫河灌区玉米和棉花因无水灌溉受旱达10万亩。

6月11～12日，北疆伊犁地区、昌吉自治州大雨洪水。【伊犁地区】巩留县6名牧民被洪水冲走。【昌吉自治州】阜康县四工河水量上涨，冲毁支渠30米。

7月3日，【博尔塔拉自治州】温泉县、博乐市暴雨、山洪，持续3小时。冲毁房屋337间，62间房屋进水1米深，冲毁农田2900亩，损失粮食57.5万公斤。

7月14日晚11时，【塔城地区】乌苏县山洪，冲走禽畜3500头（只），水利设施被毁，断水近1个月，5000多亩农作物受旱。

7月16～18日，【阿克苏地区】柯坪县大雨洪水，倒塌房屋74间，冲坏庄稼800亩，冲坏道路1.2万米，损失小麦600公斤。

9月13日，【塔城地区】裕民县暴雨、洪水，冲坏导流堤41米、干渠3处、冲走蒙古包2个，淹死2人。

1978年 1月11日，【阿克苏地区】新和县五一水库溃坝，形成水灾，12个生产队受灾。淹死1人、牛1头、羊8只，淹没房屋3471间、田地5106亩，冲倒树木700株，冲坏桥8座、涵洞1座、渡槽3座、水渠2000余米。

3月22～25日，【昌吉自治州】呼图壁县洪水，淹死1人，冲毁房屋40余间、农田3000多亩，冲毁桥梁6座、路面15公里、毡房42顶。

6月8～13日、15～16日，全疆强降水，其中北疆西部、北部、天山山区、乌鲁木齐市及其以东沿天山一带、哈密地区北部、巴音郭楞自治州、阿克苏地区为大到暴雨。降水使北疆昌吉自治州、乌鲁木齐市，东疆哈密地区，南疆巴音郭楞自治州暴发洪水。【昌吉自治州】米泉县、阜康县受灾，淹没农田2812亩，冲走牲畜1551头（只），冲毁房屋98间。【乌鲁木齐市】东山芦草沟水库决口，倒塌房屋10间，冲毁良田50亩。【哈密地区】洪水冲坏兰新铁路线尾亚、烟墩至红桥段路基，行车中断24小时。【巴音郭楞自治州】焉耆县、库尔勒市、且末县、农二师受灾，受灾农田面积达7.2万亩，死亡牲畜2563头（只），倒塌房屋266间，冲垮桥梁涵洞、水闸等建筑物26座，破坏干渠12公里、支渠34公里，冲毁林带18公里。农二师淹没玉米、小麦2273亩，冲走禽畜574头（只），土坯35万块，渠道决口20处，冲垮桥涵10座，损失粮食100余万公斤。【阿克苏地区】沙雅县、乌什县受灾，冲淹农田1万亩。

6月18日，【阿勒泰地区】富蕴县暴雨洪水，淹没庄稼1000多亩。

6月23～24日，北疆昌吉自治州，南疆克孜勒苏自治州、喀什地区洪水。【昌吉自治州】呼图壁雀尔沟洪峰高达6米，冲毁桥梁6座、公路路面15公里、冲毁农田1000多亩，损失牲畜152头（只）。雀尔沟煤矿被淹，死亡1人，伤6人。【克孜勒苏自治州】乌恰县洪峰高达4米，冲毁公路10公里、电线杆若干、汽车1辆。【喀什地区】伽师县农作物受灾面积3.15万亩。

6月30日至7月9日，【和田地区】于田县洪水，冲毁房屋27间、农田555亩。

7月11日，北疆塔城地区、伊犁地区洪水。【塔城地区】乌苏县淹没农田3300亩，220户民宅进水，淹死小孩8人、牲畜22头（只），损失粮食1.8万公斤、油料500公斤。【伊犁地区】伊宁县冲断桥梁，冲毁房屋25间，损失粮食82.1万公斤。

7月28日，【巴音郭楞自治州】焉耆县暴雨山洪，部分麦捆被洪水冲走。

8月5～7日，北疆伊犁地区、昌吉自治州洪水。【伊犁地区】霍城县淹死2人，冲走牲畜300余头（只）。【昌吉自治州】阜康县冲毁水闸4座、渠道18条，倒塌房屋193间，大面积秋粮和蔬菜被淹。

1979年 4月25日，北疆昌吉自治州、乌鲁木齐暴雨洪水，乌鲁木齐市降水量达24.3毫米。【昌吉自治州】昌吉市淹没农田1.03万亩，冲走树木6.8万株，冲坏渠道12.8公里、桥梁15座、大小闸106个。【乌鲁木齐市】和平渠决堤毁渠，冲毁民房，河水汇流至黄河路、长江路，路面水深0.26米，迫使一些工厂停工、学校停课。

5月15日，【喀什地区】叶城县大雨、洪水，当时正值牲畜转场，死亡牧民7人，死亡羊、驴3000余头（只）。

5月26日，【昌吉自治州】呼图壁县、昌吉市洪水，红山水库水位比历年最高水位高出1米，冲毁坝后主干渠90多米，冲毁红山干渠2公里多、渠道12.5公里，部分公路被冲成3.5米深、50米宽的大沟。冲毁冬麦5万亩、住房55栋。

5月29日，【巴音郭楞自治州】农二师暴雨、洪水，降水持续15小时。冲毁农田2297亩、房屋30余间。

6月2～3日，【阿勒泰地区】阿勒泰市暴雨山洪，冲毁路基847立方米、沥青路面180平方米，红星大渠被山洪冲决，断水两天。

6月10日，【喀什地区】洪水，冲垮混凝土渠道9.2公里，电站停电，42万亩农田停灌8天。

6月21～23日，【哈密地区】哈密市、伊吾县洪水。冲毁麦田7643亩、住房186间，冲垮闸门4座，淹死羊730只。

6月28～30日，全疆中强降水天气过程，乌鲁木齐、巴里坤、温泉、若羌等县市为大雨，昭苏县、和静县巴仑台、阜康县天池、乌鲁木齐县达坂城、民丰县等地为暴雨。乌鲁木齐县达坂城15分钟降水量达25.9毫米，若羌县降水量19.4毫米。北疆乌鲁木齐、东疆哈密地区、南疆巴音郭楞自治州部分地区洪水。【乌鲁木齐市】县冲毁2900亩即将成熟的小麦。【哈密地区】哈密县冲毁农作物150亩。【巴音郭楞自治州】若羌县冲垮铁干里克水库，冲毁棉、麦田100余亩，冲断公路3处。

7月10～17日，由于多个天气过程的影响，造成北疆大部分地区、哈密地区以及巴音郭楞自治州个别地区出现中到大的降水，其中阿勒泰、富蕴、青河、巴里坤、伊吾等县和阜康县天池、奇台县北塔山、尉犁县铁干里克达暴量。北疆阿勒泰地区、塔城地区、伊犁地区、昌吉自治州、东疆哈密地区发生洪水。【阿勒泰地区】富蕴县、青河县受灾，农作物受灾面积3565亩，冲坏草场8000余亩，倒塌房屋880平方米，造成危房6230平方米，冲坏水渠4条、圈棚20多个、毡房7个，死亡1人，死亡羊350只。富蕴县县城积水1米左右。【塔城地区】塔城市600亩农作物受害，15幢房屋泡水倒塌。【伊犁地区】伊宁县农作物受灾面积428亩，900捆草、7400捆苜蓿、3300棵树苗被洪水带来的泥沙淹没，冲走牲畜77头（只）。【昌吉自治州】奇台县、吉木萨尔县受灾，受灾农田面积4332亩，冲毁房屋251间，进水45间，冲垮水库1座，冲毁道路14公里、木桥12座、支渠7000米。【哈密地区】倒塌住房10间，冲毁农田945亩、公路1.5公里、大渠8公里；冲断铁路路基9米，行车中断16小时。

7月13日，【和田地区】于田县洪水，423户1553人受灾，农作物受灾面积1561.8亩，成灾1257亩，损失粮食10万公斤，死亡牲畜101头（只）。

7月19日，【哈密地区】哈密县洪水，冲毁干渠5处、防洪渠2公里。

7月26～27日，【巴音郭楞自治州】焉耆县暴雨山洪，2000余亩麦田受灾，倒塌房屋3间，冲毁道路、渠道。

7月下旬，【塔城地区】乌苏县、沙湾县洪水，冲毁农田1.8万亩，绝收6000亩，冲塌民房47间，损坏民房35间，淹死6人。

8月2日，【哈密地区】哈密县山洪，冲毁农田480亩、房屋15间。

8月8日，【塔城地区】乌苏县洪水，冲毁防洪坝7座、干渠6处、钢筋混凝土桥1座、导流堤40米。

8月10日，【克孜勒苏自治州】阿合奇县暴雨洪水，冲毁700余亩麦子和18户住房。

8月11日，【伊犁地区】伊宁县大雨洪水，1120亩农田受灾，损失粮食4万公斤，15户房屋被毁坏，泥沙淤塞水渠1.5万米，冲垮水渠20多处，淹死1人，伤10人，损失军需战备物资计15万元，冲毁伊（伊宁）——新（新源）公路部分路段，交通中断。

第五节 公元1980—1990年的洪水灾害

1980年 3月22日，【乌鲁木齐市】融雪春洪，洪水冲进市区，整个新华路成为泄洪道，影响市内交通，当日消防大队出动官兵在水中背送过往马路的行人和小孩。

5月下旬，南疆克孜勒苏自治州、喀什地区洪水。【喀什地区】叶城县冲走羊群，牧民死亡3人。【克孜勒苏自治州】阿克陶县冲毁道路、渠道多处，农作物受灾面积1300亩，其中洪水冲毁农田413亩，淤泥覆盖农作物426亩，被水淹死和雨后返碱而死农作物438亩，冲走树木971棵，死亡牲畜243头（只），倒塌住房97间，冲毁水磨11盘。

5月23日，【和田地区】和田县、洛浦县洪水。农田淤积沙泥40～50厘米厚，最深处达1.3米，245间房屋被水淹，屋里泥沙厚达30～80厘米，农田被冲毁1730亩，冲毁树木2551株、电磨3盘、渡槽2座、畜圈4个。

6月3日，【和田地区】于田县山洪，干渠决口，冲坏住宅157间，2人受伤，淹死大小牲畜60头（只），冲毁农田30亩，被淹粮食1176公斤、油料253公斤、食油80公斤。

6月18日，【巴音郭楞自治州】轮台县洪水，冲毁水渠3000米。

8月21～22日，【哈密地区】哈密市暴雨洪水，淹没坎儿井2700米。

8月26日，【哈密地区】哈密市二堡公社洪水，部分麦场进水，麦堆底部10厘米左右出现霉变，冲毁坎儿井2道，淤进泥沙700米，影响到坎儿井安全和浇水，泡塌住房7间、驴圈2间，损失面粉400公斤、油料40公斤。

第三章 洪水灾害

9月,【和田地区】皮山县洪水,冲坏住房11间,淹没经济作物600亩,淹死3人,死亡大小牲畜107头(只)。

9月4日,【喀什地区】疏勒县、岳普湖县暴雨洪水,冲毁大小闸口23座、桥27座、道路4170米,淹没住房58户、农作物400亩。

9月30日,【克孜勒苏自治州】阿图什市暴雨洪水,博古孜河和恰克玛克河两河流域的5社2场均遭洪灾,洪水冲垮小型水库1座、小型电站1座、水磨23盘、滚水坝1座、大小桥梁75座、道路7公里、水渠262公里,冲毁农田9953亩、林地1153亩、树木3.07万株,倒塌房屋586间、马圈25间,死亡牲畜119头(只)。

1981年 3月14~16日,【塔城地区】额敏县北干渠洪水,决口50多处,洪水冲垮一、二号跌水设施,冲毁小水库1座。

4月7日,【吐鲁番地区】洪水,冲垮正在修建的牙尔乃孜沟水库的大坝,淹没部分坎儿井、农田作物和住房。

4月23~24日,【喀什地区】巴楚县洪水,农作物受灾面积3.64万亩,其中作物死亡面积1.03万亩,死亡小畜225头(只),倒塌房屋20间。

5月23日,【和田地区】暴雨、洪水,降水时间一个多小时,冲垮排孜瓦提水电站引水渠,渠内淤泥1万余立方米。

6月,南疆克孜勒苏自治州、喀什地区洪水。【克孜勒苏自治州】阿合奇县冲走牲畜1万头(只),倒塌房屋数间。【喀什地区】麦盖提县死亡棉花3万亩。

6月12日,【阿克苏地区】新和县洪水,受灾农田面积3668亩,成灾2713亩,损失作物17.01万公斤,倒塌房屋2间。

6月20日下午,【阿克苏地区】温宿县暴雨洪水,冲毁电站渠道,县水泥厂停产半个月。

6月28~30日,北疆塔城地区、昌吉自治州洪水。【塔城地区】沙湾县冲毁农作物7178亩,倒塌房屋150间。【昌吉自治州】玛纳斯县、昌吉市、奇台县受灾,倒塌房屋34间,淹没农作物3.67万亩,损失粮食26.45万公斤。

7月1~5日,南疆巴音郭楞自治州、阿克苏地区暴雨洪水。【巴音郭楞自治州】若羌县降水量达73.5毫米,兵团农二师21团日降水量43.6毫米。冲坏渠道2786米,水库决口200米,冲坏公路7.7公里,交通中断7天,倒塌房屋170间,死亡牲畜19头(只),冲倒大树49棵,淋坏水泥10.8万公斤、化肥8.87万公斤,损失粮食55万公斤。【阿克苏地区】最高洪峰2.5~2.8米。温宿县、新和县农作物受灾9030亩,其中绝收4523亩,渠道淤塞68条长43.8公里;冲毁桥梁、涵洞、闸口、渡槽多处。

7月16日,【塔城地区】乌苏县洪水。粮食作物受灾面积2.62万亩,伤9人,死亡1人,冲毁部分水利设施。

7月19日,东疆吐鲁番地区、南疆阿克苏地区洪水。【吐鲁番地区】吐鲁番县6社1场的40个生产队82个生产小队和6个厂矿企业受灾,死亡3人,受伤多人;1.26万米大干渠、2.4万米支渠淤沙;冲垮支渠1.62万米,淹没坎儿井49条,冲坏水电站,供电中断;毁坏各种农作物1.15万亩,损失大小树木109万多株,冲坏林带1300多亩;死亡大牲畜630头(只),冲毁牧道2.6万米;淹没房屋2375间,倒塌1408间。【阿克苏地区】温宿县洪峰高达3米，多年老树被洪水连根拔起，砖基房屋被冲倒，灾后戈壁向农田推进近20米。

7月27日17～20时，【阿克苏地区】温宿县洪水，农作物受灾面积932亩，其中511亩无收；冲毁水渠4000米、桥涵14座；倒塌房屋25间。

7月30日至8月6日，【和田地区】于田县、策勒县洪水。冲垮防洪堤5处长7.2公里，冲坏干渠17公里、水闸22座；农作物受灾3916亩，成灾3310亩，冲淹树木1.49万株，倒塌房屋90间，死亡138只羊。

8月4～5日，东疆哈密地区，南疆巴音郭楞自治州、阿克苏地区暴雨洪水。【哈密地区】哈密县山区降水量多达40毫米。伊吾县、哈密县105户586人受灾，倒塌房屋177间，农作物受灾769亩，损失小麦87万公斤，淹没机井8眼，毁坏坎儿井13道、干渠5公里、支渠2.5公里，冲毁公路8公里、桥梁2座。【巴音郭楞自治州】和静县部分房屋倒塌，9人死亡。【阿克苏地区】温宿县冲坏麦场11个，损失小麦10.1万公斤，淹没农田5821亩，冲坏大小渠道60公里、桥涵43座。

8月中、下旬，北疆阿勒泰地区，南疆巴音郭楞自治州、克孜勒苏自治州暴雨山洪。【阿勒泰地区】阿勒泰市解放路、四五道巷洪水奔流，部分房屋积水0.5米以上，街道及克兰河中漂着不少衣物、家具、木头和鸡鸭等。【巴音郭楞自治州】农二师正在改建的十八团大渠被冲垮96处，冲走土石方1.5万立方米，下游500米的地段被淤为平地，淹没农田6000余亩，冲毁林地50余亩，倒塌职工宿舍8间，塌陷房顶2400平方米。【克孜勒苏自治州】阿图什市、乌恰县、阿克陶县等11个公社50多个生产队受灾，淹没各种农作物7263亩，损失小麦谷物5万公斤，麦草8万公斤；死亡牧民5人，死亡牲畜208头（只）；冲毁桥涵7座、水槽42个；倒塌房屋47间。

9月上旬，南疆克孜勒苏自治州、喀什地区暴雨洪水。【克孜勒苏自治州】阿合奇县倒塌房屋439间，冲倒围墙3250米，冲垮水渠1023米，冲走圈棚12座，冲毁耕地530亩，损失牲畜1085头（只）。【喀什地区】叶城县倒塌住房199间、牲畜棚圈154间，54座库房漏雨，近6万公斤粮食被淋，冲毁水渠1.3多万米、桥梁11座、耕地300多亩。

1982年 3月23～30日，【阿克苏地区】温宿县暴雨洪水，重灾民645人，受灾农田面积1.2万亩，死亡禽畜666头（只），倒塌房屋440间。

3月31日至4月2日，【喀什地区】叶城县暴雨洪水，其中4月1日降水量达38.7毫米。冲毁喀（什）和（田）公路部分路段。

5月29～31日，南疆阿克苏地区、克孜勒苏自治州暴雨洪水，乌恰县29日降水量达34.1毫米。【阿克苏地区】拜城县、乌什县、柯坪县受灾，死亡3人，冲淹农田2.67万亩，倒塌房屋、仓库560间，冲走粮食2.5万公斤，冲垮大桥1座。【克孜勒苏自治州】阿合奇县、乌恰县受灾，冲毁农作物7400亩，毁坏各种林木1.85万株，死亡牲畜1200头（只），倒塌房屋458间，冲毁路渠2.86万米，冲走煤22吨，冲坏土坯8.2万块。

6月，【和田地区】皮山、墨玉、和田三县暴雨洪水，238户社员受灾，倒塌房屋416间，受灾农作物1.58万亩，冲倒树木1.05万棵，毁坏苗圃40余亩，死亡大小牲畜950头（只）；泥石流淤平或冲垮渠道2.24万米，冲毁闸口56座、涵洞25座、桥22座，冲毁公路6800余米。

第三章 洪水灾害

6月1日,【巴音郭楞自治州】轮台县洪水,倒塌房屋286间、畜圈200间,死亡3人、冲毁农田1.9万亩、树木4238株、桥梁涵洞21处,中断交通3天。

6月7~8日,北疆博尔塔拉自治州、昌吉自治州暴雨洪水。【博尔塔拉自治州】精河县冲坏干渠4公里,淤积泥沙约10公里,冲毁农作物5000多亩,倒塌住房110多间。县人民政府发救济款7000元、救济粮1.6万公斤。【昌吉自治州】米泉县8日降水量22.9毫米。部分地区房屋被淹、倒塌。

6月20日,【喀什地区】英吉沙县、叶城县暴雨、洪水。倒塌房屋760间,冲毁牲畜棚圈261处,冲走口粮5670公斤,冲毁庄稼6826亩,冲走树木1.29万株,死亡牲畜290头(只),死亡4人。

7月3日,【喀什地区】叶城县洪水,死亡4人,冲毁房屋161间、羊圈6个、树木1.05万株、农田946亩,冲走牲畜103头(只)、木料1750根,冲毁小水电站1座。

7月6日,北疆塔城地区、昌吉自治州洪水。【塔城地区】乌苏县冲毁渠道80米、水利建筑物5座,淹没农田4400亩。【昌吉自治州】玛纳斯县南山水头高2米,来势凶猛,7948亩农作物受灾,损失粮食、油料21万公斤。

8月,【克孜勒苏自治州】阿图什县、乌恰县洪水,受灾440户2540人,冲毁房屋234间,毁坏庄稼2680亩、桥梁5座。

8月5日,【阿勒泰地区】阿勒泰市洪灾,山洪以100立方米/秒的流速灌入盐湖,仅一两个小时,洪水泥浆把300余吨已堆好的食盐化为乌有。

8月26~31日,南疆巴音郭楞自治州、阿克苏地区大(暴)雨洪水,温宿县日最大降水26.6毫米;27日阿克苏市降雨量25.7毫米,阿拉尔19.3毫米,沙井子38.5毫米;柯坪县27日降水29.6毫米,过程降水38.7毫米。【巴音郭楞自治州】尉犁县、焉耆县农作物受灾面积9185亩。【阿克苏地区】温宿县、农一师受灾,死亡1人,农作物受灾3.9万亩,损失粮食15万公斤、棉花9万公斤,死亡牲畜411头(只),冲毁桥梁41座,倒塌房屋150间,冲坏河道1.73万米、林带412米。

9月22日,【阿克苏地区】温宿县洪水,淹毁农田3237亩,损失粮食13.1万公斤。

11月16日,【喀什地区】麦盖提县叶尔羌河洪水,5分钟内把拦水坝冲刷殆尽,浮桥木料、钢丝绳、树梢、苇草大部分冲走。

12月,【阿克苏地区】沙雅县渭干河冬洪,淹死2人,倒塌房屋数十间。

1983年 4月18日,【克孜勒苏自治州】阿克陶县暴雨洪水,农作物受灾面积1663亩,倒塌房屋8间。

5月1日,【克孜勒苏自治州】阿克陶县融雪性洪水,死亡牲畜1385头(只),冲毁树木3.98万株。

5月31日,【塔城地区】乌苏县洪水,冲毁引水渠道467米。

6月10日,【塔城地区】裕民县暴雨山洪。冲毁白布谢河全部渠水引水闸,损失2万元。

6月中旬,【吐鲁番地区】吐鲁番市、鄯善县3次洪水,冲毁干渠2公里,毁坏道路、桥梁、闸门10多处,冲毁房屋146间,冲走小麦2.6万公斤,冲倒树木3000余株。

6月16日,【伊犁地区】察布查尔县洪水,受灾140户,死亡4人,冲毁农作物971

亩，淹死牲畜179头（只）。

6月20日，【巴音郭楞自治州】兵团农二师21团大雨洪水，水深1.5米，淹没玉米1776亩。抽水机排水三昼夜，水深仍0.3～0.5米。

6月29日下午8时，【阿克苏地区】塔西河上游山洪暴发，冲垮塔河干渠30米、淤塞60米。7月3日上午修复通水，下午8时又降暴雨，冲垮渠道30米、淤塞80米。7月4日再降暴雨淤积砂石1万多立方米，7月9日修复通水。两次工程经济损失6.1万元，停水10天，4.46万亩秋田作物受灾。

7月5日，【巴音郭楞自治州】和静县、焉耆县暴雨山洪，冲毁农作物8100亩，倒塌房屋86间、羊圈38个，冲毁防洪坝300余米、各级渠道6.3公里、冲坏10千伏供电线路600米、水利建筑物12座，毁坏渠体土方10.3万立方米。

7月19日，【塔城地区】乌苏县洪水，冲毁房屋15间，淹没土地2600亩。

7月下旬，南疆【阿克苏地区】、【喀什地区】、【克孜勒苏自治州】、【和田地区】洪水，冲毁渠道54.19公里、防洪堤2.35公里、水利设施90余处，冲走粮食3.3万公斤，淹没土地16.66万亩。其中，克孜勒苏自治州阿克陶县冲毁农田1711亩、草场1045亩、树木4.76万株，倒塌房屋49间、棚圈54个，损失牲畜180头、饲草1.05万公斤，冲毁防洪坝1.35万米、跌水47个、桥涵27座、渠道8225米、道路2000米。

7月22～25日，北疆塔城地区、伊犁地区暴雨洪水。【塔城地区】乌苏县冲毁引水渠道1785米，冲垮防洪堤坝1450米，冲坏桥涵5座，84间居民房屋进水，倒塌民房8间，冲走小麦5000余公斤，淹死禽畜1000多头（只）。【伊犁地区】察布查尔县洪水，9人死亡，一辆汽车被洪水吞噬。

8月，【克孜勒苏自治州】阿合奇县、阿克陶县融雪性洪水。冲毁农作物2500亩，冲毁堤坝5240米、冲垮引水渠1万米、冲毁房屋80间，死亡3人，冲走牲畜300头、树木9000株。

8月4日，【喀什地区】岳普湖县洪水持续14天，冲毁合理闸，损失21万余元。

8月8日，北疆塔城地区、博尔塔拉自治州暴雨山洪，精河县降雨量40.1毫米。【塔城地区】乌苏县冲毁防洪坝60米、渠道20米，农作物受灾320亩。【博尔塔拉自治州】精河县冲毁农作物8050亩，441间房屋进水，冲毁南干渠4000米、桥5座、导流堤3000米、各种水利设施57座、道路2.2万米，死亡牲畜1550头（只）。

8月15日下午，【巴音郭楞自治州】轮台县洪水，在阳霞山区塔克麻扎沟形成2米高泥石流，将数辆运煤汽车卷走。

8月18日，【塔城地区】和布克赛尔县暴雨山洪，冲毁和夏干渠10多处，部分房屋和道路遭破坏。

9月14～15日，【塔城地区】乌苏县大雨洪水，15日降水量27.2毫米。山洪进入城西部，路面水深50厘米，大批房屋被淹、裂缝变形，库房商品变质，损失约65万元。

1984年 4月，【塔城地区】沙湾县、托里县洪水，冲毁小麦1万余亩、民房30间、渠道25公里、水闸30座、堤坝2条、道路15公里。

4月1～4日，【喀什地区】英吉沙县暴雨洪水，全县1.1万亩农田受灾，倒塌房屋500间、畜棚800间，死亡牲畜96头（只），冲毁树木12万余株，冲坏各种水利设施61

第三章 洪水灾害

座。

4月24～29日，【伊犁地区】伊宁县暴雨洪水，降水量29.6毫米。淹没农田1.12万亩，冲毁住房72间，部分水利工程被破坏。

5月20～24日，北疆阿勒泰地区、博尔塔拉自治州、昌吉自治州暴雨洪水，富蕴县降水27.9毫米，布尔津河洪峰流量1051立方米/秒，额尔齐斯河流量洪峰763立方米/秒。【阿勒泰地区】布尔津县、富蕴县农作物受灾面积1.73万亩，粮食减产99.72万公斤，淹没草场7215亩，冲走木料30立方米，倒塌房屋501间，冲走牲畜围栏140个，死亡牲畜205头（只），冲坏桥梁35座、道路68公里。【博尔塔拉自治州】博乐市冲毁泄洪口8个、渡槽3个、闸门26座，3000余亩农田受灾，倒塌房屋178间，冲走粮食9000公斤，淹死禽畜6400头（只）。【昌吉自治州】昌吉市山洪引发泥石流，死亡儿童2名，冲毁部分防洪设施，泥石流涌进头屯河水库，进库泥石达10万立方米。

6月1～3日，北疆阿勒泰地区、昌吉自治州洪水，阿勒泰市4小时（3日）降水量达23毫米，克兰河洪峰流量最高达410立方米/秒。【阿勒泰地区】阿勒泰市冲毁农田2万余亩，1.45万平方米的住房进水，倒塌房屋5400平方米，117户人被迫搬迁，200多吨水泥被淹，冲走沥青6.2万公斤，100万公斤小麦、40万公斤葵花受潮发霉，冲毁新疆有色金属矿706矿区的部分房屋和设备。【昌吉自治州】阜康县、吉木萨尔县、奇台县、木垒县受灾，冲毁农田3.15万亩，冲坏干支渠43.5公里，冲毁堤坝15.36公里，倒塌房屋25间，冲毁8户牧民毡房。

6月9～12日，【巴音郭楞自治州】库尔勒市、若羌县大雨洪水，若羌河和瓦石峡河洪水流量150立方米/秒。农作物受害死亡2.4万亩，减产90万公斤，死亡牲畜5088头（只），倒塌房屋40间，冲毁若羌河东侧2公里长的拦洪坝。

6月15日，【博尔塔拉自治州】精河县暴雨洪水，7个大队受灾，1000余亩耕地被淹，冲坏房屋30间，冲毁导流堤5.4公里，2座渡洪桥和5座渡洪槽被淤，渠道淤沙3000米。

6月17～23日，北疆西部、天山山区、吐鄯托盆地、乌鲁木齐以及其以东沿天山一带、北塔山、东疆北部大雨或暴雨。北疆昌吉自治州，东疆吐鲁番地区、哈密地区，南疆巴音郭楞自治州洪水，奇台县总降水量达33.8毫米，木垒县降水31.3毫米，鄯善县平原降水28.8毫米，山区降水61毫米。木垒河最大洪峰流量达150立方米/秒；博斯塘河洪峰流量为75立方米/秒；鄯善县三堂沟洪峰流量310立方米/秒，坎尔齐洪峰流量280立方米/秒。【昌吉自治州】玛纳斯县、呼图壁县、昌吉市、阜康县、奇台县、木垒县受灾。冲毁农田4万亩、草场27万亩，死亡5人，倒塌民房128间、围墙684米，死亡牲畜126头（只），冲毁林木133亩，冲坏干支渠3.5公里，冲毁堤坝2825米。阜康县滋泥泉子乡东湖水库被冲垮。奇台县一座跨度为10米的大桥（承重30吨），连桥体带桥墩被洪水推至下游20多米处。木垒县博斯塘水库、白杨河水库漫顶溃坝。【吐鲁番地区】吐鲁番县、鄯善县受灾，冲淹庄稼3.2万余亩，死亡牲畜1000头（只），倒塌民房6501间，2996间房屋进水，冲毁防洪堤、渠道等12.4公里，冲坏小水库7座、桥涵371座、水闸176座、公路182余公里。兰新铁路线鄯善至吐鲁番段10处路基被洪水冲毁，行车中断23小时45分。【哈密地区】3县1市冲毁农田5718亩，倒塌住房117间，冲毁公路15.5公里、干支渠3.84万米、涝坝45个、坎儿井4条。【巴音郭楞自治州】库尔勒市冲毁各类农作物 987 亩、渠道 250 米、道路 50 米，倒塌房屋 500 平方米。

7月1日，【阿勒泰地区】福海县洪水，洪峰流量超过 300 立方米/秒，最大 350 立方米/秒。农作物受灾面积 7313 亩，其中 5634 亩绝收，损失粮食 58 万公斤；冲毁苗圃 16 亩，冲倒树 800 余株；倒塌房屋 453 间、畜圈 11 座，草场淤泥 3 万亩；冲毁渡槽 2 座。

7月4日，【巴音郭楞自治州】和硕县洪水，水深 50 厘米，洪水翻过乌喀公路，倒塌房屋 126 间，900 多亩小麦被淹没。

7月7～10 日，北疆阿勒泰地区、塔城地区、昌吉自治州大（暴）雨洪水。福海县过程降水量累计 51.8 毫米，木垒县降水量为 36.9 毫米，奎屯市降水量 16.7 毫米。乌苏县西大沟洪水流量约 150 立方米/秒，奎屯市地面洪水流量达 40 立方米/秒，木垒县最大洪峰 120 立方米/秒。【阿勒泰地区】福海县县城房屋普遍漏水，部分房屋、围墙倒塌，50 吨甘草被淹，贸易公司库房进水，货物被水浸透。淹死小麦 1570 亩。【塔城地区】奎屯市、乌苏县农作物受灾面积 5.2 万亩，成灾面积 1.25 万亩，冲毁片林 10 亩，冲毁房屋 46 间，24 户住房进水，冲毁桥梁 2 座、防洪坝 3240 米、渠道 2310 米、道路 2500 米。【昌吉自治州】木垒县受灾户 284 户 5074 人，死亡 4 人，农作物受灾 2508 亩，死亡牲畜 199 头（只），冲毁桥梁 56 座、木材 133 立方米，倒塌民房 98 间。

8月30日，【阿克苏地区】沙雅县洪水，水淹塔里木乡政府，乡政府被迫搬迁，同时，一牧场场部、拜什托格拉克村被淹，倒塌房屋 100 间，死亡羊牛 1000 余头。

12月17日至1985年1月5日，【塔城地区】乌苏县四棵树河发生 4 次冰洪，流量分别为 480 立方米/秒、40 立方米/秒、300 立方米/秒、350 立方米/秒。12 月 20 日古尔图河发生冰洪，流量为 40 立方米/秒。淹没农田 4270 亩，结冰 20～30 厘米，积水最深处达 80 厘米，25 户 139 间民房进水。

12月25日，【巴音郭楞自治州】焉耆县、和静县冰凌堵塞河道，河水四溢，延至 1985 年 1 月 9 日，持续 19 天。冲淹农田 2450 亩、民房 67 间，死亡家禽 537 头（只）。

1985年 3月，北疆伊犁地区、昌吉自治州洪水。【伊犁地区】尼勒克县冲坏农田 6037 亩，倒塌房屋 254 间，冲毁大小桥梁 79 座、道路 26 公里、围墙 2.2 万余米、闸门 46 座，渠道决口 42 处。【昌吉自治州】玛纳斯县冲塌房屋 174 间，淹没农田 1.48 万亩。

3月5～9日，【阿克苏地区】拜城县、库车县、新和县、沙雅县、阿瓦提县、兵团农一师洪水。冬小麦死亡 23.6 万亩，牲畜死亡 1975 头（只），倒塌房屋 66 间，受伤 1 人，春播推迟 7～11 天。

3月27日至4月初，北疆伊犁地区、石河子市、昌吉自治州融雪性洪水。【伊犁地区】伊宁县冲断青年渠、人民渠，淤积泥沙 7 万立方米，淹没小麦 1.1 万亩。【石河子市】洪水冲毁各级渠道 1.38 万米、水利建筑物 12 座，农作物受灾面积 1.2 万亩，其中 191.6 亩冲成大沟，冲淹房屋 5997 平方米，其中倒塌 2220 平方米，损坏道路 7865 米，冲走肥料 1500 立方米、红砖 7.5 万块、饲料 6000 公斤，淹死 3 人，乌（乌鲁木齐）——伊（伊犁）公路阻断 7 天。【昌吉自治州】玛纳斯县、呼图壁县受灾，呼图壁河、雀尔沟河及前山的旱沟出现数条黄色水龙，直向乌伊公路沿线的各乡（镇）冲去，水深 80 厘米，五六天不退，倒塌房屋 84 间，冲走粮食 4150 公斤，淹死牲畜 52 头（只），冲毁干渠 21 公里、大小闸门 21 座、桥涵 18 座。

第三章 洪水灾害

4月3～7日，【乌鲁木齐市】乌鲁木齐县洪水，2800亩农田被淹，冲淹民房191间、桥梁4座、林木约10万棵。

4月中旬，北疆塔城地区、伊犁地区洪水。【塔城地区】托里县、沙湾县8.61万人受灾，冲毁农田1.5万亩，减产200万公斤，冲毁草场10.5万亩，冲毁民房30间、渠道25公里、水闸30座、公路15公里，交通中断。【伊犁地区】霍城县、伊宁县、尼勒克县、巩留县8.3万人受灾，受灾农田面积42.2万亩，减产2224万公斤，冲毁草场10.5万亩，死亡16人，死亡牲畜28万头（只），倒塌民房870间。

5月8～16日，【博尔塔拉自治州】温泉县暴雨洪水，受灾农田面积2.23万亩，倒塌房屋206间、校舍1940平方米。

5月24～25日，北疆塔城地区、博尔塔拉自治州暴雨洪水。【塔城地区】塔城市山水急骤下泻，冲毁农作物4785亩、防渗渠道1470米、拦洪坝127米、闸门11座、公路3公里、桥梁14座，倒塌房屋60间。【博尔塔拉自治州】精河县、博乐市农作物受灾面积5741亩，1800多亩农田淤泥，倒塌房屋265间，冲走粮食1.3万公斤、化肥2480公斤，冲毁树苗4.32万株，冲垮支干渠1385米、闸门26座，淹死禽畜6400头（只）。

6月上旬，北疆塔城地区、伊犁地区、昌吉自治州暴雨洪水。【塔城地区】乌苏县受灾146户1500余人，3万亩农作物受灾，冲坏渠道7公里、防洪坝3公里、闸门13座，13户人家房屋进水，油料减产3万公斤，棉花减产1350公斤。【伊犁地区】伊宁县降水量达52.0毫米。淹没农作物2.62万亩，倒塌房屋24间，毁坏森林197亩，冲走苜蓿2.25万捆，死亡1人。【昌吉自治州】玛纳斯县境内乌伊公路被冲断，中断交通52小时。

6月16～18日，【喀什地区】塔什库尔干县暴雨洪水，16个小时降水量达到38.2毫米。淹死牲畜996头（只），冲坏草场2345亩，毁坏草场护墙1540米，毁坏畜圈44处、山路52公里，冲毁农作物1145亩、渠道3.63万米，倒房700多平方米。

7月初，北疆塔城地区、东疆哈密地区暴雨洪水。【塔城地区】塔城市受灾118户838人，受灾农田面积1.25万亩，冲毁农作物2500亩，减产96万公斤。【哈密地区】巴里坤县57户农民受灾，冲毁农田1076亩，其中577亩绝收，县化工厂生产设施及原料被冲毁，停产9天。

7月9日，【伊犁地区】霍城县暴雨洪水，冲毁桥2座、渡槽2个、闸门8个。

8月15日17时，【塔城地区】乌苏县洪水，山洪造成"七一"大渠、西大沟渠、解放渠多处被毁，修复费用8.2万元。

1986年 3月，【博尔塔拉自治州】温泉县春洪，受灾农田9070亩，其中冲毁300余亩，7户人家被淹。

4月6～8日，【阿勒泰地区】吉木乃县洪水，死亡牲畜2680头（只），交通阻塞3天。

4月26～30日，南疆阿克苏地区、克孜勒苏自治州暴雨山洪。【阿克苏地区】乌什县淹没小麦和玉米1537亩，冲掉树木5.50万株、苗圃8亩，冲坏渠道2330米、桥梁123座，倒塌房屋54间。【克孜勒苏自治州】淹没农田1.5万亩、房屋1763间，冲毁渠道18公里、涵洞446座、树木4.2万株。

5月8日，【阿克苏地区】温宿县洪水灾害，淹没农作物5398亩，冲毁房屋10间，粮食受损9130公斤。

5月8~19日,【博尔塔拉自治州】温泉县洪水。农作物受灾面积2.2万亩,淹死牲畜82头(只),冲走小树3700株、小麦5500公斤、胡麻2000公斤、水泥8000公斤、化肥1800公斤、食盐17万公斤,倒塌房屋1940平方米,冲毁闸门14个、公路930米、桥涵33个,冲垮电站引水渠3处,造成停电。

6月20~30日,北疆阿勒泰地区、克拉玛依市、博尔塔拉自治州,东疆哈密地区,南疆巴音郭楞自治州、阿克苏地区洪水。【阿勒泰地区】富蕴县淹没农田2.3万亩,冲坏渠道9.2公里、涵洞26座,倒塌房屋2500间,冲走粮食1万公斤。【克拉玛依市】水淹采油站23个、油井144口,47口油井停产,减产214吨,洪水冲垮防洪堤3000米,泥沙填满渠道1985米,倒塌房屋8875平方米,淹没供热管道1.67万米。【博尔塔拉自治州】精河县、博乐市农作物受灾面积5954亩,4处水渠被冲出缺口。【哈密地区】巴里坤县农田受灾面积3394.2亩,绝收824.4亩;冲垮水库2座,冲毁水渠1498米;倒塌房屋42间、棚圈14处,冲走树木3.68万株。【巴音郭楞自治州】和硕县冲毁国防公路10公里,中断交通3天,淹没小麦500余亩。【阿克苏地区】全地区普降大到暴雨,引发洪水。全地区农作物受灾面积133.62万亩,粮食减产2250万公斤,棉花减产283.5万公斤,死亡牲畜7.80万头(只),冲倒各种房屋2036间,冲毁桥梁193座、闸口74处、道路8400米,塔河流域90%的房漏雨,死亡4人。

7月,【阿克苏地区】渭干河决堤,沙雅县520个村民小组受灾,直接经济损失37万元。

7月10日,【阿克苏地区】新和县暴雨洪水,降水量34.5毫米,仅15分钟降雨量就达33.0毫米。造成房屋漏雨,农田受灾3.52万亩。

7月11日,【阿勒泰地区】富蕴县洪水。1.5万余亩小麦、1.06万亩草场受灾,倒塌房屋230间、围墙660米、圈棚70个,冲毁水渠9268米、水闸26个,冲走粮食1万公斤。

7月30至8月10日,【阿克苏地区】乌什县、库车县、温宿县、沙雅县融雪性洪水,地区主要河流总水量39.9亿立方米,与去年同期相比,增加13.6亿立方米。冲断东风渠,冲毁防洪堤3030米、桥梁9座,6个村被洪水围困,淹死1人,40万亩农田浇不上水,倒塌房屋15间,拜城至阿克苏市及库车的交通被迫中断。

7月下旬,【塔城地区】沙湾县融雪性洪水,金沟河猛涨,31日凌晨4时,金沟河水库决堤。205户1252人受灾,房屋进水60厘米以上,12户房屋倒塌,冲毁作物1200亩,冲毁砖窑1座。

8月1日下午6时,【哈密地区】洪水,冲毁羊圈14座、职工宿舍10间。

8月9日,【博尔塔拉自治州】温泉县洪水,洪峰高达2米,淹死3人,冲走小麦6500公斤。

8月13~15日,【昌吉自治州】玛纳斯河兰州湾乡夹河子水库决堤,冲毁农田1300亩。

8月30日,【哈密地区】洪水,6968亩农田受灾,冲毁坎儿井4400米、渠道1800米、防渗渠250米,倒塌房屋10间,兰新铁路二堡段多处被冲坏,运输中断5小时。

9月1日,【伊犁地区】昭苏县暴雨洪水,12.3万亩农作物受灾,损失粮食172.3万

第三章 洪水灾害

公斤、油料411.2万公斤。

1987年 4月15～22日,【塔城地区】额敏县大雨洪水,8天降水量50.4毫米,其中16日降水量15.2毫米,22日降水量16.2毫米。冲垮喀拉也木勒河临时龙口12座、防渗渠1.6公里,淹没农作物1000余亩。

4月30日至5月1日,南疆西部部分地区连降中到大雨,部分地区暴雨,其中民丰县4月30日降水量为26.3毫米,莎车县5月1日雨量24.3毫米。南疆阿克苏地区、喀什地区、和田地区洪水。【阿克苏地区】乌什县农田受灾面积200多亩。【喀什地区】莎车县棉花受灾面积1万亩,地膜受损约1吨,死亡牲畜193头(只),倒塌房屋260间,电力、邮电中断约24小时。【和田地区】皮山县、民丰县受灾,死亡牲畜3156头(只),倒塌房屋56间,冲走树木1581棵,损失水泥2万公斤,20万公斤粮食淋湿发霉,冲垮6个扬水站堤坝。

5月16日,【塔城地区】裕民县融雪性洪水,冲毁电站护坡15米、导流堤133米、流沙池尾水渠5米。

5月19～22日,北疆阿勒泰地区、塔城地区、昌吉自治州洪水。【阿勒泰地区】农作物受灾2万亩。【塔城地区】乌苏县、沙湾县农作物受灾面积2322亩,冲坏防渗渠1100多米、防洪坝365米,泥土淤塞灌渠1.4万米,死亡羊122只。【昌吉自治州】吉木萨尔县容量为10万方水库决口,140多亩庄稼被大水淹没,部分农田表土被全部冲光。

5月23～24日,南疆克孜勒苏自治州、和田地区大雨洪水。【克孜勒苏自治州】阿图什县、阿克陶县受灾,死亡2人,死亡大小牲畜70头(只),冲毁农田4058亩,倒塌房屋145间,部分房屋进水40～50厘米,倒塌棚圈258个、围墙9083米,水毁公路1.2万米、渠道1.8万米。【和田地区】洛浦县棉花损失7200亩,倒塌房屋300间、羊棚8000个。

6月2～3日,北疆阿勒泰地区、博尔塔拉自治州、昌吉自治州、乌鲁木齐洪水。【阿勒泰地区】青河县冲坏房屋988间、草场1.8万亩、麦田9780亩、龙口15个、吊桥1座,冲走牲畜140头(只)。【博尔塔拉自治州】农作物受灾面积1.04万亩,损坏民房74间,部分农田被洪水冲成深沟或石滩。【昌吉自治州】奇台县水库决口,冲毁大小桥39座、水闸18座、机井13眼,淹死羊7只。【乌鲁木齐市】倒塌房屋40间、羊圈50间,冲坏庄稼地50亩、堤坝6条、桥梁1座,乌市——小渠子乡交通中断数日。

6月4日,【喀什地区】英吉沙县暴雨洪水,300户受灾,冲毁渠道、桥涵100多处、房屋1465间、农田6000亩。

6月9～12日,东疆哈密地区,南疆巴音郭楞自治州、阿克苏地区暴雨洪水。轮台县降水量44.2毫米、尉犁县76.6毫米、焉耆县34.4毫米、沙雅县72毫米、库车县48.2毫米、新和县37.9毫米、阿瓦提县25.6毫米、阿拉尔两天降水量29.2毫米。【哈密地区】哈密市、巴里坤县受灾,冲毁干渠2800米、土渠4万米、水库土坝9400米、溢洪道33米,倒塌房屋118间,死亡2人,伤3人,死亡牲畜1860头(只),农作物受灾2500亩,泥沙毁坏草场6300亩。【巴音郭楞自治州】全州16万亩农田受灾,死亡牲畜1.82万头(只),倒塌房屋1428间、羊圈243间,冲毁防洪堤7000多米、干渠1.08万米、桥涵103座、闸口40座、道路4945米,冲毁水泥18.6万公斤。【阿克苏地区】受灾总面积

58.13万亩，冲毁防洪堤坝427座，冲跨水渠650米，冲倒房屋8000多间、羊圈3033个，死亡禽畜3.4万头（只），死亡16人，伤9人，损失粮食1198万公斤。

6月18～23日，南疆巴音郭楞自治州、阿克苏地区暴雨洪水。【巴音郭楞自治州】焉耆县、轮台县、农二师受灾，冲毁土地600多亩，淹没农田1.28万余亩，损失粮食14万公斤，倒塌房屋125间，死亡羊305只，冲毁防洪堤3公里，冲跨电站2座。【阿克苏地区】7县1市28.1万亩农田受灾，损失粮食634万公斤，倒塌房屋95间、畜圈103间，死亡大小畜1325头（只），死亡1人，伤25人。

6月25～29日，北疆克拉玛依、伊犁地区、昌吉自治州洪水。【克拉玛依市】养路道班房屋普遍遭淹，房内水深0.5～0.6米，最深达1米，冲毁公路路基150米。【伊犁地区】巩留县7万多亩农田受灾。【昌吉自治州】阜康县冲毁农田2000亩，西沟煤矿200万公斤原煤被洪水冲走。

7月，【喀什地区】疏附县、叶城县暴雨洪水。冲毁庄稼1.87万亩，冲走粮食80万公斤，倒塌房屋1600间，冲毁新藏公路十四公里桥路段，死亡6人。

7月10日，【和田地区】洛浦县洪水。冲毁农田84.3亩，林木5761株。

7月14～16日，北疆塔城地区、伊犁地区、昌吉自治州、乌鲁木齐市，南疆阿克苏地区大雨（暴雨）、洪水。吉木萨尔县降水量21.5毫米，乌鲁木齐市区15日降水量34.5毫米，1小时降水量30.0毫米。【塔城地区】乌苏县因山体滑坡堵塞河道形成溃坝型山洪，150万立方米洪水以12米高的水头冲向下游，3500米干渠被一扫而光，奎屯河防洪坝被冲毁，整个引水系统全部瘫痪，使20万亩农田无水可灌。沙湾县农作物受灾面积3.3万亩，北疆铁路被冲毁21米。独（山子）库（车）公路发生塌方、泥石流17处，最大塌方1.8万立方米，累计塌方6万多立方米；最大泥石流3万立方米。28辆车、100余人被困，其中2辆被埋在泥石中。【伊犁地区】伊宁县、尼勒克县受灾，冲毁农田200亩、房屋25间，损失粮食59万公斤。【昌吉自治州】玛纳斯县玛纳斯河、塔西河防洪坝均被冲垮，抗洪救灾投入车辆49辆，2769人参加抢险。呼图壁县水库告急。吉木萨尔县泥石流使矿区公路堆积泥沙、石头达1米厚，总长约1公里，冲毁桥梁1座，中断公路交通，冲垮校舍9间。【乌鲁木齐市】小渠子、达坂城等地冲毁农田3000亩、干渠4.5公里、民房35间，洪水将公路中间冲出两道长达5公里、深达50厘米的沟，中断交通，兰新铁路93公里处的路基被冲毁60～70米，铁轨架空，通往南疆的公路也被冲毁11处，交通中断近125小时。乌鲁木齐市参加防洪的单位551个，直接参加抗洪抢险出工总人数为6万人次，动用机车3千多辆。【阿克苏地区】温宿县、乌什县、阿瓦提县农作物受灾1.64万亩，损失粮食163.5万公斤，油料1.08万公斤，倒塌房屋168间，冲断导流坝60多米。

7月17～19日，北疆伊犁地区，南疆巴音郭楞自治州、阿克苏地区、喀什地区、和田地区暴雨、洪水。【伊犁地区】霍城县果子沟塌方，堵塞公路，几百辆汽车不能通行。【巴音郭楞自治州】和静县、兵团农二师受灾，洪水淹没农田9731亩、片林1400多亩，倒塌各类民房等11间，巴仑台铁路线3处塌方长达150米，铁路中断，冲坏防洪堤7公里、防渗渠750米、简易公路15公里。【阿克苏地区】阿克苏市、温宿县受灾，受灾农作物1.65万亩，减产粮食131万公斤、油料7万公斤，冲倒树木1066株，死亡牲畜148头（只）、倒塌房屋59间、棚圈59间，冲坏大小桥梁62座，死亡1人。【喀什地区】英吉沙县、叶城县受灾，10个单位进水0.5～1.5米，淤泥0.5米，冲毁农田8284亩、麦场52

第三章 洪水灾害

个，冲走树木 19.9 万株、小麦 4.8 万公斤，倒塌房屋 220 间，死亡牲畜 770 头（只）。【和田地区】皮山县冲毁农田、林木 9.14 万亩，冲毁水闸 34 座、水渠 80 米。

7 月 24～28 日，全疆大降水，北疆塔城地区、博尔塔拉自治州、昌吉自治州、乌鲁木齐市，东疆吐鲁番地区，南疆巴音郭楞自治州、阿克苏地区、喀什地区发生洪水灾害。昌吉自治州平原地区降水量达 45～47 毫米，山区近 100 毫米；阿拉尔过程降水量 32.4 毫米。【塔城地区】乌苏县冲毁干渠 4 公里、支渠 3 公里及部分农田，181 间住房进水。【博尔塔拉自治州】温泉县农作物受灾面积 4285 亩，冲毁干渠 1.5 公里。【昌吉自治州】呼图壁县、吉木萨尔县、奇台县受灾，农田受灾面积 2.9 万亩，绝收 1 万亩，损失粮食 557.7 万公斤，倒塌民房 872 间，死亡牲畜 1163 头（只），冲毁渠道 2.67 万米、桥梁 1 座、农电线路 5000 米、围墙 460 米、防洪坝 5300 米，部分地区停电 72 小时。【乌鲁木齐市】乌鲁木齐县洪水淹没农田 3450 亩，4000 余棵林木受损，洪水冲走东沟虹鳟鱼场 100 吨鱼，冲毁 10 余处水利工程设施。冲断兰新铁路、312 国道等，滞留旅客 3 万人。【吐鲁番地区】吐鲁番市、托克逊县受灾，冲毁农田 7215 亩，倒塌房屋 1644 间，毁坏学校 2 所，死亡 1 人，冲坏渠道 6279 米、树木 20 万株、桥梁 48 处、防水坝 18 条，冲坏公路 35.5 公里。【巴音郭楞自治州】和静县冲毁南疆铁路黄水沟大桥桥基 200 米，迫使 514 次火车退回和静车站，洪水漫上大西沟与胡斯台车站之间的铁路路基，冲走土石方约 1000 立方米，巴仑台火车站附近的桥沟被泥石流填满，交通中断。和硕县冲坏公路 1 公里，中断交通 18 个小时，损坏防渗渠道 1150 米、斗渠 1050 米，倒塌房屋 76 间，淹坏良田 865 亩、树木 5400 株。【阿克苏地区】库车县、温宿县、柯坪县受灾，农作物受灾 6492 亩，淹没麦场 1121 个，损失小麦 200 万公斤，冲毁大小渠道 40.5 公里、树木 2250 棵、桥梁 35 座、防洪沟 1.7 万米，库车县公路交通中断 8 小时，石油指挥部住房进水，院内水深 1.5 米，屋内水深 0.5 米，指挥部一片汪洋。【喀什地区】英吉沙县、莎车县、泽普县、叶城县受灾。莎车县洪水引发泥石流，泽普县洪水水头高达 6 米，淹死 19 人，农田受灾 4785 亩，冲毁粮食 1 万公斤，冲走树木 3.27 万棵，倒塌房屋 341 间、畜栅 111 个，冲走牲畜 210 头（只），淹没水电站 9 个，冲走原煤 400 万公斤。

8 月 3 日，南疆阿克苏地区、喀什地区洪水。【阿克苏地区】乌什县、阿克苏市受灾，水淹农作物 1434 亩，冲毁公路 20 米、桥涵 1 座，150 多户民房被淹。阿克苏市建化厂哈拉铁克山石灰矿矿区水深 1.8 米左右，致使该矿停产。【喀什地区】伽师县洪水将贝拉木河河堤冲开 130 多米宽的缺口，河水以 90 立方米/秒的流量进入西克尔水库，严重威胁西克尔水库和下游人民的生命财产安全。经过 2700 多军民七昼夜的艰苦奋战，贝拉木河河段决口处堵坝胜利合拢。

8 月 17～21 日，【阿克苏地区】阿克苏市洪水。冲坏多浪渠龙口溢洪堰 300 多米，冲毁农田 8812 亩、麦场 78 个，冲走小麦 63.8 万公斤、树木 1066 株，冲毁桥梁 62 座、房屋 52 间，死亡 1 人、死亡牲畜 l18 头（只）。

8 月 24 日，【克拉玛依市】洪水，4 口油井受淹停产，1 台修井车被淹。

11 月 30 日，【伊犁地区】伊宁县伊犁河雅玛图河段发生特大洪水，133 间房屋被淹。

1988 年 3 月 11～17 日，北疆伊犁地区、昌吉自治州融雪性洪水。【伊犁地区】察布查尔县、巩留县受灾，冲毁农田 1.8 万亩，3 所小学、2 个机关、306 户民房被淹，水毁东西公路干线和南北伊昭公路多处，部分边防公路被洪水浸泡，路面水深1.5米，交通中断2天。【昌吉自治州】玛纳斯县、呼图壁县、米泉县、吉木萨尔县受灾，淹没耕地5000亩，20亩水稻被淤泥覆盖，最厚达25厘米；冲跨房屋90间、牲畜圈棚17个、院墙512米；冲毁水库1座、鱼池127亩、冲走成鱼8700公斤；冲断乌伊公路，造成交通中断78小时，阻塞车辆1000多辆。

3月23～24日，北疆塔城地区、昌吉自治州洪水。【塔城地区】乌苏县洪水冲坏新老干渠5公里、防洪坝2.8公里，全乡引水中断23天。【昌吉自治州】冲毁农田、灌溉设施、房屋、桥梁等，经济损失245.57万元。

3月29日，【克拉玛依市】小拐一带因玛纳斯河上游各水库泄洪造成洪水，团结新村40户的房屋进水，部分倒塌，一些公共设施如商店、礼堂、食堂、卫生所等被淹，3000亩土地变成一片汪洋。

4月下旬，北疆克拉玛依、伊犁地区，东疆哈密地区洪水。【克拉玛依市】百口泉部分输电线路被迫中断，淹没3个计量站、油井15口。【伊犁地区】伊宁县、察布查尔县、尼勒克县、昭苏县受灾，淹没农作物9000亩，冲毁房屋380间。【哈密地区】巴里坤县摧毁柳条河水库引水干渠1公里及配套水利设施，淹没已播麦田2000亩。

5月1～4日，北疆塔城地区、伊犁地区，东疆哈密地区大（暴）雨洪水，伊宁县降水量达22毫米。【塔城地区】额敏县、塔城市受灾，冲毁农作物4300亩、冲倒房屋39间、牲畜棚圈56个、冲坏防渗渠2350米、冲断人畜饮水管道700米。【伊犁地区】伊宁县冲毁农田4400亩、冲走树木10.12万株、冲毁桥梁12座、防洪堤4460米、渠道1320米、淹没房屋43间。【哈密地区】哈密市冲毁防洪堤9.57公里、渠道13.38公里，淹没农田6200亩，冲毁农田300亩、桥涵47座，倒塌房屋400间。

5月4～11日，南疆巴音郭楞自治州、阿克苏地区、喀什地区、和田地区大（暴）雨洪水，和硕县过程降水53.3毫米，洛浦县降雨27.8毫米。【巴音郭楞自治州】受灾农田面积85.76万亩，其中重灾37.74万亩，死苗3.06万亩。洪水造成7万亩玉米、3.5万亩水稻和7万亩油料无法播种；死亡牲畜1.67万头（只）；倒塌民房819间、粮仓2座；1800万公斤粮食遭雨淋，4万公斤变质；冲毁渠道5200米，冲坏电站2座。【阿克苏地区】26.4万余亩农田受灾，死亡3人，死亡畜禽2万头（只），倒塌房屋211间、圈棚79个，冲垮桥梁4座、渡槽1座、水渠2050米。【喀什地区】疏附县、喀什市受灾，冲毁农田5.9万亩、渡槽2座。【和田地区】洛浦县棉花损失1.5万亩，倒塌房屋1500间、羊棚300个。

5月14～17日，【阿勒泰地区】哈巴河县洪水。冲毁兵团农十师185团场的渠道、住房、水库和国防公路，造成危房2042间，倒塌房屋435间，有些学校被迫停课。

5月25日，【伊犁地区】尼勒克县喀什河洪水。冲毁吉仁台峡谷国防公路多处。

6月2～4日，南疆阿克苏地区、喀什地区、克孜勒苏自治州、和田地区洪水。【阿克苏地区】温宿县、柯坪县受灾，受灾农作物6828亩，倒塌民房317间，冲毁各种渠道3.76万米，渠道淤泥850米，死亡大小畜107头（只）。【喀什地区】英吉沙县冲毁农作物4750亩、树木3.78万余株、闸口25座、渠道4660米、道路2000米。【克孜勒苏自治州】阿图什市冲毁房屋63间、围墙2.04公里，冲坏水渠2.1万米。【和田地区】洛浦县农作物受灾7.5万亩，倒塌房屋2600间、羊棚1.2万个。

第三章 洪水灾害

6月22～28日，北疆伊犁地区、博尔塔拉自治州、乌鲁木齐洪水。【伊犁地区】伊宁县、尼勒克县受灾，冲毁农田1.2万亩、次生林4500亩，6.63万棵树木被洪水冲走，3.65万亩草场被淹，冲毁房屋216间，冲垮多处水利设施，冲毁高压线路1公里。【博尔塔拉自治州】兵团农五师农作物受灾面积3400亩。【乌鲁木齐】冲坏干渠3公里、农田400亩、围棚8间，冲走羊14只。

7月8～15日，北疆阿勒泰地区、塔城地区、伊犁地区、博尔塔拉自治州、昌吉自治州、乌鲁木齐市，南疆喀什地区暴雨洪水。阜康县天池11日降雨49.6毫米。【阿勒泰地区】阿勒泰市、富蕴县、北屯兵团农十师受灾，富蕴县山洪漫过大坝导致溃坝，垮塌140余米，洪水水位高达5米，农作物受灾面积2.43万亩，损失粮食148.25万公斤，冲淹草场2.5万亩，死亡牲畜1.8万头（只），冲淹房屋3200间，冲毁道路13.4公里、泄洪渠2.7公里。灾情发生后，富蕴县民政局拨救灾款1.8万元，干部群众捐款2.26万元，粮食局为灾民解决口粮10万公斤。【塔城地区】和布克赛尔县、沙湾县受灾，洪水冲毁和夏大渠250多米，小麦受灾1645亩，倒塌房屋75间，浸湿水泥18万公斤。【伊犁地区】伊宁县、察布查尔县受灾，死亡8人，淹死羊450只、牛6头，冲走各类农作物424亩，冲塌房屋15间、棚圈13座，冲坏公路450米、渠道585米、大桥2座。【博尔塔拉自治州】冲坏博乐至五台公路。【昌吉自治州】阜康县山区4户牧民的毡房被洪水卷走，390多只羊被淹死，冲毁堤坝、干渠150多米。【乌鲁木齐市】冲倒高压电杆2根，造成数日断电。【喀什地区】英吉沙县冲毁农田60万亩，冲毁渡槽、水闸各1座。

7月21～25日，北疆塔城地区、昌吉自治州，东疆哈密地区，南疆巴音郭楞自治州、阿克苏地区大（暴）雨、洪水。哈密市降水量21.3毫米、巴里坤县46.9毫米、柳树泉28.7毫米、红星二场23.0毫米；若羌县总降雨量48.2毫米，轮台县降水量在40毫米以上，新和县23日降水量17.8毫米，阿瓦提县降水量24.3毫米。【塔城地区】托里县、乌苏县受灾，托里县县城进水，大半个县城被淹，几条主要街道顿成河流，水深达80厘米以上，洪水覆盖面约1.5平方公里，4人死亡，19人被洪水冲走，冲毁房屋300多户、大桥4座、供电线路5公里，全城停水、停电，农作物受灾面积9100亩，死亡牲畜66头（只）。【昌吉自治州】奇台县交通中断。【哈密地区】巴里坤县、哈密市受灾，淹没农田6200亩，倒塌房屋400间，冲毁防洪堤9570公里、渠道13.4公里、桥涵47座，冲断铁路路段，影响铁路运行安全，铁路被迫停运9小时。【巴音郭楞自治州】轮台县、若羌县、且末县受灾，受灾农作物3.36万亩，冲毁林木8万余株，110万公斤小麦霉烂发芽，倒塌房屋444间、羊圈21个，死亡禽畜4522头（只）；冲毁国道8公里，多处路面出现塌方空洞，造成交通堵塞。【阿克苏地区】受灾农田面积7721亩，损失粮食150万公斤、油料7.7万公斤、水果2.5万公斤，倒塌房屋415间，死亡牲畜346头（只），死亡3人，冲毁桥梁5座、防洪坝455米、农渠4700米。

8月8～12日，东疆吐鲁番地区，南疆阿克苏地区、喀什地区大（暴）雨洪水。9日柯坪降水量20.7毫米，兵团农一师4团过程降水量24.3毫米。【吐鲁番地区】托克逊县4人死亡，28人受伤，冲毁汽车1辆、小四轮拖拉机2台，53间房屋进水，冲毁防洪坝3900米、防洪墙200米、耕地214亩。【阿克苏地区】拜城县、柯坪县受灾，116间民房被洪水冲走，农作物受灾面积1.8万亩，冲毁防渗渠1公里，水毁公路12公里。【喀什地区】疏附县山洪袭击了6个乡15个村和一个县级水电站，造成192间房屋倒塌，冲垮堤坝 3000 米、渠道 27.5 公里、闸口 24 座、桥涵 30 个、公路 4 处，淹没农田 6000 亩，冲走小麦 4250 公斤、麦草 4.2 万公斤。

8月24～25日，【巴音郭楞自治州】若羌县洪水，损失小麦等 111.6 万公斤，死亡畜禽 4100 头（只），冲坏国防公路 8 公里。

9月1～2日，【巴音郭楞自治州】轮台县洪水，倒塌房屋 53 间，造成 100 多人露宿，农作物受灾面积 3.1 万亩，死亡牲畜 500 头（只），冲毁防洪堤 270 米、道路 4 公里、渠首 3 个。

9月27～29日，【乌鲁木齐市】暴雨洪水，过程降水量为 29.5 毫米。水毁柴窝堡一带公路，交通阻塞，二十里店一段铁路被水冲开一小缺口，影响铁路运输。50 间民房进水，117 间棚圈被淹，7500 公斤麦子被卷走，1.5 万公斤麦子浸水后发热出芽。

9月28日夜，【塔城地区】奎屯市暴雨洪水，冲毁新南干渠，进入市区，道路淤积泥沙致使市内交通中断，洪水冲毁铁路立交桥东岸护坡 20 多米。

1989年 3月20～25日，【塔城地区】托里县、沙湾县洪水。85 户 547 人受灾，冲毁农作物 1533 亩，房屋被淹 68 间，其中倒塌 3 间，严重危房 65 间。

4月5日，【塔城地区】额敏县融雪性洪水，倒塌房屋 186 间、棚圈 160 间、围墙 7000 米。

4月10～12日，【阿克苏地区】库车县洪水，7.6 万亩农田受灾。

4月18～19日，【喀什地区】疏附县洪水，农作物受灾 10.05 万亩，减产 243 万公斤，冲坏树木 11.3 万株，倒塌房屋 674 间、圈棚 862 间，死亡牲畜 1184 头（只），冲毁公路 54 公里、防洪堤 1800 米。

5月11～12日，【喀什地区】疏附县、喀什市、英吉沙县洪水。1.6 万亩农田受灾，淹死牲畜 374 头（只），冲倒房屋 491 间，冲毁闸口 52 座，冲走化肥 550 公斤、粮食 2.25 万公斤，毁坏树木 15.5 万株，造成 7.8 万立方米的水土流失。

6月3～7日，北疆伊犁地区，南疆阿克苏地区、喀什地区、克孜勒苏自治州洪水。4 日库车县降水量 10.8 毫米，新和县降水量 12.9 毫米，兵团农一师 5 团过程降水量 28.7 毫米，6 日一日降水量 24.8 毫米。【伊犁地区】伊宁县 784 户 4110 人受灾，倒塌房屋 11 间，冲垮渠堤 1.6 万米，淹没农作物 1.67 万亩。【阿克苏地区】22 万亩农田受灾，死亡牲畜 7395 头（只），倒塌房屋 149 间，冲坏水渠 164 条、大小桥 91 座。【喀什地区】疏附县、莎车县 3.9 万亩农田受灾，250 间房屋被淹，倒塌 120 间，死亡牲畜 48 头（只），冲毁林木 5.5 万余株、渠道 41 条、桥梁 12 座、防洪坝 6000 米。【克孜勒苏自治州】阿图什市、阿克陶县 266 户 1412 人受灾，冲走粮食 890 公斤，淹没农作物 2600 亩。

6月24日，【喀什地区】莎车县暴雨洪水，35 户受灾，损坏房屋 75 间，损失粮食 2500 公斤，冲泡化肥 260 公斤，水淹农田 400 亩。

7月2～6日，东疆吐鲁番地区，南疆巴音郭楞自治州、阿克苏地区洪水。【吐鲁番地区】托克逊县冲毁坎儿井 4 条，造成 2 个大队无水浇地。【巴音郭楞自治州】和硕县、轮台县受灾，冲毁农作物 3700 亩，冲毁汽车 2 辆、拖拉机 3 辆，7 人遇难。【阿克苏地区】库车县、柯坪县 6.6 万亩农田受灾，冲坏干渠 3 处、防洪坝 150 米、引洪坝 20 米。

7月17～20日，北疆阿勒泰地区、昌吉自治州，南疆巴音郭楞自治州、阿克苏地区、喀什地区洪水。【阿勒泰地区】阿勒泰市、富蕴县农作物受灾7916亩,冲毁住房1.44万平方米,冲倒围墙500米,冲毁道路1.34万平方米、泄洪渠2700米,冲坏水渠1500米。【昌吉自治州】玛纳斯县冲毁农田灌溉渠道600多米、高压电杆4根。【巴音郭楞自治州】和静县、且末县受灾,冲毁供电线路2处,倒塌房屋44间,水毁国道315线375至384公里段的路基及桥涵26处,机场被雨水浸泡停航,交通中断近1个月。【阿克苏地区】乌什县2006亩农作物受损,倒塌房屋514间、棚圈115间、围墙774米,损失粮食874公斤、清油102公斤、杏干1100公斤,冲坏桥梁12座、防洪坝1820米、水渠1680米,死亡牲畜14头(只)。【喀什地区】英吉沙县农作物受灾面积1185亩,冲毁渠道6850米、栏洪坎1500米,淹没小型水电站1座,冲毁树木和树苗14.3万株。

7月31日至8月3日,北疆博尔塔拉自治州、乌鲁木齐市,东疆哈密地区,南疆巴音郭楞自治州、阿克苏地区、克孜勒苏自治州、和田地区洪水。伊吾县降水量9.9毫米,山区高达20毫米以上,拜城降水量23.8毫米,兵团农一师5团过程降水量39.5毫米,民丰县降水量24.7毫米。【博尔塔拉自治州】温泉县8878亩农田受灾,冲毁桥梁2座、防洪坝1.2公里及部分高压线。【乌鲁木齐市】冲毁农田10万亩、渔场1座、榨油厂1座,死亡牲畜1400头(只)。【哈密地区】伊吾县冲毁干渠898米、支渠200米、农渠140米,各类渠道淤积泥沙2400米,泥沙掩埋小麦377亩、菜园19个,冲走林木2500棵,地区客运站停止客运1天。【巴音郭楞自治州】轮台县农作物受灾68.6亩,冲走小麦2000公斤,冲毁树5100棵、堤坝3640米。【阿克苏地区】拜城县、温宿县、阿克苏市受灾,洪水进入阿克苏市东城区,20个单位、实验林场两个队以及部分居民受灾,119户人家进水,造成危房39户,淹没农、林田3.06万亩,损失油菜籽62万公斤,6人受伤,224只羊死亡,冲毁桥涵26座、防洪坝600米、渠道32.7公里,乌(乌鲁木齐)——喀(喀什)公路中断20小时,600辆汽车受阻。【克孜勒苏自治州】3.46万亩农田受灾,死亡3人,死亡牲畜1475头(只),冲毁引水龙口6座、公路20.5公里、小水电站1座。【和田地区】墨玉县、和田县、洛浦县、民丰县、策勒县受灾,冲毁防洪堤600余米、堤坝7座,河道决口150余米,冲毁农田50余万亩。

8月10日,【喀什地区】岳普湖县大雨,连续13小时,倒塌房屋470间、畜圈345间,死牲畜134头(只),5000多亩秋季作物受灾。

8月30日至9月3日,东疆吐鲁番地区,南疆巴音郭楞自治州、阿克苏地区、喀什地区、克孜勒苏自治州洪水。【吐鲁番地区】托克逊县河东乡柳树泉受灾,死亡5人,冲毁渠道1万米。【巴音郭楞自治州】和静县、和硕县、焉耆县、轮台县受灾农作物4.6万亩,冲走小麦3.5万公斤,20万公斤小麦被浸泡,倒塌棚圈42个,冲毁3个渠首工程、270米防洪坝,死亡牲畜500多头(只)。【阿克苏地区】柯坪县冲坏总干渠、排水渠、防洪坝和柏油路面,损失部分农作物,经济损失41万元。【喀什地区】疏勒县、伽师县、英吉莎县3.9万亩农田受灾,倒塌房屋1060间,冲垮畜圈937个,冲走粮食1.3万公斤,冲毁树2万棵,冲毁各类渠道1.45万米、道路6.1万米、桥梁11座。【克孜勒苏自治州】阿克陶县霍峡尔煤矿受创,停产13天。

9月6~7日,【乌鲁木齐市】暴雨洪水,降水量35毫米。冲塌棚圈93间、房屋17间,冲毁农田102亩,淹没农田2550亩,损失粮油作物25.4万公斤,冲毁公路550米、桥涵9座、水利设施540米、鱼塘5亩,牲畜饲草5万余捆。市财政及时拨款30万元,安置受灾群众。

1990年 3月8~9日，【乌鲁木齐市】洪水，洪水从黑山头泄洪渠泄入和平渠，将和平渠内淤冰从渠底掀起，使黑山头至二工3500米渠道上的10余座大桥涵洞堵塞，与另一股来自二工火车站方向的洪水合并，淹没新疆商业运输汽车总公司仓库、液化气站和车队等单位。

3月21~22日，南疆喀什地区、克孜勒苏自治州暴雨洪水。喀什市降水量达44.5毫米，莎车县过程降水量26.6毫米。【喀什地区】喀什市城区低洼处民房进水，岳普湖县、莎车县1.28万户受灾，倒塌房屋1454间、棚圈574间，损坏校舍1500平方米，死亡牲畜1669头（只），死亡1人。【克孜勒苏自治州】阿合奇县、阿克陶县受灾，倒塌房屋34户，死亡牲畜1.1万头（只）。

4月18日，【伊犁地区】巩留县莫合尔乡洪水，淹没麦田200亩。

4月19~28日，【阿克苏地区】库车县、乌什县、阿瓦提县、兵团农一师暴雨洪水，农田受灾91.6万亩，死亡牲畜1865头（只），倒塌房屋14间，冲垮防洪坝3处、道路8公里、水渠1348米、桥梁5座。

5月8~9日，北疆阿勒泰地区、克拉玛依市、伊犁地区洪水。【阿勒泰地区】6926亩农田受灾，淹死3人，倒塌房屋1095间，淹没民房684间，冲坏公路、渠道11公里。【克拉玛依市】市区大部分暖气、供排水、电缆管沟进水，部分通讯中断，电厂3号变电所进水，造成机械厂和铸钢线停电，30余幢约250~300户低洼区的工房、民房进水，27口油井被淹。【伊犁地区】洪水冲淹农作物1005亩，减产粮食11.3万公斤，冲毁棚圈4座，倒塌房屋82间，死亡小畜200头（只）。

5月24日，【博尔塔拉自治州】温泉县暴雨洪水，三个村九个组121户607人受灾，冲毁农作物4020亩。

5月26日，【巴音郭楞自治州】焉耆县暴雨洪水，日降水量24.3毫米。死亡羊1.1万只，大畜19头。

6月12~15日，北疆博尔塔拉自治州、昌吉自治州暴雨洪水。【博尔塔拉自治州】温泉县1万余亩农田受灾。【昌吉自治州】玛纳斯县、昌吉县洪水，淹没农田3204亩，冲毁草场500亩，倒塌各类房屋35间，冲毁干渠118米、公路桥2座，1.74万立方米防洪堤坝、路基塌方，冲走羊毛455公斤。

7月3~4日，北疆阿勒泰地区、博尔塔拉自治州大（暴）雨洪水。温泉县40分钟降水22.2毫米。【阿勒泰地区】阿勒泰市、布尔津县受灾，布尔津河下游决口，3人遇难，大片房屋倒塌，多处仓库进水，淹没农田1906.6亩。【博尔塔拉自治州】温泉县121户629人受灾，受灾农作物1700亩，损失粮食3.15万公斤，倒塌民房12间，冲毁围墙362米、自来水管道720米、防洪渠道800米，冲走水泥2万公斤、煤4万公斤，淹死羊256只。

7月8~13日，北疆阿勒泰地区、博尔塔拉自治州，东疆哈密地区，南疆巴音郭楞自治州、阿克苏地区、喀什地区大（暴）雨洪水。库尔勒市12日降雨量18.2毫米、市北山半小时降水量27毫米。【阿勒泰地区】富蕴县冲坏13间房屋，死亡1人，伤1人。【博尔塔拉自治州】精河县大河沿子镇56户300人受灾，冲毁农作物7216亩，损失粮食237万公斤、油料 6.88 万公斤，倒塌房屋 13 间，冲翻汽车 1 辆，淹死 2 人，受伤 1 人，冲毁道路 300 米、围墙 300 米、防洪渠 6500 米、灌溉渠 1.22 万米，渠道淤泥 3300 米。【哈密地区】哈密市及巴里坤县受灾，直接经济损失 40 万元以上。【巴音郭楞自治州】轮台县、库尔勒市受灾，倒塌房屋 14 间，死亡牲畜 629 头（只），损失粮食 177 万公斤，冲毁堤坝 1000 米、渠道 5000 米，淹死 1 人。【阿克苏地区】拜城县、库车县、新和县、温宿县、乌什县、阿克苏市、阿瓦提县、农 1 师等 40.7 万亩农田受灾，死亡 2 人，倒塌房屋 213 间、棚圈 346 间，死亡牲畜 1276 头（只）。【喀什地区】叶城县冲开提孜那甫河东岸导流坝 200 余米，严重威胁下游人民生命财产安全。县防洪指挥部调动 2500 名民工、30 余台车辆，在人民解放军驻叶城部队的帮助下抗洪抢险，使大桥完好无损。

7 月 16~20 日，北疆伊犁地区、博尔塔拉自治州，东疆哈密地区暴雨洪水。【伊犁地区】霍城县、伊宁市受灾，淹没农田 1.45 万亩，冲毁桥涵 14 座及其他建筑设施 3 座，冲走麦子 6000 公斤，1 人被雷电击死。【博尔塔拉自治州】温泉县、博乐市、精河县受灾，冲淹农田 51 亩，减产小麦 5689 公斤、油料 2400 公斤，冲毁精河县西干渠工程。【哈密地区】伊吾县、哈密市受灾，死亡牲畜 262 头（只），冲倒围墙 2800 米，冲毁良田 180 亩，冲走芒硝 50 万公斤、食盐 20 万公斤，冲断公路 1500 米，倒塌房屋 43 间，盐化总厂损失再生盐 1 万吨。

7 月 23~24 日，北疆阿勒泰地区、伊犁地区、博尔塔拉自治州、昌吉自治州大（暴）雨洪水。温泉县降水量 29.1 毫米。【阿勒泰地区】富蕴县淹没作物 1334 亩，减产 32.46 万公斤。【伊犁地区】伊宁县、尼勒克县 24 万亩农田受灾，冲垮扬水站 1 座，倒塌房屋 51 间。【博尔塔拉自治州】温泉县 208 户 1000 人受灾，704 间民房进水，冲毁围墙 1906 米、暖气管道 2580 米、渠道 910 米，渠道淤泥 1200 米，毁坏电机 15 台，1070 亩小麦受灾，损失粮食 15 万公斤。【昌吉自治州】吉木萨尔县、奇台县、木垒县受灾，受灾农田面积 1.23 万亩，冲毁民房 41 间，损坏棚圈 29 间，死亡牲畜 75 头（只），冲毁干渠 250 公里、公路 14.48 公里、防渗渠 27 公里、渡槽 17 个、桥涵 45 个。

8 月 4 日，【博尔塔拉自治州】精河县洪水，洪水从乌拉斯红山口直奔而下。53 户 307 人受灾，冲毁公路 140 米、渠道 4000 米、防洪坝 2000 米、公路桥 2 座，53 户民房进水，倒塌院墙 500 米，泡坏小麦 3.75 万公斤，冲走枸杞子 2300 公斤，冲毁防洪堤 300 米。

8 月 10~12 日，北疆阿勒泰地区、博尔塔拉自治州，东疆吐鲁番地区洪水。【阿勒泰地区】富蕴县 3 顶牧民毡房和全部家产被洪水冲走。【博尔塔拉自治州】博乐市小营盘镇 4 户牧民毡房被冲毁。【吐鲁番地区】鄯善县 495 户 2610 人受灾，冲毁二塘沟下游支渠、312 国道局部地段，农作物受灾 630.7 亩，减产 74.4 万公斤。

8 月 23 日，【塔城地区】和布克赛尔县暴雨洪水，暴雨持续 40 分钟。冲断公路 2 处，淹没麦田 240 亩，有 7 户民房进水，其中 3 户房内水深 50~60 厘米，5 间房屋被洪水冲走。

第六节　公元 1991—2000 年的洪水灾害

1991 年　3 月 17 日下午，【塔城地区】裕民县融雪性洪水，冲毁房屋 311 间、公路 11 处。

3 月 31 日至 4 月 2 日，北疆阿勒泰地区、塔城地区洪水。【阿勒泰地区】阿勒泰市倒塌房屋 22 间，400 亩冬麦被水淹没。【塔城地区】塔城市、额敏县受灾，塔城市也门勒河阿克奇桥附近受冰块阻塞，使河流决口深 2.3 米、宽约 2 公里。冲毁冬麦地 7500 亩，淹没草场 3 万亩，7000 头（只）牲畜无法放牧，死亡牲畜 2489 头（只），冲坏路面 16.3 公里、灌渠 680 米、大小桥 62 座，倒塌房屋 69 间。

4 月 9～19 日，北疆阿勒泰地区，南疆阿克苏地区、和田地区大（暴）雨洪水。其中，兵团农一师 4 团两天降水量 33.5 毫米，乌什县过程降水量 60.2 毫米、17 日降水量 44.8 毫米。【阿勒泰地区】哈巴河县 143 人受灾，倒塌房屋 12 间，冲毁部分围墙和圈棚。【阿克苏地区】乌什县、阿克苏市、阿瓦提县、柯坪县、农一师农作物受灾面积 15 万亩，冲淹粮食 25.85 万公斤、油料 4.56 万公斤，死亡牲畜 1.33 万头（只），倒塌房屋 2230 间，造成危房 7821 间，倒塌棚圈 1174 个。【和田地区】皮山县、和田县、民丰县、于田县 1.86 万人受灾，受灾农作物 1.06 万亩，死亡牲畜 1.83 万头（只），倒塌民房 124 间、畜圈 123 间，损坏树木 1844 棵。

5 月中旬，【阿勒泰地区】洪水，粮食作物受灾面积 20.9 万亩，其中 9 万亩旱地绝收，9.2 万亩春秋牧场、冬牧场受灾，部分水利设施被冲毁。

6 月 7～13 日，北疆阿勒泰地区、伊犁地区，南疆巴音郭楞自治州、阿克苏地区大（暴）雨洪水。和硕县降水量 27.9 毫米，轮台县降水量 18.1 毫米，库车县 12 日降水量 9.2 毫米，新和县 11 日降水量 44.1 毫米，拜城县过程降水量 54.5 毫米。【阿勒泰地区】富蕴县死亡牧民 3 人，洪水冲走毡房 5 顶，冲坏住房 3 间，冲走牲畜 366 头（只），死亡羊 200 只，冲毁草场 3000 亩、农田 1100 亩、渠道 3000 米。【伊犁地区】淹死 24 人，7 人受伤，冲毁毡房 9 顶、汽车 1 辆、小四轮拖拉机 1 台，死亡牲畜 1000 头（只）。【巴音郭楞自治州】农作物成灾面积 2.94 万亩，死亡牲畜 445 头（只），损坏闸口 94 座、水渠 139 条、砖坯 11 万块、房屋 188 间、畜棚 53 间，冲走粮食 300 公斤、化肥 4500 公斤。【阿克苏地区】8 县 1 市的 30 个乡受灾，冲毁水利设施 66 处、土坝 300 米、堤坝 360 米；乌喀公路 18 处受损，独库公路 2 座桥梁损坏，堵塞交通 5 小时；农作物受灾面积 26.8 万亩，成灾 25.5 万亩；倒塌房屋 1857 间，淹死 40 人，死亡牲畜 1.8 万头（只）。

6 月 16～23 日，北疆塔城地区、昌吉自治州，南疆喀什地区暴雨洪水。裕民县降水量 24.8 毫米，奇台县降水量 35.8 毫米。【塔城地区】农作物受灾面积 1.12 万亩，倒塌住房 62 间、围墙 330 米，冲毁公路 1.07 万米；部分高压线路被破坏，供电中断两天。【昌吉自治州】农作物受灾面积 22.63 万亩，减产粮食 961 公斤，死亡 2 人，冲坏民房 163 间、牲畜棚 39 个，冲毁桥、闸坝 26 座、防渗渠 9700 米、林带 160 米。【喀什地区】9 个县受灾，农作物受灾面积 42 万余亩，死亡牲畜 1.58 万头（只），倒塌牲畜棚圈 1864 个，冲毁水闸 104 座，毁林 29.93 多万株。

6 月 29 日，【博尔塔拉自治州】温泉县暴雨、洪水，粮食受灾面积 443 亩，其中成灾面积 229 亩。

6 月 30 日，【克孜勒苏自治州】阿克陶县暴雨、洪水，倒塌房屋 65 间，冲倒果树 2186 棵，冲走家具 154 件，损失粮食 17 万公斤，冲断道路 32 公里、渠道 52 公里，冲走各类牲畜 80 头（只）。

7 月 1～7 日，北疆阿勒泰地区、克拉玛依市、伊犁地区、昌吉自治州、乌鲁木齐市暴雨洪水。克拉玛依市日降雨量达 40.5 毫米。【阿勒泰地区】哈巴河县、富蕴县冲毁小麦、苜蓿 1350 亩，冲毁水渠 8000 米，冲坏闸门 8 座，倒塌房屋 5 间。【克拉玛依市】120 万公斤粮食、13 万公斤饲料、1 万条麻袋被淋泡，洪水冲走玉米 4600 公斤、清油 540 公斤、大米 2000 公斤，损坏路沿石 588 米、路基土方 7060 立方米、公路路基 1000 米、排水渠 93 米，冲走砖坯 174 万块。【伊犁地区】霍城县 1 万余亩农作物受灾，造成粮食、棉花、油料等减产，倒塌房屋 83 间，冲毁公路，交通中断 3 天。【昌吉自治州】昌吉市冲坏民房 16 间，毁坏农作物 1200 亩、干渠 5 公里、桥 1 座。【乌鲁木齐市】乌鲁木齐县 7437.8 亩农作物被淹，死亡牲畜 120 头（只），淹没草场 1000 亩，冲毁草场围栏 10 公里、渠道 1.65 公里、公路 10.3 公里。

7 月 13～15 日，东疆吐鲁番地区，南疆巴音郭楞自治州暴雨洪水。【吐鲁番地区】吐鲁番市 80 余亩葡萄被毁，冲毁支渠 7000 米、林木 7000 株。【巴音郭楞自治州】和静县冲毁道路 210 米，冲倒高压线杆造成停电数天，部分地区房屋漏水，受灾农作物 898 亩。

7 月 22 日，【阿克苏地区】柯坪县暴雨、洪水，500 亩小麦受损，240 个麦场遭暴雨袭击，部分麦子被洪水冲走。

7 月 25 日，【喀什地区】英吉沙县暴雨、洪水，倒塌房屋 38 间，冲毁牛羊圈 28 间、院墙 350 米，死亡牲畜 5 头（只），冲走粮食 2400 公斤、杏干 1000 公斤，冲毁农作物 110 亩。

7 月 29 日至 8 月 3 日，北疆阿勒泰地区、博尔塔拉自治州、乌鲁木齐市，东疆吐鲁番地区，南疆巴音郭楞自治州部分地区洪水。【阿勒泰地区】农作物成灾 1200 亩，绝收 120 亩。【博尔塔拉自治州】温泉县 467 人受灾，冲毁农作物 609 亩，冲走小麦 600 公斤、油料 240 公斤、面粉 400 公斤、化肥 600 公斤，132 间民房进水，倒塌 38 间，冲毁围墙 580 米、灌溉渠道 443 米、蜜蜂 70 箱，减产粮食 20.7 万公斤。【乌鲁木齐市】冲毁土地 471 亩，淹没农田 1830 亩，损失小麦、油料等各种农作物 28.5 万公斤，冲毁民房 11 间、棚圈 65 间，使 9 户 86 人成为无房、无粮、无衣的"三无"农户。【吐鲁番地区】托克逊县冲淹农作物 970 亩，冲毁桥 9 座、公路 5000 米，冲走当年植树 1.39 万棵，冲毁渠 3130 米、防洪坝 3950 米、防洪墙 5050 米、房屋 66 间，水淹粮食 3800 公斤、坎儿井 1 眼。【巴音郭楞自治州】和硕县民房进水，水深达 30 厘米以上，部分房屋倒塌，淹没良田 1050 亩，冲毁干支渠 3200 米、防洪坝 1200 米。

8 月 17～19 日，【伊犁地区】昭苏县暴雨、洪水，8265 人受灾，25 万头（只）牲畜受灾，冲毁桥梁 5 座、牧道 4 公里、草场 100 余万亩。

8 月 24～25 日，【吐鲁番地区】吐鲁番市洪水。冲毁防洪干渠 500 米、支渠 1000 米、钉子坝 36 座、坎儿井 7 条，泥沙淤平干渠 3800 米、涵洞 2 座，冲毁市乡公路 25 公里、桥25座；冲走粮食2.86万公斤、树1.27万株，807亩农作物绝收。

1992年 4月16日，【喀什地区】英吉沙县洪水，冲毁农舍44户，倒塌棚圈86间，350亩作物受灾，水毁乡村道路3公里。

4月27~28日，【克孜勒苏自治州】阿合奇县、乌恰县洪水，冲毁部分水渠、电站，淹没小麦30亩。

5月2~5日，南疆巴音郭楞自治州、阿克苏地区洪水。新和县降水量18.0毫米，柯坪县降水量14.9毫米。【巴音郭楞自治州】焉耆县受灾，农作物受灾面积1万多亩，成灾面积6100亩，牲畜死亡312头（只），损坏大棚53个。【阿克苏地区】拜城县、库车县、新和县、温宿县、沙雅县、阿克苏市、柯坪县、兵团农一师受灾，农作物受灾面积73万亩，死亡牲畜1.12万头（只），死亡1人，倒塌房屋190间、棚圈86间，冲坏渠道1.61万米，冲倒树木4521棵。

5月21~25日，北疆阿勒泰地区、塔城地区、伊犁地区、昌吉自治州洪水。【阿勒泰地区】青河县受灾，冲垮大渠渠堤8处、渠道2300米，受灾耕地209亩，减产4.18万公斤，死亡小畜9头（只）。【塔城地区】托里县受灾，冲毁农作物650亩、树苗107棵、渠道5公里，死亡3人。【伊犁地区】特克斯县2166人受灾，受害农作物5600亩，成灾3313亩，减产38万余公斤，倒塌房屋69间，损坏76间，死亡大小牲畜530头（只），冲毁大小渠道2100米、桥涵4座、水闸12个。【昌吉自治州】阜康县、木垒县受灾，木垒县洪峰最高达2米。农作物受灾面积3230亩，草场受灾面积450亩，冲毁防洪堤坝1座、小型水库1座、机井2眼，冲倒电杆17根、桥涵5座、冲走毡房4顶、羊25只。

6月1~10日，北疆阿勒泰地区、伊犁地区，南疆阿克苏地区洪水。富蕴县4日降水量为41.9毫米。【阿勒泰地区】吉木乃县、富蕴县、福海县受灾，淹没农田2060亩，倒塌房屋77间、棚圈12个，损坏民房757间，富蕴县县城所有街道洪水均超过80厘米以上，冲毁防渗渠400米、渡槽1座、闸门2座、防洪堤500米、桥1座，冲毁公路400米。【伊犁地区】霍城县、察布查尔县、特克斯县受灾，水深30厘米，水淹农田2000多亩，倒塌民房69间，损坏32间，减产粮食173.7万公斤，部分水利设施被毁。【阿克苏地区】8县576个村遭灾，农作物受灾面积110万亩，冲走牲畜3460头（只），倒塌民房451间。

6月14~20日，北疆博尔塔拉自治州、乌鲁木齐市，东疆哈密地区，南疆巴音郭楞自治州、阿克苏地区、喀什地区、克孜勒苏自治州、和田地区大（暴）雨、洪水。温泉县测站降水量20.3毫米；兵团农二师25团（博湖县）降雨量40毫米，和硕县雨量29.4毫米，北山区降大雪，积雪40~50厘米；18日阿拉尔降雨量19.9毫米，库车县降水量29.6毫米，新和县降水量36.6毫米，沙雅县降水量40.2毫米。【博尔塔拉自治州】博乐市洪水冲毁防洪堤和灌溉渠进入农田和居民点，水深30~40厘米，使3个乡57个农业村队、一个牧业队遭受损失，受灾人口1.11万，农作物受灾面积1.9万亩，冲毁干渠24处、斗渠618米。【乌鲁木齐市】柴窝堡林场3355人受灾，冲淹房屋148间，倒塌房屋和造成危房100间，冲毁粮食作物1970亩，死亡牛羊62头（只）；兰新铁路3处中断，部分地段十几米路基被冲走，铁路悬空。【哈密地区】哈密市洪水以180立方米/秒的流量翻越铁路、公路直泄哈密市，冲毁大桥4座、小桥21座、渡槽12个、防渗渠7940米、

第三章 洪水灾害

坎儿井4880米、防洪坝350米，农田绝收3133亩，冲坏林木、果树4.81万棵，倒塌房屋149间、羊圈114个、围墙7758米，淹死禽畜197头（只）。兰新线二堡、三堡之间的铁路被洪水冲毁51米，造成兰新线中断64小时，7列列车停运，滞留旅客1万多人。【巴音郭楞自治州】死亡牲畜1521头（只），农作物成灾1161亩，冲毁公路6公里、引水渠94米，冲走芒硝350万公斤。【阿克苏地区】农作物受灾面积2.24万亩，25万公斤粮食被浸泡，冲毁果树3405棵，倒塌房屋743间、棚圈931间，死亡牲畜396头（只），泡毁土坯130万块，冲毁大坝10多处。【喀什地区】11个县、市，41个乡、镇，452个村12.06万人受灾，农作物受灾面积34.74万亩，果园受灾面积2.41万亩，冲毁林木4.56万株、水渠1.47万米、乡村公路4万米、桥梁23座，倒塌民房1221间，死亡大小牲畜2947头（只），死亡7人。【克孜勒苏自治州】阿克陶县农作物受灾面积2400亩，倒塌房屋32间、棚圈39个，冲毁桥涵8处。【和田地区】农作物受灾面积1.44万亩，减产5.5万余公斤，倒塌房屋186间、棚圈26间，死亡牲畜2512头（只），损失化肥30袋，冲走粮食2398公斤、桑树2.54万株，死亡1人，冲毁渠道1.5万米、堤坝256米、涵洞5座，破坏水利设施7处。

6月24～28日，北疆伊犁地区，南疆喀什地区、和田地区暴雨、洪水。【伊犁地区】尼勒克县受灾农田面积1.2万亩，减产140万公斤，倒塌房屋153间，危房354间，冲毁公路1000米、水渠500米。【喀什地区】英吉沙县、莎车县受灾，5人死亡，农作物受灾面积4.3万亩，损失小麦35万公斤，死亡牲畜834头（只），冲走树苗4.57万株，倒塌房屋126间，冲毁大渠3000米、水闸2座。【和田地区】皮山县、和田县、洛浦县、于田县受灾，和田县3个村1个牧场发生泥石流，5167人受灾，受灾农田面积5.2万亩，减产粮食106万公斤，倒塌房屋492间、畜圈176间，死亡牲畜855头（只），毁坏树木687株，冲毁水利设施91处、公路3.7万米、渠道27.6万米、水电站1座、道路1700米。

7月1～4日，北疆博尔塔拉自治州、乌鲁木齐市，南疆巴音郭楞自治州、阿克苏地区暴雨、洪水。【博尔塔拉自治州】温泉县受灾人口1.2万，受灾小麦2.51万亩，成灾1.9万亩，冲毁干渠122米、支渠22米、毛渠1200米，冲毁渠首、导流堤85米，干渠淤泥3800米，冲坏公路9500米，冲坏毡房8座。【乌鲁木齐市】柴窝堡乡冲倒棚圈13座、房屋9间，冲毁公路3公里，淹死、冲走山羊350只，其中特级绒山羊130只。【巴音郭楞自治州】和硕县、焉耆县、库尔勒市、和静县、若羌县及农二师受灾，农作物受灾面积21.2万亩，成灾12.4万亩，倒塌房屋1722间、棚圈588个，死亡牲畜2.53万头（只），受灾果园1219亩、林木1127棵。其中，若羌县65.5万公斤小麦被雨淋浸泡发霉变质，6.5万公斤小麦被洪水冲走，冲毁渠道785米、防洪坝1.54万米、涵洞10座。农二师开泽渠泥沙积淤6公里，解放二渠决堤5处，泥沙淤塞支干渠40公里，冲毁涵桥40余座，丰收在望的2.5万亩大小麦倒伏，1.2万亩良田被冲毁，冲毁砖坯80多万块，冲走水泥3万公斤。【阿克苏地区】拜城县铁力克矿区巨石随洪流倾泻而下，6个矿井被泥沙淤平，井下和井上设备被摧毁，被迫中断生产1～3个月，死亡14人，16人下落不明，埋没矿车120辆、水泵20台、汽车58辆、拖拉机6辆，冲坏公路80公里。

7月5～10日，北疆阿勒泰地区、塔城地区、昌吉自治州、东疆吐鲁番地区、哈密地区洪水。【阿勒泰地区】福海县、青河县受灾，冲毁农田1.12万亩，5500亩绝收，8000亩草场被泥沙淹盖，3万亩苜蓿严重腐烂，倒塌民房969间，死亡牲畜2.52万头（只），死亡1人。【塔城地区】和布克赛尔县300余人受灾，2人死亡，倒塌房屋105间，冲淹农田1050亩，死亡家禽800多只。【昌吉自治州】奇台县北塔山牧场死亡牲畜1.13万头（只）。【吐鲁番地区】托克逊县、鄯善县受灾，农作物受灾面积2556亩，冲毁水坝2座、防洪堤7750米、渡槽4个、大桥1座、坎儿井2条，冲坏道路150米、煤井1口、防风墙145米，死亡大小牲畜71头（只），冲毁树木8400棵、民房85间。【哈密地区】倒塌棚圈12个，死亡大畜56头（只），冲毁人工草场280亩。

7月19～24日，北疆阿勒泰地区、博尔塔拉自治州，南疆喀什地区暴雨、洪水。【阿勒泰地区】哈巴河县、富蕴县、青河县受灾，农作物受灾面积5812亩，冲毁房屋17间、棚圈37座、围墙180米、林带20亩、土坯45.70万块。哈巴河县冲垮水渠7处，青河县淤塞渠道6处，富蕴县冲毁南北大渠2700米。暴雨后投入678个工作日，抢修大渠700米，清淤土方5010立方米。【博尔塔拉自治州】温泉县1.24万人受灾，小麦受灾面积2.51万亩，成灾面积1.9万亩，9户牧民毡房进水，冲坏毡房8座，冲走面粉930公斤、牲畜36头（只），冲毁干渠122米、支渠22米、斗渠1200米、导流堤85米、公路9.5公里，干渠淤泥长达3800米。【喀什地区】疏附县2356人受灾，农作物受灾1142亩，冲毁民房82间、棚圈8间、鱼池230亩、桥梁42座，冲坏堤坝400米、水渠4条，冲走口粮1.4万公斤。

8月4日，【喀什地区】疏勒县洪水，冲垮河堤50米，严重威胁渠道附近人民群众生命财产的安全。全县调集4000民工，拉运木料260根、麻袋8000条、铁丝1.1吨、树枝17万公斤，并动用4.8万元资金投入抢险救灾。驻军某部出动官兵和18辆汽车开赴险区救灾，军民携手苦战20多小时，堵住了决口。

8月8日，【博尔塔拉自治州】温泉县洪水，冲毁麦子8万公斤，冲断桥涵和公路。

8月8日，【和田地区】皮山县大雨、洪水，降水量为25.0毫米。农作物受灾面积13万亩，倒塌房屋17间、棚圈11个，死亡牲畜11头（只）。

8月10日，【吐鲁番地区】吐鲁番市洪水，持续6小时，全市7个乡（镇）受灾。冲毁堤坝500米、支渠1000米、防洪墙3200米、建筑物8座、坎儿井7条，淤积干渠3755米，冲毁公路2.5万米、桥25座，807亩农作物绝收。

8月24日，【阿勒泰地区】福海县暴雨、洪水，1548人受灾，倒塌房屋51间。

9月1日，【阿勒泰地区】富蕴县暴雨、洪水，50米宽的山洪卷着沙石翻过防洪大堤，3815平方米房屋进水，其中2370平方米成危房，4.5万公斤小麦被侵泡发芽，损失10％，冲走土坯53.2万块，泥沙淤塞大渠500米，冲毁涵洞3个，2081公斤草料发霉，损失50％以上。

1993年　3月10～15日，北疆塔城地区、昌吉自治州、石河子市、乌鲁木齐市融雪春洪。【塔城地区】沙湾县直接经济损失600多万元。【昌吉自治州】玛纳斯县、呼图壁县、奇台县受灾，冲毁房屋425间，受灾冬小麦9270亩，1456亩绝收；呼图壁县部分渠道、防洪堤被毁，乌（乌鲁木齐）—伊（伊犁）公路被冲断。【石河子市】兵团农八师143团受灾，减产谷物242万公斤、棉花33万公斤、油料20万公斤，死亡1人。【乌鲁木齐市】10间民房进水，冲垮温室大棚204座118亩，冲毁冬麦2200亩、啤酒花200亩、道路6100米、防渗渠700米、引水渡槽1座、涵洞4座，冲走有机肥111万公斤。

3月26日至4月3日，【塔城地区】托里县融雪春洪，冲淹农田1.2万亩，冲走麦种2500公斤、化肥1200公斤，冲毁牧业草料基地850亩、药浴池6座、配料站2座，林业受灾面积1320亩。

4月15～17日，北疆阿勒泰地区、伊犁地区洪水。【阿勒泰地区】阿勒泰市、富蕴县、青河县受灾，淹没农田3823亩，1500亩草场受到不同程度的毁坏，140间房屋进水，倒塌住房9间，冲毁麦场和林带围墙1.51万米。其中，阿勒泰市冲毁大小公路1500米，交通中断。富蕴县冲毁闸门9座、防渗渠5039米、大桥2座，冲垮水库1座。青河县大坝决口82米，大坝溢流堰被冲毁50米，水毁公路，交通中断。【伊犁地区】伊宁县冲毁防洪坝145米，淹没农田1000多亩。

4月22～24日，北疆阿勒泰地区、克拉玛依市洪水。【阿勒泰地区】青河县150户受灾，冲毁草场1000亩、小麦150亩，29公里渠道被淤塞，冲毁水渠300米，倒塌围墙1500米，18间住房进水，冲毁圈棚19间，冲垮桥涵6座，1.28万公斤化肥、2800公斤粮食被水侵泡。【克拉玛依市】融雪性洪水，冲毁部分防洪堤坝，淹没水源井20口，使克拉玛依市的生产、生活用水受到污染，重油公司的50台锅炉被迫关停，减产原油800多吨。

5月11～14日，【喀什地区】各县（市）暴雨、洪水，降雨持续近30个小时，降雨量23.5～52毫米。倒塌民房1870间、棚圈1998间、院墙7051米；农作物受灾24.09万亩，成灾面积19.98万亩，死亡大畜8852头（只）、小畜6377头（只），死亡2人。

5月21～25日，北疆阿勒泰地区、塔城地区山洪。【阿勒泰地区】布尔津县暴雨、山洪，淹没小麦2000余亩。【塔城地区】塔额盆地发生暴雨融雪混合型洪水。洪水冲淹农田5.6万亩、房屋484间，10.2万人受灾。

5月26日，【阿克苏地区】新和县暴雨洪水，4个乡39个村4362户受灾，受灾农田面积3.82万亩。

6月7～12日，北疆【阿勒泰地区】洪水，各县降水量多在10毫米以上。布尔津、哈巴河、阿勒泰两县一市受灾，冲毁农田4.8万亩，淹没草场308万亩，冲毁住房1.09万间、办公室110间、商店4个、工厂3个、教学点26个，冲倒棚圈4332个、配种站7座，冲坏围栏2163处，山洪冲走牲畜3989头（只），冲垮大桥12座、渡槽23个、龙口53处、堤坝7.73万米、闸门86座、公路1.34万米，冲走木材5445立方米。

6月24～25日，北疆伊犁地区、南疆巴音郭楞自治州洪水。【伊犁地区】伊宁县8个乡镇场受灾，农作物受灾12.8万亩，4.22万亩重新翻种，死亡牛1头，冲毁渠道1350米。【巴音郭楞自治州】轮台县、若羌县受灾，农作物受灾面积1.55万亩，死亡牲畜2879头（只），100余户民房被淹，水深40～150厘米，造成危房318间，倒塌圈棚121个，水淹麦场1726个，损失粮食8.5万公斤，5000余株树被冲走，冲毁防洪坝150米，水利、交通、电力等基础设施遭受破坏，若羌河沿岸两乡一镇农田灌溉系统全部被毁。

7月3～4日，北疆阿勒泰地区、乌鲁木齐暴雨、洪水。【阿勒泰地区】阿勒泰市、富蕴县受灾，洪水挟巨石、树木、泥沙直泻阿勒泰市城区，顺水泥厂路、金山路、文化路等城市主干道席卷而过，沿街房屋及各类设施遭到严重破坏，死亡1人，淹死小牲畜148头（只），倒塌房屋12间，淹没草场3550亩、农田2.27万亩，冲走土坯13.1万块、木材98立方米，冲垮防渗渠570米、大渠闸门4座、公路2处。【乌鲁木齐市】山洪堵塞了公胜干渠、小东沟干渠，冲断渠道130米，1822亩农作物被淹，冲塌房屋15间，造成危房35间，淹死牲畜21头（只）。

7月10～21日，北疆阿勒泰地区、塔城地区、伊犁地区、昌吉自治州、乌鲁木齐市，东疆吐鲁番地区、哈密地区，南疆巴音郭楞自治州、喀什地区洪水。米泉县19日降水量18.3毫米。【阿勒泰地区】福海县、富蕴县、青河县受灾，农作物受灾面积1326亩，减产72万公斤，水毁草场23亩，打草场5235亩，倒塌房屋32间，造成危房213间，冲毁龙口19处、闸门2座、防渗渠1252米、支渠8500米、土坯17万块、公路5公里。【塔城地区】和布克赛尔县7000亩农作物受灾。【伊犁地区】尼勒克县暴雨，加上高山积雪融化，9条山沟同时暴发洪水，沿岸居民住宅、大片水田、草场被淹没，部分水利建筑物及公路桥梁多处被冲毁。【昌吉自治州】米泉县、吉木萨尔县、奇台县受灾，农作物受灾面积8.75万亩，减产160万公斤，倒塌房屋112间。其中，吉木萨尔县冲毁渠道15公里、渠首4座、大桥11座、拦水坝7处、道路2000米。奇台县冲毁主干渠道3.6公里。米泉县发放救灾款125万元，救灾物质5799件（次），面粉4.64万公斤用于救灾。【乌鲁木齐市】东山区芦草沟乡损失严重，直接经济损失30多万元。【吐鲁番地区】鄯善县受灾，冲毁挡水墙67米、防渗渠100米、防洪坝304米，泉水沟淤泥高2米，停水7天，淹没吐哈油田部分油井，铁路路基被冲坏，原油运不出，38口生产井被迫关闭。【哈密地区】洪水袭击了兰新铁路，疏勒河至哈密段10处路基被洪水掏空，钢轨悬空，中断交通96小时，滞留客车23列、货车55列。【巴音郭楞自治州】若羌县通往各乡的道路多处中断，无法通行。兵团农二师直接经济损失350万元以上。【喀什地区】巴楚县128户受灾，农作物受灾面积1160亩，损失小麦8.38万公斤，倒塌房屋100间、棚圈42间，淹死禽畜186头（只）。

7月27日，北疆阿勒泰地区、塔城地区暴雨洪水。【阿勒泰地区】阿勒泰市农作物受灾面积5700亩，淹没草场2200亩，死亡牲畜73头（只），冲毁水渠29公里、防洪坝10公里、防洪渠750米，倒塌牧民住房154间，冲走车辆6辆，冲毁沥青路面2000平方米、通讯线路1公里。【塔城地区】沙湾县1639亩农作物受灾，冲走粮食297公斤。

8月10～14日，南疆【喀什地区】暴雨、洪水。疏附县、伽师县、莎车县、叶城县受灾，农作物受灾面积7030亩，倒塌房屋718间、棚圈320间、围墙1860米，死亡牲畜400头（只），损失粮食16.57万公斤、卷走树木144亩、化肥6100公斤、自行车33辆，冲毁渠道2550米、桥涵33座、闸口21座、堤坝1500米、公路39公里。

8月16日14时，北疆【阿勒泰地区】青河县暴雨、洪水。686人受灾，147间房顶漏雨，倒塌院落1个，2间校舍进水倒塌，6000块土坯被冲走。

8月20日，【阿勒泰地区】洪水。阿勒泰市、吉木乃县1782人受灾，农作物绝收面积3851亩，减产粮食77万公斤，死亡1人，冲毁干渠9公里、支渠7公里，冲毁自来水公司管道1200米，冲断水泥管17根。

1994年 3月23～24日下午，【博尔塔拉自治州】融雪性洪水，温泉县、博乐市受灾，冲淹农田8180亩，其中2464亩土壤严重流失不能耕种，63间住房进水，水深60～70厘米，冲坏田间道路8440米，冲毁桥涵闸等建筑物33座、干渠70米、斗渠4600米、电站引水渠150米、导流堤250米、防护堤4.9万米，冲毁鱼塘10个，损失成鱼10.5万公斤。

4月23～30日，北疆塔城地区、伊犁地区暴雨、融雪，使境内各主要河流暴涨，形成洪水灾害。【塔城地区】和布克赛尔县、塔城市、额敏县、裕民县、托里县受灾，淹没农田5多万亩、草场21万亩，沙石淤埋优质草场24.6万亩，冲毁牧民住房680间、棚圈478个，造成危房1446间，死亡牲畜4102头（只），冲毁公路7万米、桥涵29个、渠道2万米。其中，受灾严重的额敏县60%的水利设施遭到不同程度的破坏，大中型水利设施100多处被严重损毁，全县受灾农田面积占农田总面积的60%。【伊犁地区】霍城县、伊宁市、特克斯县、新源县、昭苏县受灾，农作物受灾面积27.57万亩，死亡牲畜6000头（只），冲倒住房1194间、棚圈1615个，淹没草场3.8万亩，部分水利设施被冲毁，8万人饮水发生困难。

5月21～22日，【阿勒泰地区】哈巴河县洪灾，哈巴河山口电站围堰中部三处漏水，堵漏无效，为保护下游人民群众生命、财产安全，从围堰右岸决口处破堤泄洪。

5月30日至6月3日，北疆博尔塔拉自治州、昌吉自治州，南疆巴音郭楞自治州、阿克苏地区、喀什地区暴雨洪水。【博尔塔拉自治州】兵团农五师91团冲坏防洪坎多处，249亩棉花受灾。【昌吉自治州】玛纳斯县受灾农田面积3588亩。【巴音郭楞自治州】和静县牲畜死亡3538头（只），倒塌牧民住房146间、棚圈138座、办公室7间，冲坏桥1座，冲毁人工种植苜蓿80亩，淹死牧民2人。【阿克苏地区】拜城县冲坏防洪工程2.55万米，毁坏水利建筑物33座，死亡3人，农作物受灾面积5.1万亩。【喀什地区】英吉沙县受灾，冲毁大坝200余米、主干渠道3500米，冲毁农田5400亩，树木5.00万余棵。

6月9～11日，北疆阿勒泰地区、博尔塔拉自治州暴雨、洪水。【阿勒泰地区】富蕴县、青河县受灾，73户房屋进水，其中19户1140平方米地基下沉，冲毁柏油路面980米、农田林带247亩、围墙500米，淹没农田430亩，21万块土坯被淹，冲毁渠道13处。【博尔塔拉自治州】温泉县受灾，冲毁渡槽65米、导流堤61米、自来水管30米，农作物受灾面积300亩。

6月11～16日，南疆巴音郭楞自治州、阿克苏地区暴雨、洪水。【巴音郭楞自治州】农作物受灾面积3.44万亩，其中粮食作物2693亩，其余为棉花、甜菜等作物，受灾作物大部分被淤泥覆盖，部分地区因水毁水利设施而出现旱情，对复播有影响，倒塌房屋296间，造成危房1399间，死亡2人。【阿克苏地区】库车县受灾，国道217线（独库公路）多处发生山体滑坡、塌方，造成公路中断，受阻车辆99辆，滞留乘客870人。

7月3～4日，【阿勒泰地区】阿勒泰市、富蕴县、青河县大雨山洪，淹死4人，倒塌民房320间，造成危房780间，淹没农田7万亩，其中1.8万亩绝收，冲毁草场9600亩，死亡牲畜60头（只）。其中，阿勒泰市洪水从将军山沟、东后街沟、小哈拉苏沟、乌拉斯沟、园艺场沟直泻而下，厂房进水2100平方米，冲毁护堤2000米、防洪渠500米、龙口5处、龙口干渠1500米、防渗渠7083米、道路1500米，冲垮电厂水渠125米、高压线路2400米，停电34小时，停水12小时。

7月6日，东疆哈密地区、南疆喀什地区洪水。【哈密地区】伊吾县20户97人受灾，受灾农田104亩，倒塌房屋37间。【喀什地区】麦盖提县冲毁防洪堤坝3324米、桥5座、闸口2座、棉田1540亩、房屋25间，淹死羊250只。

7月12～16日，北疆博尔塔拉自治州、昌吉自治州、乌鲁木齐市，东疆吐鲁番地区，南疆巴音郭楞自治州、喀什地区洪水。玛纳斯县15日降水量为13.2毫米、南山前山降水量达32毫米，米泉县28.8毫米，乌鲁木齐市区15.7毫米、达坂城12.2毫米、小渠子23.4毫米、后峡13.9毫米、大西沟34.1毫米。【博尔塔拉自治州】温泉县、博乐市552人受灾，农作物受灾面积6.55万亩，187间住房进水，伤亡牲畜589头（只），冲毁干渠389米、斗渠1225米、防洪堤2950米、防渗渠2公里、鱼塘6亩。【昌吉自治州】玛纳斯县、呼图壁县、米泉县、阜康市、奇台县受灾，农作物受灾面积4.79万亩，死亡牲畜67头（只），311间房屋进水，倒塌房屋268间，造成危房94间，工业、水利、交通、邮电设施遭严重破坏，玛纳斯河大桥下沉，312国道交通中断，冲毁闸门15座、桥3座、渠道24公里、小塘坝1座。【乌鲁木齐市】乌鲁木齐县冲坏渠道1公里，冲断导流堤50米，东沟电站临时引水渠道全部被冲毁，青年渠江桥段被泥石流冲毁决口，造成停水1天；洪水冲坏跃进钢铁厂3、4号冷却池，使总装机容量1.35万千瓦的电厂只有1500千瓦的机组能运行，全厂停电、停水、停产。倒塌房屋11间，淹死1人，伤1人，死亡大小牲畜1396头（只）。【吐鲁番地区】冲淹农田16万亩，毁坏林木35万棵，倒塌房屋2892间，工业、水利、交通、邮电设施遭严重破坏，冲毁防洪坝300米。【巴音郭楞自治州】洪水超警戒流量60多小时，毁坏防洪坝148公里，冲毁水利设施、房屋，淹没农田庄稼，乌拉斯台农场61连被洪水冲毁，职工住房大部分倒塌，低秆作物（小麦）被淹没，玉米只露出个头，农作物受灾2.68万亩，死亡牲畜4600头（只）。洪水冲毁南疆铁路鱼儿沟至和静段数处，使铁轨悬空，1列客车、6列货车受阻，运输中断200多小时。【喀什地区】巴楚县、塔什库尔干县受灾，冲毁砖厂1个、房屋20间、砖100万块，冲走柳树苗6.5万株、麦场3座，淹没农作物、草场、林地3224亩，4个乡的300多户农牧民和4500头（只）牲畜被水围困。

7月19日，【阿勒泰地区】阿勒泰市洪水，受灾农田面积5.5万亩，成灾1.7万亩，绝收7765亩，倒塌民房167间、棚圈45间，受灾草场4000余亩，冲毁渠道654米、道路24.4米、桥2座、涵洞3个。

7月19～29日，【塔城地区】乌苏县3次洪灾，受灾户867户3035人，受灾农田面积6万亩，成灾面积5.2万亩，绝收5100亩，倒塌民房108间，造成危房305间，倒塌棚圈45间，冲毁道路4000米、桥56座、涵洞98座。

7月24日，【喀什地区】巴楚县洪水，冲毁防洪坝3500米、156间民房和1所小学，2100余亩作物受灾。

7月27日，【阿克苏地区】沙雅县帕满水库来水量达9275万立方米，超出防洪库容3075万立方米，致使温宿县、沙雅县、阿克苏市、阿瓦提县发生特大洪水，淹没草场40万亩、农作物绝收1.84万亩，死亡大小牲畜2093头（只），冲走麦子1.25万公斤、油菜子2400公斤，毁坏房屋428间、棚圈188个，冲走耕地1350亩，冲毁永久性防洪坝2.4公里、挡水坝960米、公路67米、桥71座。

8月3～10日，北疆塔城地区、伊犁地区、博尔塔拉自治州，南疆巴音郭楞自治州暴雨、洪水。【塔城地区】冲毁新、老南干渠多处，洪水夹带大量泥沙致使道路淤积，交通中断，兵团农七师部分房屋、库房等进水，直接经济损失达600多万元。【伊犁地区】特克斯县洪水引发泥石流，农作物受灾面积4.29万亩，死亡2人，倒塌房屋20间，水利、交通设施遭严重破坏。【博尔塔拉自治州】博乐市倒塌民房6间，9间成危房，冲毁桥16

座、闸门 3 个。【巴音郭楞自治州】塔里木河洪水暴涨，致使轮台县部分地区严重受灾，冲毁农作物 210 亩、房屋 25 间、土坯 3 万块，冲走拖拉机一台、柴油机 3 台、水泵 3 台，119 头（只）牲畜落水。

8 月 28 日，【阿勒泰地区】阿勒泰市暴雨、山洪，东山沟、地区人民医院后山沟、市自来水公司水厂的山沟及汗德尕特乡等多处渠道被堵，冲毁一批市政设施，民房遭严重破坏，经济损失达 150 元。

12 月 18 日，【阿勒泰地区】哈巴河县哈巴河流域出现冰凌雪块，阻塞河道，造成大面积积水外淤，形成严重的漫冰水灾害。受灾 3 个村 125 户 650 人，成灾 44 户 224 人。受灾草场 5.76 万亩（冬牧场），成灾 3.2 万亩。

1995 年 3 月 21~26 日，【昌吉自治州】部分地区由于前期连降三场大雪，戈壁积雪较厚，后因气温升高，冰雪融化，形成洪水。木垒县、奇台县受灾，20 多户农家进水，倒塌房屋 37 间、牲畜圈棚 20 间，冲毁院墙 3000 米、干渠 1000 米、桥 3 座、机井 3 眼、防渗渠 200 米、道路 400 米，冲刷淹没冬麦条田 2775 亩，冲淹化肥 2720 公斤、粮食和饲料 9700 公斤，水毁乌奇公路部分路段。

5 月 2 日，【博尔塔拉自治州】博乐市暴雨、洪水，冲毁农作物 650 亩。

5 月 9~13 日，北疆昌吉自治州、乌鲁木齐县，南疆阿克苏地区、克孜勒苏自治州洪水。【昌吉自治州】阜康市 592 人受灾，经济损失 75 万元。【乌鲁木齐市】乌鲁木齐县冲毁渠道 330 米、农田 250 亩，倒塌房屋 3 间，造成危房 16 间；死亡牛 3 头、羊 10 只。【阿克苏地区】温宿县冲毁玉米 230 亩。【克孜勒苏自治州】阿合奇县淹没 500 余亩农田及草地，淹死牲畜 100 多头（只）。

6 月 19~23 日，【喀什地区】塔什库尔干县大雨、洪水，倒塌房屋 171 间、棚圈 305 间，790 户 4290 人被迫迁移，6 万余头（只）牲畜被迫转移，淹没农田 4700 亩、草场 6800 亩，损失树木 2.5 万余棵。

6 月 29 日，【博尔塔拉自治州】温泉县洪水，受灾农田面积 418 亩，其中小麦 290 亩，绝收 152 亩，128 亩油料绝收。

7 月 7~15 日，北疆阿勒泰地区、博尔塔拉自治州、昌吉自治州、乌鲁木齐市，东疆哈密地区，南疆巴音郭楞自治州、阿克苏地区等出现暴雨、洪水。【阿勒泰地区】阿勒泰市、布尔津县、富蕴县、青河县受灾，农作物受灾面积 2670 亩，绝收 410 亩，冲毁草场 1750 亩，300 亩农田和 300 亩草场被泥沙淤埋，造成危房 4 家，倒塌棚圈 1040 平方米，冲走土坯 17 万块，冲毁各种渠道 13 公里、闸门 5 座、防洪坝 4 座、公路 30 米、公路桥梁 1 座，150 米水渠被泥沙填满。【博尔塔拉自治州】精河县冲垮南干渠 350 米，淤泥 450 米，严重威胁人畜饮水。该县出动人员 1382 人，大小汽车、小四轮拖拉机 100 多辆、挖掘机 1 台、推土机 3 台，动用塑料编织袋 1 万余条，共清除淤土 8500 立方米。【昌吉自治州】玛纳斯县、米泉县、阜康市、吉木萨尔县、木垒县受灾，农作物受害面积 7950 亩，其中绝收 1634.7 亩，死亡牲畜 56 头（只），冲毁牧道 25 公里，毁坏草场围栏 1500 亩，冲毁干渠 883 米、公路 6 公里。【乌鲁木齐市】乌鲁木齐县永丰乡受灾，受灾总面积 3374 亩，绝收面积 2726.6 亩，粮食减产 61 万公斤，造成危房 21 间，西沟乡 150 米干渠被冲毁。【哈密地区】哈密市受灾，冲毁渠道 5800 米、涝坝 3 座、渡槽 4 座、防洪堤 4000 米，冲倒房屋 21 间，造成危房 92 间。洪水袭击了吐哈石油基地，供水管道进水，被迫停止供水达 10 天之久，正在修建中的石油基地遭受不同程度的破坏。【巴音郭楞自治州】和静县受灾，经济损失 72 万元。【阿克苏地区】库车县、温宿县受灾，洪水造成 314 国道淤积沙石，交通中断，19 公里渠道被沙石填平，淤积土方高达 7.6 万立方米，3 万亩耕地灌溉系统被冲断，冲毁渠道 2.6 公里、渡槽 1 座、桥 1 座、防洪导流坝 4.7 公里。

7 月 17～29 日，北疆阿勒泰地区、塔城地区、博尔塔拉自治州、昌吉自治州、乌鲁木齐市，东疆哈密地区，南疆巴音郭楞自治州暴雨、洪水。这次洪水给北疆阿勒泰地区、塔城地区造成较大损失，自治区政府分别给两地区拨款 5 万元用于救灾。【阿勒泰地区】阿勒泰市、吉木乃县、富蕴县、青河县 1291 户 7581 人受灾，农作物受灾面积 5.54 万亩，成灾面积 1.7 万亩，减产 2.45 万公斤，1040 平方米住房进水，倒塌民房 167 间，造成危房 113 间，倒塌棚圈 45 座，受灾草场 4900 亩，冲毁渠道 6.55 万米，泥沙淤积大渠 5000 米，冲毁道路 24 公里、桥 2 座、涵洞 6 个，冲毁街道 200 米，损失土坯 1.74 万块。【塔城地区】乌苏县 867 户 3035 人受灾，受灾农田面积 6 万亩，成灾面积 5 万亩，冲走小麦 9 万公斤，倒塌民房 108 间，造成危房 305 间，倒塌棚圈 45 间，冲毁渠道 63 公里、道路 40 公里、桥 56 座、涵闸 98 座。【博尔塔拉自治州】温泉县 921 人受灾，受灾农田面积 7217 亩，冲毁干渠 400 米，严重淤泥 350 米，冲垮渡洪桥 6 座、堤坝 4230 米、道路 8000 米、牧民毡房 7 户，淹死羊 188 只。【昌吉自治州】阜康市农作物受灾面积 2645 亩，绝收 822 亩，冲毁牧道 54 公里。【乌鲁木齐市】乌鲁木齐县东山区芦草沟乡冲毁农作物 80 亩，死亡羊 50 只，冲毁自来水管道 20 米，造成 80 户牧民饮水困难。【哈密地区】巴里坤县冲毁涝坝 11 座、低压管道 1 公里、防洪堤 1.2 公里，淹没机井 2 眼，淹没农田 2.49 万亩、草料基地 1800 亩，冲倒房屋 51 间，冲毁围栏 43.85 公里、各类棚圈 290 间，损失大小牲畜 2343 头（只）。【巴音郭楞自治州】轮台县水土流失面积 130 亩。

8 月 4 日，【阿勒泰地区】吉木乃县暴雨、洪水，冲毁引水渠 12 公里、闸门 5 座以及其它一些水利设施。

8 月 8 日，北疆博尔塔拉自治州、东疆哈密地区洪水。【博尔塔拉自治州】温泉县 834 户 4390 人受灾，农作物受灾 2.6 万亩，成灾 1 万亩，冲走新收小麦 5.1 万公斤、大麦 3600 公斤，冲毁道路 2.2 公里、渠道 5.5 公里，冲毁水泥 3.5 万公斤、羊毛 4 万公斤、砖块 200 万块。博乐市受灾人口 9397 人，农作物受灾面积 5.58 万亩，成灾面积 3.76 万亩，减产粮食 560 万公斤，倒塌民房 385 间，冲倒围墙 4022 米，冲毁渠道 2753 米、防渗渠 1390 米、防洪坝 1440 米、闸门 29 座、桥 16 个，冲坏清真寺 1 个、砖窑 1 个、土坯 105 万块、砖坯 20 万块，被淤泥覆盖或泥水泡湿水泥 4.43 万公斤；死亡禽畜 3500 头（只）。灾情发生后，博乐市驻军武警官兵共出动 1900 多人投入抗灾，出动各种车辆 60 辆次，共捐现金 19.6 万元，捐物折款 7.3 万元。当年为灾民新建住房 69 间，维修房 217 间。州人民政府给各地灾区下拨救灾款共计 95 万元。【哈密地区】榆树沟渠首被冲毁，淹没农田 1539 亩，冲毁渠道 1400 米、桥 1 座，冲倒围墙 70 米，造成危房 16 间。

8 月 14～15 日，【哈密地区】伊吾县暴雨、洪水。冲倒民房 37 间，造成危房 112 间，226.5 亩农作物受淹，1445 米渠道和 546 米防洪堤被冲毁。

9 月 3～7 日，东疆哈密地区、南疆和田地区洪水。【哈密地区】受灾 15 户 75 人，冲毁房屋 6 间，55 间房屋进水，冲走油葵 2000 公斤，水泥 1000 公斤。【和田地区】墨玉县降水量为 26.9 毫米，农作物受灾面积 3.6 万亩，倒塌房屋 148 间、蚕室 14 间、棚圈 1685 间、蚕茧死亡 1129 盒，死亡牲畜 819 头（只），受伤 4 人。

9 月 12~14 日，南疆阿克苏地区、喀什地区洪水。【阿克苏地区】拜城县 618 户受灾，农作物成灾总面积 2074 亩，小牲畜死亡 156 头（只），倒塌民房 257 间，损坏民房 465 间，倒塌棚圈 130 间，冲坏大坝 131 米，死亡 1 人，重伤 2 人。【喀什地区】英吉沙县倒塌房屋 128 间、棚圈 95 间，冲毁农作物 2358 亩，损失粮食 700 公斤，冲毁电线杆 5 根、树苗 2.50 万棵、水渠 5490 米、闸口 15 座，死亡大小牲畜 60 头（只）。

10 月 18~19 日，【阿克苏地区】拜城县洪水，19 日降水量 27.4 毫米。农作物受灾面积 5.09 万亩，水淹油菜 2.62 万公斤，倒塌教室 311 间、民房 17 间、棚圈 11 个，死亡牲畜 317 头（只），死亡 1 人。

1996 年 1 月 18 日，【博尔塔拉自治州】博尔塔拉河突发冰洪，河水改道，进入农田和居民点，博乐市 3000 亩农田被冰封盖，冰层最厚达 1 米以上，5 户村民房屋进水，青得里乡 700 多亩冬小麦被冰封盖，冰层厚达 50~70 厘米，冰洪冲毁防渗渠 2.5 公里、桥 8 座、闸门 5 个，淹死小畜 1304 头（只），受灾 986 户 2903 人。

1 月 21 日，【伊犁地区】特克斯河、伊犁河汇合处因冰块堵塞河床造成洪水，巩留县 2 个牧业村被淹，受灾人口 200 多户，受灾牲畜 2 万多头（只）、草场 1 万多亩。

3 月 8 日，【昌吉自治州】米泉县洪水，受灾牧民 40 户 258 人，受灾冬小麦 1000 亩，损失粮食 17 万公斤。

3 月 28 日至 4 月 7 日，【喀什地区】伽师县、巴楚县、岳普湖县、麦盖提县、莎车县暴雨、洪水，受灾 4.38 万人，死伤 19 人，农作物受灾面积 1.77 万亩，损失棉种 8 万公斤、粮食 49.26 万公斤，倒塌房屋 8418 间、教室 63 间、畜圈 6890 间，死亡牲畜 5867 头（只），电信中断 10 余小时，伽师县 52 个教学点 179 个班 5377 名学生被迫停课，麦盖提县棉花播种推迟 10 天。

4 月 1~15 日，【哈密地区】巴里坤县出现多次降水过程，尤其是 9~11 日连续三天降了中量的雪，随后气温回升较快，形成融雪性洪水，造成水库水位猛增，4 月 16 日凌晨下涝坝水库垮坝，决口宽度上口 20 米，底宽 7 米，坝基宽 45 米，坝高 9 米，冲毁大坝土方 0.5 万立方米，冲毁下游防渗渠 450 米、大渠 1000 米、斗渠 5000 米、上游改水工程管道 150 米，农作物受灾面积 2400 亩，冲走优质农家肥 2000 立方米，冲毁石墙围栏 2000 米。

4 月 5~7 日，【喀什地区】巴楚县、疏勒县、疏附县、伽师县、喀什市、岳普湖县、英吉沙县、麦盖提县、莎车县、泽普县、叶城县普降大雨，降雨过程长达 72 个小时，引发洪水。全地区倒塌房屋 1.04 万间、棚圈 9960 间，造成危房 2.04 万间，倒塌校舍 117 间，造成学校危房 5.33 万平方米；死亡 3 人，受伤 21 人；受灾小麦 14.25 万亩，因碱害死亡冬麦 1.15 万亩，已播的棉花烂种 3000 亩，雨淋损失粮食 57 万公斤，受损棉籽 8 万公斤。

5 月 10 日，【和田地区】皮山县大雨，引发洪水，5.5 万人受灾，倒塌房屋 396 间、圈棚 362 间，死亡牲畜 6156 头（只）、家禽 188 只，农作物受灾面积 674 亩，损失粮食 15.44 万公斤，损坏家具 1.27 万件。

5月23～30日，北疆伊犁地区、博尔塔拉自治州、昌吉自治州，南疆阿克苏地区暴雨、洪水，其中，伊宁县过程降水量43.4毫米，阿瓦提县降水量40.0毫米。【伊犁地区】伊宁县冲毁防洪堤1500米，防洪堤决口6处、渠道决口2处，沿岸70余户居民被迫搬迁，淹没小麦600亩、玉米900亩。【博尔塔拉自治州】博乐市、精河县89户444人受灾，农作物受灾面积1470亩，成灾面积407亩，绝收89亩，毁坏民房23间、教室16间、防洪坝300米、渠道120米、道路20多米，冲毁阿合其农场两个渔塘340亩。【昌吉自治州】米泉县部分农作物、住房、牲畜围栏等严重受灾，直接经济损失39万元。【阿克苏地区】拜城县、库车县、新和县、沙雅县、乌什县、阿瓦提县农作物受灾24.4万亩，其中棉花22.17万亩，小麦倒伏2.2万亩，倒塌棚圈34座，死亡牲畜1530头（只），冲毁防洪堤2000米、公路桥1座、水文观测站1座、渠坝5000米。

6月12日凌晨3时，【博尔塔拉自治州】博乐市、精河县洪水，博乐市部分地区洪水持续了两个多小时，超过当地渠坝排洪能力。洪水进入农田和居民点，受灾人口492户2460人，受灾农田面积5415亩，成灾面积836亩，冲毁防渗渠3800米、乡村公路2500米、支渠785米、防洪坝40米、拦水坝250米、围墙70米、闸门4个、桥涵3座，冲走羊254只。

6月16～19日，南疆西部地区降雨60个小时，出现特大洪灾。【喀什地区】5县2市遭受严重损失。死亡1人，农作物受灾面积5.57万亩，倒塌民房668间、围墙4937米、畜圈488间，死亡牲畜891头（只），毁坏草场2.17万亩，冲毁桥梁10座、大小闸口40个。

6月23～24日，【阿勒泰地区】阿勒泰市、富蕴县、青河县暴雨、洪水。农作物受灾面积2620亩，成灾510亩，冲毁草场600亩，冲毁房屋19间，死亡牲畜14头（只），冲毁水渠1.1公里、防洪堤50米、桥梁5座、渡槽3座、接羔点1处、土坯6万块、道路500米。

7月2～6日，北疆阿勒泰地区，南疆巴音郭楞自治州、阿克苏地区、喀什地区、和田地区洪水，其中兵团农一师3团1小时15分降水量55.5毫米，过程降水量83.1毫米。【阿勒泰地区】吉木乃县、富蕴县受灾，冲毁柏油路80米、水泥2万公斤、水泥预制件3000块、沙石料1300立方米，5户牧民住房成危房，冲毁农田310亩、玉米60万公斤，淹死牲畜18头（只）。【巴音郭楞自治州】农作物受灾面积5300亩，成灾4400亩，绝收900万亩，冲毁北干渠7处，造成断流，倒塌围墙493米，冲毁暖气管道沟439米、过洪桥2处、渡槽1座、防洪堤350米、渠道342米。【阿克苏地区】拜城县、库车县、兵团农一师受灾，农作物受灾2.57万亩，部分地区积水1米左右，倒塌房屋50间，冲毁渠道1200米、道路660米。【喀什地区】英吉沙县农作物受灾面积1.1万亩，冲走麦场250个，倒塌房屋316间，冲毁桥44座、闸口20座、引水渡槽3座、道路2.58万米，死亡牲畜41头（只）。【和田地区】民丰县受灾，全县80%的麦场淋湿，小麦霉烂发芽，部分牲畜死亡，冲毁闸口1个，水毁部分公路、防渗渠等。

7月13～16日，北疆博尔塔拉自治州、昌吉自治州，南疆阿克苏地区、喀什地区洪水。【博尔塔拉自治州】温泉县受灾人口1015人，受灾农田面积5.44万亩，成灾面积4839.4亩，冲毁排洪槽23个、各种渠道5726米、防洪坝3750米、闸门8座、涵洞3座，造成危房189间，冲毁土坯2.1万块、自来水管道1600米、水泥3万公斤。【昌吉自治州】玛纳斯县、木垒县受灾，其中木垒县大石头乡山洪2米，从山谷直泻而下，使位于山口的乡政府机关及红岩村定居牧民损失惨重，受灾34户238人，冲毁乡政府砖砌院墙45米，倒塌房屋55间、牲畜棚圈128间，冲走面粉2050公斤、驼羊毛120公斤，冲毁公路1500米、干渠2000米、苜蓿草395亩。【阿克苏地区】拜城县农作物受灾面积1.06万亩，成灾面积6247亩，死亡牲畜41头（只），倒塌、损坏房屋18间；冲坏大坝2221米、道路400米。【喀什地区】疏附县、莎车县5686人受灾，倒塌住房2273间、畜圈988间、围墙3010米，水淹学校2所、麦场106处，损失小麦57.3万公斤，冲毁农作物4397亩，损失杏子2100公斤，冲毁公路51公里、水渠61公里，死亡羊237只。

7月17~22日，新疆境内东天山山区及天山两侧发生大范围强度大、持续时间长的大暴雨，引发了五十年一遇的特大洪水。米泉县过程降水量62.8毫米，阜康市20日降水量50.3毫米、过程降水量达68.8毫米，乌鲁木齐市20日降水量29.2毫米、过程降水量72.5毫米。北疆阿勒泰地区、塔城地区、博尔塔拉自治州、昌吉自治州、乌鲁木齐市，东疆吐鲁番地区，南疆巴音郭楞自治州、喀什地区等地州市20多个县受灾严重，4县9市城区进水，几十个乡被淹，数万人被洪水围困，几十座重点水利工程被严重毁坏，阜康县红山水库垮坝，损失惨重。洪水造成大量农田被淹和房屋倒塌，不少工矿企业因供电、交通中断而停产，通讯、道路、设施遭到破坏。据不完全统计，直接经济损失达40亿元以上。【阿勒泰地区】吉木乃县冲毁120户村民住房，另有70户住房受到不同程度的损坏，水淹库存粮12.5万公斤、油料3600公斤，损失粮食35万公斤，冲毁化肥5000公斤，冲毁棚圈4750平方米、库房3750平方米、水渠1000米、公路1000米，300亩小麦被冲，其中120亩被沙石掩埋。【塔城地区】沙湾县约有10万余亩农作物受灾，成灾7.5万亩，绝收5000亩，其中粮食作物受灾5.5万亩，棉花3万亩，有800余家民房受损和倒塌，受灾群众260户1200人，洪水造成117个村输电中断，250眼机井无法抽水。【博尔塔拉自治州】温泉县、博乐市受灾875户4220人，农作物受灾面积1.66万亩，成灾面积8821亩，减产粮食135万公斤，352间民房进水，倒塌民房273间，危房104间，冲塌库房67间，倒塌围墙2500米、棚圈67个，死亡牲畜487头（只），冲毁围墙4700米、渠道490米、渡槽2座、桥涵4座、闸门31座、防洪坝2200米。【昌吉自治州】死亡18人，190人受伤，失踪5人，受灾农作物30万亩，冲毁农田2万亩，损失粮食1386万公斤，死亡牲畜1163头（只），倒塌房屋间98间，造成危房144间，冲毁桥梁101座、堤坝13.41公里、道路74公里、桥涵11座、渠首工程6座。玛纳斯县3座水电站停止发电，所有煤矿停产，南部山区通讯、道路中断。阜康市红山水库决堤，洪水淹没麦田，玉米只有顶尖露出水面。【乌鲁木齐市】达坂城区乡17座煤矿损失严重，农作物绝收面积1.44万亩，占总面积的29.1%，园林受灾面积282亩，冲毁草场4000亩，倒塌房屋和危房2918间，死亡4人，死亡大小牲畜及家禽2529头（只），冲毁干渠34.5公里、涵洞22个、防护堤10余处，冲断毁坏大小桥梁30座，水毁道路19.2公里，毁坏自来水管道8.26公里，水毁柴窝堡到达板城铁路线5处，兰新铁路运输中断2天，由上海、北京、成都等地发往乌鲁木齐的6列客车和1万多名旅客被堵在哈密、鄯善、吐鲁番等车站。自治区人民政府拨款125万元、国家计委拨款170万元用于救灾，中国兵器工业总公司给其所属的燎原厂、星火厂2000万元，用于搬迁。【吐鲁番地区】有12万亩农作物受灾，绝收3万余亩，其中棉花受灾6万亩，粮食（主要是高粱）受灾4万亩，冲毁渠道1094米、防洪坝1705米、挡水墙420米、道路200米、桥梁9座，2万间民房被毁，近3万居民无家可归，交通、电力、通讯、供水全部中断，314国道被冲断，近千辆车、1万名人员被困。【巴音郭楞自治州】农作物受灾12万亩，成灾8.68万亩，绝收2.75万亩，损失粮食60万公斤。和静县铁路、公路、供电分别中断24天，通讯中断约60天，农田、水利、房屋等设施被冲毁，人员被围困，南疆铁路冲毁90处，铁轨悬空，国道218线冲毁18处，死亡6人。【喀什地区】毁坏机场输水管道1350米，二级泵站房进水，墙基下陷；倒塌民房1561间、棚圈605间，冲毁公路51公里，死亡牲畜237头（只），损失粮食1.10万公斤。

7月25~28日，北疆伊犁地区、博尔塔拉自治州、昌吉自治州、东疆吐鲁番地区、哈密地区、南疆巴音郭楞自治州暴雨、洪水。其中，木垒县过程降水量达105.7毫米，巴里坤县累计降水69.6毫米。【伊犁地区】尼勒克县淹没农田2700亩，87户村民家进水，冲毁45户住房，直接经济损失302万元。【博尔塔拉自治州】精河县毁坏渠首20多处，冲毁防洪导流堤70米，400米渠道被泥石淤积1.5米深，直接经济损失30万元。【昌吉自治州】木垒县13个乡镇场60%~70%的民房漏雨，倒塌房屋92间、牲畜圈棚210间，玉米、小麦等作物倒伏面积1.98万亩，绝收520亩，冲毁防渗渠4550米、自来管道2200米，直接经济损失592万元。【吐鲁番地区】托克逊县山洪引发泥石流，造成32辆客货车受损，9人死亡，1人受伤。【哈密地区】巴里坤县县城及2个乡处于洪水之中，受灾人口2.44万，600多间住房倒塌，大片农田草场及水利设施被毁，经济损失8333万元。哈密市损失牲畜5000头（只），冲毁棚圈248座、产羔室22座、草场6万亩，损失金额8000万元。【巴音郭楞自治州】若羌县倒塌房屋9900平方米，冲毁棉田150亩、玉米40亩，淋湿面粉2000公斤，淹死牲畜450头（只），直接经济损失707万元。

8月下旬，新疆部分地区特大洪水，11个地州市的35个县（市），190个乡（镇），数百个村严重受灾，受灾人口130万，死亡59人，受伤398人，毁坏房屋15.8万间，倒塌棚圈0.76万座，死亡牲畜21.7万头（只），冲淹粮食3.9万吨，成灾农作物11.78万公顷，绝收7.14万公顷。洪水造成新疆重要交通枢纽兰新铁路、南北疆铁路，216、217、218、312、314国道及省道干线公路全部中断，使全疆交通主动脉处于瘫痪状态。邮电、通信设施毁坏多处。洪水期间，有4列发往内地的客车受阻于吐鲁番和鄯善站，有近万辆大小机动车阻塞在南北疆干道，受困群众9.5万人，滞留旅客6万多人。沿天山北坡的10余座大中型水库均严重超过警戒水位，4座水库垮坝；冲毁渠首78座、渠道1195公里、防洪堤坝219公里，冲毁桥、涵、闸及渠系配套建筑物1464座，人畜饮水管道155公里；一座电站被毁，3座电站被迫停止发电；造成直接经济损失约35.83亿元。

9月15~25日，【阿勒泰地区】布尔津县部分地区先后遭暴雨灾害。1771人受灾，农作物受灾面积3750亩，其中土豆200亩、小麦2850亩、大麦500亩。

12月30日，【伊犁地区】察布查尔县部分地区洪水，淹没冬小麦60亩，冲坏自来水管道100米，冲坏蓄电池1座，泥沙淤积渠道1200米。

1997年 3月中下旬，北疆阿勒泰地区、塔城地区、伊犁地区、博尔塔拉自治州、昌吉自治州洪水。【阿勒泰地区】哈巴河县、布尔津县、富蕴县受灾，农田受灾面积2.4万亩，倒塌房屋38间，造成危房33间，损坏防渗渠10公里、水利建筑8座。【塔城地区】

托里县受灾，经济损失 15.5 万元。【伊犁地区】4 个县受灾，冲毁伊犁河谷 2.3 万余亩良田，严重影响春播。【博尔塔拉自治州】博乐市倒塌房屋 32 间，死亡牲畜 145 头（只），倒塌围墙 500 米。【昌吉自治州】玛纳斯县冲毁农作物 1600 亩，其中冬小麦绝收 1000 亩。

5 月 2～4 日，北疆阿勒泰地区、博尔塔拉自治州、昌吉自治州融雪性洪水。【阿勒泰地区】哈巴河县、阿勒泰市受灾，21 户房屋倒塌，冲毁桥梁 3 座、防渗渠 3 公里、砖厂 1 座、养鱼池 1 座，2 万亩耕地进水，冲毁农作物 1150 亩，1400 亩耕地遭严重破坏。【博尔塔拉自治州】温泉县 4133 人受灾，农作物受灾面积 8140 亩，成灾面积 7900 亩，死亡牲畜 93 头（只），倒塌房屋 49 间，冲毁桥涵 8 座、渠道 7076 米、围墙 1.06 万米、围栏 500 米。【昌吉自治州】阜康市 1674 人受灾，受灾农田面积 6428 亩，冲毁砖窑 1 座、砖坯 75 万块、渠道 1140 米，28 间民房进水。

5 月中旬，北疆博尔塔拉自治州、南疆阿克苏地区暴雨、洪水。【博尔塔拉自治州】冲毁棉花、小麦、玉米、蔬菜等共计面积 3255 亩，冲毁新树林带 10 亩。【阿克苏地区】库车县降水量 37.5 毫米，新和县降水量 46.1 毫米，拜城县降水量 57.7 毫米。拜城县、库车县、新和县受灾，农作物受灾面积 15.91 万亩，成灾 4.1 万亩，100 亩瓜果受灾，冲坏树木 850 棵，倒塌房屋 1624 间、棚圈 883 间，冲毁渠道 2.34 万米、大坝 8810 米、闸口 52 座，死亡牲畜 6110 头（只）。

5 月 31 日至 6 月 1 日，北疆伊犁地区、南疆喀什地区暴雨、洪水。【伊犁地区】尼勒克县 1.32 万人受灾，5 人死亡，2 人重伤，冲毁城乡公路 500 米，8 公里防渗渠被冲毁或淤积泥沙，冲毁饮水管道 4 公里，冲毁农田 1.07 万亩，其中 3252 亩农田被泥沙、碎石覆盖，淹没草场 1.5 万亩，死亡牲畜 1627 头（只），倒塌房屋 236 间。【喀什地区】疏勒县、疏附县、伽师县、喀什市受灾，冲毁堤防 9.84 万米、桥涵 146 座、渠道 17.83 万米、闸口 167 座，冲毁民房 1659 间，死亡 3 人。

6 月 21～28 日，北疆博尔塔拉自治州，东疆哈密地区，南疆巴音郭楞自治州、阿克苏地区、喀什地区洪水。巴里坤县山区及盆地边缘达 20～30 毫米，新和县 45 分钟内降水量达 28.8 毫米，阿克苏市 71 分钟降水量为 31.7 毫米。【博尔塔拉自治州】温泉县 346 人受灾，农作物受灾面积 1055 亩，成灾面积 916 亩，冲毁渠道 54 米、围墙 2000 米。【哈密地区】两县一市不同程度受灾，冲毁干渠 1.87 万米、涝坝 8 个、防渗支渠 4.79 万米、渡槽 15 座、引水龙口 12 座、防洪堤 8200 米、公路 8.9 万米，毁坏输电、通讯线路 3.8 万米，毁坏光缆线路 1 万米，冲毁地下管道 1200 米、城市防洪渠 4000 米、街道 1.5 万米，农作物受灾面积 2.8 万亩，成灾面积 2.1 万亩，死亡牲畜 9095 头（只），倒塌房屋 485 间，冲毁粮食、饲料 5 万公斤。【巴音郭楞自治州】和静县 8 个乡（镇）受灾，经济损失 1604 万元。【阿克苏地区】拜城县、库车县、新河县受灾，农作物受灾 1.03 万亩，团结大桥护河坝决口，冲毁防洪坝 95 米、桥梁 1 座，死亡 1 人。【喀什地区】塔什库尔干县部分地区受灾严重，直接经济损失 49 万多元。

7 月 9 日，【博尔塔拉自治州】兵团农五师部分地区暴雨、洪水，5 万公斤化肥被淹，冲走小麦 3000 公斤，1500 亩农田进水，400 亩未收割小麦被毁达 70%，冲毁斗渠 2000 米。

7 月 11 日，【吐鲁番地区】鄯善县大降水，引发洪水，七克台镇部分村庄受灾，13 户民房浸在水中，淹没农作物 950 亩，淹浸化肥 3000 公斤、小麦 820 公斤、面粉 250 公斤，冲毁水渠 1.2 万米、防洪坝 1.1 万米、墙 210 米。吐哈油田的两个计配站被淹，8 口油井被迫关闭。

7 月 12~15 日，【阿勒泰地区】富蕴县、青河县暴雨、洪水。农作物受灾面积 3107 亩，6600 亩草场受灾，冲淹牧民房屋 795 间，倒塌棚圈 54 座、塑料暖圈 23 座、围墙 2.5 万米，冲走木材 60 立方米，冲毁大渠 2.9 万米、龙口 17 座、围墙 880 米、道路 4200 米，破坏主干防渗渠 1.3 万米，死亡禽畜 381 头（只）。

8 月 2~6 日，北疆阿勒泰地区、伊犁地区、博尔塔拉自治州，南疆巴音郭楞自治州、阿克苏地区、喀什地区暴雨、洪水。【阿勒泰地区】哈巴河县、青河县 1166 人受灾，农作物受灾面积 6541 亩，草场受灾面积 185 亩，损失草料 168 立方米，冲毁防渗渠 180 米、渡槽防护堤 1 处、桥梁 1 座、塑料棚圈 1 座。【伊犁地区】伊宁市冲毁房屋 210 间、温室 2 个，受灾农作物 1053 亩，其中瓜果 390 亩。【博尔塔拉自治州】温泉县 430 人受灾，农作物受灾面积 600 亩，成灾面积 600 亩，洪水冲毁渠道 3131 米、水毁建筑物 3 座。【巴音郭楞自治州】轮台县水土流失面积 200 亩。【阿克苏地区】持续高温，致使河水暴涨，发生融雪溃坝型洪水，大寨水库发生垮坝，造成 1.2 万亩棉花被淹，130 户村民被迫搬迁。【喀什地区】巴楚县、塔什库尔干县受灾，倒塌房屋 85 间、畜圈 28 间，淹没棉田 3350 亩，牲畜死亡 46 头（只），冲毁道路 9 处全长 5893 米、涵洞 4 个、挡水墙 70 米。

8 月 10~12 日，【阿克苏地区】北部山区及浅山带暴雨、洪水，降水量 43 毫米。洪水直泻阿克苏市，冲毁东城区 3 处永久性防洪堤坝，淹没城区，冲断 314 国道和通讯光缆，造成交通、通信、供电、供水全部中断，10 多万居民受灾，死亡 16 人，倒塌民房 902 间，造成危房 2318 间，冲走大量粮食和其他生活用品。

1998 年 3 月 7~9 日，【吐鲁番地区】鄯善县全境普降大雨，引发洪水。全县 80% 的房屋漏雨，裂缝倒塌房屋 120 余间，损坏电器 114 台（部），泡塌电杆 5 根，倒塌输电线路 400 米，由于线路漏电，电死 1 人，冲毁小麦 1000 亩、水渠 800 米，经济损失约 100 万元。吐哈油田因输电线路受到严重损毁停产，经济损失近 1000 万元。

4 月 18~21 日，【伊犁地区】伊宁县暴雨、洪水，降水量 42.3 毫米，给农牧业生产带来严重危害，造成经济损失 700 余万元。

5 月 11~20 日，北疆伊犁地区、博尔塔拉自治州、昌吉自治州、乌鲁木齐市，东疆吐鲁番地区暴雨、洪水。其中，呼图壁县 19 日降雨量 35.6 毫米，乌鲁木齐市降水量达 39.1 毫米。【伊犁地区】霍城县、新源县、伊宁县、尼勒克县、巩留县暴雨引发塌方和泥石流，死亡牧民 11 人，死亡牲畜 4597 头（只），倒塌住房 160 间、棚圈 124 座，淹没农作物 5.6 万亩，冲垮大、小桥梁 30 座、渠道 2200 米、水利设施 14 座，水毁 315 国道 40 米。【博尔塔拉自治州】温泉县、博乐市、精河县 9475 人受灾，农作物受灾面积 4.42 万亩，成灾面积 4.06 万亩，冲毁渠道 700 米。【昌吉自治州】玛纳斯县、呼图壁县、昌吉市、吉木萨尔县受灾，经济损失 1754 万元。【乌鲁木齐市】市有色金属储运公司、乌鲁木齐北站等单位严重受损，直接经济损失 60 万元。【吐鲁番地区】鄯善县降水加上高山积雪融化，形成洪水，倒塌民房 25 间，100 亩葡萄、棉花受灾。

5 月 27 日至 6 月 3 日，北疆阿勒泰地区、博尔塔拉自治州，南疆阿克苏地区、喀什地区暴雨、洪水。【阿勒泰地区】富蕴县、青河县 925 人受灾，青河县 2 个村庄被洪水围

第三章 洪水灾害

困,死亡1人,农作物受灾7200亩,成灾6000亩,倒塌房屋25间,死亡大畜40头。【博尔塔拉自治州】精河县、温泉县3455人受灾,农作物受灾面积1.47万亩,成灾面积9704亩,冲毁防洪坝8100米、渠道376米、林带7.5亩。【阿克苏地区】新和县受灾,农作物受灾面积285亩,受灾果园6亩,倒塌房屋3间。【喀什地区】疏勒县、疏附县、喀什市、伽师县受灾,农作物受灾面积2.16万亩,倒塌民房911间,淹死禽畜6550头(只)。

6月6～10日,北疆博尔塔拉自治州,南疆阿克苏地区、和田地区洪水。【博尔塔拉自治州】温泉县、精河县4872人受灾,农作物受灾面积4.48万亩,成灾面积3.08万亩,冲毁渠道4753米、桥涵1座、水利建筑物24座、公路10公里,冲坏防洪设施2处。【阿克苏地区】新和县农作物受灾面积3万亩,死亡牲畜36头(只),倒塌房屋42间、棚圈36间,造成危房50间。【和田地区】民丰县"8.18"一号洞口引水渠被泥沙石掩埋160多米,冲坏"8.18"明渠1万米,泥沙石淤积5000米,冲淹道路3.7万米,冲毁引水渠9000米、桥涵洞闸等水利设施40处、砖窑1座,500亩棉花被淹。

6月12～17日,南疆阿克苏地区、喀什地区暴雨、洪水。【阿克苏地区】乌什县农作物受灾面积2274亩。【喀什地区】塔什库尔干县洪水引发泥石流,造成经济损失40多万元。

6月22日,【博尔塔拉自治州】精河县洪水,975人受灾,农作物成灾面积1180亩,冲毁防洪坝4000米。

6月24日晚,【喀什地区】叶城县棋盘河洪水。冲毁良田2400亩、防护林2000米、桥梁1座,冲走牲畜500头(只)。

6月29日,【博尔塔拉自治州】博乐市洪水,284人受灾,农作物受灾面积1139亩,成灾面积980亩,冲毁渠道550米、桥涵1座、公路1500米。

7月3日,南疆巴音郭楞自治州、阿克苏地区暴雨洪水。【巴音郭楞自治州】轮台县水土流失面积175亩。【阿克苏地区】乌什县农作物受灾面积3692亩。

7月7～8日,【巴音郭楞自治州】若羌县大雨、洪水,14户牧民房屋倒塌,死亡大羊156只,幼羊270只,冲毁面粉1500公斤、饲料4000公斤。

7月11～14日,北疆阿勒泰地区、伊犁地区、博尔塔拉自治州、昌吉自治州暴雨、洪水。【阿勒泰地区】青河县1400人受灾,农作物受灾450亩,成灾345亩。【伊犁地区】伊宁县经济损失15万元。【博尔塔拉自治州】温泉县、博乐市、精河县7898人受灾,农作物受灾面积2.89万亩,成灾面积2.24万亩,倒塌房屋918间,冲毁渠道1.34万米、闸门38座、桥涵13座、公路4500米、防洪坝8000米、龙口5座、渡槽16座。【昌吉自治州】阜康市经济损失63万元。

7月18～24日,北疆阿勒泰地区、博尔塔拉自治州、昌吉自治州,南疆阿克苏地区暴雨、洪水。【阿勒泰地区】吉木乃县洪水分成东西两路袭击了吉木乃县城南面的部分居民区和托普铁热克乡,洪水过程持续2.5小时,2400人受灾,部分房屋倒塌或成为危房,县财政拨款6万元为45户受灾户发放住房修缮费。【博尔塔拉自治州】温泉县、博乐市、精河县9152人受灾,农作物受灾面积4.64万亩,成灾面积2万亩,倒塌房屋9间,冲毁渠道5059米、围墙700米、公路500米、街道1400米。【昌吉自治州】昌吉市、米泉市、吉木萨尔县、奇台县受灾。昌吉市庙尔沟乡发生山体滑坡。奇台县山沟2米高的水头奔腾急下，山间300多公斤重的石头被冲到沟中，东湾乡三条山沟出现泥石流，冲毁农田2万亩，绝收1万亩，淹死牲畜300头（只），淹死1人，182人无家可归，冲毁电杆200多根、围栏2500米，损坏闸门34座、桥28座、防洪渠1.9万米、防洪坝4个。【阿克苏地区】拜城县、乌什县受灾，损失粮食15万公斤、油料4.36万公斤、葵花子5400公斤，冲毁181亩棉田，倒塌房屋45间。

7月29日，北疆阿勒泰地区、昌吉自治州暴雨、洪水。【阿勒泰地区】富蕴县洪水冲淹城镇居民住房1806间，小麦倒伏3000亩、玉米倒伏150亩，减产20万公斤，淹没草场1300亩，冲毁涵洞3座、水渠1300米、道路1700米，淤泥路段5400米，冲毁林带200亩、菜地350亩。【昌吉自治州】呼图壁县、奇台县经济损失65万元。

8月3~9日，北疆塔城地区，东疆吐鲁番地区，南疆巴音郭楞自治州、喀什地区相继暴雨、洪水。【塔城地区】沙湾县损失惨重，几个水库相继决坝，洪水泛滥，损失近7亿元。【吐鲁番地区】鄯善县315人受灾，冲毁农作物2860亩，倒塌房屋4间，冲毁防洪坝1000米、渠6500米、坎儿井500米。【巴音郭楞自治州】轮台县洪水来势凶猛，塔力克引水枢纽、库努尔渠道遭到严重破坏。为使水利工程设施在秋冬灌中正常运转，州、县及时组织人员对水毁工程进行临时加固处理，于10月底修复。【喀什地区】疏勒县、英吉沙县、叶城县、塔什库尔干县受灾，死亡2人，死亡牲畜591头（只），冲毁农作物1.16万亩，倒塌房屋966间、棚圈95个，冲走饲料1250公斤，毁坏树木2.78万棵、果树8亩，冲毁桥涵115座、道路8.1万米、水渠8.1万米、闸口46个、渡槽9个、防洪坝5000米。

8月10~13日，北疆塔城地区、昌吉自治州、乌鲁木齐市，东疆吐鲁番地区，南疆巴音郭楞自治州、阿克苏地区、和田地区洪水。吉木萨尔县平原降水量26.2毫米，若羌县降水量46.5毫米，民丰县山区降水量30.0毫米左右。【塔城地区】托里县、乌苏市受灾，托里县加那提沟出现罕见山洪泥石流，农田及水利工程受到严重损失，7人死亡。【昌吉自治州】吉木萨尔县、奇台县、木垒县受灾，死亡2人，农田受灾1926亩，绝收1172亩，冲毁房屋608间、棚圈16间，倒塌围墙8000米，冲走小麦2.43万公斤、面粉325公斤、红花730公斤，冲毁防渗渠道2000米、乡村主干公路5500米、大小桥5座、围墙250米、草场300亩，淹死山羊265只。奇台县北塔山牧场场部学校被淹，水深达1.5~2米，2个煤矿进水塌陷。【乌鲁木齐市】乌鲁木齐县冲坏水利工程，5万余亩农作物倒伏。【吐鲁番地区】托克逊县国道、省道、县道中断15处，电力通讯中断2个多小时，冲毁房屋22间、围墙1295米、棉田7352亩、桥梁32座、公路6250米、防洪坝505米，造成危房350间，沙埋石渠4.11万米、土渠1.04万米。【巴音郭楞自治州】若羌县、和硕县受灾，冲淹农田1041亩，冲毁防渗渠道3万米，淹没机井5眼，死亡牲畜1560头（只），倒塌房屋211间，国道314线多处冲毁，使公路中断，若羌县永久性防洪大堤决口200米，冲毁国营牧场围墙和部分民房，全县停水停电。【阿克苏地区】阿克苏市淹没城区面积达12平方公里，8792人受灾，死亡16人，倒塌房屋558间，造成危房2348间，浸泡房屋4.25万平方米，经济损失2.02亿元。【和田地区】民丰县冲坏防洪堤和防洪渠道2200米，冲断河堤150米，冲坏康塞电站尾水渠涵洞1466米，倒塌房屋、棚圈11间，淹没麦草7万公斤、粮食6440公斤、化肥385公斤、种子1000公斤，冲走发电机1台，受灾农作物656亩。

第三章 洪水灾害

8月21日,【昌吉自治州】洪水,奇台县、木垒县受灾,经济损失41万元。

9月13日,【喀什地区】伽师县、英吉沙县洪水。农作物受灾面积7570亩,绝收4500亩,倒塌房屋154间、棚圈220间,死亡牲畜200头(只),死亡家禽110只。

10月21日,【吐鲁番地区】鄯善县全境普降大雨,引发洪水。大雨使90%的民房漏水,倒塌42间,38间裂缝,倒塌围墙150米、葡萄干荫房106间,裂缝6间,倒塌羊圈10个,淋湿葡萄干14万公斤,洪水冲毁土坯10万块、水渠1834米,倒塌清真寺1个。

1999年 4月3~4日,【塔城地区】托里县由于气温回升较快,使冰雪急剧融化,山洪暴发,损坏民房42间,冲毁柏油路面400米、防渗渠道5000米,淹死大小牲畜73头(只),毁坏耕地3290亩。

4月21日,【塔城地区】暴雨、洪水。全区9.6万人受灾,受灾总面积53.7万亩,成灾并需补种、翻种、改种的面积达29.3万亩,损失各类牲畜1.3万头(只),其中成畜3080头(只)、仔畜9313头(只)。

4月30日,【塔城地区】额敏县暴雨、洪水,冲垮主干渠南岸,受灾农田面积5.1万亩,成灾面积3700亩,冲垮闸门、桥涵12座,冲断条田公路1万米,冲坏防渗渠150米。

6月12~13日,【伊犁地区】察布查尔县洪水,大量洪水涌入察南渠,致使5处决口,毁坏分水闸9座、桥7座,冲毁县乡道路4900米。6个乡镇受灾,508间房屋进水,倒塌298间,冲走和淹死牲畜4013头(只),农作物受灾面积3899亩,冲走玉米325麻袋、面粉300公斤、化肥45袋、盐150公斤。

6月29~30日,【阿勒泰地区】阿勒泰市洪水,300人受灾,32人无家可归,5个村庄被洪水围困,农作物受灾1800亩,绝收780亩,倒塌房屋6间,损坏6间,死亡大畜64头(只)。

7月8~9日,北疆阿勒泰地区、塔城地区、昌吉自治州暴雨、洪水。【阿勒泰地区】富蕴县、青河县662人受灾,死亡1人,农作物受灾2715亩,成灾1365亩,绝收570亩,死亡牲畜96头(只),冲毁龙口3处、渠道500米、公路桥1座,牲畜围栏2300米、牧道1200米。【塔城地区】乌苏县冲毁牧民住房132间、毡房2座,冲走牲畜458头(只)。【昌吉自治州】吉木萨尔县经济损失23元。

7月13~30日,全疆高空温度迅速升高,高山积雪大量消融,部分山区又相继连降暴雨,雨水挟着积雪的融水呼啸而下,南北疆大部地区发生了较严重的融雪和暴雨混合性洪水灾害。全疆数十条主要河流超过警戒流量,伊犁河、玛纳斯河、克孜河、阿克苏河、开都河等25条河的洪峰达到历史实测最大流量,开都河等9条河流洪水流量达到百年一遇。全疆有12个地州市的75个县(市)328个乡镇(场)遭受洪灾,受灾人口118万,死亡112人。洪水造成农作物受灾,公路、铁路中断运输,工矿企业停工停产,大量的水利、电力、通讯设施严重受损,经济建设和人民生命财产遭受巨大损失。仅次于1996年的洪水灾害,但受灾范围要比1996年大得多。其中巴音郭楞、阿克苏、伊犁、昌吉、喀什、克孜勒苏等地州市灾害较为严重。直接经济损失28亿元。【阿勒泰地区】冲毁房屋353间,损坏毡房1780顶,冲坏草场22万亩,死亡牲畜8556头(只),死亡牧民1人。【塔城地区】托里县、乌苏县、沙湾县受灾,死亡2人,淹没农作物8666亩、草场2500

亩，3224亩农作物绝收，倒塌和严重损坏房屋177间、棚圈30个，死亡大小牲畜325头（只），冲毁干渠386米、防洪坝1060米、泄洪渠150米、桥涵5座、木材30立方米。托里县洪水引发特大泥石流。【克拉玛依市】交通运输和农业生产损失严重。【伊犁地区】伊犁河沿岸草场被淹，牲畜死亡1.23万头（只），冲毁牧道50公里、桥22座、防洪坝8座，淹没草场1500亩、农田400亩，南山5100个牧民、18万头（只）牲畜被洪水围困，40多辆汽车受阻，直接经济损失4717万元。【乌鲁木齐市】乌鲁木齐县南郊达坂城地区10个乡、1个镇受灾，水淹农田面积1500亩，绝收面积1100亩，冲毁农田使耕地面积减少217.5亩，水毁房屋570间，损毁渠道1850米，所有防洪坎全部被冲垮。【昌吉自治州】奇台县葛根河河水暴涨，半小时内河水来水量由每秒6立方米突涨至120立方米，河水携带大量砾石、树木冲泄而下，水毁葛根河水利工程多处，渠首严重受损，冲毁渠道7350米、防洪坝8000米、自来水管道1300米、房屋13间，洪水造成520亩农田绝收，3060亩农田严重减产，冲走粮食2500公斤、化肥400公斤。【巴音郭楞自治州】北部的和静县、和硕县、博湖县、焉耆县受灾，死亡牲畜1.3万头（只），冲毁牧道20万米。【阿克苏地区】冲毁桥涵163座、牧道31万米、棚圈45座，损失牲畜1.17万头，死亡牧民7人，倒塌住房248间、药浴池1座、配种站8座，直接经济损失699万元。温宿县冲走绒山羊种羊1340只，冲毁草场1500亩、住房4间、棚圈12座、桥3座、资料室1间。【喀什地区】疏勒县、疏附县、伽师县、喀什市、兵团农三师受灾，受灾人口超过50万，七里桥被冲毁，314、315国道被中断，1万多间民房被淹倒塌，1200户农民露天居住，9人死亡或下落不明，农田受灾50万亩，100万公斤粮食被淹，1.53万头（只）牲畜死亡。【克孜勒苏自治州】克孜河、恰克玛克河、布谷孜河、托什干河、库山河、盖孜河6条大河全线水位猛涨。三县一市4614人受灾，冲毁农田2.95万亩、树木2万余亩、草场5161亩，死亡牲畜1.13万头（只），倒塌羊圈1916间、暖棚340座，冲毁鱼塘4个、围墙4458米，倒塌房屋3017间，9人死亡，11人失踪，4680人无家可归，冲毁防渗渠2.57万米、防洪堤坝5万米、渡槽6座、公路桥2座、小电站1座、县乡公路15.9万米、丁字坝8处、改水管道1.7公里。

8月1～8日，北疆塔城地区、昌吉自治州、乌鲁木齐市，南疆喀什地区、和田地区洪水。【塔城地区】和布克赛尔县、沙湾县受灾。和布克赛尔县洪水直接冲毁300米长的拦洪坝进入县城，水深达1.5米，3000余亩麦田进水，1口年产6万吨的矿井因洪水而瘫痪，地面1.50万吨存煤被洪水冲走，冲毁防渗渠2300米、道路2500米，倒塌房屋128间，300户居民房屋进水。沙湾县鑫泓桥和金沟河桥两头被水冲开近百米，冲毁渠道、电站和电站机房，冲毁引水渠3000米、输电线路4公里、防洪堤坝1.8公里，倒塌房屋26间，有4个村庄进水，70万公斤小麦、面粉和5万公斤化肥被洪水浸泡。【昌吉自治州】经济损失达1225万元。【乌鲁木齐市】冲淹农田300亩左右，冲毁防洪堤坝300多米。【喀什地区】麦盖提县、莎车县受灾，农作物受灾面积6.15万亩，3.12万亩绝收，损失粮食1.80万公斤、鱼5000公斤、树木1.56万棵，倒塌房屋1737间、围墙3.29万米，损失牲畜725头（只），冲毁防洪坝12.1万米、防渗渠5.3万米、桥3座、渡槽13个、渠道1.85万米、道路5500米。【和田地区】民丰县受灾，冲毁大桥2座、住房14间、棚圈14座、药浴池5座、渠道1000米、电站引水隧道7米，全县停电，有51亩人工草场被淤泥淹没，死亡牲畜1053头（只）。

第三章 洪水灾害

8月13~14日，北疆伊犁地区、昌吉自治州暴雨、洪水。【伊犁地区】察布查尔县过程降水量达56.2毫米。倒塌房屋3间、库房5间、围墙105米，18户院内进水，造成危桥5座。【昌吉自治州】米泉县降水量达45.4毫米，山区降水量达55~60毫米，造成山洪暴发。全市628户1918人受灾，受灾农田7800亩，冲毁民房279间，死亡1人，淹死牲畜2295头（只）。

8月27日5~13时，【阿勒泰地区】吉木乃县洪水，300亩农作物绝收，倒塌房屋30间，损坏110间。

9月14日下午，【塔城地区】和布克赛尔县洪水，9万吨原盐被淹。

2000年 1月10~21日，【阿勒泰地区】哈巴河县发生特大漫冰洪水，4个乡18个村5000人受灾，倒塌房屋9间，损坏房屋183间，24人无家可归，淹没草场20万亩。

1月15~29日，【阿勒泰地区】吉木乃县拉斯特乡发生漫冰水，420人受灾，85人无家可归，被困村庄1个，损坏房屋62间，3000亩耕地被淹。

3月8日，【昌吉自治州】呼图壁县红山水库泄洪，使玛纳斯县部分地区受到洪水灾害，被淹农田5000亩，冲毁房屋4间、居民用水水塔1座、防洪渠道4条、渡槽1座。

5月22~29日，【阿勒泰地区】阿勒泰市红墩乡、阿苇滩暴雨、洪水，3067人受灾，农作物受灾面积2482亩，毁坏耕地2580亩，850亩草场被淹，冲毁防洪坝1150米、支渠1120米、房屋3间、畜圈4座。

6月10~13日，北疆乌鲁木齐、南疆巴音郭楞自治州大雨、洪水。【乌鲁木齐市】达坂城镇5队、6队受灾，1000亩农田被淹，其中500亩被冲毁。【巴音郭楞自治州】3220人受灾，死亡牲畜3545头（只），农作物受灾面积3500亩，227座大棚受损，冲毁水利设施200余处。

6月21~26日，全疆大降水，其中若羌县山区降水量50.7毫米。北疆阿勒泰地区、塔城地区，东疆吐鲁番地区，南疆巴音郭楞自治州、克孜勒苏自治州洪水。【阿勒泰地区】阿勒泰市、青河县5030人受灾，农作物受灾7275亩，成灾6540亩，绝收2940亩，倒塌房屋54间，损坏47间，死亡大畜114头，冲毁拦河坝160米、防渗渠920米、桥涵闸7座、鱼塘10亩，水库决口5处。【塔城地区】和布克赛尔县冲毁和夏大渠500米，1座防洪大坝被冲倒，洪水直泻而下，冲毁农作物3310亩，400余眼饮水井被毁，500余户居民房屋进水，水位高达1米左右，倒塌房屋20余间，冲走县第一煤矿地面落煤1万余吨。【吐鲁番地区】吐鲁番市塔尔朗河西岸发生泥石流约30万立方米，经18条洪沟泄入干渠内，造成2240米渠道和该段内所有过洪渡槽和桥梁严重淤填，最大淤深约9米，泥石流经过处，共损坏过洪渡槽12座、桥梁8座，冲毁道路1.5万米、通讯线路1050米，毁坏干渠约500米，农作物受灾面积1万亩。【巴音郭楞自治州】若羌县受灾，冲毁防洪堤1.04万米、农田227亩，麦场98个，77户农牧民房屋严重受损，11户倒塌，48万公斤小麦受雨淋发霉，218、315国道交通中断，冲坏4辆越野小车，死亡2人。【克孜勒苏自治州】阿图什市郊的1万亩节水滴灌葡萄基地（绿色环保工程）受到严重损害，冲毁4个乡场的部分农田、水利设施、房屋、麦场。

7月2~4日，北疆阿勒泰地区、昌吉自治州，东疆吐鲁番地区暴雨、洪水。【阿勒泰地区】福海县、富蕴县受灾，死亡1人，农作物受灾面积1.3万亩，成灾2700亩，绝收

2400亩，倒塌房屋25间，损坏2间，死亡牲畜81头（只），冲毁、淤塞渠道3000米。【昌吉自治州】玛纳斯县、呼图壁县受灾，农作物受灾面积4294亩，绝收450亩，倒塌民房35间，冲毁渠道2460米、闸门3座、龙口2处、沙石路215米。【吐鲁番地区】吐鲁番市洪水持续30多小时，水毁水利工程多处。

7月16～21日，东疆吐鲁番地区，南疆巴音郭楞自治州、和田地区暴雨、洪水。【吐鲁番地区】托克逊县冲毁永久性防洪堤500米、临时性防洪堤7000米、渠道2000米、桥涵5座、渡槽5座、农电线路1000米、渠首3座，淹没渠道10公里。7月20日上午，【巴音郭楞自治州】博斯腾湖发生了历史未有的大决口，凶猛的湖水淹没了31万亩农田，使800多居民无家可归，农作物、经济作物、林业、牲畜损失严重，铁路、公路、桥梁涵洞、渠道堤坎多处受损。【和田地区】于田县冲毁315国道7000米、桥2座、闸口10个、渠道1.8万米、大型防渗渠道7900米、房屋66间，农作物受灾面积4380亩，冲毁树木3万株，死亡牲畜30头（只）。

8月，【和田地区】墨玉县洪水，冲毁防洪堤坝2.36万米、桥梁4座、水闸4座。

8月1日，【阿克苏地区】兵团农一师4团暴雨，农作物受灾面积4000亩。

第四章 雪　　灾

第一节　概　　述

一、新疆降雪和积雪的特点

新疆的寒冷季节很漫长，降雪期和积雪期很长，雪对于干旱且以灌溉农业为主的新疆来说无疑是可利用的、重要的气候资源。冬季稳定的积雪对农作物和牧草的越冬具有保温、保墒作用，对河流水量、农业及生活用水也有补给作用。

新疆平原地区的降雪初日自南向北提前，终日自南向北推迟，也就是说，降雪期自南向北是增加的，平原地区降雪初、终日的历年变化较大，出现最早和最晚的时间可相差1～2个月以上。在山区，降雪期随海拔高度的上升而延长，至高山带终年降雪。

由于各地降雪期长短的不同，降雪量在全年降水中所占比重各地也不一样，通常情况下，高山地区降雪量约占年降水量的80%以上，中山带占35%以上，北疆平原占1/3左右，东疆和南疆平原降雪量比重不大，一般不超过10%。

平原地区的积雪期以北疆北部、西部最长，稳定积雪期则是额尔齐斯河谷、乌伦古河谷、塔城盆地、准噶尔盆地北缘等一带维持最长，5厘米以上的积雪深度可达3～4个月之久，准噶尔盆地南缘、内部、西部的积雪期依次减少；东疆和南疆地区的积雪期较为短暂，南疆平原几乎没有稳定积雪期。山区积雪的分布比较复杂，但与降水量分布基本一致，积雪期北长南短，阿尔泰山南坡和天山北坡稳定积雪期最长，天山南坡次之，而阿尔金山积雪很少见。

年平均积雪日数无论山区还是平原均从北向南减少，阿勒泰地区是全疆平原积雪日数最多的地区为130～145天，南疆东部和南部的积雪日数最短在10天以下。

积雪深度是从北向南、从西向东减少，北疆的阿尔泰山山麓地区、塔城盆地、伊犁河谷是全疆积雪最为深厚的地区。积雪深度常受风的影响，在风区、风口、隘口的公路上易形成较厚的积雪而使交通中断。

二、新疆雪灾类型及分布

雪灾是新疆的主要气象灾害之一，每年都有发生，遍及南北疆，给新疆的经济建设、国防建设及人民的生命、财产带来严重损失。雪灾的形成主要有三个基本条件，一是降雪量，二是积雪深度，三是积雪持续时间，不同的雪灾类型有不同的标准。由于雪灾的绝大多数资料来源于非气象部门，为避免资料中对天气的表述与气象学意义的差异，将雪灾的成因仅分为两类，一是由短期天气过程造成的灾害，如暴风雪、暴雪、雪暴、雨夹雪、雪崩等，也有连阴雪和低温造成中期影响的积雪灾害，二是因暴雪或几次天气过程造成积雪过厚并且持续较长的时间而形成的灾害，包括整个冬季因积雪量的多少而发生的气候灾害。前者占81.4%，后者占18.6%。这两种雪灾，其危害的程度也不相同，天气灾害和气候灾害是可以互相转化的，一次降雪天气过程有可能引起气候灾害，气候灾害也有可能转化为突发性灾害。另外，还有因积雪过厚而产生雪腐病、白灾或次生灾害等。

1. 暴雪 是指过程降雪量达16毫米以上；暴风雪是指伴有强降温（24小时降温6℃以上）和大风（瞬间风速大于8米/秒）的降雪天气过程。新疆暴雪、暴风雪发生的频率并不高，但它是直接对家畜造成伤亡的严重气象灾害。新疆的暴雪、暴风雪多发生在秋末、初冬和初春，随寒潮出现的情况较多，北疆的塔城、阿勒泰、伊犁地区依次为暴风雪多发区，由于地形的影响，这些地区的山口、峪口、隘口等地的暴风雪强度会加强，在秋末和初春牲畜转场路过这些地方时，如果恰遇暴风雪，牲畜无处躲藏，损失巨大。

2. 雪暴（包括风吹雪） 指冬春时节，大量的雪被强风裹挟随风而行，水平能见度降到1公里以下，不能判定当时天空是否有降雪，这就形成了雪暴，俗称"白毛风"。风吹雪造成的危害多种多样，主要表现为吹散和伤害正在放牧或转场的畜群、行人迷路引起伤亡、埋没公路中断交通、能见度差影响行车安全等。风吹雪发生在积雪较大的年份，其分布多与特定的大风区、风口位置有关，新疆北部山区和平原的风吹雪灾害较南部地区广泛。山区风吹雪主要发生在森林带以上，即海拔2700米以上的高山或极高山带，受高空风的作用，危害程度随着海拔高度的增加而加大，5000米以上多风暴灾害，造成登山科考活动的困难和危险，主要发生在每年的10月到翌年5月。阿勒泰和塔城地区的平原风吹雪灾害最为严重，这是由于阿勒泰、塔城地区有诸多向西敞开的山隘口，有助于平原风吹雪及其灾害的形成。乌鲁木齐—塔城公路的老风口、阿拉山口、乌伊公路松树头、独库公路拉尔墩山隘、伊焉公路艾肯山隘等都是风吹雪多发区。

3. 雪崩 是指山地大量积雪突然崩落的现象。雪崩是一种暴发突然、破坏力极强的灾害，主要发生在山区。山区较厚的积雪为雪崩提供了充足的雪源，有资料表明，雪崩主要发生在天山，占雪崩总数的69%，尤以西部巩乃斯河谷为烈，其次是阿尔泰山，占26%，昆仑山也偶尔发生，只占5%。雪崩在新疆呈带状分布，阿尔泰山地区的雪崩灾害地带分布高度较低，天山地区的雪崩灾害地带居中，而昆仑山地区则在高山带。据统计，中、低山带的雪灾多发生于冬季至翌年4月，夏季亦有高山雪崩造成灾害。

4. 雪灾的次生灾害 积雪过厚易引起冬小麦的雪腐病，在牧区有可能造成白灾，积雪负荷过重会引发雪崩，造成房屋倒塌和树木、线路的电杆等折断。

（1）雪腐病 由于积雪深厚，雪层下的植株容易受真菌的危害，使麦苗叶片及茎部组织腐烂，甚至全株死亡。雪腐病多发生在种植冬小麦的地区，以伊犁、塔城、沿天山北麓一带最严重，准噶尔盆地、博乐谷地次之，南疆几乎没有。一般连作地积累雪腐病菌较多，发病较重，而且多发生在积雪层厚的年份。

（2）白灾 是一种牧业灾害，特指在冬季牧区因积雪太厚掩埋草场，或者积雪虽不深，密度比较大，或者雪面覆冰，形成冰壳，致使牲畜吃草、行走困难，大批牲畜因吃不到草，冻饿而死。发生在牧区的白灾具有明显的地域差异，还有山区垂直带的鲜明分布，

第四章 雪　　灾

特别是北疆，流传着"秋季雪赶羊，春季羊赶雪"的谚语，表明了草场和白灾垂直分布的季节性，白灾最严重的是阿尔泰山区、伊犁河谷地区，天山南北次之，帕米尔高原、昆仑山、阿尔金山最轻，具有北疆多、南疆少，西部多、东部少，山区多、平原少，迎风坡多、背风坡少的规律。白灾的时间分布趋势由南向北、由东向西呈始期提前，终期推迟。

三、雪灾评述

新疆是我国雪灾多发区之一，以暴风雪、暴雪、雪暴、雪崩、白灾造成的灾害为主。统计1954—2000年47年的雪灾资料，有50.9%的雪灾发生在北疆，南疆占38.8%，东疆只有10.3%。将雪灾的影响分为五个方面，即农业（含林果业）、牧业、交通、人员死亡、其它（包括对建筑、通讯等）方面。在新疆雪灾对畜牧业的影响最为严重占42.8%，对交通影响占18.9%，人员死亡和农业各占9.7%，对建筑、通讯等的影响也占18.9%。

1. 雪灾的时空分布

（1）时间分布　新疆的山区、平原和盆地都有雪灾，而且一年四季都可能发生，新疆雪灾的多发季节不是在隆冬，而是在春季占54.1%，冬季次之占28.4%，秋季较少13.1%，夏季很少仅4.5%，主要发生在高山地区。

20世纪50年代到90年代末，新疆的降水量虽有起伏，但总体呈增多趋势，雪灾的发生频率呈上升趋势，这主要与降水量的变化有关，冬季降水多的年份发生雪灾的次数就相对多，当然也与不同年代灾情资料收集的完整性有关，在一年内发生雪灾次数在10次以上（含10次）的年份有1966、1987、1988、1994和2000年。

（2）空间分布　新疆的地形由高山和盆地相间组成，降雪量、降雪日数、稳定积雪日和积雪深度从北向南、从西向东、从山区向盆地、从高山带向中山带呈减少的特征，雪灾的分布基本与其一致，即北疆多，南疆少，西部多，东部少，山区多，平原、盆地少，雪灾的多发区是塔城地区、伊犁地区、阿勒泰地区、巴州巴音布鲁克牧区，其发生频率依次为16.5%、14.3%、14.1%、10.8%，博尔塔拉自治州、克孜勒苏自治州牧区、天山中部其它山区、天山东部山区次之，发生频率在7%~9%之间，阿克苏、喀什发生频率均为5.7%，最少的地区是吐鲁番，仅0.5%。但不同类型的雪灾又受山地海拔、坡向、坡度、地形等因素的影响。

2. 重大雪灾与特大雪灾

一次雪灾发生时，在其影响范围内经济损失1000万元以上，牲畜死亡2.5万头（只）以上，农田绝收2.5万亩以上或损失相当，有人员死亡，具备上述条件之一者，定为重大雪灾，成灾但未达到上述标准者，视为一般雪灾。据不完全统计，47年来全疆共发生雪灾近250次，重大和一般雪灾发生概率分别为39.8%、60.2%，在重大雪灾中，北疆占58.2%，南疆35.7%，东疆6.1%。

在重大雪灾中，再挑出特大雪灾加以评述，经济损失在1亿元以上，牲畜死亡25万头（只）以上，农田绝收25万亩以上或损失相当，满足条件之一者，定为特大雪灾。47年中有10次特大雪灾发生，占雪灾的4%。统计结果表明，其中经济损失在1亿元以上的雪灾有3次，占30%，都发生在20世纪90年代：1996、1999和2000年。特大牧业雪灾6次，占60%，发生在1960、1966、1969、1977、1979和1993年。

本章的雪灾不包括第二章寒潮中已经列入的雪灾。

第二节 公元 1949 年以前的雪灾

后晋 隆安三年（公元 399 年） 回鹘（阿尔泰鄂尔浑河一带）岁疫，大雪，羊马多死，回鹘遂衰。

清 乾隆三十三年（公元 1768 年） 哈密冬季多次降雪，为多年来未有之事。

清 乾隆三十八年（公元 1773 年） 冬腊月，哈密大雪四十余日。

清 乾隆三十九年（公元 1774 年） 冬，巴里坤天降大雪，积雪深一丈，路被掩没，人马不能往来。

清 嘉庆四年（公元 1799 年） 十二月二十六、二十七日，巴里坤县奎苏、松树塘连降大雪，积雪深 1 丈。

清 嘉庆五年（公元 1800 年） 二月，霍城县大雪，山涧中积雪二丈，没及马首。芦草沟一带雪深没毂。
二月初五日，洪亮吉抵松树头（博乐市），时逢大风雪，积雪丈许，重车不能行。

清 嘉庆九年（公元 1804 年） 春，霍城县大雪，受灾者千余户。

清 嘉庆二十一年（公元 1816 年） 十一月十七日，哈密雪大，马不得饱草，陆续倒毙马九十五匹。

清 道光八年（公元 1828 年） 二月，哈密松树塘，大雪四昼夜，深者丈余，马厂的官马压死无数，道路不通，文书隔绝数日。

清 道光二十二年（公元 1842 年） 上年冬至当年春，阿勒泰连降大雪，骆驼、马等牲畜倒毙大半，贫苦牧民伤亡甚多。

清 光绪元年（公元 1875 年） 三月，巴里坤至奇台道路积雪三尺，驼、马无处放牧。

清 光绪三年（公元 1877 年） 四月十三日，天山雪深二尺。数日后天气大寒，沿山沟途中死畜数以百计。

第四章 雪　灾

清　光绪九年（公元 1883 年）　上年冬至当年春，阿勒泰地区连降大雪，骆驼、马等牲畜倒毙甚多，各军台、差役也有伤亡。

清　光绪十四年（公元 1888 年）　霍城县大雪。果子沟雪深丈余，发生雪崩，多年老树随雪拥倒。

清　光绪二十年（公元 1894 年）　（阿勒泰）乌梁海两翼七旗大雪，春季牲畜死亡惨重，清廷免除其一年应进贡之貂皮。

清　宣统三年（公元 1911 年）　十二月初八，霍城县大雪，果子沟道路被阻。

民国　二年（公元 1913 年）　四月，哈密下马崖大雪，深 1 米，果园受损。这年狼多、狐狸多，每户都能抓到二三十只狐狸。

民国　五年（公元 1916 年）　十一月，逃命之布鲁特人到南疆边界，适遇大雪数日，雪深数尺，人马难行，冻饿而死者，尸体枕藉，填塞道途。

民国　九年（公元 1920 年）　冬，伊犁大雪成灾，在霍尔果斯一带避难过冬的俄国哈萨克牧民牲畜大量死亡，处境极其艰苦。

民国　十年（公元 1921 年）　冬，阿勒泰暴风成灾，牲畜大批死亡。

民国　十一年（公元 1922 年）　冬，（阿勒泰）发生雪灾和冻灾，人畜大量死亡。

民国　十三年（公元 1924 年）　伊吾雪深三尺，前山牧场牲畜死亡八成。

民国　二十四年（公元 1935 年）　十二月，拜城大雪，雪深一至六尺不等，收成无望，人民惶恐。

民国　二十五年（公元 1936 年）　三月，伊犁屯垦使署呈报，伊犁区去冬今春连降大雪成灾，雪深六至九尺，压毙牧夫十三人，马五百余匹，牛一百余头，羊一千二百余只。

六月十四日，忽降大雪，伊吾县盐池、白杨沟三八九亩青稞颗粒无收。

民国　二十八年（公元 1939 年）　哈密县沁城下雪两日，积雪四尺五寸，大批牲畜死亡。

民国　三十三年（公元 1944 年）　冬，由富海迁往绥来（玛纳斯）的牧民，因山区降雪，牲畜乏食，多毙。

第三节 公元 1950—1966 年的雪灾

1954 年 2 月 12~28 日，【喀什地区】叶城县南部山区连降大雪，死亡牲畜 2.78 万头（只），占山区牲畜总数的 28%。县委组成 3 个工作组分赴山区救灾，送草 22.78 万公斤，银行贷款 7000 万元（旧人民币）支持灾区。

2 月 28 日~3 月 2 日，【伊犁地区】大雪成灾，专署派出 8 个工作组分赴各县帮助抢险救灾。

1955 年 3 月 3 日，【博尔塔拉自治州】温泉大雪漫天，积雪深尺余，雪后气温下降，致使牲畜染疾病，小畜死亡 50 多只，31 只母畜流产。

4 月，【克孜勒苏自治州】阿图什县牧区接连下了三场大雪，天气寒冷，草场全部被盖，交通中断，牲畜冻饿死亡 1.78 万头，其中，死亡大畜 520 头，大畜产羔死亡 286 头（只），小畜损失 5427 头（只），产羔共损失 1.16 万头（只），州县共拨救济款 1.7 万元，重点解决 963 户的困难。【喀什地区】塔什库尔干县大雪封山，各乡的畜牧业合作社饲料将尽，南疆军区拨出 7 万公斤饲料救济。

1956 年 2 月 3~12 日，【喀什地区】莎车县大雪 5 天，积雪深 80 厘米，冻、饿死羊 1.4 万只，其中羊羔 7000 只。

春，【石河子】因积雪厚引起雪腐病，乌拉乌苏农场越冬小麦受害面积达 400 公顷。

4 月 20 日，【塔城地区】和布克赛尔县突降大雪，降雪深度达 20~30 厘米，搬到春牧场的牲畜遭到围困，有 100 多头牲畜被风雪吹走，1000 多头牲畜失踪。

1957 年 春，【克孜勒苏自治州】阿克陶县牧区雪灾，死亡大小牲畜 2348 头（只），损失 4.76 万元。

5 月 2 日，【克孜勒苏自治州】阿合奇县暴风雪，河谷地积雪 13 厘米，降温 6~8℃，并伴有大风，牲畜损失 3.2 万头（只）。

9 月 14 日，【克孜勒苏自治州】阿图什市境北部山区突降大雪，积雪深达 150 厘米，损失牲畜 2.47 万头（只）。

1958 年 9 月 5 日，【哈密地区】巴里坤县、伊吾县降大雪，厚达 2~3 市尺，5 万余亩将要收割的农田被雪压，牲畜也有损失。

1959 年 春，【伊犁地区】霍城县果子沟大风雪。绥定县转场的 4000 余只羊被冻死。【塔城地区】额敏县冬牧场雪层超过 50 厘米，牲畜无法采食，全县约有 3.38 万头（只）牛、羊因冻饿而死亡，占牲畜总数的 20%。【博尔塔拉自治州】温泉县平原降雪 70.3 毫米，雪深 50~100 厘米，大小牲畜死亡 0.8 万头（只）。

第四章 雪　灾

1960 年　3～4 月，北疆各地寒潮、大雪，当年全疆死亡牲畜 202.21 万头（只），占年初牲畜存栏头数的 10.6%。仅 3 月份【塔城地区】6 个县风雪，最大雪深达 200 厘米，死亡牲畜就达 3.2 万余头（只）。【博尔塔拉自治州】温泉县降雪超过 20 毫米，雪深 50～100 厘米，造成羊只大量死亡。

1961 年　11 月 19 日，【哈密地区】巴里坤县西山冬牧场断续降雪半月，积雪 50 厘米以上，气温降至 -40℃ 以下，冬牧场牲畜都有严重损失，仅大红柳峡牧场就冻、饿死各类牲畜 2.9 万头（只）。

1962 年　2 月，【伊犁地区】屡降大雪，积雪接近 100 厘米，当时许多房屋被压垮，树木被折断，部分建筑被破坏。

1963 年　10 月 9～10 日，【哈密地区】巴里坤县气温从 0.2℃ 降至 -14.8℃，山区积雪 100 厘米，平原 20 厘米，死牲畜 66 只，据不完全统计，有 8400 公斤粮食被埋在雪里。

1964 年　2～3 月，【伊犁地区】伊宁县、昭苏县大雪，冻、饿死牲畜 11 万头（只）。

3 月 18 日，【哈密地区】哈密县西山大雪，积雪 140 厘米，冻、饿死牲畜 2.8 万头（只）。

3 月，【巴音郭楞自治州】和静县大雪，牲畜 1.7 万头（只）受灾。

1965 年　冬，【塔城地区】和布克赛尔县暴风雪，8 万头牲畜死亡。其中，2 月 1 日的风雪灾害，全县损失 204 头牛，5806 只羊。【博尔塔拉自治州】温泉平原降雪量 60 毫米，冬草场雪深达 80 厘米，牛死亡最多，牲畜行走困难。

12 月中旬，【阿勒泰地区】连续降了 6 天大雪，刮了 6 天 7～8 级大风，吉木乃的大风达 10 级以上，雪深 150～200 厘米，由于风雪大，各县的公路已封死，有些牧工的住房及牲畜圈棚也被风雪压垮，布尔津、青河、富蕴等县入冬已损失牲畜 4%～5%，掉膘严重，瘦弱牲畜增加，占总牲畜的 30% 左右（往年同期只占 5% 左右），并有一些母畜流产。灾情最严重的是布尔津、阿勒泰、青河、富蕴、吉木乃五个县，哈巴河、福海县次之。

1966 年　冬，【阿勒泰地区】布尔津县因冬雪过大，影响牲畜放牧，牧业损失较重。【博尔塔拉自治州】博乐市连续遭受大风雪袭击，草场积雪深达 40～60 厘米，气温回升缓慢，受灾死亡牲畜达 1.03 万头（只），死亡仔畜 2.43 万头（只）。

2 月 1 日，【塔城地区】和布克赛尔县大风雪，死亡牛羊 6000 余头（只），吹走、吹坏毡房 75 顶。

2 月 28 日至 3 月 1 日，【阿勒泰地区】阿勒泰市连降大雪，平原地区一般在 100 厘米以上，山区达 200 厘米以上，是 1949 年来从未有过的，交通封阻，草牧场被大雪掩盖，由于气温高，上边一层雪化后封固，风吹不动，牲畜无法采草吃，特别是幼畜、瘦弱畜死亡严重（主要是青河、富蕴两个县）。雪崩压死 6 人，冻伤不少人。造成牲畜死亡 13.82

万头（只）。

4月中旬，【博尔塔拉自治州】温泉县境内积雪深度30～40厘米，绵、山羊死亡3600只。

4月19日，【克孜勒苏自治州】乌恰县羊场遇特大雪灾，死亡各种牲畜1342头（只），占1965年存栏数的19％。

冬，【伊犁地区】特克斯、昭苏等县南部山区降大雪，损失牛马等牲畜1万多头（只）。【塔城地区】托里县老风口一带12公里公路路面被积雪阻塞，车辆难以通行。

12月27～30日，【伊犁地区】出现大风雪，降温14℃左右，造成平地雪阻，交通困难。

第四节　公元1967—1979年的雪灾

1967年　2～3月，【喀什地区】叶城县山区降大雪，交通中断，冻死、冻伤各1人。

8月29日，【喀什地区】叶城县克孜勒苏山区大雪，大坂雪阻，冻死牧民11人，牲畜300头。

12月，【塔城地区】托里县老风口雪灾，封路20余天，造成严重的交通阻塞。

1968年　3月，【喀什地区】叶城县山区连续大雪，部分地区积雪100厘米以上，造成死人、死畜的严重灾害。

8月29日，【克孜勒苏自治州】山区大雪，达坂雪阻，冻死牧民11人、牲畜270头。

冬，【塔城地区】托里县老风口雪灾，埋没房屋和电线杆，交通阻塞1个多月。

1969年　冬，因冬雪过大，牲畜膘情下降，饥寒交迫，加之3月份的几次降雪天气，截止到3月底北疆地区受暴风雪天气影响，造成240万头（只）牲畜死亡。其中，【伊犁地区】死亡牲畜120余万头（只），仅霍城县前进牧场死亡牲畜1.6万头（只），占年初牲畜存栏数的80％。

5月，【阿克苏地区】温宿县塔格拉克牧场遭受暴风雪袭击。死亡牲畜7000多头（只）。

1970年　7月20～24日，【巴音郭楞自治州】和静县巴音布鲁克连日降大雨夹雪，总降水量达89.7毫米，部分房屋倒塌。牲畜被围困。据群众反映，是百年未遇的。【阿克苏地区】持续、强烈降雪，推算库车县北部山区小木孜力克山隘两次过程降水达130毫米，积雪深度120厘米，有些地段150～200厘米。7月22日，天山科克铁克山小木孜力克山隘北坡发生一起典型的暖季高山带雪崩，在河谷长度方向13公里范围内，雪崩数十次，据估算总体积在50万立方米以上。雪崩使得正在现场修筑独库公路的上千名军民受到严重威胁。雪崩不但致使道路被阻、全线停工，而且造成7人死亡、多人受伤，雪崩延误工期1个多月，这是一次天山高山带雪崩中危害最重、损失最大的灾害。

第四章 雪 灾

1971 年 3月，【阿勒泰地区】大雪，损失牲畜8.39万头（只）。

12月29～30日，【博尔塔拉自治州】博乐市阿拉山口大雪，降雪量7毫米左右，雪后大风引起雪暴，车辆无法通行。

1972 年 2月下旬，【克孜勒苏自治州】乌恰县一场大雪，死亡牲畜6700头。

3月初，【哈密地区】巴里坤县西山红柳峡下雪数日，雪深100厘米以上，冻死马200匹，死马在雪地里僵立不倒。

1974 年 4月，【伊犁地区】因大雪和风吹雪造成新源县艾肯大坂公路雪阻。巩留县莫霍林场一户牧民遭受雪崩袭击，老小6口全部死亡。

6月24日，【阿克苏地区】拜城县西部出现暴风雪，积雪240厘米，大雪封山交通断绝，冻伤多人，两牧工在山中放羊时遇难，羊群失散，32匹马在山中放牧全部失踪。

1975 年 2～3月份，【克孜勒苏自治州】阿图什县农牧区连续几场大雪，雪深80～90厘米，牧区140～150厘米，给全县的农牧业生产带来严重危害，因缺草料死亡大畜153头（只），小畜3731只，怀胎母畜流产1160只，牲畜普遍瘦弱，较为严重的有4.5万头（只）。

4月16日，【哈密地区】伊吾县出现暴风雪和大雪，春牧场积雪60厘米，部分区域100厘米以上，畜群被困圈内无法放牧，造成大批死亡。全县共损失牲畜1.16万头（只），其中成畜5648头（只），幼畜5976头（只）；暴风雪刮倒毡房6顶。

4月23～24日，【哈密地区】天山、前山牧场公路段，出现风吹雪，客货运输中断。

6月8日，【巴音郭楞自治州】和静县奎先大坂暴风雪，数十辆汽车被阻，冻伤多人，冻死2人，少数树枝被压断。

1976 年 冬，雪量过大【塔城地区】和布克赛尔县死亡牲畜2万头（只）。【阿勒泰地区】布尔津县牧业损失较重。

2月21～27日，【克孜勒苏自治州】普降大到暴雪，交通中断10～20天不等，乌恰县、阿图什县死亡牲畜5.1万余头，阿图什县全县有2.6万亩耕地未能完成春播，倒塌房屋410间，马厩56个，损坏渠道1.86万米，乌恰至阿图什的公路中断20天。【喀什地区】曾5次普降大雪，比历年2月平均降水量多13倍，属近百年罕见，给农牧业生产和群众生活造成较严重的损失。据疏附、疏勒、岳普湖、伽师、英吉沙、喀什、莎车等7县（市）的不完全统计，有52个公社倒塌房屋1696间，伤6人，死8人。倒塌牲畜棚797间、库房98处，死亡牲畜4152头（只），损坏粮食2.6万公斤；冬麦受灾75万亩，其中：轻灾40万亩，重灾35万亩，另外，因雪灾播期已过，无法播种，全地区有15万亩春大麦和胡麻等早春作物未完成播种任务。

6月17～18日，【阿克苏】拜城雨雪交加，972亩农田受损，死亡牲畜2200余头（只），房屋倒塌20户，死3人，伤29人。

1977年 1月,北疆地区发生雪灾。【阿勒泰地区】有20万头(只)牲畜死亡。【伊犁自治州】大风雪灾使伊宁县在博乐、温泉县冬牧场的258群牲畜死亡严重,死亡牧工23人。【塔城地区】有1.7万头(只)牲畜死亡。【昌吉自治州】有17万多头(只)牲畜死亡。

3月,【巴音郭楞自治州】和静县巴音布鲁克区暴风雪成灾,地面平均雪深30~50厘米,最低气温-40℃以下,死伤大小牲畜8万头(只),冻死4人,冻残3人。

1978年 1月,【塔城地区】额敏县冬牧场雪灾,积雪60厘米,牲畜无法采食,全县因冻饿而死的牲畜达4567头(只)。【博尔塔拉自治州】积雪覆盖30~60厘米,最深100厘米以上,致使牲畜无草,冻饿死亡,截止3月底因冻饿死亡牲畜6.6万头(只),死亡率达8%。

3月16日至4月3日,【喀什地区】叶城县连续降雪21天,积雪50~60厘米,部分草场积雪120~150厘米,新藏公路中断交通7天。莎车县南部山区连降大雪16天,山顶积雪150厘米以上,山腰积雪50厘米,山脚下村庄积雪20厘米以上,771户3857人受灾。两县死亡牲畜5.45万头(只)。【克孜勒苏自治州】阿图什、乌恰、阿合奇等县,特别是农牧区连降大雪,少的连续8天8夜,多的达23天,山外积雪50~70厘米,山区70~100厘米以上,深的达300~400厘米,大雪封山,道路中断,造成雪灾。其中,乌恰县各冬春牧场积雪均在100~150厘米,蒙古包陷入雪中,损失牲畜占牲畜总数的24.5%。阿图什市牧区积雪深达100~200厘米,牲畜圈棚倒塌,牧民被困,全县死亡6人。阿合奇县谷地积雪50厘米,山区最厚处达100厘米,使人畜被困于荒山野谷,损失牲畜占当年牲畜总数的31.91%。这是1960年以来所罕见的灾害,自治区党委和政府及时派出工作组,空投救灾物资,并调粮食985万公斤,食油4000公斤,拨款20万元,增拨柴油1500吨,南疆军区派一个汽车连帮助运输。

1979年 3月,【克孜勒苏自治州】乌恰县大雪,死亡牲畜5.5万余头(只)。

4月3日,【克孜勒苏自治州】阿图什县雪灾,死亡牲畜3554头(只),倒塌圈棚116个。

4月23日,【克孜勒苏自治州】乌恰县普降大雪,北部山区积雪150厘米,最大积雪深度达350厘米,人畜处于极端困境之中。因雪崩压死牧民22人,受伤8人,压坏土屋109间,蒙古包26顶,牲畜圈棚110个,牲畜死亡共2000头(只)。其中,成畜死亡1349头(只)。

5月5~21日,【克孜勒苏自治州】阿克陶县遭受暴风袭击,有些地方连续降雪十多天,大部分草场积雪都在50厘米以上,有些地方达100厘米以上,气温急剧下降,死亡牲畜1.8万头(只),幼畜5778头(只),刮倒帐篷17座。

9月23~26日,【乌鲁木齐市】乌鲁木齐县冰大坂至大西沟连降大雪,降雪量达47.9毫米,积雪深度58厘米,使216国道乌鲁木齐段中断运输10余天。

11月1~3日,【塔城】和布克赛尔县大雪(13~16毫米)、大风(9级),气温降至-15~-20℃,对农牧业造成严重危害。

第五节　公元1980—1990年的雪灾

1980年　2月29日，【克孜勒苏自治州】阿合奇县降雪13.3毫米，为历史上2月份所罕见，造成农田大量积水，致使冬麦大量窒息死亡，全县有3828亩绝苗翻耕，占冬麦总面积的27％。

春，【昌吉自治州】玛纳斯县、阜康县遭受大风雪灾，正值牲畜从冬窝子往春草场转场、母畜产羔时节，连续几场大雪，春雪日消夜冻，气温突然下降，又急速回升，牲畜白天吃不上草，晚上卧在冰雪中，牧业生产受到极大影响，损失牲畜1万多头（只）。

5月17~24日，【克孜勒苏自治州】阿克陶县连降大雪，死亡牲畜243头（只）。

1979年9月中旬至1980年5月，【巴音郭楞自治州】和静县巴音布鲁克区畜牧业遭受特大雪灾，共降雪25次，其中大雪5次，降雪天数共61天，稳定积雪期达162天，总降雪量50毫米，是20年来最大的降雪量，草场积雪30~40厘米，有的地方超过100厘米，草原几乎全被积雪覆盖，3个公社、11个牧场的63万头牲畜被积雪所困，全区40％的群众、52％的畜群不同地程度受灾害，死亡牲畜18万余头（只）。

1981年　4月23日，【巴音郭楞自治州】且末县大雪，积雪60~70厘米，死亡牲畜近1万头（只），达6％。

1982年　3月12~19日，【喀什地区】莎车县大雪9天，霍什拉甫山区冻死大羊1.02万只、羊羔1.39万只，共2.41万只，占山区牲畜数的43.5％。

4月4~5日，【阿勒泰地区】阿勒泰市大雪，死亡牲畜6.86万头（只）。【伊犁地区】昭苏、特克斯、新源县大雪，雪深20厘米，农业受灾26.64万亩。

春，【阿克苏地区】温宿县牧场积雪150厘米，牲畜采食困难，受损牲畜4000多头（只）。

1983年　3月26日，【喀什地区】塔什库尔干县大雪、降温，死亡牲畜2万余头（只）。

4月12~30日，【克孜勒苏自治州】连降大雪，山区积雪150厘米，平原50~70厘米，冻饿死牲畜1.42万头（只），损失蒙古包83座，倒房112间，缺粮75万公斤。

5月1~2日，【喀什地区】叶城县雪灾，雪深30~50厘米，山区更大，死亡羊1242只。

6月16日，【克孜勒苏自治州】、【喀什地区】大风雪，死亡7人，3万余头（只）牲畜冻死，35万余亩农田受灾，近百公里水渠被埋，刮坏房屋242间、毡房140顶。

7月17日，【克孜勒苏自治州】阿克陶县牧区连降大雪，积雪60厘米左右，8个社场死亡成畜7000余头（只）、幼畜5000余头（只），有12顶毡房被压在雪下，3间房屋被压塌。

1984年 是年春,【昌吉自治州】奇台县北塔山暴风雪,死亡牲畜4595头(只)。

11月,【阿勒泰地区】布尔津县连降大雪,平原积雪15~20厘米,河谷40~60厘米,山区130~150厘米,造成雪阻,全县交通中断6天,过往人员冻死2人,冻伤6人。严重威胁牲畜越冬。阿勒泰市大雪,死亡牲畜9.44万头(只)。

12月,【塔城地区】额敏县雪灾,大雪覆盖冬牧场,平均积雪50厘米,全县有8.63万头(只)牲畜因无法采食遭灾死亡,占牲畜存栏的17.96%。

1985年 2月13日至3月23日,【巴音郭楞自治州】和静县巴音布鲁克区连续出现历史上罕见的暴风雪,风雪持续40天之久,地面积雪40~60厘米,因雪灾损失牲畜2.76万头(只)。【阿克苏地区】温宿县连降大雪12天,牲畜采食困难,成畜受灾死亡1307头(只),幼畜死亡2734只。乌什县、兵团农一师4团(位于天山托木尔峰西南,距阿克苏市105公里)降暴雪,乌什县积雪深度14厘米,电线积冰直径6~8厘米,倒塌房屋370间、棚圈519间;死亡大畜31头(只)、小畜652头(只)、幼畜764头(只);冬麦地积水23514亩;电线被压断,造成长短途通信中断。兵团农一师4团交通、通信中断一周;早春作物播种均烂种;冬麦积水很多,无法春耙、追肥。3月7日,【克孜勒苏自治州】阿克陶县普降春雪,因积雪过厚,死亡牲畜3.98万余头(只)。

春,【阿勒泰地区】积雪10~20厘米,牲畜吃草困难,成畜死亡12万头(只),其中哈巴河县2.8万头(只),瘦弱牲畜近100万头(只)。【塔城地区】冬牧场积雪100厘米以上,牲畜无法采食牧草,死亡达4万余头(只)。额敏县压坏民房230户400多间,受灾人口5100人,缺粮22.8万公斤。裕民县去冬今春受到特大雪灾,给210户1098人生活造成困难,有41户229人无牲畜放,无地种,缺口粮3.15万公斤。【博尔塔拉自治州】草场积雪达20~40厘米,给牲畜安全度春带来困难,625户受灾,死亡1.36万头(只)。【伊犁地区】新源县两次雪崩,死7人。

1986年 3月15~31日,【阿克苏地区】北部普降大雪,温宿山区积雪40厘米,拜城县雨转雪,积雪深度达70~80厘米,死亡成羊3616只、羊羔3898只。【克孜勒苏自治州】大雪,死亡3人,平原积雪40厘米,山区70~100厘米,交通、电话中断,房屋倒塌,煤矿停产。死亡牲畜3.8万头(只)。

4月6~8日,【阿勒泰地区】暴风雪,死亡牲畜3000头(只)。交通阻塞3天。【塔城地区】额敏县3天降雨雪超过30毫米,并伴有20米/秒大风,死亡大小牲畜6054头(只)。

4月26~30日,【阿克苏地区】温宿县发生特大暴风雪。9户牧民、50多人和3000多头(只)牲畜被困。【克孜勒苏自治州】山区暴风雪,乌恰5天内死亡牲畜4725头(只)。

11月22日,【喀什地区】喀什市雪灾,积雪40厘米,掩埋道路。倒塌203户、圈棚91个,死亡牲畜818头(只),损失饲料38万公斤。1.1万棵果树受冻。

11月31日,【巴音郭楞自治州】遭受暴风雪袭击,平地积雪40厘米,牲畜采食困难,瘦弱畜增加到3.7万头(只)。

12月6~8日,【阿勒泰地区】遭遇风雪灾害,死亡牲畜0.30万多头(只)。其中,

第四章 雪 灾

布尔津县连降中到大雪，冬牧场部分草场被积雪覆盖，有500多头牲畜受冻，全县冻伤7人。【塔城地区】和布克赛尔、额敏、托里等县特大风雪，冻死23人，冻伤121人，死亡牲畜1.4万余头（只），冻伤3万余头（只）。其中，额敏县死亡6人，冻伤57人，339群牲畜受灾，570户牧民房屋、棚圈被大雪掩埋，死亡牲畜5557头（只），被大风刮散7.2万头（只）；牧区55％的草场及570多户牧民的房屋、棚圈被雪掩埋，4个小畜配种站被迫停止工作。和布克赛尔县有9人丧生，1人失踪，冻伤50人，大风吹散牲畜3.50万头（只），冻死牲畜0.40万头（只）头（只），冻伤0.37万头（只）。电路损坏影响发电，少产煤2000吨。【博尔塔拉自治州】大暴风雪，风力10～11级，山区积雪30～60厘米，冬草场被大雪覆盖，牧区道路被堵，牲畜被围，全州有15.8万头（只）瘦弱羊，受伤11人。【巴音郭楞自治州】和静县巴音布鲁克区大风雪，瞬间最大风力11级。交通堵塞，发生事故31起，3人死亡，30人冻伤，损失牲畜4800余头（只）。库尔勒市大风，风力5级，伴降雪、降温，其中，降雪量5毫米，降温8℃，积雪7厘米。发生事故31起，交通堵塞，损失20万元。

12月中旬，【哈密地区】巴里坤县、伊吾县连降大雪、大风、降温，死亡牲畜3000多头（只），弱畜达20万头（只）。

1987年 1月，【哈密地区】山北两县（伊吾县、巴里坤县）连降4～5次大雪，全地区乏畜达16.15万头（只）。

3月21日至5月13日，【喀什地区】叶城县分4段连续降雪21天，即3月21～23日连续降雪3天、4月18～23日连续降雪6天、4月29日至5月3日连续降雪5天、5月7～13日连续降雪7天，4次连续降雪使平地积雪30厘米，山地70厘米，大雪使牲畜无法采食，冻、饿死牲畜7956头（只），其中成畜5776头（只）、幼畜2180头（只）、大畜1022头（只）、小畜6934头（只），有250户住房遭破坏，75根电杆被折断。叶城山区和塔什库尔干县大雪成灾，死亡牲畜1.25万头（只）。

4月17～18日，【哈密地区】雨夹雪，哈密县至巴里坤县公路天山庙段受阻，不能通行。

4月23～24日，【哈密地区】出现风吹雪天气，天山、前山牧场公路段客货运输中断。

4月24日～5月31日，【巴音郭楞自治州】若羌县牧区连续下了数场大雪，积雪65厘米，县城到牧区交通中断，死亡羊1.18万只，其中小羊9233只，骆驼12峰，马27匹，驴16头。

6月21～22日，【伊犁地区】雪灾，受灾农田面积为17.5万亩，成灾面积17.3万亩。昭苏、特克斯县骤降大雪，平地积雪20厘米以上，个别达50～80厘米，农田和草场全部被大雪埋没，3万多亩草场受到严重破坏，冻死牲畜4596头（只），树木被雪压断，高压送电受到严重影响。

10月，【塔城地区】托里县降雪，有20.27万头（只）牲畜受灾，90头（只）在风雪中丢失，瘦弱畜2.44万头（只），缺饲料67吨，22个配种站工作中断，1.68万只待配种羊只好自由交配。

10月10～16日，【阿克苏地区】拜城县持续6天降雪，降雪51.3毫米，山区积雪80

厘米；有 7000 多亩油料作物被大雪掩埋，275 万公斤小麦和油菜籽被大雪压在场上。库车县大雪灾，平原积雪 50 厘米，山区 150 厘米，3 万只羊被困，独库公路中断，十几辆车被阻，1 人冻死，4 人重伤。【巴音郭楞自治州】和硕县中到大雨，之后转雪并降霰，降水 17.3 毫米，地面积雪 2 厘米。部分水稻倒伏后脱粒，影响产量，树木枝条被雪压弯，个别被折断。冻死羊 24 只，牦牛 4 头，因迷路冻死 2 人。兵团农二师 23 团（和静县）多日阴雨后，转大雪，持续 6 小时，平地积雪 10 厘米。水稻、打瓜、甜菜等晚秋作物被雪覆盖。

12 月 25 日，北疆大部分地区降了小到中雨和雪，昼融夜冻，草场形成多层冰壳，牲畜采食困难。【塔城地区】托里县老风口大雪，交通堵塞，冻死 3 人。【哈密地区】哈密市突降大雪，有的地方积雪达 120 厘米，是 1944 年以来最大的雪，雪灾中损失牲畜 2500 头（只），80% 的羊圈被困。冻伤 23 人。

1988 年 1 月初至 2 月 26 日，【克孜勒苏自治州】境内连续 7 次降中到大量的雪，冻死幼畜 2474 头（只），冻伤 33 人。

1 月，【伊犁地区】12 日乌伊公路三台地段因暴风雪造成交通中断，路面最深积雪达 100 厘米，50 多辆汽车和 200 多名旅客被困。果子沟地段先后几次被暴风雪堵塞，交通中断，最长的一次达 8 天之久。

1～3 月，【塔城地区】积雪偏厚，使 8000 多亩冬麦发生严重雪腐病，经济损失达 260 多万元。山区牧场及主要平原草场积雪 50～100 厘米，各冬牧场完全被冰雪覆盖，牲畜采食困难，主要靠流动放牧和补饲度春，死亡牲畜 5.2 万余头（只），瘦弱牲畜达 98.9 万头（只），其中以和布克赛尔、额敏、托里县最重，和布克赛尔县积雪 30 厘米，个别地区 60 厘米，使 620 个冬窝子被大雪围困，给牧业带来严重危害。裕民县牲畜死亡 6500 头（只）。死亡 10 人。【伊犁地区】伊宁县各乡镇场出现雪腐病危害，最重的地块有 60%，轻者有 20% 的死苗。

2 月，【哈密地区】出现罕见的雨雪天气，降雪厚度 40～80 厘米，极端气温下降到 $-21.7℃$，成畜死亡 5.2 万头，2 人被冻死，62 人冻伤。

2 月 2～3 日，【阿勒泰地区】青河县罕见大暴风雪，路面积雪 80 厘米，新疆军区 65 辆运送救灾物资和牲畜饲料的汽车在距县城 80 公里处被困。【塔城地区】托里县老风口地段因风吹雪阻塞交通长达一个多月，31 辆客货车和 134 名旅客受阻被困。【伊犁地区】伊犁河谷地区连降大雪，造成公路交通中断。伊犁果子沟二台公路段多处发生雪崩，掩埋汽车 3 辆，1 人死亡，2 人受伤，交通中断 4 天。

3 月 12～17 日，【阿克苏地区】拜城、库车县山区连降大雪，山区积雪 40～80 厘米，积雪覆盖草场，封住了牧道。25.1 万头（只）牲畜被围困，死亡成畜 1.4 万头（只），倒塌房屋 407 间、棚圈 237 个。

3 月 26 日～4 月 5 日，【阿克苏地区】温宿县连降大雪，山区雪厚 60～150 厘米，牲畜采食困难，成畜死亡 1325 头（只）；羊羔死亡 7350 只。倒塌房屋 118 间、棚圈 66 处。【克孜勒苏自治州】阿合奇县大雪，死亡牲畜 5278 头（只）。【喀什地区】叶城县、塔什库尔干县山区连降大雪，3 名农牧民死亡，2 名牧民受伤，死亡牲畜 1.4 万头（只），8 处发生 21 次雪崩，损坏房屋 134 间、畜圈 56 个。该乡中学坍塌房屋 30 间，其中，校舍坍塌 5

间，被迫停课。

10月9日，【哈密地区】巴里坤县普降大雪，县城周围积雪深度45厘米，城乡交通受阻，碗口粗的树枝被压断。

入冬以来，【巴音郭楞自治州】和静县巴音布鲁克风雪灾害，56人不同程度冻伤。【哈密地区】哈密市先后有3次大风雪，山区平均积雪40~50厘米，个别地方100厘米以上，给牧业生产带来严重的威胁，在抗灾保畜中有21人冻伤，其中有3人致残。截止3月4日，全市有乏弱畜15.1万头（只），占存栏数的44%，牧区占到60%，个别乡乏畜达到80%以上，成畜死亡1.06万头（只），占存栏数的3.1%，牧区占4.3%，个别群占10%；流产4565头，占主产母畜的1.6%，有17万头牲畜圈养，以补草补料维持生命。交通中断一星期，有400多个小棚圈被雪掩埋，多数牧道不通。

1989年 1月28日至3月20日，【巴音郭楞自治州】若羌县牧区连续降雪5次，积雪覆盖草场，冻、饿死大羊558只，羊羔836只，直接经济损失9.4万元。

4月中旬至5月1日，【喀什地区】塔什库尔干县冬季牧场受暴风雪袭击，115户牧民，1.5万多头（只）牲畜被雪围困。塔什库尔干县组织抗灾抢险，为灾区送口粮1万公斤，饲料2.5公斤，饲草7万公斤，将1.1万头牲畜转移到安全地带。

9月18日、24~26日，【巴音郭楞自治州】和静县巴音布鲁克区2场大雪，积雪80厘米左右，沟中积雪100~150厘米，全区3个公社8个大队，3个牧场的受灾群众5427人，占该区人口40%，受灾牲畜近33万头（只），占该区各类牲畜52.3%。

1990年 1~4月，【塔城地区】托里县风雪、严寒，死亡牲畜6万余头（只）。裕民县发生了多年未见的特大风雪灾害，大雪封山无法放牧，草料送不进去，2个月内，大小牲畜死亡1.5万头（只），经济损失309万元。1月，和布克赛尔县冬草场普降大雪，雪厚18厘米，个别地区达30厘米，受灾面积1089万亩，受灾牲畜达29.52万头（只），其中，6.75万头（只）小牲畜和1万头（只）大牲畜因缺草被迫游牧。

2月，【塔城地区】和布克赛尔县东部牧场发生了严重风雪灾害，受灾面积达781.67万亩，受灾牲畜10.5万头（只），占全县牲畜存栏总数的28.46%，截止2月底，牲畜死亡1.25万头（只），占年初牲畜存栏总数的3.39%，大牲畜死亡2518头（只），小牲畜死亡9979头（只），全县36个配种站完全毁坏的有13所，经济损失达27.3万元。

2月19日、3月12日、26日、4月20日、5月10日，【哈密地区】多次下雪，其中哈密市沁城积雪70厘米，对牧业影响极大，天山山区交通中断。哈密县沁城、巴里坤县损失牲畜6008余头（只）。

2月22~24日，【塔城地区】托里县老风口风雪天气，风力达11级。造成雪阻，被困汽车11辆、旅客200多名。

3月18~24日，【克孜勒苏自治州】暴雪雨持续70多小时，全州积雪70~160厘米，死亡5人，死亡大小牲畜2.52万头（只）。30万头（只）牲畜被困山中，靠人工补饲为主，全州倒塌住房500多间、牲畜棚圈1000多座，破坏高低压线、广播线约13.5公里、电杆210余根、损坏变压器5个、树木1万余棵。【阿克苏地区】乌什县连续降雨或雪，持续时间长，降水量31.0毫米，平原雪深4~10厘米，山区60~100厘米，住房倒塌700间，死亡大小牲畜 1 万余头（只），灾民达 8100 余人。受灾小麦 10 万亩、胡麻 5000 亩。【喀什地区】普降大雨雪，持续 67 个小时，12 个县、市 10.85 万户 50 万人受灾，倒塌房屋 4354 间、畜圈 5854 座，死亡大小牲畜 1.07 万头（只），倒塌院墙 18.6 公里，危房 2.85 万间，损失粮食 70.3 万公斤，损失口粮 700 余吨，毁坏地膜棉 4200 余亩，冻死菜苗 3859 亩，死亡牲畜 2 万余头（只）。棉花推迟播种 10～15 天，经济损失 1300 万元。为救灾运往灾区饲草 8881 吨，饲料 3446 吨及大批生活必需品。

第六节　公元 1991—2000 年的雪灾

1991 年　1 月初至 2 月 26 日，【巴音郭楞自治州】且末县牧区普降大雪，积雪 40～50 厘米，受灾牲畜 26 万头（只），死亡牲畜 500 头（只）。直接经济损失 5 万元。【克孜勒苏自治州】连降 7 次中到大雪，山区积雪 85 厘米以上，草场被冰雪覆盖，牲畜吃草困难。乌恰、阿克陶两县尤为严重，5800 户牧民、79.3 万头（只）牲畜受灾，受灾牲畜占牧区牲畜总头数的 81.5%，其中有 45 万头（只）牲畜不能出牧而圈养，死亡牲畜 2.34 万头（只），母畜流产率达 20% 以上。

3 月上旬，【巴音郭楞自治州】和硕、若羌、且末、焉耆、和静等县连续降雪，其中，和硕县山区积雪 100 厘米左右，全州被困牲畜 4 万余头（只），死亡牲畜 7.54 万余头（只），6 栋产羔房倒塌，7 间牧民住房严重损坏。共计经济损失 100 万元。

4 月 9～18 日，【克孜勒苏自治州】阿合奇县连续降雪，最长达 6 天，降水总量 71 毫米，山区积雪 100 厘米以上，平原积雪 50～60 厘米。被困牧民 666 户、牲畜 10.5 万头（只），倒塌牲畜棚圈 1.6 万平方米，城乡倒塌房屋 313 间，危房 827 间，冻死、饿死牲畜 7.3 万头（只），直接经济损失 297 万元。

4 月下旬，【克孜勒苏自治州】阿合奇县连降大雪，山区积雪 100 厘米以上，平原积雪 50～60 厘米，1281 户 6598 人受灾，死亡牲畜 2.5 万多头（只），农牧民房屋倒塌 371 间，严重损坏 386 间。

11 月 29 日，【塔城地区】托里县老风口刮 10 级偏东风。风起雪舞，有 10 辆汽车、60 余人受阻被困。

12 月上中旬，【阿勒泰地区】布尔津县阴雪不断，并伴有 5 级以上风，交通运输阻塞，旅客和物资滞留，损失达 10 万余元。

1992 年　2 月 28 日至 3 月 6 日，【克孜勒苏自治州】连降大雪，个别牧区积雪 50～60 厘米。受灾较重的有 8 个乡，132 户牧民，受灾牲畜达 18.7 万头（只），死亡牲畜 1.3 万多头（只）。【喀什地区】塔什库尔干、叶城和莎车等县的牧区连续降大雪，交通、通讯一度中断。其中叶城县牧业村积雪 20～30 厘米，部分达 40～45 厘米，受灾牲畜 11.75 万头（只），冻饿死牲畜 1762 头（只），其中成畜 416 头（只），仔畜 1346 头（只），倒塌棚圈 17 座，780 平方米，倒塌牧民住房 47 间，512 平方米。直接经济损失 66.3 万元。

3 月 17～19 日，【巴音郭楞自治州】焉耆盆地遭雪灾，积雪 10 厘米左右，一些地方

第四章 雪 灾

20~30厘米。春播被迫停止，2.96万亩小麦播期推迟10~15天，已播作物发生烂种、根须坏死，5万多亩作物需重播。受灾农田面积40万亩，其中须改种面积4万亩。雪灾使60万头（只）牲畜采食困难，死亡牲畜3793头（只），倒塌房屋17间，损坏130间，直接经济损失300万元。【和田地区】降大雪，东部山区积雪成灾，于田、策勒两县受灾最重，该地牧区积雪厚度50~80厘米，个别草场100厘米。2人死亡，20%的畜棚倒塌，死亡牲畜1.09万头（只）。

4月，【阿勒泰地区】哈巴河县有1500亩冬小麦发生雪腐病，导致1100亩小麦绝收，400亩麦苗腐烂三分之二。【伊犁地区】伊宁市北郊部分冬小麦雪腐病危害严重。【哈密地区】山区降大雪，省道2912线K44~70地段阻车50多辆，150多人被困，交通一度中断。

12月25日到次年1月10日，【巴音郭楞自治州】且末县牧区连降几场大雪，积雪40~70厘米，3.5万头（只）牲畜被困，死亡牲畜1500头（只），1人冻死。直接经济损失90万元。

1993年 1~2月，【巴音郭楞自治州】若羌县牧区受大雪袭击，使牧区死亡牲畜2097头（只），倒塌房屋10间。

2月至4月上旬，全疆大部牧区连降大雪，造成部分牧区牲畜受灾严重。其中阿勒泰、塔城、伊犁、博尔塔拉、巴音郭楞、克孜勒苏、和田等地州的牧区均遭雪灾，冻死6人，冻伤119人。据不完全统计，3月中旬至4月中旬，平均每天死亡牲畜1万头（只）左右。全区因雪灾造成42.2万头（只）牲畜死亡，直接经济损失8389.93万元。【伊犁地区】伊宁县40万亩冬小麦因雪腐病造成不同程度死亡，其中有3.3万亩需翻种，直接损失654万元。新源县发生冻害、雪腐病，造成全县4.56万亩冬小麦受灾，占冬麦总面积的35%左右。

2月3~15日，【阿勒泰地区】连续降雪，河谷积雪40~50厘米，最厚达162厘米，其中，哈巴河县牧区积雪深达120厘米，布尔津县牧区积雪厚达50~70厘米，大雪封山、通讯中断。130万头（只）牲畜受灾，死亡7107头（只）。

2月17~19日，【阿克苏地区】部分县大雪成灾，过程降水量10~20毫米。这场天气使乌什县城区积雪厚度达30厘米，山区达70~100厘米。雪灾使乌什县死亡牲畜3200多头（只），倒塌民房196间，造成危房2000多间，小麦绝收面积5.8万亩，直接经济损失1200多万元。

3月17~19日，【和田地区】出现一次强降雪天气，于田、策勒两县牧区积雪50~80厘米，个别草场积雪100厘米左右。雪灾造成2人死亡，冻死牲畜1850头（只）。

3月底，【巴音郭楞自治州】且末、若羌两县牧区雪灾，死亡牲畜3万多头（只）。其中，若羌县牧区连下了几个星期大雪，雪厚30厘米，死亡绵羊、山羊3046只，羊羔3018只，交通受阻。

4月6~7日，【哈密地区】哈密市沿天山一带普降大雪，持续了两天一夜，地面积雪达60~70厘米。据统计，全市因大雪死亡牲畜4300头（只），其中大畜800头（只），小牲畜3500头（只）。

5月7~12日，【阿克苏地区】乌什县北山降大雪，积雪深度30~50厘米，农作物受灾面积890亩，死亡牲畜2500头（只），倒塌房屋36间、棚圈32间。【克孜勒苏自治州】乌恰县受冷空气影响，全县普降大雪，牧区积雪40～70厘米，风力6级，部分蒙古包被积雪压塌，倒塌棚圈9座，死亡牲畜2625头（只）。直接经济损失32万元。

1994年 1993年冬至1994年春，北疆牧区降雪范围广、量大、时间长，牧区积雪厚度一般在40厘米以上，其中阿勒泰、伊犁、塔城、昌吉等地区的牧区降雪量是近5年来最多的一年，而博尔塔拉自治州冬草场低温连续降雪为近20年来罕见。全疆死亡各类牲畜11.76万头（只）。雪大量多，春季气温低，积雪消融时间长，使冬小麦雪腐、雪霉病较为严重，全疆冬小麦越冬死亡面积达57.24万亩，占播种面积的57%左右（包括生产建设兵团）。塔城及石河子冬麦区也因积雪厚，春季融雪缓慢，导致冬麦越冬死亡面积分别达19.8万亩和18.7万亩。其中受灾最重的是伊犁地区，1994年该区雪腐病危害面积之大、危害程度之重为历史罕见。【伊犁地区】冬季积雪时间长达118天，冬麦发病面积达51.99万亩，占冬小麦播种面积的57%，其中受害死亡率达20%～50%的有17.2万亩，受害死亡率达50%以上的有23.31万亩，占冬麦面积的24.8%，需改种、补种的17.2万亩，占总播种面积的18.3%。有的乡村冬小麦死亡率达60%～80%。【巴音郭楞自治州】若羌县牧区普降大雪，死亡羊3348只，共造成经济损失29.18万元。

3月10～11日，【伊犁地区】霍城县果子沟312国道4771～4772公里处发生罕见雪崩，雪崩落差900米，该处80多米宽的山沟被雪堆填得严严实实，最大雪深6米，其中20多米长的路面被埋，2400多辆客货车、7000多名旅客、1万多只转场牲畜被困，一中型面包车被埋，14人死亡，造成近一个星期无法通车。新源县冬牧场发生雪崩，死亡6人、羊300只、牛3头、马6匹。直接经济损失16.5万元。

12月7～10日，【阿克苏地区】温宿县降大雪，山区积雪100厘米以上。大雪封山，气温骤降，给牲畜越冬和牧民生活造成灾害。19万头（只）牲畜无法出圈放牧，8500余人口的大部分家庭住房受损。大雪使486户住房漏水，21户住房倒塌；羊圈全部漏水，47个倒塌。塔格拉克牧场丢失64只羊。

1995年 2月18～25日，【阿克苏地区】拜城县连降春雪，城区积雪40厘米，牧区积雪80厘米，造成雪灾。死亡成、幼畜5100头（只），母畜流产2700头（只）；倒塌棚圈48个；冬小麦死亡3.1万亩。总计经济损失460万元。

4月5～7日，【克孜勒苏自治州】连续降中雪30小时，牧区积雪较厚，海拔1400米以下地带积雪30～35厘米，海拔1500～2400米地带积雪50～60厘米，海拔2500米以上地带积雪60～80厘米。积雪厚影响牲畜吃草，全州受灾牲畜55.5万头（只），死亡牲畜9255头（只），损坏房屋2200间，损坏棚圈1278间。直接经济损失642万元。【喀什地区】喀什市遭受历史上罕见的暴雪袭击，时间长达十多小时，给市区各族人民的生活、工作带来严重危害。受灾民房165户，受灾居民825人，道路毁坏50多处，断7处，地道塌方1665立方米，水渠堵塞3000米，排水管堵塞1600米，全市中小学校舍、住宅、市医院、砖厂、蔬菜温室大棚、果园、部分牛羊圈、鸡舍等也遭受不同程度的损坏，直接经济损失达1681万元。

4月中旬，【乌鲁木齐市】南郊牧场、温泉等地出现风雪灾害，造成大批牲畜死亡。

【巴音郭楞自治州】牧区发生严重的雪灾，积雪厚度达100厘米，有33万头（只）牲畜被围困，牲畜产羔成活率仅有30％。若羌县大雪，暴风雪袭击牧区，降雪时间长，雪厚达30厘米以上，人畜被困，死亡羊多只。

7月20日，【哈密地区】伊吾县牧场突降大雪，连续15个小时，雪深30厘米。刚剪过毛的羊死亡8400只，死亡率达10％，900亩农作物遭冻灾。直接经济损失336万元。

8月29～30日，【阿勒泰地区】出现风雪降温天气，夏牧场降雪达20～40厘米，造成全地区2万多亩玉米、油葵倒伏，绝收7400亩。2130头（只）牲畜因大雪觅食困难冻饿而死或滑下山崖死亡。

1996年 1月5日，【塔城地区】连续大雪，牧区积雪30厘米以上，38万头（只）牲畜因积雪无法食草，经济损失93万元。

1月18～23日，【巴音郭楞自治州】若羌县南部山区连降两场大雪，牧区94群羊无草可牧，死亡牲畜1840头（只），造成经济损失40万元。

3月29日至4月8日，南疆出现两次降水天气，农牧业受灾严重，牧区积雪20～100厘米，受灾县11个，受灾住户1.9万，受灾牲畜98.65万头（只）。【阿克苏地区】库车、拜城、温宿、乌什等县北部山区积雪60～120厘米，部分公路段积雪深度达150厘米左右，属历史罕见。800多人、10万只羊被困，全州死亡牲畜4.62万头（只），死亡牧民6人，倒塌房屋646间、棚圈569座、围墙1248米、花房234间，三所中小学停课，毁路2.22万米、桥梁83座，冬小麦受灾近8万亩，绝收1.78万亩。【克孜勒苏自治州】冬小麦死亡1.48万亩。由于低温雨雪天气，南疆棉花播期比上年普遍推迟，至4月4日仍不能开播。【喀什地区】冬小麦死亡2万亩。塔什库尔干县、叶城县牧区积雪30～100厘米，受灾牧民1.11万户，死亡2人，受伤16人（其中重伤2人），受灾牲畜26.72万头（只），死亡牲畜5.55万头（只），房屋倒塌4580间，新增危房6100间，畜圈倒塌81140平方米。【和田地区】连降大雪，部分地区有阵雨和冰雹，牧区积雪20～30厘米，民丰县后山带积雪70厘米，前山牧区30～40厘米，死亡牲畜6539头（只），倒塌牧民住房303间、棚圈334座。于田县牧道损坏多处。农作物受灾面积7917亩，成灾3282亩，死亡牲畜2.9万头（只）。直接经济损失431.2万元。

10月26～31日，【阿勒泰地区】连降大雪，平均降水量34.5毫米，其中，吉木乃降水量为59.2毫米，青河降水量为49.8毫米，给牧业生产带来危害。被困人口达2.15万，受灾草场131.4万亩，大雪埋没畜圈196个，压塌畜圈375个，造成危险畜圈78个，倒塌279户牧民住房，1324户牧民住房成为危房，造成瘦弱牲畜7.1万头（只），10.1万头（只）无法采食，7000余头（只）牲畜被雪围困，死亡牲畜2245头（只）。大雪还造成阿勒泰市、青河县、布尔津县、哈巴河县雪崩，造成人畜伤亡，死亡7人，重伤3人。

冬，阿勒泰、塔城及南疆巴音郭楞自治州的和静县巴音布鲁克出现了历史上罕见的大雪。持续不断的降雪过程，使北疆及南疆的部分地区积雪明显偏厚，局部地区异常偏厚，全疆6个地区发生雪灾。受灾草场1.04万亩，牲畜1100万头（只），12.3万牧民被大雪围困，倒塌房屋874间，死亡39人，冻伤87人。雪灾造成农牧民住房毁坏18.38万间；倒塌棚圈6120座，死亡牲畜9.87万头（只），造成直接经济损失2.47亿元。【阿勒泰地区】阿勒泰市区积雪88厘米，为历年之最，平原积雪40厘米以上，山区积雪100～200

厘米，且不断发生雪崩，有近4万人被大雪围困，粮食与燃料短缺，1300多间住房遭破坏。【塔城地区】平原积雪50～60厘米，部分地区100厘米，受灾人口1547户9081人，冻死5人，冻伤牲畜500余头（只）。【伊犁地区】尼勒克县出现大暴雨转雨夹雪，地面积湿雪20厘米，山区雪深100～150厘米。195公里牧道受阻，个别牧道出现雪崩。新源县连降雨雪，东部地区下雪，西、中部大雨，山区积雪100～150厘米，平均积雪60～70厘米，诱发雪崩百余次。全州死亡12人，被困牲畜12.7万头（只），死亡羊1764只、牛119头、马110匹；3172户牧民住房严重漏雨，874间倒塌；倒塌畜棚圈740座。【巴音郭楞自治州】和静县巴音布鲁克区积雪55厘米，降雪量较上年同期增加近9倍之多。草场积雪80～90厘米，山区积雪100～150厘米。巴音布鲁克2000多户牧民6000多人受灾，1.57万头（只）牲畜死亡，100座棚圈倒塌。3人死亡。直接经济损失1000万元。

1997年 1月1日，【伊犁地区】察布查尔县发生雪崩，羊死亡30只，一牧民因抢救及时，脱离危险。

1月中旬，【伊犁地区】伊犁河谷东部地区连降三次大雪造成雪灾，其中，察布查尔县积雪100厘米，多处发生雪崩，新源县发生大小雪崩100多次。全州死亡8人；受灾牲畜731群合14余万头（只），死亡牲畜2808头（只）；倒塌牧民房屋1000多间、棚圈600多座，牧区校舍倒塌640平方米，有500多名学生被迫轮流上课；国道218线有2辆货车滑下路基，2辆客车、27辆货车、200多人被阻困。

12月15～18日，【阿勒泰地区】普降大到暴雪，阿勒泰市积雪50厘米，市区达88厘米，为历史最高记录。这次降雪主要集中在青河、富蕴、吉木乃、布尔津、哈巴河县和阿勒泰市的沿山一带，山区积雪深度达100～200厘米，各县、市交通要道被雪阻断，牧业遭受灾害。截止元月4日调查统计，有435户农牧民的1348间住房遭到破坏，有3.89万人因大雪围困粮食与燃料出现短缺，约有30万头（只）牲畜无法觅食，有153座牲畜棚圈、109座塑料暖圈被大雪压塌，死亡牲畜1300头（只）。

1998年 2月10～11日，【塔城地区】普降大雪，积雪达25～30厘米，造成白灾。

2月26日至3月23日，【乌鲁木齐市】乌鲁木齐县连续3次遭到严重的雪灾和暴风雪的侵袭，牲畜被围困，加上严重缺草少料，乏弱死亡牲畜2.48万（只），占越冬度春损失成畜总数的66.1%，造成直接经济损失495.8万元。

3月6～9日，【哈密地区】普降大雪和雨夹雪，其中降雪持续72小时，积雪40～60厘米，最厚100厘米。此次灾害使349户4583人受灾，倒塌房屋20余间，造成危房36间，农作物受灾面积186公顷，成灾面积140公顷，绝收10公顷，直接经济损失550万元。其中，伊吾县遭受了近30年未遇特大暴雪袭击，大雪持续70多个小时，降水48.2毫米，积雪70厘米，道路、牧道严重堵塞，给牧业生产带来重大损失，3万头（只）牲畜被困在冬草场，10.5万头（只）牲畜被困春秋草场，山区积雪150厘米，草料无法运输上去，母畜流产比较多，牲畜死亡1.2万头（只），部分棚圈和牧民住房被积雪压塌，616人被困。直接经济损失360万元。【吐鲁番地区】鄯善县牧区的大雪十分罕见，积雪150厘米，近山地带积雪80厘米，雪灾造成2.72万户、14.28万人受灾，1人死亡，16人冻伤，100多群转场牲畜被堵在转场途中，严重缺草缺料，死亡牲畜2500头（只），近

11万间房屋出现漏雨和裂缝，严重损坏房屋364间，毁坏温室大棚60个，变压器9台，电视机10台，录音机16台，电话机40部，电视闭路设施204件。

1999年 3月5～6日，【克孜勒苏自治州】阿克陶县普降大雪，积雪30厘米左右，3.5万头（只）牲畜受灾，死亡牲畜615头（只），其中：牦牛152头。直接经济损失45万元。

3月23日，【阿勒泰地区】不同程度的遭受暴风雪的袭击，全地区有3000多头（只）牲畜被冻死、冻伤或丢失。【塔城地区】托里县遭受暴风雪袭击，部分地区雪深30～50厘米，33个村被围困，2000人受灾，死亡大小牲畜4422头（只），被暴风雪卷走草料千余吨，牛羊棚圈51个，直接经济损失195万元。

3月29日至4月1日，【巴音郭楞自治州】若羌县牧区大雪，死亡幼畜5531头（只），造成经济损失55.31万元。

4月10～14日，【喀什地区】塔什库尔干县连降大雪，全县2112户和16.95万头（只）牲畜受灾，其中：被大雪围困的有317户2031人、4.24万头（只）牲畜，死亡牲畜2.76万头（只），缺粮户2010户1.43万人，倒塌房屋199间，危房511间，5230人患上呼吸道、心血管、消化道及雪盲等疾病。直接经济损失1000万元。【克孜勒苏自治州】阿克陶县牧区连降大雪，积雪40厘米，造成通迅中断、牲畜死亡。据初步统计有300多头（只）牲畜死亡。

2000年 1999年12月30日到2000年1月10日，北疆地区连续出现了3场较大的降雪天气，有28个县降大雪，受灾108.3万人，成灾69.5万人，死亡11人；死亡牲畜17.25万头（只）；倒塌房屋0.78万间，损坏1.17万间；被大雪压断和冻死果树18.6万株，次生林受损9.4万公顷；损坏供电、通讯线路数百米，公路和牧道被积雪覆盖，山区地段及峡谷发生雪崩和泥石流，交通被迫中断，几千辆客车和上万名旅客被困在雪野中，直接经济损失4.85亿元。【阿勒泰地区】青河县100万头（只）牲畜无法放牧，冻死牲畜900头（只），直接经济损失54万元。【塔城地区】托里县积雪60～80厘米，263户1315人受灾。【伊犁地区】牧区积雪100～200厘米，多处发生雪崩，其中新源县雪崩29次，一处山体严重滑坡，造成9人死亡，8人受伤，有3972户牧民、86.2万头（只）牲畜被困，死亡牲畜5153头（只），倒塌住房197间、棚圈229座。直接经济损失627.3万元。【哈密地区】牧区积雪30～50厘米，部分山区100厘米以上。全地区有34万头（只）牲畜被困，因灾死亡牲畜5000余头（只），死亡2人。直接经济损失154万元。【巴音郭楞自治州】和静县巴音布鲁克区平均积雪50厘米，有30万头牲畜受影响无法放牧。山区积雪100厘米，造成交通中断，使20万头（只）牲畜无法采食，1.74万头（只）牲畜因雪崩冻、饿死亡，积雪压倒棚圈56座，直接经济损失278万元。

2月21～23日，【吐鲁番地区】出现了历史同期有记录以来的第一场大雪，山区暴雪，积雪80厘米，近150万亩草场被雪覆盖，受灾牲畜7.68万头（只），牲畜无法放牧采食，托克逊县牧道积雪平均50厘米，牲畜无法转场，5000只牲畜被困，死亡牲畜2768头（只），流产787头（只），直接经济损失100万元。【巴音郭楞自治州】出现了罕见的大雪天气，各地普遍有积雪，其中，和硕县积雪20～60厘米，和静县积雪厚度达40厘米以上。大雪造成交通受阻，并发生车辆相撞事故，4人死亡。受灾牧民870户3689人，受灾牲畜7万头（只），冻死牲畜3830头（只），大雪压塌牧民房屋56间、棚圈46座，已播种的1637亩春麦、140亩油葵均受雪灾。

9月27日至10月17日，【塔城地区】托里县气温骤降至-11℃，托里山区气温骤降至-16℃，风口风力达7级以上，部分地区突降大雪，厚达20～35厘米。当时正值牧业转场，牧民及牲畜途中被困，因物资、御寒设备准备不足，造成严重的经济损失。被困37人，冻伤生病11人，死亡大小牲畜4171头（只），被风卷走饲草120余吨，造成直接经济损失83万元。

10月至12月初，【阿勒泰地区】每隔3～5天就有一场大雪，富蕴、福海、吉木乃、哈巴河、阿勒泰、青河等县市牧区普遍积雪40厘米左右，中、后山积雪偏厚，达150～200厘米，对部分在山区过冬的牲畜采食带来严重影响，其中，青河县由于夏季干旱，牧草不足，加之积雪偏厚，牲畜提前40天进行舍饲，牧民面临断粮的威胁。国道216、217部分道路被雪阻塞。县乡道路大多因雪中断通车。被困牲畜67万头（只），其中503头（只）头死亡，30万头（只）冻伤，100万头（只）牲畜因积雪过厚采食困难提前进入舍饲。由于沿山地带积雪过厚，大量牲畜需转入远冬牧场。截止12月8日，100万头牲畜无法放牧，畜膘下降，母畜有流产发生，死亡牲畜1689头（只），积雪压塌棚圈607座。直接经济损失404.8万元。

11月20～24日，【伊犁地区】尼勒克县雪崩，正在转场的3个牧民被压死。

11月，【塔城地区】塔城盆地出现持续大降雪天气。雪灾使80万头（只）转入冬牧场的牲畜无法放牧，只能完全进行舍饲。由于当年草场遭受严重旱灾、虫灾，产草量下降50%左右，冬牧场普遍存在储草不足，全区6800个冬窝子有2000个因缺乏草料而无法使用，给牲畜越冬造成极大困难。全地区有30万头（只）牲畜被大雪围困，出现了死亡现象。大雪使老风口路段、托里至裕民路段、裕民至塔城路段不同程度受阻。

12月28日至2001年1月7日，【阿勒泰地区】普降大雪，牧区积雪50～130厘米，150万头（只）牲畜和8200户牧民被困，牧区缺草500万公斤，缺料200万公斤。【塔城地区】连续降大雪，北四县主要冬草场积雪均在30～50厘米，牧草被覆盖，交通受阻。150万头（只）牲畜受雪灾影响，死亡1300头（只）。

第五章 霜 冻

第一节 概 述

霜冻是危害新疆农业生产的一种灾害性天气。霜冻是指在作物生长的季节里,土壤或植物表面的温度急剧降到足以引起作物受害或死亡的温度,通常称为"黑霜"。一般"黑霜"对经济建设、人民生活特别是对农牧业生产危害重大。特别是新疆春、秋两季冷空气活动频繁,气温变化很不稳定,秋霜冻往往过早来临,春霜冻也常常结束较晚,致使新疆各地历年均有不同程度的霜冻发生,常使新疆大面积农作物和畜牧业受灾。

霜冻和霜是两种完全不同的概念。霜是水汽在地面和近地面物体上凝华而成的白色松脆的冰晶;或由露冻结而成的冰珠。易在晴朗风小的夜间生成。这种现象通常称为"白霜"。

一、霜冻灾害的特点

新疆霜冻在北疆主要是冷空气活动影响而形成,南疆则以冷空气活动和地面辐射冷却共同作用而形成。南北疆的初霜冻差不多都是和一次较强的冷空气或寒潮入侵有关,相比之下,北疆更为明显。

(一)霜冻指标

霜冻指标的高低是根据农作物而确定的。当作物在生长期间遇0℃以下短暂低温造成作物部分或整株死亡的现象为霜冻现象。新疆的霜冻指标是:通常情况下当地面最低温度降到0℃时,各种喜温作物开始受害,定为轻霜冻;当日最低气温降到0℃或0℃以下时,各种喜温作物则开始严重受害或死亡,定为重霜冻。

(二)初、终霜出现的时空分布

1. 平均终霜冻日。 每年春季最后一次出现的霜冻,称为终霜冻。北疆北部阿勒泰地区和塔城地区北部,一般4月底至5月上旬出现,青河县迟至5月底,伊犁河谷和沿天山一带在4月中旬出现;南疆东部在3月底至4月初,西南部和吐鲁番盆地则在3月中、下旬;东疆南部淖毛湖戈壁是4月中旬,巴里坤盆地迟至5月中旬。

2. 平均初霜冻日。 每年入秋后最后一次出现的霜冻,称为初霜冻。北疆北部阿勒泰地区和塔城地区北部,一般9月下旬出现,青河县为9月初,伊犁河谷和沿天山一带在10月上旬出现;南疆东北部为10月下旬的上半旬,西南部和吐鲁番盆地为10月底;东疆南部淖毛湖戈壁为10月中旬,巴里坤盆地为9月6日。

（三）霜冻的年际变化

新疆地处欧亚大陆腹地，大陆性气候特点十分明显，霜冻的年际变化也很大。

1. 终霜冻日　平均终霜冻日和最晚终霜冻日，北疆一般相差半个月至一个月，南疆一般相差一个月至一个半月。而最早终霜冻日和最晚终霜冻日之差，北疆最长可达74天，最短31天，一般都在40天左右。南疆最长68天，最短40天，一般都在50天左右。终霜冻出现的日期平均来讲，北疆比南疆约晚一个月。新疆多数时候终霜冻日都是在喜温作物播种前出现，对作物影响不大，只有终霜冻出现特别晚的年份容易造成危害。现在由于农业技术水平的提高，特别是薄膜技术的推广应用，终霜冻的危害已经比20世纪80年代前减少了。

2. 初霜冻日　平均初霜冻日和最晚初霜冻日，北疆可相差半个月至一个月，南疆和东疆相差10～20天。最早初霜冻日和最晚初霜冻日之差在北疆最长可相差近两个月，最短也相差半个月，一般都在一个月左右，南疆最长可相差一个月到一个半月。平均来讲，北疆比南疆约早一个月。初霜冻出现时多数作物都已成熟并停止生长，不会受害，如果初霜冻来得特别早，作物未成熟就会出现严重受害，如棉花的霜后花增加，使质量大打折扣，同样对晚熟玉米、复播玉米、瓜类和蔬菜等也有很大损失。

（四）霜冻分区

根据霜冻初、终期出现的时段，结合年际变化的大小及初、终霜冻期与喜温作物的关系，可将新疆霜冻分为5个区。

1. 多霜冻区　包括阿尔泰山、天山及昆仑山等高寒山区。本区终霜冻在5月下旬以后，初霜冻在9月上旬以前，无霜期110天以下，只能适宜牧草生长，多为牧区。

2. 较多霜冻区　包括阿勒泰平原地区和塔城地区北部及伊犁河谷东部。这些地区终霜冻在5月上旬，初霜冻在9月下旬，无霜期150天左右。

3. 一般霜冻区　包括准噶尔盆地及北疆沿天山一带、伊犁河谷西部及南疆的拜城、焉耆、阿合奇等山间盆地及河谷地带。本区终霜冻一般在4月中旬，初霜冻在10月初，无霜期160～180天之间。

4. 较少霜冻区　包括鄯善、哈密、若羌、且末、民丰等县。本区终霜冻一般在4月上、中旬，初霜冻在10月中旬，无霜冻期180～200天。

5. 少霜冻区　包括塔里木盆地北部、西部边缘地区及吐鲁番盆地。本区终霜冻在3月中、下旬，初霜冻在10月底，无霜期200～230天。初、终霜冻平均日期在喜温作物生长之外，霜冻危害较小。另外，塔里木盆地南缘的墨玉、和田、洛浦、策勒等县，初、终霜冻期及无霜期冻期虽然与少霜冻期区相差无几，但它是新疆霜冻发生机会最小的地区。

二、霜冻灾情的评述

1. 霜冻灾害的标准　将霜冻灾害按照造成的损失分为一般霜冻灾情和重大霜冻灾情及特大霜冻灾情，具体标准定为：①一次灾情在一个地区出现时，农作物受灾达到1万亩以上，畜牧业遭受严重损失，经济损失达1000万元，有人员死亡。具备上述条件之一，即作为一次重大灾情；②在满足重大霜冻灾条件的前提下，经济损失在1亿元以上，牲畜死亡5万头（只）以上，农作物受灾面积10万亩以上，满足条件之一者，定为特大霜冻灾；③成灾但未达到上述任何一个标准者，视为一般霜冻灾情。

2. 霜冻灾情发生的频率 应用上述霜冻标准，从收集到的资料统计看，新疆霜冻灾情几乎年年发生。50 年来（1951—2000 年）新疆霜冻灾情共发生 126 次左右，其中北疆出现 53 次，占 42.0％；南疆出现 50 次，占 39.7％，南北疆同时出现 12 次，占 9.5％；而东疆出现 11 次，占 8.7％。50 年间，有重大灾情 28 次，占 22.2％；特大灾情 17 次，占 13.5％；而一般霜冻灾情出现 81 次左右，占总次数的 64.3％。全疆特大灾情出现在 1980、1982、1985、1986、1992、1993、1994、1996、1999 年；北疆出现在 1970、1995、1996 年；南疆出现在 1989 和 1998 年。

3. 主要影响 对新疆国民经济有重大影响的霜冻主要发生在春、秋季，特别是 4、5 月份和 9、10 月份。春季终霜冻过晚结束，在 5 月中旬结束，将推迟喜温作物苗期生长和导致部分果树开花率降低，影响作物的品质和产量。秋季初霜冻如果出现过早，在 8 月底、9 月初出现，对棉花和复播玉米、水稻等作物正常成熟有极大影响。

本章中的霜冻灾害不包括列入第二章寒潮中由寒潮引起的那部分霜冻灾害。

第二节　公元 1949 年以前的霜冻灾害

唐　贞观二年（公元 628 年）　突厥，盛夏而霜，岁大饥。

唐　龙朔二年（公元 662 年）　三月，天山士卒饥荒，又遇大雪凝冻，渡碛北又大雪，士兵粮尽，冻饿死者十之八九。

清　乾隆三十九年（公元 1774 年）　五月，哈密大雪，人、牛、羊冻毙颇多。

民国　十四年（公元 1925 年）　秋初，布尔津重霜冻，粮食作物被冻成灾，颗粒无收。

民国　二十三年（公元 1934 年）　春，阿勒泰普遭寒潮袭击，各类牲畜死亡过半，贫苦牧民冻死二千五百余人。

民国　二十五年（公元 1936 年）　秋，巴里坤县天寒，冻死庄稼，收成歉薄。

第三节　公元 1950—1966 年的霜冻灾害

1951 年　5 月 12 日，【伊犁地区】尼勒克县乌拉斯台、种蜂场温度下降至 -3℃，小麦、胡麻被冻死 40％。

9 月 26 日，【喀什地区】蒲犁县（今塔什库尔干自治县），正值收割之际，忽降霜雪。

小麦、青稞、花、豆等播种较迟作物均受冻灾，甚为严重。

1952年 5月13～14日，【和田地区】霜冻，部分地区温度降至－4.2℃，7.2万亩庄稼冻死40％。

10月9日【石河子市】严重霜冻。所有各种没有成熟的作物均被冻死，苗圃中的小树除枫、桃、杏、榆四种而外，其余全部冻死。

1953年 10月18日【石河子市】骤寒，浓霜盖地，尚未全熟农作物如棉花、洋芋、红薯以及花卉等，其枝叶冻枯。蔬菜类除白菜、芹菜而外，余亦大致冻死，怕冻的树如洋槐、中槐、合欢以及椿树等树叶全部冻僵，日晒后变为黑色。

1954年 4月12日，【伊犁地区】察布查尔县霜冻，伴着大风暴雪。畜牧业和已出土的庄稼遭到严重损害。

5月1～4日，【喀什地区】叶城县部分乡降雨（雪）天气，占已播种作物12％的豌豆、玉米、小麦、瓜、苜蓿被冻死，5300株核桃、杏、桑的叶子遭冻害颜色变黑脱落。

1955年 春，北疆伊犁地区和南疆部分地区冷空气入侵，造成【伊犁地区】尼勒克县6个乡受灾，冻死小麦1.02万亩，其它农作物0.26万亩。灾情严重的乌拉斯台乡、种蜂场冻死冬麦0.65万亩，种蜂场农业队的农作物全部被冻死。两个牧场冻死羊0.24万只、牛325头、马170匹、骆驼2峰。南疆18个县冻死小麦17.6万亩、棉花0.20万亩、其他作物0.26万亩；阿克苏9个县冻死各类牲畜2.3万头（只）。

1956年 9月27日，【伊犁地区】昭苏降雪、降温，发生霜冻。小麦刚进入成熟末期，一部份尚在腊熟期的小麦全部受害，麦粒瘦小歉收，部分玉米在开花盛期全部死亡。

9月23日，【昌吉自治州】奇台县出现霜冻，水磨河及潮湿地带形成白霜，高粱全部受损，未成熟的玉米受冻减产。

9月25～26日，【吐鲁番地区】鄯善县初霜，将农场全部棉花及部分蔬菜冻死。

1959年 10月13～14日【石河子市】炮台农区出现霜冻，南瓜、棉花等作物冻坏。

1960年 10月16日，【阿克苏地区】柯坪县霜冻，棉桃被冻死。

1962年 5月8日，【昌吉自治州】玛纳斯县黑霜，经济作物60％以上受冻害，死亡3万亩。葡萄90％、苹果80％、葫芦、南瓜、刀豆等20％受害。

9月27日，【哈密地区】伊吾县冷空气入侵，蔬菜全被冻死。

1963年 4月20～22日，【伊犁地区】察布查尔县霜冻，已开花的桃花中抗冻弱的品种全部冻死，抗冻较强的品种也受到不同程度的危害。同时该地区的特克斯县因降温，天气寒冷，冻死大畜300多头。

1964年 3月28日,【巴音郭楞自治州】兵团农二师27团霜冻,小麦严重受害。

1965年 10月12日,【巴音郭楞自治州】若羌县由于气温偏低,地面结冰,造成棉花和个别蔬菜受到不同程度的冻害。

1966年 5月9~10日,【昌吉自治州】部分地区普降大雨,山区降雪,最低气温降至-2℃,出现霜冻害。全州农作物受灾6.12万亩,绝收1.09万亩,其中昌吉市1.47万亩蔬菜受冻0.15万亩,死亡670亩,0.28万亩各类瓜受冻,0.10万亩果树部分花穗受冻,花受灾0.25万亩,死亡450亩,受冻玉米0.51万亩,死亡率占1.5%,黄豆死亡率5.8%。

5月23日,【阿克苏地区】阿克苏市沙井子镇霜冻,几万亩棉苗及数千亩玉米全部受灾,受灾程度严重,该场棉苗完全冻死者达0.3万余亩。

第四节 公元1967—1979年的霜冻灾害

1969年 6月8日,【阿克苏地区】乌什县出现历史上少见的霜冻,靠山区玉米叶子冻死,部分棉花叶子局部冻死,城区附近蔬菜部分叶子也被冻死。

1972年 4月20日,【喀什地区】岳普湖县由于低温结冰,使全县棉花、春小麦幼苗严重受冻。

1973年 4月16日,【巴音郭楞自治州】若羌县霜冻。造成葡萄等果树受冻死亡。

5月24日,【巴音郭楞自治州】兵团农二师31团霜冻。棉花、水稻、瓜菜受到不同程度的冻害。

1974年 4月6日,【喀什地区】岳普湖县霜冻,地面最低温度达-4.8℃,部分公社水面结冰,小麦叶子被冻枯。

6月3日,【阿克苏地区】乌什县晚霜,地面温度降至-4.0℃,玉米等晚熟作物被冻死。

9月1日,【阿勒泰地区】青河县霜冻,大部分蔬菜被冻死。

9月3日,【阿克苏地区】乌什县霜冻,地面温度降-0.4℃,致使30%的水稻、15%的玉米和50%高粱未熟,造成严重减产。

9月13日,【昌吉自治州】米泉的梧桐窝子霜冻,瓜菜大部分受冻死亡。

1975年 4月4~11日,【伊犁地区】察布查尔县发生霜冻,给冬春作物造成很大损失,80%的冬小麦冻死。

春季，【石河子市】霜冻，蔬菜大量死亡。

1976年 3月份，【巴音郭楞自治州】兵团农二师23团春寒，果树受冻或绝收。
9月3日，【阿勒泰地区】青河县霜冻，蔬菜作物全部冻死。

1977年 4月底，【克孜勒苏自治州】阿克陶县霜冻，低洼地区和靠近戈壁的早播玉米幼苗普遍受害。

1978年 4月16日，【昌吉自治州】米泉县的梧桐窝子霜冻，瓜苗无复盖的全部冻死。
5月8日，【哈密地区】巴里坤县出现霜冻危害，地面温度降至－10.9℃，土壤冻结3厘米，早播的600亩油菜全部冻死。
5月19～20日，【阿勒泰地区】霜冻，兵团农十师185团30％的蔬菜受冻，40％左右瓜类被冻死；布尔津县绝大部分油菜被冻死；青河县部分蔬菜冻死。【塔城地区】额敏县的个别乡因低温霜冻，冻死瓜、菜、麦苗200余亩。
5月29日，【哈密地区】巴里坤县再次出现霜冻危害，地面温度降至－4.1℃，使油菜、红薯苗受到严重冻害。
6月10日，【克孜勒苏自治州】乌恰县霜冻，县城附近蔬菜叶片部分冻死。【喀什地区】塔什库尔干县霜冻，洋芋大部分受冻，叶子被冻黑而枯干，水渠结冰约2厘米厚。
8月23日，【阿勒泰地区】青河县重霜冻，蔬菜冻死。
8月25日，【阿勒泰地区】兵团农十师185团霜冻，玉米60％、葵花15％、瓜类全部、蔬菜部分受害。
10月1日，【昌吉自治州】米泉县霜冻，蔬菜和瓜全部冻死。
10月8日，【巴音郭楞自治州】尉犁县霜冻，造成棉花、葫芦冻死；部分蔬菜受冻。
10月22日，【巴音郭楞自治州】尉犁县霜冻，各种喜温作物全部冻死。

1979年 5月14日，【哈密地区】出现有气象资料以来最严重的霜冻，小麦叶尖受冻，玉米苗叶片受冻在80％以上，地面上的红薯叶子全部冻死，80％的葡萄果穗冻坏，35％的左右苹果冻坏，50％～60％的甜西瓜苗被冻死，80％～90％的黄瓜、豇豆、菜葫芦苗被冻死，其它蔬菜不同程度受冻。另外冻坏秧苗8万余株。
9月25～27日，【喀什地区】叶城县霜冻，地面最低温度连续数日都在0℃以下，25日塔什库尔干最低气温达－3.5℃。复播玉米因冻死而减产。

第五节 公元1980—1990年的霜冻灾害

1980年 春，【塔城地区】额敏、乌苏、沙湾、托里等县发生了大面积的霜冻灾害，冬小麦受冻死亡31.4万亩。其中塔城县死亡5.34万亩，占冬麦面积的1/3；额敏县冬小

第五章 霜 冻

麦冻死6.24万亩，接近冬麦播种面积的1/2；农垦团场冻死16.83万亩，超过冬麦播种面积的一半；乌苏冻死0.96万亩，沙湾冻死1.13万亩，约占两县冬麦播种面积的5%左右。冻死大小牲畜7.45万头（只）。

9月6～7日，【阿勒泰地区】霜冻，玉米减产2～3成，蔬菜也受到不同程度的影响。

9月13～16日，【哈密地区】哈密县沁城霜冻，致使该县东部三个公社玉米受冻害减产三成。

9月，【阿克苏地区】库车县霜冻，受灾农田面积2.67万亩，其中成灾0.1万亩。

1981年 春季，【塔城地区】霜冻，7万亩农作物受灾，成灾面积5.09万亩。

5月初，【昌吉自治州】木垒、奇台、吉木萨尔三县降雪后出现霜冻，有0.31万亩油料作物、玉米等全部冻死。

1982年 3月31日至4月1日，【喀什地区】麦盖提县雨后气温急骤下降，地表结冰，最低气温下降到0℃以下。严重影响农业生产。

4月27日，【巴音郭楞自治州】农二师31团霜冻，冻死棉苗0.13万亩，占总面积的30%。

5月3日，【巴音郭楞自治州】农二师28团霜冻，有1.62万亩棉花受冻，棉苗死亡30%。

1983年 4月23～24日，【喀什地区】英吉沙县霜冻，2.3万余亩农作物冻死。

4月27～28日，【塔城地区】塔城市霜冻，27日7时30分，最低气温达-6.4℃，地面最低温度-10.8℃，0℃以下低温持续7个小时，红花、胡麻、油菜冻死0.5万余亩，100亩啤酒花基本冻毁，园艺场0.12万亩苹果树果花80%被冻死。【石河子市】莫索湾垦区重霜冻，4月28日最低气温-6.0℃，造成80%的作物幼苗受冻。【乌鲁木齐市】降雪、霜冻，冻坏蔬菜0.40万亩，约合23.7万元。

5月23日，【塔城地区】塔城县霜冻，最低气温-1.3℃，持续时间3个小时，地面最低气温-3.6℃，持续时间6小时，对夏蔬菜、玉米及冬小麦造成一定的影响。【伊犁地区】察布查尔县霜冻，造成小麦减产5100万公斤，玉米减产247.05万公斤。

5月中旬【昌吉自治州】霜冻。米泉县持续低温，每日平均温度只有7～8℃，最低气温为-2℃，积温比上年少110℃，水稻死苗20%左右。玛纳斯县霜冻，农作物受灾面积为2.68万亩。

5月4日、5月15日，【巴音郭楞自治州】库尔勒市出现两次大风降温天气。风力9级，气温降到-1℃，且末、若羌出现晚霜。全州农作物受灾面积9.17万亩，其中小麦0.70万亩，豆类1.37万亩，玉米4.10万亩（死亡0.33万亩）、甜菜0.20万亩（死亡0.06万亩）、油料0.63万亩（死亡0.02万亩）、棉花0.60万亩（死亡0.09万亩）、果树0.43万亩（死亡0.03万亩）、其他作物0.26万亩，双子叶植物受灾较重，0.68万亩需改种。

1984年 9月底至10月3日，【巴音郭楞自治州】初霜，兵团农二师32团当年全场棉花的霜前花仅占5%，经济损失达40余万元。若羌县最低气温降到-1.7℃，霜冻造成复播玉米、棉花、大豆、蔬菜等喜温作物几乎全部受冻死亡。

1985年 【博尔塔拉自治州】霜冻，农作物受灾面积达19.5万亩。

5月1~4日，【巴音郭楞自治州】且末县霜冻，最低气温-0.1℃，0.21万亩棉花和部分蔬菜受灾。5月4日，若羌县瓦石峡乡发生二十多年来从未有过的霜冻，使全乡农作物受到了严重的损失，特别是果园、棉花、瓜菜受到了毁灭性损失。全乡小麦受灾死亡500亩，玉米受灾死亡400亩，棉花受灾死亡200亩，瓜菜受灾死亡300亩，果园受灾死亡600亩，树苗受灾死亡17.10万株。

6月1~2日，【伊犁地区】持续低温伴大风，造成霜冻。粮食、油料作物、蔬菜、果树等受到不同程度的灾害。

9月13~16日，【石河子市】出现了初霜冻。143团气温最低为1.1℃，地面最低为-2.5℃，地面最低温度≤0℃达3天之久，使棉花上部叶子失水干枯，迫使吐絮提前，铃重减轻，产量不高，纤维短，品质差。

1986年 5月份，【伊犁地区】尼勒克县霜冻，农作物受灾面积1.0万亩，成灾面积0.71万亩。

1987年 4月下旬，【塔城地区】乌苏、沙湾两县气温偏低，造成0.32万亩棉花、0.5万亩玉米没有出苗或出苗不齐。

4月24日，【喀什地区】英吉沙县霜冻，危害面积约达0.18万余亩，其中棉苗受灾率达73%，死苗率达12.4%。

4月25日，【和田地区】皮山县霜冻，地温降至-2.8℃，棉花受灾面积2.5万亩，占播种面积的51%，有1.9万亩需重播，0.31万亩葡萄冻死，直接经济损失120万元。

1988年 4月25日至5月3日，【和田地区】皮山县霜冻，棉花受灾2.5万余亩，占棉田面积的38%；葡萄受害0.18万亩；其他作物受灾2.5万余亩，部分牲畜丢失、死亡，经济损失120万元。

5月12日，【巴音郭楞自治州】若羌县出现轻霜冻，最低气温降至2.1℃，地面最低温度-1.9℃，此时棉苗正好两片真叶比较怕冻，所以造成部分棉苗受冻。【阿克苏地区】新和县出现阴雨天气，降水量9.1毫米，气温急剧下降，日平均气温下降6℃，11日天气转晴后出现霜冻。本次灾害较重的是气象站附近的伊西哈拉乡、乌恰乡，有1.36万亩农作物受灾死亡。另外，塔里木乡蔬菜瓜苗也受到严重危害。

10月11日，【巴音郭楞自治州】若羌县初霜冻。复播玉米损失9.9万公斤，0.1万亩棉花受冻停止生长，造成霜后花增多，全县喜温蔬菜基本冻死。

10月17日，【阿克苏地区】新和县18日早晨最低气温降到-1.3℃，地面最低温度降到-5.5℃，出现重霜冻。棉花、陆地蔬菜、玉米全部冻死。

1989年 4月10~20日，南疆普遍出现霜冻。【巴音郭楞自治州】全州受灾农田面积

2.54万亩,其中粮食作物0.43万亩、棉花0.39万亩、甜菜0.35万亩、瓜菜0.12万亩、果树1.23万亩。【阿克苏地区】库车县农作物受灾7.60万亩,其中棉花受灾死亡0.57万亩。新和县棉花受灾400万亩,部分蔬菜遭重灾,有50%被冻死。沙雅县农作物受重灾1.60万亩。阿瓦提县蔬菜受损40%~70%,对果树、油菜也有一定影响。【喀什地区】4.3万余亩农田受灾。其中,伽师县有2.1万亩棉花受灾;叶城县地面最低温度达-3.7℃,造成棉花幼苗不同程度的死亡。

4月14~15日,【和田地区】洛浦县出现了霜冻危害,最低气温为0.4℃,最低地温为-5.5℃,这次霜冻时间长,强度大。棉花损失7万亩左右。

4月22日,【和田地区】民丰县霜冻,最低气温降至-0.7℃。受灾小麦0.03万亩、棉花0.03万亩、桑树0.62万株、杏树苗0.40万株,受灾蔬菜、瓜果类0.06万亩。棉花受灾较严重。

8月2日,【伊犁地区】昭苏县霜冻,气温降到-2~-3℃,使正在扬花的10.3万亩小麦受冻,损失706.9万元。

9月24~25日,北疆部分地区出现初霜,对后期成熟的棉花品质有影响,增加了霜后花,对复播小杂粮和晚熟玉米、水稻灌浆成熟也有一定影响。

1990年 4月22日,【喀什地区】莎车县轻霜冻,地面最低温度为-2.3℃。这次轻霜冻对刚出苗的棉花影响较大,部分棉花被冻死。

4月28日,【巴音郭楞自治州】库尔勒市普遍降温,并伴有雨,29日大部分县市出现霜冻,焉耆、尉犁两县发生重霜冻。这次天气过程,对棉花危害最大,棉花受灾4.49万亩,占已播棉田的50%。其中兵团农二师28团0.91万亩棉花受害,冻伤棉苗达30%;库尔勒市1.1万亩棉田受灾,烂苗(种)、缺苗率达5%~20%。和硕县部分地区出苗早的瓜、菜受害死亡近300亩。

第六节 公元1991—2000年的霜冻灾害

1991年 4月14日,【和田地区】皮山县出现了霜冻天气。全县棉花受灾面积为0.71万亩,占播种面积的9.98%。

4月19~20日,【喀什地区】叶城县霜冻,19日地面最低温度达-1.0℃,造成棉花幼苗大面积死亡。

5月3~6日,南、北疆部分地区遭受霜冻危害。【阿勒泰地区】阿勒泰市、福海县、富蕴县、青河县0.2万亩蔬菜受灾,其中300亩绝收。另有1万亩苜蓿绝收。【塔城地区】托里县降雪,有0.15万亩胡麻冻伤,其中50%死亡,甜菜冻伤500亩,70%死亡。【伊犁地区】西部二县一市(霍城县、查布察尔县、伊宁市)降温剧烈,昭苏下了大雪,伊宁市最低气温降至-2.3℃,地面最低温度达-8.0℃,发生历史罕见的春霜冻,给农作物带来严重损失。4月27日播种的棉花基本冻死,已出苗的玉米叶片全部冻伤,晚播甜菜有80%冻死或冻伤,露地西瓜全部冻死,露地蔬菜和平原区的苹果、桃、梨等全部冻伤,各种农作物受冻面积33.69万亩。【昌吉自治州】阜康县有0.30万亩棉花受冻。【乌鲁木齐市】夏菜受冻面积达0.80万亩。【哈密地区】遭受寒潮袭击，农作物受灾面积达0.85万亩。哈密市地面最低温度达-2.0℃左右，造成0.42万亩棉花、瓜、菜苗被冻死，直接损失8.87万元。【巴音郭楞自治州】和硕县5日清晨最低气温-0.5℃。棉花300亩、西红柿200亩、瓜菜200亩受害，占喜温作物种植面积的8.8%，轻则叶子受冻变黑，重则死亡。若羌县由于降温并伴大风和强沙尘暴，地面最低温度降到-2.2℃，出现轻霜冻，全县三乡一镇的棉花、树木、瓜果、蔬菜均不同程度受冻，其中棉花受灾面积5121亩，占全县播种面积的56.9%，棉苗完全死亡需翻种的有1405亩。

1992年 4月11～24日，【石河子市】兵团农八师150团由于低温天气，造成农作物烂种，需要重播、补种。

4月14～17日，【和田地区】民丰县连续出现霜冻，14日最低气温为4.5～4.9℃，地面最低0.0～1.4℃，15～17日全县0.8万亩棉田进行放烟防霜。没有防霜的瓜苗冻伤55%，冻死约7%，防霜棉田的棉苗基本没有出现冻伤，而边缘地带棉苗有轻微的受冻症状。

5月1～5日，北疆出现降温天气，大部分地区出现霜冻。【塔城地区】沙湾县降温幅度大，维持时间长，受灾农田面积达7.48万亩，损失近千万元。其中安集海气温最低，受害最严重。【博尔塔拉自治州】农牧区普遍遭受严重的霜冻灾害。据统计，全州受灾人口1.28万，农作物受灾面积6.27万亩，成灾面积4.27万亩，其中经济作物面积1.57万亩。【伊犁地区】察布查尔县因倒春寒造成霜冻，玉米受灾0.35万亩、棉花受灾0.53万亩、油料受灾700亩、甜菜受灾0.23万亩；伊宁县700亩试种棉花幼苗全部冻死。【石河子市】垦区有30多万亩棉花受霜冻危害，占播种面积的37%，其中有15万亩重播，经济损失达1000多万元；兵团农八师150团出现的霜冻天气使棉苗茎叶生长点受冻，4%棉花冻死。【昌吉自治州】各种农作物受灾20.27万亩，需补种的约6.8万亩，需改种的约5.38万亩，直接经济损失923万元。昌吉最低温度降到-1～-2℃，受灾农田面积为5.57万亩，其中昌吉市4万亩棉花因低温冻害60%没有出苗，出苗的70%被冻死。阜康县0.30万多亩棉花受冻。

9月，【石河子市】兵团农八师121团出现早霜，农业减收。

9月5～6日，【哈密地区】伊吾县城附近气温突然下降，吐葫芦乡五个村的部分粮食作物遭受霜冻，受灾农田面积500亩。

9月27日，【昌吉自治州】部分地区出现霜冻，棉花、瓜果、蔬菜都受到不同程度损害，经济损失400万元左右。

1993年 5月8～10日，全疆出现雨转雪的低温天气，过程降温10℃左右，北疆大部地区出现霜冻，喜温作物棉花、蔬菜等的生长发育受到很大影响。全疆受灾农田面积356.56万亩，成灾面积289.73万亩，绝收面积81.73万亩；其中棉花受灾271.06万亩，绝收63.35万亩；瓜菜受灾6.99万亩，绝收2.84万亩；果树受灾16.26万亩，绝收5.08万亩；豆类受灾10.57万亩，绝收0.45万亩；其它作物受灾60.68万亩，绝收10.01万亩。直接经济损失1.7亿元。生产建设兵团因风雪霜冻，造成农作物受灾230万亩，其中

90%是棉花。受灾较重的是塔城、伊犁、石河子、昌吉、克孜勒苏等地州,其次是博尔塔拉、哈密、阿克苏、和田等地州。【塔城地区】额敏、乌苏、沙湾三县风雪、霜冻,造成农作物受灾31.18万亩,绝收8.28万亩。乌苏县受灾5.91万亩,其中,棉花5.76万亩、黄豆和玉米0.15万亩,须补种的1.33万亩、翻种0.95万亩。沙湾县受灾5.27万亩,其中,棉花3.53万亩、黄豆0.6万亩、玉米0.77万亩、油葵0.06万亩、高粱0.2万亩、蔬菜0.08万亩。【伊犁地区】各地出现不同程度的霜冻,对蔬菜、经济作物和果树类造成不同程度的危害。特克斯、霍城两县农作物受灾4.01万亩,绝收0.63万亩;伊宁县东部受害较重,全县有5.51万亩农田受害,其中高粱2万亩、打瓜0.03万亩、胡麻0.38万亩、玉米2.3万亩、甜菜0.50万亩,豆类、油菜0.30万亩,损失390万元。【博尔塔拉自治州】温泉县、博乐市、精河县普遍发生霜冻灾,其中,精河县地面最低温度－1.2℃。全州有6384人受灾,其中特重灾民1800人、重灾民1920人、轻灾民2664人。受灾农田面积2.98万亩,成灾面积2.66万亩,尤其以精河县棉花成灾最严重达1.25万亩,占该县棉花播种面积的12.5%。【石河子市】有49.05万亩农作物受到危害,仅棉花就有45.38万亩受灾,占总播面积的57%,绝收0.99万亩。兵团农八师150团棉花生长点、子叶及茎都有不同程度的受冻,约25%～46%左右,冻死7%。【昌吉自治州】玛纳斯县新湖农场棉花受灾面积达1.56万亩,经济损失389.25万元。【乌鲁木齐市】风、雪、霜冻造成乌鲁木齐县早夏菜严重受灾1.59万亩,死亡0.25万亩,直接经济损失90万元。【巴音郭楞自治州】和静、且末、若羌三县气温突降至－4℃,风力达8级以上,三县直接经济损失310万元。兵团农二师21团打瓜受害0.63万亩,番茄受害0.21万亩,玉米受害0.13万亩,啤酒花受害800亩。【喀什地区】麦盖提县13日、14日凌晨气温下降至6℃,地表温度下降至－4.5℃,致使6万亩棉花受到霜冻危害,25%的棉苗心叶发黑、干枯,给棉花生产造成很大损失。【和田地区】由于受晚霜和低温影响,致使大面积棉田烂种不出苗,约25%的棉田进行了补苗,有的县连续补种了三次。其中,民丰县除霜冻外,还伴随沙尘暴天气,山区出现雨夹雪,安迪河镇出现强霜冻,有2200亩农作物受损,600亩棉苗受损率达100%。

5月11～12日,【昌吉自治州】玛纳斯县新湖农场重霜冻,地面最低温度达1.5℃,棉花受灾面积达10.06万亩,占总播种面积的83%,经济损失805万元。

5月18～19日,【伊犁地区】尼勒克县霜冻,农作物受灾面积1.79万亩,成灾面积1.27万亩。

5月9～10日、17～18日,【巴音郭楞自治州】尉犁县急剧降温,伴大风,日最低为3.3℃,风力9级,有轻霜冻出现,造成6139亩棉花全部死亡,40%棉花需补种,3500亩棉花需要复播。给全县造成经济损失达150万元。19～20日,且末县轻霜冻,伴大风,最低温度1.8℃,风力5级,500亩棉花严重受灾。

1994年 4月上中旬,【阿克苏地区】兵团农一师11团因低温,造成4月10日前播种的5000亩棉花全部烂种,4月15日前播种的烂种6950亩。

4月30日至5月2日,【巴音郭楞自治州】出现大风、降雨、降温天气,平均风力10级,持续12小时,24小时降温8～10℃。全州农作物受灾面积23.78万亩,其中棉花受灾面积15.31万亩,占已播种面积的39.4%,5.18万亩需翻种,死亡牲畜2.13万头

（只），倒塌房屋1116间，直接经济损失3055万元。其中，和硕县经济作物受灾面积0.47万亩，粮食作物受灾面积1.48万亩，直接经济损失1694.5万元。尉犁县24小时降温9.0℃，过程降温11.3℃。全县棉花受灾面积达9.3万亩，占总面积的88.6%，有6.3万亩遭受毁灭性灾害；小麦受灾面积1万亩，玉米受灾面积4000亩，还有林果业都受到不同程度的损害，直接经济损失达1622万元。且末县最低温度2.0℃，5月2日出现轻霜冻，2万多亩棉花受不同程度的霜冻灾害。若羌县降温，伴大风，温度降到-1℃，出现霜冻。全县冬春麦受灾面积955亩，果树受灾面积907.2亩，经济损失74万元。

4月18～20日，南疆西部的喀什地区、和田地区霜冻。【喀什地区】英吉沙县棉苗冻死0.47万亩，占播种面积3%；小麦受灾面积0.18万亩，蔬菜、果树受灾面积400亩，直接经济损失47.87万元。叶城县气温降至-3.6℃，地温-4.3℃，全县14个乡，240个村10万亩棉花受灾，成灾面积6.37万亩，占全县棉田面积26%，绝收0.19万亩，占棉田面积8%。【和田地区】于田县气温最低降到0.5～1.2℃，地面最低温度为-4.4～-3.0℃。全县4月1日以前播种的棉花受灾较重，面积0.83万亩，其中0.30万亩受灾程度在50%以上。

1995年 4月19～23日，北疆地区出现了强降温天气，过程降温达13～15℃。奎屯至玛纳斯一带日最低气温降至0℃以下，石河子一带最低气温为-2.2～-5.0℃，北疆棉花遭严重的低温霜冻危害，受灾面积达110多万亩，其中补种面积60多万亩。新疆生产建设兵团五家渠、奎屯、石河子垦区气温骤降至-4℃，棉花受灾104万亩，其中75万亩需要重播。【塔城地区】乌苏、沙湾两县棉花受灾面积9.18万亩，其中重播1.6万亩，其余需要补种，瓜蔬受灾0.55万亩，经济损失8000万元。【石河子市】兵团农八师150团棉花重播面积约占全团1/3，灾后棉苗叶片呈水浸状或干枯。【和田地区】民丰县出现三次强降温、沙尘暴天气，气温比历年同期平均值偏低2.1℃。大部分棉花在4月12日到4月22期间播种，播种期比往年推迟了7～10天，播种后又遇到降温、降水天气，影响了发芽出苗。

5月17日，【博尔塔拉自治州】兵团农五师88团霜冻，造成600亩油葵严重受冻。

1996年 4月11日，【巴音郭楞自治州】各地普遍大风、降温。焉耆盆地雪花纷飞，乌拉斯台农场积雪25厘米，最低气温降至-5℃，形成霜冻，造成部分小麦、玉米烂种，瓜菜幼苗冻死，部分果树花芽冻死，造成减产。蔬菜大棚倒塌，雨雪后碱害加重，对甜菜出苗构成威胁。全州农作物受灾面积8.18万亩，成灾2.87万亩。其中粮食作物受灾1.28万亩，成灾0.39万亩；甜菜受灾6.17万亩，成灾1.86万亩；瓜菜受灾0.19万亩，成灾0.14万亩；果树受灾0.54万亩，成灾0.48万亩。农二师8.74万亩棉花受损，3000余亩水稻严重受损。

8月29～31日，全疆寒潮，【阿勒泰地区】阿勒泰市发生霜冻，受灾户238户1289人，玉米受灾3350亩，减产271万公斤，合计损失287.26万元。【伊犁地区】大风、霜冻天气。伊宁市风力8级；昭苏、新源两县沿山区乡场下了中量的雪，积雪厚度8～18厘米，天气转晴后气温明显下降。准备收割的小麦被大雪覆盖压倒，部分玉米被霜打蔫。全地区受灾农作物54.45万亩，经济损失1.8亿元。其中小麦受灾16.95万亩、玉米受灾

14.3万亩、大麦受灾1.43万亩、油料受灾8.4万亩、水稻受灾3.5万亩、蔬菜0.6万亩、甜菜0.75万亩、土豆0.6万亩、果园1.46万亩。【乌鲁木齐市】南郊连降13小时雨雪,出现霜冻。板房沟、水西沟、永丰乡未收获的2.4万亩小麦全部被大雪覆盖,造成减产15%,产量损失1050吨;1.5万亩大麦减产20%,产量损失563吨;处于膨大期的1.7万亩土豆,地上茎叶被霜打死停止生长,产量损失8068吨。上述3个乡及达坂城区、托里乡的73座蔬菜大棚温室没有覆盖,遭受毁灭性灾害,直接经济损失51万元。【哈密地区】巴里坤雨转雪,气温降至-3℃,未成熟的大麦、小麦、玉米、油菜受冻,洋芋枯死,全县4.78万亩农作物受灾,减产小麦397余万公斤、豌豆33万公斤、大麦66万公斤、洋芋375万公斤,200亩油菜绝收。

1997年 5月19日,【喀什地区】出现了大风降温天气,地面最低温度为-2.9℃,棉花受到不同程度的霜冻危害。

1998年 4月6～19日,【喀什地区】出现了3次雨雪、低温天气。此时,冬小麦进入拔节期,影响较大;开始播种的棉花被迫停播,特别是4月17～19日的雨雪、大风天气,造成棉花受灾14.94万亩,烂种4.32万亩,死亡3.21万亩。

4月19～23日,【巴音郭楞自治州】若羌兵团农二师36团风灾、霜冻,最大风力达10级,22日出现雨夹雪,23日凌晨最低气温为-5.8℃,全团棉苗死亡90%的棉田有1.34万亩(其中0.32万亩地膜被风刮走,残缺不齐,需重新铺膜播种),棉苗死亡60%的棉田有0.32万亩。4月22～24日,再次遭受强冷空气影响,气温剧降,伴随5级沙尘暴天气;48小时降温14.5℃,部分地段出现霜冻。这次强降温天气致使部分晚播棉花造成烂种、烂芽。

5月5日,【伊犁地区】尼勒克县出现霜冻、结冰现象,冻死玉米0.90万亩、葵花和豆类0.30万亩、甜菜0.30万亩、胡麻2.0万亩。另外,仔、幼畜死亡0.93万头(只)。直接经济损失570万元。【阿克苏地区】拜城县出现降雨和降温天气,日最低气温-0.2℃,地面最低温度-0.6℃,出现大范围霜冻。小麦、玉米、棉花、油菜、蔬菜等农作物受冻害5.76万亩,其中棉花重灾0.30万亩,油菜0.3万亩。总计经济损失1199万元。

2000年 9月28日,【石河子市】石河子垦区出现霜冻,棉花受不同程度的危害。

第六章 冻 害

第一节 概 述

冻害包括植物冻害、牲畜冻害和人员受冻甚至死亡三种。

植物冻害是植物在越冬休眠期间因低温所产生的生理伤害或死亡的现象。植物休眠深度不同，抗冻能力不同，出现冻害的情况也不同。在隆冬季节植物进入稳定休眠期时，有很强的抗冻能力，需要长时间的严寒才能造成植物冻害；在秋末冬初、冬末春初，植物在不稳定休眠期间，抗寒能力较弱，在不很强的低温下就可以发生冻害。

牲畜冻害是在冬季极度或持续低温环境下或春秋季突然降温，加上饲料不足，牲畜感到难以忍受而引起疾病甚至被冻死的现象。

同样，人员在极度或持续低温环境下或遇突然降温，准备不足，也会引起疾病甚至被冻死。

新疆冬季严寒，无论是北疆还是南疆，越冬作物都在冬季低温下停止生长，进行休眠。北疆冬季严寒，果树种类也少，除伊犁、塔城地区冬季积雪厚，苹果不需埋土外，其它地区果树冬季都要埋土防寒；冬小麦越冬冻害是北疆农业生产中重大自然灾害之一，冬小麦越冬遇到积雪较薄或积雪较迟，融雪又较早的年份，遭受冻害的死亡率就高。一般年份冬麦因冻害损失的面积占总播种面积的6%~8%，严重的年份占20%以上。南疆冬季不太严寒，各种落叶果树除葡萄、无花果、石榴要埋土越冬外，其它如杏、桃、苹果、梨、核桃、山楂、阿月浑子、树莓、醋栗等，都不需要防寒措施，冬小麦越冬问题也不大。

一、冬小麦和果树冻害

（一）冬小麦冻害气候年型

冬小麦冻害主要发生在北疆。在秋末冬初，作物在不稳定休眠期间，抗寒能力较弱，短时间的低温就可发生冻害；在隆冬进入稳定休眠期，长时间的严寒才能使作物遭受冻害。按照新疆冬季温度特点和发生冻害的情况，可分为冷冬型、暖冬型、前冬冷后冬暖三种冻害年型。

1. 冷冬年型 冷冬型冻害年是指冬季气温明显偏低，加之积雪偏少的情况下发生的冻害。近30年来，典型的冷冬冻害年有1976—1977年、1987—1988年。其中1976年12月22~27日全疆寒潮，使北疆北部和东部降温25~30℃，北疆其他各地气温下降了18~

20℃，南疆降温6～8℃。北疆各地小雪，其中北疆西部和北部的部分地区中到大雪，南疆西部微到小雪。由于多数地区有5厘米的积雪保护所以没有发生冻害。但在乌苏—安集海—莫索湾一线，无积雪或仅有1～2厘米积雪，小麦分蘖节最低气温降到－14～－23℃，使这一线小麦发生了严重冻害，死亡面积近80万亩。1987年11月24日前后，特强寒潮入侵北疆，准噶尔盆地中部有10厘米左右的积雪，防止了冻害；而博乐南部、昌吉自治州东南部的吉木萨尔等地，积雪在5厘米以下，当气温降达至－24℃以下，发生了不同程度冻害，博尔塔拉自治州冬麦死亡2万多亩，昌吉自治州冬麦死亡4万多亩。由于这两年在仲冬和后冬都有较厚的积雪，虽然温度仍然偏低，仲冬和冬末早春仍无冻害。冷冻年的冻害一般仅在前冬11、12月出现。

2. 暖冬年型 暖冬型冻害年是指冬季气温明显偏高，积雪偏少的情况下发生的冻害，是北疆特有的冻害气候型。冻害发生在仲冬至早春。如1962—1963年、1972—1973年，秋末冬初小麦情况尚好，整个越冬期间气温比多年平均值偏高3～5℃。但在准噶尔盆地积雪很少，大多数地区没有5厘米以上的稳定积雪，在12月以前，虽无积雪保护，因温度显著偏高，一般麦苗尚无冻害发生，仅在盐碱地发生不同程度的冻害。到1月尽管气温比往年仍然显著偏高，但最低气温仍可降至－25.0～－30.0℃之间，在无积雪、积雪薄的麦田3厘米处地温下降到－14～－18℃时，麦苗便受到不同程度的冻害。冬末至早春（2～3月）由于高温干旱使准噶尔盆地南缘不多的积雪融化、蒸发，土壤表层干土层加厚，田间气温日较差大，从而在广大范围内出现融冻型冻害，各地冬小麦约有30%～60%被冻死。

3. 前冬冷后冬暖年型 这是上述两种冻害的混合型。准噶尔盆地最严重的三次冻害都属此型。这三年分别是1967—1968年、1974—1975年、1984—1985年。这些年的气候特点：整个冬季干旱少雪，12月气温明显低于多年平均值，1～2月气温又显著偏高。因而，12月、1月盆地内就发生了不同程度低温冻害，到1～3月又发生融冻型冻害。使盆地中心及其乌伊公路一线发生了较为严重的冻害。塔城、伊犁地区也发生了冻害。这种类型冻害死亡原因、时间较为复杂。如1975年，盆地中心的莫索湾垦区绝大多数冬麦死于冬季，只有300余亩最抗寒的新冬1号小麦死于早春到3月下旬。而在石河子垦区一带，2月底返青试验没有发生死亡，在3月底统计时死亡面积达50%，麦苗在3月表现为由青变黄的死亡过程，说明是融冻型冻害，死亡时间在早春。而在莫索湾至石河子之间的过渡地带，低温冻害和融冻型冻害南分主次，有不少是冬麦受到低温影响，使麦苗抗冻能力下降，在春季融冻过程中死亡。

南疆冬季虽无稳定积雪，但不是十分严寒，历史上没有发生大面积冬小麦严重冻害。1958年阿克苏地区冬小麦曾发生轻度冻害，死亡面积5%～8%，据当时调查：冬小麦死亡时期主要是在早春，死亡除与盐碱有关外，还与干旱有关。

（二）新疆冻害地区分布

由于新疆地域辽阔，南、北、东、西寒冷程度有别，积雪深度不一，所以越冬条件差异很大。根据冬麦受害指标和各地冻害可能出现的机会，把新疆划分为四个条件不同的越冬气候区。

1. 基本无冻害地区 南疆冬季无稳定积雪，温度不太低，除且末、尉犁县极端最低气温值低于－20℃外，其它各地都高于－20℃，植物能够越冬。尉犁因冬季温度稍低，极端值可达-25℃以下,加上土壤含盐量重,冬麦有死亡现象;梨树冻害也偶有出现。伊犁河谷和塔城盆地,冬季极端最低气温多年平均值可达-30℃左右,个别年份也可达-40℃,但低温来临时,大地已铺满了一层较厚积雪,90％以上年份冬麦无冻害或只有轻微冻害。伊犁河谷是北疆唯一能直立越冬的果树(主要苹果)栽培区,但个别年份遇到低温也会造成冻害,如1984年冬是伊犁地区罕见的低温年,伊宁市从11月30日至12月16日,降温29.3℃,造成各种果树大范围严重冻害,产量损失700万公斤。

2. 冻害较少地区　包括拜城县和准噶尔盆地南部从乌苏至木垒公路沿线一带,冬季有逆温,温度比盆地低处高,迎风坡面,降雪多,积雪厚,冬麦越冬条件好,几乎没有冻害和很少冻害。但积雪比较晚、融雪又较早或积雪薄的年份,仍有冻害发生。南疆东部的且末、若羌、尉犁县和塔里木盆地北缘的阿瓦提县、阿克苏的阿拉尔市、轮台县等地的低洼处,气温较低,加之冬季又无稳定积雪,冬小麦也可遭受冻害。

3. 常有严重冻害地区　包括博乐和地处准噶尔盆地腹部的车排子、下野地、莫索湾、梧桐窝子一带。这些地区地势低洼,冷空气易于堆积,温度低,极端最低温度多年平均值可达-30℃以下,个别年份都在-40℃以下;冬季下雪少,积雪时间晚,厚度薄。冬麦越冬的气候条件,不同年度间差异很大,冻害发生频繁。从20世纪60年代以来,中度以上冻害就发生过4~5次,冬麦死亡最早可发生在12月,晚的到3月。在条件恶劣的年份,不论什么品种,不管采取什么样的农业技术措施,冬麦都将冻死。

4. 不能安全越冬地区　这类地区包括额尔齐斯河谷和精河至乌苏古尔图河一带。这些地方冬季多风和降雪少,一月份平均雪深少于4厘米的年份占一半以上,温度又比较低,极端最低温度多年平均值常在-35℃左右,个别年份达-40℃以下,所以这里不宜种植冬麦。

二、牲畜冻害

牲畜冻害南北疆不一样。由于天山的屏障作用,冬季北疆比南疆冷得多,而新疆的牧业生产主要集中在北疆,所以牲畜遭受冻害的机会和损失要大于南疆。如1966年北疆5次寒潮,1次强寒潮,加上上年度干旱草情差,前期积雪厚,牲畜膘情极差,经不起强寒潮的侵袭,羊群大批死亡,造成几十年不遇的灾情,其中,阿勒泰地区死亡家畜达85万头(只)。占家畜总头数的43％;伊犁地区死亡29万头(只),占8.6％,塔城地区损失40万头(只),占17％。

三、新疆冻害评估

(一)冻害灾情的标准

1. 一次灾情在一个地区出现时,农作物受灾达到5万亩以上,牲畜死亡5万头(只)以上,经济损失达1000万元,有人员死亡。具备上述条件之一,即作为一次重大灾情;

2. 在满足重大冻害灾情条件的前提下,农作物受灾面积50万亩以上,果树损失100万亩以上,牲畜死亡10万头(只)以上,经济损失在1亿元以上,满足条件之一者,定为特大冻害;

3. 成灾但未达到上述任何一个标准者,视为一般冻害。

第六章 冻 害

（二）冻害灾情发生的频率

应用前述冻害标准，据现有资料统计，在 1951—2000 年 50 年间，新疆冻害发生了 101 次，其中，北疆范围的冻害出现了 60 次，占了 59.4%；南疆范围的冻害出现了 27 次，占 26.7%；东疆范围的冻害出现了 9 次，占 8.9%；全疆范围的冻害出现了 5 次，占 5%。50 年间重大冻害灾情发生了 40 次，占全疆冻害次数的 39.6%。特大灾情 11 次，占重大冻害的 27.5%；其中北疆就出现 9 次，占特大灾情的 75%。特大冻害灾情具体出现在：1960、1964、1966、1975、1976、1978、1980、1987、1991、1996、1997 年。

从以上分析中得出结论：①新疆冻害严重影响越冬作物冬小麦及果树的安全，并可造成巨大损失。自 1961 年到 1988 年的 28 年中，大面积严重冻害达 6 次之多。②新疆冻害给人民安全和牧业生产造成严重影响。特别是初春、秋末受到强冷空气和寒潮袭击，对人畜造成的死亡更重。③进入 20 世纪 80 年代后，新疆持续多年冬季气温偏高，抗灾能力的增强，保证了农、牧、林生产安全越冬。因此，发生重大和特大冻害灾情近 20 年比前 20 年明显减少。

本章中的冻害灾情不包括第二章寒潮中已经列入的那部分冻害灾情。

第二节　公元 1949 年以前的冻害

汉　本始二年（公元前 72 年）　冬，乌孙大雨雪，一日深丈余，人畜冻死，生还者不到十分之一。北疆地区（包括巴里坤在内）曾下六尺余深厚雪（汉代尺度），牲畜大半冻死，人民难以为生，搬到锡尔河之中部和额尔齐斯河北部。

东汉　永平十六年（公元 73 年）　冬，包括巴里坤在内的北疆地区，降雪六尺余，牲畜冻死大半。

唐　贞观元年（公元 627 年）　突厥降大雪，深数寸，牲畜大多冻死，人民饥寒交迫。

唐　贞观二年（公元 628 年）　突厥降大雪，百姓饥饿，羊马冻死。

唐　贞观九年（公元 635 年）　突厥降大雪，百姓饥饿，羊马冻死。

唐　开成五年（公元 840 年）　迪化（今乌鲁木齐）冬季特别寒冷，粮食歉收，人畜受冻，大批死亡，另外牲畜受寒潮袭击后染上黑色病，一些人也染病死亡，损失惨重。哈密、吐鲁番奇寒，粮食歉收，牲畜受冻，大批人、畜死亡。

明　万历三十一年（公元 1603 年）　正月初八，叶尔羌附近哲察力忒山脚，满地冰雪，登山时，有多人冻死。

清　乾隆五十年（公元 1785 年）　冬，哈密天寒异常，冻死牲畜甚多。

清　嘉庆四年（公元 1799 年）　十二月二十九日至三十日，哈密地区巴里坤县奇寒难耐。

清　嘉庆十八年（公元 1813 年）　冬，巴里坤严重雪灾，马场冻死马二千七百多匹。

清　道光二十七年（公元 1847 年）　十一月，喀什噶尔（喀什）二万余人越铁列克岭而走，时值严寒，山中遇雪，冻死过半。

清　光绪五年（公元 1879 年）　喀什人民逃往费尔干，正值严冬，路上冻死十万余人。

清　光绪三十年（公元 1904 年）　冬，博乐察哈尔蒙古族牧民放牧遭大雪灾害，羊只冻毙不少。

清　宣统元年（公元 1909 年）　乌苏积雪三尺，冻死千余头牲畜，黄羊入城，行人徒手可缚。

民国　三年（公元 1914 年）　哈密地区北山大雪，伊吾县平地积雪三尺多厚，牲畜冻死十有七八；巴里坤马场四千余匹马，仅余一千八百匹。

民国　十八年（公元 1929 年）　冬，哈密天寒，冻死牲畜甚多。

民国　十九年（公元 1930 年）　普会地区（库尔勒）冬季严寒，畜禽冻死数千头（只）。

民国　二十六年（公元 1937 年）　冬，米泉县因雪量少，积雪浅薄，上、下梧桐冻死冬麦一千二百八十亩。

民国　三十年（公元 1941 年）　八、九月份，哈密县天山板房沟、塔水河、白杨沟、榆树沟等处普降大雪，青稞全被冻死。

民国　三十三年（公元 1944 年）　一月，国民政府五十八师自河西走廊到迪化的六千人中冻伤致死或残者七百余人。新四十五师一部赴伊宁时，千余人至果子沟遇大雪，大半冻死。春，伽师山区大雪，牲畜冻死甚多，民众缺粮。十一月中旬，哈密寒潮、降温、降雪，积雪深三尺，冻死牲畜甚多，徒步进疆难民多人冻死途中，死伤甚多。十二月七至十一日，博乐市连日风雪低温，雪深没膝，国民党军队在进攻新二台时，冻死甚多，飞机前往接济,也因天气恶劣,只好返航。十二月,博尔塔拉古尔琴山口大雪、严寒,士兵、牧民、牲畜冻死不少。平原地区也有人冻死。

民国　三十四年（公元 1945 年）　乌恰县大雪,死亡牛一百多头、羊二千只、马一百余匹。

民国　三十八年（公元 1949 年）　冬,米泉县因雪量少,梧桐窝子冻死冬小麦二千五百七十亩。

第三节　公元1950—1966年的冻害

1951 年　2月中旬,【昌吉自治州】冬小麦冻死1/2左右,收获仅3/10。该地区的米泉县三道坝冻死一个马车夫,红雁湖村一个赶车人冻死在铁厂沟拉炭的路上。【哈密地区】巴里坤突寒,冻伤28人、冻死马16匹、牛25头、驼14峰、羊201只、山羊45只、驴5头。

1952 年　3月,【哈密地区】巴里坤县大雪尺余,海子沿2名少年外出冻死。
5月14日,【克孜勒苏自治州】大雪2尺多,冻死1人、牲畜733头（只）。
4月16日,【塔城地区】塔城喀拉加勒山附近过冬的牲畜,迁到额敏县境时,忽遇寒流,遭灾者计羊3000只、大畜150头及牧户七家,据不完全统计,冻死羊2800只、大畜30头、人5名。
11月20日前后,【塔城地区】额敏县牧民搬向冬窝子途中,在老风口因寒流侵袭,冻死羊800余只,冻坏9人,冻死1人。托里县冻死牧工1人,伤9人,冻死山羊千余只。

1953 年　2月11日,【昌吉自治州】奇台县冻害,冬麦受害约10%,影响产量。

1954 年　春季【阿克苏地区】库车县大雪、低温,据8个区统计,冻死牛507头、马227匹、绵羊8354只、山羊2942只、驴1275头。一、二区冻死果树占81.7%以上,四区冻死果树占90%以上。冻死小麦2万多亩,二区铜厂乡冬麦全部冻死。
冬季,【巴音郭楞自治州】兵团农二师27团冻害,伴大雾,气温降至-35.2℃,不少杨树、果树因冻死亡。

1955 年　冬季,【昌吉自治州】呼图壁县冬麦越冬死亡78.09%。

1961 年　冬季,【石河子市】莫索湾、下野地北部、十户滩冬小麦发轻微冻害,死亡近10%。

1962年 冬季,【石河子市】147团、莫索湾冬小麦冻害严重,70%～80%死亡;下野地各团场约有20%～30%冬小麦死亡。【哈密地区】哈密县有0.45万亩冬小麦被冻死。占冬小麦总面积的12%,其中西山公社有0.15万亩冬小麦被冻死。【喀什地区】由于冬季积雪偏薄,加之春季融雪快,气温变化大,雪腐病伴病虫害,冬小麦死亡4.41万亩。

9月27日,【哈密地区】伊吾县冷空气入侵,蔬菜全被冻死。

1963年 冬季,【石河子市】莫索湾兵团农八师150团冻害较重,死亡面积38.3%;下野地死亡面积在70%左右。

1964年 2～3月,【伊犁地区】伊犁、昭苏大雪、低温,冻死牲畜11万头(只)。【塔城地区】冻死牲畜1.7万余头(只)。

1966年 冬季,北疆部分地区冻害。【石河子市】兵团农八师150团冬小麦死亡27.5%;莫索湾、下野地等地冬小麦部分死亡。【昌吉自治州】呼图壁畜牧区冬季最大雪深33厘米,最低气温-36.8℃,牲畜因饥寒死亡8万余头(只),死亡率达34%。【塔城地区】塔城市、额敏县冻死野外工作人员4名,冻伤多人。

第四节　公元1967—1979年的冻害

1967年 冬季,【石河子市】莫索湾冻害,兵团农八师150团冬小麦冻死面积18.5%,南部地区只有少量死亡;148团77.6%冬小麦死亡,下野地冬小麦死亡面积在44%～66%之间,十户滩冬小麦死亡40%,安集海142团冬小麦死亡10%。

1968年 冬季,北疆部分地区冻害。【博尔塔拉自治州】温泉县严寒、积雪薄,造成冬小麦大面积死亡。【石河子市】莫索湾兵团农八师150团冬小麦100%冻死。

1969 冬季,【伊犁地区】冻害,果树普遍受冻。

1月27日,【塔城地区】额敏县出现-42.6℃的极端最低气温,发生冻害,境内的苹果树大部分被冻死。

11月6～8日,【伊犁地区】伊宁市冷空气入侵,冻坏大白菜3000吨。

1971年 冬季,【石河子市】下野地发生冻害,冬小麦死亡20%～30%,兵团农八师148团冬小麦死亡达87.7%。

3月3日,【塔城地区】额敏县冻害,最低气温达-30.6℃,作物大面积减产,冻死冬麦1万余亩。

12月26日,【塔城地区】托里县老风口降温,伴偏东大风,冻死2人,冻伤1人。

第六章 冻 害

1972 年 12 月份,【克孜勒苏自治州】乌恰县波斯坦铁列克牧区出现低于 -27℃ 的低温,该牧区有 1/3 的牲畜被冻死。

1973 年 冬季,【石河子市】莫索湾、下野地的冬小麦发生冻害,有 40%～60% 冬麦死亡。

1974 年 12 月 1～15 日,【伊犁地区】出现持续低温天气,加上无雪或少雪,其中伊犁河谷西部地区大面积冬小麦受冻。

12 月,【克孜勒苏自治州】阿图什市冷空气入侵,造成大幅度降温,阿图什平原地区、哈拉竣盆地最低气温为 -20.5～-32.4℃,-20～-30℃ 的低温天气持续 2～3 天,使地处河谷的阿图什乡自然越冬的桃树全部被冻死,杏树也不同程度受到冻害,次年结果甚少,造成减产。全州普遍有牲畜冻死,该地区的阿合奇县冻死牧民 1 人。

1975 年 冻害几乎遍及全疆,冬小麦因冻害损失面积达 220 万亩,仅种子一项就浪费了 3000 万公斤,全疆因冻害死亡改播面积占冬小麦总播面积的 20%。北疆 50% 以上的冬小麦死亡,面积达 200 余万亩,其中乌伊公路以北的冬小麦全部冻死。【阿勒泰地区】部分县冻死牲畜 18 万头(只)。【石河子市】冻害主要分布在莫索湾地区,死亡 100%;乌伊公路以北的冬小麦全部冻死,冬小麦死亡率为 74%,很多地方推了"光头";下野地地区除兵团农八师 132 团冬小麦死亡 34% 以外,其余几乎 100% 死亡,121 团冬小麦死亡 84.2%。另外,兵团农八师石河子总场的过去是很少发生冻害的地区,也有将近一半冬小麦受冻死亡。【昌吉自治州】北五岔、六户地冬小麦受灾严重,米泉县冻死冬麦 4.1 万亩。

1976 年 春季,北疆西部、北部部分地区冻害。【伊犁地区】冻死冬小麦 50 多万亩。【博尔塔拉自治州】5 万多亩冬小麦死亡。

4 月 10～12 日,【哈密地区】巴里坤县、伊吾县的部分地区遭受强寒流袭击,大风降雪。其中伊吾县冻死羔羊 1800 多只,冻死牧民 3 人;巴里坤县和伊吾县前山境内气温骤降到 -18.2℃,冻死 4 人,冻伤 278 人;冻死牲畜 1.80 万头(只),前山死亡成畜 480 头(只)、幼畜 875 头(只)。

1977 年 冬季,北疆部分地区发生较严重的冻害。【石河子市】各团冬小麦死亡在 50%～90% 之间,其中兵团农八师 135、122 团受冻害程度更重。【昌吉自治州】冬小麦受冻灾面积达 2.07 万亩。

1978 年 1 月,【和田地区】和田县出现极端最低气温 -30℃,造成 107.10 万亩桃树冻死,苹果幼树大部分冻伤,甚至死亡。

4 月 10～12 日,【哈密地区】兵团农十三师红星一场、黄田农场、红星二牧场和红杉农场、柳树泉农场等地大幅降温,伴大风,死亡牲畜 5260 头(只);冻死 21 人,冻伤 20 余人。

6月9～10日，【阿克苏地区】新和县大风、降温，冻死牛、羊0.1万余头（只）。

1979年 2月，【喀什地区】莎车县降大雪、低温，造成1.5万只羊被冻死。

4月15～21日，北疆部分地区遭百年不遇特大暴风雪袭击。【塔城地区】托里县火箭牧场冻死3人，冻伤20人，其中5人重伤；冻死各类牲畜1.7万头（只），经济损失折合人民币40余万元。【昌吉自治州】冻死牲畜3.4万头，占年初存栏数的15.4%。其中木垒县冻死牲畜3100头、油料7000亩，冻伤163人，冻死22人。

9月11日夜，【阿勒泰地区】强降温，伴大风，气温下降到-2.0℃，最大风力9级。死亡牲畜2万余头。其中，哈巴河县死亡牲畜1万余头（只），福海县死亡牲畜2500头（只），阿勒泰市死亡牲畜2600头（只）。富蕴县冻死3人，福海县冻死1人。

第五节 公元1980—1990年的冻害

1980年 春，【伊犁地区】新源县出现严重冻害，三天内全县死亡大小牲畜0.80万头（只）。【阿克苏地区】冬季无雪，发生冻害，冬小麦越冬死亡15.08万亩，其中东4县冬小麦冻死11.4万亩，占全地区冬小麦死亡面积的76%。

11月6～8日，【伊犁地区】霍城县发生冻害，大部分冬菜被冻坏。

1982年 冬，【石河子市】兵团农八师莫索湾垦区寒冷，冬小麦冻死80%；兵团农八师150团场1.5万余亩小麦全部冻死。【昌吉自治州】玛纳斯县稳定积雪偏晚，冬小麦大面积冻害，北五岔、六户地两公社冬小麦越冬死亡面积3.31万亩，占播种面积的65.9%。

春季，【博尔塔拉自治州】、【石河子市】低温，4.5万余亩冬小麦冻死。

1983年 冬，【昌吉自治州】冻害，冬小麦死亡3.4万亩，占冬小麦面积的3.5%。

11月30日，【巴音郭楞自治州】和静县巴音布鲁克区降雪，持续4天，气温降至-42.3℃，5名牧民被严重冻伤，灾情严重。

1984年 春，【博尔塔拉自治州】牧区由于长时间持续低温，大小畜死亡4.52万余头（只），其中幼畜死亡3.8万余头（只）。【石河子市】兵团农八师莫索湾垦区严重冻害，冻死小麦1万余亩。

3月21～23日，【巴音郭楞自治州】和静县巴音布鲁克区降温，伴大雪，死亡牲畜6万多头（只）。

12月中下旬，南北疆持续低温，部分地区发生冻害。【阿勒泰地区】低温伴降雪，冻死7人。【伊犁地区】伊宁市持续低温-30℃，伴7级风。是伊犁地区罕见的低温年。各种果树发生大范围冻害。低温造成正在建设的电站停工，交通部门停运车辆121辆。【巴音郭楞自治州】兵团农二师22团出现-26.5℃的极端最低气温，苹果树花芽受冻，造成减产；冬小麦受冻面积 12.5 万亩，死亡率为 30%～50%，属严重冻害年。【阿克苏地区】拜城县出现历史上罕见的低温，极端最低气温达 -28.8℃，12 月下旬平均气温为 -23.0℃。造成停电、停工、停学，各行业均受到不同程度的影响。【喀什地区】莎车县冻死 1 人，冻死牲畜 700 头。【和田地区】于田县强降温天气，伴降雪，持续 10 天左右，城镇附近最大积雪深度为 2 厘米，降雪过后出现 -22.6℃ 的极端最低气温，比历年同期平均值偏低 8.2℃，为历年 12 月的最低值。造成 10%～20% 冬小麦死亡，盖土的冬小麦死苗率为 5%；死亡小畜 4000 头（只），死亡率为 3.4%，死亡大畜 600 头（只），死亡率为 5%。

1985 年 春季，【博尔塔拉自治州】冻害，冻死冬小麦 3.45 万亩，占全州总数的 50.8%，其中博乐青得里和小营盘最重，冻死 2.35 万亩，受灾 3946 户，22100 人，损失种子 60 万公斤，合人民币 96 万元。

3 月 2 日，【塔城地区】额敏县冻害，最低气温达 -29.8℃，日平均气温 -20.1℃。冻死冬小麦 7300 亩。【阿克苏地区】死亡牲畜 8.6 万头（只），倒塌羊圈 502 个。

4 月，【阿勒泰地区】布尔津县 7 次冷空气入侵，死亡牲畜 18 万头（只），受灾 1560 户 11927 人。

1986 年 5 月 18 日，【阿克苏地区】柯坪县降温，伴 6 级西北风，持续 12 小时，发生冻害。死亡骆驼 300 多峰，羊 1500 只。经济损失 20 多万元。

1987 年 冬季，北疆部分地区冻害。【阿勒泰地区】冻、饿死亡牲畜 1 万余头（只）。【塔城地区】死亡牲畜 3.13 万余头（只）。其中，托里县遭到历史上罕见的强冷空气侵袭，气温降至 -31℃，低温持续一个月，损失牲畜 1.42 万头（只）。【巴音郭楞自治州】大寒，兵团农二师 28 团有 4000 株香梨受冻害导致根茎腐烂死亡，影响产量。

1989 年 4 月 7～8 日，【塔城地区】和布克赛尔县急剧降温，冻死 1 人，冻伤 5907 只成年羊、2270 只羊羔、513 头牛。

4 月 10～13 日，【阿克苏地区】温宿县急剧降温、大雪，雪厚 50 厘米。成畜死亡 2400 头（只），幼畜死亡 3219 头（只）。

第六节 公元 1991—2000 年的冻害

1991 年 1～3 月，【巴音郭楞自治州】焉耆、轮台、库尔勒、尉犁、若羌、且末等县连续三次降温，伴大雪，冻死牲畜 8.98 万头（只），冻死冬小麦 0.35 万亩，春麦播种推迟十多天，倒塌房屋 104 间，损坏 125 间。其中若羌县冻死牲畜 6400 头（只），且末县冻死冬麦 2500 亩。

7 月 12～14 日，【吐鲁番地区】托克逊县气温急剧下降，伴大雨雪、大风，风力 10

级,冻死羊 1200 只,损失 14.3 万元。

1992 年 7月4~8日,【阿勒泰地区】强降温。青河县海拔 3600 米的夏牧场气温急剧下降至 -20℃ 左右,并出现大范围降雪天气,同时,风力8级以上。全县共冻死各类牲畜 2.5 万头(只),占全县牲畜的 4.3%,6 万头(只)牲畜不同程度冻伤;冻死1人,冻伤、患病 582 人,其中严重冻伤者 96 人。富蕴县冻死小畜 191 只、骆驼 27 峰、马5匹。

1994 年 4月17~19日,【巴音郭楞自治州】兵团农二师 23 团北山牧区降温,伴暴风雪,冻死羊 164 只。

4月28日至5月1日,【巴音郭楞自治州】兵团农二师 23 团北山牧区降温,伴暴风雪,死亡羊 305 只。

1996 年 3~4月,南疆巴音郭楞自治州、喀什地区、克孜勒苏自治州等地雨雪不断,对冬小麦造成严重影响。冬小麦出苗浇水后,初春化冻又连降雨雪,造成部分烂根,盐碱地尤为严重。【巴音郭楞自治州】兵团农二师 21 团地膜甜菜受灾 3865 亩,冻死梨树 3800 多株,冻死苹果 8000 余株,香梨花芽全部冻死,砀山梨花芽冻死 80%。因冻害挖掉苹果树 500 亩合 5500 余株。山区牧场 300 多只羊被冻死。【克孜勒苏自治州】冬小麦死亡 1.48 万亩。【喀什地区】冬小麦死亡2万亩。由于低温雨雪天气,棉花播期比上年普遍推迟,至4月4日仍不能开播。

4月22日,【阿勒泰地区】富蕴县温度骤降,伴8级以上大风,山区最低气温降至 -20℃ 以下,全县受冻牲畜 30 万头(只)。

1997 年 1月19日,【塔城地区】降温,伴大风,托里县冻死5人。和布克赛尔县牧区冻死4人,受灾牲畜 229 万余头(只),其中死亡 7600 头(只)。

1998 年 2月18~21日,【阿克苏地区】拜城县降温幅度 8.0℃。冻死牲畜 4900 头(只),倒圈 15 间,经济损失 130 万元。

1999 年 4月10~14日,【喀什地区】塔什库尔干县降温,伴大雪,全县有 250 人冻伤。

第七章 低温冷害

第一节 概 述

一、低温冷害定义和指标

低温冷害是指在农作物生育期间，某一时期气温低于作物的要求，引起作物生育期延迟或使生殖器官生理机能受到损害，从而造成农业减产的一种自然灾害。一般来说，低温冷害分延迟型冷害、障碍型冷害和混合型冷害三种。延迟型冷害是指作物营养生长阶段，因受低温危害引起作物生育期延迟，导致后期不能正常成熟而减产；障碍型冷害是指作物生殖生长阶段，生殖器官受低温危害，不能健全发育，形成空壳秕粒而减产；混合型冷害是两者兼有之。障碍型冷害在新疆的北疆沿天山一带2年一遇，南疆3~5年一遇，吐鲁番、哈密盆地10年一遇。

从发生季节看，冷害发生在温暖季节。从发生地区看，重冷害区有阿勒泰、塔城地区及尼勒克、新源、特克斯、霍城、温泉、博乐、精河、呼图壁、吉木萨尔、阿合奇等县市及乌鲁木齐达坂城等地；轻冷害区有北疆沿天山一带、南疆大部地区。从危害的作物看，冷害主要危害喜温作物。从危害作物生育时期看，冷害发生在作物孕穗、抽穗、开花、灌浆期。从作物受害机理看，冷害造成作物生长发育的机能障碍，导致作物减产。从受害的时间过程看，冷害受害过程的时间一般较长，但对于作物在生长期遇到短时间（数小时甚至几天）的低温，也会遭受障碍型冷害。

根据上述的低温冷害定义，显然随着地域的不同，农作物种类的不同，或者同一农作物在不同的发育时期，对温度条件的要求都不同，因此低温冷害具有明显的地域性和作物种类性。

低温冷害是制约新疆棉花、水稻、玉米产量和品质的重要气象灾害。根据它对作物不同的生育期受到的不同影响和造成的不同损失，从发生季节来分，新疆的低温冷害又可分为夏秋季低温冷害和春、夏、秋低温冷害来进行讨论。

二、低温冷害对棉花生产的影响

棉花是新疆经济的重要支柱产业。棉花产量受气候条件的影响很大。低温冷害已经成为制约新疆棉花产量的重要气象灾害。1987—2000年，新疆棉区出现了一次全疆性的冷害年份（1992年），南疆棉区出现了两次严重冷害的年份（1989、1996年），两次一般冷害的年份（1992年、1993年），这些年份都造成了棉花单产的下降。石河子棉区的绝大多数严重气候减产年4～9月的棉花生长期内至少连续4个月以上的气温低于常年，且5、6、9月气温常是偏低，5、9月平均偏低幅度大。阿克苏棉区在4～10月的棉花生长期内，11个严重减产年中，有9年至少连续4个月以上的气温为负距平，且5、8、10月气温常是偏低，5、8月平均偏低幅度大。喀什棉区绝大多数严重减产年4～10月的棉花生长期内，至少有4个月以上的气温低于常年，且5、6、7、8、10月气温常是偏低，5、7月平均偏低明显。三个棉区严重减产年的月平均气温有一个共同的特点：绝大多数出现严重的延迟型冷害的年份棉花生长期间至少有4个月的气温均低于常年。

第二节 公元1887—2000年的低温冷害

清 光绪十三年（公元1887年） 七月，镇西厅大雪，早播作物茎秆被鼠咬断，迟播者冻伤，收一至三成不等。七月二十七至二十九日，绥来大雪，秋禾冻萎，水稻受灾五成，糜谷受灾七成。

民国 三十年（公元1941年） 八九月，【哈密地区】大雪，青稞全被冻坏。迟播作物颗粒无收。

1961年 春季，【喀什地区】叶城县由于低温冷害，造成棉花大面积烂种、烂根，秋季低温冷害造成复播玉米不能成熟，严重减产。

1967年 秋季，【喀什地区】叶城县由于低温冷害，造成复播玉米不能成熟，严重减产。

1968年 8月1～3日，【伊犁地区】昭苏县低温冷害，使正在灌浆的冬春小麦受到影响，导致千粒重降低，减产较严重。
秋季，【喀什地区】叶城县由于低温冷害，造成复播玉米不能成熟，严重减产。
8月27日，【喀什地区】莎车县出现了障碍型冷害，此时正值水稻抽穗开花期，日平均气温降至16.8℃，造成每亩减产15公斤。
9月5～6日，【昌吉地区】米泉县降温并伴大雨，局部地区有雨夹雪，造成低温冷害，致使部分水稻不成熟，减产300万公斤。

1969年 秋季，【喀什地区】叶城县低温冷害，造成全县玉米严重减产。
5～9月，【石河子市】兵团农八师石河子总场持续低温，热量条件不足使棉花亩产皮棉只有32.6公斤，比历年平均值少13.3%。

1972年 秋季，【喀什地区】叶城县低温冷害，造成全县玉米严重减产。

8月27日，【喀什地区】莎车县出现障碍型冷害，此时正值水稻抽穗开花生长阶段，而日平均气温降至15.8℃，使每亩减产近24公斤。

1978年 6月9~10日，【阿克苏地区】新和县大风、降温，造成低温冷害，7.2万余亩小麦、棉花等作物受害。

1979年 秋季，【喀什地区】叶城县低温冷害，造成全县玉米严重减产。

8月下旬~9月底，【阿克苏地区】乌什县正值秋作物灌浆成熟期，而此时的平均气温比历年平均值低1.5℃，9月26日又出现早霜冻，严重影响作物成熟。只有70%左右水稻成熟，50%黑穈子成熟，玉米千粒重也大大降低，严重减产。

1981年 秋季，【喀什地区】叶城县低温冷害，复播玉米不能成熟，严重减产。

1983年 春季到初夏，北疆为典型冷害年，5~6月平均气温距平均为负值，入夏时间比历年入夏期偏晚近一个月左右。由于低温加上霜冻的影响，【博尔塔拉自治州】1.1万亩地膜棉烂籽、烂根，约占地膜棉的24%。同时各种喜温作物生长缓慢，植株黄弱。【石河子市】由于长期维持低温，有3.6万亩棉花烂种，棉花感染立枯病，严重影响棉花品质和产量。【昌吉自治州】5月中旬~6月初，玛纳斯县多次出现低温天气。6月3日、7月26日又两次降雹，50亩地膜棉先后补种3次，仍未达到全苗。

1986年 4月22~25日，准噶尔盆地连续4天出现了低于10℃的日平均气温，造成棉花烂种烂芽，其中，膜下条播的为19%，膜上点播的为31%。

4月23~27日，【喀什地区】英吉沙县持续低温，过程降温达10.6℃，全县棉花普遍受害，24%死亡。

5月下旬，【巴音郭楞自治州】库尔勒市平均气温18.7~20.8℃，比正常年份偏低2~3℃，比水稻苗期生长适温低5~6℃，影响稻苗生长，每亩减产20~65公斤。

1987年 5月26日，6月3~4日，【巴音郭楞自治州】尉犁县因连续遭受暴雨、大风危害，出现持续低温，造成低温冷害。受灾棉花0.14万亩，经济损失14万元；受灾小麦1万亩，减产12.5万公斤，经济损失6.5万元，0.1万亩水稻因低温烂种，0.9万亩玉米30%被大风刮倒、沙埋。

1988年 9月15日，【石河子市】兵团农八师150团持续20天的阴雨天气，造成低温冷害。严重影响棉花的成熟和收获，减产25%。

5月，【石河子市】下野地垦区连阴雨，降水多，土壤湿度大，加之地膜覆盖，通风透气性差，种子发芽出苗后在低温条件下，出现立枯病，兵团农八师121团棉花烂种烂芽面积为1.28万亩，占总面积的35%，打瓜烂种烂芽0.2万亩，占播种面积20%；兵团农八师122团棉花烂种烂芽0.80万亩，占播种面积25%，其他作物也有不同程度的烂种烂芽现象发生。

1989 年　4月中下旬，【石河子市】下野地垦区气温不稳定，阴天较多，兵团农八师121团各连棉花播种后烂种现象较严重，有的地块烂种率达80%，重播面积约0.10万亩。兵团农八师下野地各团场也有重播。

1991 年　8月22~24日，【巴音郭楞自治州】库尔勒市降小到中雨，平均温度下降5.1℃，过程降温12.9℃，造成低温冷害，使喜温作物的发育受到一定影响。

1992 年　9月下旬到10月底，【博尔塔拉自治州】农牧区由于受南下冷空气的影响造成持续低温，严重影响到棉花的生长，使棉花成熟晚，霜后花比例增大，品质下降。精河、博乐两县播种的20.33万亩棉花受到严重损失。全州共减产棉花0.27万吨，精河播种的94万亩棉田共减产棉花0.12万吨。

1993 年　5月9~12日，【巴音郭楞自治州】库尔勒市出现倒春寒，造成棉花、水稻等喜温作物的幼苗生长缓慢。产量受到程度不同的影响。

1994 年　9月上旬，全疆农区出现不同程度的低温冷害，平均气温比常年偏低4℃左右，对棉花裂铃吐絮及秋桃生长和玉米成熟都不利，影响棉花品级和玉米产量。

1996 年　【阿克苏地区】年平均气温明显低于往年，到10月初，只有25%~30%的棉桃吐絮，收购进度缓慢。截至9月30日统计，该地区仅收购新棉0.13万吨，比上年同期1.14万吨减少88.2%。这次低温天气造成棉花品级、霜前花率大大低于上年。降温使玉米成熟期延迟，从而使冬小麦播种受到影响。

第八章 风　　灾

第一节　概　　述

新疆的风灾包括由大风引起的灾害、沙尘暴和干热风。

气象规范规定：风速≥17.2米/秒（≥8级）的风称为大风。实际上，6级以上的风就可以产生危害。

新疆是我国盛行大风的地区之一，大风日数多，风力强，持续时间长，对工农业生产、交通运输和人民生活常造成极大危害，成为新疆主要灾害性天气之一。大风的危害季节和危害对象有明显的地区差异。对牧业危害最重的是冬春季大风，特别是春季，正处于牲畜转场和产羔育幼期间，此时大风常伴有风雪，能见度随之降低，致使牧区人畜迷途而被冻死；大风对农业的危害，以5～6月的大风影响最大。大风主要危害高秆作物和成熟的庄稼、果树，引起倒伏、落粒、落果、拔树、折苗；春末夏初出现的高温、低湿、并伴有一定风力的干热风造成正在开花、灌浆至成熟期的小麦蒸发加剧，使其水分循环失调带来不利的影响；大风对交通运输和石油生产的破坏，每年造成的损失也十分惨重。大风可造成列车翻车，吹起的沙尘会掩埋铁路，中断交通，冬季大风常因风雪交加、吹雪会阻塞道路，使救援工作难以进行，加重灾情，同时，大风还可造成油田井架和建筑物倒塌，甚至引起火灾。

一、大风

（一）地理分布

大风的分布与大气环流形势和地形有关。新疆独特的地理环境，造成了大风分布的复杂性。每当冷空气入侵新疆时，北疆首当其冲，西部又多风口、河谷，大风较多；南疆因天山山脉的阻挡，大风较少。大风的分布是北疆多于南疆，中、低山区多于平原地区。地形开阔的高山和高原地区接近自由大气，大风也比较多。大风日数的高值区在北疆西北部、东疆和南疆西部，其中北疆西部的阿拉山口大风最多，年平均161天，最多一年有188天，其次是南北疆气流通道的达坂城，年平均150天，最多一年高达202天。东疆七角井—三塘湖—淖毛湖一线为90～100天。北疆北部的哈巴河、吉木乃、和布克赛尔，准噶尔盆地西部的克拉玛依，南疆的托克逊、托云，年平均大风日数在50～90天之间。北疆的额尔齐斯河河谷、塔额盆地，东疆的伊吾、红柳河，南疆的乌恰、塔什库尔干、巴音布鲁克、库尔勒、和静、巴仑台大风日数为20～50天。北疆沿天山一带、伊犁河谷、东疆的哈密，南疆塔里木盆地的东、西、北缘年平均大风日数在10～20天之间。北疆准噶尔盆地南部、天山山区的昭苏、特克斯、天池、大西沟、小渠子，塔里木盆地南部地区大风日数不足10天。

（二）大风的时间分布

总的来说，新疆是春夏季大风最多，春季冷暖空气交替频繁，地区间气压梯度加大，常出现强劲的大风；夏季气层不稳定，多阵性大风；秋冬季气层稳定，加之地面强烈辐射冷却形成深厚的逆温层，多数地区大风很少，冬季大风最多的地方是河谷隧道和高山地带。

几个著名的风口大风出现时间略有不同。阿拉山口和克拉玛依以5～7月大风最为频繁，6月最多，12月至翌年2月最少；达坂城和托克逊4～6月大风最为频繁，5月最多，2月最少。达坂城在冬季12月和1月大风日数仍在10天以上，是冬季大风日数最多的地方，且风向大多为东南。七角井和淖毛湖也是4～6月大风频繁，5月最多，冬季12～2月很少。托云5～7月频繁，6月最多，冬季12月至翌年2月大风日数稳定在3天。吉木乃和和布克赛尔大风频繁出现在4～6月，5月最多，冬季最少；额尔齐斯河谷北侧的哈巴河是4～5月频繁，4月最多，最少在夏季8月，冬季12月和1月为6天，仅次于达坂城。冬季吉木乃附近常刮强烈的地方性偏东大风，俗称"闹海风"。

新疆大风的最长持续时间，阿拉山口、达坂城和哈巴河超过40小时，七角井、克拉玛依在30～40小时，吉木乃、库尔勒、塔城在20～30小时，南疆多数在15小时之内，塔里木盆地南缘不足10小时。可见最长持续时间与大风年日数之间关系密切，大风日数多的地区持续时间也较长。

新疆大风的年际变化有明显的波动性，东疆的波动性最大，大风日数高值区有近似的周期性。在两大高值区，阿拉山口的波动幅度很小，有一个近似5～6年的周期，1980年后大风日数略有下降趋势，外围的克拉玛依变化趋势与上述相似，只是无周期性；达坂城的波动幅度较大，有近似6年的周期，1990年之前大风日数有明显的增加趋势，之后减少，外围的托克逊波动幅度也较大，无周期性，1985年之后趋于减少。在次高发区，东疆的七角井波幅很大，居全疆之首，1990年之后大风日数一直维持较低水平，但1999年却出现极值，淖毛湖的波幅很小，1980年之后明显趋于减少；南疆的托云在20世纪60年代波动幅度较大，1970年之后波幅减小，并表现出3年的周期性，1990年后大风日数趋于减少。北疆北部的哈巴河、吉木乃、和布克赛尔波动幅度不大，1990年之前在波动中大风日数趋于减少，之后有增加的趋势。阿勒泰、塔城、库尔勒年大风日数较少，波动性极小，自60年代起在波动中略有减少，库尔勒在1997年后有所反弹。

（三）大风灾害的评述

1. 新疆农牧区普遍有大风灾害，而且在多数地区是危害严重的气象灾害。

2. 大风的危害季节和危害对象有明显的地区差异。在北疆西北部主要危害牧业，以冬春季大风雪和转场期间的大风降温危害最重。东疆和南疆东部对农牧业均有危害，以春季大风危害最重，南疆西南部以危害农业为主，且以5～6月的大风影响最大。

3. 大风的危害既和风力及持续时间有关，也同当地的自然环境和农牧业生产特点有关。如一些山口、戈壁地区虽然大风频繁，风力强劲，但当地农牧业不发达，危害小。南疆西南部植被稀疏，土壤沙性大，当地农田广布，一旦出现强劲大风，损失往往大于大风较多的北疆西北部。

4. 大风主要危害区

①北疆西北部河谷地带大风危害区。包括额尔齐斯河谷、额敏河谷、博尔塔拉河谷等，是冷空气入侵新疆的主要通道，大风日数居全疆农区之首，且风力强劲。这里是新疆主要牧区，四季牧场广为分布，因春季大风伴有强降温和降雪，多数风口和风区位于牲畜转场的牧道上，所以对牧业危害特别严重。

②准噶尔盆地西部山地大风危害区。包括北起和布克赛尔，南到克拉玛依，西至托里的三角地带。这里草场广布，农业很少，大风主要危害牧业。

③乌鲁木齐至昌吉大风危害区。包括乌鲁木齐县达坂城到昌吉附近地区，乌鲁木齐的东南大风是特殊的地方性大风，几乎每年使温室蔬菜生产和乌鲁木齐的市镇安全受到较大威胁。

④吐鲁番—哈密盆地大风危害区。区内有著名的"百里风区"、"三十里风区"，由于大气环流和地形的综合作用，大风多且风力强劲，区内风灾频繁，以托克逊县最重，吐鲁番和哈密次之。春季对兰新铁路运输危害特别严重，每年都要发生因大风引起运输中断的事件。

⑤塔里木盆地东部大风危害区。它位于天山和阿尔金山之间，北临天山山隘，东向甘肃开口，是冷空气入侵南疆的通道。这里的风灾是南疆之首。这里由于农田多，在春夏季节大风对农业的危害是主要的。

二、沙尘暴

（一）沙尘暴的概述

沙尘暴是干旱和半干旱地区常出现的灾害性天气，是指强风将地面大量尘沙吹起，使水平能见度低于1公里的天气现象。沙尘暴的形成，需要一定的风力和沙源。新疆北部的准噶尔盆地地广人稀，它中间的古尔班通古特沙漠，气候干燥，植被稀少。南部的塔里木盆地中有广袤无垠的塔克拉玛干沙漠，为沙尘暴的产生提供了良好的物质条件，是世界四大沙源之一。新疆又是我国盛行大风的地区之一，大风日数多，风力强，新疆具备了发生沙尘暴的两个基本条件。沙尘暴灾害是风灾的一种。例如：1986年5月18和田地区和田市、洛浦、民丰、策勒、于田等县出现历史上罕见的黑风天气，最大风力10级，8级以上的大风持续了3个多小时，这场风沙天气维持时间较长，沙尘暴持续时间长达48小时。有25.1万亩农田受灾，棉花受灾面积近12万亩，8.4万亩枯死；小麦减产2500万公斤，刮倒树木25.9万棵，果树落果达50%；丢失牲畜4800头（只），死亡数百头（只）；失踪12人，死亡11人，重伤6人。

特大沙尘暴带来的沙土还可以掩埋农田、公路和铁路，对工农业生产等造成极大的影响，又因能见度极低，天黑迷路、强风裹挟常造成人畜落水、碰撞等死伤事件，还可能引发火灾等次生灾害。在某些大气环流背景场下，古尔班通古特和塔克拉玛干沙漠形成的沙尘暴天气，扬起的沙尘随着西风带会被携带出沙源区，向东可传到上千公里外的人口密集区，从而造成更大范围的影响和危害。沙尘暴的频繁发生导致全球荒漠化的加剧，从某种意义上讲这更甚于水灾、地震等，因为它毁坏了人类赖以生存的自然环境。

（二）沙尘暴灾害评述

1. 沙尘暴灾害的时间分布

北疆的准噶尔盆地沙尘暴集中在4~8月出现，7月最多，北疆北部平原沙尘暴集中出现在4~5月，4月最多；西部的塔城盆地在6月最多；伊犁河谷的沙尘暴主要出现在7月；南疆的焉耆盆地、吐鲁番盆地、哈密盆地沙尘暴的高发期在3~5月，峰值在4月；喀什地区、和田地区沙尘暴的高发期在4~7月，峰值在5~6月。

2. 沙尘暴灾害的年际变化

沙尘暴出现较多的年份，北疆的西部、北部的是1961—1969年和1973—1990年，天山北麓的石河子、昌吉地区是1961—1966年和1971—1990年，1990年后，沙尘暴明显减少；南疆东部和北部地区沙尘暴出现日数从1961年到1980年有上升趋势，1980年后呈明显下降趋势，南疆西部和南部沙尘暴在波动中减少，但喀什地区在1994年以后有增加的趋势。

3. 沙尘暴灾害的地区分布

新疆沙尘暴的高发区在古尔班通古特和塔克拉玛干沙漠，并以沙漠中心向四周逐渐减少。北疆古尔班通古特沙漠中沙尘暴年平均日数15天以上，沙漠南缘、天山北麓（除粮棉基地石河子沙尘暴年平均日数1.5天外）在4~10天之间。南疆塔克拉玛干沙漠南缘、沿昆仑山北麓沙尘暴年平均日数为13~35天。年平均日数最高的是和田地区的民丰，高达35天。

4. 沙尘暴危害的主要区域

塔里木盆地西南部和阿尔金山北麓沙尘暴危害区。此区东起若羌，经和田、莎车至英吉沙、岳普湖和巴楚东部，包括源于昆仑山北坡和帕米尔高原各河流的中下游地区。其中民丰至于田，皮山至莎车，岳普湖、麦盖提和巴楚之间是主要危害区。

塔里木盆地东北部沙尘暴危害区。此区西起库车，经库尔勒南部向东直至若羌以北地区。包括塔里木河中下游、孔雀河下游和博斯腾湖南岸。

吐鲁番—哈密盆地绿洲沙尘暴危害区。其中以吐鲁番到托克逊危害最重。

准噶尔盆地南部沙尘暴危害区。包括乌苏至精河、玛纳斯河下游和奇台北部等地，其中玛纳斯河下游垦区是危害较重地区。

三、干热风

（一）干热风的概述

干热风是一种高温、低湿、并伴有一定风力的气象灾害，主要发生在春夏之间。春末夏初正是小麦开花、灌浆至成熟期，干热风给小麦灌浆和成熟带来及其不利的影响，轻干热风危害可使小麦减产5%~10%，重干热风危害可使小麦减产10%以上。干热风在新疆发生比较普遍，有的地方还相当严重，不仅对小麦生长发育有严重影响，对其它作物也有不同程度的危害。

（二）干热风灾害评述

新疆干热风大致发生在4~9月，其中6~8月出现机会较多，7月出现最大值比较普遍，但没有过分集中的现象。干热风危害时期，北疆多集中在6月中下旬至7月中旬，南疆多集中在5月中旬至7月中旬。干热风出现日数，吐鲁番盆地、塔里木盆地腹部偏东地区和准噶尔盆地腹部偏南地区是新疆3个多干热风日中心,并以此向四周逐渐减少。东疆和吐鲁番盆地干热风日数都在10天以上,南疆干热风日数多在5～10天,北疆干热风日数一般少于5天。

新疆干热风发生的地区特点是南疆多于北疆,东部多于西部,盆地腹部多于边缘。干热风危害程度,一般以轻微的居多。但在干热风发生比较多的地区,例如吐鲁番盆地、淖毛湖、塔里木盆地的若羌、铁干里克一带,是全国的重干热风区之一。这是与新疆地处欧亚大陆中心,远离海洋,四周高山环抱,地面植被覆盖率低这样的自然地理条件相联系的。

新疆的干热风灾害可分为重干热风区和次重干热风区:

1. 重干热风区

本区包括吐鲁番盆地、淖毛湖、塔里木盆地的若羌、铁干里克一带。

吐鲁番盆地地势低洼,下垫面是戈壁沙漠,夏季太阳辐射强烈,吸热快,升温迅速,散热不易;使整个盆地中部成为一个热锅,加上风速又比较大,便成为全疆乃至全国干热风最重的地区。如托克逊年干热风日数30天以上,重干热风日19天以上,年频率62%。

塔里木盆地的若羌、铁干里克一带也是重干热风区,这里是南疆地势最低处,又是东灌气流必经处,降水稀少,是南疆干热风最严重的地方。如若羌年干热风日数19天以上,其中重干热风日10天,过程次数2～4次,重型年10年有3～5次。1963年若羌因受干热风危害小麦千粒重不足15克。

2. 次重干热风区

本区主要包括哈密、三塘湖,塔里木盆地北部、南部和准噶尔盆地中部。区内年干热风日数5～10天,年过程次数1～2次,重型年次数0.3～0.7次。

本章的风灾不包括第二章寒潮中已经列入的风灾。

第二节 公元1949年以前的风灾

宋 雍熙元年(公元984年) 王延德出使高昌(现吐鲁番市境内)在鬼谷避风时,大风把人刮散。

清 乾隆二十六年(公元1761年) 二月,哈密大风,昼昏,降黄沙,人多病。

清 乾隆三十五年(公元1770年) 清兵出嘉峪关进入哈密以东的梧桐窝子时遇大风,将人马、军饷银两刮走,杳无踪影。四月初,哈密白昼刮东北大风,声若雷鸣,将老城南哨门外碑亭内石碑刮倒,折为三段。

清 嘉庆四年(公元1799年) 惠远城(现霍城县内)大风,县城内数十株老柳树被刮倒。

清　道光七年（公元 1827 年）　二月，喀什西南风起，撼木扬沙。

清　同治十二年（公元 1873 年）　哈密十三间房刮大风，将道员黎献等全军人马吹失无踪；哈密沁城大风，城内屋顶多被揭去，都司署前照壁墙被刮倒。

清　光绪三年（公元 1877 年）　三月，军中燧守之炮，去达坂城（乌鲁木齐县境内），有声轰然，大风自西北而来，火益猛炽，廷燃开花，子弹尽裂，人马死伤无数。

清　光绪十六年（公元 1890 年）　三月，哈密三个泉大风，安西兵马移驻伊犁，风阻，三日不得行。

清　光绪三十一年（公元 1905 年）　哈密至吐鲁番之间，镖车遇暴风，两辆遭颠覆，六十名车夫葬身沙漠。

民国　十七年（公元 1928 年）　十月，英国驻喀什噶尔副领事施尔福（Captain George Sheriff）等人，在库车一带遇风暴，人马几乎全部丧生。

民国　十八年（公元 1929 年）　五月，托克逊暴风，田禾遭损，倾倒房屋，骆驼与羊死伤。

民国　二十五年（公元 1936 年）　库尔勒西北两乡春季热风，小麦遭灾。

民国　三十年（公元 1941 年）　哈密、额敏等地热风，小麦大半干枯，秋收无望。

民国　三十一年（公元 1942 年）　十一月十七日午后，新源暴风，引起火灾，烧死二人和五十二只羊，烧毁住房和蒙古包十七间、马棚八间。

民国　三十八年（公元 1949 年）　三月三十一日晨，哈密大风，一人被沙埋死亡，二个小孩被刮走。

第三节　公元 1950—1966 年的风灾

1950 年　4 月 10 日至 5 月 1 日，【吐鲁番地区】刮了 8 次大风，风沙击毙 1 人，4000 余亩农田受灾，35 道坎儿井、水渠被填塞或倒塌。

1951 年　4 月 22 日，5 月 15 日，【喀什地区】叶城县大风，1.56 万亩农田受灾被毁。

第八章 风　　灾

1952 年　5 月 13 日，【喀什地区】疏附县、喀什市、【和田地区】墨玉县、和田县等地大风，2.1 万余亩农田受灾，瓜果、蔬菜等被刮坏 40％ 左右。

5 月 21～22 日，【喀什地区】叶城县大风成灾，1560 亩棉花被刮毁。

5 月 23 日，【吐鲁番地区】大风，1.4 万余亩农田受灾，10 余道坎儿井被沙埋。

1953 年　8 月 14 日，【塔城地区】乌苏县风灾，县城附近风速 34 米/秒，吹倒房屋和电线杆，农村电话中断。

1954 年　4 月 30 日下午至 5 月 6 日【喀什地区】连续大风、降温，棉花、瓜类作物不同程度受灾。

11 月 27 日，【克孜勒苏自治州】阿图什县突遭飓风袭击，大风刮倒房屋，压死 2 人，压伤 1 人。

1955 年　2～3 月，【克孜勒苏自治州】阿图什县连刮三次大风。第一次受灾农田达 1660 多亩，第二次受灾农田 1988 亩，第三次受灾农田 1.68 万亩，占农田总面积的 60％，其中 5553 亩需要翻种，3695 亩减产。

1956 年　3 月 19 日，【乌鲁木齐市】大风，折断电线杆 2 根，影响通讯，八一面粉厂厂房被毁。

4 月 21 日，5 月 30～31 日，6 月 2 日，6 月 30 日，9 月 1 日，【吐鲁番地区】大风，2 万余亩棉田、16 万亩树苗受灾，压伤 1 人。

5 月 3～4 日，【和田地区】墨玉县、和田县大风，1.5 万余亩棉花受灾。

5 月 18 日下午 2 时，【和田地区】民丰县发生黑风暴，给农牧业生产和人民生活带来一定危害。

9 月 1 日，【乌鲁木齐市】达坂城乡大风，平均为 9 级，瞬间达 12 级，给交通运输和人民生活带来一定危害。

9 月 27 日，【伊犁地区】察布查尔县出现大风，吹走小麦 20 万公斤，兵团各团场刮走小麦 1962 公斤。同日，新源县大风使兵团农四师 71 团农场原畜牧队收获的 4000 公斤油菜籽被吹走。

1957 年　4 月 6 日，【乌鲁木齐市】乌鲁木齐县达板城乡大风，平均 9 级，瞬间 12 级。测站以东 18 公里处（三个泉子乡）吹断电线杆 1 根，同时大风使汽车驾驶失灵而碰断电杆 1 根，电线因风吹绞在一起，通讯发生故障。

1958 年　7 月 17 日，【塔城地区】乌苏县全县风灾，作物成灾 2530 亩。

1959 年　7 月 13 日【昌吉自治州】玛纳斯风灾，受灾农田面积 9129 亩。

7 月 17 日【塔城地区】乌苏县风灾，受灾农田面积 2530 亩。

7 月 22 日，　【博尔塔拉自治州】温泉县风灾，受灾农田 5000 亩，农作物减产

60%～70%。

8月13日19时,【塔城地区】乌苏县大风,并伴有暴雨冰雹,风力12级,12万亩作物成灾,刮坏土房34间,刮走毡房8顶,损坏马车5辆,伤7人,死牛1头、羊2只、猪2头、鸡52只,经济损失5.02万元。

10月11～12日,【克拉玛依市】市区等地大风,风力12级,损坏高压电杆16根,刮坏门窗等。

1960年 5月15日,【克拉玛依市】市区等地大风,风力12级,损坏许多电杆和门窗。

5月31日,【吐鲁番地区】吐鲁番县风灾,受灾小麦8.25万亩、玉米3.45万亩、棉花2.63万亩、甜瓜5757亩、蔬菜4481亩、葡萄8415亩、其他作物3006亩;死亡11人,死亡牲畜415头(只)。另外,损坏部分坎儿井、大小渠道、房屋等。

8月15日,【昌吉自治州】奇台县大风,5.4万余亩农田受灾。

8月30日,【吐鲁番地区】鄯善县风灾,高粱受灾1.19万亩。

10月29日,【克拉玛依市】市区等地大风,风力12级。损坏电杆100多根。

1961年 4～5月,【阿克苏地区】库车县风灾14次,风力7～10级,受灾农田面积5万亩,死亡2.17万亩,刮倒果树456株、葡萄21架、房屋2间、羊圈4个,死亡羊6只,死亡1人。

5月,【阿克苏地区】库车2场风灾,受灾农田1.50万亩,农作物死亡9790亩。

5月12～19日,【喀什地区】疏勒县大风,1.1万余亩农田受灾,倒塌房屋68间,死1人,死羊16只。

5月14～15日,【阿克苏地区】新和县风灾,农作物受灾1.56万亩,其中死亡30%～50%,刮倒树木999棵、房屋3间、畜圈3间,压死牲畜1头,6000米水渠被埋。

10月2日,【克拉玛依市】市区等地大风,风力12级,刮断电杆30多根。

1962年 3月8日,【克拉玛依市】市区等地大风,风力10级,刮坏电杆4根,造成乌鲁木齐至克拉玛依电话线绞线,电话中断1.5小时。

3月21～22日,【伊犁地区】伊宁市大风,风力9级,吹倒电线杆、天线杆、树木若干。

4月14日夜,【吐鲁番地区】吐鲁番县遭遇12级暴风,从夜里11时到次日早晨9时半停,历时近10个小时,风力一直保持在12级左右,全县10万亩小麦受灾,其中1.81万亩小麦严重受灾,其它农作物受灾1.22万亩,葡萄90%全部受灾,其中严重的5326亩。143道坎儿井倒塌或被沙土埋没,田间大量水渠和两条干渠被沙填满,死2人,大小牲畜106头(只),折断大树1066棵,电话线路大部分中断,水利设施、林木损失严重。

5月12～19日,【喀什地区】疏勒县2次大风,1.2万亩农田受灾,毁种4403亩,死1人,死羊16只,刮倒房屋、圈棚100余间,刮倒树木735株,受灾果园183亩。

5月中旬,【喀什地区】岳普湖、英吉沙、莎车等县风灾,持续5天。5.8万余亩农田受灾,毁种1.4万余亩,吹倒民房148间、畜棚41个、大树6229株,死伤3人,死亡牲畜200头(只)。

第八章 风　灾

5月8日至6月4日，【喀什地区】英吉沙县风灾，各种作物受灾1.64万亩，受损房屋85间、树木5494亩、牲畜124头（只）。

6月7~8日、23~24日，【喀什地区】叶城县2次干热风，日最高气温>31℃，相对湿度≤30%，小麦普遍炸芒逼熟，减产14%左右。

7月19日，【博尔塔拉自治州】温泉大风，使665亩冬小麦单产减少15~25公斤。

8月10日，【巴音郭楞自治州】焉耆县大风，7.1万余亩农田受灾。兵团农二师27团（焉耆县）玉米损失3%~5%。

1963年　夏季，【巴音郭楞自治州】若羌县干热风，小麦千粒重不足15克（一般年份为30~35克），有的农田亩产仅9公斤。

6月1日【喀什地区】疏附县刮西北大风，风力7~8级，长达30小时，农作物成灾面积为8493亩，各种水果损失达3.27万公斤。

6月21~26日，【塔城地区】乌苏县持续高温，发生干热风危害，逼熟小麦，籽粒不实，部分玉米、棉花、高粱叶子干枯。

7月上旬，【塔城地区】额敏县干热风，持续5天，使全县小麦减产8%。

8月5~7日，【和田地区】民丰县狂风，风力8级，农作物受灾。

1964年　3月18~30日，【克孜勒苏自治州】阿图什县刮了两场大风，风力8~9级。格达良乡风灾、碱灾严重，冬小麦受灾1.59万亩，占冬麦面积的73.5%，吹走肥料24.78万袋，吹坏屋顶8间，丢失羊19只。

6月11日，【阿勒泰地区】兵团农十师181团北屯9级大风，持续9小时。毁坏作物2600亩。

6月14日，【昌吉自治州】玛纳斯县大风，风力9级。将一些直径10厘米的树木刮倒。

1965年　5月9日，【塔城地区】沙湾县乌兰乌苏久旱、大风，75%的玉米受害。

5月21~24日，【巴音郭楞自治州】兵团农二师28团大风，风力6级以上。孔雀一场2000亩棉花减产40%。

8月23~24日，【克孜勒苏自治州】阿图什县、阿克陶县大风。2.5万余亩农田受灾。

8月24日，【吐鲁番地区】托克逊县大风，1.1万余亩农田受灾，许多大树被刮倒。

9月20~21日，伊犁地区、博尔塔拉自治州大风。【伊犁地区】伊犁河谷风力11~12级，伊宁市最大风速40米/秒，飞沙走石。吹倒部分大树、电杆，电讯中断，停电1~2个星期，交通停顿，部分房顶被掀掉，损失粮食几千万公斤。【博尔塔拉自治州】温泉县瞬时风速达12级，前进公社最大风速40米/秒，吹走和烧掉麦子10万余公斤，吹倒电线杆数十根；兵团农五师88团（温泉县）因大风引起大火，烧死4人，烧毁财产价值百万元以上。

1966年　2月1日，【克拉玛依市】乌尔禾镇大风。刮断电杆13根，全矿停电，刮坏部分房顶、油池，88台机床被沙埋，592个保温炉停工。

5月10日，【喀什地区】大风。棉花、玉米等17.1万余亩受灾，死亡牲畜277头

（只），刮倒房屋29间、树木1538株。麦盖提县刮起了近10个小时的大风，最大风力达9～10级，晚上又遭霜冻，致使棉花受灾，损失严重。

5月10日，【克孜勒苏自治州】阿克陶县大风，平均风力9级以上，瞬间风力达11级。吹倒电杆多处，全县农区普遍受灾严重，林带树木倒斜或折断多棵，巴仁乡有500亩玉米被大风吹走表土。

6月15日，【吐鲁番地区】托克逊县连续刮了两场风暴，第一次暴风是从6月19日傍晚开始到20日夜才停，风力一般8～9级，最大达到11级，时间近30个小时；第二次暴风是6月29日刮起到7月2日才停，连续刮风达50多小时，风力一般9～10级，最大风力达12级。加之室外气温较高，形成严重的干热风。正在灌浆的小麦，外壳被风吹干，麦叶、麦秆干枯，落粒严重，灾情严重的有断头现象。另外，小麦大量倒伏、霉烂，对小麦灌浆影响很大，受灾农田面积6.65万亩，减产75万公斤左右，棉花损失10%左右。

6月17～18日，【塔城地区】乌苏县干热风，气温接近40℃，18日下午刮4～6级大风4小时，麦芒变干，黄熟期缩短5天，千粒重下降10%～15%。棉花叶尖被吹干。

6月18～21日，【阿克苏地区】柯坪县出现干热风，持续4天，全县小麦减产12%，减产28万公斤。

第四节　公元1967—1979年的风灾

1967年　7月23～24日，【阿克苏地区】大风，风力8～11级。9个县的33.2万亩农田受灾，刮倒房屋28间。

1968年　4月，【克孜勒苏自治州】阿克陶县大风，风力8～9级。县农场和皮拉力乡受灾严重，小麦减产3成，林带树木倒斜，吹折15厘米粗的杨树15棵。

8月10日前后，【伊犁地区】尼勒克县重干热风，小麦减产。

1969年　夏季，【巴音郭楞自治州】若羌县干热风，每亩小麦减产24公斤。

7月18日，【塔城地区】塔城市南部冲积扇缘风灾。部分成材柳树被吹断。

1970年　4月10～12日，【乌鲁木齐市】东南大风，风力超过40米/秒，持续36小时。许多民房、烟囱及青年峰（雅玛里克山）能承受50米/秒风速的雷达天线和砖塔被刮断和吹倒，市内电杆刮断，全市停电。

6月22～28日，【喀什地区】叶城县干热风，日最高气温≥34℃，相对湿度≤30%，小麦减产13%。

1971年　1月9日，兰新铁路线"百里风区"、"三十里风区"大风，风力10级以上。天山至三个泉车站间一列货车颠覆，6节车厢严重损坏，5节车厢中等损坏。

4月2日，【乌鲁木齐市】风灾，风力8级，阵风10级，风向东南，地窝铺机场停场

第八章 风 灾

的运五飞机,被东南大风吹坏副翼。

4月11~12日,【阿克苏地区】阿瓦提县大风,风力7~8级,风向东北偏东,大风吹起尘土使天空变黄,风停后,地面上留下一层黄土。

6月26~29日,【喀什地区】叶城县干热风,日最高气温≥32℃,相对湿度≤30%,正值小麦灌浆期,小麦千粒重下降5~10克,减产20%。

8月初,【塔城地区】兵团农九师164团(塔城市)风灾,损失小麦近50万公斤。

1972年 4月,【克孜勒苏自治州】阿克陶县大风,风力8~9级。全县小麦受灾减产,电杆被风折断6根,林木倒斜。桃、杏青果约70%被大风刮落。

4月25日,【哈密地区】大风,停在兰新铁路山口车站的几节车厢被风吹翻。

7月,【博尔塔拉自治州】塔斯海大风。麦田每亩平均掉粒52.5公斤,部分大树被刮断。

1973年 8月1~8日,【塔城地区】和布克赛尔县连续风灾。使已成熟的麦粒脱落严重,损失达2.5万公斤。

1974年 5月,【塔城地区】乌苏县车排子垦区风灾,风力7级。大风将100余亩棉苗拔起,3000亩棉苗被沙埋。

11月24日22时,【乌鲁木齐市】大风,瞬间最大风速25米/秒,风向东南,地窝铺机场吹坏两架运五飞机。

1975年 4月10~16日,【塔城地区】和布克赛尔县风灾,大风连刮7天,最大风力12级。将土层吹失4~5厘米深,使已播种的4万亩春小麦重播,损失种籽达35万多公斤。

5月9日,【乌鲁木齐市】大风,风向西北,风力21米/秒,引发沙尘暴,能见度小于1公里。到达乌鲁木齐港的"波音707"飞机不得不到和田机场迫降。

6月7~8日,【阿克苏地区】库车县大风,持续时间20小时,受灾农田面积1.19万亩,死亡面积8011亩,刮断树木446棵,风后降温11℃,冻死牲畜3200头(只)。

6~7月,【伊犁地区】新源县干热风,春小麦减产13.9%~19.7%,其中,1.3万亩小麦由于受干热风、干旱影响,总产仅收7.1万公斤,单产5.5公斤/亩。

7月4~17日,【塔城地区】和布克赛尔县干热风,持续10余天,县境北部谷地达34.6℃,南部平原区高达41.9℃。夏孜盖公社第九生产队播种春麦种籽1.5万公斤,仅收获4000公斤,全县年粮食产量降到历史最低水平。

7月10~11日,【塔城地区】乌苏县干热风,10%以上的玉米花死亡,影响授粉,千粒重下降。

1976年 4月10日,5月25~26日,【喀什地区】泽普县大风。小麦、棉花等1.1万余亩受灾。

4月,【塔城地区】乌苏县风灾。大风刮起浮尘,覆盖甘家湖草场近半月,引起牲畜普遍腹泻。

6月19～27日，【喀什地区】叶城县干热风，特别是22～26日最严重，使小麦严重减产。

1977年 3月20～22日，【吐鲁番地区】大风，1万亩农田受灾。

5月21日～6月30日，【阿克苏地区】干热风，冬小麦减产219.9万公斤，占总产量的13.3%。

6月，【石河子市】莫索湾垦区冬小麦出现4次干热风，使千粒重明显下降，对小麦产量有很大影响。

6月2～4日，20～26日，【喀什地区】叶城县干热风，正值小麦灌浆期间，使千粒重下降5～10克，减产12%～23%。

6月20～22日，【塔城地区】乌苏县干热风，持续2天，小麦籽粒干瘪。

7月中旬，【巴音郭楞自治州】兵团农二师27团（焉耆县）大风，小麦籽粒大量脱落。

10月20日，【乌鲁木齐市】大风，最大风速26米/秒，风向东南，机场一架飞机的尾舵被吹坏。

1978年 4月下旬，【阿勒泰地区】阿勒泰市风灾。刮走盐池公社七大队1500亩土地的小麦种子和表土。

5月5～6日，【吐鲁番地区】鄯善县山南3个公社遭受特大风灾，风力7～8级，持续50多个小时，3个公社的23个生产队农作物受灾1.02万亩，成灾7392亩，经济损失6万元。

5月中旬，【巴音郭楞自治州】兵团农二师27团大风。棉花严重受害，80%的叶片枯焦。

5月24～25日，【喀什地区】叶城、泽普、莎车、麦盖提、英吉沙、岳普湖等县和【和田地区】大风，风力一般在8级，最大达11级。作物受灾面积52.2万余亩，占总播面积的84.8%，毁种3.3万余亩，刮倒房屋50间、树木1.8万余株，8人受伤，死亡牲畜111头（只），部分机器设备刮坏，炼油厂停工2～3天。其中，岳普湖县1.4万余亩农田受灾，刮断电线数处，刮倒树木3068株、房屋12间、畜圈78个。

5月25日，【喀什地区】叶城县干热风，小麦青干面积占总面积的10%，减产10%～20%。

5月27日、6月9日，【和田地区】9级大风。受灾小麦20.5万亩、玉米6.4万亩，损失棉花1/3，刮倒树木1.3万株、房屋53间、畜棚91间，死亡牲畜109头（只）。

夏季，【巴音郭楞自治州】部分地区遭干热风危害，库尔勒县小麦千粒重减少4～5克。

6月，【巴音郭楞自治州】若羌县干热风，冬小麦大面积早熟减产，玉米约5%～10%倾斜，瓜菜叶片受到摧残。

6月9日，【巴音郭楞自治州】且末县8～10级大风，棉花损失80%～90%，有的大树连根拔起，刮倒电杆等。

6月9日，【喀什地区】叶城县干热风，小麦减产一二成。

6月22日，【阿克苏地区】库车县10级大风。12.7万余亩小麦受灾。

6月下旬，【塔城地区】乌苏县大风，持续2小时。刮断皇宫公社碗口粗的树若干，小麦倒伏。

7月，【塔城地区】乌苏县干热风，逼熟小麦，风后两天收割，籽粒干瘪。

7月30日，【阿勒泰地区】布尔津县大风。长征公社和一牧场玉米30%倒伏或折断，收割的麦捆被刮跑，未割的小麦严重脱粒，损失粮食50万公斤左右，加上其他社场的损失共计150万公斤。死1人。

8月3~4日，【巴音郭楞自治州】尉犁县干热风，危害正在抽穗扬花的水稻，减产8%。

1979年 4月4日，【伊犁地区】新源县大风，最大风速31米/秒，县城很多房屋顶被揭，刮倒电杆50多根，电话线路大部中断；大风引发火灾，红光公社（现喀拉布拉乡）、高潮牧场（现开勒喀塔斯牧场）部分房屋被烧毁，损失18万元以上。

4~5月，【和田地区】干热风，1.3万余亩小麦受灾，果树落果率达40%~60%。

4月17日15时，【塔城地区】额敏县风灾。库鲁木苏公社、二道桥公社、二支河牧场等地区的农田表土被刮跑，大部分幼苗被连根拔出，小麦减产2%。

4月19日，【阿勒泰地区】布尔津县平原地区大风、强降温。全县死亡成畜2051头（只），死亡幼畜3754头（只），20个棚圈被吹坏，40个毡房被吹跑，平原北部沙包地的小麦种子全被刮出。

5月10日，【哈密地区】大风降温，造成刚出土的哈密瓜全被冻死或遭风毁。

5月25日，【和田地区】洛浦县大风，2人被大风吹至水渠内淹死。

夏季，【塔城地区】塔城市干热风，蔬菜全部枯死。

8月17~19日【博尔塔拉自治州】大风，受灾农田面积5.19万亩，损失粮食134万公斤。博乐县大风引起火灾，烧毁住房21间、牲畜6只、康拜因1台、油菜1万公斤。

第五节 公元1980—1990年的风灾

1980年 4月10~12日【巴音郭楞自治州】轮台县部分公社大雨伴有大风，麦苗受灾面积7.96万亩。风后农作物又被雨冲坏7.45万亩。

4月17日【哈密地区】哈密市大风，风向偏东，南湖、大泉湾、二堡等风口处风力达10级以上，造成4954亩麦苗被吹干或掩埋，风沙填平渠道3800米，南湖水库受险，放水保库，造成下游板渠300米被冲毁，大风引发火灾，烧毁东风公社上庄子一生产队麦草5000公斤、高粱秆1500公斤、麻秆150捆，同时造成两农户住房失火损失约4500元。

5月下旬，【阿勒泰地区】布尔津县平原地区特大风灾。约有6870亩作物受害，其中小麦5600亩、玉米550亩、油菜720亩，有的被土埋没，有的连根刮出。

5月15日，【哈密地区】哈密县天山、西山、柳树沟、七角井等四个社场及其他大部分公社遭受大风袭击。大风持续时间一昼夜，有的地方达30余小时，沁城、大泉湾、东风、南湖等地风力达 9 级以上。有的地方地皮被风刮走 20～50 厘米，风沙前沿的坎儿井、明渠全部被沙土淤没，有的农田被沙土压了 1 米深，有的农作物连根都被风刮走。受灾农田面积达 9897 亩，其中小麦 3879 亩、高粱 3429 亩、玉米 150 亩、豌豆 40 亩、油料 711 亩、洋芋 646 亩、瓜 906 亩、菜 136 亩；被风沙淤没的坎儿井明渠 26 条长 11.7 公里、干渠 8 公里、支渠 22 公里、林带 8 条约 4 万株树。

5 月 15 日，【喀什地区】莎车、疏勒、英吉沙、巴楚、阿克陶等县和兵团农三师 41 团（疏勒县）、42 团（岳普湖县）遭到狂风和冰雹袭击，农作物受灾面积达到 60 多万亩，损失惨重。

5 月 23、28 日，【吐鲁番地区】大风，6 万余亩农田受灾。

5 月 23 日【石河子市】兵团农八师 136 团大风，玉米、棉花被沙埋或生长点打断，其受害 700 多亩。

5 月 27～29 日，【阿勒泰地区】福海县风灾。1.2 万余亩农田受灾，损毁小麦 5700 亩，玉米 4550 亩。

夏季，【塔城地区】塔城市干热风，春小麦每亩减产 28 公斤。

6 月，【巴音郭楞自治州】兵团农二师 27 团大风，风力 7 级。早春作物、果园受害严重。

6 月 24 日下午，【塔城地区】乌苏县风灾，持续 5 分钟，伴有阵雨、冰雹。车排子垦区 5% 的树木被刮断，棉苗被打死，小麦倒伏，经济损失 15 万元。

6 月 5 日，【昌吉自治州】木垒县大风，风力 11 级，持续 1 个多小时，局部地区引起火灾，大风卷走或烧毁牧民财产合 4.3 万元。

6 月 27～30 日，【阿勒泰地区】大风，受灾农田面积 6.3 万亩，成灾面积 4 万亩，2.3 万亩减产。

7 月上旬，【塔城地区】兵团农七师 126 团和 127 团风灾，8～9 级风持续 5 小时，损失小麦 110 多万公斤。

7 月 9 日【石河子市】大风，正值冬小麦黄熟阶段，很多麦粒被刮掉，兵团农八师 132 团损失小麦 20 多万公斤。

7 月 11 日，【塔城地区】兵团农七师 123 团干热风，小麦减产 88 万公斤。

7 月 19 日，【阿克苏地区】阿瓦提县大风，风力 9～10 级。11.6 万亩农田受灾，损失农产品 45 万余公斤，折断树木 2014 株。

11 月 30 日，【克拉玛依市】乌尔禾镇大风。11 万伏高压电杆刮倒 3 根，酿成 8 起火灾，掀掉房顶，烟囱刮倒，经济损失共 128 万余元。

1981 年 4 月 29～30 日，【阿勒泰地区】大风，风力 7～8 级，风口最大风力 10～11 级，致使禾苗被刮死，渠沟填平。风后气温明显下降，个别地方出现霜冻，农作物受灾 10.37 万亩，受灾严重的有 6.6 万亩。其中，福海县 2 万余亩农田受灾。

4 月 30 日，【吐鲁番地区】吐鲁番县刮大风一天，最大风力 10 级，风口 11 级。农作物受灾面积 10 万亩，其中小麦受灾 7 万亩，945 亩被连根拔起；棉花受灾 2.4 万亩，翻种 7634 亩；葡萄受灾 1.27 万亩，减产 20%～50%。风沙填埋坎儿井 8 道和渠道 5790 米。死亡大畜 11 头。大风引起火灾烧毁民房 8 户。

第八章 风 灾

5月，【石河子市】兵团农八师150团大风，150亩棉苗的生长点被打断致死。

5月1日，【喀什地区】巴楚县大风，风力8～9级，受灾棉花2264亩，其中1925亩绝收。

5月13日，【巴音郭楞自治州】和硕县大风。1.3万余亩农田受灾，损失水果35吨。

5月20～22日，【喀什地区】英吉沙县大风，风力白天6～7级，夜间8级，持续37小时，受灾农田面积为3万亩。

5月23日，【巴音郭楞自治州】大风，风力10级，和静、和硕、博湖、轮台、库尔勒、若羌等县不同程度受到影响。博湖县玉米、油料等作物受灾面积3万亩以上。若羌县棉苗全被刮光，渠道被沙土填满，果树被刮坏。

7月15日，【阿勒泰地区】阿勒泰市部分地区遭受大风、暴雨、冰雹的袭击。共损失粮食150多万公斤、油料15万公斤，瓜菜损失折合人民币16万元。大风刮倒树木，压死毡房内牧民3人；刮倒电杆，折断电线，电死牛4头；康布铁堡公社刮跑毡房5顶，吹坏建筑物3座；全县共被风吹折大树357株。

7月中旬，【阿勒泰地区】布尔津县风灾，风力11级。大风吹倒吹折树木8000余棵，部分作物受害。

7月20日，【石河子市】大风。农八师122团1.6万余亩农田受灾，刮断树木3000余株。

7月20日12时至22日清晨，【喀什地区】英吉沙县大风，持续37小时（白天6～7级、夜间8级）。受灾农田面积3万余亩，全部死苗的有4977亩。

1982年 3月26日，【乌鲁木齐市】大风，风向东南，民航机场的两架运五飞机被大风吹坏尾舵。

4月2～5日，克拉玛依市、石河子市、昌吉自治州、乌鲁木齐市、吐鲁番地区、哈密地区等地先后大风，48万余亩农田受灾，死3人，死亡牲畜1537头（只），倒塌房屋1638间，42户起火。【伊犁地区】农业受灾47.04万亩。【乌鲁木齐市】达坂城最大风力达到12级，使盐湖化工厂的生产受到损失。【哈密地区】南部大风持续时间16小时，近郊风力达8级以上，东部大泉湾风力达到9～10级，风口风力达到11级。风灾造成东风公社农田受损3000亩，严重损失2000亩，重新播种面积1000亩，天山公社的头道沟、二道沟、大泉湾公社的黄龙岗、二道城子、三道城子，花园公社的7大队、8大队，七角井公社、五堡公社、二堡公社、南湖公社、沁城公社及城郊公社都不同成度受到了损失，受灾农田总面积近万亩，其中重灾5142亩，重播面积2422亩，刮毁蔬菜塑料棚膜1925公斤。十三间房至红柳河间一列列车的第7～17节车厢脱轨，行车中断20小时17分，5节车厢玻璃全被击碎。南疆沙害，中断运输。刮倒6节列车车厢，3列客车停运20小时。【吐鲁番地区】受灾农田面积9777亩，被大风刮跑棉花、高粱735亩，沙埋坎儿井6道、坎儿井明渠315米、水渠3800米，造成停水60小时，刮倒大树228棵。

4月16～18日，【巴音郭楞自治州】兵团农二师23团（位于和静县）连续刮西北风，风力8级以上。756亩棉田的地膜被卷走。

4月23～25日，【阿勒泰地区】部分县市大风。哈巴河2万余亩小麦受灾。布尔津大风持续3天，小麦3万余亩受灾，因风起火，烧毁毡房1顶，死羊8只。

夏季，【塔城地区】兵团农七师123团奎屯市干热风，1.2万亩农作物减产。

6月7日，【吐鲁番地区】大风。2.6万余亩农田受灾，损失果类15万多公斤，刮倒树木2230株，沙填坎儿井4条，刮倒房屋4间。

9月18日，【伊犁地区】察布查尔县大风，风力12级。农作物严重受害。

1983年 4～5月，【塔城地区】农七师126团（乌苏县）风灾，风力8级。9750亩棉花重播，粮食瓜菜受灾4000多亩。

4月22～28日，全疆大风，阿勒泰地区、吐鲁番地区、巴音郭楞自治州、克孜勒苏自治州、喀什地区等地州大风，风力8级以上，其中吐鲁番、阿克陶、岳普湖、英吉沙、麦盖提等县刮了11级大风，36个县受灾，36.6万亩农田受损，毁坏树木5.1万株，倒塌和烧毁房屋393间，埋没渠道125公里，97条坎儿井断流，7人死亡，3万头牲畜死亡。兵团农作物受灾面积达22万亩。其中，【阿勒泰地区】布尔津县、福海县埋没渠道54公里，埋没麦田5.43万亩，小麦毁种3.4余万亩，油料作物毁种500亩，死亡牲畜4086头（只）。【吐鲁番地区】大风持续14小时，平均风力10级，瞬时风力12级，24万余亩农田受灾，2.1万亩葡萄损失38.7%，死亡7人，刮倒树木3万棵，155头（只）牲畜死亡，倒塌房屋108间，沙埋坎儿井90道，渠道95.45公里。【巴音郭楞自治州】大风，伴降温，6030亩小麦被风吹干，风沙厚度达20厘米，250亩林带被风毁坏，死亡牲畜434头（只）。【喀什地区】大风9级以上，最大风力11级，这场大风来势猛，持续了4个小时，最低温度降至－1.2℃，受灾农田12.6万亩，其中受灾棉田计有6.8万亩，小麦、玉米等作物5.8万亩，沙埋农田1.05万亩，吹毁树木2798株，房屋倒塌455间，死亡1人。【克孜勒苏自治州】阿克陶县遭受严重风灾，最大风力达11级，大风持续4小时，次日凌晨出现霜冻，大风霜冻使农作物受灾面积达8300亩，刮倒树木1.66万株，刮倒6户农民的院墙44米。

1984年 夏季，【塔城地区】塔城市干热风，持续7天，使8014农场部分正在灌浆期间的春麦干死。

6月5日，【石河子市】莫索湾垦区大风，最大风速30米/秒，直径20厘米的大树连根拔起，刮断300多棵树，围墙刮倒，房顶掀起多处，60多人受轻伤，通讯中断。同日，兵团农八师石河子垦区121团大风，正值小麦浇扬花水，造成600余亩小麦倒伏，损失较大。

6月5日晚10时，【巴音郭楞自治州】和静县巴音布鲁克区遭受12级大风，持续3小时之久，7724平方米房顶被揭走，损失折合5.80万元。

7月15日，【塔城地区】乌苏县风灾，10级大风刮倒皇宫乡树木653株、广播电线杆40余根。

11月4日，【喀什地区】岳普湖大风，棉花、小麦等3万亩受灾，损失饲料11.7万车，倒塌房屋18间，伤19人。

1985年 4月18～19日，【巴音郭楞自治州】尉犁大风，风力9级，全县部分棉花地膜和春小麦被风沙掩埋。

4月18日和23日，【阿克苏地区】沙雅县两次大风，3500亩棉田地膜被吹跑，损失

第八章 风　灾

达 12 万元左右。

4 月 20 日，【吐鲁番地区】大风，将停在机场飞机的全部固定钩刮断，飞机吹翻受损。

4 月 21～24 日，【阿勒泰地区】风灾伴降温，风力 8 级以上，气温降到 -6～-10℃。7.99 万亩农田被沙埋或刮走，1.4 万亩需重种，死亡牲畜 2100 头（只），幼畜 5012 头（只）；布尔津县 1.1 万亩小麦幼叶全部坏死，1.5 万亩小麦被连根刮走；吉木乃县风力 10～11 级，已播的 1.7 万余亩小麦 5 厘米以上土层被刮干，造成出苗困难；福海县 1/3 渠道被沙淹没，新播的 3850 亩苜蓿全部被风刮走。

4 月 23～24 日，【阿克苏地区】大风。农作物受灾面积 3.12 万亩，其中棉花 7846 亩、小麦 9349 亩、玉米 4971 亩、油料 617 亩、瓜菜 478 亩、水稻秧苗 470 亩；刮倒树木 1.16 万棵；牲畜死亡 4418 头（只）。另外，温宿县损坏地膜 997 公斤，风沙还埋掉水渠 2.82 万米。阿克苏市、阿瓦提县有两条电线刮坏，停电 1～5 天。

5 月 2～3 日、13～14 日，【阿勒泰地区】布尔津县刮两次大风，平均风速 15 米/秒，极大风速达 21 米/秒，持续 8～10 小时，8000 亩小麦受损，其中 3000 亩严重受损。

5 月 3～29 日，【吐鲁番地区】托克逊县多次大风，1.5 万余亩农田受灾，刮坏树苗 1.5 万株，刮倒大树 66 株、围墙 264 米、房屋 22 间（15 间被沙埋），沙埋机井、坎儿井 9 眼，渠道 22 公里，刮跑煤 100 吨左右，死羊 88 只，刮坏门窗 72 处，打碎玻璃 748 平方米，刮断电线 14 处等。

5 月 19～25 日，【巴音郭楞自治州】若羌县大风、降水，19 日西南大风 7 级，瞬间达 22 米/秒。全县受灾棉花 219 亩，其中重灾 70 亩，瓜菜受灾面积 443 亩，其中重灾 160 亩，果园受灾 7120 亩，受灾严重的 50 亩（主要是瓜果脱落），小麦受灾 50 亩（叶子干枯）。

5 月 24 日【喀什地区】英吉沙县风灾，持续 19 个小时，最大风力 9 级，农作物受灾面积为 4.8 万亩，占总面积地 21.1%，倒房 85 间，受伤 3 人，死亡牲畜 55 头（只），风灾引起火灾。

5 月 25～26 日，【巴音郭楞自治州】尉犁县大风，风力 8 级以上，大风维持 11 小时之久，最大风力达 10 级，给当地农业生产造成惨重损失，主要是棉花，仅兵团农二师 34 团，播种棉花 2.6 万亩，受风灾的 1.2 万亩，完全绝收的 4000 亩，叶片严重受害的 5000 亩，经济损失 100 万元左右。

6 月 10～11 日，【阿克苏地区】各县、市先后刮大风，其中新和县瞬时风速 22 米/秒，平均风速 16 米/秒，持续 20 小时。新和县 2910 亩小麦减产 50% 以上，1291 亩棉花减产 50% 以上，刮毁油料作物 398 亩、玉米 909 亩、瓜类 326 亩、小茴香 122 亩；刮倒树木 537 株，其中果树 435 株，水果减产 30% 以上；流沙埋平水渠 1.35 万米，吹倒房屋 11 间。

6 月 10 日，【和田地区】大风，粮、棉受灾 1.7 万余亩，刮掉各种水果 270 吨，刮倒树木 1400 余株，损失小麦 200 万公斤。

7 月 18 日，【阿克苏地区】沙井子垦区大风，棉田 2.8 万余亩受灾，皮棉减产 55 万公斤，水稻减产 100 万公斤，经济损失 126.6 万元。兵团农一师小麦减产 47 万公斤。

8 月 3 日 19 时至 4 日 05 时，【和田地区】民丰县大风、沙尘暴，持续近 10 个小时，平均最大风力6级,能见度为0.1公里,风后断续出现微量降水,倒伏、刮断的玉米约120亩,6亩果园受损。

8月23日,【阿克苏地区】阿克苏市大风,水稻等1.8万余亩受灾,刮走小麦6600公斤、胡麻5500公斤,5人乘坐的1辆铁轮马车刮入胜利渠,伤1人,淹死马3匹。

1986年 春季,【哈密地区】哈密农垦局(现兵团农十三师)黄田农场大风,引发火灾,烧毁房屋303间、粮食1.5万公斤,死亡牲畜16头(只),死2人,伤10人。

4月,【塔城地区】裕民县风灾,约有533公顷小麦和油菜被风沙掩埋。

4月23—24日,【阿勒泰地区】持续大风、降温,致使各县(市)春耕停滞,已春播过的农田遭受灾害侵袭。全地区有79870亩已播种的小麦被大风刮走或沙埋,占已播小麦面积的27.9%,需要重新播种的1.4万亩,受冻后需要重新灌水恢复的3.13万亩,由于特大风灾和气温下降共死亡成畜2100头(只),幼羔5012头(只)。其中,吉木乃县连刮3天大风,1.5万余亩小麦受灾,2480头(只)牲畜死亡。

5月,【伊犁地区】察布查尔出现5次大风,造成小麦、玉米减产3.15万公斤。

5月10日、18日【石河子市】下野地垦区两次大风,刮倒树木约250棵,使200多亩小麦倒伏,棉花、小麦、蔬菜150多亩受到不同程度影响。

5月15日、18日,【喀什地区】莎车县大风,风沙飞扬,15日22点20分最大风力达到20米/秒,能见度小于1公里。18日16点19分,风由一般扬沙增大为风沙,能见度小于1公里,18点最大风力达到22米/秒,能见度降到0.1公里。这两次大风共造成棉花受灾面积为1.49万亩,小麦受灾面积为3067亩、玉米1871亩、瓜果614亩、花生35亩、胡麻764亩、各种蔬菜143亩、油葵695亩、林木果树6.45万株,死亡牲畜29头(只),家畜丢失200只,库房倒塌1间。

5月18~20日,【博尔塔拉自治州】博乐县大风,受灾农田面积13.6万亩,20公里干渠被埋没。

5月18~21日,哈密地区、巴音郭楞自治州、阿克苏地区、和田地区、喀什地区等地州发生一次暴风灾害,受灾30个县市以上,风力一般8~9级。其中哈密最大,达11级。巴音郭楞自治州、阿克苏地区大风持续4天,风力6~7级。大风所到之处,同时出现浮尘、扬沙、沙尘暴天气,能见度很低,风后又下暴雨。大风暴雨给农作物和人民生命财产造成很大损失。全疆农田受灾229.1万亩,其中兵团有30万亩。死亡16人,13人受重伤,14人失踪,牲畜死亡、丢失9.4万头(只),刮倒树木80.2万株,倒房1991间,刮倒电线杆3000余根,风沙掩埋道路230公里、良田5000亩,冲毁水利实施328处,直接经济损失1.35亿元。有的地方交通、供电、通讯中断,火车也被迫停运53个小时,兰新铁路线"百里风区"、"三十里风区"因大风行车中断36小时,公路停运3天,伤亡17人,经济损失1924余万元。【哈密地区】18.2万余亩农田受灾,沙淤渠道30公里,因风起火烧毁房屋359间,刮走毡房37顶,死大小牲畜323头(只),损失驴车46辆、粮食1000余公斤,烧伤1人,经济损失共240万元。【巴音郭楞自治州】大风,风向西南,瞬间风力9级。受灾农田面积4.2万亩,牲畜死亡333头。【阿克苏地区】西部、北部和南部大风持续30多个小时,风力8~10级,同时伴有暴雨、冰雹和强降温天气,沙雅、乌什县还同时下了冰雹。全地区8县1市全部受灾,粮食作物受灾205万亩,成灾

第八章 风　　灾

面积24.1万亩，玉米成灾16.9万亩，减产粮食3131.3万公斤，经济损失984.91万元；棉花受灾9.8万亩，经济损失1467.47万元；牲畜死亡78万头（只），经济损失538.28万元，倒房1912间，损失35.5万元；刮倒树木26.61万棵，刮断树木2.7万棵，刮毁果园2.4万亩，果树受灾25.23万株，刮毁苗圃0.4万亩，刮断电话线杆109根、输电杆268根，冲毁水利设施310处、住房1218间、棚圈472个；死亡3人。直接经济损失达6800万元。【喀什地区】11个县遭受8级以上大风袭击，受灾农田77.7万亩，死亡19.6万亩；棉花受灾37.9万亩，死亡10.2万亩；小麦受灾8.7万亩，死亡2.9万亩。其中，巴楚县18日下午6点45分，黑风暴铺天盖地袭来，顿时昏天黑地，飞砂走石，伸手不见五指，持续6小时之久，平均风速17米/秒，最大24米/秒，伴有降温，倒塌房屋150间，牲畜死亡1.08万头（只）。【和田地区】最大风力10级，8级以上的大风持续了3个多小时。和田市、洛浦、民丰、策勒、于田等县出现历史上罕见的黑风天气，并伴有小雨，这场风沙天气维持时间较长，沙尘暴持续时间长达48小时。有25.1万亩农田受灾，棉花受灾面积近12万亩，8.4万亩枯死；果树落果达50%；刮倒树木25.9万棵；丢失牲畜4800头（只），死亡数百头（只）；小麦及玉米受灾3.6万亩，瓜果受灾7000亩；失踪12人，死亡11人，重伤6人；刮倒房屋200多间、羊棚1000个、电线杆20根、葡萄架600个；小麦减产2500万公斤，棉花损失4～5万亩，减产12～15万担。

6月5日，【昌吉自治州】阜康县遭受特大风灾，时间短但来势凶猛，造成牧区51户牧民的毡房被刮跑、刮坏，大风引发的大火把农区天池公社九运四队的集体牲畜圈棚全部烧毁。

6月8日，【和田地区】风暴，全地区28万亩棉花吹死13万亩，占棉花播种面积的46%。

6月9～10日，【巴音郭楞自治州】库尔勒市大风，风力8级，4500亩棉花和瓜菜受灾，重灾648亩。

6月9～11日，【阿克苏地区】沙雅县大风雨，10.5万余亩农田受灾，死亡7人，死亡牲畜6127头（只），刮倒房屋2245间、羊圈1510间、树木8327株。

7月6日，【塔城地区】塔城市大风，风向偏西，持续一个多小时。这次大风对正处于收获的早熟冬小麦危害极大，全市冬小麦损失面积达3.37万亩，占全市播种面积的12%，其中受害较严重的有6228亩；啤酒花损失面积295亩，苹果损失2.6万棵。

7月7日至24日，【阿勒泰地区】布尔津县出现5次八级以上大风，7日刮了9级强风，风夹带着沙石，能见度变得极差，大风使即将成熟的小麦严重脱粒，1.25万亩早熟小麦受害，共损失20万公斤粮食。

7月14～27日，【巴音郭楞自治州】库尔勒市、若羌县、尉犁县干热风，长绒棉平均每株有0.5个花蕾枯萎，减产5%，罐用番茄烧秧，后期无产量。

7月19～21日，【巴音郭楞自治州】兵团农二师28团（库尔勒市郊）连续发生6级以上大风，吹落幼梨1000吨。

7月23日至8月9日，【哈密地区】干热风，瓜秧热枯、小麦逼熟、灌浆期缩短。另外，由于高温造成哈密铁路分局管区内的243次旅客列车上一老一幼两名旅客中暑，抢救无效死亡；哈密火车站挂在墙上的1个干粉灭火器，因高温自行爆炸。

7月23日6点25分至10点10分，【博尔塔拉自治州】精河县风灾，平均风力4～6

级，持续时间达 15 小时左右。玉米叶尖和棉花叶被风刮坏，90％以上的叶子受损，少部分玉米有倒伏，蔬菜叶片被刮坏，幼枝有萎缩现象。由于风沙严重，风后无降水，使得各种作物和蔬菜叶片上附有一层土，影响作物生长。由于县气象站将本次天气过程提前向县上做了汇报，并向各乡镇场电话通知抓紧时间抢收，抢收了 80％春小麦，减少了损失。

7 月 30～31 日，【巴音郭楞自治州】温泉县风灾，受灾农作物 3 万亩，成灾 3500 亩，粮食减产 15 万公斤。

10 月 1 日，【伊犁地区】察布查尔县大风，造成该县停电半个月。

12 月 7 日，【克拉玛依市】市区大风，风力 11 级。大风使 14 座变电所发生故障，油田大面积停电，保温炉停炉，水供应不上，1162 口油井停产，减少原油产量 4500 多吨；18 台钻机共停钻约 200 小时，炼油厂停电停产 3 小时，克拉玛依—独山子输油管线停输 5 小时。刮坏汽车挡风玻璃 170 余块、各类门窗 2 万多平方米。大风期间，共发生交通事故 8 起，死 3 人。

12 月 7 日，【伊犁地区】察布查尔县大风，造成经济损失 1 万元。

1987 年 4 月 22 日，【和田地区】皮山县、民丰县风灾。皮山县大风持续 3 天，风力 8 级。民丰县大风引发沙尘暴，持续近 16 个小时，能见度降到为 0.1 公里。风起沙滚，掩埋小麦 85 亩、棉花 69 亩、水果 48 亩、玉米 6 亩、油料 2 亩、蔬菜 50 亩，1300 亩棉苗被吹起，叶片吹干，吹倒树 2262 棵，倒房 41 间，死亡牲畜 45 头（只）。

6 月，【塔城地区】额敏县干热风，持续 8 天，正值小麦灌浆期间，处于老风口风线地区的小麦全部干死，小麦减产 15％。

6 月 21 日，受乌拉尔山低槽的影响，【和田地区】洛浦县大风，持续时间 1～4 时，其最大风力达到 8 级。小麦倒伏 2 万亩、棉花 6 万亩，倒塌羊棚 700 个、房屋 40 间、葡萄架 1200 个、电线杆 200 根。

7 月 6 日，【阿克苏地区】兵团农一师 4 团（位于乌什县英阿瓦提）大风。6 日凌晨开始狂风 8～9 级，持续 6 小时左右，造成小麦倒伏 1200 多亩。

1988 年 3 月 6 日，【乌鲁木齐市】东南大风，自治区电视台接收天线被大风刮偏，红雁池电厂因大风造成供电系统故障，损失电能 18 万千瓦，造成区域性停产，大风将无线电一厂价值 3 万余元的电视机机壳卷上天，天山染织厂锅炉房铁皮及屋顶被掀翻击坏，永丰乡 13 座大棚受损。

4 月 15～16 日凌晨，东疆吐鲁番、哈密地区大风，最大风力 11 级。【吐鲁番地区】农作物受灾 4.38 万亩，沙埋渠道 17 条、长 25.5 公里，沙埋坎儿井 23 条，死亡牲畜 21 头（只），损坏温室 50 个，刮坏树木 6000 余棵，倒塌房屋、棚圈 8 间，损坏供电线路 5.5 公里、电话线路 27 公里、广播线路 1.9 公里。【哈密地区】哈密市、伊吾县大风，使 2185 亩经济作物和 1.43 万亩小麦、大麦受到不同程度的损失，二堡乡及邻近的园林场 1500 亩小麦被风连根刮走，949 亩洋葱需重播，357 亩夏菜和甜菜受到危害，地膜瓜菜中有 250 公斤被刮走；8 道坎儿井的明渠被风沙填平，3 处低压线路被刮断，一台 50 千瓦变压器被烧毁。哈密五堡乡瓜果品罐头厂生产车间遭受损失。

4 月 18 日，【克拉玛依市】市区等地大风，风力 10 级。刮断油田 2 条 35 千伏和 17 条

6千伏高压线路线，致使2.5万千瓦和6000千瓦机组各1台被迫停止发电，少发电40万千瓦小时，22个钻井队、6个试油队及一切野外作业停工，4个注水站、11座集油站、1300口油井停产，减少注水量7918吨，原油减产2187吨；刮倒通讯电杆5根、电话线路出现故障45处；不少门窗、玻璃、工棚、板房、围墙被刮坏。

4月18～19日，【克孜勒苏自治州】阿图什、乌恰、阿克陶等三县市大风，风力8级以上，乌恰县风力达到10级以上，阿图什、阿克陶二县市大风后还伴有霜冻出现。3县市棉花受灾1.22万亩、小麦受灾2.21万亩、玉米受灾450亩、油料受灾700亩、瓜菜受灾311亩，刮毁大棚465个，吹倒折断杨树1280株，倒塌房屋7间，其中2间失火烧毁。

4月18～20日，【喀什地区】伽师县大风，4771头（只）牲畜死亡，刮倒树木14.9万株，倒塌房屋、圈棚162间。

5月5日20时21分至6日16时15分，【和田地区】于田县大风、暴雨，最大风力达8级，平均风速5～6级，降水量36.4毫米，持续8小时。伤2人，倒塌房屋493间，死亡绵羊2243只、山羊77只、牛51头、驴18头、马3匹，共计死亡牲畜2392头（只）；棉花倒伏面积1795亩，麦子倒伏面积1.29万亩，玉米倒伏19.5亩，粮食损失约1.54万公斤，瓜果受灾226亩，葡萄损失1500公斤，电线杆倾倒76根，倒树2898棵，化肥受损2560公斤，水泥受损500公斤，小茴香受损62.5公斤。

夏季，【阿勒泰地区】吉木乃县和【巴音郭楞自治州】尉犁县干热风，1.5万亩农作物受灾，减产52.5万公斤。

6月14～22日，【石河子市】干热风，高温均在33℃以上，最高温度37.6℃，加之低湿，19日最小湿度15％，整个莫索湾垦区春小麦正直开花灌浆期，千粒重下降2克左右，总场小麦千粒重下降2～4克，减产5％～10％。

6月21日【石河子市】下野地垦区麦田灌水后出现大风，风速达24米/秒，小麦大量倒伏，对产量影响极大。

6月21～28日，【巴音郭楞自治州】库尔勒市连续2次中等强度大风型干热风，逼熟小麦，千粒重减少7克，减产5％。

6月21～22日，【巴音郭楞自治州】尉犁县干热风，日最高气温37.5℃，最小相对湿度11％，小麦炸芒、逼熟，农作物受灾约0.5万亩，减产15％，约11.5万公斤。

6月29日，【阿克苏地区】温宿县大风，伴雨，1.6万余亩农田受灾，倒塌房屋2间，重伤1人。

7月8～23日，【巴音郭楞自治州】库尔勒市干热风，87％的棉株上部蕾铃有一半脱落。

1989年 3～4月，【阿勒泰地区】布尔津县大风，风力5级以上，持续达17天。受灾农田1.6万亩，其中1.11万亩小麦籽种被风刮出地面，有4000余亩种子被风沙深埋或刮跑。

4月1日，【克拉玛依市】市区等地大风，风力10级，持续16小时。造成油田供电线路中断，油井停产，原油减产2000多吨；大风引发8起火灾；乌尔禾乡及兵团农七师137团场3000亩春小麦被风刮走，40个蔬菜大棚被风刮坏。

4月8日，【克拉玛依市】市区等地大风，风力9级，使油田6千伏电力线路被损坏，低压线路多处被刮断，正在搬迁的10个井队停搬，修井、试油停止作业10多个小时，影响原油产量823吨。

4月19～25日，【克孜勒苏自治州】阿图什、乌恰、阿克陶等县大风，20.4万余亩农田受灾，死亡牲畜8326头（只）、散失200头（只），刮倒房屋7间、圈棚72个、蒙古包227顶、树木4万余株、电杆48根、围墙2460米，死亡1人。

4月18～19日，【喀什地区】疏勒县、疏附县、伽师县、喀什市、岳普湖县大风，大风后部分地区出现霜冻。棉花受灾4.6万亩，揭膜1.17万亩，沙埋冬麦2.02万亩，受灾瓜2693亩、蔬菜2267亩、油料4636亩、小茴香1.2万亩，死亡牲畜257头（只），刮倒树18万多株，刮掉杏395吨，刮倒电杆175根，刮坏房屋、棚圈172间，刮倒围墙2230米。

4月30日至5月2日，北疆阿勒泰地区、博尔塔拉自治州、克拉玛依市、昌吉自治州、乌鲁木齐市及东疆哈密地区大风，其中，博尔塔拉自治州风力11级。【阿勒泰地区】布尔津县刚播种的1.1万亩春小麦种子被刮出地面，其中400亩被沙深埋。【博尔塔拉自治州】兵团农五师82团（精河）地膜棉、玉米、小麦受灾，损失11万元。【克拉玛依市】原油减产1840吨。【乌鲁木齐市】9832亩蔬菜受损，290余吨塑料薄膜被刮走，经济损失共226.8万元。【昌吉自治州】昌吉市、奇台县吹毁大棚2801个，181间教室屋顶被揭，大风引起火灾，烧毁住房1间、棚圈38个、树686棵、农具100多件，死牛羊94头（只）。【哈密地区】铁路路轨岔被风沙埋没，影响通车8小时。哈密市东盐湖停止生产，运输中断，东盐湖、南盐湖5个盐区受到不同程度损失，沙石覆盖盐田厚度达1～3厘米，损失260余万元。

5月24～26日，【喀什地区】疏勒县、疏附县、喀什市、岳普湖县、英吉沙县、麦盖提县大风，17.2万余亩农田受灾，刮倒房屋、畜棚305间、树木近万株，277头（只）牲畜死亡，经济损失数百万元。英吉沙遭受30个小时的8级黑风袭击，致使1.8万余亩农作物受灾，吹倒、吹折树木8700余棵，倒塌房屋90间，牲畜棚圈169间，死亡牲畜183头（只）。

6月3日，【喀什地区】莎车县大风，受灾1472户，受灾小麦4225亩、树木4352棵、棉花6085亩，刮倒树木4252株。同日，19时30分叶城出现大风，最大风力9级，持续3小时伴有大量尘土，呈黑色。大风刮倒树木2株，毁坏输电线路2处，造成停电7小时。

7月28日，【阿勒泰地区】福海县风灾，风力9级。受灾农田面积1.5万亩，其中小麦7865亩，减产15%～20%，损失产量25万公斤；玉米4421亩，减产10%，损失产量16万公斤；油料2274亩，减产30%，损失产量6万公斤；部分甜菜叶片被刮死，对后期生长有影响。直接经济损失达85万～90万元。

9月20日，【克拉玛依市】市区等地大风，风力9级。使油田6千伏的高压线路停电8次，低压线路断线3次，26台变压器吹掉保险，大风中烧坏变压器等电气设备4件，原油减产1151吨，9个钻井队累计停工48小时。

1990年 4月5日12时【哈密地区】伊吾县淖毛湖乡大风，风力11级，引发火灾，受灾农田面积479亩，其中，胡杨林319亩、红柳60亩、灌木100亩；烧毁胡杨幼苗

9.57万株。4月5日下午,哈密市10级大风,持续长达10个小时,农作物受灾1.63万亩,成灾5809亩,沙埋渠道74公里,倒塌围墙360米,沙埋涝坝26个,损失塑料大棚670个,破坏塑料薄膜7吨,5户因灾失火死亡牲畜16头(只),损失房屋及生活用品等。

4月9日,【阿勒泰地区】布尔津县风灾,风力6～7级,持续时间10小时,风口风力达8级左右。1000亩农田表层土被吹起,使种子暴露在外,或被沙土掩埋,影响了出苗。因此时是产羔育幼期,受大风影响,部分羊羔受凉引起痢疾。

5月10～11日,【巴音郭楞自治州】尉犁县遭受大风袭击,风力7级,持续30小时。棉花成灾1302.6亩,其中641亩棉田90%幼苗死亡,其余棉田死亡率30%～60%不等。

5月10日21时左右,【阿克苏地区】兵团农一师1团、2团遭受大风、暴雨袭击,大风历时15分钟。2团水泥电杆被刮断8根,弹药库围墙被刮倒10米,2团1.7万亩棉苗和1团0.3万亩棉苗被风刮焦。

5月15～16日,【阿勒泰地区】布尔津县风灾,风力9级,瞬间风速达22米/秒,引起沙暴。1500亩黄豆的叶片被吹落、焦卷,300亩农作物枯死,另有3000亩小麦受到不同程度的沙埋,使其生长、发育受到抑制。

6月4日5时至20时,【阿勒泰地区】布尔津县、福海县风灾。布尔津县农业损失较大,折合经济损失56万多元。福海县受灾农田面积4万亩,其中严重受灾的有1.3万亩,各种作物经济损失约50万元。

6月4～5日,【吐鲁番地区】吐鲁番市、托克逊县风灾。托克逊县风力9级,持续20小时左右;吐鲁番市风力8级,持续11小时。两县(市)4.4万亩农田受灾,其中小麦受灾1.95万亩,重灾2997亩,绝收714亩;棉花受灾6840亩,绝收4509亩;西甜瓜受灾6778亩,重灾1602亩,绝收1274亩;葡萄受灾1.49万亩,刮倒葡萄架707个;果园受灾550亩,高粱受灾158亩;蔬菜受灾8220亩,重灾2093亩,绝收594亩;花生绝收107亩;风沙埋没幼林497亩,毁坏树木1.34万株;风沙填埋坎儿井6道,淤塞57条总长24公里,埋没渠道50.8公里,破坏农田供电线路9.3公里,倒房11间;刮断电杆76根、树木2785株,刮坏电线1万余米,20个农户风中起火,1人丧生,倒房20间,死亡牲畜20头(只)。

6月7日,【塔城地区】塔城市部分地区突遇大风袭击,使转场的2名牧民惊吓成病,11家牧民的生活用具不同程度地遭到大风的破坏。

6月~7月初,【塔城地区】和布克赛尔县连续刮干热风,小麦扬花受到严重影响,造成粮食大面积减产,全县有2.21万亩小麦颗粒无收,占总面积的32%,减产195万公斤。

8月8日下午8时30～45分,【巴音郭楞自治州】和静县部分地区遭强风暴袭击,给当地农区带来严重损失,麦场和地头小麦被暴风刮走,损失36.9万公斤;刮倒和连根拔起树木147株,刮倒或刮死油菜987亩、玉米298亩。

11月17日下午,【塔城地区】和布克赛尔县遇到大风袭击,风力达9级以上,并伴有雨雪,有6群羊受到不同程度的损失,冻死羊29只,丢失羊170只,冻伤羊150只。

第六节 公元1991—2000年的风灾

1991年 4月29日至5月1日，哈密地区、巴音郭楞自治州部分县市大风。【哈密地区】哈密市风力8~9级，平原区的7个乡42个村受灾，瓜、菜、棉苗被连根刮起，地膜也所剩无几。受灾农田面积3.38万亩，其中重灾1.64万亩，有40公里干渠和2个涝坝被填平，受灾农户2936户，其中重灾户2101户，受灾1.05万人，直接经济损失190.46万元。【巴音郭楞自治州】若羌县8个村的1300多亩玉米和棉花成灾。

4月30日~5月5日，【吐鲁番地区】遭受风灾，棉花受灾0.6万亩，其中30.5%受到毁灭性灾害；小麦受灾面积0.06万亩，其中6.7%全部死亡。

5月4~6日，【巴音郭楞自治州】尉犁县大风，棉花受灾3.27万亩，成灾1万亩。

5月22日，【和田地区】遭7级大风袭击，使1.58万亩农作物受灾，成灾面积8458亩；刮倒树木4109株，损失果实333吨；死亡牲畜34头（只）；倒塌房屋7户35间，直接经济损失110万元。皮山县风沙天气使绝大部分棉株叶片被风吹干，少部分受灾严重的棉田叶片全部被风吹干，只留下生长点。

5月29~31日，【和田地区】和田市每天下午刮大风，最大风速达19米/秒。造成小麦倒伏6467亩，水果吹落540吨，毁坏树木152棵、葡萄长廊4200米。

6月11日，【和田地区】和田市出现强风沙天气，最大风速18米/秒。造成1.08万亩小麦倒伏，吹倒棉花1.8万多亩，受灾水稻150亩、瓜果133亩，3.5万多棵树木被刮倒。

6月13日，【巴音郭楞自治州】境内大风、降水，造成大片小麦倒伏，轮台县哈尔巴克乡受灾严重，1.12万亩小麦伏地，1640亩玉米雨后土壤板结影响出苗，刮倒树木22株，死亡牲畜12头（只）。

6月16日18时35分，【和田地区】皮山县沙尘暴，到20时前后风速突增，沙尘翻滚，刹那间天昏地暗，能见度不足100米，瞬间最大风速达19米/秒，持续到17日23时17分，农牧业损失较大。小麦受灾面积3061亩，玉米受灾面积23亩，棉花受灾面积3256亩，牲畜受灾1266头（只），水果受灾37.7万公斤，树木受灾1127棵。

1992年 4月下旬至5月上旬，【塔城地区】兵团农七师123团（奎屯市）风灾，风力5级以上。3901亩棉花地膜全部被刮走，毁损地膜无数。

5月2~4日，南疆巴音郭楞自治州、阿克苏地区、和田地区风灾。【巴音郭楞自治州】普遍出现大风、雨雪、霜冻天气，其中，轮台县风力6~7级，尉犁县风力8级，并伴有沙尘暴。全州农作物成灾8.47万亩，果园成灾162亩，死亡牲畜1.25万头（只），倒塌房屋783间，经济损失400万元。轮台县棉花受毁灭性灾害的9700亩，刮干刮死4%以上的1.44万亩；30%~50%的杏子青果被打落地；死羊73只。县委、县政府等措6万元购买棉种用于补种。尉犁县5000亩刚出苗的棉花、玉米等作物不同程度地被风刮焦，其中保苗率在50%以下的近3000亩，2300亩棉花受灾死苗，大部分需要重播。若羌

第八章 风 灾

县由于沙尘带碱性，风停后侵蚀作物，特别是西红柿和黄瓜，轻者顶端干枯，严重的整株死亡，全县200多亩蔬菜均不同程度受灾。兵团农二师34团棉花严重受灾面积5000亩，绝产700亩；兵团农二师35团棉花严重受灾面积4000亩，绝产1000亩。【阿克苏地区】东部各县遭狂风侵袭，风力达8级以上，持续26个小时，大桑树被连根拔起，杨树被吹断，许多地方通讯线路中断。沙雅县受灾棉花12.86万亩、瓜果2523亩，牲畜死亡184头（只），死亡1人。【和田地区】于田县大风，风力6级，策勒县瞬间最大风速为21米/秒。受灾农作物6542亩，减产80余万公斤；791棵树被刮断，死亡牲畜337头（只），刮倒羊圈11间。

5月4～5日，【乌鲁木齐市】大风，瞬间最大风速28米/秒，并伴有雨、雪、结冰、霜等天气。全市共死羊100多只、马40匹、牛2头。

5月11～16日，东疆风灾。【吐鲁番地区】风口最大风力12级。农作物受灾10.24万亩，风沙埋没坎儿井12条、渠道1.33万米，刮倒电杆144根，直接经济损失664万元。【哈密地区】风力8～9级，最大风力达10级。哈密市、伊吾县1879户1.08万人受灾，农作物受灾面积8800亩，重灾6660亩，其中棉花5260亩、瓜500亩、辣子600亩、圆葱300亩，造成经济损失70万元。巴里坤县二渠、团结水库，因大风引起浪涛冲毁堤坝，损失11万元。

6月2～8日，【阿勒泰地区】福海县风灾，风力9～10级，持续时间3天；全县农作物受灾面积8510亩，绝收3880亩。直接经济损失32万元。

6月7日下午4时30分，【博尔塔拉自治州】博乐市小营盘镇部分地区大风，风力8级。造成2000亩小麦倒伏，损失三至五成的1200亩，损失八成以上的800亩，150户750人受灾。

6月16～18日，【石河子市】兵团农八师150团大风，引起小麦倒伏，受害率9%。

7月3～8日，【巴音郭楞自治州】尉犁县大风，风力8级，伴降水。倒塌羊圈105个，死亡牲畜2571头（只）。475间房屋漏雨，175间房屋倒塌。直接经济损失33万多元。

7月30日傍晚21时，在【阿克苏地区】阿瓦提县伯什力克镇出现南北宽1公里，东西长4公里范围的陆龙卷，风向呈旋转状，风力约10级左右，并伴有阵雨。农作物受灾1674亩；刮倒树木2298棵，刮落各种水果7.5万公斤，刮倒房屋5间、羊圈2间、围墙6米；刮断水泥电杆9根。

12月13日，【乌鲁木齐市】东南大风。受灾最重的是红雁池鱼场和仓房沟水泥厂，直接经济损失各为100多万元。这次大风还刮坏了红雁池电厂至米泉、昌吉等地的8条高压输电线路和9条市区配电线路，造成不少地区停电。仓房沟水泥厂的一个45米高塔吊，被拦腰刮断，经济损失150万元。

1993年 2月4日，【克拉玛依市】市区大风，风力9～12级，其中，10级大风持续了近5小时。大风造成电路跳闸、停电，使原油少产约1500吨，部分电话中断，门窗被刮坏，房顶被掀掉。大风期间，整个油田野外作业处于停顿状态。

3月14～16日，【巴音郭楞自治州】若羌县大风，引发浮尘天气。英苏牧区、瓦石峡乡牧区的827只山羊和1028只羔群因缺奶、缺饲草而死，共死亡牲畜1.2万头（只），损失48.96万元，全县150户650人的生活困难。

3月31日13时07分至4月1日20时19分，【阿克苏地区】柯坪县大风，瞬时风速29米/秒。刮倒县水电局输电线杆9根，全县停电28小时；大棚薄膜被刮坏。

4月13～15日，北疆北部、东部及呼图壁县至乌鲁木齐达板城乡一线偏东大风，风力6～7级。【伊犁地区】伊宁市4月15日风力8级以上，塔什库勒克乡菜农的塑料大棚全部被吹坏，直接经济损失17万元。4月13～15日，【乌鲁木齐市】市区平均风力8级左右，最大风力10级。乌鲁木齐县全县8900亩大棚、温室、烤盖和地膜蔬菜有90.2%受灾，损失大棚膜320.3吨、地膜294.6吨，1500亩温室大棚蔬菜因风灾全部死亡，5500亩烤盖、地膜蔬菜和露天菜需补种。这次大风导致全县春夏菜上市时间推迟半个月左右，早春菜产量减少，造成直接经济损失63.2万元。大风使乌鲁木齐市许多商店的橱窗、广告宣传牌被损坏，引发火灾22起，吹断部分电话配线电缆，使部分电话通讯一度中断。4月14日新疆民航局所有飞机停飞一天，区外来的飞机均转场降落。兵团农六师芳草湖总场东河水库经历了建库以来最大的一次险情，一场当地30多年未见的8级东南大风在水库肆虐了整整9个多小时，使库中水浪高达3米。坝面上的混凝土预制板成片被冲塌，原来4米宽的防水坝明显变窄，损害严重处只剩不到1米，4.7公里长的堤坝被冲毁52处。农场出动400多名职工紧急抢险，才使水库大坝幸免于难。大风给该农场造成的直接经济损失达129万多元。

5月4～5日，【阿勒泰地区】布尔津县风灾，风力9级，风口风力10级以上，夹带扬沙。全县4万亩小麦受到不同程度的沙埋和叶面焦卷，1.25万亩经济作物叶片掉落或焦卷，损失达20万元以上。

5月4～5日、9～10日，【吐鲁番地区】连续两次发生特大风灾。受灾农田面积30.32万亩，绝收面积9.7万亩，其中小麦受灾1.66万亩，绝收9000亩；棉花受灾9.52万亩，绝收3.2万亩；瓜类受灾3.26万亩，绝收1.08万亩；蔬菜受灾7416亩，绝收4168亩；孜然受灾7416亩，绝收518亩；葡萄受灾15.87万亩，绝收5.02万亩；刮倒树木2.58万棵，果园受灾1835亩；死亡牲畜1.35万头（只）。经济损失6400万元。另外，瞭墩站至鄯善站间7处路轨被大风掀起的沙土掩埋，交通运输被迫中断3天，大风使该区段通讯线路中断，7台火车头玻璃被打坏。

5月9～11日，【巴音郭楞自治州】大风降温，其中，和静县西北风持续15小时，最大风力8级。全州5.16万亩农作物受灾，绝收1.29万亩。另外，兵团农二师21团（和静县）刚刚落花的苹果、梨、杏幼果大部分落地，近百棵树木被刮倒刮断，砸断电线，第二批起运转场的羊群被迫停留和返回和静县钢铁厂附近。若羌县狂风卷着黄沙席卷整个县城，路上行人难以睁开眼睛。

5月9～12日【喀什地区】疏附县木什乡遭受9～10级大风及大雨、冰雹袭击，经济损失295万元。

5月19日，【和田地区】墨玉县出现大风、沙尘暴天气。吹毁棉田1078亩。

5月26日18时47分～27日22时36分，【和田地区】于田县大风，引发风沙。近4万亩棉花受到危害，其中1.27万亩需要重新播种；小麦倒伏面积达5000多亩；葡萄受灾面积2000亩；瓜果蔬菜受灾面积500亩；刮倒林木1万株，果树果实被刮落严重；刮倒通讯电杆347根，刮断和丢失电线630米，全县通讯、电力中断十几个小时；倒塌房屋

第八章 风 灾

27间。造成直接经济损失234.8万元。

6月23日,【喀什地区】叶城县大风,风力8级,极大风速10级。刮倒输电杆一根,停电36小时,刮倒电话线杆50根。

6月23日夜22时30分~24日清晨,【和田地区】受到一次历史罕见的黑风沙暴袭击,波及皮山、墨玉、洛浦、策勒、于田五县及和田市等。狂风卷起的尘沙形成的黑风铺天盖地,即使在室内也感到浓烈呛人的土腥味,瞬间最大风速23米/秒,平均风力7级。大风使11.1万亩农作物受灾,死亡失踪牲畜7100头(只),损坏各类树木近15万株,杏、桃、苹果、核桃等果树落果达20%以上,损坏葡萄长廊197公里,折断电线杆1210多根,受灾农户9.15万户40.51万人,死亡3人。造成直接经济损失5796万元。

7月3~7日,【巴音郭楞自治州】兵团农二师21团(焉耆县)大风,伴雨,瞬时风速达9级。全团1.19万亩小麦大面积倒伏,减产72.8万公斤,瓜类普遍发生霉病。

7月17日19时30分至20时30分,【博尔塔拉自治州】温泉县部分地区风灾,风力7~8级,大风持续1个小时。1.03万人受灾,其中特重灾民350人,重灾民7446人,轻灾民2547人。受灾农田面积3.63万亩,成灾面积2.56万亩,其中粮食作物成灾1.88万亩,减产三至五成的1.23万亩、减产五至八成的4615亩,减产八成至绝收的1866亩,减产粮食1614.6吨;经济作物成灾6770亩,减产三至五成的6200亩,减产五至八成的570亩;减产油料47.88吨,减产打瓜0.9吨,直接经济损失259.4万元。

8月2日16时,【博尔塔拉自治州】兵团农五师88团大风。1.12万亩小麦、油料等受灾,减产程度30%~43%,直接经济损失128万余元。

8月6日夜,【博尔塔拉自治州】温泉县大风,风速达30米/秒以上,兵团农五师88团二连堆放在场院的1.6万公斤粮食被刮出50米远,损失较大;820亩未收割小麦损失较重,损失粮食51.26万公斤。

1994年 2月18日15点30分,【巴音郭楞自治州】和静县大风,风力10级,持续达13个小时。损坏温室大棚,造成直接经济损失535.39万元,间接损失8万余元。

4月1日晚,【博尔塔拉自治州】精河县大风,风力10级。吹倒折断1万伏高压输变电线、铁塔11座、水泥电杆17根、原木电杆24根,造成直接经济损失10万元。

4月5~7日,喀什地区、和田地区遭受6~8级黄风袭击,持续72小时。【喀什地区】风力6~8级,其中,莎车县风力达8~9级,个别地区达10~11级,持续20多小时。11个县(市)114个乡1084个村7.26万户29.78万人受灾。棉花受灾40.07万亩,其中重灾面积20.9万亩,毁灭性受灾达2.83万亩;瓜菜受损2714亩,大棚蔬菜受损577亩;小麦被风沙淹埋3787亩,死亡牲畜976头(只),倒塌房屋61间,吹倒树木1.06万棵,果树6810棵,吹倒电线杆35根,吹走煤20吨,并有1人死亡,累计经济损失3500万元。【和田地区】墨玉、洛浦县分别在5日14时58分至15时26分、6日夜间、7日夜间连续刮了3次大风,最大风力达到8级。2000亩小麦、2万亩地膜受灾,倒塌房屋1200间、羊棚1500个、电线杆200根、葡萄架400个,造成棉花推迟播种。

4月29~30日,【克孜勒苏自治州】大风,风力9级以上,连续32小时。全州12万亩棉花有5.5万亩成灾,占总播种面积的47%;2.5万亩需要翻种,占总播面积的20%;3万亩需补种,占总播面积的29.2%。阿图什市1.1万亩果树和105个蔬菜大棚被毁,7

根高压线和42根电杆被刮断，损失牲畜1.15万头（只）；28公里干支渠被毁坏，直接经济损失441万元。

4月29日至5月2日，【喀什地区】巴楚、疏勒、英吉沙三县大风，风力8～9级，持续40多小时。39.3万亩棉花受灾，其中绝收面积14.1万亩，受灾小麦3.95万亩，果木被毁4.21万亩，死亡牲畜46头（只），直接经济损失3256万元。

5月9～10日，【喀什地区】大风，风力7～8级。8万余户31万人受灾，农作物受灾面积35.32万亩，其中棉花33万亩、小麦2万余亩、瓜菜3200亩，成灾面积为21万余亩，其中棉花20万亩、小麦8000亩、瓜菜2000亩，倒塌民房46间、畜圈94间，损坏温室78个，死亡牲畜835头（只），其中大畜45头（只），刮断树木7万余棵，刮倒电杆110根，直接经济损失3700余万元。疏勒县风力8～9级，持续40多个小时。受灾棉花10.3万亩，绝收8.6万亩，受灾小麦8500亩、瓜菜1000亩，果园全部落果4300亩，倒塌房屋27间，毁坏林木500余株，死亡牲畜34头（只），直接经济损失200余万元。英吉沙县14万亩棉花普遍受灾，32%的棉花重新播种，受灾小麦、油料、瓜、菜达3400余亩，吹倒大棚78个，4.2万亩果树的果实全部被刮落，另外，电杆、房屋、牲畜圈也遭受到不同程度的损失，造成直接经济损失1456.2万余元。

5月17～18日，【博尔塔拉自治州】精河县大河沿子镇、兵团农五师91团大风，风力8～10级。6239户30431人受灾，4.66万亩棉花遭受灾害，其中3.06万亩减产三至五成，1.6万亩减产五至八成。直接经济损失200万元。州保险公司理赔47万元。兵团农五师91团1329亩棉花受灾，571亩绝收。

7月5日19时15分，【喀什地区】岳普湖县大风，最大风速20米/秒。损坏地膜4040亩，小麦受灾面积285亩，果园受灾面积978亩，死伤牲畜449头（只），直接经济损失30.12万元。

7月19日晚，【巴音郭楞自治州】轮台县大风，风力7级以上。园艺场600亩香梨受灾，损失香梨126吨。经济损失37.8万元。

7月29日18时，【博尔塔拉自治州】温泉县部分地区突遭狂风灾害，风速为19米/秒，136户544人遭受损失，农作物受灾面积1013亩，主要是小麦和油葵，减产三至五成。

11月7日，【克拉玛依市】市区等地大风，风力10级，造成原油减产1759吨，直接经济损失200万元，市区部分电力、通讯线路被刮断。

1995年 3月24～25日，【乌鲁木齐市】市区大风，最大风速26米/秒，风力10级，大风从南部到市区，还影响到北部、西部和昌吉市。水西沟损失大棚148个，直接经济损失72万元。二工乡安宁渠温室大棚损失惨重，北郊仓库露天堆放的棉花、胶合板遭严重损失，电业局49条线路断电，造成停电24小时。乌鲁木齐县安宁渠区、二宫、地窝堡、七道湾和南郊的板房沟、水西沟、永丰乡蔬菜温室共计损失140万元。

4月18～21日，受乌拉尔山南下的较强冷空气影响，全疆12个地州出现大范围大风降温天气。【阿勒泰地区】布尔津县4月18日晚10时～19日晚12时，出现持续26小时的9级强风，戈壁风口达10级以上，夹带沙暴，刮得天昏地暗，人行困难；福海县大风降温，风力平均8级，低于0℃的气温持续了3天。农作物受灾面积9.52万亩，部分农

第八章 风　灾

作物被沙掩埋，被沙掩埋水渠约 50 公里。【塔城地区】直接经济损失达 8000 多万元。【昌吉自治州】奇台县出现了有气象记录以来罕见的沙暴，能见度不到 20 米。【喀什地区】巴楚县风力 7～8 级，大风携带大量的细沙、尘土和雨点，持续 20 多个小时，地表温度降到 3～5℃。全县有 5000 亩棉田受重灾，经济损失达 40 万元。【和田地区】洛浦县最大风力达 7 级。棉花损失 1 万亩，羊棚倒塌 400 个，吹倒电线杆 120 根、葡萄架 150 个，房屋倒塌 15 间。

4 月底至 5 月 2 日，【阿克苏地区】大风，持续时间长，最大风力 8 级，伴有降水。棉花受灾严重，兵团农一师共有 20.5 万亩棉花重播。

5 月 10 日 21 时 15 分，【阿克苏地区】温宿县部分地区大风，小树被吹断，小麦倒伏，1100 亩棉花苗被吹干。

5 月 11 日 4 时 13 分至 14 时 04 分，【和田地区】民丰县大风，引发沙尘暴，能见度小于 0.5 公里的强沙尘暴持续了 5 小时。这次沙尘暴、大风天气造成民丰县沙漠边缘地带的约 250 亩棉花枝叶干枯或损害。

5 月 17～22 日，全疆大部分地区遭受大风袭击，北疆阿勒泰地区、博尔塔拉自治州及南疆巴音郭楞自治州、阿克苏地区、喀什地区受灾。农作物受灾面积 67 万亩，其中，南疆巴音郭楞自治州、阿克苏地区、喀什地区等地州棉花受灾 58.57 万亩，翻种面积 17.54 万亩，其余需补种，小麦倒伏 3.17 万亩，严重倒伏 2.1 万亩。【阿勒泰地区】阿勒泰市风力 9 级。农作物 3.28 万亩受灾，其中小麦 2.87 万亩，7800 亩减产 50% 以上，4700 亩减产 30%～50%，1.21 万亩减产 10%～30%，小麦重播 4130 亩；油葵受灾 3850 亩，500 亩减产 50% 以上，2450 亩减产 10%～50%，重播 900 亩；黄豆重播 270 亩，合计损失 296 万元。【博尔塔拉自治州】精河县、兵团农五师大风持续七个多小时。部分耕地地表土被大风刮走，部分地区棉花、玉米苗被碱土覆盖，造成了大面积干枯死亡，受灾农田面积 4.5 万亩，其中 2.25 万亩减产三至五成，2.24 万亩减产五至八成，经济损失 476 万元。【巴音郭楞自治州】平均风力 7 级，最大风力达 10 级，瞬间最大风速 26 米/秒，其中，若羌县 8 级以上大风持续 20 多个小时。7 县市棉花受灾近 22 万亩，成灾 12.35 万亩，占棉花总面积的 28.2%。棉田地膜被风刮起吹走，棉农损失巨大。另外，若羌县电线多处被刮断，造成全县停水停电两天两夜，1004.9 亩冬麦严重倒伏，玉米受灾面积 115 亩，瓜菜受灾面积 588.9 亩，果树受灾面积 4501 亩，999 亩新造林木被狂风连根拔掉，1032 棵大树被折断，死亡羊 2287 只，瓦石峡乡有 14 公里多主干渠被风沙埋没，新建村有 1 公里渠道被水冲毁，经济损失 1500 万元。尉犁县有 250 亩受灾玉米需要翻种，死亡牲畜 127 头（只）。【阿克苏地区】出现历史上罕见的偏东大风，风力 8～9 级，局地短时达 10 级。4 县市农作物受灾面积 64 万亩，其中棉花 62.34 万亩，枝叶被刮干、刮焦需重播 14.65 万亩，小麦倒伏 6856 亩、玉米 350 亩，受灾甜菜 500 亩、啤酒花 640 亩、水稻 300 亩、瓜菜 1601 亩、果园 2.3 万亩，倒房 11 间、圈棚 8 个，死牲畜 295 头（只），刮倒树木 2573 棵。【喀什地区】巴楚县风力 8～9 级，持续近 5 小时。造成 6.8 万亩棉花受灾，小麦受灾面积近 2 万亩，受灾户 3909 户 1.75 万人，倒塌民房 33 间，死亡牲畜 47 头（只）。

6 月 3 日，受乌拉尔山低槽影响，【和田地区】洛浦县大风，18 时 58 分至 19 时 40 分起沙尘暴，最大风力达 7 级。棉花损失 7000 亩，小麦倒伏 8000 亩，倒塌房屋 15 间、羊棚 150 个、葡萄架 100 个。

6 月 10～11 日，【巴音郭楞自治州】尉犁县大风，最大风速 14.7 米/秒。8000 亩棉花受到毁灭性的灾害，改播为玉米。

7 月 1～3 日，【乌鲁木齐市】头屯河区干热风，持续 3 天，是垦区成立以来最为严重的干热风，造成大面积农作物落花或瘪粒，减产达 30% 以上。

7 月 17 日，【巴音郭楞自治州】和静县城以南至焉耆一线大风，风力 8～10 级。7 月 25 日哈尔莫墩乡和巴润哈尔莫敦乡一带又遭受 8～10 级大风，两次大风造成直接经济损失 207.24 万元。

7 月 20～21 日，南疆巴音郭楞自治州、阿克苏地区风灾。【巴音郭楞自治州】尉犁县平均风速达 7 级以上；若羌县平均风力 7 级，最大风力达 10 级，瞬间最大风速 26.3 米/秒。小麦、玉米、棉花受灾面积 1 万多亩，成灾面积 7935 亩，绝收 855 亩，50.3 万公斤麦草被风席卷一空，3206 亩棉花地中有 35%～50% 的棉桃被吹落，2086 棵树木被风折断，432 亩果园落果率达 40%～50%，瓦石峡乡有两公里多主干渠被风沙埋没，经济损失 150 万元。【阿克苏地区】库车县、拜城县农作物受灾面积 1.06 万亩，损坏渠道 2100 米，经济损失 4200 万元。

8 月 10 日，【巴音郭楞自治州】库尔勒市大风，风力 6 级，风向偏西，伴有沙尘暴，持续 30 分钟，损失香梨 3100 吨。

8 月 16 日，【博尔塔拉自治州】精河县大风，风力 10 级，茫丁乡 1.36 万亩棉田和八家户牛场 7300 亩棉田受灾，直接经济损失 200 多万元。灾情发生后，保险公司办理保险理赔。

8 月 20 日【伊犁地区】伊宁县出现大风、沙尘暴天气，引起温亚尔乡布里开村和萨木于孜乡下十三户村共 19 户农户发生火灾。

1996 年 3 月 8～9 日，【乌鲁木齐市】风灾，极大风速 20.4 米/秒，南郊板房沟损坏塑料大棚 17 座，直接经济损失 21 万多元。

3 月 14～15 日，【吐鲁番地区】大风、降温，平均风力 10 级，最大风力 11 级。春小麦受灾 5775 亩，其中 5000 亩重播；瓜类受灾 280 亩；蔬菜大棚受灾 2520 个，面积 3450 亩，地膜受灾面积 5700 亩，大部分冻伤需重播，283 吨大棚塑膜被风刮走；林带受灾面积 490 亩，毁坏树木 978 棵；风毁坎儿井 2180 米，沙埋坎儿井渠 6 公里、普通渠道 15 公里；大风引发火灾毁坏房屋 19 间，吹倒房屋 16 座；死亡牲畜 1670 头（只）。经济损失 3219 万元。

4 月 22 日，北疆阿勒泰地区、克拉玛依市大风。【阿勒泰地区】阿勒泰市蔬菜受灾面积 301.5 亩，40% 的蔬菜减产，损失 167.5 万元。【克拉玛依市】市区风力 10～12 级，大风造成市内通讯线路损坏 1200 米，3.5 千伏输电线路被刮断两条，6 千伏输电线路停电 50 余条，中断供电 10 小时。百口泉 110 千伏变电所因母线被刮断，致使石油管理局 80% 的生产区停电，原油减产 8300 吨，34 台钻机停钻。刮坏蔬菜大棚 580 座，250 多亩蔬菜被刮坏。公路损坏 300 米，停在室外的大、小车辆的迎风玻璃几乎全部被大风刮起的沙石打坏，经济损失 3000 多万元。

4 月 24～25 日，【喀什地区】疏附县大部分乡受到大风袭击，最大风力达 7 级。全县被吹毁地膜 465 亩，需重新铺膜，棉苗被毁 45 亩。

4月28日，【巴音郭楞自治州】兵团农二师 32 团大风，受灾棉田 8000 余亩，棉苗死亡面积 2000 亩，重播面积 4500 亩。

5月4日，【哈密地区】伊吾县淖毛湖乡大风，风力 10 级。36 根电线杆被刮倒，25 公里长的电线被刮断，213 棵大树被刮倒，刮丢牲畜 400 头（只），400 多亩小麦被埋没，直接经济损失 100 万元。

5月13日，北疆阿勒泰地区、博尔塔拉自治州大风。【阿勒泰地区】阿勒泰市地膜玉米受灾 1200 亩，其中重灾 500 亩，小麦受灾 1000 亩，减产 30%，损失 40 万元。【博尔塔拉自治州】精河县和温泉县部分乡（镇）大风持续时间 5 个多小时，最大风速 25 米/秒，平均风力 6~7 级，引发沙尘暴。受灾人口 2.01 万，农作物受灾面积 1.8 万亩。其中，粮食作物受灾 400 亩，减产五至八成，棉花受灾 1.76 万亩，其中 1.17 万亩减产三至五成，5913 亩减产八成以上。

5月下旬，【巴音郭楞自治州】库尔勒市干热风，小麦不孕、小穗率高达 12%。

6月11日，【巴音郭楞自治州】兵团农二师 21 团大风，风力 8~9 级，风向西北，戈壁滩沿线棉花、打瓜受灾。

7月17日，【博尔塔拉自治州】温泉县大风，查干屯格乡受灾农田面积 1900 亩。其中，小麦 1400 亩，油料 500 亩，均减产五至八成。

8月16日，【巴音郭楞自治州】尉犁县大风，瞬间风速达 18 米/秒。80%香梨被风刮落。

8月29~30日，北疆阿勒泰、塔城、伊犁、克拉玛依等地州市和南疆吐鲁番、哈密、巴音郭楞、克孜勒苏等地州市大风。其中，伊犁风力 10 级左右，伊犁河谷东部和南部山区还降了雪；克拉玛依市区风力 10~12 级；若羌县最大风力 11 级，大风持续 15 个小时，伴降温。风灾造成停电、停水，中断交通等，农作物受灾面积 77.6 万亩，总经济损失 3.27 亿元。【塔城地区】部分地区风力 9~10 级，49 户 251 人受灾，经济损失 333.1 万元。【克拉玛依市】市区大风造成各种输配线路 52 条停电，使各采油区、生产区大面积停电，少产原油 8483 吨。25 台钻机停钻，5 号供热站，3 号、4 号锅炉房顶被大风掀起，近 800 棵树木被刮断，数万只正在孵化的小鸡，因停电而死亡。停在室外的大、小车辆的迎风玻璃被刮起的沙石打烂，大风期间报火警 19 次，经济损失达 2300 多万元。【吐鲁番地区】吐鲁番市艾丁湖乡团结片、托克逊县河东乡、夏乡南湖片受灾严重。棉花受灾 8.14 万亩，高粱绝收和减产 6.6 万亩。经济损失 7156.47 万元。【巴音郭楞自治州】若羌县棉花受灾面积 8010 亩，棉桃掉落达 30%，正值授粉期的 1341 亩玉米花粉全被风吹走。果园受灾面积 995 亩，被风吹死的蔬菜 125 亩，被风沙填平的渠道达 3.6 公里，农田断水，高压线路被风吹断多处，全县停电停水达 16 个小时。若羌县 75~100 公里处，两辆客车和 4 辆卡车约 70 人受阻。尉犁县棉花受灾 8 万亩，减产 10%左右，香梨损失 500 多吨。

1997年 2月22日，【克拉玛依市】市区等地出现 10 级大风，造成高压输电线路故障 19 处，烧坏配电箱 34 个，烧坏电机 6 台，各采油厂因停电关井，原油减产 4000 多吨。

3月30至4月30日，【塔城地区】托里老风口连刮 30 天大风，平均风力 7~8 级，最大风力 10 级。受灾人口 3957 户 1.91 万人，经济损失 1265 万元。

4月3~4日,【喀什地区】疏附县连续两天遭受大风袭击。全县18个乡不同程度受损失,受灾棉花面积1.48万亩,大风造成5.91万公斤棉田地膜被毁,损失棉种2.31万公斤,40亩油料作物被毁,直接损失达214万元。

4月5~7日,【塔城地区】额敏县风灾,持续3天,风力20米/秒,风向东北。1.5万亩春麦受灾,直接经济损失210万元。

4月6~9日,【伊犁地区】新源县大风。农作物受灾面积6.1万亩,其中棉花5.2万亩。

4月16日,【喀什地区】叶城县大风,风力6级以上。棉花受灾面积达1.48万亩。

4月20日,【博尔塔拉自治州】兵团农五师90团大风。3971亩甜菜被风吹死,全部重播,获赔7.6万元。

5月3~13日,北疆阿勒泰地区、博尔塔拉自治州和南疆的巴音郭楞自治州及阿克苏、喀什、和田地区风灾。北疆风力一般在9级,南疆风力一般在7~8级,瞬间风力10级。全疆农作物受灾面积75.7万亩,总经济损失约2亿元。这次风灾对喀什地区影响最重,几乎所有县受到了损失,经济损失达1.6亿。【阿勒泰地区】阿勒泰市4440亩地膜玉米受灾,成灾2721亩;小麦受灾3300亩,成灾1900亩;黄豆受灾2300亩,成灾1700亩。经济损失547万元。【博尔塔拉自治州】精河县42个村3872户受灾,棉花、玉米、小麦等作物受灾面积2.64万亩,占全县耕地的13.6%。【巴音郭楞自治州】棉苗叶片干枯,部分拦腰折断,茎秆变黑枯死。全州受灾农田面积12.37万亩,成灾10万亩,其中6.02万亩需翻种。7日已翻种的棉花,8日再次遭风灾,地膜被揭,加大了救灾难度。若羌县农二师36团渠道因风淤沙2.5公里,停灌水两天,3019亩棉花需重播。库尔勒市4万多亩棉苗受害,翻种面积1万多亩。且末县棉花叶片受伤,致使生长缓慢。尉犁县大风引发沙尘暴。全县受灾农田面积7.07万亩,占全县种植面积的34%,翻种4.7万亩,直接经济损失2300万元。【阿克苏地区】库车县三道桥乡和牙哈乡两乡棉花受灾6575亩。新和县5个乡62个村6222户2.97万人受灾,棉花、小麦、果园受灾总面积6.11万亩。【喀什地区】疏勒县棉花受灾3611亩,36亩温室被破坏,300亩蔬菜被毁。疏附县16.98万亩棉花受到不同程度的灾害。其中毁种2.4万亩,刮走地膜的有9200亩,风沙淹没小麦2857亩,小麦倒伏6530亩,折断树木1.12万株,刮落果实4390吨;倒塌房屋9间、院墙310米;牲畜死亡607头(只),经济损失达7365.66万元。莎车县棉花受损6万亩,严重受损1.8万亩,小麦受损2.7万亩,严重受损1.5万亩,直接经济损失约200万元。叶城县先后受到两次灾害性大风影响,造成棉花受灾2万亩,小麦受灾1.86万亩,部分大棚、地膜被大风刮走,直接经济损失1038万元。麦盖提县棉花受灾面积达14.02万亩,其中毁种面积2.65万亩,4.97万亩棉花死亡面积达20%,2.03万亩棉花死亡面积达40%,9283亩棉花死亡面积达50%,8380亩棉花死亡面积达70%;小麦倒伏3.72万亩;倒塌民房125间、畜圈190处;直接经济损失达4700万元。岳普湖县1.04万亩棉花受灾,520亩果园幼果被打掉,180亩瓜苗被吹毁,240亩蔬菜受灾,吹坏215间防震棚,经济损失达550万元。英吉沙县5.2万亩棉花受灾,刮倒大小树木2800余株、民房142间、蔬菜大棚120余座、电杆1100余根,约3200吨果子被风刮落,小麦倒伏2万亩,造成直接经济损失2842.2万元。泽普县2.05万亩棉花受灾,其中受灾30%~50%的有1.72万亩,受毁灭性灾害的2940亩。【和田地区】洛浦、策勒县大风引发沙尘暴,棉花

第八章 风　　灾

损失 2.4 万亩，小麦倒伏 3000 亩；倒塌房屋 34 间、羊棚 180 个、葡萄架 140 个。

5～6 月，【巴音郭楞自治州】库尔勒市 3 次干热风，小麦不孕小穗率达 15％。

5 月 16～17 日，【喀什地区】泽普县风灾，受灾农田面积 6.32 万亩，其中 1.92 万亩受灾达 30％～50％，5390 亩受到毁灭性灾害。

5 月 19 日夜间，【阿克苏地区】兵团农一师 3 团沙尘暴，最大风力 7 级。棉花受灾面积 5000 余亩，其中重播 1200 亩。

5 月 21 日，【巴音郭楞自治州】轮台县大风、冰雹。全县有 2871 户 1.3 万群众受灾，成灾 2400 户 1.08 万人，重灾 1184 户 5328 人。受灾农作物达 7.91 万亩，成灾 4.87 万亩，绝收 1.12 万亩，减产棉花 18 万公斤，油菜籽 2800 公斤。因灾倒塌房屋 55 间，造成危房 215 间，死亡大小牲畜 3265 头（只）。

6 月 2～5 日，【阿勒泰地区】阿勒泰市特大暴风，最大风力 9 级，农田受灾面积 9.2 万亩，绝收 2.5 万亩。

6 月 5～6 日，【巴音郭楞自治州】尉犁县、若羌县大风，最大风力达 8～9 级。尉犁县受灾农田面积 4.30 万亩，棉花叶片及部分主茎被沙砾打坏造成死亡。若羌县 2750 亩小麦受灾，成灾面积 1650 亩，绝收面积 825 亩。果树受灾面积 825 亩，造成经济损失 129 万元。

6 月 8 日 8 时至 9 日 10 时和 7 月 20～22 日，【巴音郭楞自治州】和静县山外平原区普遭大风袭击，特别是哈尔莫墩乡，巴润镇，和静镇，乃门莫墩乡等风力达 8～9 级，两次风灾受灾人数达 2500 人，成灾 1200 人。农作物受灾面积 1.47 万亩，成灾面积 1.1 万亩，绝收面积 3780 亩，两次风灾造成直接经济损失 318.65 万元，其中，农作物经济损失 303.5 万元。

6 月 10～11 日，【博尔塔拉自治州】精河县托里乡等 4 个乡（镇、场）大风，风力 10 级以上，受灾人口 1.75 万，农作物成灾面积 2800 公顷，直接经济损失 630 万元。

7 月 5～10 日、18～21 日，【巴音郭楞自治州】库尔勒市 2 次干热风，使棉株中上部幼铃幼蕾干枯脱落，形成中空，伏桃数比常年减少，直接影响棉花质量。

7 月 10～11 日，【和田地区】民丰大风、沙尘暴（黑风），能见度降低到 0.1 公里，沙尘暴持续时间达 20 个小时。对果树、玉米、棉花等农作物以及公路运输、电力部门有一定的影响，其中全县玉米受灾率达 5％。

8 月 8～9 日，【乌鲁木齐市】大风，最大风力 8 级。乌鲁木齐市西郊土壤墒情损失严重，电线线路多次出现事故，并发生火灾 21 起，伤 2 人，直接经济损失 20 多万元。

8 月 25 日，【喀什地区】叶城县大风，1 万亩夏玉米受不同程度损害。频繁的大风天气，使土壤水分损失严重，大风造成小麦倒伏，电杆、电线、树木受损，蔬菜大棚被毁。

8 月 28 日 13 时 30 分至 19 时 30 分，【博尔塔拉自治州】温泉县、博乐市大风，风力 10 级以上。温泉县 2930 人受灾，农作物受灾面积 1628.1 公顷，成灾面积 1376.6 公顷，直接经济损失 419.9 万元。博乐市小营盘镇、青得里乡等乡镇受灾人口 2.19 万，农作物受灾面积 3378.4 公顷，成灾面积 2955.4 公顷，直接经济损失 382.3 万元。

1998 年　4 月 8 日，【伊犁地区】巩留县大风，引起火灾，造成 202 户 1010 人受灾，有 104 人被烧伤，烧毁房屋 740 间、粮食 420 吨、化肥 21 吨、家禽 640 只、棚圈 325 座、煤650吨、柴油20吨、木材192立方、家电86件、汽车两辆，直接经济损失673万元。

4月8日14时，【博尔塔拉自治州】阿拉山口大风，风力10级以上，持续时间长达6小时左右，袭击兵团农五师89团，大面积地膜被刮起，棉花重播6446亩，经济损失36万元。

4月9日，【巴音郭楞自治州】若羌县大风，风力9级。3000亩棉花受损，其中1000亩棉花薄膜被大风吹走，直接经济损失达10万元。

4月8、12、18日，【克拉玛依市】市区等地三场大风，风力10～11级，18日大风伴有强沙尘暴天气，能见度极差。造成供电设备损坏，油田输电网事故6起，配电事故10起，输油管线全部停电7小时，火烧山油田钻井队停止作业24小时，石西油田供电线路中断34小时，影响原油产量5922吨。乌尔禾区水、电、通讯全部中断，邮电局通讯塔被风刮倒；500亩蔬菜大棚被刮坏，400亩瓜苗被刮坏，近70％的麦苗受损；410只羊、37头牛死亡，农牧业损失达327万元。

4月20～23日，【阿克苏地区】新和县部分地区遭受大风袭击，棉花受灾总面积3.17万亩，经济损失177万元。

4月20日，【喀什地区】疏附县风灾，风力7～8级，1.57万亩棉花和蔬菜大棚受损失。

4月27日，南疆阿克苏和和田地区部分县市风灾，最大风力为7级，和田部分地区还发生了沙尘暴。【阿克苏地区】新和县受灾总面积2976亩，倒塌房屋5间。【和田地区】洛浦县棉花损失1.8万亩，倒塌羊棚100个、葡萄架80个、房屋20间、电线杆40根。

5月4日，南疆巴音郭楞自治州、阿克苏地区、和田地区大风，平均风力7级，最大风力达10级，持续时间长达33个小时。部分地区还发生了沙尘暴。【巴音郭楞自治州】兵团农二师大风引发沙尘暴，尉犁县大风伴随冰雹、大雨、霜冻。棉花受灾面积15.3万亩，成灾面积4.7万亩，占总面积的30％，其中需翻种面积2910亩，补种面积2000亩；小麦受灾死亡面积1616.3亩，果园受灾面积200亩，瓜菜受灾面积150亩，林业受灾105亩；牲畜死亡795头（只）；倒塌房屋48间。【阿克苏地区】库车县、新和县大风引发沙尘暴，46万亩棉花受灾，重灾4.7万亩，重播4590亩；瓜菜受灾65亩，果园受灾3299亩；吹断树木27棵，3.69万亩杏园受到不同程度的损坏。【和田地区】民丰县、策勒县大风引发沙尘暴。沙尘暴从4日06时04分开始，持续到14时37分，达8个多小时，能见度降低到0.1公里。民丰县5月4日出现瞬间最大风速21米/秒。棉花受灾面积9229亩，占全县棉花总面积的76.9％；其中绝收面积为3766亩。地膜玉米受灾面积465亩、瓜菜644亩。大风刮断各种树木3166株，刮倒房屋13间，还导致一些地方供电线路中断。

5月16日，【喀什地区】英吉沙县大风，全县棉花受灾5万亩、小麦受灾1万亩、刮落杏子200多吨。

6月8日22时03分至23时11分，【和田地区】于田县遭受强风沙天气袭击。棉花、小麦、果树受灾严重，1658亩棉花被吹干、倒伏，小麦倒伏面积1385亩；葡萄受灾面积1200亩；死亡牲畜212头（只）；刮倒林木268株，果树果实被刮落（主要为杏树、苹果树）；倒塌房屋24间。直接经济损失173.4万多元。

6月10日14时，【博尔塔拉自治州】兵团农五师89团大风，风力8级以上，造成小

第八章 风 灾

麦倒伏。

6月19日,【石河子市】干热风,受灾农田面积4200亩,42%受害叶片凋萎变色。

6月29日14时,【博尔塔拉自治州】温泉县及兵团农五师87团大风,风力8~9级。温泉县受灾人口1.41万,农作物受灾面积3.62万亩,成灾面积1.71万亩,造成直接经济损失881.9万元。农五师小麦倒伏,导致减产。

7月14~15日,【阿勒泰地区】阿勒泰市大风,7820人受灾,成灾6975人,死亡1人,伤病5人;农作物受灾835公顷,成灾718公顷,绝收433公顷,减产157万多公斤,经济损失285万元,其中农业损失257万元。

8月29日,【伊犁地区】巩留县风灾,风力7级,农田受灾面积2.4万亩,成灾1.2万亩,粮食减产124.8万公斤,折合人民币187.2万元;油料减产,损失88.8万元。

1999年 4月1日,【和田地区】洛浦县大风,最大风力为7级。1137亩地膜棉花遭受损失。

5月11~13日,南疆喀什地区及和田地区部分县大风,引发沙尘暴。莎车县大风瞬间极大风速达21米/秒,期间伴有沙尘暴,能见度为0.1公里。洛浦县最大风力为7级,并伴有沙尘暴。【喀什地区】风力8级,全地区棉花受灾面积64.42万亩,其中重灾面积22.14万亩,毁种面积20.88万亩,小麦倒伏1.54万亩,16只羊死亡;损失杨树1172株、果树834亩;倒塌房屋16间、围墙1226米。直接经济损失6908万元。【和田地区】洛浦县棉花损失2.5万亩,小麦倒伏6000亩,倒塌房屋80间、羊棚200个、葡萄架240个、电线杆80根。

7月8日,【和田地区】遭到大风袭击,1.2万亩农作物损失严重。

8月13~14日,巴音郭楞自治州及和田地区大风,平均风力8级,若羌县8级以上大风持续5个多小时。【巴音郭楞自治州】兵团农二师36团(若羌县)1385亩复播玉米全部受灾,损失产量约16.9万公斤;果树受灾面积807亩,损失香梨约29.8吨,损失苹果约28.3吨,损失红枣约5.3吨。【和田地区】洛浦县玉米损失9771亩。

2000年 4月27~29日,北疆阿勒泰地区、塔城地区和博尔塔拉自治州的部分地区大风,其中,塔城地区托里县风口风力8~10级;博尔塔拉自治州除博乐地区风力为5~6级外,其余各地均有8级左右大风,持续时间长达4小时。【阿勒泰地区】破坏毡房971间、暖圈2595个;12.4万亩小麦、玉米、油葵、豆类、瓜菜、苜蓿受损;死亡牲畜1529头(只)。【塔城地区】和布克赛尔县、托里县受灾,5132亩地膜被毁,12间塑料蔬菜大棚被大风吹走,几百棵树也遭夭折,电线被刮断。和布克赛尔县第三煤矿的5000吨地面存煤被吹走,造成停电停产。共计经济损失155万元。【博尔塔拉自治州】东部地区大风影响最大,此时,正值早播棉田出苗期,地处主风道上的兵团农五师82团1万亩棉花地膜被刮起,重播6000亩。兵团农五师83团有2000亩左右的地膜被风刮走,黑树涡子村有6000亩棉花被风刮死。兵团农五师91团有4000亩左右的棉花地膜被风刮起。

5月3日,【和田地区】洛浦县遭到大风袭击,最大风力为6级。棉花损失984亩。

5月5~6日,北疆阿勒泰、克拉玛依、博尔塔拉自治州、昌吉自治州及南疆巴音郭楞自治州大风,北疆风力10~12级,部分地区伴有强沙尘暴天气,南疆风力8级以上,大风持续10小时。【阿勒泰地区】阿勒泰市受灾730户4010人，小麦、玉米受灾1850亩，油葵受灾3470亩，树苗受灾135.5亩，吹毁地膜1250亩、塑料大棚8座、帐篷87座、居民住房181间，死亡大畜18头，小畜470只，毁坏耕地6585亩，经济损失165.5万元。【塔城地区】乌苏市出现多年未见的沙尘暴，对该市四棵树、红星、红旗乡的棉花和番茄造成灾害，7.61万亩棉花受灾，0.5万亩番茄受灾。共计经济损失754万元。【克拉玛依市】全油田供电线路跳闸、电力设施损失及抢修等费用达110万元。大风使全油田70多部钻机停钻，影响产油量6087吨，经济损失974万元。所有修井、试油、地质录井、物探作业停工，克乌线、百克线等多条储油管线停输10小时左右。大风引发火警9起，最大一起造成12户居民36间平房着火。数百幅灯箱、广告牌被刮坏。农业开发区及两乡1300亩棉花遭受毁灭性破坏，3620亩受到不同程度的影响（缺苗、断苗），开发区1911亩林带受害，32座蔬菜大棚被掀。小拐乡近1万亩作物遭毁灭性破坏，占总播种面积的92%。受灾损失83万元。【博尔塔拉自治州】温泉、阿拉山口、精河大风，温泉、阿拉山口两地最大风力均达12级以上，精河县县城风力达到10级，持续11小时，其中主风道风力达到11级。全县停电数小时，大风还引发了大火，烧毁43户民房、纸厂厂房及库房材料、成品等，烧死四岁儿童1名，烧伤6人；4650棵树被风刮断、刮倒、拔起，全县农作物受灾总面积9.18万亩，重播面积6.8万亩，补种面积2.04万亩。兵团农五师农作物受灾面积为7.52万亩，重播面积4.16万亩，经济损失1770.86万元。其中，兵团农五师82团场发生了火灾，由于风势较猛，大火连续烧毁厂房、民房数间。这场大风中兵团农五师91团场损失最重，2.8万亩农作物受损，1.9万亩作物重播；另外，有860亩滴灌设施受损；该团林牧公司种植的600余亩果树花芽80%被刮掉，防护林成年树木有400余棵被大风刮断；羊畜棚、畜舍多处刮倒、刮塌，丢失、死亡羊近百只；大风造成该团水电公司部分输变电线路中断，致使全团停电、停水达24小时。另外，这场大风还使阿拉山口部分仓库发生火灾，铁路设施也遭到极大破坏，车辆倒翻，造成交通事故。【巴音郭楞自治州】若羌县、尉犁县受灾，棉花受灾面积2.5万亩，大棚受灾10亩，果园受损538.4亩，死亡牲畜1743只，经济损失291万元。

5月21日，【伊犁地区】大风，风力8级以上。兵团农四师63团、64团、67团、68团受灾农田面积4.88万亩，成灾3.38万亩，经济损失285.6万元。

5月30日，由于受西伯利亚低槽影响，造成【和田地区】洛浦县一次大风天气，最大风力7级。棉花损失1000亩，小麦倒伏800亩，倒塌羊棚70个、电线杆50根。

6月1日，【博尔塔拉自治州】兵团农五师82、91团、精河县八家户、茫丁乡大风，持续1小时，风力9级。82团农作物受灾面积1.2万多亩，91团受灾面积8000多亩。八家户和茫丁乡经济损失8万元左右。

8月19日，【巴音郭楞自治州】若羌县大风、沙尘暴，8级以上大风持续5小时。全县受灾农作物主要是红枣、香梨等，果品大量脱落，部分伽师瓜秧被风刮死，直接经济损失461万元。

第九章 冰雹灾害

第一节 概 述

冰雹灾害是新疆主要灾害性天气之一，虽然持续时间短，影响范围小，但却使受灾区在瞬间遭到毁灭性打击。

二、冰雹分布基本特征

1. 冰雹的时间分布

新疆冰雹多出现在 4～10 月，5～8 月为全年降雹的集中月份，占全年降雹次数的 80%，其中 6 月份最多，占总数的 24.4%。

由于午后日射强、增温快，大气层结不稳定，有利于热对流发展，所以，白天冰雹出现的次数占全天的 80%，下午占全天的 60%，冰雹出现最为集中的时间是 14～18 时，占全天的 57%。有 60% 的冰雹持续时间在 6 分钟以内。

新疆在 20 世纪 60 至 70 年代是降雹的高峰期，出现频率多，90 年代以来有减少的趋势。

2. 空间分布

由于新疆的特殊地形、地貌，造成天山山脉及向东开口的喇叭型河谷和山脉的背风坡有利于积雨云向雹云发展，再加上有利的降雹天气配合，就容易形成冰雹。使得新疆冰雹的地理分布为"三多一少"形式：山区的盆、谷地多；山地的背风坡多；向东开口的喇叭形河谷地区多；盆地中心少。

昭苏盆地、巴音布鲁克盆地是新疆冰雹特多发生地区，阿勒泰山的中低山区、准噶尔西部山地、阿拉套山南部的博尔塔拉河谷、伊犁河谷及天山南麓的托什干河谷中上游的阿哈奇和拜城老虎台谷地、乌恰县的克孜勒河河谷中上游是多冰雹发生区，准噶尔盆地西北部和北部的近山区、北疆沿天山一带、塔里木盆地北部以及昆仑山北坡和西天山北坡，都是冰雹次多发生区。

三、雹灾评述

1. 重大雹灾空间分布

使用新疆 51 年雹灾资料（1950—2000 年），根据新疆实际情况，选定凡有人员死亡，或者灾害损失（按 1998 年可比价格）≥200 万元，或者受灾面积≥1 万亩的冰雹灾害为重大冰雹灾害。分析表明，新疆重大雹灾发生次数最多的地方是阿克苏地区，年平均雹灾频次 6～7 次，每年平均有 34.5 万亩农田受雹灾，是冰雹灾害防范的重点地区。从塔城南部的奎屯河到昌吉州西部的玛纳斯河流域（奎玛流域）和喀什地区、伊犁地区、博尔塔拉自治州等地，是新疆雹灾的多发地区，年平均重大雹灾频次 1～3 次，每年平均有 4～10 万亩农田遭受雹灾，是冰雹灾害防范的次重点地区。其余地区雹灾发生机会不多。

为了对雹灾有更全面的认识，从重大雹灾中选定人员死亡 5 人或以上，灾害损失（按 1998 年可比价格）≥5000 万元、受灾面积≥25 万亩的雹灾为特大雹灾。1950—2000 年，新疆共发生特大雹灾 26 次，占整个重大雹灾的 2.9%，平均 2 年发生一次。主要发生在塔城、伊犁、石河子、阿克苏和喀什。其中，新疆特大雹灾发生次数最多的地区在阿克苏，26 次特大雹灾中有 14 次发生在阿克苏，平均每 4 年发生一次；奎玛流域特大雹灾有 5 次。

2. 重大雹灾年际变化

雹灾受灾面积、雹灾频次、经济损失 20 世纪 50、60 年代为低潮时期，从 70 年代初开始逐年增加，1990 年最大，经济损失由于承载体变化的差异，最大值出现时间略迟，在 1995 年。

3. 重大雹灾年变化

冰雹主要集中在 4～9 月，雹灾发生频次 6 月最多，受灾面积 5 月份最多，经济损失值 7 月份最大。

第二节　公元 1949 年以前的冰雹灾害

清　光绪十七年（公元 1891 年）　迪化降雹，灾情严重。
五月十四日巳时，柯坪庄所辖十二村遭冰雹，历时一小时，小麦、杂粮损失严重。

清　光绪二十二年（公元 1896 年）　七月六日，疏勒降雨雹，大如拳，历时一小时，一万二千余亩农田受灾，倒塌房屋六十三间，死亡牲畜三百九十二头（只）。
十一月二十五日，迪化遭受雹灾，巡抚饶应祺奏请朝廷赈抚。

清　光绪二十三年（公元 1897 年）　库车冰雹、洪水，农田受灾，灾区免征赋税。

清　光绪二十四年（公元 1898 年）　九月，疏附县境内冰雹成灾。次年，灾区免征赋税。

清　光绪二十七年（公元 1901 年）　巴楚上五台等四庄降雹，一万五千余亩农田受灾，颗粒无收。是年，库车县雹灾，农作物严重受损，受灾地亩粮赋免征。

清　光绪二十八年（公元 1902 年）　八月丁巳，镇西厅冰雹成灾。

第九章 冰雹灾害

清 光绪三十一年（公元 1905 年） 英吉沙尔被雹被水成灾，灾区免征赋税。

清 宣统元年（公元 1909 年） 三月乙亥，宁远（伊宁）、阜康、孚远（今吉木萨尔）、镇西、莎车等府厅分别遭雹和水灾。

民国 元年（公元 1912 年） 六月，沙湾县西北博尔通沟等地降雹，六千余亩农田受灾。

民国 四年（公元 1915 年） 八月二十九日酉时，阿克苏县忽降冰雹，受灾地方有浑巴什村、下多浪村、下伯什勒克村、泰提磨麻克村、库拉斯村，损失水稻、棉花四万二千余亩，重灾居民八百三十三户。

民国 五年（公元 1916 年） 温宿县东乡雹灾，一千八百三十一亩农作物受损。

民国 八年（公元 1919 年） 夏，伊宁、沙湾、昌吉、阜康、呼图壁、迪化等冰雹，六万七千余亩农田受灾，有的颗粒无收。

夏，迪化下大雹，房屋塌陷，田园荒废，牲畜死亡无计，受雹灾农田面积二万二千亩。

五月，昌吉县上元庄、东利庄被雹成灾。受灾之地三万多亩。

六月六日，呼图壁县东滩、十四户雹灾，三十六户受灾；昌吉县元亨利贞各庄田禾被雹成灾，秋收无望。

民国 九年（公元 1920 年） 温宿县卡里奈、苏可木协等村七至九月遭两次雹灾。一万四千亩包谷杂粮受损。七至九月间，温宿县、乌什县冰雹，四万九千余亩农田受灾。

民国 十年（公元 1921 年） 若羌县、阿克苏县夏粮遭雹灾，应征粮草一律豁免。

民国 十二年（公元 1923 年） 八月，绥来冰雹，历二小时之久，小麦、杂粮均被打毁。

民国 十八年（公元 1929 年） 昌吉县冰雹，全县八成春麦受损。

民国 十九年（公元 1930 年） 六月，精河县大河沿子乡至沙山子乡一带冰雹，雹粒最大的有鸽子蛋大，农业遭受一定损失。

民国 二十四年（公元 1935 年） 六月十六日，伽师县冰雹，深尺余，稼禾损失甚巨，羊畜死伤狼藉。

民国　二十五年（公元1936年）　　库尔勒县西北部分地区遭冰雹灾害。

七月五日，乌苏县甘河子、西湖、马场湖、八十四户等乡雹灾，冰雹大如杏，次如豆，甘河子乡稻禾十无一存。

民国　二十八年（公元1939年）　　七月十一日午后二时，墨玉大降冰雹，损伤胡西不拉克及他木不拉克两村棉花一千三百余亩，葡萄地八百二十亩，损失十之六七。

民国　二十九年（公元1940年）　　七月十四日下午五时，呼图壁县东河坝村忽降雹灾，大者如枣，小者似豆，持续十分钟，受灾农田面积为一百亩，时值小麦收割之际，小麦损失八成。

八月九日午后七时，阿克苏县九个村冰雹，麦田全毁，棉田、瓜田茎叶全无。

八月十一日，吉木萨尔县四厂湖上空黑云突起，气温骤降，旋即冰雹乒乓直泻，历时约一小时，禾苗全部被砸倒，损失约十分之六。

八月十八日下午六时，孚远县南山第五区大有渠、长盛渠两村忽降冰雹，历时颇久，两村皆已成熟之田禾，一部分被雹成灾，灾情严重，两村成灾地长盛村一千四百三十九亩，大有渠村四百五十二亩。

八月二十五日夜，巴里坤县大河乡西户村遭冰雹，四百八十二亩庄稼颗粒无收。

九月五日，乌苏县雹灾，历时二十分钟，雹粒直径一点五厘米左右，地面积雹十厘米。城郊毁庄稼四千五百亩。

民国　三十年（公元1941年）　　奇台县被雹成灾，共三十六户有余，田禾受灾严重，颗粒无收者实有十二户，其余约能收一半。东湾未收颗粒者四户，其余各户收获在三分之一至三分之二；温宿县三四区雹灾，一万一千二百亩田禾受损。

六月，博乐县吉勒查汗、青得里、乌图布拉格乡遭雹灾，一千五百亩农作物受损。

八月七日下午三时，沙湾县永盛渠乡一带雹灾，持续时间三小时之久，大的雹粒直径三至四厘米。受灾农田范围宽二点五公里、长十余公里，受灾农田面积约三万七千五百亩。

九月十日，昭苏县木尔汗村、克得尔村、奇格台尼牙孜村、甫里巴村等十处冰雹，二千九百多亩农作物颗粒无收。

民国　三十一年（公元1942年）　　五月二十五日、二十六日，沙雅县二次冰雹，每次历时约十分钟，雹粒小如豆大，大似鸽卵，麦田多受打折，自北至南，一道长形宽约一华里，长约数十华里，打伤全系麦田，有少数棉花、甜瓜。

七月十一日，博乐县古勒查汗、青得里、顾里木图、乌图布拉格等乡降雹，五百余亩水田和一千余亩旱田作物打伤殆尽。

八月三日，阿克苏县五区帕依拉甫村雹灾，仅五户村民就有五百三十七亩谷类、胡麻受损。

民国　三十二年（公元1943年）　　夏，博乐县小营盘乡降雹，平地积雹一尺多厚。

六月二十日，乌苏县雹灾，三苏木、谢家地、西大沟、葫麻梁十户农民所种冬小麦、大麦、瓜全被冰雹打坏。

七月十一日上午，吉木萨尔县南山大有渠等四村，突降冰雹，田禾严重受灾，面积二千零五十九亩。

七月二十九日下午二时，墨玉县冰雹，约有半时许，损伤田禾甚巨，损失一千三百多亩小麦，四百八十多亩棉花，二百七十多亩瓜，六十多亩葡萄。

民国　三十三年（公元 1944 年）　乌恰县朦尔托考依乡雹灾，打死牲畜一百八十只。

民国　三十四年（公元 1945 年）　玛纳斯县雹灾，秋粮损失过半。

民国　三十六年（公元 1947 年）　六月间，呼图壁县发生雹灾，东乡和庄附城周围，田禾被砸，收成减产大半；西树窝子二十三户七十七亩田禾受灾严重，减产五至六成；头工、四工、小土古里、十四户、东滩、二十里店、五工台等地因遭灾，无法缴纳田赋，减免一半（十七万一千五百斤）。

民国　三十七年（公元 1948 年）　春，呼图壁县东乡各保在冬麦抽穗时，遭冰雹袭击，灾情严重。灾民将家中牛、马、羊及籽种全部卖尽，出外打零工或乞讨。

五月，阿克苏县遭冰雹袭击，四十三户农民请免田赋。

民国　三十八年（公元 1949 年）　五月下旬，麦盖提县冰雹，波及太和镇、文明乡，七十五户农民的三百六十亩农田失收。

第三节　公元 1950—1966 年的冰雹灾害

1951 年　5 月 12 日，【阿克苏地区】温宿县三区 3 个村遭雹灾。523 户受灾，损失庄稼 6572.5 亩。

7 月 12 日，【阿克苏地区】温宿县吐木秀克乡 5 个村遭雹灾，受灾者 465 户，受损农作物 5906 亩。

1952 年　5 月 7 日晚，【喀什地区】巴楚县雹灾，打坏农作物 1920 亩，其中，玉米 528 亩、棉花 830 亩、瓜 440 亩、各种蔬菜等 102 亩，所留禾苗只有 40%。

5 月 14 日上午 7 时，【阿克苏地区】阿瓦提县冰雹，伴降温，前后约 10 分钟，方向由西向东，降雹区东西长 25 公里，南北宽 10 里。共打坏棉田及冻死棉苗 219 亩、小麦 46 亩、玉米 44 亩、甜瓜 80 亩、烟叶 15 亩。

6 月 13 日下午，【伊犁地区】宁西县（今察布查尔县）、霍城县、绥定县（今霍城县）冰雹。其中，宁西县农作物受损 3990 亩。霍城县农作物受灾 2463 亩。绥定县 2.03 万亩农作物受损，9301亩绝收。

7月1日下午4时30分，【阿克苏地区】沙雅县冰雹、暴雨、大风。狂风暴雨约2小时，下冰雹20分钟。受灾15个村，仅一区二乡奇尼巴克一个村损失农作物1312.5亩，其中春小麦124亩，冬麦175亩，玉米616亩，棉花51.5亩，油籽29.5亩，瓜16.5亩。冬小麦正在收割之际，被打成空壳者达31%，春小麦正值灌浆期，被打成半死和折断麦穗者达42%，棉花被打落花苞，打光棉叶者达76%，玉米全部被打光叶子者达66%，油籽被打光籽叶者达22%。

8月上旬，【阿克苏地区】库车县降雹，打坏各类农作物626亩。

1953年 4月4～7日、15～24日，【阿克苏地区】阿克苏县冰雹、连阴雨，冰雹大如青杏。打死2人，倒塌房屋203间，农作物受灾面积1.37万亩，死亡牲畜9863头（只）。

4月18日，【塔城地区】乌苏县冰雹、大风，全县的棉花、玉米、蔬菜、瓜类均受损，水稻受灾面积一半以上。

6月4～5日，【博尔塔拉自治州】博乐县小营盘地区冰雹、洪水，冰雹有鸡蛋大，小麦全部被毁，后又被洪水冲走。

6月12～19日，【伊犁地区】霍城县、绥定县、伊宁县、宁西县雹灾，面积共达2.4万亩。

8月14日，【塔城地区】乌苏县冰雹、暴雨、大风，全县玉米、棉花、蔬菜、瓜类全部受灾，水稻受灾50%以上。

8月16日，【阿克苏地区】新和县第四区第一乡遭受冰雹袭击，农作物受灾面积1.57万亩，其中，玉米1519亩、棉花1.4万亩、甜瓜207亩。全乡农作物减产1/3。

8月18日，【博尔塔拉自治州】博乐县二、三、四、五乡冰雹、水灾，受灾156户525人，农田受灾2707.5亩，损毁房屋数家。

1954年 5月29日，【昌吉自治州】玛纳斯县雹灾，降雹6分钟，雹粒最大直径1厘米，受灾农田面积3.44万亩，冬麦、秋粮作物受损严重。

6月24日下午，【博尔塔拉自治州】温泉县冰雹，农作物受灾7930普特（13万公斤），油菜籽全部受灾，打死1人、羊6只。

1955年 3月24日，【阿克苏地区】柯坪县冰雹、暴雨，295户农民受灾，293亩农作物受损。

6月16日至8月3日，【阿克苏地区】拜城县、【喀什地区】疏勒县、喀什市、麦盖提县、莎车县、【和田地区】皮山县冰雹、洪水，729户农牧民受灾，农作物绝收3743.6亩，16处麦场被淹，倒塌房屋65间，损失粮食656公斤、树929棵、大小牲畜244头（只）。

7月7日下午5时，【阿克苏地区】新和县4、5区三个乡（共9个村）冰雹，时间10分钟，70%左右农作物受灾，减产45%，受灾农田面积2789.3亩。

7月21日，【博尔塔拉自治州】博乐县小营盘乡降雹，受灾农田面积3942亩。

第九章 冰雹灾害

8月12日11时,【塔城地区】塔城县三区冰雹,雹径大约2厘米,降雹时间20分钟,积雹12厘米,农田受灾面积约1060亩,占总播种数43.35%。

8月13日,【伊犁地区】霍城县冰雹,1.8万亩农田受灾。

1956年 5月29~30日,【塔城地区】乌苏县、沙湾县、兵团农七师(奎屯)冰雹,雹粒平均重5.5克,最大的重12.6克。乌苏县、沙湾县6.2万余亩农田受灾。兵团农七师123团(乌苏县)农作物受灾面积5.38万亩。其中,2.92万亩棉花、1.89万亩小麦、5704亩玉米受害。

5月29日,【乌鲁木齐市】降雹,作物受害13.88%。

6月2日,【昌吉自治州】玛纳斯县六户地乡至包家店镇一线雹灾,雹粒直径1~3厘米,仅147团场受灾农田面积就达9784亩。

6月2日,【石河子市】十户滩降雹,8216亩农田受灾。

6月19日,【喀什地区】巴楚县城关区和阿克墩乡降雹,棉花50%受损害。

6月21日,【伊犁地区】特克斯县冰雹,打死马6匹,牛1头,羊10只,受灾农田2.80万亩。

6月28日,【昌吉自治州】呼图壁县冰雹,各种农作物受灾面积29.45石,葡萄100架。

8月12日,【塔城地区】塔城县冰雹,1060亩小麦、燕麦遭到毁灭性打击,损失严重。

1957年 4月27日,【塔城地区】沙湾县安集海镇雹灾,最大有核桃大,对拔节的小麦损害严重。

7月,【巴音郭楞自治州】轮台县喀塔苏盖特村雹灾,棉花、玉米减产20%~30%。

7月1日,【阿勒泰地区】吉木乃县冰雹,701亩小麦绝收,135亩小麦受灾27%,160亩杂粮受灾30%~60%。

7月14日,【巴音郭楞自治州】库尔勒县大墩子冰雹,农作物受灾面积8600亩,损失粮食2.5万公斤。其中,大麦面积4702亩,损失1.28万公斤;春麦面积3884.5亩,损失1.21万公斤。

7月16日,【阿克苏地区】拜城县冰雹,作物受害面积4642.3亩。

7月30日,【阿勒泰地区】吉木乃县降雹,大如鸡蛋,2万余亩小麦受灾,减产75万公斤。

7月30日,【阿克苏地区】新和县降雹,最大雹径2厘米左右。全县农作物受灾2326亩,粮食减产5.15万公斤,打死鸡58只、驴2头、羊1只。

7月31日,【巴音郭楞自治州】库尔勒县冰雹,重量最大达6.3克。5个乡农作物受灾面积7561亩。其中,玉米5551亩、棉花1500亩、瓜234亩、烟草16亩、糜子260亩。棉花受害最重,80%左右的棉花尖被打断,20%~50%的蕾铃被打落,减产40%~60%,瓜减产40%~70%,玉米减产10%~20%。

8月25日下午3时,【阿克苏地区】柯坪县降雹,历时20分钟,受灾农田281亩。

9月14~15日,【克孜勒苏自治州】乌恰县一区一乡、二乡冰雹,仅小麦损失就达

5.67万公斤。

1958年 4月27日,【阿克苏地区】库车县冰雹,伴风、雨,死亡大小牲畜1100头(只),毁坏庄稼2662.3亩、树木215棵、房屋724间、棚圈421间,死亡5人。

5月7~9日,【阿克苏地区】新和县英阿瓦提乡冰雹、雨,受灾524户,农田受灾面积9339亩,倒塌房屋38间,死亡牲畜246头(只)。

5月中旬,【阿克苏地区】农一师连续2次冰雹。其中,兵团农一师沙井子垦区的胜利二场(现1团)棉花受灾面积1500亩。

5月30日、6月6日,【阿克苏地区】阿瓦提县冰雹、大雨,受灾农田面积15.34万亩。

6月8日,【博尔塔拉自治州】博乐县小营盘乡降雹,2万亩农田受灾。

6月29日晚8时,【阿克苏地区】库车县冰雹、暴风雨。5区15个公社受灾,各种农作物受灾2.6万亩,冰雹打死110只羊,打坏房屋158间,葡萄架147架,牲畜死亡9头(只)。

7月2日,【伊犁地区】昭苏县三区冰雹,降雹约1小时,雹块如小鸡蛋,积雹深10厘米,1.7万亩农作物无收成。

7月7日,【伊犁地区】霍城县小卡子乡一带遭雹灾,400亩棉花被毁。

7月12日,【塔城地区】乌苏县车排子降雹,2.2万余亩农田受灾。

7月14日,【博尔塔拉自治州】兵团农五师84团(博乐县托里镇)、89团(博乐县塔斯尔海镇)、90团(博乐县塔格特镇)降雹,受灾农田面积3万亩。

7月17日,【阿克苏地区】柯坪县冰雹,降冰雹约10分钟,8个乡受灾,受灾农田面积1万余亩,部分农作物被打光,冰雹打伤1人。

7月25日,【塔城地区】塔城县北山雹灾,受灾农田面积达3992亩,其中最严重的2358.5亩,损失50%~70%的约1206亩,损失10%~30%的约227亩。

8月1日,【塔城地区】裕民县冰雹,哈拉布拉乡(东风公社)3000亩冬麦受灾,其中400亩最为严重。

8月13日下午7时,【塔城地区】乌苏县冰雹,最大冰雹直径3~4厘米,持续时间15分钟,受灾农作物面积11.97万亩,占全县面积的26%,损坏房屋84间,砸坏大车5辆,打伤7人、打死牲畜63头(只),直接经济损失5万多元。

1959年 5月2日,【巴音郭楞自治州】轮台县阳霞雹灾,冰雹大如杏,降雹约4分钟,棉花受损。

6月8日,【博尔塔拉自治州】博乐市小营盘乡、青得里乡冰雹、大雨,雹径约3厘米,持续30分钟,积雹厚度25~30厘米。打死猪仔19头,农作物受灾面积1.78万亩,其中,粮食作物1.6万亩,油菜1107亩,瓜类606亩,蔬菜15亩,其他作物52亩。

6月13日,【伊犁地区】新源县冰雹,危害蔬菜、小麦、玉米等作物,其中较严重的是油菜。

6月23日,【博尔塔拉自治州】温泉县冰雹,损害农作物1000多亩。

6月26日,【阿克苏地区】新和县冰雹,持续约45分钟。损失小麦43.27万公斤、油籽 21 万公斤。

6 月 27 日，【乌鲁木齐市】降雹，乌鲁木齐县二宫乡 1276 亩农作物轻度受灾。

7 月 5 日 17 时，【阿克苏地区】阿瓦提县冰雹、风雨，受灾农田面积 2984 亩，其中，2434 亩玉米叶子被打成丝条，550 亩棉花顶尖普遍被打掉，正在收割的小麦籽粒被打脱落。

7 月 9 日，【巴音郭楞自治州】和硕县冰雹，受灾农田面积 1.58 万亩，其中玉米 6372 亩、小麦 7601 亩、瓜果 350 亩、蔬菜 440 亩、棉花 175 亩。

7 月 19 日，【伊犁地区】霍城县雹灾，受灾农田面积约 4400 亩，减产粮食 22 万多公斤。

7 月 22 日，【博尔塔拉自治州】博乐县、精河县冰雹。博乐县小营盘乡受雹面积 2613 亩，重灾面积 1312 亩。精河县安格里克地区受害面积约 5000 亩，作物减产 60%～70%。

7 月 25 日，【塔城地区】塔城县北山雹灾，受灾农田 3992 亩。

8 月初，【石河子市】兵团农八师石河子总场出现历史上少见的大冰雹，雹粒核桃大，持续 10 分钟，受灾农田面积达 1 万亩。

8 月 1 日，【塔城地区】裕民县雹灾，哈拉布拉乡（东风公社）3000 亩冬麦受灾。

8 月 9 日，【阿克苏地区】阿克苏县降雹，大如鸡卵，80% 棉花受灾。

8 月 13 日，【塔城地区】乌苏县冰雹、大风，时间 10 分钟，毁房 34 间，打伤 7 人，牲畜 57 只。

8 月 13～15 日，【塔城地区】沙湾县降雹 3 次，4.2 万亩农田受灾，打伤 39 人。

8 月 14 日，【塔城地区】乌苏县降雹，玉米、棉花、瓜菜等 1.8 万余亩受灾，水稻受灾 50% 以上。

8 月 14 日，【石河子市】莫索湾降雹，大如鸡卵，砸伤 50 人，3.3 万亩农田受灾。

8 月 16 日，【伊犁地区】昭苏县降雹，2.2 万余亩小麦受灾。

9 月 10 日，【塔城地区】沙湾县降雹，3 万余亩农田受灾，玉米棒子被打歪，水稻被砸平，损失 70% 以上。苇子被打断，棉花、苹果被打掉，棉花减产 70%～80%。

1960 年 4 月初，【阿克苏地区】阿克苏县、柯坪县、库车县、拜城县冰雹、大风、大雨，柯坪县受灾农田面积 8600 亩，其中严重受害 644 亩，盖孜力克乡小麦受灾面积是播种面积的 80%。

5 月 6 日，【克孜勒苏自治州】阿图什县冰雹，受灾玉米 3.91 万亩，棉花 3.27 万亩，小麦 248 亩，油料 3393 亩，高粱 625 亩；死亡牲畜 1423 头（只），倒塌民房 225 间。

5 月 8 日，【喀什地区】疏附县冰雹，农作物受灾面积 8692 亩。

5 月 23 日，【阿勒泰地区】兵团农十师 181 团一营冰雹，持续 4 分钟，部分农作物受灾。

5 月 23 日，【阿克苏地区】拜城县、库车县、新和县、温宿县、沙雅县、阿克苏市、阿瓦提县、柯坪县冰雹，17 万余亩农田受灾，死亡牲畜 1252 头（只），死亡 2 人，倒塌房屋 50 余间。

6 月，【巴音郭楞自治州】兵团农二师 30 团雹灾，降雹时间 20 余分钟，农作物绝收面积 5563 亩，其中，粮食作物 1031 亩，棉花 4532 亩。

6月,【阿克苏地区】库车县冰雹,各种农作物受灾63.81万亩,死亡6.46万亩,翻种3.04万亩。

6月3日14时55分至15时,【伊犁地区】伊宁市北郊冰雹,持续3～4分钟,最大冰雹直径4厘米,最大重量18.8克,平均重量7.2克。农作物受灾面积1920亩,其中,冬小麦受灾面积1898亩,20%～30%死亡,2亩西瓜、10亩葡萄、10亩棉花全部死亡。

6月14日,【阿克苏地区】拜城县冰雹,最大重量8.8克,损害部分油菜。

6月16日下午,【博尔塔拉自治州】温泉县安格里格乡冰雹,持续8～9分钟,冬、春小麦受灾面积计6790亩,其中320亩全部被打光,3496亩减产50%～80%,其余受灾较轻,当晚8时左右又出现冰雹,冬小麦受灾90亩,65亩油菜被打光。

6月20日,【伊犁地区】伊宁县冰雹,最大雹粒直径2厘米,持续时间十几分钟,冬小麦大部分被打死;多浪农场受灾2000多亩,其中1000亩全部被摧毁,英塔木公社减产一半,损失粮食600万斤,喀什公社1000亩玉米被打坏。

6月23日,【乌鲁木齐市】冰雹,200亩冬麦受害10%～20%。

6月30日,【博尔塔拉自治州】博乐市塔斯海冰雹,最大者似鸡蛋,农作物受灾面积37亩。

7月17日,【伊犁地区】新源县冰雹,玉米、葵花、南瓜叶片被打破裂。

7月29日,【巴音郭楞自治州】库尔勒县大墩子乡冰雹,雹径1.5厘米,3000亩棉花被毁。

8月,【伊犁地区】霍城县雹灾,受灾农田面积约8.7万亩,占总面积的17.7%,其中颗粒无收的5.57万亩。

8月2日,【博尔塔拉自治州】温泉县安格克里乡降雹,2.4万余亩农田受灾,产量减少56%～90%,种畜场1800亩农作物失收。

8月6日,【克孜勒苏自治州】阿合奇虎狼山乡冰雹,农作物受灾面积4020亩。

8月7日,【石河子市】148团降雹,5.2万余亩农田受灾。

8月17日,【塔城地区】乌苏县冰雹,最大重量18.8克,对农作物叶部尤其是已成熟的菜类果实损坏较严重。

1961年 4月23日,【喀什地区】叶城县冰雹,最大直径约10毫米,出苗的玉米及蔬菜受到危害。

5月10日,【巴音郭楞自治州】库尔勒市大墩子降雹,7.8万亩农田受灾,其中棉、麦1862亩。

6月3日,【伊犁地区】巩留县、特克斯县降雹,地面积雹15～20厘米,最大直径5～7厘米。巩留县1.3万余亩农田受灾,打死羊29只、牛1头。特克斯县1.1万余亩农田受灾,打死羊30只。

6月4日、7月15日,【塔城地区】塔城县2次雹灾,受灾农田面积2.47万亩,其中1.68万亩绝收。

6月5日,【伊犁地区】特克斯县降雹,3.4万余亩农田受灾,死亡牲畜22头(只)。

7月6日,【博尔塔拉自治州】温泉县哈日布呼镇北山一带冰雹,农田受灾100亩。

7月6日,【阿克苏地区】乌什县冰雹,最大有鸽子蛋大,降雹时间5分钟。受灾农田面积1.56万亩，倒塌房屋9间。

7月12日，【阿克苏地区】沙雅县冰雹，农作物受灾面积1316亩，其中，玉米死亡1066亩，小麦倒伏250亩。

7月15日，【塔城地区】额敏县冰雹，山区地带有些农作物被打毁。

7月15日，【阿克苏地区】库车县冰雹，受灾农田面积2504亩。

7月23～24日，【塔城地区】沙湾县冰雹，持续时间20分钟，受灾7679.3亩。

7月28日，【塔城地区】兵团农七师（奎屯）、乌苏县、沙湾县冰雹。其中，农七师123团（乌苏县）农作物受害2.43万亩。兵团农七师乌苏县车排子垦区3万余亩农作物成灾。沙湾县冰雹，时间15分钟，受灾4042.6亩。

8月3日，【塔城地区】托里县冰雹，降雹近1小时，农牧业严重受损。

9月19日14时，【阿克苏地区】乌什县冰雹，降雹时间5分钟，大的如杏子，积雹2厘米。5个大队23个小队受灾，农作物受灾503.7亩，减产5575公斤。

1962年 6月，【阿克苏地区】温宿县青年农场冰雹，雹粒大如杏子，历时1.5小时。三、四两个队的庄稼全部打光。

6月3日，【伊犁地区】巩留县吉尔格朗乡降雹，1000余亩小麦受灾。

7月6日，【石河子市】兵团农八师148、149、150团及紫泥泉乡降雹，冰雹最大直径5厘米。148、149团及紫泥泉2万余亩农田受灾。150团棉花叶子打掉，蕾铃部分打落，损失60万元。

7月16日，【巴音郭楞自治州】轮台县雹灾，冰雹大者如杏，地面积雹35毫米左右。玉米叶全被打碎，青果全部打落。

9月底，【阿克苏地区】库车县冰雹，棉花、水稻受灾4000余亩。

1963年 5月，【阿克苏地区】新和县冰雹，农作物受灾面积4.88万亩。其中，粮食作物2.87万亩、油料5710亩、棉花1.44万亩，减产粮食221万公斤。

5月10日，【阿克苏地区】柯坪县雹灾，最大冰雹直径3厘米，最重6.3克。五一公社1.7万亩作物受灾（7356亩改种），杏子、苹果减收50%～90%，粮食基本无收，牲畜死伤2000余头（只）。

5月12日15时，【阿克苏地区】柯坪县盖孜力克乡、玉尔其乡雹灾，大如核桃，小如杏子，持续时间长达15～19分钟。受灾农作物面积1.7万亩，以杏为主的各种果树均受灾。

5月17日，【喀什地区】叶城县降冰雹5～6分钟，地面积雹10厘米，大如核桃、小如杏子。农作物受灾5748亩，其中绝收1306亩，受灾果树2473棵，5人轻伤，打死牛羊共55头（只）。

5月18日，【博尔塔拉自治州】冰雹，最大雹粒如鸡蛋。农作物受灾面积463.5亩，其中，粮食作物受害402.5亩，棉花27亩，油料及其他作物33亩。

5月21日下午，【喀什地区】疏附县、伽师县冰雹，持续15～20分钟，地面积雹10～20厘米深，小的如杏核，大者如核桃，4.8万余亩农田受灾，死羊170只，打伤21人。

5月21日,【克孜勒苏自治州】阿图什县、阿克陶县冰雹,冰雹状如核桃大小,农作物受灾面积8674亩,打死羊45只,打伤12人,死亡1人。

5月22日,【喀什地区】巴楚县降雹,最大重量300克,12.2万亩农田受灾,死亡牛羊390头(只)。

5月24日,【阿克苏地区】乌什县冰雹,蔬菜叶子被打坏1/5,191亩小麦、11.5亩瓜、695亩玉米受害。

5月25日,【阿克苏地区】拜城县老虎台公社雹灾,雹径0.7~1厘米,持续时间5分钟。小麦被砸如刀割一般,全公社农田受灾面积严重的达1333亩,减产38220公斤。

6月4日,【伊犁地区】霍城县雹灾,受灾农田面积约3600亩,减产粮食约9.5万公斤。

6月4日,【巴音郭楞自治州】焉耆县冰雹,冰雹平均重量0.5克,最大重量165克,降雹时间15分钟。农作物受灾面积2.5万亩,其中1.5万亩玉米、1万亩小麦。瓜菜叶片被打烂。

6月5日夜间,【阿克苏地区】新和县冰雹,8个生产队的80%玉米、棉花被打伤。

6月6日,【喀什地区】疏附县、喀什市冰雹,大小如鸡蛋。疏附县受灾各种农作物1.53万亩。喀什市受灾农作物479.7亩,1只羊被砸死。

6月8日,【阿克苏地区】柯坪县冰雹,5个队农作物受害,玉米、棉花、瓜类等重者叶片100%被打碎。

7月5日,【阿克苏地区】乌什县冰雹,40%的小麦被打掉穗头,蔬菜损失90%,70%的杏子被打落。

7月7日,【博尔塔拉自治州】温泉、博乐县、精河县降雹,5万余亩农田受灾,死羊260只。

7月10日,【博尔塔拉自治州】温泉县、博乐县、兵团农五师冰雹,雹径约3厘米。温泉县受灾农田面积1.67万亩。博乐市重灾面积3.65万亩。兵团农五师农作物受灾面积6800亩。

7月18日,【博尔塔拉自治州】温泉县查干屯格乡、安格里格乡、哈日布呼镇三个乡降冰雹,受灾农田面积1.67万亩。

7月23日下午,【阿克苏地区】阿克苏县冰雹,农作物成灾面积9123亩,水淹麦场小麦6000公斤。

8月,【阿克苏地区】、【克孜勒苏自治州】库车县、温宿县、阿合奇县,降冰雹、暴雨,5800余亩农田受灾,死亡牲畜20头(只),死亡1人。

8月21日,【博尔塔拉自治州】温泉县冰雹,农作物受灾面积5200亩,损失粮食3.5万公斤。

9月18日,【阿克苏地区】柯坪县冰雹,受灾农田面积85亩,受害率达35%~50%。

1964年 6月7日,【伊犁地区】霍城县雹灾,小麦受灾面积约3000亩,油菜受灾面积200亩。

6月7日,【阿克苏地区】新和县冰雹,降雹45分钟,地面雹粒厚达6厘米。打死牲畜31头(只)、鸡206只,5537亩农作物被毁,倒塌房屋17间。

第九章 冰雹灾害

6月17~18日，【博尔塔拉自治州】温泉县连续2次降冰雹，316.87公顷农作物受灾。

6月21日，【伊犁地区】察布查尔县降雹，4000亩农作物受灾。

6月21日16时，【阿克苏地区】阿瓦提县冰雹，降雹时间持续35分钟。受灾生产队108个，作物面积4.28万亩，占全县总播面积9.5%，其中重灾9120亩，打死羊19只。

6月24~25日，【喀什地区】英吉沙县2次冰雹，一般如鸽子蛋大，最大的如核桃。打伤11人，打死1人、牲畜27头（只），3923亩作物受损。

6月26日，【巴音郭楞自治州】和静县农区冰雹，最大重量0.8克，打坏玉米叶片。

6月27日，【博尔塔拉自治州】温泉县冰雹，受灾农田1万亩。

7月3日，【伊犁地区】霍城县雹灾，农作物受灾面积5700亩。

7月7日，【阿克苏地区】沙雅县、新和县冰雹，一般玉米粒大小，最大似鸡蛋，积雹深度6厘米，持续时间10~50分钟，农作物受灾面积1.84万亩，死亡鸡206只，其它大牲畜31头。

7月7日，【塔城地区】沙湾县雹灾，地面积雹厚达30厘米，农田受灾面积数百亩，其中100亩绝收。

7月19日，【喀什地区】岳普湖县雹灾，936亩农作物受损。

8月8日凌晨，【塔城地区】乌苏县车排子乡雹灾，降雹15分钟，兵团受灾作物2.43万亩。

8月12日13时44~54分，【塔城地区】塔城市冰雹，受灾烟叶140亩，减产二三成，30%辣椒被打毁，125亩梨、瓜受灾，打毁80%。

8月23日，【塔城地区】塔城市冰雹，平均重1.4克，最大重2.0克，持续时间10分钟。10亩烟叶减产二三成，100亩梨瓜被打坏，苹果、甜瓜和西瓜亦受轻微损失。

8月31日23时29~40分，【石河子市】冰雹，最大直径1.7厘米，气象站风向杆照明灯被打坏，打坏农作物1500亩，其中严重的达300亩，特别是县站东面的棉花、甜菜地植株被打碎，500亩水稻籽粒被打落，其他蔬菜瓜果也有损失。

9月20日，【阿勒泰地区】阿勒泰县冰雹，未收获的农作物全部受害，蔬菜损失严重。

1965年 4月27日，【博尔塔拉自治州】温泉县冰雹，受灾农田2000亩。

5月，【石河子市】兵团农八师136团冰雹，持续10几分钟，重量5克，鸡蛋大小，农田受灾。

5月28日至6月1日，【阿克苏地区】冰雹、暴雨，3.9万余亩农田受灾，死亡牲畜237头（只），倒塌房屋820间。

6月1日，【喀什地区】冰雹、暴雨，3.5万余亩农田受灾，死亡牲畜376头（只），死亡3人，伤2人，倒塌房屋353间。

6月15日，【克孜勒苏自治州】冰雹，最大直径10毫米。农作物受灾面积958亩，其中，22亩甜瓜受害达100%，152亩大麦60%受害，140亩小麦受害5%，646亩高粱受害5%。

6月16日23时40分，【喀什地区】伽师县冰雹，打裂部分玉米叶子。

6月24日,【博尔塔拉自治州】温泉县、博乐市、农五师冰雹,5.69万余亩农作物受灾,减产50%,其中6200亩严重减产。

6月25日15时56分至16时04分,【阿克苏地区】拜城县冰雹,最大重量1.5克,最大直径12毫米。全县农作物受灾1万多亩,部分玉米受害90%以上,冬小麦减产10%。

6月30日,【阿克苏地区】新和县、沙雅等县降雹,最大如鸡卵,8万余亩农田受灾,减产478万公斤,打伤29人,打死羊8只。

7月,【博尔塔拉自治州】博乐县小营盘乡雹灾,农作物受灾面积3000余亩。

7月8日,【伊犁地区】霍城县雹灾,受灾面积7.7万亩。

7月15日6时左右,【伊犁地区】霍城县、巩留县冰雹,降雹4~5分钟,冰雹直径1~2厘米,积雹厚度10~15厘米,农作物受灾面积2200亩,仅国营牧场粮食受损失就达20万~25万公斤。

7月16日下午,【巴音郭楞自治州】库尔勒县冰雹,持续时间6分钟,雹粒直径5~7毫米。农作物受灾面积2100亩,其中,棉花1500亩(被毁600亩),葡萄600亩,另有玉米、瓜菜、树苗受灾。

7月19日,【阿勒泰地区】吉木乃县冰雹,持续十多分钟,雹粒如黄豆、枣粒大小,1500亩农作物受灾致死。

7月26日,【博尔塔拉自治州】温泉县安格里格乡、种畜场冰雹,安格里格乡农作物受灾面积1000余亩,减产20%;种畜场受灾农田4000亩。

7月29日,【巴音郭楞自治州】库尔勒县降雹10分钟,雹径2厘米,地面积雹3厘米厚,3400亩农作物受灾,250亩无收成,伤数人,击死鸡13只。

1966年 4月22日,【喀什地区】疏附县冰雹,伴雨,11个公社的98个大队受灾,7.15万亩作物程度不同地受到灾害。

4月23日,【喀什地区】喀什市冰雹,同时伴有强降水,蔬菜、棉花危害严重,居民房屋90%漏雨。

4月23日,【克孜勒苏自治州】阿图什市阿湖、阿扎克、松他克等乡冰雹,雹粒如杏,农作物受灾面积1.3万亩,其中阿湖乡受灾最为严重。

4月27日,【博尔塔拉自治州】兵团农五师84团(博乐市托里镇)遭雹灾,雹径约2厘米,受灾农田面积1.1万亩。

5月4日17时,【昌吉自治州】呼图壁县降雹,伴大风,冰雹持续20分钟,直径2~3厘米,大者如鸡蛋。3个公社8个生产大队35个生产队的4.4万余亩农田受灾,打伤多人。

5月10日,【阿克苏地区】乌什县、阿克苏市、阿瓦提县、柯坪县,兵团农一师1、3、16团冰雹,农作物受灾1.32万亩,死亡羊600只,死亡1人。

6月10日,【巴音郭楞自治州】和硕县冰雹,玉米叶片被打破,水稻落粒。

6月26日,【博尔塔拉自治州】温泉县查干屯格乡、种畜场冰雹,1.1万亩农田受灾,其中2000亩减产15%~20%。

7月,【博尔塔拉自治州】精河县小海子山区雹灾,地面积雹20厘米,牲畜放牧困难。

7月1日，【阿勒泰地区】兵团农十师181团3营冰雹，每平方米平均击出292穴，最大直径4厘米。农作物受灾面积1110亩，其中250亩小麦、70亩油葵绝收。

7月10日，【博尔塔拉自治州】温泉县、农五师冰雹。温泉县种畜场损失粮食10万公斤。农五师八场损害农作物200亩。

7月14日，【阿克苏地区】柯坪县冰雹，持续时间15～20分钟，最大冰雹直径2厘米，农牧业受灾较重。

8月27日，【克孜勒苏自治州】阿合奇县冰雹，3285亩麦苗受灾，损失粮食5万公斤。

第四节　公元1967—1979年的冰雹灾害

1967年　5月，【克孜勒苏自治州】阿克陶县巴仁乡冰雹，冬小麦打折茎秆造成倒伏，后期小麦减产约30%。

5月4日，【克孜勒苏自治州】阿图什县松他克乡、阿扎克乡、格达良乡、农三师红旗一场等地冰雹，受灾农田1.21万亩，倒塌房屋46间，死亡羊12只。

5月14日，【阿克苏地区】柯坪县冰雹，棉花损失15%～20%。

5月14日，【克孜勒苏自治州】阿图什县、乌恰县冰雹，直径达30～40毫米。阿图什县阿湖乡冰雹砸死小孩1人、牲畜数头。乌恰县波斯坦铁列克公社冰雹打死马12匹。

7月1日，【阿克苏地区】降雹，伴大风，33.2万亩农田受灾，死亡2人，伤13人，倒塌房屋28间。

7月8日，【伊犁地区】霍城县降雹，7.7万亩农作物受灾。

7月8日，【阿克苏地区】乌什县英阿瓦提乡冰雹，1万余亩小麦、玉米受灾，减产粮食10万公斤。

7月15日18时，【阿克苏地区】阿瓦提县雹灾，冰雹直径为0.5～3厘米，持续时间7分钟左右。农作物受灾面积6590亩，其中，受灾小麦2682亩，占播种小麦面积的49.6%，受灾玉米3265亩，占玉米播种面积的63.4%，受灾棉花643亩，占播种面积的53.7%。

7月30日，【伊犁地区】昭苏县冰雹，10万亩农田受灾，失收5万亩，损失粮油425万公斤。

8月4日，【博尔塔拉自治州】温泉县查干屯格乡、安格里格乡降冰雹。安格里格乡1.25万亩小麦受灾，减产40%；查干屯格乡农田受灾1.08万亩。全县损失粮食28.97万公斤、油料8700公斤。

8月6日，【博尔塔拉自治州】博乐市雹灾，雹径2厘米，受灾农田面积1万余亩。

8月24日，【博尔塔拉自治州】温泉县种畜场、查干屯格乡冰雹，2000亩农田遭受雹灾。

8月25日和10月16日，【喀什地区】巴楚县冰雹，棉花叶被打坏，农作物受损。

8月27日,【克孜勒苏自治州】阿合奇县冰雹,3285亩麦苗受灾,粮食损失5万公斤左右。

10月16日,【阿克苏地区】兵团农一师沙井子垦区冰雹,降雹时间20分钟左右,全场受灾最严重的作物是水稻,受灾总面积2.6万亩,损失粮食89.5万公斤。

1968年 5月,【昌吉自治州】昌吉县六工乡冰雹,玉米,小麦受灾较重。

5月30日,【伊犁地区】昭苏县冰雹,最大重量6.6克,最大直径3.3厘米,部分农作物受损。

6月2日,【伊犁地区】昭苏县冰雹,最大直径2厘米,部分农作物受损。

6月13日,【阿克苏地区】柯坪县冰雹,1000亩冬小麦受害,其中300亩全部倒伏减产。

6月16日,【伊犁地区】昭苏县冰雹,最大直径2.4厘米,部分农作物受损。

7月2日17时,【阿克苏地区】阿瓦提县冰雹,农作物受灾面积1800亩。

8月21日傍晚,【昌吉自治州】呼图壁县雹灾,最大直径0.7厘米。农作物受到轻微损失。

8月24日,【伊犁地区】昭苏县冰雹,最大直径2厘米,部分农作物受损。

1969年 4月24日,【喀什地区】叶城县冰雹,损害蔬菜和水果。

5月11日,【阿克苏地区】柯坪县冰雹,农作物受灾面积1510亩。

5月,【石河子市】兵团农八师132团冰雹,农田受灾。

6月29日,【巴音郭楞自治州】焉耆县冰雹,雹粒如黄豆大,直径3~4毫米,降雹6分钟。部分瓜菜、玉米叶片被打坏。

7月,【阿克苏地区】阿瓦提县雹灾。农作物受灾面积2100多亩,其中,200亩棉花的花蕾、枝叶被打得精光;600余亩玉米叶子被打成乱丝;1400亩即将收割的小麦被打得落粒断穗,减产25万公斤。

7月7日,【巴音郭楞自治州】兵团农二师27团(焉耆县)冰雹、大风,玉米受害较重,玉米叶被撕裂。

1970年 7月2~3日,【石河子市】兵团农八师148、150团场降雹,4.2万余亩农田受灾。

7月7日,【石河子市】兵团农八师149、136、150团遭受冰雹袭击,棉花打成光秆,玉米叶子撕成碎片,麦子、豌豆颗粒打落,西瓜打穿孔,损失150万元。

7月25日,【阿克苏地区】乌什县降雹,大如鸡卵,2.4万余亩农田受灾。

1971年 3月18日,【伊犁地区】昭苏县雹灾,农作物受灾面积8000亩,其中,3000亩颗粒无收,5000亩重灾,损失粮食50万公斤。

7月3日,【克孜勒苏自治州】阿图什县哈拉俊乡冰雹,蔬菜受损害较大,成熟的麦子也受到较大的损失。

7月5~7日,【阿克苏地区】冰雹、暴风雨,7.1万余亩农田受灾,死亡7人,伤36

人，死亡牲畜 9676 头（只）。

7月5～6日，【阿克苏地区】乌什县冰雹、大雨，受灾农田面积 3145 亩，损失粮食 35.4 万公斤，牲畜损失 128 头（只）。

7月10日21时，【阿勒泰地区】布尔津县冰雹，1.1万余亩农田受灾，其中，毁坏玉米 9360 亩、小麦 1155 亩，损失率各达 40%；毁坏瓜菜 195 亩，其中瓜类损失率达 100%，蔬菜损失率达 50%；毁坏苹果 30 亩，损失率达 70%。

7月11日17时20～43分，【伊犁地区】尼勒克县雹灾，持续时间 23 分钟，雹粒直径约 4～5 厘米。冰雹区内的玉米只剩主秆，蔬菜被打碎，其余农作物损失严重。

7月底，【博尔塔拉自治州】精河县降雹，地面积雹 10 厘米，40 平方公里的农田受灾，玉米叶全被打坏，小麦也有一定损失。

8月10日，【克孜勒苏自治州】阿图什县哈拉俊乡冰雹，将蔬菜打烂。

8月18日，【伊犁地区】昭苏县种马场、羊场降雹，5000 亩重灾，3000 亩粮食作物颗粒无收，损失粮食 50 万公斤。

9月12日，【伊犁地区】昭苏县雹灾，降雹 23 分钟，积雹 30 厘米厚。1.75 万亩小麦受灾。

9月20日18时左右，【阿克苏地区】兵团农一师阿拉尔垦区冰雹、暴雨，冰雹直径一般 1～3 厘米，最大 5 厘米，地面积雹 15～20 厘米，降雹持续 24 分钟。农作物受灾面积 10 万亩，仅水稻一项损失 150 万公斤。冰雹将树叶几乎全部打掉，116 人被打伤，50 多头牛、羊、猪被打死，在一棵树下有死麻雀几十只。

1972 年 5 月，【阿克苏地区】柯坪县冰雹，农作物受灾面积 1876 亩，其中，砸毁玉米 1350 亩、高粱 157 亩、棉花 75 亩、油料 157 亩、瓜 137 亩。

5月27日至7月19日，【喀什地区】伽师县降暴雨、冰雹 5 次，10 万余亩农田受灾。

6月16～18日，【阿克苏地区】降冰雹、暴雨，2.6 万亩农田受灾，死亡牲畜 5161 头（只），倒塌房屋 174 间。

6月17日，【伊犁地区】兵团农四师 76 团（昭苏县吐尔根布拉克乡）降雹，6.3 万亩农田受灾。

6月17日，【博尔塔拉自治州】温泉县、博乐市冰雹，雹径 1.8 厘米，积雹最厚达 50 厘米，持续 20 分钟，受灾农田面积 4.77 万亩，其中，粮 3.52 万亩、油 5750 亩、棉 1110 亩。

6月18日，【巴音郭楞自治州】轮台县哈尔巴克乡良种场雹灾，200 亩油菜受损，玉米、棉花叶片被打碎。

6月18日，【阿克苏地区】拜城县、乌什县、阿瓦提县冰雹，降雹持续时间 5～15 分钟，雹小的如葡萄，大的如核桃，21.79 万亩农田受灾，倒塌房屋 343 间，另外，瓜、菜等也均受不同程度影响。

6月30日，【阿克苏地区】沙雅县冰雹，冰雹平均重约 4 克，最大的 19 克，直径 4 厘米。5 个大队受灾，打伤 2 人，受灾农田 3 万亩。

7月7～9日，【阿克苏地区】温宿县连降冰雹，最大直径 2 厘米。2078 亩农作物受灾。

7月9日,【塔城地区】沙湾县博尔通古乡、西戈壁乡雹灾,冰雹像鸽子蛋大,共9000多亩作物受重灾,损失粮食50多万公斤。

7月9～30日,【阿克苏地区】乌什县6次降雹,9万余亩农田受灾。

7月18日,【博尔塔拉自治州】冰雹,麦子、油料、玉米受灾约50%。【巴音郭楞自治州】轮台县野云沟村雹灾,冰雹大如杏,地面积雹10厘米厚。1200亩农作物损失50%以上,白菜损失30%,近万株桃树青果损失20%。

7月19日19时,【塔城地区】裕民县冰雹,持续10几分钟,雹粒如黄豆、核桃大小,积雹厚达10多厘米。致使1000多亩冬麦、油菜、玉米、蔬菜、瓜果受到不同程度的危害,其中灾情严重的有400～500亩。

7月28日,【博尔塔拉自治州】温泉县冰雹,安格里格乡回族庄子损失麦子1410亩。

7月29日,【阿克苏地区】乌什县、兵团农一师冰雹,共降雹35分钟,积雹厚度25厘米,小的有黄豆粒大,大的如杏子。受灾农田面积5.5万亩,玉米叶子被全部打光,棉花被打成光秆,减产粮食35～40万公斤。鸡、鸽死亡很多。

7月,【石河子市】兵团农八师133团(下野地垦区)冰雹,瓜全部被打坏。

1973年 4月13日,【巴音郭楞自治州】轮台县雹灾,105亩出土被棉花苗被打死。

4月27日,【阿克苏地区】柯坪县冰雹,蔬菜损失80%,果园杏子被打落10%～25%。

5月15日,【巴音郭楞自治州】和硕县降雹,伴有大风,农作物1.1万亩受灾。

5月28日,【博尔塔拉自治州】博乐县雹灾,农作物受灾1300亩。

5月28日,【阿克苏地区】拜城县降雹,2.2万余亩农田受灾。

6月15日18时,【塔城地区】额敏县雹灾,降雹20分钟,自然沟积雹20厘米厚。农作物受灾面积4000亩,其中,3000余亩豌豆绝收,1000多亩小麦60%被打坏。

6月16日,【昌吉自治州】米泉县雹灾,雹径7毫米。县城附近葫芦叶被打穿,东山林场的家畜、家禽被砸死。

6月26日至7月1日,【巴音郭楞自治州】和静县巴音布鲁克乡冰雹,积雹2厘米,部分宽叶草被打烂,茎秆被打断。

6月28日,【塔城地区】乌苏县农七师冰雹,历时15分钟,最大直径1厘米,积雹厚度近1厘米。兵团农七师123团农田受灾面积约8千亩,128团5个连队受灾,农作物受灾面积8000多亩,蔬菜被打光,棉花成秃秆,玉米叶成条状。

6月28日,【巴音郭楞自治州】库尔勒县冰雹、雷阵雨,雹径5毫米。作物受害,并发生雹击变压器导致停电事件。

7月2日,【塔城地区】乌苏县车排子乡冰雹,最大直径1厘米。损失棉花1000多亩。

7月21日,【塔城地区】乌苏县车排子乡降雹,1/3的小麦被打掉粒。

8月,【伊犁地区】昭苏县雹灾,1.9万亩农作物受灾,5000亩减产70%,损失粮食150万公斤。

8月,【石河子市】兵团农八师132团、133团、134团、135团等团场遭雹灾,经济损失140万元。

8月14日,【哈密地区】哈密市南山口冰雹,麦穗被击掉。

第九章 冰雹灾害

8月22日，【塔城地区】兵团农七师（奎屯）、乌苏县、沙湾县冰雹。兵团农七师123团（乌苏县）农作物受灾5万亩。乌苏县车排子7万余亩农田受灾。沙湾县300多亩小麦有70%绝收，草场遭受严重损失，树枝被打断。

9月1日，【博尔塔拉自治州】温泉县冰雹，最大直径2.5厘米，果树受害。

9月13日，【伊犁地区】昭苏县降雹，大如鸡卵，4.1万余亩农田受灾。

10月17日，【石河子市】兵团农八师148、149、150团场雹灾，农作物受灾严重，经济损失100万元。

1974年 6月25日24时，【喀什地区】疏勒县冰雹，持续时间约半小时。16个大队受灾，损失农作物5870亩，死亡牲畜、倒塌房屋若干。

6月26日凌晨，【克孜勒苏自治州】阿克陶县巴仁乡冰雹，全乡一半以上的村受灾，农作物受灾面积2.08万亩。其中，小麦受灾面积8932亩，占小麦总播种面积的50%，玉米受灾面积7448亩，占54%，棉花受灾1135亩，占60%，油料受灾1439亩，占37%，水稻受灾498亩，占35%，瓜类受灾407亩。

6月27日22时，【博尔塔拉自治州】温泉县冰雹，农作物受灾面积3000亩，其中玉米700亩、胡麻250亩、小麦470亩等。

6月29日14时，【博尔塔拉自治州】温泉县冰雹，大小如蚕豆，降雹15分钟。受灾农田面积2394亩。其中30%小麦穗被打落。

6月底，【阿勒泰地区】哈巴河县加依勒玛乡（胜利公社）冰雹，700亩小麦颗粒无收。

7月6日，【石河子市】冰雹，经济损失100万元。

7月20日，【克孜勒苏自治州】乌恰县雹灾，打死马1匹。

7月27日，【哈密地区】伊吾县冰雹，小麦倒伏。

8月，【克孜勒苏自治州】乌恰县托云乡和巴音库鲁提乡冰雹，托云乡1400亩青稞受损，巴音库鲁提乡减产粮食3成多。

8月4日，【博尔塔拉自治州】温泉县冰雹，降雹半小时，8个队农田受灾面积9946亩。

8月16日，【喀什地区】莎车县冰雹，降雹19分钟，雹块有鸡蛋大，18个大队34个生产队的3600亩玉米、棉花受灾。

8月23日22时50分至23时18分，【喀什地区】岳普湖县冰雹，最大冰雹直径14.4厘米。损失粮食、油料130万公斤，瓜菜损失折合人民币9200元，99人受伤，其中12人受重伤，打死大畜2头、羊22只、鸡180只。

9月5日，【阿克苏地区】乌什县降雹，直径4厘米，重20克，积雹厚度5~10厘米，持续时间13分钟。4万余亩农田受灾，全县损失水稻150万公斤，加之未完成播种、低温不熟等因素，水稻减产300万公斤左右。

9月5日，【克孜勒苏自治州】阿图什市冰雹，直径达3~4厘米，砸死牲畜数头。

9月11日，【阿克苏地区】乌什县降雹，损失粮食100万公斤。

1975年 6月7~9日，【巴音郭楞自治州】焉耆县降雹，1.2万亩农田受灾。

夏季，【博尔塔拉自治州】精河县小海子乡雹灾，地面积雹 15 厘米左右，3 天才消完，造成结冰，地面很滑，摔死马 15 匹。

7 月，【石河子市】冰雹，经济损失 880 余万元。

7 月 5 日，【博尔塔拉自治州】博乐县雹灾，4000 余亩作物受灾。

7 月 30 日，【阿勒泰地区】吉木乃县冰雹，大的如鸡蛋，持续几分钟，损失小麦 125 万公斤。

8 月 4～7 日，【博尔塔拉自治州】温泉县降雹，3 万余亩农田受灾。

8 月 23 日 22 点 50 分至 23 点 18 分，【喀什地区】岳普湖县冰雹，一般的如拳头大，持续 18 分钟。3 个公社 57 个小队受灾，损失粮食 111 万公斤、棉花 3 万公斤、油料 18.5 万公斤；毁坏果园 1.43 万亩、草场 1.5 万亩；打伤 99 人（重伤 12 人），打死牲畜 204 头（只）。

1976 年　6 月，【伊犁地区】察布查尔县遭受雹灾，受灾农田面积 6000 余亩。

6 月 3 日，【博尔塔拉自治州】温泉县降雹，1 万余亩农田受灾。

6 月 8 日，【巴音郭楞自治州】焉耆县、库尔勒县冰雹，直径 10～15 毫米，降雹 10 分钟。焉耆县农作物受灾面积 3 万亩，其中 1.4 万亩严重受灾。库尔勒市 3.2 万余亩农田受灾。

6 月 9～17 日，【阿勒泰地区】降雹 3 次，1.5 万亩农作物受灾。

6 月 9 日 17 时 55 分至 18 时 30 分，【喀什地区】岳普湖县冰雹，损失小麦 0.6 万公斤，高粱 3.3 万公斤，棉花 1.85 万公斤，油料、瓜菜等 0.8 万公斤。

7 月 14 日，【塔城地区】沙湾县安集海镇降雹，大者如鹅卵，2.7 万余亩农田受灾。

7 月 15 日，【石河子市】、【塔城地区】沙湾县冰雹，农作物损失很重。

7 月 18 日，【石河子市】降雹，11 万余亩农田受灾，小麦减产 200 万公斤。

7 月 25 日，【博尔塔拉自治州】温泉县降雹，1.2 万余亩农田受灾。

7 月 31 日，【博尔塔拉自治州】博乐县城区、青得里乡、小营盘乡雹灾，农作物受灾面积 4000 亩，其中瓜菜 125 亩。

8 月 5～6 日，【阿克苏地区】兵团农一师 3 团（阿瓦提县）降雹，最大冰雹直径达 3 厘米，形似大枣，地面积雹厚度达 10 厘米。棉花减产 250 吨。

8 月 6 日，【阿克苏地区】库车县、新和县、沙雅县、农一师冰雹，降雹 15～40 分钟，最大冰雹直径 3～4 厘米，受灾农田面积 12.5 万亩，减产 500 万公斤，瓜果蔬菜被全部打光，死亡 2 人，伤数十人，打死牲畜 491 头（只），损失 100 万元以上。

9 月 25 日下午，【石河子市】炮台冰雹，冰雹直径约 4 厘米左右，白菜、瓜果普遍受到严重损失，面积约 400 亩。

1977 年　5 月 15 日，【喀什地区】巴楚县降雹，造成大片农作物死亡，蔬菜苗死亡率达 60%～70%，死亡 1 人。

5 月 16 日，【克孜勒苏自治州】阿克陶县降雹，最大的像鸽蛋。玉米叶基本上都被打碎，冬小麦全部倒伏，杏子几乎全部被冰雹打落，损失严重。

5 月 20 日 16 时 42 分，【昌吉自治州】兵团农六师 103 团（米泉县）冰雹，农作物受害面积 675 亩。

5月25日,【塔城地区】沙湾县乌兰乌苏乡和金沟河乡降雹,5.6万余亩农田受灾。

6月6日,【喀什地区】巴楚县降雹,雹径3厘米,平均重5克,持续时间21分钟。造成大面积农作物受灾,仅小麦、棉花受灾就达1万余亩。

6月10日,【克孜勒苏自治州】冰雹、暴雨,2.9万余亩农田受灾,死亡牲畜61头(只)。

6月12日,【阿克苏地区】兵团农一师10团场降雹,1.5万余亩农田受灾。

6月13～16日,【喀什地区】巴楚县、疏勒县、岳普湖县、英吉沙县冰雹,伴洪水。倒塌房43间、畜圈20个,死亡牲畜184头(只),8人受伤,1人死亡,农作物受灾2.49万亩,其中受毁灭性的达1.5万余亩。

6月16日18时,【喀什地区】喀什市、麦盖提县冰雹,持续时间1小时,受灾农田面积7.46万亩,夏粮损失5万公斤左右,砸死牲畜191头(只),受伤30人。

6月24日,【塔城地区】沙湾县雹灾,最大直径1厘米以上,3930亩作物受灾,损失40％以上。

6月26日,【塔城地区】托里县庙尔沟乡冰雹,最大直径5厘米,树叶被打落。

7月,【石河子市】兵团农八师133团场雹灾,把成熟的小麦打落在地上,无法拣拾,该团突击研制"吸麦机",每亩吸起麦粒40公斤,余皆被土掩埋。

7月2日,【博尔塔拉自治州】博乐县雹灾,雹径4.5厘米,持续10分钟,有人畜伤亡,农作物受灾面积17.87万亩,损失粮食9000万公斤。

7月3日,【塔城地区】沙湾县降雹,大如鸡卵,1.4万余亩农田受灾。

7月14日,【博尔塔拉自治州】雹灾,6.3万余亩农田受灾,打伤60余人,损失牲畜600余头(只)。

7月15～16日,【阿克苏地区】雹灾,3.7万亩农田受灾。其中,乌什县1万余亩,损失粮食24.4万公斤、油料1万公斤。

7月25日,【塔城地区】冰雹,农作物受灾面积1000亩,瓜、菜、玉米叶子被打坏,造成减产。

8月1日,【塔城地区】乌苏县车排子乡降雹,7万余亩农田受灾。

8月2、3、11日,【石河子市】3次降雹,最大雹粒如鸡蛋,地面积雹最厚10厘米,19.6万余亩农田受灾。

8月3、12日,【塔城地区】沙湾县、车排子冰雹,大如鸡卵,16.6万亩农田受灾。

8月11日17时,【塔城地区】兵团农七师123、127、128团场雹灾,降雹25分钟,7万亩农作物受灾,其中123团1万亩。

8月11日下午,【昌吉自治州】玛纳斯县雹灾,时间6分钟,雹粒直径一般为1～1.5厘米,最大2.5厘米,地面形成4厘米厚的冰雹层,粮食减产84万公斤。

8月12日,【阿勒泰地区】兵团农十师182团(福海县)冰雹,积雹厚度15厘米,损失粮食10万余公斤,砸死鸡鸭近200只,15人受伤。

8月23日,【伊犁地区】昭苏县农科所、羊场一带雹灾,地面积雹20厘米,农田受灾5000亩,损失粮食47.5万公斤。

9月8日,【巴音郭楞自治州】和硕县冰雹,玉米叶片被打破,水稻落粒。

1978年 5月14日16时左右,【阿克苏地区】新和县降雹,大的似麻雀蛋,农作物1500亩受灾。

5月22日,【伊犁地区】霍城县雹灾,雹粒大如桃子,小如杏,持续10多分钟,3个公社总受灾面积1.55万亩,芦草沟公社6、7大队的农作物损失达70%～80%。

6月,【伊犁地区】昭苏降雹,农作物受灾面积2万亩。

6月4日,【博尔塔拉自治州】博乐市雹灾,雹径4厘米。农田受灾面积13.8万亩,其中重灾2.23万亩,特重灾1.37万亩。

6月6日,【巴音郭楞自治州】尉犁县冰雹,直径2～3毫米。大叶作物的叶被打坏。

6月7日,【博尔塔拉自治州】精河县雹灾,地面积雹5厘米,打死羊30只。

6月7日,【阿克苏地区】库车县冰雹,直径1厘米,山区受灾较为严重,牲畜死亡3000头(只),农业区麦子每平方掉粒3000粒左右,棉花、玉米也受不同程度的损害。

6月10日下午,【阿克苏地区】温宿县、阿克苏市冰雹,历时15分钟,最大直径4～5厘米,重3.4克,地面积雹4～5厘米。温宿县小麦受损,部分棉花、高粱翻种。阿克苏市小麦损失100%,棉花50%,玉米30%～40%,蔬菜80%～90%,杏子全部被打坏。全市受灾农田面积2.79万亩,损失粮食13.88万公斤、皮棉3.09万公斤、油料9970公斤,牲畜死亡75头(只)。

6月22日,【阿克苏地区】库车县冰雹,麦子倒伏70%,其它作物也被打烂叶子。

7月17日,【伊犁地区】昭苏县雹灾,1.64万亩粮油作物受灾,1.24万亩失收,损失粮食100万公斤、油料4万公斤。

7月19日,【巴音郭楞自治州】兵团农二师23团冰雹,农作物受灾面积1771亩,其中176亩玉米、60余亩瓜菜受灾,正在收割的1300亩小麦损失65%～70%,235亩水稻受损,粮食损失约15万公斤。

7月26日,【阿克苏地区】乌什县冰雹,玉米叶子打成丝条状,有的大叶主茎打断,农作物受灾面积3250亩,其中玉米2384亩、小麦360亩、瓜122亩、油料217亩、蔬菜167亩。

7月27日22～23时,【阿克苏地区】乌什县英阿瓦提冰雹,一般蚕豆、黄豆粒大,最大似核桃大,农作物受灾面积7061亩,其中玉米2620亩、胡麻33亩、瓜57亩。4团受灾农田面积4351亩,经济损失10.4万元。

7月30日,【阿勒泰地区】哈巴河县冰雹,雹粒平均重1.3克,最大直径2.5厘米。小麦脱粒、葵花秆打折、西瓜穿洞。加依勒玛乡,已成熟的小麦掉粒十分严重,事后仅从地上扫回小麦就达1.5万公斤。

8月3日,【塔城地区】额敏县冰雹,9.7万亩小麦受灾,损失40万公斤。

8月13日,【哈密地区】巴里坤县冰雹,1000亩成熟的小麦遭到袭击,其中500亩重灾无收。

8月24日17时17～22分,【阿克苏地区】乌什县冰雹,80亩水稻损失20%～30%。

9月2日午后,【阿克苏地区】乌什县冰雹,最大有核桃大。水稻损失10%～50%。

9月6日,【阿克苏地区】乌什县冰雹,农作物受损918亩。

第九章 冰雹灾害

1979 年 6 月，【阿克苏地区】温宿县吐木秀克乡雹灾，雹粒如葡萄大，历时 20 分钟。玉米、葡萄全部被打光，打死家禽 2194 只。

6 月 27 日，【阿克苏地区】乌什县冰雹，最大似鸡蛋，积雹 20 厘米厚。打死羊 4 只，打伤 1 人，农作物受灾面积 3814 亩。

6 月 29 日下午，【阿克苏地区】库车县、新和县冰雹，平均雹径 1 厘米左右，地面积雹 10～15 厘米，打死猪 30 头，3.6 万余亩农田受灾。

7 月 7 日，【博尔塔拉自治州】博乐市雹灾，5.45 万亩农作物受灾，其中社（场）受灾 1.49 万亩，团场受灾近 4 万亩。经济损失 100 万元以上。

7 月 9 日，【塔城地区】塔城市、额敏县冰雹，降雹 20 分钟，最大的形似鸡蛋，积雹最深达 4 厘米。农作物损失面积 2.44 万亩，油菜减产近 5 万公斤，豌豆损失近 50%。

7 月 19 日，【巴音郭楞自治州】焉耆县冰雹，雹粒如黄豆大，降雹约 2 分钟，伴雷电。1 人被雷电击死，瓜菜、玉米部分叶片被打坏。

7 月 20 日，【伊犁地区】尼勒克县团结人民公社（今科可浩特浩尔蒙古自治乡）冰雹，长达半小时，积雹厚度 15～30 厘米。3000 亩旱田小麦全被打光，颗粒无收。

7 月 21 日 8 时左右，【塔城地区】兵团农八师 141 团（沙湾县安集海镇）冰雹，伴大风。共有 6730 亩作物受损失，同时刮断 640 棵大树。

7 月 24 日 16 时 54 分至 17 时 06 分，【阿克苏地区】柯坪县冰雹，受灾玉米 400 亩、甜瓜 300 亩。

7 月 25 日 17 时 58 分至 18 时 19 分，【阿克苏地区】兵团农一师沙井子垦区冰雹，小的似沙枣，大的如鸽蛋。农田受灾面积 3.88 万亩，伤 9 人，死羊 12 只，部分电线和玻璃窗被打坏。

7 月 27 日，【巴音郭楞自治州】尉犁县铁干里克乡冰雹、暴雨，历时 10 分钟，冰雹直径 2 厘米。70% 的春玉米受损，70 亩夏玉米被砸伤。玉米及棉花、瓜类遭受较大损失。

8 月 12～14 日，【阿克苏地区】阿瓦提县冰雹、暴雨，农作物受灾面积 1.12 万亩，倒塌房屋 7 间、牛棚羊圈 5 座，压死牲畜 18 头（只）。

9 月 19 日，【阿克苏地区】乌什县降雹，8.8 万余亩农田受灾，损失粮食 246.5 万公斤。

9 月 26 日，【巴音郭楞自治州】和硕县、焉耆县、兵团农二师冰雹，冰雹像黄豆或蚕豆粒大，降雹时间约 10 分钟，积雹厚度达 5 厘米。和硕县玉米叶片被打坏，水稻落粒。焉耆县水稻 30% 以上脱粒，白菜几乎全部被打光，总计减产 10 万公斤以上。兵团农二师 23 团 4000 余亩水稻受灾，减产 30%，个别地块 49%～50%，损失粮食 17.5 万公斤。

第五节 公元 1980—1990 年的冰雹灾害

1980 年 4 月 30 日，【塔城地区】塔城市雹灾，最大直径 2 厘米，平均重 0.9 克，积雹深度 1 厘米，持续时间 29 分钟。5164 亩油菜受灾，减产 5～6 成，郊区人民公社菜苗损失 1/3。

5月，【克孜勒苏自治州】冰雹，9个公社、51个大队受灾，19人受伤，413头（只）禽畜死亡，倒塌房屋87间、马厩14个。

5月14～16日，【克孜勒苏自治州】降雹2次，持续130分钟，大如鸡蛋，小如杏子。受灾范围长2公里，宽1公里，农作物受灾面积2934亩。

5月15～16日，【喀什地区】巴楚县、疏勒县、岳普湖县、英吉沙县、莎车县冰雹，降雹6分钟，冰雹直径17毫米，最大直径20毫米，重2.5克，地面积雹厚度10厘米。农作物受灾52.93万亩，死亡牲畜144头（只），倒塌住房45户、圈棚33间。

5月15日，【克孜勒苏自治州】阿图什市冰雹，大小如杏，农田受灾面积1.11万亩。

5月22日，【喀什地区】伽师县降雹，5.5万余亩农田受灾，打伤16人，打死牲畜401头（只），倒塌民房87间、马厩14个。

5月27日，【伊犁地区】兵团农四师76团降雹，直径2～3厘米，地面积雹11～12厘米。农作物受灾8600亩。

5月28日22时30分左右，【昌吉自治州】兵团农六师103团（米泉县）冰雹，农作物受灾面积4022亩。

6月11日，【塔城地区】奎屯市、沙湾县冰雹，1.84万亩农田受灾，死亡羊19只。

6月14～15日，【喀什地区】巴楚县、岳普湖县冰雹，农作物受灾面积17.33万亩，损失粮食183.7万公斤；打伤2人，倒塌房屋2间，打死羊28只。

6月18日，【阿克苏地区】沙雅县冰雹，大者如鸽子蛋，积雹深达32厘米，维持2～3天才化完，农田受灾面积2185亩，其中棉花365亩、小麦880亩、玉米500亩、油料140亩、其它瓜菜和自留地300多亩。

6月下旬，【阿克苏地区】乌什县降雹，8.4万亩农田受灾，打伤27人，其中重伤13人。

6月21日下午，【博尔塔拉自治州】博乐市塔斯海降雹，打死小鸡100多只，瓜秧被打坏。

6月26日，【塔城地区】奎屯市、乌苏县冰雹，大小如蚕豆。乌苏县车排子乡小麦减产三四成，400亩棉苗被打光，损失17万元左右。兵团农七师128团、123团受灾农田面积2.27万亩，打死羊羔3只，伤7人。

6月26日17时30分，【博尔塔拉自治州】精河县雹灾，降雹时间约30分钟，雹粒直径1.5～2厘米，地面积雹10厘米。农作物受灾面积2460亩。

6月26～29日，【阿克苏地区】拜城县、库车县、温宿县、沙雅县、乌什县、阿克苏市、农一师冰雹，直径一般3厘米，最大5厘米，地面积雹10.5厘米，降雹20分钟，降雹时间最长的达40分钟。农田受灾面积18.78万亩，损失粮食185万公斤，伤271人，重伤13人。

7月，【伊犁地区】伊宁县冰雹，204户700余人成灾，损失农作物1931亩，其中粮食作物1400余亩，经济作物260余亩，蔬菜270亩。

7月7日22时，【阿克苏地区】阿瓦提县、农一师沙井子垦区冰雹，持续时间5分钟。阿瓦提县受灾农作物7045亩，减产27万公斤，毁坏房屋5间。兵团农一师1团冰雹受灾农田面积2565亩。

7月15日，【博尔塔拉自治州】博乐县小营盘乡降雹，1万余亩农田受灾。

7月21日8时左右,【塔城地区】沙湾县安集海冰雹,伴大风,6730亩作物受损,刮断640棵大树。

7月21日,【阿克苏地区】库车县、新和县、温宿县6个公社遭雹灾,作物受灾面积6799亩,损失粮食16万公斤。

7月29日,【阿克苏地区】新和县排先巴扎乡雹灾,234亩作物全部被打毁,300亩损失50%。

8月5～6日,【阿克苏地区】乌什县雹灾,5个公社148个生产队受灾,9.9万余亩农田受灾,损失粮食490万公斤。

9月11～12日,【阿克苏地区】乌什县冰雹,损失各类农作物181万公斤。

9月21～22日,【阿克苏地区】乌什县雹灾,损失作物142.3万公斤,复播作物33.3万公斤。

9月26日,【伊犁地区】昭苏县冰雹,农作物受灾面积3500亩,损失粮食24.4万公斤。

1981年 4月6日,【喀什地区】巴楚县冰雹,农作物受灾面积3.64万亩,死亡羊225只,倒塌房屋20间。

5月31日,【阿克苏地区】拜城县降雹,1万余亩农田受灾,死亡牲畜641头(只),树苗损失12万株,倒塌房屋7间。

6月10日,【阿克苏地区】温宿县冰雹,受灾农作物254亩,成灾240亩,其中236亩作物绝收,损失粮食15.67万公斤,死亡大小牲畜143头(只)。

6月12日,【阿克苏地区】库车县、新和县冰雹,大小如杏子。7000余人受灾,作物受灾面积6.61万亩,成灾1.5万亩,减产粮食34.74万公斤。

6月29日,【塔城地区】乌苏县雹灾,地面积雹10厘米。1.8万亩作物受灾,其中3600亩小麦损失50%以上。

6月29日下午,【伊犁地区】尼勒克县雹灾,持续15分钟,雹粒大如杏子,小如黄豆。567户3244人受灾,农作物受灾面积1.71万亩,其中小麦6000亩。减产约100万公斤。

6月29日,【博尔塔拉自治州】温泉县冰雹。温泉县5.4万余亩小麦、油菜受灾,打死牲畜9头(只)。

7月,【阿克苏地区】兵团农一师雹灾,雹粒直径2.5～3.2厘米,持续时间达20分钟以上,雹粒堆积厚度20厘米。其中8个连队的水稻、棉花、瓜果等作物全部被打光,房屋不同程度的漏雨,高压电杆被刮倒,供电和通讯联络中断,50余人被打伤。

7月1～3日,【塔城地区】乌苏县连续冰雹、大雨。农作物受灾2万亩,其中228亩绝收,减产50万公斤,死亡4人,伤6人,死亡大小牲畜542头(只),倒塌民房123间。

7月3日,【阿克苏地区】阿瓦提县、兵团农一师沙井子垦区冰雹,伴大风。作物受灾面积7.98万亩,损失粮食267.1万公斤;棉花受灾1.63万亩,损失皮棉39.04万公斤;油料受灾4850亩,损失油籽6.45万公斤;死亡羊37只,倒塌马厩2座、库房7栋,刮倒树木512株。

7月5日,【阿克苏地区】兵团农一师10团场降雹,2万余亩农田受灾。

7月6日,【阿克苏地区】新和县冰雹,良种场一队、二队、三队,小尤都斯公社五个大队的10个生产队农作物受灾面积2348亩,成灾1283亩。

7月9日,【巴音郭楞自治州】轮台县雹灾,降雹20分钟。农作物损失245亩,其中玉米140亩,油料50亩,瓜55亩。

7月15日,【阿勒泰地区】福海县冰雹,积雹10～15厘米,冰雹直径4厘米。7020亩农田受灾,损失粮食10万余公斤,砸死鸡鸭近200只,有15人受伤。

7月15日,【石河子市】兵团农八师122团、134团降雹,2.5万亩农田受灾。

7月15日下午,【昌吉自治州】玛纳斯县雹灾,农作物受灾面积1.78万亩。

7月16日,【塔城地区】乌苏县、兵团农七师冰雹,农作物损失2.64万亩,其中3200亩玉米、葵花、黄豆全被打光。

7月18～19日,【阿克苏地区】温宿县、阿克苏市、柯坪县、兵团农一师冰雹,降雹10～60分钟,最大冰雹直径4～5厘米,地面积雹15～40厘米。农作物受灾面积13.52万亩,砸伤15人,经济损失300余万元。

7月20日,【石河子市】兵团农八师122团降雹伴大风,1.6万余亩农田受灾,经济损失75万元。

8月4日下午,【伊犁地区】特克斯县雹灾,降雹约10分钟,雹粒大如蚕豆,小如豌豆,地面积雹10厘米,降雹区宽约10公里,长约30公里。受灾农田面积7.88万亩,其中粮食作物6.24万亩,减产367.25万公斤。

8月5日,【阿克苏地区】温宿县冰雹,3个大队的15个生产队受灾,2538亩粮食作物绝收,减产29.75万公斤。

8月20日,【哈密地区】巴里坤县冰雹,降雹时间6分钟,冰雹直径1～1.5厘米,地面积雹4～5厘米。1100亩作物受灾。

8月21日,【阿克苏地区】兵团农一师1团、14团冰雹,直径1～4厘米,积雹5～15厘米,持续降雹15～35分钟。农作物受灾面积5万余亩,经济损失200万元以上。

8月22日,【阿克苏地区】兵团农一师沙井子垦区降雹,3.8万余亩农田受灾,经济损失153万元。

1982年 5月6日,【石河子市】兵团农八师148、149、150团降雹,伴有大风、暴雨,降雹时间22分钟,雹粒直径1.5～2.5厘米,重7～13克。20个单位的27.8万余亩农田受灾。

5月7日,【伊犁地区】兵团农四师72团(新源县肖尔布拉克乡)降雹,最大冰雹直径32毫米。农田受灾面积1万亩左右,重灾3600亩,其中1300亩小麦茎秆折断率为20%～50%,1400亩油菜叶片被打碎。

5月8～10日,【昌吉自治州】玛纳斯县、呼图壁县冰雹。玛纳斯县秋粮作物苗受损。呼图壁县6万亩农作物受灾,2万亩严重受灾。

5月16日,【喀什地区】莎车县降雹,5000亩玉米、棉花、小麦受灾。

5月29日,【克孜勒苏自治州】乌恰县冰雹,降雹时间10多分钟,地面积雹厚度2～3厘米,最大雹粒直径6厘米。苜蓿、蔬菜、油菜等作物基本全毁。

6月1日,【博尔塔拉自治州】精河县雹灾,雹粒直径2厘米左右。910亩小麦和260亩打瓜损失严重,340亩玉米也不同程度遭毁坏。

6月2日,【阿克苏地区】温宿县、柯坪县冰雹,降雹10~20分钟,最大冰雹直径3厘米,地面积雹4厘米。温宿县农作物受灾3.25万亩,死亡牲畜92头(只)。

6月2~3日、7日,【阿克苏地区】新和县、沙雅县降雹,36.3万余亩农田受灾,死亡牲畜607头(只)。

7月4日,【伊犁地区】霍城县、特克斯县、昭苏县冰雹。农作物受灾面积4.02万亩。

7月7日,【阿克苏地区】沙雅县降雹,6.6万余亩农田受灾。

7月9日,【喀什地区】疏勒县降雹,大草湖10平方公里的农作物被打光,死伤4人,牲畜受损1233头(只),数十万公斤粮食被淹,棉花、小麦近1万亩受灾。

7月20日,【巴音郭楞自治州】若羌县雹灾,玉米及棉花、瓜类遭受较大损失。

8月1日,【克拉玛依市】乌尔禾冰雹,雹径多在4厘米左右,最大直径为20厘米,地面积雹厚度10厘米,至次日才化完。受灾农田达9000亩。

8月3日下午,【阿克苏地区】温宿县水稻农场遭雹灾,雹粒大似杏,持续20分钟。500亩水稻全部被打光。

8月26~28日,【阿克苏地区】阿瓦提县冰雹、暴雨。受灾作物面积3303亩,粮食作物减产8成以上,颗粒无收的有721亩,2582亩经济作物减产,倒塌房屋167间,重灾民650人,轻灾民1600人,有13个小队的650人因灾害缺粮。

8月31日,【博尔塔拉自治州】博乐市雹灾,雹径2.5厘米,持续25分钟。受灾农田面积3100亩,其中1100亩裸地棉、700亩地膜棉被打成光秆,1300亩油菜被砸坏。

8月31日13时47~55分,【巴音郭楞自治州】兵团农二师21团冰雹,受灾农田面积1.36万亩,其中补种出土后的5000余亩棉苗80%~90%被打坏,8088亩玉米、487亩大豆及瓜菜90%以上被毁,苹果、葡萄受损面积也在90%以上。

9月22日,【阿克苏地区】温宿县雹灾,4523亩粮食作物损失8成以上,损失粮食117.3万公斤。

1983年 5月9~16日,【伊犁地区】霍城县雹灾,4.7万余亩农田受灾。

6月2日、7月25日、8月13日,【塔城地区】塔城县、沙湾县3次雹灾,冰雹大的直径3.5~4厘米。农作物受灾面积13.35万亩。

6月3日21时,【昌吉自治州】玛纳斯县冰雹,持续5分钟,棉花受灾面积300亩。

6月20日18时2~12分,【巴音郭楞自治州】兵团农二师21团雹灾,冰雹直径1~3毫米,最大达11毫米,持续时间10分钟。2.5万余亩农田受灾。其中小麦倒伏2894亩,棉花生长点受害60%,死亡746亩,水稻受害300亩,甜菜死亡110亩,瓜果受害90%。

6月22~23日,【塔城地区】塔城县、额敏县雹灾,3.9万余亩农田受灾。

6月29日,【伊犁地区】霍城县沿山7个乡雹灾,10.1万余亩农田受灾。

6月29日,【博尔塔拉自治州】博乐市兵团农五师84团雹灾,雹径1.2厘米,持续5分钟。7000亩农田不同程度受灾。

7月15日,【塔城地区】乌苏县雹灾、大风,最大冰雹直径12厘米,重200克。2.8

万余亩农田及1万亩草场受灾，打伤412人，打死牲畜55头（只），刮倒大树653株、电线杆48根。

7月20日，【伊犁地区】昭苏县部分乡、兵团农四师76团（昭苏县吐尔根布拉克乡）一带降雹，5000亩农作物受灾，其中4000亩小麦全毁。

7月25日，【塔城地区】和【石河子市】冰雹，最大直径5厘米，降雹时间5～7分钟，116万余亩农田受灾，经济损失1000万元。

7月26日21时，【昌吉自治州】玛纳斯县冰雹，雹径1.2厘米，持续5分钟，由于防雹作业及时，兰州湾—县城—包家店受灾很轻。

8月16～18日，【塔城地区】和布克赛尔县查干库勒、和什托洛盖、夏孜盖等公社冰雹，受灾农作物4210亩。

1984年 5月9日，【阿克苏地区】沙雅县冰雹，农田重灾面积1.6万亩。

5月9～17日，【阿克苏地区】新和县降雹，9.8万余亩农田受灾，打死禽畜257头（只），倒塌房屋28间。

5月16日，【阿克苏地区】阿瓦提县、兵团农一师冰雹，持续27分钟，冰雹大如鸽蛋，地面积雹15厘米，最厚达20厘米。阿瓦提县作物受灾面积8.93万亩，损失小麦120.23万公斤、玉米94.08万公斤、皮棉22.18万公斤。

5月17日，【伊犁地区】霍城县降雹，1.7万余亩农田受灾。

5月17日，【阿克苏地区】沙雅县冰雹，14.7万余亩农田遭灾，死亡牲畜592头（只），倒塌房屋76间。

6月2日下午，【石河子市】兵团农八师莫索湾垦区冰雹，降雹时间10分钟，最大直径2.5厘米。垦区3个团场21个连队受灾，影响范围宽5千米，长30千米，8万亩棉花被打成光秆。

6月2、3日，【昌吉自治州】玛纳斯县、呼图壁县、昌吉市、农六师等地两次降雹，冰雹直径18～20毫米，持续9分钟，7万余亩农田受灾。

6月6日，【伊犁地区】昭苏县降雹，受灾农田面积3185亩。

6月5～6日，【阿克苏地区】阿瓦提县、兵团农一师沙井子垦区冰雹，直径2～3厘米，积雹10厘米以上。作物受灾面积8.18万亩，损失小麦41.71万公斤、玉米40.26万公斤、皮棉12.18万公斤、油料56.67万公斤。

6月10～15日，【伊犁地区】霍城县降雹，3.8万亩农田受灾，经济损失130余万元。

7月2日20时，【伊犁地区】新源县良种场遭冰雹袭击，3250亩农作物受损。

7月2～7日，【伊犁地区】霍城县连受两场雹灾，6.53万亩农作物受损，其中小麦受灾3.63万亩，3200亩损失率达50%，3800亩损失率达70%。

7月5日，【塔城地区】乌苏县冰雹，持续10分钟左右，雹径5～6厘米，地面积雹20～25厘米。774户农民受灾，212人受伤，受灾农田面积4万亩，打死羊102只。

7月9日，【塔城地区】额敏县冰雹，降雹近1小时，1.33万亩农作物受灾，有3000亩损失率达80%，其余均在20%～30%。

7月11日18时30分左右，【塔城地区】和【伊犁地区】冰雹，时间长达40分钟左右，雹粒大如杏子、小如蚕豆。受灾1928户，满地麦粒，各类农作物损失惨重，面积达

2.3万亩。

7月13日,【塔城地区】乌苏县雹灾,车排子乡石桥村棉株全被打光。

7月15日8时50分,【塔城地区】乌苏县、沙湾县冰雹,冰雹最大直径12厘米,重200克。6.7万余亩农田及1万亩草场受灾,打伤412人,打死牲畜55头(只),经济损失230万元。

7月16日,【博尔塔拉自治州】温泉县、博乐市、精河县及兵团农五师冰雹,农作物受灾6.29万亩,损失粮食115万公斤。

7月22日,【阿勒泰地区】福海县冰雹,直径8毫米。小麦等农作物被打坏1000余亩,重灾区损失90%,9户住房倒塌。

7月26日20时,【阿勒泰地区】福海县雹灾,1400亩小麦麦粒被打落,损失60%,150亩油葵、菜地失收。

9月19日,【阿克苏地区】温宿县、阿克苏市、柯坪县、兵团农一师沙井子垦区降雹,持续15分钟,雹粒大似核桃,小如黄豆粒。19万余亩农田受灾,减产100万公斤。

9月19日20时10分,【喀什地区】岳普湖县冰雹,受灾8.1平方公里,地面积雹15厘米。受灾棉花370亩、玉米420亩、瓜菜等375亩,受灾群众150户632人。

1985年 4月9日,【伊犁地区】霍城县、伊宁市降雹,最大直径达15毫米。11.3万余亩农田受灾。

5月9日,【伊犁地区】霍城县、霍尔果斯冰雹,11.3万亩农作物受灾,经济损失823万元。

5月中旬,【巴音郭楞自治州】兵团农二师35团5连、3连、6连冰雹,农作物受灾面积1500亩。

5月12日傍晚,【阿克苏地区】降雹,31个乡2.19万户9.87万人受雹灾,受灾农田面积21.9万亩,倒房962间、羊圈211间,死亡牲畜5.2万头(只)。

5月12~15日,【伊犁地区】降雹,108.4万余亩农田受灾。

5月13日,【阿克苏地区】兵团农一师5团降雹,持续8分钟,农作物受灾面积3054亩。

5月13日,【巴音郭楞自治州】兵团农二师28团(库尔勒市郊)降雹,持续5~7分钟,农作物受灾面积1.17万亩。

6月1日,【塔城地区】沙湾县冰雹,最大直径5厘米。1934户8275人受灾,农作物受灾面积4.86万亩,其中4.1万亩绝收,减产粮食410万公斤,死亡羊306只。

6月6日,【伊犁地区】昭苏县降雹,3.9万余亩农田受灾。

6月7日,【昌吉自治州】玛纳斯县降雹,1.9万余亩农田受灾,经济损失300多万元。

6月16日至7月12日,【塔城地区】乌苏县、沙湾县冰雹,农作物受灾面积1.94万亩,绝收1.1万亩,减产粮食233.75万公斤。

6月20日,【喀什地区】泽普县冰雹,持续10分钟。击蔫棉叶、玉米叶。

6月24日,【石河子市】农八师莫索湾垦区降雹,6.5万亩农田受灾。

6月27~28日,【巴音郭楞自治州】和硕县、库尔勒市、且末县降雹,2.3万余亩农田受灾，倒塌房屋 13 间，死亡牲畜 7 头（只）。

7 月 2 日，【石河子市】农八师下野地垦区降雹，9 万余亩农田受灾。

7 月 4 日，【哈密地区】巴里坤县冰雹，受灾农田 1076 亩。

7 月 9 日，【伊犁地区】霍城县雹灾，受灾农田面积约 1 万亩。

7 月中旬，【伊犁地区】霍城县、察布查尔县、尼勒克县、新源县、昭苏县降雹，11 万余亩农田受灾。

7 月 11～13 日，【昌吉自治州】兵团农六师 103 团（米泉县）冰雹，受灾面积 20 亩。

7 月 12 日 17 时 30 分，【塔城地区】沙湾县冰雹，受灾 279 户，农作物受灾面积 8508 亩，损失粮食 29.08 万公斤。

7 月 12 日，【塔城地区】奎屯市兵团农七师降雹，9 万余亩农田受灾，经济损失 1300 余万元。

7 月 12 日下午，【石河子市】农八师莫索湾垦区冰雹，降雹 7 分钟，农作物受灾面积 1000 亩。

7 月 18～20 日，【阿克苏地区】温宿县冰雹，积雹厚度达 15 厘米。农作物损失 4585 亩，打死牲畜 360 头（只）。

7 月 21 日，【塔城地区】兵团农七师雹灾，农作物受灾面积 4 万余亩。

7 月 28 日，【伊犁地区】昭苏县降雹，1.8 万余亩农田受灾。

8 月 7 日，【伊犁地区】特克斯县降雹，10 万余亩农田受灾。

8 月 22 日，【伊犁地区】昭苏县降雹，13 万余亩农田受灾，损失粮食 407 万公斤。

1986 年 4 月 23 日下午，【阿克苏地区】兵团农一师 1 团、2 团降雹，持续时间 30 分钟左右，农田积雹较厚，第二天还没有化完。刚出土的棉苗被打断，6 万亩刚出土的棉苗遭受严重损失。

4 月 27～30 日，【阿克苏地区】阿克苏市冰雹，时间长达半小时之久，紧接着刮 9 级大风，时间长达 24 小时。损失成羊 150 只、羊羔 350 只。

5 月 8 日，【博尔塔拉自治州】博乐市、精河县冰雹，降雹时间 15 分钟左右，直径 1～1.5 厘米。受灾农田面积 3800 多亩，打死骆驼 3 峰。

5 月 9 日 17 时 30～47 分，【阿克苏地区】拜城县、新和县、沙雅县冰雹，持续 27 分钟，最大雹径 20 毫米，地面积雹厚度 2～5 厘米，第二日早晨尚未化完。农作物受灾 6.34 万亩，果园受灾 70 亩，死亡羊 2 只。

5 月 12 日 16 时 14 分至 18 时 02 分，【阿克苏地区】冰雹，降雹时间 4 分钟。农作物受灾面积 1180 亩，损失率 15%～30%。

5 月下旬，【巴音郭楞自治州】和静县冰雹、大雨，损失牲畜 925 头（只）。

5 月 17 日，【博尔塔拉自治州】温泉县降雹 4 次，2.2 万余亩农田受灾。

5 月 23 日 18 时左右，【阿克苏地区】阿瓦提县雹灾，持续时间 15 分钟，最大直径 10 毫米左右，范围长 5 公里、宽 1.5 公里。2000 多亩棉田受灾。

5 月 24 日，【阿克苏地区】库车县雹灾，最大如杏核，伴有大风降水。小麦、棉花、油料、瓜、蔬菜等农作物受灾 2.38 万亩，苗圃受灾 1074 亩，毁坏树苗 13.70 万棵，死亡牲畜 2779 头（只），倒塌棚圈 75 间。

第九章 冰雹灾害

5月25日,【巴音郭楞自治州】若羌县冰雹,农作物受灾面积1424亩,其中棉花受灾219亩,重灾70亩,瓜菜受灾443亩,重灾160亩,果园受灾712亩,重灾50亩(花果脱落),小麦受灾50亩(叶干杆枯)。

6月2、5~7日,【伊犁地区】昭苏县降雹,2.5万余亩农田受灾。

6月8日,【阿克苏地区】乌什县、兵团农一师冰雹,持续20分钟左右,一般的如杏子大,最大的如鸭蛋大,积雹4~5厘米。乌什县9.95万亩作物受灾,经济损失43.6万元。

6月9日,【阿克苏地区】拜城县、温宿县冰雹,降雹持续20分钟左右,最大冰雹直径35毫米,农田积雹厚度5~10厘米。拜城县农作物受灾面积2.16万亩,打死牲畜143头(只)。

6月10日,【博尔塔拉自治州】温泉县降雹,1.7万余亩农田受灾。

6月13日,【伊犁地区】昭苏县冰雹,596户、2890人受灾,受灾作物面积1.6万亩。

6月17日18时左右,【阿克苏地区】拜城县雹灾,降雹时间10分钟左右,雹粒如黄豆大。受灾农田面积1860亩,减产3.17万公斤。

6月19日傍晚,【阿克苏地区】乌什县雹灾,最大直径30毫米。农作物受灾面积6320亩,果园450亩,蔬菜30亩。

6月22日,【塔城地区】额敏县冰雹,最大直径3.5厘米,积雹20厘米。578户2893人受灾,冰雹所到之处,农作物片叶不留,受灾3.1万亩。

6月23日17时35分,【哈密地区】哈密市冰雹,直径2厘米左右,降雹时间约半小时,地面积雹10厘米。受灾农田面积3000余亩,打死大畜12头,损坏中学教室1间。

6月26日20时左右,【阿克苏地区】拜城县雹灾,农作物受灾面积3880亩,减产9.15万公斤。

7月4日,【伊犁地区】霍城县降雹,2.8万亩农田受灾,损失121.6万余元。

7月4日、17日、8月12日,【博尔塔拉自治州】温泉县、博乐市冰雹,农作物受灾面积1.8万亩,成灾1.5万亩,粮食减产1.5万公斤。

7月6日24时左右,【石河子市】冰雹,冰雹东西长约9公里,南北宽约1.4公里,降雹15分钟,直径2厘米左右。农作物受灾面积3500亩,重灾900亩。

7月10日15~17时,【阿克苏地区】拜城县、新和县、阿瓦提县冰雹,持续时间10分钟左右,一般如蚕豆大,大的如杏子大。农作物受灾面积4.2万亩,其中瓜1479亩。

8月1日深夜至2日2时30分,【阿克苏地区】库车县、新和县、沙雅县降雹,持续40分钟左右,冰雹如乒乓球大小,最大直径72毫米,积雹厚度一般25厘米,低洼地40厘米。农作物受灾面积8.31万亩,打伤3人,死亡牲畜9595头(只)、家禽2070只。

8月9~12日,【博尔塔拉自治州】温泉县降雹、伴洪水,8000余亩小麦受灾,损失小麦37万多公斤,洪水冲走小麦9000多公斤,死亡4人。

8月12日,【博尔塔拉自治州】温泉县冰雹,农作物受灾面积4000亩,损失粮食37万多公斤。

8月14日,【阿克苏地区】兵团农一师5团降雹,持续时间6分钟,冰雹最大直径9毫米,地面积雹厚度15厘米。农作物严重受灾,尤其10、11、13连的受灾最重。

8月28日至9月1日,【伊犁地区】特克斯县、昭苏县两次遭冰雹袭击。两县农作物受灾面积10万亩,损失粮食等646万公斤。

8月30日10时45分至11时10分,【哈密地区】哈密市雹灾,冰雹直径3~4厘米,积雹厚度5~10厘米。农作物受灾面积1.01万亩,死亡1人。雹后天晴,融化形成洪水,5道坎儿井被淹,冲毁防渗渠250米,兰新铁路被冲坏多处,火车受阻停运5小时。

8月30~31日,【巴音郭楞自治州】兵团农二师28团(库尔勒市郊)冰雹,损失香梨75万公斤。

9月1日,【伊犁地区】特克斯县、昭苏县、新源县、兵团农四师冰雹,17.3万余亩农田受灾。其中,兵团农四师77团农作物受灾面积2.06万亩。

9月1~2日,【昌吉自治州】玛纳斯县、兵团农六师冰雹。农作物受灾面积1.28万亩,棉花60%以上受损,损失粮食84.5万公斤、油料118.5万公斤。

9月7日,【石河子市】兵团农八师147团降雹,1.5万余亩农田受灾。

9月7日下午,【昌吉自治州】玛纳斯县冰雹,直径1厘米,大的3~4厘米,持续时间20分钟,积雹厚度3~6厘米。损失粮食等540.3万公斤。

1987年 4月28日至5月2日,【喀什地区】麦盖提县降雹、暴雨、伴大风,6.3万亩棉田受灾。

4月30日,【阿克苏地区】乌什县冰雹、洪水,受灾农田面积200多亩。

5月5~6日,【博尔塔拉自治州】温泉县、博乐市降雹,2.1万余亩农田受灾。

5月7日,【博尔塔拉自治州】兵团农五师91团冰雹、洪水,冰雹直径达2.0厘米,50亩棉花被砸烂。

5月11日,【喀什地区】麦盖提县降雹、暴雨,3.2万亩棉田受灾。

5月11~13日,【克孜勒苏自治州】阿克陶县冰雹,农作物受灾面积3444亩。

5月12日16时14分至18时02分,【阿克苏地区】阿克苏市雹灾,降雹路径自南向北,持续时间4分钟。农作物受灾面积1180亩,损失率15%~30%。

5月12日,【喀什地区】岳普湖县、英吉沙县冰雹,持续5分钟,雹径2~3厘米,积雹厚度10厘米。3.3万余亩农田受灾,砸死牲畜176头(只),毁坏房屋61间、树木1.94万棵。

5月17~20日,【塔城地区】沙湾县冰雹,降雹时间10~15分钟,冰雹直径5厘米左右。农作物受灾2.65万亩。

5月19日上午,【阿勒泰地区】福海县雹灾。持续5~8分钟,大小如乌鸦蛋,地面积雹厚度20厘米,影响范围南北宽9~10公里,东西长20公里,直到第二天中午还可看到冰雹。小麦、树叶、牧草被打坏,羊、野鸭被打死,部分住户玻璃被打碎。

5月20日,【阿勒泰地区】遭受冰雹,农作物受灾2万亩。【石河子市】兵团农八师冰雹,最大直径约6.2厘米,重75克,平均每平方米积雹约400个。15个团场乡的19万亩农田受重灾,2.9万亩农田绝收。其中,兵团农八师150团(莫索湾垦区)7.3万余亩农田受灾。

5月24日,【喀什地区】疏勒县、疏附县、伽师县、岳普湖县冰雹,持续时间10~15分钟,雹粒直径1~2厘米,最大冰雹直径2.5厘米,地面积雹1~2厘米,水渠积雹10~

第九章 冰雹灾害

20 厘米。受灾农田面积 23.16 万亩，死亡牲畜 1.33 万头（只），倒塌房屋 260 间、棚圈 103 间。

5 月 29 日 20 时，【塔城地区】裕民县冰雹，降冰雹大约 40 分钟，冰雹大的如核桃，小的则比玉米粒大。受灾农民 230 户计 1153 人，农作物受灾面积 1.25 万亩。

5 月 29 日，【博尔塔拉自治州】温泉县冰雹，农作物受灾面积 1000 亩。

6 月 4 日，【喀什地区】岳普湖县降雹，1.4 万余亩农田受灾，6 人受伤，倒塌房屋、畜棚 29 间。

6 月 7 日，【伊犁地区】兵团农四师 62 团（霍城县）冰雹，农田受灾 6000 多亩。【石河子市】兵团农八师莫索湾垦区降雹，18 万余亩农田受灾，其中 4.2 万亩棉苗被打成光秆，40 多人受伤。【博尔塔拉自治州】博乐市、农五师冰雹，直径达 4～5 厘米，每平方米积雹 468 粒。农作物受灾面积 6.26 万亩。同日傍晚，【昌吉自治州】玛纳斯县、吉木萨尔县冰雹，降雹时间 10 多分钟，雹径 4～5 厘米，积雹厚度 5～8 厘米，最厚处超过 20 厘米。农作物受灾面积 2.4 万亩，49% 棉花受灾。

6 月 8 日，【塔城地区】裕民县两次雹灾，降雹 10 分钟左右，大的雹粒直径 3～4 厘米。受灾农田面积 2 万亩。同日下午，【石河子市】兵团农八师石河子总场三分场 2、3、4、5 连冰雹，其中 3、4、5 连最重。10 多厘米高的棉株被打成光秆，受灾作物面积 2.79 万亩。

6 月 8～9 日，【昌吉自治州】玛纳斯县、兵团农六师冰雹，直径 1～3 厘米，持续 10 分钟，地面积雹厚达 5～10 厘米。农作物受灾面积 7959 亩。

6 月 9～12 日，【阿克苏地区】大部分地区降雹、伴洪水，小麦等 130 万亩受灾，倒塌房屋 6615 间，死亡牲畜 8112 头（只），死亡 15 人。

6 月 10～12 日，【巴音郭楞自治州】尉犁县、兵团农二师冰雹，降雹 40 分钟，最大直径约 10 厘米，多数为 5～6 厘米，地面积雹 10 厘米深，渠沟内积雹 20 厘米。9500 亩棉花受灾，死亡牲畜 3953 头（只），死亡 2 人，伤小孩 8 人，倒塌房屋 1339 间，部分房屋被砸成坑漏水。

6 月 12 日 18 时 15～36 分，【阿克苏地区】拜城县降雹，持续时间 21 分钟，冰雹直径 4.5～5 厘米。农作物受灾面积 7.63 万亩，其中小麦 2.99 万亩、水稻 5847 亩、玉米 2.04 万亩、油料 1.46 万亩，打死牲畜 62 头（只），打伤人 19 人。

6 月 15 日，【博尔塔拉自治州】博乐市降雹，小麦、棉花等 1 万余亩受灾。

6 月 18 日 19 时，【塔城地区】裕民县冰雹，降雹时间 10 分钟，雹径大约 3 厘米。受灾 164 户 808 人，7030 亩农田受损，绝收 6335 亩。

6 月 19 日 21 时 35 分至 22 时 08 分，【阿克苏地区】乌什县雹灾，降雹时间 33 分钟，最大直径 30 毫米。农作物受灾 6800 亩。

6 月 21～24 日，【阿克苏地区】拜城县、新和县、沙雅县、乌什县、阿瓦提县冰雹，持续时间 10～27 分钟，一般雹粒像玉米粒大，最大的直径 15 厘米，重 750 克。受灾农田面积 9.25 万亩，葡萄损失 900 万公斤，死亡牲畜 100 头（只），打死 1 人，伤 36 人。

6 月 24 日，【巴音郭楞自治州】兵团农二师 31 团（尉犁县）冰雹，25 厘米高的棉花苗被打成光秆，受灾农田面积 5000 余亩，重灾面积 1380 亩。

7 月 24 日 19 时 30 分至 20 时，【阿克苏地区】柯坪县冰雹，降雹时间 3 分钟，最大直径 2 厘米。农作物受灾面积 205 亩。

7 月 31 日，【塔城地区】额敏县冰雹，降雹持续 8 分钟，最大直径 7 毫米。1.9 万亩农作物受灾。

8 月 1 日深夜至 2 日 2 时 30 分，【阿克苏地区】库车县、新和县、沙雅县冰雹，持续 40 分钟左右，最大冰雹直径 7.2 厘米，积雹厚度 25 厘米，低洼地积雹 40 厘米。农作物受灾面积 21.7 万多亩，打死牲畜 888 头（只）、家禽 1.35 万只，损失粮食 230 万公斤。

8 月 2 日，【阿克苏地区】新和县、沙雅县冰雹。新和县棉花等 13.3 万余亩受灾，死亡牲畜、家禽等 6074 头（只），部分房屋倒塌。沙雅县 108 个村民小组受灾，重灾面积 4.7 万亩。

8 月 3 日，【阿克苏地区】沙雅县、乌什县、阿瓦提县冰雹。受灾农作物 3.03 万亩，冰雹所到之处，树枝被打断，棉花、玉米被打成光秆，蔬菜、瓜果、葡萄被打烂。

8 月 24 日，【伊犁地区】昭苏县降雹，5.5 万余亩农田受灾。

9 月 9 日，【阿克苏地区】兵团农一师沙井子垦区降雹，经济损失 117.8 万余元。

9 月 10 日，【阿克苏地区】阿瓦提县雹灾，7 个大队 20 个小队受灾，农作物受灾面积 8330 亩。

10 月 15 日，【阿克苏地区】沙雅县冰雹，持续 20 分钟，直径 1.5 厘米，最大 5～6 厘米，积雹厚度 3～5 厘米。40% 的白菜受灾，即将收获的棉花严重受灾。

1988 年 4 月 2 日 20 时 04 分，【阿克苏地区】新和县雹灾，降雹时间 10 分钟左右，最大雹粒如核桃、鸡蛋大，地面积雹 10 厘米厚。农作物受灾面积 2227 亩，打死小畜 2 只，倒塌房屋 19 间。

5 月，【巴音郭楞自治州】兵团农二师 21 团雹灾，伴风雪，打死打瓜 755 亩。

5 月 2 日 19 时，【伊犁地区】兵团农四师 62 团（霍城县）冰雹，雹径 20 毫米，地面积雹 10 厘米。受灾农田面积约 2.36 万亩。

5 月 4 日，【阿克苏地区】兵团农一师降雹，农田受灾 7.95 万亩，棉花断株率 2.86%，子叶破碎率 68.8%。

5 月 5 日 17 时 15～18 分，【阿克苏地区】乌什县雹灾，最大雹径 7 毫米。农作物受灾面积 1325 亩，死亡家禽 97 只。

5 月 5 日，【喀什地区】莎车县冰雹，降雹约 10 分钟，冰雹如杏干大小，最大冰雹如核桃。农作物受灾面积 1330 亩，受伤若干人。

5 月 5 日 23 时 23～25 分，【和田地区】民丰县冰雹，直径约 4 毫米，随降随化，降雹密度 150～200 粒/平方米。棉花叶片被冰雹打落约 90%，死苗率达 25% 左右，90% 的小麦倒伏，死亡牲畜 100 多头（只），倒塌房屋 50 多间。

5 月 6 日，【博尔塔拉自治州】博乐市降雹，1.8 万余亩小麦等受灾。

5 月 6 日 19～20 时，【阿克苏地区】库车县、温宿县、沙雅县、阿克苏市、阿瓦提县降雹，持续时间 10～15 分钟，一般蚕豆大，最大雹径 40 毫米，积雹厚度 9 厘米，有的地区 7 日早晨还有 8 厘米厚的冰雹。19.22 万余亩农田受灾，死亡牲畜 203 头（只），倒塌房屋 52 间。

5 月 7 日、7 月 4 日、7 月 8 日，【塔城地区】沙湾县 3 次雹灾，受灾农田面积 1.35 万亩。

5月9日16时50分至19时30分，【阿克苏地区】阿克苏市、柯坪县及兵团农一师降冰雹，持续时间30分钟，一般直径20~30毫米，大的40毫米，积雹厚度10厘米。37.51万亩农田受灾，倒塌民房、畜棚17间。

5月10日，【巴音郭楞自治州】尉犁县降雹，2.56万亩农田受灾，倒塌房屋719间，死亡牲畜6056头（只），经济损失400多万元。

5月中旬，【巴音郭楞自治州】尉犁县、且末县、和硕县冰雹，受灾农田面积15万亩。

5月21日、7月24日，【阿克苏地区】乌什县降两次雹灾，受灾农田面积2.82万亩。

5月22日，【喀什地区】疏勒县、疏附县、喀什市、岳普湖县、麦盖提县、莎车县5县1市遭受严重冰雹袭击，降雹5~10分钟，冰雹直径2厘米，大的如鸡蛋，地面积雹约5厘米。其中麦盖提、疏附两县损失惨重。农作物受灾面积26.3万亩，冰雹袭击之处，小麦被拦腰打断，8万亩小麦颗粒无收，11.2万亩棉花只剩下光秆，树皮打裂，树叶打光。

5月25日，【喀什地区】麦盖提县、莎车县冰雹，持续时间4分钟，最长10分钟，冰雹直径2~3厘米，最大7厘米，地面积雹深度最大20厘米。受灾作物16.9万亩，果木绝收8000余亩，22人受伤，倒塌房屋60间，死亡牲畜219头（只）。

5月26日，【阿克苏地区】新和县、兵团农一师冰雹，时间断续4小时。农作物受灾面积8.26万亩，牲畜死亡9头（只），倒塌房屋21间。

6月4日，【克孜勒苏自治州】阿图什市5个乡遭受洪水冰雹袭击，受灾农作物1万余亩。

6月7日17时，【塔城地区】塔城市冰雹，持续时间15分钟，最大直径5厘米，地面积雹厚达10厘米。受灾总面积8.35万亩，损失粮食等1046.17万公斤。

6月8日18时29~37分，【阿克苏地区】新和县、沙雅县降雹，持续时间10分钟左右，冰雹直径3~4厘米。两县受灾农田面积11.76万亩，成灾面积9.05万亩。

6月14日，【博尔塔拉自治州】博乐市降雹，5006余亩小麦受灾，倒塌房屋18间，经济损失150万元以上。

6月18日，【塔城地区】托里县冰雹，1400亩的农作物受到严重损失。山区冰雹多为直径小于5毫米的小冰雹，对草场有一定危害。

6月24日，【伊犁地区】巩留县降雹，最大雹径50毫米，平均直径20毫米。7万余亩农田受灾，经济损失170余万元。

6月29日21时00分~30分，【阿克苏地区】温宿县雹灾，最大冰雹直径40毫米。受灾粮食作物7822亩，倒塌民房2间，死亡牲畜50头（只），打伤10人。

7月2日，【阿克苏地区】柯坪县冰雹，持续25分钟，冰雹大如杏子，成灾农田面积565亩。

7月4日，【石河子市】兵团农八师下野地垦区雹灾，降雹4分钟，密度大，最大直径约1厘米。兵团农八师121团受灾农田面积9218亩，重灾1944亩。

7月5日，【伊犁地区】昭苏县冰雹，1.4万亩农作物颗粒无收。

7月8日，【伊犁地区】昭苏县冰雹，最大直径4厘米，持续约10分钟，地面积存冰雹15厘米厚。175户875人受灾，受灾油菜1.5万余亩、草场2万亩。

7月8日20时03～06分,【博尔塔拉自治州】精河县、兵团农五师83团冰雹,如杏核大,先降圆形雹,后降锥形雹,最后为棒状雹,地面积雹平均为7厘米,最厚为10厘米,冰雹区域宽1公里,长10公里左右。受灾总面积3500亩以上,其中,1000亩棉花、玉米、瓜平均受损程度为50%;500亩即将收割的麦子全倒伏和折断,损失2/3左右。

7月8日23时10～17分,【石河子市】总场冰雹,降雹区域长达15公里、宽2公里,最大冰雹有鸡蛋大小。葵花茎秆被拦腰打断,残枝碎叶满地,玉米叶片被打得七零八落,棉花、甜菜、打瓜、蔬菜都有不同程度损失,作物受灾面积2.38万亩。

7月9日,【伊犁地区】昭苏县降雹,1.4万亩农田受灾。

7月13日,【塔城地区】和布克赛尔县雹灾,受灾农田面积0.35万亩,占播种面积的4.3%。

7月16日22时07～21分,【阿克苏地区】乌什县冰雹,最大直径2厘米。作物受灾面积200亩,其中小麦150亩,瓜类50亩,打伤1人。

7月22日北京夏令时19时,【塔城地区】裕民县新地乡雹灾,持续12分左右,使4个村民小组的油料作物遭受严重损失,受灾农田面积7995亩。

7月23日,【塔城地区】塔城市雹灾,农作物受灾面积1.28万亩。

8月2、6日,【博尔塔拉自治州】温泉县冰雹,受灾农田面积6.46万亩。

8月3日,【阿克苏地区】乌什县英阿瓦提降雹,1.6万余亩农田受灾。

8月6～9日,【阿克苏地区】乌什县、柯坪县冰雹,直径20～70毫米。受灾农作物面积3.22万亩,倒塌房屋2间,死亡大小牲畜18头(只),经济损失280万元。

8月8日19时20分,【阿克苏地区】温宿县、阿瓦提县冰雹。农作物受灾面积1.62万亩,死亡牲畜271头(只)。

8月20日,【阿克苏地区】库车县冰雹,受灾农作物面积2.7万亩,1700架葡萄、2005亩瓜类被冰雹打毁。

9月4日下午,【伊犁地区】昭苏县冰雹,长达11分钟,受灾农作物7万亩,粮食等减产610万公斤。

9月10日,【喀什地区】巴楚县冰雹,大如核桃,积雹厚度达10厘米。农作物受灾面积1250亩。

1989年 4月10日、13日,【阿克苏地区】沙雅县冰雹,农田受灾面积3.25万亩,死亡牲畜79头(只)。

4月19日,【伊犁地区】察布查尔县降雹,最大直径2～5厘米。5000亩农作物受到严重损失。

5月29日18时30～45分【伊犁地区】巩留县冰雹,直径10毫米,农作物受灾4270亩,损失粮食22.67万公斤。

6月1日,【阿克苏地区】柯坪县冰雹,农作物受灾面积4120亩,减产约75.5万公斤。

6月4日夜间,【阿克苏地区】沙雅县托依堡乡林业大队二队雹灾,大小如玉米粒。300亩棉田受灾10%。

6月5日19～21时,【阿克苏地区】拜城县冰雹,雹粒大小如黄豆。受灾农作物5567

第九章 冰雹灾害

亩,减产粮食 1.3 万公斤。

6月5日,【喀什地区】巴楚县冰雹,受灾农田面积 4.5 万亩,其中棉花 1.6 万亩、小麦 2.1 万亩,占全乡播种面积的 2/3,死亡牲畜 371 头(只)。

6月6日17时40~60分,【阿克苏地区】温宿县冰雹,雹粒如玉米粒大。农作物受灾面积 4800 亩。

6月9~10日,【喀什地区】莎车县冰雹,棉花、小麦、玉米、林木等 5.5 万余亩受灾,倒塌房屋 92 间。

6月12日,【巴音郭楞自治州】库尔勒市冰雹,雹径 5 毫米。农作物受灾面积 200 亩,叶子被打光。

6月14~17日,【喀什地区】疏附县、泽普县冰雹,农作物受灾面积 8.4 万多亩,死亡 1 人,伤 3 人,死亡牲畜 1800 多头(只)。

6月17日19时35~43分,【博尔塔拉自治州】博乐市降雹,直径大约 8 毫米,随降随化,冰雹范围从青德里乡至博乐城东南一线,使该范围内的农作物及蔬菜受到了不同程度的损害。

6月18日13时25分左右,【阿克苏地区】阿克苏市冰雹,降雹时间 11 分钟左右。农作物受灾面积 1.61 万亩,减产小麦 2.92 万公斤,玉米 5.94 万公斤,棉花 72.5 万公斤,油料 600 公斤,瓜果蔬菜收入减少 6.21 万元,死亡牲畜 1 头(只)。

6月21日20~21时,【阿克苏地区】新和县冰雹,持续时间 10 分钟左右,冰雹直径一般 20 毫米,最大 40 毫米(似鸡蛋大)。47 个村 156 个村民小组 7018 户农民受灾,农作物受灾面积 9.62 万亩,其中棉花 2.66 万亩、小麦 3.88 万亩、玉米 9935 亩、油料 992 亩、瓜类 992 亩、蔬菜 1153 亩、黄豆 320 亩、果园 3677 亩;损失粮食 200 万公斤、棉花 8050 担。死亡羊 2 只,鸡 1074 只,鸽子 825 只。

6月22日17时10分左右,【阿克苏地区】阿克苏市冰雹,2.38 万亩农田受灾,损失粮食作物 79.89 万公斤,油料 1.03 万公斤。

7月3日,【阿克苏地区】库车县冰雹,冰雹直径 30 毫米左右,个别鸡蛋大,持续时间 1 小时左右。18 个村 1.92 万人 6.64 万亩农作物受灾,冰雹所到之处 90% 的玉米和 70% 的棉花叶桃被打光,减产粮食 169.4 万公斤、棉花 1556 担,倒塌房屋 455 间,死亡牲畜 16 头(只)。

7月3日,【喀什地区】巴楚县冰雹,农作物受灾面积 1610 亩。

7月4日,【阿勒泰地区】福海县、北屯兵团农十师冰雹,持续时间 15~20 分钟,最大直径 70 毫米,平均重 5 克,积雹一般 10 厘米,最厚处 20 厘米。受灾农田及草场总面积 12.75 万亩,其中农作物受灾面积 5 万亩,占全县总播种面积的 32%;倒塌房屋 271 间,直接经济损失 310 万元。

7月7日20时前后,【阿克苏地区】阿瓦提县冰雹,1253 亩农作物受灾。

7月10日17时20分左右,【阿克苏地区】新和县雹灾,降雹时间 8 分钟左右,冰雹如杏子大。6 个村 490 户 2383 人 2620 亩农作物受灾,损失粮食 13 万多公斤、棉花 1323 担及部分瓜果蔬菜等。

7月22日至8月1日,【阿克苏地区】降雹,4.22 万亩农田受灾,粮食减产 113.8 万公斤,啤酒花减产 4 万公斤,倒塌民房 8 间,死亡羊 224 只。

7月31日,【阿克苏地区】温宿降雹,伴大风、暴雨,8870亩农田受灾,死亡牲畜224头(只),倒塌房屋25间,冲毁桥2座,经济损失178万元。

8月1日,【阿克苏地区】拜城县冰雹,农作物受灾面积1.2万亩。

8月5日,【喀什地区】巴楚县降雹,2.1万亩农田受灾。

8月8日19时30~49分,【哈密地区】巴里坤县冰雹,最大直径3厘米,平均重量3克。小麦受灾面积7733亩,打落粮食籽粒32.5万公斤,另有部分蔬菜、甜菜叶片被打碎。

9月2日15时30分,【巴音郭楞自治州】和硕县冰雹,雹径5~8毫米,最大达15毫米左右,降雹持续15分钟,地面积雹15~20毫米。受灾农田面积1.23万亩。

9月2日,【阿克苏地区】雹灾,棉花、玉米、蚕豆、油料受灾6.74万亩,倒塌房屋71间、棚圈90间,死亡牲畜1047头(只)。

9月5日,【喀什地区】巴楚县冰雹,受灾农田面积3.5万亩。

9月6日19时20分左右,【阿克苏地区】库车县冰雹,降雹17分钟,雹粒如手指头大。受灾农作物1855亩。

9月24日傍晚到夜间,【阿克苏地区】库车县、新和县、沙雅县冰雹,最大如杏子大。受灾农田面积12.07万亩,折合经济损失279万元。

1990年 3月27日,【阿克苏地区】乌什县、阿克苏市、阿瓦提县等地冰雹、洪水,小麦等20.7万余亩受灾,死亡牲畜865头(只),倒塌房屋14间,冲垮水利设施等。

4月18日、26日、27日,【阿克苏地区】乌什县遭受三次冰雹,每次降雹10~15分钟,大冰雹如杏子大。三次共造成10万亩农田受灾,牲畜死亡28头(只),倒塌棚圈1个。

4月19~29日,【阿勒泰地区】福海县三次冰雹,持续时间长达20~25分钟,冰雹直径约3.5厘米,最大4.6厘米。农作物受灾面积7980亩,全被打烂。

4月19日下午,【阿克苏地区】库车县冰雹,雹粒如黄豆大,随降随化。受灾农田面积2.2万亩。

4月20日,【塔城地区】奎屯市兵团农七师、【石河子市】等地降雹,冬麦等9.8万余亩受灾。

4月22~27日,【阿克苏地区】库车县冰雹,持续降雹1小时。18万亩农作物不同程度受损。

4月25~27日,【阿克苏地区】乌什县冰雹,小麦等4.6万余亩受灾,死亡牲畜28头(只),经济损失共261万余元。

4月27日17时至20时30分,【阿克苏地区】阿瓦提县、兵团农一师冰雹,持续时间一般10~15分钟,最长40分钟,冰雹直径一般10~30毫米,最大50毫米,积雹厚度一般10~15厘米,最厚30厘米。阿瓦提县受灾农田面积53.6万亩,死亡牲畜1390头(只)。

4月28日18时54分至19时02分,【巴音郭楞自治州】若羌县冰雹,冰雹直径2.0厘米,冰雹密集带每平方米积雹约220个。全县共有250亩棉田受灾,棉田地膜被打烂,已出土的棉苗50%~60%子叶全部被打落,春麦有少许机械损伤,并有不同程度的倒伏,瓜菜幼苗有不同程度的损伤，影响生长。

5月12日，【博尔塔拉自治州】博乐市冰雹，农作物受灾面积2550亩，重灾420亩，损失50%以上的1200亩。

5月19日14～18时，【阿克苏地区】拜城县、新和县、阿瓦提县、兵团农一师冰雹，持续时间一般10～15分钟，最长27分钟，冰雹直径一般杏子大，大的似鸡蛋大，积雹厚度一般5～10厘米，最厚达15厘米。受灾农田面积13.8万亩。

5月21日18时30分，【伊犁地区】昭苏县冰雹，5000亩麦苗被打入土中，轻灾8000亩。

5月26日下午，【阿克苏地区】拜城县、库车县、温宿县、沙雅县、阿克苏市、农一师冰雹，降雹持续时间10～25分钟，直径10～40毫米，地面积雹厚度5～10厘米。13.4万亩农作物受灾，重灾12.5万亩，死亡1人，死亡牲畜52头（只）；倒塌民房58间、棚圈12间。

6月，【伊犁地区】伊宁县冰雹，农作物受灾面积2985亩。

6月12日，【博尔塔拉自治州】博乐市、温泉县冰雹，小麦等2.3万余亩受灾。

6月14日和5月20日，【昌吉自治州】玛纳斯县两次冰雹、洪水，冰雹如蚕豆大小，历时1小时，积雹4～5厘米。农作物成灾3502亩，损失粮食39.17万公斤。

6月26日，【阿克苏地区】库车县、温宿县、阿克苏市冰雹，25万余亩农田受灾，死亡牲畜80头（只），倒塌房屋73间。

6月28日，【塔城地区】奎屯市兵团农七师冰雹，14万亩农田受灾。

6月28日，【石河子市】兵团农八师121团（沙湾县下野地）冰雹，受灾农田面积1.13万亩。

7月2日，【塔城地区】塔城市冰雹，死亡大畜17头，小畜1200只。

7月3日1时40分至2时，【塔城地区】乌苏县冰雹，降雹密度1500～1600粒/平方米，最大直径1.5～2厘米，受灾农田面积2.1万亩，200亩瓜菜绝收。

7月4日，【伊犁地区】霍城县、伊宁市冰雹，雹径2～3厘米，最大4厘米，持续时间5分钟，积雹厚度10厘米。霍城县3.4万亩农作物受灾严重，减产295.61万公斤。

7月5日，【博尔塔拉自治州】温泉县冰雹，降雹时间长达20分钟。农作物受灾面积4236亩，其中小麦2635亩，经济作物1601亩，绝收400亩，损失小麦31.60万公斤，豌豆3.20万公斤，甜菜13.65万公斤，油料6.88万公斤。

7月6日，【塔城地区】塔城市冰雹，持续12分钟。农作物受灾面积4850亩。

7月10～15日，【阿克苏地区】拜城县、库车县、新和县、温宿县、沙雅县、乌什县、阿克苏市、阿瓦提县、柯坪县等8县1市及兵团农一师，先后不同程度均遭到冰雹袭击，最大直径达10厘米，2～3粒冰雹就重达1公斤。29个乡（场），108个村，318个村民小组遭灾，农作物受灾总面积60余万亩，重灾面积20万亩，其中粮食作物8万亩，经济作物12万亩；倒塌房屋282间，死亡2人，伤57人；倒塌棚圈34个，死亡牲畜2400头（只）。

7月19日18～19时，【巴音郭楞自治州】轮台县冰雹，冰雹直径1厘米。64亩作物受灾较重，886个麦场受灾，损失小麦8.5万公斤，206亩香梨落果，损失约1.64万公斤，倒塌房屋12间、羊圈29座，死亡牲畜91头（只）。

7月19日20时，【阿克苏地区】沙雅县冰雹，雹径1～1.5厘米。农田受灾面积1064亩。

7月20日20～21时，【博尔塔拉自治州】精河县冰雹，降雹时间约15分钟，最大冰雹直径2厘米，最小像绿豆、黄豆那么大，地面积雹厚度最薄4厘米，最厚6厘米，平均厚度为4～5厘米。受灾农田面积3466亩，成灾面积2616亩，减产3～5成的546亩，减产5～8成的1900亩，绝收170亩。

7月20日20时30分左右，【阿克苏地区】新和县冰雹，降雹时间约15分钟，最大雹粒像蚕豆大，路径自西向东移动。农作物受灾面积916亩，损坏民房3间、马厩12间，打死羊2只。

7月22日21时30分，【博尔塔拉自治州】精河县冰雹，降雹持续时间约15分钟，冰雹直径1.2～1.5厘米，农作物受灾面积3466亩，有些地块绝收。

7月23日下午，【阿克苏地区】沙雅县冰雹，雹粒像麻雀蛋大。农作物受灾面积5347亩。

7月26日，【伊犁地区】伊宁县冰雹，1.2万余亩农田受灾。

7月26日、28日，【伊犁地区】尼勒克县冰雹，持续7分钟，最大雹粒直径20毫米以上，农作物受灾面积2.44万亩，受损程度20%～40%，其中200亩受损70%。

7月26日，【塔城地区】裕民县冰雹，冰雹直径1.5～3厘米，持续降雹5分种，积雹达10厘米，影响范围东西长10公里，南北宽5公里。2.2万亩农作物遭受不同程度的损失。

7月27日13时30分左右，【塔城地区】塔城市冰雹，持续15～20分钟，直径约1～1.2厘米。农作物受灾面积2.2万亩，其中绝收5700亩，减产37.05万公斤。

7月28日，【伊犁地区】霍城县、尼勒克县冰雹，小麦等3.1万余亩受灾，倒塌房屋51间。

8月13日17时30分至20时，【阿克苏地区】乌什县、阿瓦提县、兵团农一师冰雹，持续时间20～22分钟，直径10～30毫米，积雹厚度10厘米。乌什县、兵团农一师5.5万余亩农田受灾，死亡牲畜7头（只），经济损失共1000多万元。阿瓦提县各类农作物受灾面积2.9万亩，其中棉花1.57万亩、玉米8854亩、水稻1645亩，瓜、菜、油料3166亩。直接经济损失951.58万元。

8月21日2时，【阿勒泰地区】布尔津县冰雹，最大直径1厘米。农作物受灾总面积1.06万亩，减产3.12万公斤，其中玉米2000亩，减产6.3万公斤。

8月23日，【阿克苏地区】乌什县、兵团农一师冰雹，持续时间18分钟，冰雹直径8～25毫米，平均重2.1克，积雹厚度5.5厘米。农作物受灾面积2.76万亩（严重的1.53万亩），其中玉米6126亩，水稻2070亩，打瓜2140亩，甜菜976亩，啤酒花205亩，果园500亩，经济损失290万元。

8月25日，【伊犁地区】昭苏县雹灾，6万余亩农田受灾。

8月26日下午，【阿克苏地区】新和县、温宿县、沙雅县冰雹，持续时间25分钟，冰雹一般如大豆、玉米粒大，最大的如鸽蛋大，积雹厚度10厘米。受灾农田面积2.1万亩。

第六节 公元 1991—2000 年的冰雹灾害

1991 年 4 月 10~13 日,【喀什地区】巴楚县、伽师县、岳普湖县、英吉沙县、莎车县、叶城县冰雹,持续降雹 18 分钟。打裂地膜,使 4.6 万亩棉田的地膜失去作用,农作物受灾面积 2.81 万亩,倒塌房屋 54 间、棚圈 49 间,死亡牲畜 74 头(只)。

4 月 16~17 日,【和田地区】民丰县冰雹,降雹时间 29 分钟,最大直径 9 毫米,平均直径 8 毫米,整个地面被冰雹覆盖约 2 厘米。苹果、梨树的花果有 50%被冰雹打落,杏子花果被打落 15~20%,蔬菜叶片被打得稀烂。

4 月 18 日,【巴音郭楞自治州】若羌县冰雹,农作物受灾面积 1300 亩。

4 月中、下旬,【喀什地区】8 个县先后冰雹,农作物受灾面积 45.45 万亩,倒塌住房 1532 间,死亡牲畜 9900 余头(只)。

5 月 2~3 日,【阿克苏地区】拜城县、库车县、新和县、温宿县、沙雅县、乌什县、阿克苏市、阿瓦提县、兵团农一师冰雹,降雹时间 25 分钟左右,雹径达 1~3 厘米,积雹厚度达 10 厘米左右。全地区农作物受灾 70 多万亩,园林受灾面积 2.75 万亩,主要品种是苹果、梨、杏等,正值果实膨大期,将直接影响产量。灾情发生后,农业技术人员深入灾区帮助农民采取措施,加强肥水管理,增施肥料,查苗补种。

5 月 3 日,【喀什地区】岳普湖县 2 个乡遭受雹灾,1.1 万亩棉花受灾。

5 月 4 日,【喀什地区】巴楚县冰雹,农作物受灾面积 7.01 万亩。

5 月 5~7 日,【巴音郭楞自治州】且末县冰雹,最大直径 3 毫米,棉花、地膜玉米、瓜果及喜温蔬菜受到不同程度的灾害。

5 月 7 日,【阿克苏地区】新和县、沙雅县冰雹。农作物受灾面积 14 万亩。

5 月 25 日 15 时 40~52 分,【阿克苏地区】柯坪县冰雹,最大直径 9 毫米。农作物受灾面积 1.45 万亩,损失粮食 25 万公斤。

5 月 26、29 及 6 月 1 日,【喀什地区】伽师县、岳普湖县冰雹,持续时间 10 分钟。农作物受灾面积 7610 亩,伤 2 人,死亡牲畜 4 头(只)。

6 月 1 日,【喀什地区】岳普湖县巴依阿瓦提乡冰雹,4000 余亩作物受灾。

6 月 7 日,【伊犁地区】察布查尔县冰雹,最大冰雹重量 50 克。冬小麦受灾面积 8242 亩,其中 5000 亩严重受损。

6 月 8 日 18 时左右,【阿克苏地区】沙雅县冰雹,降雹时间 20 分钟,最大冰雹直径 30 毫米,地面积雹厚度 8 厘米,3 小时后才化完。农作物受灾面积 8005 亩,减产 43.75 万公斤,死亡牲畜 11 头(只),倒塌房屋 1 间。

6 月 8~12 日,【阿克苏地区】8 县 1 市的 30 个乡冰雹,受灾较重的有 129 个村,农作物受灾面积 26.8 万亩,成灾 25.5 万亩,倒塌房屋 1857 间,死亡牲畜 1.8 万头(只)。

6 月 13、16 日,【巴音郭楞自治州】和硕县、轮台县冰雹,各种农作物受灾 7500 亩,倒塌民房 177 间,损坏 21 间。

6 月 26 日夜,【喀什地区】叶城县冰雹,最大直径约 2 厘米,农作物受灾面积

6000亩。

7月2日16时,【乌鲁木齐市】乌鲁木齐县托里、水西沟、板房沟、永丰等乡冰雹,降雹10～15分钟,农作物受灾损失严重。

7月3日晚,【乌鲁木齐市】乌鲁木齐县水西沟一带冰雹,最大直径1～2厘米,农作物受灾面积1620亩。

7月24日16时35分至17时,【阿克苏地区】乌什县、兵团农一师冰雹,降雹时间15～17分钟,冰雹直径一般1～2厘米,最大3厘米。农作物受灾面积5.69万亩。

7月30日16时至17时30分,【阿克苏地区】拜城县、乌什县冰雹,降雹持续时间10分钟,最大冰雹直径30毫米,积雹厚度5厘米。农作物受灾面积2.91万亩。

7月31日,【塔城地区】托里县冰雹,34户164人受灾,农作物受灾面积1442亩,成灾1160亩。

7月31日下午,【博尔塔拉自治州】温泉县、兵团农五师冰雹,最大直径3.2厘米,密度每平方米180～200粒,历时7分钟。农作物受灾面积达2.9万亩。

8月4、5日下午,【阿克苏地区】乌什县冰雹,4日冰雹持续2～3分钟,最大直径0.5厘米;5日冰雹持续时间约10分钟,最大直径2厘米左右。全县有5个乡30个村受灾,受灾农田面积6.34万亩,损失粮食2.80万公斤。

8月6日20时,【博尔塔拉自治州】精河县冰雹,降雹12分钟,冰雹直径1.5厘米,平均积雹厚度5厘米,最厚达15厘米。农作物受灾面积5424亩,其中棉花4390亩,减产3～5成的5240亩,减产5～8成的184亩。

8月6日,【阿克苏地区】乌什县冰雹,棉田受灾面积468亩。

8月9日夜,【喀什地区】英吉沙县冰雹,农作物受灾面积1760亩。

8月11日,【阿克苏地区】兵团农一师11团冰雹,棉田受灾480公顷。

8月20日,【阿克苏地区】拜城县、新和县、沙雅县冰雹,冰雹最大直径5～15厘米,地面积雹厚度5～15厘米,降雹时间10～20分钟。农作物受灾面积13.8万亩。

8月22～24日,【阿克苏地区】拜城县、库车县、新和县、温宿县、沙雅县、阿瓦提县的部分乡、场相继遭受冰雹灾害,持续时间20分钟,冰雹直径2厘米左右。涉及10乡1镇的60个村3073户2.67万人,农作物受灾总面积18.6万亩。

1992年 5月2日17时30分,【阿克苏地区】乌什县冰雹,雹带长约5公里,冰雹直径0.5～2厘米。3个乡约1万亩农作物受灾。

5月2日19时15～25分,【阿克苏地区】拜城县冰雹,最大直径31毫米,平均重3克。6乡一镇受灾,受灾农田面积9.49万亩,成灾面积5.63万亩,死亡牲畜3193头(只)。

5月7日17～18时,【阿克苏地区】拜城县、库车县、新和县、沙雅县冰雹,持续时间20～30分钟,冰雹直径一般1～2厘米,最大直径5厘米,积雹厚度10～20厘米。4县受灾农田面积44万亩,牲畜死亡7482头(只),打死2人。

5月20日,【喀什地区】泽普县冰雹,农田受灾面积100多亩。

5月30日21时,【阿克苏地区】温宿县冰雹,农作物受灾面积9250亩,牲畜死亡15头(只)。

第九章 冰雹灾害

5月31日14时40分以后,【阿克苏地区】新和县、沙雅县冰雹,降雹持续5～12分钟,最大直径1～1.5厘米,地面积雹3厘米。3674亩农作物受灾。

6月3日21时,【阿勒泰地区】布尔津县冰雹,最大直径1.2厘米,地面积雹10余厘米。6000余亩苜蓿受害。

6月3日,【伊犁地区】霍城县、察布查尔县冰雹,最大直径2.5厘米,地面积雹5厘米。农作物受灾面积2.63万亩,2000亩绝收。

6月3日16时49分至17时25分,【博尔塔拉自治州】精河县连续两次冰雹,降雹持续时间13分钟,雹粒直径平均为2.5～3厘米,其中最大直径为4厘米。受灾人口3.91万,农作物受灾面积9.69万亩,其中粮食作物4.79万亩,砸死家禽1500只,有78人被冰雹砸伤住院。

6月7～19日,【阿克苏地区】乌什县连续3次冰雹,9个乡镇36个村受灾,农作物受灾面积8.3万亩。

6月14～26日,【喀什地区】巴楚县、疏勒县、疏附县、伽师县、喀什市、岳普湖县、英吉沙县、莎车县、泽普县、叶城县冰雹,持续20分钟左右。死亡1人,伤3人,死亡牲畜1800多头(只),16.79万亩农作物受灾。

6月14～17日,【克孜勒苏自治州】阿克陶县冰雹,1588亩农作物受灾,120亩绝收。

6月15日17时至17时30分,【阿克苏地区】拜城县冰雹,持续时间20分钟左右,冰雹直径2厘米,重3克,积雹厚度10厘米。受灾农田面积5万多亩。

6月16日,【塔城地区】塔城市、额敏县、裕民县冰雹,最大直径3厘米,持续时间最长20分钟,最短3～5分钟。农作物受灾面积26万亩,绝收10.36万亩。

6月17日下午,【克孜勒苏自治州】阿图什市冰雹,农作物受灾面积4451亩,损失小麦37万余公斤。

6月18日,【巴音郭楞自治州】兵团农二师36团冰雹,降雹时间15分钟,雹径1～3厘米,地面积雹密度0.2～0.9克/平方厘米。农作物受灾面积2.28万亩。

6月20日20时30～45分,【阿克苏地区】乌什县冰雹,持续时间15分钟,冰雹直径20毫米,积雹厚度5厘米。农作物受灾面积6.23万亩。

6月25～27日,【伊犁地区】尼勒克县冰雹,受灾农田面积1.2万余亩,减产140万公斤,损坏住房数百间。

6月26日,【伊犁地区】尼勒克县冰雹,农作物受灾面积1000亩,成灾800亩,油料作物300亩绝收,损失油料1.89万公斤,减产粮食6.75万公斤,倒塌房屋38间,损坏152间。

6月27～29日,【喀什地区】伽师县、麦盖提县冰雹。农作物受灾面积1.28万亩,其中3520亩绝收。

7月2日,【伊犁地区】霍城县、伊宁县、尼勒克县冰雹,农作物受灾面积5.09万余亩,成灾1.67万余亩,减产141万公斤,倒塌民房155间,毁坏民房45间。

7月4日16时至18时02分,【阿克苏地区】阿瓦提县冰雹,最大冰雹如玉米粒大。三乡场的四个村的4212亩棉花受灾,打死羊45只。

7月5日17时15～19分,【阿克苏地区】库车县、沙雅县冰雹,降雹持续时间18分钟左右，雹粒如杏核大，地面积雹4厘米。农作物受灾1.81万亩，绝收600亩，打死牲畜56头（只），倒塌房屋23间。

7月12日，【博尔塔拉自治州】温泉县冰雹，受灾农田面积1401亩，损失20%~30%，减产小麦10万公斤。

7月17~23日，【塔城地区】额敏县连续3次降雹，最大直径2.5厘米，持续时间10分钟，全县7个乡39个村2011户农民受灾，农作物受灾面积7万亩。

7月20日，【阿勒泰地区】兵团农十师185团（哈巴河县）冰雹，受灾农田面积360公顷，其中10公顷颗粒无收。

7月21~22日，【塔城地区】塔城市连续两次冰雹，雹径1~3厘米，积雹厚度3厘米左右。农作物受灾面积17.73万亩，绝收7.14万亩。

7月22日17时8~42分，【博尔塔拉自治州】博乐市冰雹，直径0.7~1.2厘米，持续时间18分钟，范围长11公里，宽6公里。6622人受灾，农作物受灾面积3.35万亩，成灾面积2.59万亩。

7月23日，【伊犁地区】尼勒克县冰雹，受灾农田面积2.69万亩，成灾2.34万亩。

7月25日，【博尔塔拉自治州】温泉县冰雹，农作物受灾面积3096亩，损失30%~60%。

7月29日，【博尔塔拉自治州】温泉县冰雹，夏粮970余亩受灾，损失15%~20%，减产10万公斤。

7月31日，【博尔塔拉自治州】温泉县冰雹，地面降雹时间8~12分钟，积雹3~4厘米。农作物受灾面积2.7亩，损失30%~50%，减产124万公斤。

8月7日17时37~49分，【阿勒泰地区】布尔津县冰雹，雹粒最大直径1.1厘米，200余亩蔬菜受灾。

8月8日7时15~30分，【阿勒泰地区】福海县兵团农十师184团冰雹，800亩果园及间作黄豆遭灾。

8月23~24日，【阿克苏地区】库车县两次冰雹，农作物受灾6.53万亩，死亡牲畜157头（只），打落水果69万公斤。

8月24日00时左右，【阿克苏地区】新和县冰雹，降雹时间5~10分钟，冰雹最大直径1厘米左右。农作物受灾面积1215亩。

8月25日18时，【阿勒泰地区】吉木乃县冰雹，持续60多分钟，冰雹直径1~2厘米，地面积雹10厘米厚。480户2640人受灾，1万亩农作物绝收。

1993年 3月26~28日，【和田地区】民丰县冰雹，死亡小牲畜6390只。

5月3日16~18时，【阿克苏地区】温宿县、阿克苏市、阿瓦提县、兵团农一师冰雹，持续时间一般20~30分钟，最长45分钟，冰雹直径2厘米，最大7厘米，积雹厚度20厘米左右。农作物受灾面积47.4万亩，绝产6937亩，打伤数人。

5月10、11日，【阿克苏地区】阿克苏市、阿瓦提县、兵团农一师冰雹，持续时间10~45分钟，直径1~2厘米，积雹厚度一般5~10厘米，重灾区20厘米以上。农作物受灾面积30.56万亩，绝产5.83万亩，死亡牲畜951头（只）。

5月12日，【喀什地区】英吉沙县冰雹，农作物受灾面积1.33万亩，打死牲畜949

头（只），倒塌房屋259间。

6月7日,【博尔塔拉自治州】温泉县冰雹,最大直径2.1厘米,1万亩农田绝收。

6月8日,【昌吉自治州】玛纳斯县冰雹,棉花、打瓜、西瓜、油葵、玉米、甜菜受损,直接经济损失111万元。

6月8～9日,【巴音郭楞自治州】若羌县冰雹,持续14分钟。全县棉苗受灾155亩,变压器损坏5个。

6月9日,【阿克苏地区】库车县、新和县、温宿县、沙雅县、乌什县、阿克苏市强冰雹,持续时间25分钟,冰雹一般直径3厘米,积雹厚度20厘米。农作物受灾8.31万亩,减产125万公斤,打死鸽子、鸡660只。

6月16日18时55分至19时10分,【伊犁地区】伊宁县冰雹,直径1.5厘米,最大4厘米,地面积雹5厘米。农作物受灾面积9250亩,3400亩颗粒无收。

6月16日,【克孜勒苏自治州】阿克陶县冰雹,降雹持续1小时。全乡小麦受灾面积60%以上,玉米受灾面积200亩。

6月17日下午,【伊犁地区】巩留县冰雹,农作物受灾9000亩。

6月19日,【阿克苏地区】兵团农一师11团冰雹,农作物受灾面积198.7公顷,减产30%。

6月20～29日,【伊犁地区】5县冰雹,2.6万亩农作物受灾。

6月24～28日,【巴音郭楞自治州】若羌县冰雹,死亡羊2040只。

6月25日16时,【伊犁地区】察布查尔县冰雹,最大雹径4厘米,降雹时间30分钟。1.5万亩作物受灾。

6月25日16时5～30时,【博尔塔拉自治州】博乐市冰雹,持续25分钟,雹粒直径1.5～2.5厘米,地面积雹厚度10～12厘米。受灾农户97户476人,农作物受灾面积2603.2亩。

7月4日,【阿勒泰地区】布尔津县、福海县冰雹,持续10多分钟。农作物受灾面积1500亩。

7月4日18时20分左右,【塔城地区】奎屯市冰雹,雹粒最大直径4～5厘米,降雹时间长达20分钟。农作物受灾面积7.64万亩。

7月4日,【石河子市】安集海冰雹,最大直径6厘米,地面最大积雹厚度10厘米。受灾农田面积30万亩,重灾6.97万亩,绝收2万亩。

7月7日21时30分,【博尔塔拉自治州】温泉县冰雹,农作物受灾面积1.8万亩,减产粮食18.43万公斤、油料15.02万公斤。

7月7日,【阿克苏地区】阿瓦提县冰雹,降雹8分钟,雹粒如杏核大。359.44亩棉花受灾。

7月9日16时30分至18时15分,【阿克苏地区】温宿县、兵团农一师冰雹,持续时间一般5～10分钟,最长30分钟,冰雹最大直径3厘米,平均重28克,积雹厚度5厘米左右。农作物受灾面积11.08万亩,死亡牲畜264头(只)。

7月14日18时,【博尔塔拉自治州】温泉县雹灾,降雹持续15分钟,雹粒直径1.5厘米。221人受灾,受灾农田面积568亩,减产3～5成,减产粮食4.25万公斤、油料1.1万公斤、甜菜11.5万公斤。

7月15日17时,【阿勒泰地区】布尔津县冲乎尔乡雹灾,降雹时间1个小时,雹粒如蚕豆、小枣,自东向西雹区长5公里,宽2公里。农作物受灾面积3000亩,损失粮食67.18万公斤。

7月15日,【阿克苏地区】柯坪县冰雹,一乡一镇1000余亩农作物严重受灾。

7月16日16时,【博尔塔拉自治州】温泉县冰雹,降雹持续时间20分钟,雹粒直径1.5~3厘米,农作物受灾面积5169亩,减产粮食等35.08万公斤。

7月18日,【阿克苏地区】乌什县冰雹,受灾棉田1170亩。

7月25日,【伊犁地区】昭苏县雹灾,雹粒直径1~2.5厘米,地面积雹厚度5厘米以上,农作物受灾面积3700余亩。

8月7日13时30分许,【伊犁地区】特克斯县、昭苏县冰雹,最大直径1.5~2厘米,地面积雹3厘米。4.3万亩农田受灾,部分农作物绝产,平均损失70%。

8月8~9日,【博尔塔拉自治州】温泉县冰雹,直径15~35厘米,时间持续近半小时,2034人受灾,农作物受灾面积1.09万亩。

8月13日8时50分,【喀什地区】伽师县冰雹,1400亩棉花受灾,其中500亩绝收。

8月16日,【阿勒泰地区】青河县冰雹,冰雹如玉米粒大小。即将成熟的2351亩粮食作物遭灾,其中绝收1459亩,减产56.34万公斤。

8月31日19时30~45分,【博尔塔拉自治州】温泉县冰雹,降雹时间15分钟左右,冰雹直径0.5厘米,地面积雹厚度4厘米。60户400人受灾,受灾农田面积1800亩,成灾面积1555亩,减产粮食10.5万公斤。

9月7日,【伊犁地区】霍城县冰雹,直径2~3厘米,地面积雹15厘米。3650亩农作物受灾。

1994年 4月18~19日,【阿克苏地区】库车县、新和县、温宿县、沙雅县、乌什县冰雹,持续时间10~20分钟,直径2厘米左右,积雹厚度20~25厘米。7乡1镇46个村受灾农作物58.6万亩,死亡牲畜937头(只)。

5月5~6日,【塔城地区】乌苏县冰雹,棉花受灾面积1.8万亩,占播种面积的9%左右。

5月17日,【塔城地区】沙湾县冰雹,雹带宽约5公里,长约10公里,农作物受灾面积近20万亩。【克拉玛依市】冰雹最大直径为1.4厘米。砸坏各类蔬菜200亩。

6月14日,【昌吉自治州】奇台县冰雹,最大直径为1.4厘米,平均重量2克。农作物受灾面积3019亩。

6月17下午,【博尔塔拉自治州】温泉县冰雹,降雹时间30分钟,最大冰雹直径2厘米。5240人受灾,受灾农田面积7997亩,减产粮食等28.08万公斤。

6月17日13时01~47分,【阿克苏地区】库车县冰雹,降雹时间10分钟,最大冰雹如鸽子蛋大。农作物受灾1500亩,其中40%~50%的棉花被砸毁。

6月25日下午,【塔城地区】托里县冰雹,农作物受灾面积1122亩。

6月27日,【阿克苏地区】阿瓦提县冰雹,51户受灾,农作物受灾面积835亩。

6月29日,【巴音郭楞自治州】库尔勒市冰雹,农作物受灾2万亩,1.6万亩绝收。

6月30日、7月3日,【阿勒泰地区】阿勒泰市、富蕴县遭受冰雹袭击,农作物受灾

2.63万亩,绝收1.5万亩。

7月7日午后,【阿勒泰地区】布尔津县冰雹,持续40多分钟。20户受灾,农作物受灾3126亩,损失大小牲畜26头(只)。

7月15日,【昌吉自治州】兵团农六师103团(米泉县)冰雹,农作物受灾面积51亩。

7月18～31日,【阿克苏地区】4县市的14个乡54个村先后遭受冰雹灾害,农作物受灾面积34.8万亩,倒塌民房96间,造成危房198间。自治区拨救灾款50万元。

8月4日21时左右,【伊犁地区】巩留县冰雹,持续时间17分钟,最大冰雹直径3厘米。重灾3054户,农作物受灾面积2.96万亩,死亡大小牲畜105头(只)。

8月5日,【塔城地区】乌苏县冰雹,全乡10个村受灾,1.1万亩农作物受损。

8月9日19时左右,【博尔塔拉自治州】博乐市小营盘镇冰雹,降雹20分钟,降雹范围南北宽2公里、东西长4公里,雹粒直径1.2厘米,地面积雹厚度3.5厘米。407户1628人受灾,各种农作物受灾面积4419.6亩。

8月9日夜间,【阿克苏地区】兵团农一师降雹,受灾农田面积1000余亩。

8月10日,【阿克苏地区】乌什县冰雹,受损棉田4627亩。

8月12日15时30分,【阿勒泰地区】阿勒泰市冰雹,持续时间20分钟,冰雹直径15毫米左右。农作物受灾3510亩,成灾3008亩。

8月13日19时30分,【博尔塔拉自治州】温泉县、兵团农五师冰雹,持续20分钟,雹粒直径1.5～2厘米。农作物受灾面积6783.4亩,减产粮食13万公斤。

8月28日15时,【阿勒泰地区】阿勒泰市冰雹,农作物受灾面积950亩,绝收400亩。

8月31日至9月1日,【巴音郭楞自治州】轮台县冰雹,棉花、复播玉米、香梨等农作物受灾面积7700亩,损失香梨11.03万公斤。

9月1日17时10分,【博尔塔拉自治州】博乐市冰雹,降雹时间13分钟。农作物受灾面积3500亩,损失3～5成,死亡1人。

10月9日,【巴音郭楞自治州】尉犁县冰雹,最大直径15毫米,地面积雹2厘米。棉花、蔬菜、玉米等作物叶片被打碎,特别是即将收割的水稻粒被冰雹打掉,全县2800亩水稻受灾,损失7万公斤。

1995年 5月5日晚,【塔城地区】乌苏县冰雹,最大直径1.5厘米,积雹2厘米。两个乡场近40%棉花田被打,损失较重。

4月5～6日,【喀什地区】英吉沙县冰雹,1.5万多亩的棉花地膜被打破,6万亩杏树、1000多亩巴达木受灾,倒塌房屋40余间。

5月13日18时20～55分,【阿克苏地区】温宿县、兵团农一师冰雹,持续时间35分钟,最大冰雹直径3厘米,积雹厚度10厘米。受灾农田面积1.05万亩。

5月14日,【阿勒泰地区】布尔津县冰雹,雹粒形如绿豆,持续15分钟。农作物受灾面积1000亩。

5月14日3时30分,【阿克苏地区】柯坪县冰雹,最大直径0.5厘米。农作物受灾面积1000余亩。

5月14日17时50分,【喀什地区】巴楚县冰雹,持续10分钟。345户农民受灾,受灾棉田4170亩,倒塌民房12间,1匹马、41只小牲畜被冰雹打死。

6月11日17时前后,【阿克苏地区】拜城县、新和县冰雹,降雹时间15分钟,冰雹大小如蚕豆,最大的如核桃大。农作物受灾总面积3.43万亩,小牲畜死亡34只,倒塌民房32间,倒塌棚圈41间。

6月14日,【石河子市】兵团农八师121团(沙湾县下野地)冰雹,农作物受灾面积1.2万亩。

7月10日晚,【塔城地区】沙湾县冰雹,直径1.5~2厘米,雹区宽约20公里。农作物受灾面积达3000亩。

7月10日16时00~55分,【阿克苏地区】温宿县冰雹,持续时间50分钟,冰雹直径20~30毫米。10个村1191户受灾,农作物受灾面积2.08万亩。

7月11日,【塔城地区】额敏县冰雹,降雹时间3分钟左右,直径0.7~1.5厘米,降雹时间10分钟左右。全县农作物受灾面积3.57万亩。

7月11日17时50分,【阿克苏地区】温宿县、阿瓦提县冰雹,降雹时间2~3分钟,冰雹如黄豆大。5445亩作物受灾。

7月12日20时30分,【阿克苏地区】新和县冰雹,降雹时间3~5分钟,一般如玉米粒大,最大的如杏子大。农作物受灾面积2035亩。

7月13日14时45分至15时15分,【塔城地区】沙湾县冰雹,持续时间8分钟,积雹厚度1~2厘米,雹灾区宽约1公里,长约3公里。农作物受灾面积8055亩。

7月14日15时30分左右,【阿克苏地区】拜城县冰雹,最大直径约2厘米。农作物受灾面积3950亩,成灾面积2391亩。

7月18~31日,【阿克苏地区】4县市4乡54个村先后遭受冰雹灾害,持续时间15~50分钟,最大直径2.5厘米,地面积雹5~8厘米。农作物受灾面积34.8万亩,倒塌民房96间,造成危房178间。

7月29日,【博尔塔拉自治州】温泉县冰雹,受灾101户510人,农作物受灾面积753.1亩,减产粮食9.15万公斤。

7月30日17时,【博尔塔拉自治州】兵团农五师88团(温泉县)雹灾,降雹时间5~10分钟。2265亩小麦、油料受灾,经济损失61万元。

7月31日,【博尔塔拉自治州】温泉县冰雹,受灾166户830人,农作物成灾面积5282.5亩,减产粮食85.49万公斤。

8月,【伊犁地区】昭苏县连遭4次冰雹灾害,农作物受灾面积15.4万亩,成灾面积12.36万亩。

8月8日17时30分,【博尔塔拉自治州】温泉县冰雹,持续40分钟。5个村900户5140人受灾,农作物受灾面积2.80万亩。

8月10日,【阿克苏地区】拜城县冰雹,农作物受灾面积1727亩,成灾面积1079亩。

8月13日,【阿勒泰地区】哈巴河县冰雹,农作物绝收面积118亩,减产1.42万公斤。

8月25日,【阿克苏地区】拜城县、新和县冰雹,持续时间5~10分钟,冰雹一般如杏核大,大的如鸭蛋。两县农作物受灾面积 4.99 万亩,死亡牲畜 61 头(只),死亡鸡 215 只。

8月29日,【喀什地区】疏附县、疏勒县、伽师县冰雹,冰雹直径 1.5~2 厘米,持续时间 15 分钟。共有 15 个村 3800 户 1.52 万人受灾,农作物受灾面积 2.4 万亩。

9月14日,【喀什地区】巴楚县、伽师县、岳普湖县、麦盖提县冰雹,降雹持续时间 4 分钟。农作物成灾面积 24.3 万亩,绝收 10 万亩,倒塌民房 192 间,死亡 1 人,受伤 174 人,死亡牲畜 1592 头(只)。自治区拨救灾款 50 万元。

1996 年 5月12日18时30分,【喀什地区】疏附县冰雹,持续 30 分钟,最大直径 2.5 厘米,农作物受灾面积 2.01 万亩。

5月14日,【阿克苏地区】新和县冰雹,农作物受灾面积 6150 亩。

5月15日,【塔城地区】塔城市冰雹,降雹 7~15 分钟,最大直径 2.3 厘米,平均积雹厚度 3~5 厘米。农田受灾面积近 10 万亩。

5月28日,【阿克苏地区】乌什县冰雹,农作物受害面积 4600 亩,成灾面积 411 亩。

5月30日,【昌吉自治州】米泉县、兵团农六师冰雹,冰雹如黄豆大小,降雹约 4~5 分钟。2985 余亩的玉米、棉花、瓜类严重受灾。

6月11日,【塔城地区】额敏县冰雹,农作物受灾面积 1 万亩左右。

6月11日23时,【博尔塔拉自治州】兵团农五师 84 团(博乐市托里镇)冰雹,直径 3~5 厘米,地面积雹 21 厘米,砸死羊 464 只、牛 1 头。

6月14日21时,【喀什地区】伽师县四乡、六乡范围遭冰雹袭击,直径 1 厘米,降雹持续 30 分钟,农作物受灾面积 6470 亩,其中 1200 亩严重受灾。

6月15日,【博尔塔拉自治州】精河县、兵团农五师冰雹,历时 11 分钟,最大冰雹直径 2 厘米。受灾农田面积 9100 亩。

6月15日,【阿克苏地区】沙雅县、兵团农一师冰雹,持续时间 9~40 分钟,冰雹最大直径 1 厘米。沙雅县成灾面积 2.58 万亩,部分农作物绝收。

6月16日14时20分,【博尔塔拉自治州】温泉县冰雹,降雹时间 15~20 分钟,地面冰雹密度 300~400 粒/平方米,最大密度超过 1000 粒/平方米以上,冰雹直径为 0.5~1.5 厘米。受灾农作物的穗头和秆被冰雹打掉打断,玉米叶被打成条状,油葵叶面被打成蜂窝状,有些成为光秆,甜菜有的被打得趴在地上。农作物受灾面积 1.41 万亩,成灾面积 1.26 万亩,其中,粮食作物面积 6765 亩,经济作物面积 5835 亩。

6月24日16时,【阿勒泰地区】布尔津县冰雹,持续 10 多分钟,冰雹最大直径 2.5 厘米,农作物受灾面积 1354 亩,其中 1141 亩小麦受灾 30%,98 亩玉米受灾 80%,其他作物 115 受灾亩 50%。

6月25日14时,【阿勒泰地区】哈巴河县冰雹,持续降雹时间 8 分钟,冰雹最大直径 8 毫米,积雹厚度 15 厘米。97 户 494 人受灾,农作物成灾面积 2749 亩,30 户农民的住房房顶被冰雹损坏 4200 平方米。

6月26日,【塔城地区】乌苏县冰雹,农作物受灾面积约 90 亩。

6月30日,【塔城地区】冰雹,平均直径 7 毫米,最大 10~15 毫米,历时 7 分钟。全地区作物受灾面积 5.18 万亩。

7月4日，【喀什地区】疏勒县、疏附县、英吉沙县冰雹，持续时间40分钟，雹径2～3厘米。农作物受灾面积4.46万亩，死亡牲畜9头（只）。

7月4日，【克孜勒苏自治州】阿克陶县巴仁乡、皮拉力乡遭受冰雹袭击，冰雹持续30分钟，受灾地区积雹达10～15厘米，近5万亩农作物遭受严重灾害，死亡牲畜16头（只），200间民房倒塌，4人受伤。

7月5日，【阿克苏地区】拜城县、库车县、新和县冰雹，持续时间30～40分钟，冰雹直径一般如黄豆大，大的如蚕豆、杏核大，积雹厚度5～10厘米。农作物受灾面积1.86万亩。

7月11日中午，【阿勒泰地区】哈巴河县冰雹，230亩地膜玉米受灾。

8月15日，【阿克苏地区】拜城县冰雹，1917亩小麦、油菜、大麦不同程度受害。

8月28日下午，【阿克苏地区】兵团农一师4团冰雹，持续降雹25分钟，冰雹直径2～5厘米，积雹厚达10厘米。1.8万亩农作物受灾，倒塌房屋46间。

1997年 5月9日19时30分左右，【和田地区】墨玉、洛浦县冰雹，持续10分钟左右，最大直径2厘米。农作物受灾面积6.6万亩。

5月11日，【巴音郭楞自治州】尉犁县冰雹，3余万亩棉花受灾。

5月12日，【巴音郭楞自治州】部分地区冰雹，持续15分钟左右，冰雹直径0.3～1厘米，积雹3～5厘米。全州受灾农田面积4.55万亩，需翻种3.95万亩。雹灾主要在尉犁县，受灾作物是细嫩的棉苗，已播的4万亩棉花75.9%受灾，其中43.2%需翻种。

5月13日，【阿克苏地区】兵团农一师11团冰雹，直径6～12毫米，持续3分钟。棉花死亡8020亩。

5月15日，【塔城地区】塔城市冰雹，给蔬菜和各种农作物造成一定损失，直接经济损失678万元。

6月6日午后，【阿克苏地区】拜城县、库车县、阿瓦提县冰雹，持续15分钟，大冰雹直径3～4厘米，地面积雹10厘米。农作物受灾9.5万亩。

6月10～11日，【博尔塔拉自治州】精河县冰雹，受灾人口864人，农作物受灾面积1100亩。

6月11日17时至17时40分，【伊犁地区】特克斯县、昭苏县冰雹，平均雹径1厘米，最大雹径2厘米，积雹厚2～5厘米，冰雹区域宽3～8公里、长约20公里。特克斯县农作物受灾面积7.39万亩，绝收2.77万亩，损毁房屋217间、棚圈65座。

6月14日21时左右，【喀什地区】伽师县冰雹，6670亩农田受灾严重，其中棉田5150亩，叶片全部被打光，毁掉棉苗200亩，砸毁小麦920亩，致使颗粒无收，砸毁套种玉米200亩、瓜菜200亩。

6月15日0时10分，【阿克苏地区】拜城县冰雹，降雹持续时间40分钟，地面积雹厚度8厘米，最大冰雹直径1.5厘米。农作物受灾面积8414亩，倒塌房屋4间。

6月20日21时，【博尔塔拉自治州】兵团农五师81团（博乐市霍热镇）冰雹，冰雹带长约2公里，宽仅十几米，持续时间5分钟，3000亩棉叶被打光，枝秆被击断。

6月21日、26日，【塔城地区】沙湾县冰雹，最大直径2.5厘米，持续时间最长达10分钟左右。打死牲畜4000头（只）。

6月25~28日,【哈密地区】两县一市冰雹,全地区农作物受灾面积2.15万亩,绝收8965亩。

6月29日,【阿克苏地区】库车县、阿瓦提县冰雹,雹径0.3~1厘米,持续时间10分钟。农作物受灾6.46万亩。

7月2日下午,【喀什地区】岳普湖县冰雹,最大直径3厘米,积雹厚度3厘米,持续时间20分钟。农作物受灾面积2.58万亩,倒塌房屋82间。

7月3日18时左右,【阿克苏地区】拜城县冰雹,持续约30分钟。农作物受灾面积9739亩,重灾1299亩,死亡牲畜2头(只),倒塌羊圈18间。

7月4日,【阿克苏地区】新和县冰雹,棉花、小麦、玉米、瓜菜、果园受灾2790亩,890个麦场受灾。

7月8日,【博尔塔拉自治州】温泉县冰雹,6000人受灾,农作物受灾面积3万多亩,造成直接经济损失736.8万元。

7月上旬,【阿克苏地区】库车县冰雹,棉花受灾面积2.4万亩。

7月14日,【塔城地区】乌苏市冰雹,6000余亩作物受灾。

7月下旬,【石河子市】部分团场冰雹,1.3万亩棉花受灾。

7月23日凌晨,【阿克苏地区】温宿县冰雹,10个自然村948户农民受灾,农作物受灾面积1.33万亩,减产约152.8万公斤。

7月26日,【石河子市】兵团农八师150团冰雹,棉花受灾面积1.17万亩,其中10%左右叶片被击破,棉铃幼蕾被击落。灾后及时浇水,以减轻损失。

8月13日20时39~44分,【阿克苏地区】阿瓦提县冰雹,最大直径8毫米。农作物受灾面积5.18万亩。

1998年 4月29日02时前后,【阿克苏地区】库车县、沙雅县冰雹,雹粒最大直径8毫米。农作物受灾面积2.1万亩,其中1000余亩重灾,需重新翻种。

5月12日,【博尔塔拉自治州】精河县冰雹,9670人受灾,农作物成灾面积3.30万亩。

5月12日下午,【塔城地区】乌苏市冰雹,冰雹持续近10分钟。1.17万亩棉苗遭受灾害,其中8447亩绝收。

5月14日13时45~57分,【喀什地区】兵团农二师35团冰雹,雹粒直径0.5~1厘米,地面雹粒厚度8~12厘米。3.70万亩棉花全部死亡,瓜菜饲料作物亦全部死光,林木、果树叶片严重破损,甚至脱落。

5月28日下午,【塔城地区】裕民县冰雹,降雹持续时间45分钟,最大直径7.0厘米,雹灾范围长4.5公里,宽3.5公里。2万亩农作物被毁。

6月2日傍晚,【阿克苏地区】兵团农一师3团冰雹,降雹数分钟。棉花受灾4000余亩。

6月8日午后,【阿克苏地区】阿瓦提县、农一师冰雹,降雹持续时间7~10分钟,最大冰雹直径15~20厘米,积雹厚度10厘米,雹灾范围由西北向东南宽10公里,长20公里。农作物受灾面积11.67万亩,倒塌房屋6间。

6月8日,【喀什地区】兵团农三师53团冰雹,棉花、小麦受灾面积6.24万亩,其中绝收 4.26 万亩，伤 276 人，其中重伤 42 人。

6月11日，【喀什地区】疏附县、伽师县冰雹，农作物受灾面积近 4 万亩，落果 1.80 万公斤，受损民房 2100 间，倒塌 137 间。

6月11~12日，【阿勒泰地区】福海县冰雹，农作物受灾面积 1.56 万亩。

6月13日，【喀什地区】伽师县冰雹，3.1 万亩棉花、玉米、小麦受损，死亡牲畜 1200 头（只），受灾房屋 2100 户。

6月15日，【阿克苏地区】乌什县冰雹，棉花受灾面积 4262 亩。

6月16日晚，【喀什地区】疏勒县、疏附县、伽师县、岳普湖县、麦盖提县五县冰雹，降雹过程持续 15 分钟，最大冰雹直径 2~3 厘米，积雹厚度 5~6 厘米。13.3 万亩棉花受灾，绝收 5071 亩，倒塌民房 258 间、棚圈 530 个，死亡牲畜 557 头（只）。

6月20~24日，【阿勒泰地区】布尔津县冰雹，农作物受灾面积 3300 亩，绝收 560 亩。

6月27日，【石河子市】兵团农八师 150 团冰雹，棉花受害 1500 余亩，其中 14% 叶子被击破，叶片被击落，个别植株顶部被击断。灾后采取适时灌溉缓解灾情。

7月2日17时40分，【喀什地区】巴楚县冰雹，持续时间 5~6 分钟，地面积雹厚度 2 厘米。棉花受灾面积 5000 多亩，其中死亡面积 2700 亩，死亡牲畜 39 头（只），倒塌房屋 69 间。

7月7日07时左右，【阿克苏地区】库车县冰雹，降雹时间 10 分钟，雹粒直径 6~10 毫米，最大冰雹像杏子大。农作物受灾面积 1.2 万亩，其中 4135 亩绝收。防雹队作业用弹 1000 多发，火箭 4 枚。

7月11日，【石河子市】兵团农八师 150 团冰雹，受灾棉花 1000 余亩，其中 1% 植株茎秆被折断或死亡。灾后及时灌溉，缓解灾情。【昌吉自治州】玛纳斯县新湖农场冰雹，农作物受灾面积 2.5 万亩。

7月13日，【博尔塔拉自治州】温泉县、兵团农五师冰雹，持续 7 分钟，直径 5 厘米，地面积雹厚约 30~40 厘米。农作物受灾面积 4530 亩。

7月13日，【阿克苏地区】新和县冰雹，受灾面积 7550 亩，倒塌房屋 8 间。

7月14日，【塔城地区】乌苏县冰雹，6000 余亩作物受害。

7月23日18时左右，【阿克苏地区】新和县冰雹，3 个村受灾，损失棉花 300 余亩。

7月29日，【昌吉自治州】玛纳斯县新湖农场冰雹，持续 15 分钟，直径 2 厘米，农作物受灾面积 3.14 万亩。

8月12日，【博尔塔拉自治州】精河县冰雹，受灾农田面积 1.8 万余亩，8000 多亩棉花重灾。

8月12日，【阿克苏地区】拜城县冰雹，街道积雹厚度 10 厘米，民房的玻璃约一半被砸烂，安装在阳台上的抽油烟机全部被砸坏，多人被砸伤。

8月17日21时左右，【阿克苏地区】兵团农一师冰雹，持续时间 3 分钟。棉田受灾 4220 亩，重灾 1950 亩。

8月22日，【巴音郭楞自治州】且末县冰雹，2000 亩棉花受重灾，其中 600 亩绝收。

1999年 6月9日，【博尔塔拉自治州】博乐、兵团农五师冰雹，直径约 2 厘米。

1.28万亩农田受灾。

6月10日17时10~30分,【阿勒泰地区】福海县冰雹,持续20分钟。512人受灾,农作物受灾面积2800亩,成灾2300亩。

6月11日,【塔城地区】塔城市冰雹,直径1.4厘米,最大雹径2厘米以上。农作物受灾面积2.94万亩。

6月12~13日,【阿克苏地区】拜城县部分乡、团场冰雹,农作物受灾面积1.37万亩。

6月25~27日,【博尔塔拉自治州】各地频繁受到冰雹的侵袭,雹径0.5~1.0厘米。农五师2.8万亩农作物严重受灾,1.5万亩棉花绝收。

7月9日,【塔城地区】额敏县冰雹,持续时间10分钟,直径5~10毫米,1555亩农作物受灾。

7月16日,【博尔塔拉自治州】温泉县冰雹,积雹厚度近10厘米,直径2~3厘米,农作物受灾面积1.46万亩,成灾面积8003.5亩,绝收面积3828.9亩。

7月23日,【博尔塔拉自治州】兵团农五师88团冰雹,降雹时间6分钟,直径3厘米,地面冰雹厚度5厘米。农田受灾面积1.85万亩。

7月26~27日,【阿勒泰地区】青河县冰雹,671人受灾,农作物受灾面积200公顷,成灾120公顷,绝收80公顷,损坏房屋13间,死亡小牲畜56只。

8月21日18时45分,【塔城地区】兵团农九师冰雹,最大直径3厘米,降雹时间8分钟。春小麦、大麦、油菜、红花等4.69万亩受灾。

2000年 5月7日,【昌吉自治州】阜康县冰雹,农作物受灾面积3440亩,其中绝收890亩。

5月12日14时14分左右,【塔城地区】塔城市冰雹,最大直径2.5厘米。6个乡镇受灾,受灾农田面积15万亩,共中绝收8万亩。

5月13日至7月31日,【昌吉自治州】玛纳斯县新湖农场几次冰雹,受灾农田面积11.3万亩。

5月18日,【塔城地区】塔城市、沙湾县冰雹。农作物受灾面积17.48万亩,绝收9.89万亩。

5月24日,【和田地区】墨玉县冰雹,持续30分钟左右,冰雹平均直径1~1.5厘米,最大直径2~3厘米,最大积雹厚度20厘米。农作物受灾面积2.2万亩,打坏葡萄长廊4.37万米,死亡畜禽1.07万头(只),倒塌房屋120间。

5月25日17时左右,【克孜勒苏自治州】阿图什市冰雹,农作物受灾面积近2500亩。

5月27日,【塔城地区】塔城市冰雹,直径5毫米左右。农作物受灾面积1.90万亩,其中绝收9432亩。

7月1~3日,【博尔塔拉自治州】温泉县冰雹,1.5万亩农作物受灾。

7月2日,【阿勒泰地区】吉木乃县冰雹,持续时间15分钟。倒塌民房19间,损坏35间。

7月16~18日,【博尔塔拉自治州】温泉县冰雹,七个村受到雹灾,农作物受灾面积

661亩，绝收340亩。

8月4日17时，【巴音郭楞自治州】若羌县冰雹，雹径约1.5厘米，持续10分钟。农作物受灾面积3000亩。

8月17日，【克孜勒苏自治州】乌恰县冰雹，300亩油菜受灾。

第十章 病 虫 害

第一节 概 述

新疆由于地理位置与气候特殊，同时戈壁沙漠面积大，植被少，所以，病虫害相对比内地其他省区少。新疆是我国最干旱地区之一，干旱与蝗灾同年发生的机遇率最大，所以，新疆是经常发生及适合发生蝗虫的地区。另外，随着新疆棉花生产的发展，使得害虫食料日益丰富，再加上冬季气候变暖及化学防治不当等因素的影响，病虫害已是制约新疆农牧业生产，特别是棉花持续发展的重要因素之一。棉花病虫害有在新疆迅速蔓延的趋势，主要有棉蚜虫、红蜘蛛、立枯病等，另外，还有地老虎和小麦病等虫害。

一、新疆病虫害与气候的关系

虫病害生存环境条件一般包括气候因素、土壤因素、生物因素和人为因素，后三个因素在一定区域内相对稳定或可人为控制，因此在一定区域内影响病害虫是否发生发展及发生危害的关键是气候条件。但是不同的病虫害有不同的气候条件，具体是：

蝗虫：新疆蝗虫有时重、有时轻、有时不发生，这主要与新疆干旱气候有关。蝗虫在干旱季节时，取食量较大，以便从大量食物中索取水分供自身的生命活动，因此危害性大。新疆历史上严重危害农作物的重大灾难性害虫首推蝗虫，特别是20世纪80年代以前，经常发生大面积蝗灾，使人民生活和农牧业生产受到严重威胁，随着科学技术的发展，治蝗能力有所提高，发生大面积蝗灾的情况在减少。

蚜虫：蚜虫发生消长与温度有着密切的关系。春季日平均气温达6℃以上时，越冬卵开始孵化，12℃以上时开始繁殖。当最低气温降至-0.1~0.5℃时，蚜卵就不能孵化，大部分干瘪冻死，致使虫口基数大幅下降。同时，天气干旱有利于蚜虫生长发育，大到暴雨抑制蚜虫作用明显。过去新疆蚜虫发生较少，20世纪80年代中期以后，随着温室、大棚及室内花卉的增加，棉花面积不断扩大，棉蚜迅速蔓延，危害加重，已遍及全疆各棉区，严重影响新疆棉花生产发展。

立枯病：立枯病在新疆发生比较普遍，北疆重于南疆。一般多发于早春多雨低温时期，其主要危害棉苗，造成烂种、烂芽，使棉苗不能正常出土。

二、新疆蝗虫灾害的评述

1. 蝗虫灾情的标准　①一次灾情在一个地区出现时，农作物受灾在50万亩以上，草场受灾面积在100万亩以上，经济损失达100万元，定为一次重大灾情；②在满足重大灾情条件的前提下，农作物受灾面积在100万亩以上，草场受灾面积在500万亩以上，经济损失达1000万元，定为特大蝗虫灾情；③成灾但未达到上述任何一个标准者，视为一般蝗虫灾情。

2. 蝗虫灾情发生的频率　1951—2000年50年间，新疆发生了51次蝗虫灾情。其中，北疆出现36次，占灾情总次数的70.6%；南疆出现9次，占17.6%；东疆出现3次，占5.9%；全疆出现3次，占5.9%。而重大蝗虫灾情发生了18次，占灾情总次数35.3%。特大灾情10次，占重大灾情的55.6%；其中6次出现在20世纪80年代以前，占特大灾情的66.7%。

特大蝗虫灾情具体出现在：1951、1952、1953、1968、1970、1979、1997、1998、1999、2000年。

三、其它病虫害的评述

这里所说的其它病虫害是指除蝗虫灾害以外的病虫害，主要包括：蚜虫、红蜘蛛、立枯病、地老虎和小麦病等。

1) 病虫害灾情的标准　①一次灾情在一个地区出现时，农作物受灾在20万亩以上，草场受灾面积在500万亩以上，经济损失达100万元，定为一次重大灾情；②在满足重大病虫害灾情条件的前提下，农作物受灾面积在100万亩以上，草场受灾面积在1000万亩以上，经济损失达500万元，定为特大病虫害灾情；③成灾但未达到上述任何一个标准者，视为一般病虫害灾情。

2) 病虫害灾情发生的频率　1958—2000年42年间，新疆发生了43次病虫害。其中，北疆出现17次，占病虫害总次数的39.5%；南疆出现15次，占34.9%；东疆出现4次，占9.3%；全疆出现7次，占16.3%。重大病虫害灾情发生了17次，占病虫害总次数的39.5%。特大灾情6次，占重大病虫害次数的35.3%；其中5次出现在20世纪80年代以后，占特大病虫害次数的83.3%。

特大病虫害灾情出现在：1979、1981、1984、1988、1989、2000年。

第二节　公元1949年以前的蝗虫害

清　乾隆五十四年（公元1789年）　闰五月，迪化发生蝗灾，农田严重受灾。七月十一日，巡抚饶应祺奏请清朝廷赈抚。

清　光绪元年（公元1875年）　乌苏县蝗害，车排子等地禾苗被蝗虫吃光，屯田官兵以草根、树皮充饥。

第十章 病 虫 害

清 光绪二年（公元 1876 年）　九月，疏勒县境内"旱蝗为灾，收成歉薄"。

清 光绪四年（公元 1878 年）　精河县发生严重蝗灾。

清 光绪五年（公元 1879 年）　巴里坤县蝗虫危害严重，豁免田赋。

清 光绪八年（公元 1882 年）　巴里坤县蝗虫危害惨重。

清 光绪十八年（公元 1892 年）　乌苏蝗虫成灾，厅署令兵勇下乡扑灭。

清 光绪十九年（公元 1893 年）　乌苏县车排子等地蝗虫肆虐，被一种形如鹁鸪的鸟啄食三天，殆尽。

清 光绪二十年（公元 1894 年）　乌苏县甘河子、车排子等地遭蝗灾。

清 光绪二十二年（公元 1896 年）　十一月二十五日，迪化遭受蝗灾。

清 光绪二十五年（公元 1899 年）　十一月二十三日，清廷谕令迪化地方官员复勘水蝗灾情，妥善赈抚。

清 光绪二十九年（公元 1903 年）　乌苏县境内飞蝗如云，庄稼被吃一空。

清 宣统元年（公元 1909 年）　巴里坤县蝗虫蔓延成重灾。

民国 五年（公元 1916 年）　六月，精河县沙山子一带包括路北苇湖地带宽十余里，发生蝗虫，异常稠密。六月二十二日，县政府派蒙古士兵三十四人、民众一百三十八人，以七天时间，用芦苇、柴草、火药焚烧扑灭。

民国 十四年（公元 1925 年）　六月十二日，呼图壁县西乡五畦庄附近农田发生蝗灾，全庄田禾几乎被蝗虫吃光，只得翻地重种。东乡各地亦相继发生程度不一的蝗虫灾害。

民国 二十四年（公元 1935 年）　六月上旬，沙湾县部分地区发生蝗灾，至六月二十二日蔓延至全境；六月十七日，迪化西北乡等六个乡二千四百多亩麦田遭受蝗灾。

民国 二十八年（公元 1939 年）　七月，乌苏县三苏木三里图蝗虫食尽田苗；巴里坤县蝗虫蔓延县城东七十里和城西一百八十里。

民国　二十九年（公元 1940 年）　迪化发生空前蝗灾，政府使用飞机二十余架次灭蝗，旬日内，蝗虫灭。七月，乌苏县赛里克提、谢家地方圆三百四十平方公里发生蝗灾。

民国　三十至三十一年（公元 1941—1942 年）　塔城境内部分地区连年发生蝗灾。

五月间，博乐县蝗虫灾害极烈，发生面积达十五至十七万公顷，组织五千人挖沟、扑打、火烧均未奏效。后请前苏联派飞机喷洒药物，于六月二十四日全部控制。

六月，呼图壁县境内各乡均发现蝗虫。六月五至八日，东雀尔沟五百亩春麦为蝗虫所食，六月十三日，东滩一亩五分地发现未生翅之蝗虫。六月十七日，大东沟、下芨芨梁、丹坂及下湖等地发现蝗虫。六月十八日，雀尔沟五百余亩庄稼为蝗虫所害。全县有八百六十多亩小麦被蝗虫吃光。

七月，精河县三台、四台地区发生蝗虫，精河县政府奉伊犁区行政长指令、协同伊犁派来的农牧指导员前往大河沿子，出动八十人、十二辆马车，用麦麸九石，拌入毒蝗药物，洒药饵灭蝗，七月十五至十七日完成。七月，巴里坤县蝗害严重。

民国　三十二至三十四年（公元 1943—1945 年）　乌苏县连年飞蝗危害牧草和庄稼。

民国　三十六年（公元 1947 年）　六月，精河县城周围、大河沿子、阿合甫提（白庙乡）等地发生不同程度的蝗虫危害，县政府组织群众和机关人员扑灭。

民国　三十六年（公元 1947 年）　发生大面积蝗灾，治蝗经费总开支达九万七千元。

民国　三十七年（公元 1948 年）　夏季，玛纳斯县发生蝗灾，城镇居民数十人前往捕蝗，政府发给工资小麦五石二斗五升。

五月，精河大河沿子地区发生蝗害，五月二十九日至六月十八日，县政府成立灭蝗委员会，组织群众扑灭。

五月九日，呼图壁县西乡大小泉两地发现蝗虫。一千余亩秋粮受害。七月十一日，北乡东河坝千亩秋禾被蝗虫吃光。

五月二十三日，博乐县查干苏木、夏日布呼两地发生蝗灾，受灾农田面积一千五百多公顷，参加灭蝗三万三千二百人次，耗资一万七千七百元，于七月十六日全部控制。

六月初，呼图壁县东、西、北三乡发生蝗灾，北乡将大批蝗虫围赶到下湖的二千五百亩麦子地里点火焚烧。全县发动四千五百人参加灭蝗，因事故死亡一人。

第三节　公元 1950—2000 年的蝗虫害

1950 年　5 月 22 日至 6 月初，【昌吉自治州】呼图壁县北区发现蝗虫，受害面积 1.92 万亩。玛纳斯县发生蝗虫灾害，农作物受灾面积 14.7 万亩。

第十章 病 虫 害

1951 年 【塔城地区】博尔通古一带和额敏县发生蝗灾,受害面积计 40 余万亩。【昌吉自治州】玛纳斯县发生蝗虫,农作物受灾面积 2.57 万亩。

4 月底至 5 月 18 日,【乌鲁木齐市】市郊发生大量蝗灾,到 5 月 5 日,蝗虫密度为每平方米 20～300 只,最大密度为每平方米 500～2000 只,有 2.6 万亩作物青苗被蝗虫吞吃。

5 月下旬,【塔城地区】额敏县部分农区发生蝗虫灾害,受灾农田面积 40 余万亩,其中 9 万亩颗粒无收。

6 月,【哈密地区】巴里坤县花园乡发生蝗虫危害,县城出动千余人捕杀。

7 月 28 日,【乌鲁木齐市】及【昌吉自治州】玛纳斯城南、东区蝗虫危害面积达 30 万亩,山区草地受害更严重。

1952 年 【塔城地区】境内蝗灾严重,沙湾县部分区乡的麦田大部分被吃光。乌苏县受灾农田面积在 110 万亩以上。【博尔塔拉自治州】精河大河沿子发生蝗虫,农作物遭受不同程度的危害。【昌吉自治州】玛纳斯县发生蝗虫灾害,农作物受灾面积 3 万余亩。其中,乐土驿、包家店受灾农田面积 0.17 万亩,蝗虫每平方米达 90 只。呼图壁县蝗虫蔓延 3 个农区的 3 个乡。

4 月底,【乌鲁木齐市】发现蝗虫,未采取措施,受灾农田面积 13 万亩,2.03 万亩农田受到严重威胁。

5 月 5 日,【塔城地区】乌苏县 13 个乡出现蝗虫,至 6 月 25 日,受蝗危害面积 24.05 万亩。

7 月 2 日,【巴音郭楞自治州】和硕县山区草场蝗虫密度 200～500 只/平方米,出动飞机 3 架次灭蝗。全县参加灭蝗 1032 人,灭蝗面积 1.4 万亩。和静县山区和山外平原区发生蝗灾,其中山区约 10 万亩农作物不同程度受灾,平原区 0.42 万余亩受灾。

1953 年 春,【阿勒泰地区】阿勒泰市蝗灾严重,组织 2263 人参加灭蝗,使农业生产损失减少到最小。【塔城地区】沙湾县发生蝗灾,受灾农田面积 10 余万亩。【昌吉地区】玛纳斯县全县发生蝗灾,面积达 140 万亩,虫口密度每平方米 158 只。全县组织 1000 余人扑打,并用飞机喷药灭蝗,灭虫面积为 48 万亩。

4 月 2 日至 5 月 20 日,【塔城地区】乌苏县过蝗 15.42 万亩,至 7 月 9 日,面积扩至 84.13 万亩。【乌鲁木齐市】一、二、三、五、六区农作物被蝗虫吃光,受灾农田面积 2.6 万亩。【昌吉自治州】呼图壁县各乡发现蝗虫,27 万亩农田受蝗灾,严重的 1.2 万亩,还有 30 余亩农作物被吃光。

6 月 18 日,【喀什地区】疏勒县第三、四、六区农田发生蝗虫灾害。中共疏勒县委、县人民政府联合发出通知,在全县开展灭蝗救灾工作。

7 月,【哈密地区】巴里坤县发生蝗害,部分农田受灾严重。

1954 年 【塔城地区】额敏县有 20 个乡发生蝗灾,受灾农田面积 9.9 万亩。【昌吉自治州】呼图壁县和庄区、五工台区和雀尔沟区发生蝗灾,蔓延面积 12.92 万亩,占全县播种面积的 32%,直接受灾农田面积 4.20 万亩,蝗虫密度为 100～600 只/平方米。

6月10日前后,【巴音郭楞自治州】和静县巴仑台区阿拉沟乌拉斯台等地遭蝗害,受灾农田面积150平方公里。开都河北岸的哈尔莫敦草场受蝗害面积0.43万亩。

1955年 5月,【塔城地区】乌苏县八十四户、九间楼、三角庄、西湖、车排子、甘河子、四棵树等乡发生蝗灾,虫口密度10～50只/平方米,农业生产受到不同程度危害。裕民县农牧区发生蝗灾,出动人力和飞机进行灭害,灭害面积0.14万公顷,其中人力扑灭0.02万公顷。托里县库普区发生蝗灾,县政府组织500多人进行捕打,塔城地委、行署派3架飞机对受灾的0.79万亩农田、草场喷药灭蝗,有效地控制了蝗灾的蔓延。【昌吉自治州】玛纳斯县发生蝗虫灾害,农作物受灾面积15万亩,其中损坏粮食、棉花作物0.36万亩。呼图壁县小土古里、长山子、宁州户、二工、三工、四工、五工台及两个牧区发现蝗虫,受灾农田面积16.5万亩,蝗虫密度20～30只/平方米。

6月中旬,【巴音郭楞自治州】和硕县山区草场5.6万亩、山外草场0.50万余亩遭受蝗灾,部分牧场的草被蝗虫吃光。和静县二区三乡0.80万亩地发生蝗灾,扑治0.40万亩。

1956年 【塔城地区】发生程度不同的蝗虫灾害,受灾农田面积达29.80万亩,给农牧业生产带来严重灾害。其中,乌苏县八十四户乡受蝗灾,有0.42万多亩耕地遭受危害。【昌吉州】呼图壁县发生蝗虫灾害,蝗虫平均密度为30～60只/平方米。受灾农田面积5.64万亩,其中农田0.87万亩、农田四周土地4.42万亩,牧区0.35万亩。【巴音郭楞自治州】和静县蝗虫危害面积7万亩。【喀什地区】叶城县七区乌夏巴什乡发生蝗灾,44亩小麦被吃光。县委和县政府组织扑蝗队,人工扑打0.49万亩,控制了灾情。

1958年 【博尔塔拉自治州】亚曼塔木等地发生蝗灾,受灾农田面积10万余亩,蝗虫密度每平方米20～30只。

1959年 夏,【塔城地区】乌苏县八十四户乡遭蝗灾,农作物受灾面积0.54万亩。【巴音郭楞自治州】和静县蝗虫危害面积29.1万多亩,其中巴音布鲁克用飞机治蝗4.3万亩。

1960年 【塔城地区】境内发生大面积蝗灾,其中,乌苏县兵团农七师双河农场20余万亩农田遭蝗灾。防治面积12.7万亩。【博尔塔拉自治州】精河县的4个地区发生蝗虫,受灾农田面积2.78万亩,其中60%是耕地,对农作物危害不大。

1961年 5～6月,【博尔塔拉自治州】精河县63万亩农作物发生蝗虫,主要发生在苇湖草地,密度一般每平方米5～500只。6月10日开始用飞机撒药治蝗,防治效果达90%。赛里木湖草场蝗灾危害面积2.7万亩以上,自治区派国产A-2型双翼飞机撒药。灭虫率达90%以上。【塔城地区】托里县吉也克地区发生严重蝗灾,蝗虫密度每平方米约250只,大片农田、草场被吃光。县社领导发动群众,分片包干捕打和用药物喷杀,保证了0.37万亩农田和0.20万亩草场免受蝗灾。

第十章 病 虫 害

7月,【哈密地区】巴里坤发生大量小车蝗,危害严重,受灾农田面积1.5万亩,大河乡0.50万亩庄稼被吃光。

1963年 【塔城地区】乌苏县境内发生蝗灾,受灾农田面积12万亩。

1964年 【塔城地区】乌苏县蝗灾,虫口密度20~30只/平方米,受灾农田面积29.60万亩。

1965年 【塔城地区】和布克赛尔县发生蝗虫灾害,县委、县政府组织350人进行灭蝗,采用扑打、火烧、投药饵、喷药粉等措施。在15天内,0.14万亩蝗虫被消灭。【博尔塔拉自治州】因干旱,博乐市哈日图热格草场蝗灾面积由上年的5万亩蔓延到10万亩,蝗虫密度每平方米百只以上,赛里木湖也有蝗灾发生,两地草场蝗灾面积共计27万亩。

1966年 7月8~17日,【巴音郭楞自治州】和静县巴音布鲁克区蝗虫危害,用飞机治蝗7.84万亩,治蝗效果达97%~100%。

1967年 【塔城地区】和布克赛尔县发生蝗灾,全县草场治蝗3万亩,杀灭效果一般都在90%~95%以上。【博尔塔拉自治州】赛里木湖草场蝗灾,自治区政府派A-2型飞机到博尔塔拉自治州治蝗,防治面积759万亩。

1968年 5月,【阿勒泰地区】阿勒泰市发生蝗灾,受灾农田面积约88万亩。【昌吉自治州】呼图壁县有15万亩地蝗虫蔓延,蝗虫密度为100只/平方米左右。玛纳斯县发生蝗虫,南山牧场0.01万亩小麦被啃光,牧草受灾严重。

6月20日至7月2日,【巴音郭楞自治州】和硕县蝗虫灾害,阿洪克湖一带2万多亩芦苇被蝗虫吃成光秆。6月下旬,芦苇整片发黄,生长停滞,直到飞机治蝗后,芦苇才逐渐恢复原状。使用两架飞机治蝗,防治面积7.8万亩,因药量不足,防治效果仅30%~70%。

1969年 【巴音郭楞自治州】和静县巴音布鲁克区蝗虫危害,治蝗面积达30万亩。

1970年 7月16~28日,【塔城地区】托里县部分地区发生蝗灾,平均每平方米约有蝗虫200只,受害面积91.5万亩,跃进牧场的夏草场全被吃光。【巴音郭楞自治州】和硕县蝗虫灾害,使用两架飞机治蝗,防治面积10万亩。

1974年 【塔城地区】乌苏县9.7万亩农田发生蝗灾。裕民县也发生蝗灾。塔城专署拨专款5万元治蝗。【昌吉自治州】玛纳斯县发生蝗虫,受灾农田面积15~20万亩,蝗虫最大密度每平方米34只。【巴音郭楞自治州】和静县蝗虫危害,灭蝗面积达50万亩。

1976 年　【塔城地区】托里县发生蝗灾，每平方米约 140 只，有 0.75 万亩农田受到侵害。额敏县境内大部分春秋牧场及夏牧场发生蝗灾，受灾面积 60 余万亩，自治区政府出动飞机协助灭蝗。

1977 年　【塔城地区】发生蝗灾，受灾农田面积 15.8 万亩，防治费用 6.9 万元。【昌吉自治州】玛纳斯县发生蝗虫，受灾农田面积 20 万亩，破坏草场 6～7 万亩，入侵农田 0.50 万亩，虫口密度每平方米达到 90～100 只。呼图壁县雀尔沟发现蝗虫，蔓延面积为 10 万亩，危害小麦 0.70 万亩。蝗虫种类为戟纹蝗和意大利蝗。

1978 年　【乌鲁木齐市】乌鲁木齐县芦草沟公社发现蝗虫，受灾 3 万亩。

1979 年　【伊犁地区】、【塔城地区】、【博尔塔拉自治州】、【昌吉自治州】、【巴音郭楞自治州】等地农区蝗虫发生面积 362.4 万亩，飞机和人工治蝗 264 万亩。博尔塔拉自治州的精河牧区发生蝗虫，面积达 84 万亩，蝗虫密度每平方米为 100～200 个，主要是澳大利亚和西伯利亚蝗。另外【乌鲁木齐市】乌鲁木齐县芦草沟公社发现蝗虫，受灾 10 万亩。

1980 年　【阿勒泰地区】阿勒泰市和一些县发生蝗灾，密度达到每平方米 80～100 只，受害农田、草场 20 余万亩，其中农田受灾面积约 5.5 万亩。【塔城地区】境内部分牧区发生蝗灾，重灾区每平方米有蝗虫 100 只以上，政府组织灭虫，防治面积 25 万亩。【博尔塔拉自治州】精河县发现 200 余万亩草场有蝗虫，密度大，大面积冬草场牧草被咬断或吃光。治蝗 0.21 万亩。7 月蝗虫由山区转入平原，继续危害农业生产。【乌鲁木齐市】乌鲁木齐县约 337 万亩草场、农田发生蝗虫，粮食减产严重。

6 月底至 7 月初，【博尔塔拉自治州】温泉县包孜冬草场发生蝗虫，受灾积约 0.60 万亩，重灾 0.35 万亩，虫口密度 400～500 只/平方米，州县组织 54 人扑蝗队打药，效果不大。7 月 9 日，已成飞蝗，面积扩大到 5.2 万亩，虫口密度 500～700 只/平方米，开始向农区蔓延。

8 月，【克孜勒苏自治州】乌恰县部分草场蝗虫灾害严重，受灾面积约 7 万亩，每平方米有成蝗 350～400 只。乌恰县委采取措施，用喷六六六粉等灭蝗。

1981 年　5 月，【博尔塔拉自治州】精河县牧区发现蝗虫，用药物防治 5.4 万亩。

1982 年　【巴音郭楞自治州】和静县巴音布鲁克区发生蝗情，州、县组织飞机和拖拉机撒药 25.65 吨，治蝗 35 万亩。

8 月，【克孜勒苏自治州】乌恰县草场发现裸蝗、小翅蝗等蝗虫，危害牧草生长。

1983 年　【巴音郭楞自治州】和静县巴音布鲁克区发生严重蝗灾，州、县治蝗 12.93 万亩，蝗虫密度由治蝗初期每平方米 250～300 粒卵下降到每平方米 0.4～0.6 粒卵，基本摆脱了蝗虫危害。

第十章 病 虫 害

1984 年 6月初至7月21日，【塔城地区】南湖草场发生毁灭性亚洲黑蝗虫危害，受害面积0.25万亩，虫口密度80～100只/平方米。【昌吉自治州】呼图壁县有140万亩牧场发生蝗虫灾害。蝗虫种类有意大利蝗和戟纹蝗，密度为22只/平方米，多者达32只/平方米。

1985 年 【塔城地区】各县市均出现蝗灾，防治面积50多万亩。其中额敏县麦田遭受严重蝗虫灾害，虽然及时采取了灭蝗措施，但仍有12户农民的700亩小麦严重遭灾，其中200亩颗粒无收，其余的仅收回籽种。

1986 年 5月底，【博尔塔拉自治州】精河县发现蝗虫，受害面积0.50万亩。密度为每平方米60～100只。

1988 年 【伊犁地区】昭苏县部分地区蝗虫危害严重，由草原站负责实施灭虫，共喷药灭虫3万亩。

1989 年 5月，【乌鲁木齐市】发生蝗灾，受灾农田面积1.5万亩，严重危害面积0.4万亩；蚕豆蚜虫发生面积0.3万亩，严重危害面积0.03万亩，蝗虫发生危害在本地区是有史以来第一次。部分油菜和小麦被蝗虫啃食得只剩下光秆，颗粒无收，造成绝产。

1990 年 6月，【塔城地区】裕民县353公顷油菜遭受蝗灾，经济损失27万元。额敏县农场部分农作物及林带、果园发生蝗虫和蚜虫灾害，县农业局租用飞机喷药治虫。

1991 年 春夏期间，【哈密地区】巴里坤县严重蝗灾，面积达50万亩。

1997 年 春夏期间，【阿勒泰地区】富蕴县发生大面积蝗虫、鼠害及病害等灾害，造成农作物和草场受灾22.8万亩，经济损失340多万元。哈巴河县遭受蝗虫袭击，形成灾害，密度为20只/平方米，60万亩草场受灾，较严重的20万亩。【伊犁地区】伊宁市春秋草场发生33年来罕见的特大蝗灾，虫口密度平均50～120只/平方米，最高密度300～1000只/平方米，危及草场近10万亩。受灾农田面积5万亩。【乌鲁木齐市】由于春季气温高、干旱，进入5月份之后，相继发生了严重的蝗虫灾害，发生面积达25万余亩。灭治面积507万亩，灭治效果达94%。

1998 年 夏季，【阿勒泰地区】布尔津县遭受病虫害，沿山一带的夏牧场灾情严重，蝗虫密度200～300个/平方米，全县受灾面积为1025万亩，其中蝗虫灾害830万亩，叶虫灾害195万亩，蝗虫危害严重的200万亩，其中粮食作物3万余亩，经济损失达1992万元。【乌鲁木齐市】农牧业区发生蝗虫灾害，全市蝗虫发生面积20万亩，治蝗面积8万余亩，开展灭蝗工作，有效灭治率达95%。

1999 年 5月以来，【阿勒泰地区】出现了大面积的蝗虫，造成灾害，农作物受灾

0.91万公顷，成灾0.76万公顷，绝收0.4万公顷，蝗虫密度2000～3500只/平方米，损失850万元。【塔城地区】塔城、额民、裕民、托里北部沿边境线一带突然发现由哈萨克斯坦国迁飞入境的大面积蝗虫灾害，蝗虫为意大利星翅蝗，密度为30～60只/平方米，高密度区达250多只/平方米，空中飞翔高度150米左右，一次飞跃距离可达200米以上，从地形预测迁入边境线长达120多公里，纵深达50多公里，草场成灾面积340多万亩，农作物成灾面积39.5万亩，其中重灾面积10.7万亩，绝收面积2.02万亩，直接经济损失1100多万元。

2000年 4月22日～5月底，【阿勒泰地区】前山一带、中哈边界一线、沙吾尔山部分冬牧场的农牧交界区发生了严重的蝗虫灾害，受害面积0.13万亩；严重受害面积0.05万亩。哈巴河县发生特大蝗灾，受灾90万亩，农田成灾5万亩，草场成灾15万亩，经济损失1564万元，其中农业损失889万元。这是继1998年后连续第三年发生较严重的蝗虫灾害，虫口密度之大，面积之广都是近年来最强的。

5月以来，【哈密地区】巴里坤县发生草地蝗灾面积达200多万亩，其中发生严重蝗灾面积达100多万亩，蝗虫平均密度达200～300只/平方米，最高密度达1000只/平方米，个别地带的农田被蝗虫啃食一光。

第四节　公元1950—2000年的其它病虫害

1952年 【乌鲁木齐市】乌鲁木齐县的部分地区高粱发生蚜虫灾害，受灾农田面积800余亩。

1956—1958年 【塔城地区】托里县农区连年发生小麦斑螫病，1600亩农田受灾。

1958年 【塔城地区】托里县0.61万亩小麦发生小麦黑穗病，占播种面积的33.3%。

1959年 【塔城地区】托里县境内农区普遍发现地老虎，玉米苗、甜瓜苗受害最大，被害株率达78%。【博尔塔拉自治州】博乐市小麦、油菜、蔬菜等发生蚜虫，虫害面积5.75万亩，其中小麦受灾面积2.03万亩。地老虎危害严重，受灾农田面积2.1万余亩，虫口密度每平方米轻者20余只，重者270只，0.22万亩麦田遭重灾。

4月2日，【吐鲁番地区】三县发现蚜虫，成灾面积近10万亩，其中托克逊县1万亩、鄯善县5万亩、吐鲁番县3.59万亩。其中0.30万亩冬麦受灾严重。

5～6月，【喀什地区】巴楚县小麦发生锈病、蚜虫、地老虎，棉花发生红蜘蛛、棉蚜、棉蓟马、盲椿象等危害，各公社农田受害面积均在30%～50%之间。疏勒县小麦发现蚜虫，受灾面积4.34万亩。【克孜勒苏自治州】乌恰县发生小麦锈病，面积为1.30万亩。

第十章 病 虫 害

1960 年 2月下旬,【喀什地区】疏勒县小麦发现锈病,受灾面积2万亩。

7月,【伊犁地区】昭苏县普遍发生小麦条锈病,受灾面积约7.3万亩。

1961 年 5月,【喀什地区】巴楚县2万亩麦田发生锈病、蚜虫、麦蜘蛛危害。

6月,【博尔塔拉自治州】精河县胜利农场发现地老虎,危害玉米0.11万亩,部分玉米田虫口密度每平方米4~6只,危害严重。

1962 年 5月31日,【吐鲁番地区】托克逊县2万亩冬麦、3.70万亩春麦发生蚜虫,其中3万亩受灾严重,枯黄、茎叶卷曲、不能抽穗,50%茎叶枯死。

1963 年 【塔城地区】托里县发现蚜虫、地老虎,受灾农田面积约6.7万亩。【博尔塔拉自治州】博乐市蚜虫蔓延,受害面积2.62万亩,百株虫口密度2000只左右,严重的每片叶上有300~400只。

1964 年 【塔城地区】托里县约有2.7万亩农区和草场发现地老虎和蚜虫。该县小麦黑穗病面积2.72万亩。

5~6月,【喀什地区】巴楚县小麦锈病蔓延,发病面积8.9万亩,占小麦总面积的24%。

1971 年 5~6月,【喀什地区】巴楚县小麦发生蚜虫、麦蜘蛛,发病面积约占50%。【博尔塔拉自治州】博乐市发生跳虫危害,油菜受灾面积1100亩。同年4月,博乐市的部分草场发生草原黑条金花虫害,受灾面积约1万亩,牧草叶片枯黄。

1975 年 5月21日至6月1日,【喀什地区】叶城县降雨后小麦锈病蔓延,受害面积达1.8万亩。同时,发生蚜虫灾害,危害面积20万亩,其中严重的有12万亩。

1977 年 【塔城地区】托里县发生小麦黑穗病,0.40万亩小麦有70%染病。

6月,【喀什地区】巴楚县小麦发生黑穗病,受灾面积21.6万亩,成灾面积8.5万亩,占播种面积的38%。

1978 年 【塔城地区】托里县玛依哈巴克牧场60%小麦发生黑穗病。【喀什地区】疏勒县5万亩小麦发生锈病,其中2万亩较严重,同时还发生蚜虫灾害,面积达10万亩以上。

1979 年 7月底,全疆发生病虫灾害面积1540万亩,其中小麦蚜虫500万亩,地老虎300万亩,小麦黑穗病300万亩,其他虫害300多万亩。药物防治和人工防治面积1230万亩,约有300万亩因无药或药品缺乏而未能得到防治。其中【巴音郭楞自治州】若羌县小麦蚜虫蔓延,546亩小麦被毁,颗粒无收,占小麦面积的2.7%。

1980年 【伊犁地区】直属县（市）小麦受全蚀病危害12.62万亩、锈病4.64万亩、蚜虫16.58万亩、黑穗病1.4万亩。【巴音郭楞自治州】若羌县玉米遭受条纹病、粗缩病、黑粉病等危害，800亩玉米无收，占播种面积的11%。粮食产量损失15%左右。

【塔城地区】发生豌豆象，受灾农田面积3万余亩。

【博尔塔拉自治州】一种新发现害虫黑森瘿蚊虫在博尔塔拉州普遍滋生。全州58万亩冬春小麦有50万亩遭虫害。博乐县黑森瘿蚊虫危害较重，1.8万亩有虫株率达50%以上，翻种1.4万亩。精河县也有900亩受灾。

1981年 【塔城地区】托里县农区发生小麦锈病、黑穗病、散黑穗病和白粉病，锈病发病株率为15%，散黑穗病发病率为2%～5%，白粉病发病率为60%。黑穗病发病面积约5%～19%。【乌鲁木齐市】乌鲁木齐县遭受蚜虫危害，受灾农田面积110万亩，重灾70万亩，安宁渠连续3年发生蚜虫害，瓜、苜蓿、白菜均减少栽培面积。【博尔塔拉自治州】精河县有7.5万亩小麦发生黑森瘿蚊虫害。

3～4月，【克孜勒苏自治州】阿克陶县部分乡发生严重的天幕毛虫害。农作物受害面积达1500亩。杏树也因虫害严重影响了产量。

1982年 【塔城地区】托里县有0.30万亩小麦发生黑穗病。

1983年 【塔城地区】部分农田发生麦蚜虫灾，使小麦减产10%～15%。【博尔塔拉自治州】博乐市林木病虫害严重，发生面积达0.23万亩。其中病害发生面积300亩，虫害发生面积200亩，主要是杨毒蛾、松毛虫等。【昌吉自治州】玛纳斯县各种病虫发生面积47.7万亩。其中小麦蚜虫危害最重，发生面积14万亩，高峰期百株蚜量1500～2500只，为上年的4.4倍。次为高粱蚜虫，发生面积1万亩，虫口密度500～1300只/株。玉米地老虎发生面积2.7万亩，虫口密度0.5～1只/平方米。另外，棉铃虫、棉角斑病亦使棉花生产受到损失。

1984年 【伊犁地区】农作物病害发生面积101.62万亩，占播种面积的4.33%；虫害发生面积180.36万亩，占播种面积的43.18%；杂草危害面积211.7万亩，占播种面积的50.68%，给农作物正常生长造成严重威胁。各县（市）贯彻"预防为主，综合防治"方针，抓住时机，及时进行防治。药剂拌种防治165.74万亩；病害防治281.99万亩，其中化学药剂防治146.7万亩；虫害防治29.84万亩，其中化学药剂防治21.3万亩；杂草防治129.29万亩，其中化学药剂防治69.95万亩，大大减轻了病虫、草害造成的损失。

1985年 【塔城地区】境内部分地区遭小麦皮蓟马灾，春小麦尤为严重，造成30%的减产。

7月9～11日，【吐鲁番地区】吐鲁番市棉蚜危害较重。该市种植棉花6万多亩，3万亩棉蚜危害严重，其中70%的棉田遭受毁灭性灾害。受害的棉株，叶片背面布满蚜虫，

第十章 病 虫 害

叶片卷曲，结铃较少。【喀什地区】策勒县冬草场发生虫害，总面积10万亩左右。

1987年 【哈密地区】哈密市林木病虫发生面积2万余亩，占人工林面积的43%。有些树木的叶子被吃光，部分树木的叶子卷曲发黄，嫩枝枯死，严重影响了树木生长发育。同时发现杨树上存在一种蚜虫，危害面积达0.20万亩。此种蚜虫是首次在哈密发现。【阿克苏地区】棉蚜危害面积15万亩。棉蚜越冬卵在石榴树上较多，成虫在室内花卉上较多，最多的一株花卉上无翅蚜多达300多只。【喀什地区】棉蚜危害面积22万亩，其中严重受灾面积7万亩，产量损失30%。巴楚县全县普遍发生棉蚜虫，危害面积共12.1万亩，占棉田总面积的60%。

9月3日，【阿勒泰地区】由于气温低，部分冬小麦受到黄疸病和野苏鲁危害。受灾面积达0.37万亩，其中有0.14万亩冬春小麦由于野苏鲁危害占85%以上，改为打草。

1988年 全疆病虫害面积约91万亩，其中棉蚜危害21.6万亩，棉铃虫危害17万亩，盲椿象危害11万亩，棉叶螨（红蜘蛛）危害3.5万亩，小麦锈病面积26.6万亩，小麦蚜虫2万亩。【塔城地区】麦蚜虫发生面积20.5万亩、玉米螟灾7.49万亩。此后2年，连续发生玉米螟危害，总面积达26万余亩。【喀什地区】叶城县境内棉田发生蚜虫害，受灾面积6万亩。

1989年 全区农作物病虫害比上年提早10~40天发生。发生面积500多万亩，危害较重面积336.08万亩，其中小麦136.5万亩、水稻6万亩、玉米25万亩、棉花123万亩、油料25万亩、甜菜2.5万亩、其他18万亩。防治面积360.4万亩。【塔城地区】病虫害发生面积69.3万亩，其中麦蚜虫面积27.4万亩、小麦皮蓟马发生面积41.9万亩。【石河子市】兵团农八师石河子总场发生象鼻虫，全场0.40万多亩甜菜受害，其中0.24万亩绝收。同时，春尺蠖在林带吐丝结网，周总理纪念碑东侧榆林叶片被吃光。【喀什地区】165.5万亩棉田形成棉花蚜虫蔓延趋势，其特点是桃蚜、棉长管蚜、棉黑蚜、拐枣蚜等混合发生。虫害面积50万亩以上，严重危害面积超过20万亩。

1990年 1989—1990年，【塔城地区】连续发生甜菜象鼻虫，受灾农田面积两年达15万余亩。另外，该地区裕民县的部分乡（场）种植的油菜都不同程度地遭受菜蛾虫灾，受灾面积7.13万亩。同时发生小菜蛾虫害，危害面积达27.7万亩。直接经济损失753万元。额敏县部分农作物及林带、果园发生蝗虫和蚜虫，油菜发生小菜蛾灾害，虫灾蔓延波及到12个乡场的油菜，全县农作物受灾面积23.1万亩，其中绝收面积9万亩，每亩按65公斤计算，约减产5797.6万公斤，直接经济损失977.9万元。塔城市部分村小麦遭受黑穗病灾害，受灾面积0.1万亩，绝收300亩，直接经济损失2.19万元。【吐鲁番地区】有0.30万亩作物发生棉蝉危害，危害严重的有200亩。棉蝉成虫迁飞能力为5~10米，发声器非常发达，实为罕见。

5月15日，【阿克苏地区】小麦锈病发生面积8.12万亩。其中，阿瓦提县5.2万亩、乌什县1.57万亩、温宿县1.3万亩、阿克苏市500亩。此时正值小麦孕穗扬花期，减产10%~16%。

1991 年 【和田地区】和田市发生棉花枯萎病,面积达 400 亩,其中部分乡棉花死亡率达 90%。

6月,【阿勒泰地区】哈巴河县由于持续高温干旱,麦蚜危害偏重。全县种植小麦14.8万亩,蚜虫危害面积 12 万亩,占小麦播种面积的 81%以上,其中严重危害面积 6.6万亩,占小麦播种面积的 44%。7 月 2 月,自治区植保站派人赴哈巴河,进行了 2 种农药、6 种配方的防治实验,麦蚜得到有效控制,防治效果在 95%以上。【石河子市】150团发生红蜘蛛危害,30%棉花叶片受害。

8月初,【昌吉自治州】玛纳斯县新湖农场仅 10 几天内棉叶螨大暴发,棉花损失 1000余吨。

1992 年 【阿勒泰地区】青河县的农田出现大面积小麦负泥虫,受灾面积 7.50 万亩,占麦田面积的 89%,其中严重受灾 2.50 万亩。

5月,【阿克苏地区】各县市从 3 月 25 日发现的小麦锈病,到 5 月初蔓延很快,全地区达 21 万亩,其中库车 500 亩、拜城 1.5 万亩、新和 500 亩、温宿 2.5 万亩、乌什 12 万亩、阿克苏市 2 万亩、阿瓦提 3 万亩,占小麦播种面积的 11.4%,发病率 8%~35.2%,严重的达到 20%~60%。

1993 年 7月,【喀什地区】伽师县 19 万亩棉田受严重棉铃虫侵害,发病面积达 3.5万亩,危害程度 5%。

1994 年 【石河子市】兵团农八师 121 团（沙湾县下野地）出现以红蜘蛛为主的虫害。农作物遭不同程度的影响。【昌吉自治州】玛纳斯县新湖农场棉蚜虫大暴发,受灾面积 8.5 万亩,棉花损失 25%~30%。【喀什地区】疏勒县棉铃虫发生面积 12 万亩,占全县棉花播种面积的 47%,造成直接经济损失 1600 万元。全县动员 5000 余人,以半个月时间灭虫,在一定程度上减少了损失。【阿克苏地区】5 县市 18 个乡场发生小麦锈病 2 万亩,其中,乌什、温宿两县最严重。防治 1.21 万亩。

6月,【哈密地区】伊吾县盐池牧场约 900 亩油菜田发生虫害。其主要原因是由于 6月气温偏低、降水量大,低温高湿造成小菜蛾的大量繁殖,害虫分布面积广且点片严重,虫口密度为 885 只/平方米。

1995 年 【乌鲁木齐市】发生森林病虫害,受灾面积 4.98 万亩,其中虫害 4.88 万亩。全市积极防治,耗资 20 余万元,较快控制疫情,取得防治 3.5 万亩,防治率 70%的好成绩。【喀什地区】9 个县（市）、56 个乡（镇）、6 个国营场（圃）、4 个公园受大球蚧袭击,受灾农田面积达 25.1 万亩,其中成灾面积 1.35 万亩。疏勒县 23.5 万亩棉田受棉伏蚜和一代棉铃虫危害,面积占总棉田的 64%,危害率达 9.1%。【巴音郭楞自治州】若羌县出现虫灾,该县重新播种出苗的棉花又遭虫灾,特别是地老虎使棉农受到巨大损失。

4~5月,【阿勒泰地区】青河县个别牧业畜群发生草原草蜱灾害,全县受灾牲畜 7.60万头（只）,成灾 4.50 万头（只）,其中死亡马 105 匹、羊 355 只,受灾户 491 户,合计损失 21.7 万元。

第十章 病 虫 害

1996年 7月,【阿勒泰地区】青河县因无水灌溉引发小麦全蚀病,受灾面积3.60万亩,其中减产50%的有0.59万亩,减产88.9万公斤;受灾户514户1334人,经济损失133.3万元。哈巴河县也发生严重病虫害,小麦受灾600亩,成灾面积60亩,减产9万公斤,合计损失13.9万元。

1997年 【伊犁地区】部分县(市)小麦发生全蚀病,受灾面积60多万亩,占冬麦面积的1/3,严重地块发病率达40%~50%。

7月上中旬,【巴音郭楞自治州】轮台县部分乡发生棉铃虫幼虫危害,虫口密度34只/平方米,棉花平均亩产下降45公斤,受灾农田面积约3.00万亩。

1998年 5月6日,【塔城地区】托里县部分乡和农场的农作物遭受地老虎袭击,灾情严重。这次虫灾造成0.23万亩农作物受灾,0.10万亩绝收,致使123户农民615人受灾,造成直接经济损失21.67万元。【和田地区】棉花苗期因几种虫害同时发生,受灾面积达100%,造成近200万元的损失。

1999年 6月,【喀什地区】棉蚜虫发生面积达38万亩,其中严重受灾面积5万亩。

2000年 【和田地区】棉铃虫灾害,小麦田平均每平方米0.3只,玉米诱集带百株虫量平均3.5只,玉米诱集带平均百株卵量23.9粒,玉米穗被害率为3.95%,最高达33.5%;棉田也受到危害,棉蕾被害率0.39%。

3月,【和田地区】春尺蠖发生面积已达100万亩以上,严重发生面积69.7万亩。其中,墨玉县危害农田面积34万亩,直接经济损失达875万元。用于防治病虫害经费25万元。

第十一章 其他灾害

第一节 概 述

新疆气象灾害除了以上种类外,还有雷击、雪崩、大雾、碱害、雨凇和雾凇、森林和草原火灾等,虽然发生次数不多,但可造成较大损失,有些甚至造成人员伤亡。但是由于灾害资料收集很不完整,在这里提供的灾情资料非常有限。

一、雷击

雷击是积雨云云地之间产生的一种放电现象,可造成人员、牲畜的伤亡,形成雷击灾害。从收集到的资料看,近50年来新疆共出现了73次雷击,发生最多的地方是博尔塔拉自治州,雷击灾害占全疆雷击灾害总次数的23.3%,其次是塔城地区和阿勒泰地区,雷击灾害分别占全疆雷击灾害总次数的17.8%和12.3%。再次是克孜勒苏、伊犁和巴州,雷击灾害分别占全疆雷击灾害总次数的8.2~9.6%。其余地区较少,均在5.5%以下,其中,克拉玛依、石河子、和田地区极少发生雷击灾害。50年来,新疆因雷击造成的死亡人数有45人。

二、雾

雾是大量微小水滴或冰晶浮游空中,常呈乳白色,使水平能见度小于1公里的现象。准噶尔盆地冬季多雾,常常影响交通运输,主要是影响乌鲁木齐机场飞机起降,使航班延误,带来很大的经济损失。从乌鲁木齐机场现有资料看,从1990年到2000年11年间,影响飞机起降的大雾共有65次,平均每年6次。其中最多的1992年共有17次大雾影响飞机起降,其次是1994年,共有15次大雾影响飞机起降。

三、雨凇和雾凇

雨凇是过冷却液态水碰到物体后直接冻结而成的坚硬冰层,常呈透明或毛玻璃状,外表光滑或略有隆突。雾凇是空气中水汽直接凝华,或过冷却雾滴直接冻结在物体上的乳白色冰晶物,常呈毛茸茸的针状或表面起伏不平的粒状,多附在细长的物体或物体的迎风面上,有时结构较松脆,受震易塌落。新疆的雨凇和雾凇一般发生在北疆,以昌吉自治州玛纳斯县十户滩最多。雨凇和雾凇常压断电线,中断通信联络和电力输送。

四、碱害

新疆的成土母质含盐分较多，在形成原始土壤的过程中，缺乏淋溶，土体中就含有较多的盐碱物质。碱害就是在位于封闭的内陆盆地边缘地带，地下水和盐分缺乏出路，加之降水量尤其是春季降水量极少，蒸发旺盛，导致土壤中水盐迅速向表层移动，引起强烈的表层积盐现象，主要是通过微量降水形成危害。形式主要有三种，一是微量降水把土壤表层的盐分淋溶到作物的根系附近，使土壤水溶液的浓度和有毒离子含量迅速增加，引起作物生理干旱和中毒。二是微量降水使地表很快结成硬壳、板结，水汽失调，使正在出苗的作物尤其是棉花难以出土，烂种烂根。三是雨水溅起地表含盐碱较多的土粒，粘到作物幼嫩的茎叶上，烧伤茎叶组织。

五、森林和草原火灾

森林和草原火灾是指失去人为控制，在森林、草原开放系统内蔓延和扩展，对森林和草原系统产生破坏作用，给人类带来一定损失的自由燃烧现象。森林和草原火灾具有极强的破坏性，不仅造成巨大的经济损失和人员伤亡，而且对生态环境造成不良影响。

第二节 历年雷击灾害

唐 会昌三年（公元843年） 初夏，唐军进至巴里坤境内，遇大风雷电，击毙兵将十余名，击毙羊、马、驼数百只。

民国 二十三年（公元1934年） 精河县雷击，打死一家人。

民国 三十三年（公元1944年） 夏，阿图什县雷暴，击死二人，击毁民房数间。
八月，巴里坤县西草湖雷击，死亡一人。

1952年 夏，【博尔塔拉自治州】博乐市雷暴，一名公安战士被击身亡。
夏，【克孜勒苏自治州】阿图什市雷击，击死牲畜数头。阿合奇县雷暴，击死羊数只。

1956年 6月21日，【巴音郭楞自治州】库尔勒雷暴，2人遭雷击，1人死亡。

1957年 7月，【阿勒泰地区】山区雷击，击死牧民1人、马2匹、羊100只。

1958年 5月9日20时左右，【昌吉自治州】阜康天池雷击，击死青年牧工1名，击伤1人。
6月24日，【伊犁地区】新源县雷击，打断电线8条，打死牛1头。
7月13日夜间，【昌吉自治州】阜康县天池雷暴，打死马4匹。

7月18日21时30分,【塔城地区】北山夏牧场雷击,死亡羊129只,4人被雷电击死。

1959年 夏,【伊犁地区】尼勒克县雷击,县科克浩特浩尔蒙古乡邮电局总机被击毁,无人员伤亡。
6月18日14时许,【塔城地区】托里县雷击,击死1人,伤1人,击死马2匹。

1962年 6月,【阿勒泰地区】富蕴县雷击,击死牧民1人,牛2头,马5匹。
6月,【吐鲁番地区】鲁克沁雷击,死亡1人。

1963年 8月,【巴音郭楞自治州】库尔勒2个小孩遭雷击,其中1名于次日死亡。

1964年 5月5日19时,【伊犁地区】昭苏县二公社三大队(阿克达拉乡)雷击,4人被击倒,2人及2匹马被击死;另2人、2马受伤。
夏,【博尔塔拉自治州】博乐市雷暴,1人身亡。

1965年 5月1日,【博尔塔拉自治州】博乐市雷暴,击伤5人。
夏季,【塔城地区】裕民县气象站附近发生放电火球触地现象,霹雳炸雷,震耳欲聋。
7月7日,【塔城地区】和布克赛尔县雷暴,县城电话机大部分被击坏,击死2只羊羔,1人受重伤。
7月15日,【博尔塔拉自治州】博乐市赛里木湖山区遭雷击,伤3人。

1966年 7月13日,【博尔塔拉自治州】精河县雷击,17匹马被打死。

1967年 夏季,【阿勒泰地区】富蕴县雷击,击死骆驼15峰。

1968年 夏季,【喀什地区】叶城县雷击,击死2人,击死100多只羊,击毁树木数棵。
8月,【昌吉自治州】呼图壁县雷击,1牧民遭雷击致死。击毁通讯设备,造成电话中断。

1969年 夏季,【巴音郭楞自治州】库尔勒市强雷暴,击毁变压器,烧断高压线,造成停电事故。

1970年 夏季,【巴音郭楞自治州】且末雷暴,击毙2人。
夏季,【克孜勒苏自治州】阿图什市雷暴,死亡牲畜数头(只)。

1971年 夏季,【塔城地区】托里县城雷击,造成百货仓库火灾,山区发生强雷击,惊散马群,30余头马坠崖摔死。

第十一章 其他灾害

6月底，【博尔塔拉自治州】博乐市赛里木湖雷击，致死1人。

8月，【克孜勒苏自治州】阿图什市雷暴，击死牲畜数头（只）。

1972年 7月，【伊犁地区】察布查尔县雷击，死亡马12匹。

夏季，【博尔塔拉自治州】博乐市赛里木湖雷击，致死1人。

1973年 夏季，【博尔塔拉自治州】温泉县雷暴，击死马5匹。博乐市雷击，边防站电台被击坏。【巴音郭楞自治州】库尔勒县强雷暴，击毁变压器，烧断高压线，造成停电事故。

7、8月间，【昌吉自治州】奇台县北塔山出现一次落地雷，击死2匹马和几只羊。

1974年 8月，【克孜勒苏自治州】乌恰县托云2次雷暴，击死大牲畜4头，中断通信联络达8小时。

8月24日，【阿克苏地区】拜城县老虎台公社遭受落地雷袭击，堆在场上的120亩麦子全被烧毁。

1975年 6月27日，【博尔塔拉自治州】温泉县雷电，死亡1人、牛1头。

7月3日，【乌鲁木齐市】小渠子乡雷击，击中树1棵，变压器输送电线被雷击断，击死羊数只。

8月5日，【乌鲁木齐市】小渠子乡雷击，死亡1人。

1976年 4月15日晚，【博尔塔拉自治州】博乐市青得里公社遭强雷击，几台输电变压器被击坏，击坏电话机，击碎电杆磁瓶，雷击中心50米内充满火光和烟，距雷击点25～50米的房屋出现裂缝，有4人被击昏。

夏季，【博尔塔拉自治州】博乐市市区雷击，击坏变压器及通讯设施多处，击伤3人。

6月14日，【乌鲁木齐市】小渠子乡雷击，2头奶牛被击死。

1977年 6月2日，【塔城地区】和布克赛尔县雷击，击伤小孩1名。

7月，【哈密地区】巴里坤县雷击，2人死亡。

1978年 5月20日，【塔城地区】塔城市雷击，击死1人，大、小羊83只。

夏季，【阿勒泰地区】阿勒泰市雷击，4人死亡。

6月24日，【哈密地区】巴里坤县三塘湖乡雷击，气象观测场内风向杆被击坏。

7月，【塔城地区】塔城市雷击，雷电引起了一名哈萨克族农民门前的一堆柴草燃烧。

7月26日，【塔城地区】和布克赛尔县团结公社雷击，2人死亡。

7月底，【塔城地区】塔城市雷击，雷电形成一个火球，冲进一名东乡族农民家，所到之处的墙壁上留下一排"弹洞"，约二三十个，似机枪扫射过一样。

1979年 6月，【阿勒泰地区】阿勒泰市雷击，死亡羊10只，骆驼12峰。

7月12日,【阿勒泰地区】富蕴县雷击,死亡山羊250只。
7月19日,【巴音郭楞自治州】焉耆县雷击,死亡1人。

1980年 6月5日,【塔城地区】托里县县城北发生雷击,击死1人,击死牛1头。
6月5日,【博尔塔拉自治州】精河县城北发生雷击,击死1人,击死牛1头。
7月16日,【博尔塔拉自治州】博乐市市区雷击,击死1人,击昏2人,损坏部分输电设备。
8月23日9时许,【博尔塔拉自治州】温泉县雷击,死亡1人。

1982年 6月1日,【博尔塔拉自治州】博乐市雷击,击死1人。
7月12日午时,【塔城地区】塔城市雷击,死亡1人,牛2头。

1984年 5月15日,【哈密地区】巴里坤县西山红柳峡雷击,1牧民被雷电击毙。

1985年 7月4日,【哈密地区】巴里坤县雷击,1农民被雷击毙。

1987年 7月19日下午,【伊犁地区】伊宁县北山雷击,死亡1人。

1991年 6月13日,【阿勒泰地区】富蕴县雷击,2人被雷电击死,击死羊200只。

1993年 8月,【伊犁地区】尼勒克县雷击,死亡1人。

1994年 6月12日,【博尔塔拉自治州】温泉县雷击,2农民遭雷击死亡。
7月1日07时15分,【阿勒泰地区】青河县雷击,1农民在家中遭雷击死亡。

1995年 7月13日,【阿勒泰地区】青河县雷击,死亡1人,击毁电话机44部,电视机十多台。
7月14日15时30分左右,【阿克苏地区】拜城县雷击,死亡1人。

2000年 6月26日,【塔城地区】额敏县雷击,1人被雷击中身亡。
8月4日23时40分,【克孜勒苏自治州】阿合奇县县城遭强雷电袭击,一声巨响,到处火花飞溅,即刻造成停电。据目击者反映,多处出现闪电火球,有的直接进入居室。电力公司发电保护系统被击坏,直接损失6万多元;气象局正在工作的微机1台、数传终端机1台、供电电源1台、稳压电源1台均被击毁,造成工作困难;电视台有线电视线路、接收机大部分被损坏;8109电台由于部分设施被击坏,中断广播两天;大量居民家电被击坏,其中近100台电视机及大量电话机被击坏,致使通讯中断,损失30万元左右。

第十一章 其他灾害

第三节 历年大雾灾害

清 乾隆二十三年（公元 1758 年） 三月，至伊犁，将渡河……分道半夜击之，时大雾迷漫，贼仓猝弃辎重，赤身走山谷间……

清 光绪二年（公元 1876 年） 二月初四日，达坂城天明雾收。

1972 年 秋末，【塔城地区】天山巴音沟地区出现大雾，致使一辆坦克翻进沟内，造成人员伤亡。

1990 年 1月1日和12日，【乌鲁木齐市】大雾，能见度最低达100米，影响飞机起降。

1991 年 1月14日、2月1，12月2、6、9、13日，【乌鲁木齐市】大雾，能见度最低50米，影响飞机起降。

1992 年 1月11～12日，2月19、29日，12月7～9日、13～18日、25～26日、30～31日，【乌鲁木齐市】大雾，能见度最低100米，影响飞机起降。

1993 年 2月4、13日，12月20日，【乌鲁木齐市】大雾，能见度最低100米，影响飞机起降。

1994 年 1月4、10、12～13、29～30日，2月3、7日，12月1、3～5、7、18、26日，【乌鲁木齐市】大雾，能见度最低20米，影响飞机起降。

1995 年 1月2、6、16日，12月3、26日，【乌鲁木齐市】大雾，能见度最低30米，影响飞机起降。

1996 年 12月27～28日，【乌鲁木齐市】大雾，能见度最低达50米，影响飞机起降。

1997 年 1月3、10日，12月18、22～25日，【乌鲁木齐市】大雾，能见度最低50米，影响飞机起降。

1999 年 1月1、30～31日，12月4、14日，【乌鲁木齐市】大雾，能见度最低50米，影响飞机起降。

2000 年 1月1、19~20日，2月6日，12月20日，【乌鲁木齐市】大雾，能见度最低50米，影响飞机起降。

第四节 历年雨凇和雾凇灾害

清 道光二十二年（公元1842年） 十一月二十九日，绥定城中阴，晨起霜封树条，满目瑶琳，甚可玩赏。

1956 年 3月，【乌鲁木齐市】雾凇，压断电线55段。

1958 年 12月10、19日，【昌吉自治州】玛纳斯县十户滩雾凇，压断电话线数根。
12月17日，【昌吉自治州】玛纳斯县十户滩雾凇，压断电话线数根。

1959 年 1月9日，【昌吉自治州】玛纳斯县十户滩雨凇、雾凇，压断电线数根，通信联络中断。

1960 年 2月23日，【博尔塔拉自治州】温泉县雨凇和雾凇并存，电话线压断很多。

1967 年 【伊犁地区】霍城县艾肯大坂冻结在电线上的雨凇达碗口粗（直径15厘米），影响通话效果。

1971 年 11月，【阿勒泰地区】阿勒泰市冻结在电线上的雨凇，直径70毫米，压断电线杆3根，造成线路不通，经过敲冰架线才恢复正常。
11月21~26日，【阿勒泰地区】哈巴河县冻结在电线上的雨凇和雾凇，最大直径达70毫米，为历年来所罕见，致使许多电话线路被压断，有线通讯中断数天。

1972 年 冬季，【博尔塔拉自治州】博乐山区雾凇，压断部分电话线。

1973 年 11月29日，【昌吉自治州】奇台县城及邻近地区发生雾凇，延续半月之久，冻结在电线上的雾凇最大直径为238毫米，最大重量达224克/米，压断县城内外部分电线。
12月3日，【塔城地区】乌苏县降冰粒和雨，气温在0℃以下，形成雨凇，地面形成冰壳，行人、行车非常困难，共持续18天。雾凇直径4.5厘米，压断电线、电线杆，折断树枝等。

第五节 历年碱害

1959年　【巴音郭楞自治州】兵团农二师31团碱害，农作物受灾面积8571亩，为播种面积的37.77%。

1964年　【阿克苏地区】阿瓦提县碱害，农作物受灾面积2.28万亩，失收面积1.07万亩。

5月，【喀什地区】泽普县阴雨连绵，持续半月，连续降水量达69毫米，致使土地泛碱，2.6万亩棉花碱害致死，雨后气温猛升，小麦锈病蔓延，全县粮食收获面积比上年减少4000余亩。

1965年　5月13日，【喀什地区】巴楚县降雨，量达19毫米，少的也有6毫米，致使土地泛碱，13.5万亩棉花和27万亩玉米受害。

1974年　【巴音郭楞自治州】兵团农二师31团碱害，农作物受灾面积8244亩，为播种面积的19.3%。

6月下旬，【阿克苏地区】阿瓦提县暴雨之后，出现盐碱危害，玉米死亡1.8万亩，小麦死亡1.16万亩，棉花死亡8622亩，油料作物死亡3417亩，损失粮食2000余吨、棉花400余吨、油料100余吨。

8月16日，【巴音郭楞自治州】兵团农二师33团降雨，造成地表板结，大量泛碱，棉花死亡40%～50%

1976年　4月，【喀什地区】泽普县阵雨，2282亩小麦泛碱，产量减半。

1980年　8月25～26日，【巴音郭楞自治州】兵团农二师34团和35团降雨，造成地表板结，大量泛碱，裂铃的棉花死亡8%，损失11万元。

1981年　4月，【喀什地区】泽普县降水34.7毫米，农田积水泛碱，1560亩小麦碱害致死。

6月2日，【喀什地区】巴楚县连续降水，农田积水泛碱，棉花、玉米苗死亡5万亩。

1984年　4月，【喀什地区】泽普县降水17.2毫米，农田积水泛碱，1328亩小麦颗粒未收。

1985年　【巴音郭楞自治州】兵团农二师31团碱害，农田受灾面积3889亩，为播种面积的9.95%。

1988年 3月16日，【巴音郭楞自治州】兵团农二师23团大雨，造成地表板结，大量泛碱，甜菜翻播3510亩，占总播面积的63.8%，其中二次翻播586亩，3700亩打瓜全面补种。

1996年 4月5~7日，【喀什地区】除塔什库尔干县外，其余11个县（市）普降大雨，降雨过程长达72个小时，碱害致死冬小麦1.15万亩，已播棉花烂种3000亩。

第六节 历年森林草原火灾

1953年 【阿勒泰地区】失火59次，烧毁森林面积7000多公顷，树木3万多棵。

1954年 【阿勒泰地区】失火54次，烧毁林木24.278万棵。

1955年 【阿勒泰地区】森林草原发生火灾10次，时间大都在4、5月份，受灾面积600余公顷，损失树木2.35万棵。

1980年 9月20日，【阿勒泰地区】阿勒泰市苛苛苏农场放火烧荒，引起苇湖失火，大火5天后才扑灭，烧毁草场7万亩，直接损失23.4万元。

1982年 9月27日，【塔城地区】裕民县南湖草场发生重大火灾，10月3日才扑灭，着火时间长达7天。烧毁草场面积9.15万亩，直接经济损失88.7万元。

1983年 4月29日，【阿勒泰地区】阿勒泰市苛苛苏苇湖失火，烧死20余头（只）牲畜和几个棚圈。当天夜里全县组织1000余名干部群众赶赴火场灭火，经过30多个小时的奋战，大火扑灭。

1984年 8月5~20日，【伊犁地区】霍城县阿里马力山区由于气候干旱、高温，发生森林火灾，烧毁森林植被3900多亩。
12月初，【塔城地区】和布克赛尔县火灾，烧毁牧草场6000亩。

1986年 【阿克苏地区】沙雅县发生森林火灾4次，受害面积26.67公顷。
9月18~25日，【阿勒泰地区】阿勒泰山新金沟林区发生森林火灾，火场位于福海县境内，距中蒙边界17—18号界柱300米，距红山嘴边防站25公里。过火面积8320亩，其中森林面积3320亩，受害林木7000余立方米，幼树6.64万株，参加扑火人员达500多人，直接用于扑火费用8万余元。

第十一章 其 他 灾 害

1988 年　【阿克苏地区】沙雅县发生森林火灾 5 次,受害面积 31.9 公顷。

1989 年　【阿克苏地区】沙雅县发生森林火灾 11 次,受害面积 30.2 公顷。
4 月 8 日,【阿勒泰地区】布尔津县发生一起草原火灾,烧毁草场 1.2 万亩。

1990 年　【阿克苏地区】沙雅县发生森林火灾 1 次,受害面积 0.72 公顷。
8 月 24 日 11 时,【塔城地区】托里县部分草场突然起火,过火面积约 1800 亩,烧毁干草 1.86 万捆,受灾牧民 25 户 152 人。

1992 年　【阿克苏地区】沙雅县发生森林火灾 1 次,过火面积 0.53 公顷,受害面积 0.27 公顷。

1995 年　9 月 13 日,【塔城地区】塔城市南湖草场因干旱引起火灾,受灾面积 4.2 万亩,损失牧草 4200 万公斤。直接经济损失 21 万元。

2000 年　8 月 27~30 日,【塔城地区】托里县发生草场火灾,烧毁草场 1.24 万亩,损失饲草约 2700 吨,使 4300 头(只)大小牲畜的越冬造成困难。火灾造成直接经济损失 9.3 万元。

附录一 新疆地名变迁表

地区	现名	曾用名	少数民族的读音
阿勒泰地区	阿勒泰 1921年设县 1954年改现名 1984年设市	金微山（汉）、金山（唐）、阿山（清）、承化（民国）	阿勒泰（蒙语）
	富蕴 1941年设县	可可托海（民国）、富蕴（民国）	可可托海（蒙语）
	青河 1941年设县	青格里河（蒙语、民国）	青格里（蒙语）
	福海 1922年设县	布伦托海（蒙语、民国）	布伦托海（蒙语）
	吉木乃 1930年设县	吉木乃（民国）	吉木乃（突厥语）
	哈巴河 1930年设县	哈巴河（民国）	哈巴（蒙语）
	布尔津 1919年设县	布尔津（民国）	布尔津（蒙语）
塔城地区	塔城地区	塔尔巴哈台（清）	塔尔巴哈台（蒙语）
	塔城 1913年设县 1984年设市	雅尔（元）、楚呼楚（元）	秋吉克（蒙语）
	额敏 1918年设县	业满（元）、叶密立（里）（元）、	朵尔比金（蒙语）
	和布克赛尔 1942年设县	和什托洛盖（民国）、和丰（民国）	和什托洛盖、和布克赛尔（蒙语）
	乌苏 1913年设县	黑水（唐）、西湖（清）、哈尔乌素夫、库尔喀喇乌苏（清）	哈尔乌素夫、库尔喀喇乌苏（蒙语）
	托里 1952年设县	托里（民国）	托里（蒙语）、克来（蒙语）
	裕民 1942年设县	裕民（民国）	察汗托海（蒙语）
	沙湾 1915年设县	沙湾（清）	沙湾
克拉玛依市	克拉玛依 1958年建市		克拉玛依（突厥语）
博州	博尔塔拉		博尔塔拉（蒙语）
	博乐 1920年设县	博乐（民国）	博尔塔拉（蒙语）
	温泉 1939年设县	温泉（民国）	阿尔向
奎屯市	奎屯 1975年设市	奎屯（清）	奎屯（突厥语）

附 录 一 新疆地名变迁表

续表

地 区	现 名	曾 用 名	少数民族的读音
伊犁地区	伊犁		
	伊宁 1888 年设县 1952 年设市	固尔扎（清）、宁远（清）	固尔扎（蒙语）
	尼勒克 1939 年设县	巩哈（民国）、倪利克（民国）、尼勒克（民国）	尼勒克（蒙语）
	新源 1946 年设县	新源（清）	巩乃斯（蒙语）
	巩留 1932 年设县	托古斯塔柳（民国）、九源（民国）、巩留（民国）	托库孜塔拉（突厥语）
	察布查尔 1939 年设县	河南（民国）、宁西（民国）	察布查尔（察布查尔语）
	昭苏 1937 年设县	昭苏（民国）	蒙古勒库热（蒙语）
	特克斯 1937 年设县	特克斯（民国）	特克斯（蒙语）
	霍城 1888 年设县	霍尔果斯（清）、霍城（清）、绥定（清）	霍尔果斯
	水定 1914 年设县 1965 年改名 1966 与霍城合并后撤销	绥定县	
石河子市	石河子 1976 年建市		石河子
昌吉州	昌吉 1773 年设县 1983 年设市	仰吉八里（元） 昌都剌（元）	昌吉
	米泉 1928 年设县	古牧地（清）、三道坝（民国）、三个泉子（民国）乾德（民国）	米泉
	呼图壁 1903 年设县	胡图克拜（元）、古塔巴（元）、景化（民国）	呼图壁（蒙语）
	吉木萨尔 1902 年设县	金满（汉）、北庭（唐）、别失巴里（元）、孚远（清）	吉木萨尔（突厥语）
	奇台 1776 年设县	古城（唐）	古城、吐虎玛克（蒙语）
	阜康 1776 年设县	阜康（清），特纳格尔（蒙语、元）	阜康
	木垒 1920 年设县	蒲类（汉）、木垒河（民国）	木垒
	玛纳斯 1778 年设县	绥来（民国）	玛纳斯（蒙语）
乌鲁木齐市	乌鲁木齐 1886 年设县 1945 年建市	乌鲁木齐（唐）、迪化（清）	乌鲁木齐（蒙语）
吐鲁番地区	托克逊 1936 年设县	天山（唐）、托克逊（清）、九台（清）	托克逊（突厥语）

— 313 —

续表

地区	现名	曾用名	少数民族的读音
	吐鲁番 1913年设县 1984年改市	姑师（汉）、车师（汉）、高昌（晋）、西州（唐）、吐鲁番（元）、火州（明）	吐鲁番（突厥语）
	鄯善 1902年设县	狐胡（汉）、柳中（汉）、蒲昌（唐）、六种（宋）、卢克察克（元）、辟展（清）	辟展（突厥语）
哈密地区	哈密 1961年设市 1962年撤销 1977年恢复 1983年哈密县并入	昆吾（春秋战国）、伊吾卢（汉）、伊吾（汉）、哈密力（元）、哈梅里（明）、哈密（清）	库木勒（一说是突厥语，一说是蒙语）
	伊吾 1930年设县	昆吾（春秋战国）、伊吾（汉）、哈密力（元）、哈梅里（明）、哈密（清）	阿尔图鲁克（一说是哈萨克语，一说是蒙语）
	巴里坤 1913年设县 1953年改现名	蒲类（汉）、巴尔库勒（元）、巴尔库勒淖尔（清）、镇西（清）	巴尔库勒（蒙语）
巴州	巴音郭楞		巴音郭楞（蒙语）
	库尔勒 1979年建市 1983年库尔勒县并入	库尔勒（民国）	库尔勒（蒙语）
	和静 1941年设县	和通苏木（民国）、和靖（民国）	和静
	尉犁 1898年设县	尉犁（汉）、什尼戛（汉）、昆齐（清）、（新平）	罗布淖尔（维语）
	若羌 1902年设县	婼羌（汉）、楼兰（汉）、鄯善（汉）、恰（卡）、克勒（里）克（清）	克勒（里）克（维语）
	焉耆 1913年设县	焉耆（汉）、唆里迷（宋）、喀喇（拉）沙尔（清）	喀喇（拉）沙尔（蒙语）
	和硕 1946年设县	和硕（民国）	和硕
	且末 1914年设县	且末（汉）、卡墙（清）、车尔臣（清）	车尔臣（突厥语）
	博湖 1970年设县		巴哈拉西（维语）
	轮台 1902年设县	轮台（汉）	布古尔（突厥语）
阿克苏地区	阿克苏 1913年设县 1983年改市	姑墨（汉）、亟墨（唐）、和墨（唐）、跋禄迦（唐）、阿克苏（清）	阿克苏（突厥语）
	温宿 1902年设县 1958年撤销 1962年恢复	温宿（清）	温宿
	拜城 1882年设县	赛里木（清）	巴依（突厥语）

附 录 一　新疆地名变迁表

续表

地　区	现　名	曾 用 名	少数民族的读音
	新和 1930年设县	托克苏（民国）、新和（民国）	托克苏（维语）
	库车 1913年设县	龟兹（汉）、苦先（元）、库车（清）	库恰（维语）
	乌什 1913年设县	温宿（汉）、温肃（唐）、于祝（唐）、吾曲（宋）、图尔璊（清）、乌什（清）	吾曲吐鲁番（维语）
	沙雅 1902年设县	沙雅（清） 沙合雅尔	沙雅尔（突厥语）
	阿瓦提 1930年设县	阿瓦提（民国）	阿瓦提（突厥语）
	柯坪 1930年设县	柯坪（清）	柯坪
克州	克孜勒苏		克孜勒苏（突厥语）
	阿图什 1942年设县	阿图什（清）	阿图什（突厥语）
	阿合奇 1944年设县	阿合奇（民国）	吾曲（柯尔克孜语）
	阿克陶 1955年设县		阿克陶（突厥语）
	乌恰 1938年设县	乌恰（民国）	乌鲁克恰提（突厥语）
喀什地区	喀什 1952年设市	疏勒（汉）、沙勒（晋）、竭石（魏）、佉沙（唐）、可失哈耳（元）、哈实哈儿（明）、喀什噶尔（清）	喀什噶尔（突厥语）
	疏附 1882年设县	疏附（清）	喀什噶尔阔纳协海尔（维语）
	疏勒 1913年设县	疏勒（汉）、沙勒（晋）、竭石（魏）、法沙（唐）、可夫哈尔（元）、哈实哈儿（明）、喀什噶尔（清）	
	伽师 1902年设县	迦师（唐）、伽师（清）	帕扎瓦特（维语）
	巴楚 1913年设县	尉头（汉）、蔚头（唐）、巴尔楚克（宋）、巴楚（清）	玛纳（拉）巴什（突厥语）、玛热勒巴什（突厥语）
	岳普湖 1943年设县	岳普湖（民国）	尧普尔（突厥语）
	英吉沙 1913年设县	英吉沙尔（清） 英吉沙（民国）	英吉沙尔（维语）
	莎车 1913年设县	莎车（汉）、雅儿看（元）、叶尔羌（明）	叶尔羌（维语）
	麦盖提 1922年设县	麦盖提（清）	麦盖提（维语）
	泽普 1921年设县	泽普（清）、坡斯坎（清）	坡斯坎（维语）
	叶城 1882年设县	西夜（汉）、于合（汉）、渠沙（魏）、悉居半（魏）、朱俱（魏）、沮渠（唐）、斫句迦（唐）、朱俱波（唐）、叶城（清）	喀赫勒克（维语）
	塔什库尔干 1913年设县 1954年改现名	浦犁（西汉）、德若（东汉）、满犁（魏）、羯盘陀（唐）、浦犁（清）	塔什库尔干（突厥语）

— 315 —

续表

地 区	现 名	曾 用 名	少数民族的读音
和田地区	和田 1913年设县 1983年设市	于阗（汉）、屈丹（唐）于遁（唐）、豁旦（唐）、斡端（元）、五端（元）、兀丹（元）、赫探（清）、和阗（清）	和田（突厥语）、瞿萨旦那（梵文）
	洛浦 1902年设县	洛浦（清）	洛浦
	策勒 1929年设县	策勒（清）	媲摩（古于阗语）
	于田 1882年设县	扜弥（汉）、于阗（清）	克里雅（维语）
	民丰 1946年设县	精绝（汉）、小宛（汉）、赛图拉（民国）、民丰（民国）	尼雅（维语）
	墨玉 1919年设县	墨玉（民国）	喀拉喀什（维语）
	皮山 1902年设县	皮山（汉）、蒲山（魏）	固玛（维语）

附录二 新疆新旧地名对照表

(限本卷所遇到的)

原地名	现地名	原地名	现地名
阿勒泰地区		精河土尔扈特东西两盟	在今精河县大河沿子、托里、芒丁等南部山区
阿山	阿勒泰市		
青河附近承化寺	阿勒泰市承化寺	**伊犁地区**	
阿勒泰布尔津冲呼庄	布尔津冲乎尔乡	伊宁团结公社	伊宁县温亚尔乡
布尔津高潮公社二队	布尔津县杜来提乡切格台村	伊犁屏克伯克	伊宁市克伯克圩圩孜乡
		塔尔奇沟	果子沟
额木齐斯河	额尔齐斯河	伊宁英塔木村	伊宁英塔木乡
塔城地区		伊宁银塔木村	伊宁县英塔木乡
和丰	和布克赛尔蒙古自治县	伊宁曲里海	伊宁曲鲁海乡
和什	和什托洛盖(和布克赛尔蒙古自治县)	绥定恩惠渠	霍城县湟渠
		宁西	察布查尔锡伯族自治县
察罕鄂博	额敏县察汗鄂博	伊宁胡鲁斯台	伊宁阿乌利亚乡
克来	托里县	伊宁阿拉甫	伊宁阿热博孜农场
裕民东风公社	裕民哈拉布拉镇	**伊犁地区**	
裕民五星公社三大队	裕民阿勒腾也木勒乡克孜勒布拉克村	特克斯一区	特克斯县城、阔布等地
		特克斯二区	特克斯县齐勒乌泽克乡
哈尔乌素夫	乌苏市	昭苏一区	昭苏县洪纳海乡
古尔图	乌苏(县)古尔图	昭苏第四人民公社	昭苏县察汗乌苏蒙古自治乡
安齐海	安集海(沙湾县)	昭苏二公社三大队	昭苏县阿克达拉克孜勒莫依纳克村
塔城克勒区加尔山	塔城喀拉加勒山		
博尔塔拉自治州		巩哈	尼勒克县
博乐乌图布拉克	博乐乌图布拉格镇	**昌吉自治州**	
博乐夏拉博河村	温泉县哈日布呼镇	绥来	玛纳斯县
博尔塔拉胜利公社3队	博乐室青得里乡郭林布呼村	乾德	米泉县
温泉前哨牧场	温泉县昆得仑牧场	孚远	吉木萨尔县
喀尔博户	温泉县哈日布户镇	景化	呼图壁县
温泉前进公社二大队	温泉县安格里格乡格得尔格村	大石头	木垒县大石头乡
		昌吉第三区	昌吉佃坝乡,大西渠乡
温泉前进公社3大队	温泉县安格里格乡格得尔格村	**乌鲁木齐市**	
		迪化市	乌鲁木齐市
温泉十月公社	温泉县哈尔布呼镇	**吐鲁番地区**	
温泉猛进公社4大队	温泉县查干屯格乡莫都停村	吐鲁番都护府哈喇和州	吐鲁番二堡乡
		哈必尔罕布拉克台	清代军台名,在吐鲁番市三个泉附近
温泉前进公社一大队	温泉安格里格乡巴特浩图呼尔		
		鄯善县洋海地方	善鄯县吐峪沟洋海村

原 地 名	现 地 名	原 地 名	现 地 名
阿拉惠河	阿拉沟（托克逊）	**喀什地区**	
哈密地区		喀什铁列克岭	现乌恰县以西喀什铁列克山口
哈密合迷（木）里	哈密市		
瞭墩	了墩	乞乞立克	塔什库尔干县其其力克达坂
镇西	巴里坤县		
奎素	巴里坤奎苏乡	乞乞立克	塔什库尔干县其其力克达坂
苏吉	巴里坤县萨尔乔克乡苏吉		
乍哺	巴里坤县下涝坝乡白山子庙（布尔汗苏）	浦犁	塔什库尔干自治县
		莎车哲察力忒山莎车唐盖塔儿	莎车西南部山区叶尔羌河以北
巴音郭楞自治州			
焉耆喀喇沙尔	焉耆县城	爱吉特虎台爱吉特台	莎车县艾力亚湖镇
阿克苏地区		莎车一公社21大队2小队	莎车米夏乡赫尼木艾日克
阿克苏五区	阿克苏市阿依库勒镇	玛喇巴什	巴楚县
拜城雅拉提	拜城县亚吐尔乡	玛札尔	巴楚恰尔巴克乡麻扎尔
拜城胡玛纳克	今温宿县库木艾日克河	玛喇尔巴什察巴克台；察巴克台	巴楚恰尔巴克乡
拜城牙提拉村	拜城县亚吐尔乡		
拜城克拉克·土拉	拜城察尔齐以东	巴楚通冈玛扎	巴楚玛扎阿拉迪村
拜城赛里木村	拜城赛里木镇	巴楚屈尔盖	巴楚曲许尔盖
温宿帕什塔什河	温宿库木艾日克河	岳普湖东方红公社	岳普湖县阿洪鲁库木乡
拜城老虎台公社3大队2小队	拜城老虎台乡美其特村	麦盖提孜那甫河	麦盖提孜那甫河
		伽师黑孜布庄河	伽师克孜勒博依乡
柯坪一公社	柯坪盖孜力克乡	伽师哈拉羊代克村	伽师喀拉央塔克
柯坪一公社5大队	柯坪盖孜力克乡盖孜力克村	伽师哈力克村	伽师哈力克
柯坪二公社	柯坪玉尔其乡	伽师哈第三村	伽师坎迪尔力克村
新和团结大队一小队	新和县渭干乡吾日勒克村	伽师三公社	伽师县卧里托格拉乡
沙雅六区塔哈里克庄	新和县玉奇喀特乡托格拉勒克拉勒克艾日克村一带；沙雅六区1940年划归新和县	伽师七公社	伽师县和夏阿瓦提乡
		伽师八公社	伽师县克孜勒苏乡
		伽师九公社	伽师县古勒鲁克乡
		和田地区	
乌什红旗公社	乌什阿克托海乡	和田第八区破甫那村	和田县朗如乡普甫那村
阿克苏地区		尼雅	民丰县
乌什前进公社	乌什依麻木乡	墨玉第七区	墨玉雅瓦乡、喀尔赛乡
乌什红旗公社	乌什阿克托海乡	墨玉第四区	墨玉奎牙乡
乌什大桥公社	乌什亚科瑞克乡	墨玉第五乡	墨玉普恰克其乡
克孜勒苏自治州		**其它**	
恰尔玛克	乌恰县恰尔马克河	斋桑	在哈萨克斯坦境内
喀什铁列克岭	乌恰县以西喀什铁列克山口	喀什弗尔干	弗尔干那弗尔干纳，在今吉尔吉斯境内

附录三　新疆生产建设兵团团场地址一览表

兵团团场番号	地　址
农一师师部	阿克苏市
农一师1团	阿克苏市西南70公里处的金银川镇
农一师2团	沙井子垦区，距阿克苏市83公里
农一师3团	阿克苏、阿瓦提、柯坪三县市交界处，距阿克苏市113公里，团部位于喀拉库勒镇
农一师4团	天山托木尔峰西南，距阿克苏105公里，团部位于英阿瓦提镇
农一师5团	天山支脉哈里克套山南麓，温宿县沙河镇
农一师6团	温宿县境内
农一师7团	距阿克苏市79公里，团部亦称玛滩镇
农一师8团	距阿克苏市85公里，团部驻地塔镇
农一师9团	地处塔克拉玛干沙漠北缘，紧靠塔里木河上游北岸，距阿克苏市120公里
农一师10团	塔里木河南岸，团部设在花桥镇
农一师11团	阿克苏市东南，团部设在花桥镇
农一师12团	阿克苏市东南，距阿克苏127公里，塔里木河南岸。已划入筹建中的阿拉尔市
农一师13团	位于塔里木河上游南岸，塔克拉玛干沙漠西北边缘冲积盆沿上，距阿克苏市155公里，团部位于幸福城镇
农一师14团	位于塔里木河上游南岸，塔克拉玛干沙漠北缘，距阿克苏市176公里
农一师15团	塔里木河上游南岸，距阿克苏市162公里
农一师16团	天山南麓，塔克拉玛干沙漠的北沿。距阿克苏市98里。团部位于新开岭镇
农二师师部	巴音郭楞自治州库尔勒市
农二师21团	巴音郭楞自治州焉耆县开来镇
农二师22团	巴音郭楞自治州和静县才吾库勒镇
农二师23团	巴音郭楞自治州和静县
农二师24团	巴音郭楞自治州和硕县
农二师25团	巴音郭楞自治州博湖县湖光镇
农二师26团	巴音郭楞自治州和硕县
农二师27团	巴音郭楞自治州焉耆县
农二师28团	巴音郭楞自治州库尔勒市郊
农二师29团	巴音郭楞自治州库尔勒市吾瓦镇
农二师30团	巴音郭楞自治州库尔勒市郊
农二师31团	巴音郭楞自治州尉犁县英库勒镇
农二师32团	巴音郭楞自治州尉犁县
农二师33团	巴音郭楞自治州尉犁县库尔木依镇
农二师34团	巴音郭楞自治州尉犁县

兵团团场番号	地址
农二师 35 团	巴音郭楞自治州尉犁县
农二师 36 团	巴音郭楞自治州若羌县米兰镇
农三师师部	喀什市
农三师 41 团	喀什疏勒县草湖镇
农三师 42 团	喀什岳普湖县莫尕勒镇
农三师 43 团	喀什麦盖提县棉丰镇
农三师 44 团	喀什巴楚县小海子垦区
农三师 45 团	喀什地区麦盖提县博塔依拉克镇
农三师 46 团	位于新疆喀什地区麦盖提县东南 16.5 公里处
农三师 48 团	喀什地区巴楚县
农三师 49 团	喀什巴楚县图木舒克市盖米里克镇
农三师 50 团	喀什巴楚县图木舒克市其盖麦旦镇
农三师 51 团	喀什巴楚县图木舒克市图木舒克镇
农三师 52 团	喀什巴楚县图木舒克市齐干却勒镇
农三师 53 团	地处叶尔羌河、喀什河的冲积平原
农三师伽师总场	喀什伽师县阿克其镇
农三师东风农场	喀什英吉沙县苏盖特镇
农三师红旗农场	克孜勒苏自治州阿图什市欧吐拉巴乡，团部驻上巴乡
农三师莎车农场	喀什莎车县伊什库力
农三师叶城牧场	喀什叶城县乌夏巴什镇约勒艾日克
农三师托云牧场	喀什乌恰县托云镇
农四师师部	伊宁市
农四师 61 团	霍城县霍城县阿力玛里镇
农四师 62 团	霍城县，团部驻地老霍城，原霍尔果斯县
农四师 63 团	霍城县，团部驻地榆树庄，北距霍尔果斯 3 公里
农四师 64 团	霍城县，团部驻地可克达拉镇，称小卡子
农四师 65 团	霍城县，团部驻地清水河镇
农四师 66 团	霍城县县，团部驻地界梁子
农四师 67 团	察布查尔县，团部驻地斐新哈莎
农四师 68 团	察布查尔县，团部驻地佛尕善
农四师 69 团	察布查尔县，团部驻地哈海
农四师 70 团	伊宁县，团部驻地谊群（愉群翁）回族乡西南
农四师 71 团	新源县，团部驻地阔斯乌特开勒镇
农四师 72 团	新源县，团部驻地肖尔布拉克镇
农四师 73 团	巩留县，团部驻地阔尔吉勒尕镇
农四师 74 团	昭苏县，团部驻地木扎尔特镇
农四师 75 团	昭苏县，团部驻地浩特浩尔镇虎头镇）
农四师 76 团	昭苏县，团部驻地吐尔根布拉克镇

附 录 三 新疆生产建设兵团团场地址一览表

兵团团场番号	地　址
农四师 77 团	昭苏县，团部驻地科克托别镇
农四师 78 团	特克斯县，团部驻地阿热勒镇曾名沿河镇
农四师 79 团	尼勒克县，团部驻地则库镇
农五师师部	博乐市
农五师 81 团	博乐市霍热镇
农五师 82 团	精河县夏日托热镇
农五师 83 团	精河县沙山子镇
农五师 84 团	博乐市托里镇
农五师 85 团	博乐市蒙古庙
农五师 86 团	博乐市青达拉镇
农五师 87 团	温泉县道拉达镇
农五师 88 团	东距博乐 89 公里
农五师 89 团	博乐市塔斯尔海镇
农五师 90 团	博乐市塔格特镇
农五师 91 团	精河县托托镇
农六师师部	位于五家渠市，距乌鲁木齐市市区 34 公里
农六师 101 团	距乌鲁木齐市区 45 公里
农六师 102 团	五家渠市梧桐窝子
农六师 103 团	米泉县蔡家湖
农六师 105 团	昌吉呼图壁县枣园
农六师 106 团	昌吉呼图壁县马桥
农六师 107 团	昌吉自治州吉木萨尔县
农六师 108 团	昌吉自治州奇台县
农六师 109 团	昌吉奇台县骆驼井镇
农六师 110 团	昌吉奇台县三十里大墩乡
农六师 111 团	昌吉呼图壁县头道湾镇
农六师芳草湖农场	昌吉呼图壁县正繁户镇
农六师新湖农场	昌吉玛纳斯县新湖镇
农六师军户农场	位于昌吉市境内西南方向，距昌吉市 25 公里
农六师奇台农场	昌吉奇台县四十里腰站
农六师红旗农场	昌吉吉木萨尔县四厂湖
农六师土墩子农场	昌吉阜康市土墩子
农六师北塔山牧场	昌吉奇台县库甫
农六师六运湖农场	昌吉回族自治州阜康市境内
农七师师部	奎屯市
农七师 123 团	乌苏县境内的车排子，距奎屯市 80 公里
农七师 124 团	乌苏县高泉镇
农七师 125 团	乌苏县柳沟镇

兵团团场番号	地址
农七师 126 团	乌苏县科克兰木镇
农七师 127 团	奎屯市以北 100 公里处的苏兴滩镇
农七师 128 团	位于奎屯市北,克拉玛依市以南,独克公路 61~84 公里处。乌苏县山镇
农七师 129 团	地处准噶尔盆地西南缘的奎屯河冲积平原
农七师 130 团	地处天山北麓准噶尔盆地西南边缘,乌苏县共青镇
农七师 131 团	奎屯市近郊
农七师 137 团	地处克拉玛依市及和布克赛尔蒙古自治县境内
农八师	石河子市
农八师 121 团	沙湾县下野地境内
农八师 122 团	沙湾县东野镇,下野地垦区
农八师 132 团	下野地垦区
农八师 133 团	下野地垦区
农八师 134 团	位于石河子市、克拉玛依和奎屯市交汇处,是下野地垦区中心团场
农八师 135 团	沙湾县沙门子镇,下野地垦区
农八师 136 团	克拉玛依市下野地垦区小拐镇
农八师 141 团	沙湾县安集海乡北端北野镇
农八师 142 团	沙湾县新安镇
农八师 143 团	地处天山北麓,准噶尔盆地南缘
农八师 144 团	沙湾县钟家庄镇
农八师石河子总场	石河子市郊
农八师 147 团	玛纳斯县十户滩
农八师 148 团	玛纳斯县西营镇
农八师 149 团	玛纳斯县东阜城镇
农八师 150 团	位于准噶尔盆地古尔班通古特大沙漠 70 公里处
农八师 151 团	石河子市紫泥泉镇
农八师 152 团	团部在石河子市区,各农业连队位于石河子市南郊
农八师大泉沟农场	石河子大泉沟
农九师师部	塔城额敏县朝阳区
农九师 161 团	位于塔城地区裕民县巴尔鲁克山西坡地段,裕民县哈拉布拉镇
农九师 162 团	塔城市西南叶尔盖提镇
农九师 163 团	塔城市西郊
农九师 164 团	塔城市乌拉斯台镇
农九师团结农场	额敏县城西 12 公里处
农九师 165 团	额敏县达因苏镇
农九师 166 团	额敏县锡伯特镇
农九师 167 团	额敏县克孜布拉克镇(麦海因)
农九师 168 团	额敏县乌什水镇
农九师 169 团	位于北疆塔额盆地沙拉依敏河与哈拉依敏河交汇点上游 7 公里处

附 录 三 新疆生产建设兵团团场地址一览表

兵团团场番号	地　　址
农九师 170 团	托里县庙尔沟镇
农十师	北屯市
农十师 181 团	北屯市里巴盖镇
农十师 182 团	福海县顶山镇
农十师 183 团	位于阿勒泰地区福海县东北部额尔齐斯河与乌伦古河之间的什巴堤二级阶地上。团部驻地双渠
农十师 184 团	地处塔城地区和布克赛尔蒙古自治县境内查干屯格
农十师 185 团	位于哈巴河县克孜乌雍克镇
农十师 186 团	吉木乃县老吉木乃
农十师 187 团	位于额尔齐斯河南岸的二级台地上，距北屯 18 公里
农十师 188 团	福海县海川镇
农十师 189 团	北屯市东郊
农十师 190 团	北屯镇望牧村
农十师青河农场	青河县青河城
第十二师（兵团乌鲁木齐农场管理局）	在乌鲁木齐市的西郊和南郊，呈鞍状环绕乌鲁木齐市
农十二师三坪农场	乌鲁木齐西郊三坪
农十二师五一农场	乌鲁木齐西郊下西营
西山农牧场	位于新疆乌鲁木齐市南郊 25 公里
农十二师 104 团	乌鲁木齐市西山路
农十二师头屯河农场	乌鲁木齐市郊头屯河区
农十二师养禽场	乌鲁木齐市新市区
农十二师 221 团	吐鲁番市交河西镇
农十三师（兵团哈密农场管理局）	位于新疆东部，镶嵌在哈密地区一市两县版图内，师部在哈密市
哈管局红星一场	位于新疆东大门哈密东部 7 公里处
哈管局红星三场	位于哈密市城郊 4 公里处
农十三师红星四场	哈密市巴里墩
哈管局红星一牧场	位于哈密地区巴里坤哈萨克自治县境内
农十三师红星二牧场	哈密市沁城乡骆驼圈镇
哈管局黄田农场	位于哈密以东二十公里处
哈管局火箭农场	位于哈密市西郊
哈管局红山农场	地处巴里坤高山盆地
柳树泉农场	位于哈密绿洲西北边缘
哈管局淖毛湖农场	位于哈密地区东北部
农十四师（兵团和田农场管理局）	师部和田市
农十四师 47 团	墨玉县夏尔德浪
农十四师皮山农场	地处和田地区皮山县境内
农十四师一牧场	策勒县巴什叶格

附录四　新疆降水等级划分标准

	雨（毫米）			雪（毫米）	
量级	12小时标准	24小时标准	量级	12小时标准	24小时标准
微雨	0.0～0.1	0.0～0.2	微雪	0.0～0.1	0.0～0.2
小雨	0.2～5.0	0.3～6.0	小雪	0.2～2.5	0.3～3.0
小到中雨	3.1～7.5	4.5～9.0	小到中雪	1.6～3.5	2.5～4.5
中雨	5.1～10.0	6.1～12.0	中雪	2.6～5.0	3.1～6.0
中到大雨	7.6～15.0	9.1～18.0	中到大雪	3.6～7.5	4.6～9.0
大雨	10.1～20.0	12.1～24.0	大雪	5.1～10.0	6.1～12.0
大到暴雨	15.1～30.0	18.1～36.0	大到暴雪	7.6～15.0	9.1～18.0
暴雨	20.1～40.0	24.1～48.0	暴雪	10.1～20.0	12.1～24.0
大暴雨	40.1～80.0	48.1～96.0	大暴雪	20.1～40.0	24.1～48.0
特大暴雨	>80.0	>96.0	特大暴雪	>40.0	>48.0

附录五　风级风速等级表

风力等级	名称	陆上地物征象	相当于平地10米高处的风速（米/秒）	
			范围	中数
0	无风	静、烟直上	0.0～0.2	0.0
1	软风	烟能表示风向，树叶略有摇动	0.3～1.5	1.0
2	轻风	人面感觉有风，树叶有微响，旗子开始飘动。高的草开始摇动	1.6～3.3	2.0
3	微风	树叶及小枝摇动不息，旗子展开。高的草，摇动不息	3.4～5.4	4.0
4	和风	能吹起地面灰尘和纸张，树枝动摇。高的草，呈波浪起伏	5.5～7.9	7.0
5	清劲风	有叶的小树摇摆，内陆的水面有小波。高的草，波浪起伏明显	8.0～10.7	9.0
6	强风	大树枝摇动，电线呼呼有声，撑伞困难。高的草，不时倾伏于地	10.8～13.8	12.0
7	疾风	全树摇动，大树枝弯下来，迎风步行感觉不便	13.9～17.1	16.0
8	大风	可折毁小树枝，人迎风前行感觉阻力甚大	17.2～20.7	19.0
9	烈风	草房遭受破坏，屋瓦被掀起，大树枝可折断	20.8～24.4	23.0
10	狂风	树木可被吹倒，一般建筑物遭破坏	24.5～28.4	26.0
11	暴风	大树可被吹倒，一般建筑物遭严重破坏	28.5～32.6	31.0
12	飓风	陆上少见，其摧毁力极大	32.7～36.9	34.8
13			37.0～41.4	39.2
14			41.5～46.1	43.8
15			46.2～50.9	48.6
16			51.0～56.0	53.5
17			56.1～61.2	58.7

附录六 本卷常用计量单位对照表

长度
1 千米（公里）= 2 市里　　　　1 市里 = 150 丈　　1 丈 = 10 尺　　1 米 = 3 尺
1 千米（公里）= 0.621 英里　　1 米 = 3.21 英尺　　1 千米（公里）= 0.540 海里

面积和地积
1 公顷 = 10000 平方米 = 100 公亩 = 15 市亩　　1 亩 = 60 平方丈 = 0.0667 公顷
1 市顷 = 100 市亩 = 6.6667 公顷

容积
1 石 = 10 斗 = 100 升

重量
1 千克（公斤）= 2 市斤　　1 吨 = 1000 千克（公斤）　　1 担 = 100 市斤 = 0.5 公担
1 普特 = 16.38 千克（公斤）这是俄国旧的重量单位

附录七 新疆气象局突发气象灾害预警信号及防御指南

在新疆区域内发布突发气象灾害预警信号,是指由有发布权的气象台站为有效防御和减轻突发气象灾害而向社会公众发布的警报信息图标。预警信号由名称、图标和含义三部分构成。

预警信号分为寒潮、暴雨、雪灾、大风、沙尘暴、霜冻、高温、大雾、冰雹、道路积冰、雷雨大风等十一类。

预警信号总体上分为四级(Ⅳ,Ⅲ,Ⅱ,Ⅰ级),按照灾害的严重性和紧急程度,颜色依次为蓝色、黄色、橙色和红色,同时以中英文标识,分别代表一般(Ⅳ)、较重(Ⅲ)、严重(Ⅱ)和特别严重(Ⅰ)。根据不同的灾种特征、预警能力等,确定不同灾种的预警分级及标准。

当同时出现或预报可能出现多种气象灾害时,可按照相对应的标准同时发布多种预警信号。

(一)寒潮预警信号
寒潮预警信号分三级,分别以蓝色、黄色、橙色表示。
1. 寒潮蓝色预警信号

图标:
含义:24小时内最低气温将要下降8℃以上,最低气温小于等于4℃,平均风力可达6级以上,或阵风7级以上,或已经下降8℃以上,最低气温小于等于4℃,平均风力达6级以上,或阵风7级以上,并可能持续。

防御指南:
1) 人员要注意添衣保暖,农作物应采取一定的防寒和防风措施;
2) 把门窗、围板、棚架、临时搭建物等易被大风吹动的搭建物固紧,妥善安置易受寒潮大风影响的室外物品;
3) 通知高空、水上等户外作业人员停止作业;
4) 要留意有关媒体报导大风降温的最新信息,以便采取进一步措施;
5) 在生产上做好对寒潮大风天气的防御准备。
2. 寒潮黄色预警信号

图标:
含义:24小时内最低气温将要下降10℃以上,最低气温小于等于4℃,平均风力可达

6级以上，或阵风7级以上，或已经下降10℃以上，最低气温小于等于4℃，平均风力达6级以上，或阵风7级以上，并可能持续。

防御指南：
1）做好人员（尤其是老弱病人）的防寒保暖和防风工作；
2）做好牲畜、家禽的防寒防风，对农作物采取防寒防风措施；
其它同寒潮蓝色预警信号。

3. 寒潮橙色预警信号

图标：
含义：24小时内最低气温将要下降12℃以上，最低气温小于等于0℃，平均风力可达7级以上或阵风风力可达8级以上，或已经下降12℃以上，最低气温小于等于0℃，平均风力达7级以上，或阵风8级以上，并可能持续。

防御指南：
1、加强人员（尤其是老弱病人）的防寒保暖和防风工作；
2、进一步做好牲畜、家禽的防寒保暖和防风工作；
3、农业、水产业、畜牧业等要积极采取防霜冻、冰冻和大风措施，尽量减少损失；
其它同寒潮黄色预警信号。

（二）暴雨预警信号
暴雨预警信号分四级，分别以蓝色、黄色、橙色、红色表示。

1. 暴雨蓝色预警信号

图标：
含义：24小时降雨量将达24.1毫米以上，或者已达24.1毫米以上且降雨可能持续。

防御指南：
1）家长、学生、学校要特别关注天气变化，采取防御措施；
2）收盖露天晾晒物品，相关单位做好低洼、易受淹地区的排水防涝工作；
3）水库做好水位监测。

2. 暴雨黄色预警信号

图标：
含义：12小时降雨量将达24.1毫米以上，或者已达24.1毫米以上且降雨可能持续。

防御指南：
1）城市道路、城市排水系统做好准备；
2）驾驶人员应注意道路积水和交通阻塞，确保安全；

3）低洼地带居民住房注意洪水侵袭；
4）水库做好水位监测和泄洪准备；
5）位于地质灾害易发区内的单位及住户，应时刻警惕，随时做好人员撤离准备。
其它同暴雨蓝色预警信号。

3. 暴雨橙色预警信号

图标：
含义：6小时降雨量将达24.1毫米以上，或者已达24.1毫米以上且降雨可能持续。
防御指南：
1）暂停在空旷地方的户外作业，尽可能停留在室内或者安全场所避雨；
2）相关应急处置部门和抢险单位加强值班，密切监视灾情，切断低洼地带有危险的室外电源，落实应对措施；
3）交通管理部门应对积水地区实行交通引导或管制；
4）转移危险地带以及危房居民到安全场所避雨；
其它同暴雨黄色预警信号。

4. 暴雨红色预警信号

图标：
含义：3小时降雨量将达24.1毫米以上，或者已达24.1毫米以上且降雨可能持续。
防御指南：
1）人员应留在安全处所，户外人员应立即到安全的地方暂避；
2）相关应急处置部门和抢险单位随时准备启动抢险应急方案；
3）已有上学学生和上班人员的学校、幼儿园以及其它有关单位应采取专门的保护措施，处于危险地带的单位应停课、停业，立即转移到安全的地方暂避；
其它同暴雨橙色预警信号。

（三）雪灾预警信号
雪灾预警信号分四级，分别以蓝色、黄色、橙色、红色表示。

1. 雪灾蓝色预警信号

图标：
含义：24小时内可能出现对交通或牧业有影响的降雪。
防御指南：
1）相关部门做好防雪准备，采取防御措施；
2）交通部门做好道路融雪准备，户外活动注意防滑，驾驶人员放慢行车速度，注意交通安全。

2. 雪灾黄色预警信号

图标：

含义：12小时内可能出现对交通或牧业有影响的降雪。

防御指南：

1）农牧区要备好粮草；

2）必要时关闭高速公路；

3）驾驶人员要小心驾驶，保证安全；

其它同雪灾蓝色预警信号。

3. 雪灾橙色预警信号

图标：

含义：6小时内可能出现对交通或牧业有较大影响的降雪，或者已经出现对交通或牧业有较大影响的降雪并可能持续。

防御指南：

1）相关部门做好道路清扫和积雪融化工作；

2）驾驶人员要小心驾驶，保证安全；

3）将野外牲畜赶到圈里喂养；

其它同雪灾黄色预警信号。

4. 雪灾红色预警信号

图标：

含义：2小时内可能出现对交通或牧业有很大影响的降雪，或者已经出现对交通或牧业有很大影响的降雪并可能持续。

防御指南：

1）必要时关闭道路交通；

2）相关应急处置部门随时准备启动应急方案；

3）做好对牧区的救灾救济工作；

其它同雪灾橙色预警信号。

（四）大风预警信号

大风预警信号分四级，分别以蓝色、黄色、橙色、红色表示。

附 录 七 新疆气象局突发气象灾害预警信号及防御指南

1. 大风蓝色预警信号（风口地区除外）

图标：

含义：24小时内可能受大风影响，平均风力可达6级以上，或阵风7级以上；或者已经受大风影响，平均风力为6～7级，或阵风7～8级并可能持续。

防御指南：

1）做好防风准备；

2）注意有关媒体报导的大风最新消息和有关防风通知；

3）把门窗、围板、棚架、临时搭建物等易被风吹动的搭建物固紧，妥善安置易受大风影响的室外物品。

2. 大风黄色预警信号

图标：

含义：12小时内可能受大风影响，平均风力可达8级以上，或阵风9级以上；或者已经受大风影响，平均风力为8～9级，或阵风9～10级并可能持续。

防御指南：

1）进入防风状态，建议幼儿园、托儿所停课；

2）关紧门窗，危险地带和危房居民以及船舶应到避风场所避风，通知高空、水上等户外作业人员停止作业；

3）切断霓虹灯招牌及危险的室外电源；

4）停止露天集体活动，立即疏散人员；

其它同大风蓝色预警信号。

3. 大风橙色预警信号

图标：

含义：6小时内可能受大风影响，平均风力可达10级以上，或阵风11级以上；或者已经受大风影响，平均风力为10～11级，或阵风11～12级并可能持续。

防御指南：

1）进入紧急防风状态，建议中小学停课；

2）居民切勿随意外出，确保老人小孩留在家中最安全的地方；

3）相关应急处置部门和抢险单位加强值班，密切监视灾情，落实应对措施；

其它同大风黄色预警信号。

4. 大风红色预警信号

图标：

含义：6小时内可能出现平均风力达12级以上的大风，或者已经出现平均风力达12级以上的大风并可能持续。

防御指南：

1）进入特别紧急防风状态，建议停业、停课（除特殊行业）；

2）人员应尽可能呆在防风安全的地方，相关应急处置部门和抢险单位随时准备启动抢险应急方案；

其它同大风橙色预警信号。

（五）沙尘暴预警信号

沙尘暴预警信号分三级，分别以黄色、橙色、红色表示。

1. 沙尘暴黄色预警信号

图标：

含义：24小时内可能出现沙尘暴天气（能见度小于1000米）或者已经出现沙尘暴天气并可能持续。

防御指南：

1）做好防风防沙准备，及时关闭门窗；

2）注意携带口罩、纱巾等防尘用品，以免沙尘对眼睛和呼吸道造成损伤；做好精密仪器的密封工作；

3）把围板、棚架、临时搭建物等易被风吹动的搭建物固紧，妥善安置易受沙尘暴影响的室外物品。

2. 强沙尘暴橙色预警信号

图标：

含义：12小时内可能出现强沙尘暴天气（能见度小于500米），或者已经出现强沙尘暴天气并可能持续。

防御指南：

1）用纱巾蒙住头防御风沙的行人要保证有良好的视线，注意交通安全；

2）注意尽量少骑自行车，刮风时不要在广告牌、临时搭建物和老树下逗留；驾驶人员注意沙尘暴变化，小心驾驶；

3）机场、高速公路注意交通安全；

4）各类机动交通工具采取有效措施保障安全；

其它同沙尘暴黄色预警信号。

3. 特强沙尘暴红色预警信号

图标：

含义：6小时内可能出现特强沙尘暴天气（能见度小于50米），或者已经出现特强沙尘暴天气并可能持续。

防御指南：

1）人员应当呆在防风安全的地方，不要在户外活动；推迟上学或放学，直至特强沙尘暴结束；

2）相关应急处置部门和抢险单位随时准备启动抢险应急方案；

3）受特强沙尘暴影响地区的机场暂停飞机起降，高速公路封闭或者停航；

其它同沙尘暴橙色预警信号。

（六）霜冻

霜冻预警信号分三级，分别以黄色、橙色、红色表示。

1. 霜冻黄色预警信号

图标：

含义：48小时内最低气温降至0～2℃以下（轻度霜冻）。

防御指南：

1）轻度霜冻出现前不要从塑料大棚或温室中往外移栽菜（瓜）苗、花卉等，做好塑料大棚和温室的保温覆盖；

2）对已经移栽和出苗的瓜、菜苗，在轻霜来临前用麦草、纸筒、粪土、草木灰、塑料薄膜等进行覆盖；

3）春季，对大面积的农田，根据各自条件的不同可采用霜冻出现前一天给农田灌水、最低温度出现前点燃准备好的烟幕剂和发烟柴草以及实施喷灌等措施防霜冻。秋季，抓紧抢收将要遭受霜冻危害的作物；

4）还未播种的作物要调整适播期，并及早铺膜提高地温。

2. 霜冻橙色预警信号

图标：

含义：48小时内最低气温降至0℃以下、-2℃以上（中度霜冻）。

防御指南：

1）霜冻出现前不要从塑料大棚或温室中往外移栽菜（瓜）苗、花卉等，做好塑料大棚和温室的保温覆盖。

2) 还未播种的作物要调整适播期躲过霜冻的危害;
3) 准备一定量的农作物种子,以备重播和补种之用;
其它同霜冻黄色预警信号。

3. 霜冻红色预警信号

图标:

含义:24小时内最低气温降至－2℃以下(严重霜冻)

防御指南:

1) 不要从塑料大棚或温室中往外移栽菜(瓜)苗、花卉等,做好塑料大棚和温室的保温覆盖;
2) 根据已出苗的农作物面积情况,准备大量的农作物种子,以备重播和补种之用;
其它同霜冻橙色预警信号。

(七)高温预警信号

高温预警信号分二级,分别以橙色、红色表示。

1. 高温橙色预警信号

图标:

含义:24小时内最高气温将要升至37℃以上(吐、善、托盆地40℃以上)。

防御指南:

1) 尽量避免午后高温时段的户外活动,对老、弱、病、幼人群提供防暑降温指导,并采取必要的防护措施;
2) 有关部门应注意防范因用电量过高,电线、变压器等电力设备负载大而引发火灾;
3) 户外或者高温条件下的作业人员应当采取必要的防护措施;
4) 注意作息时间,保证睡眠,必要时准备一些常用的防暑降温药品;
5) 媒体应加强防暑降温保健知识的宣传,各相关部门、单位落实防暑降温保障措施。

2. 高温红色预警信号

图标:

含义:24小时内最高气温将要升到40℃以上(吐、善、托盆地45℃以上)。

防御指南:

1) 注意防暑降温,白天尽量减少户外活动;
2) 有关部门要特别注意防火;
3) 建议停止户外露天作业;
其它同高温橙色预警信号。

（八）大雾预警信号

大雾预警信号分三级，分别以黄色、橙色、红色表示。

1. 大雾黄色预警信号

图标：

含义：12 小时内可能出现能见度小于 500 米的浓雾，或者已经出现能见度小于 500 米、大于等于 200 米的浓雾且可能持续。

防御指南：

1）驾驶人员注意浓雾变化，小心驾驶；

2）机场、高速公路注意交通安全。

2. 大雾橙色预警信号

图标：

含义：6 小时内可能出现能见度小于 200 米的浓雾，或者已经出现能见度小于 200 米、大于等于 50 米的浓雾且可能持续。

防御指南：

1）浓雾使空气质量明显降低，居民需适当防护；

2）由于能见度较低，驾驶人员应控制速度，确保安全；

3）机场、高速公路采取措施，保障交通安全。

3. 大雾红色预警信号

图标：

含义：2 小时内可能出现能见度低于 50 米的强浓雾，或者已经出现能见度低于 50 米的强浓雾且可能持续。

防御指南：

1）受强浓雾影响地区的机场暂停飞机起降，高速公路暂时封闭或者停航；

2）各类机动交通工具采取有效措施保障安全。

（九）冰雹预警信号

冰雹预警信号分二级，分别以橙色、红色表示。

1. 冰雹橙色预警信号

图标：

含义：6小时内可能出现冰雹伴随雷电天气，并可能造成雹灾。
防御指南：
1）注意天气变化，做好防雹和防雷电准备；
2）妥善安置易受冰雹影响的室外物品、小汽车等；
3）老人、小孩不要外出，留在家中；
4）将家禽、牲畜等赶到带有顶篷的安全场所；
5）不要进入孤立的棚屋、岗亭等建筑物或大树底下，出现雷电时应当关闭手机；
6）做好人工消雹的作业准备并伺机进行人工消雹作业。

2. 冰雹红色预警信号

图标：
含义：2小时内出现冰雹伴随雷电天气的可能性极大，并可能造成重雹灾。
防御指南：
1）户外行人立即到安全的地方暂避；
2）相关应急处置部门和抢险单位随时准备启动抢险应急方案；
其它同冰雹橙色预警信号。

（十）道路结冰预警信号

道路结冰预警信号分四级，分别以蓝色、黄色、橙色、红色表示。

1. 道路结冰蓝色预警信号

图标：
含义：24小时内可能出现对交通有影响的道路结冰。
防御指南：
1）老人、小学生出门注意安全；
2）有关部门采取有效措施。

2. 道路结冰黄色预警信号

图标：
含义：12小时内可能出现对交通有影响的道路结冰。
防御指南：
1）交通、公安等部门要做好应对准备工作；
2）驾驶人员应注意路况，安全行驶。
其它同道路结冰蓝色预警信号。

3. 道路结冰橙色预警信号

图标：

含义：6 小时内可能出现对交通有较大影响的道路结冰。

防御指南：

1）行人出门注意防滑；

2）公安等部门注意指挥和疏导行驶车辆；

3）驾驶人员应采取防滑措施，听从指挥，慢速行驶；

其它同道路结冰黄色预警信号。

4. 道路结冰红色预警信号

图标：

含义：2 小时内可能出现或者已经出现对交通有很大影响的道路结冰。

防御指南：

1）相关应急处置部门随时准备启动应急方案；

2）必要时关闭结冰道路交通；

其它同道路结冰橙色预警信号。

（十一）雷雨大风预警信号

雷雨大风预警信号分四级，分别以蓝色、黄色、橙色、红色表示。

1. 雷雨大风蓝色预警信号

图标：

含义：6 小时内可能受雷雨大风影响，平均风力可达到 6 级以上，或阵风 7 级以上并伴有雷电；或者已经受雷雨大风影响，平均风力已达到 6~7 级，或阵风 7~8 级并伴有雷电，且可能持续。

防御指南：

1）做好防风、防雷电准备；

2）注意有关媒体报导的雷雨大风最新消息和有关防风通知，学生停留在安全地方；

3）把门窗、围板、棚架、临时搭建物等易被风吹动的搭建物固紧，人员应当尽快离开临时搭建物，妥善安置易受雷雨大风影响的室外物品。

2. 雷雨大风黄色预警信号

图标：

含义：6小时内可能受雷雨大风影响，平均风力可达8级以上，或阵风9级以上并伴有强雷电；或者已经受雷雨大风影响，平均风力达8～9级，或阵风9～10级并伴有强雷电，且可能持续。

防御指南：

1）妥善保管易受雷击的贵重电器设备，断电后放到安全的地方；

2）危险地带和危房居民，以及船舶应到避风场所避风，千万不要在树下、电杆下、塔吊下避雨，出现雷电时应当关闭手机；

3）切断霓虹灯招牌及危险的室外电源；

4）停止露天集体活动，立即疏散人员；

5）高空、水上等户外作业人员停止作业，危险地带人员撤离；

其它同雷雨大风蓝色预警信号。

3. 雷雨大风橙色预警信号

图标：

含义：2小时内可能受雷雨大风影响，平均风力可达10级以上，或阵风11级以上，并伴有强雷电；或者已经受雷雨大风影响，平均风力为10～11级，或阵风11～12级并伴有强雷电，且可能持续。

防御指南：

1）人员切勿外出，确保留在最安全的地方；

2）相关应急处置部门和抢险单位随时准备启动抢险应急方案；

其它同雷雨大风黄色预警信号。

4. 雷雨大风红色预警信号

图标：

含义：2小时内可能受雷雨大风影响，平均风力可达12级以上并伴有强雷电；或者已经受雷雨大风影响，平均风力为12以上并伴有强雷电，且可能持续。

防御指南：

1）进入特别紧急防风状态；

2）相关应急处置部门和抢险单位随时准备启动抢险应急方案；

其它同雷雨大风橙色预警信号。

主要参考文献

[1] 新疆通志气象卷编纂委员会．1996．新疆通志气象卷．乌鲁木齐：新疆人民出版社
[2] 朱令人．新疆减灾四十年．1993．乌鲁木齐：新疆人民出版社
[3] 刘 星．新疆灾荒史．1999．乌鲁木齐：新疆人民出版社
[4] 张家宝．史玉光．新疆气候变化及短期气候预测研究．2002．北京：气象出版社
[5] 编写组．新疆短期天气预报指导手册．1986．乌鲁木齐：新疆人民出版社
[6] 郑维，林修碧．新疆棉花生产与气象．1992．乌鲁木齐：新疆科技卫生出版社
[7] 浙江农业大学．农业昆虫学．1982．上海：上海科学技术出版社
[8] 徐德源．新疆农业气候资源及区划．1989．北京：气象出版社
[9] 李江风．新疆气候．1991．北京：气象出版社

编 后 记

《中国气象灾害大典·新疆卷》是《中国气象灾害大典》的组成部分，是全面反映新疆维吾尔自治区气象灾害史的一部典籍。新疆气象局非常重视此项工作，成立了分卷编委会，由新疆气象局局长史玉光任编委会主任。

丰富的灾情资料是大典的基础。但是新疆幅员辽阔，又是少数民族地区，由于种种原因，过去对灾情资料的记录和保存非常有限。为了尽可能保证本卷资料的详实、完整，我们此次首先与地方志编委会合作，从农业厅、畜牧厅、民政厅等部门收集了部分灾情资料，并组织人员到新疆档案馆查找、摘录了1950—1992年的有关灾情资料，在此基础上，组织全疆15个地州气象局的人员从各地县收集、补充了大量的灾情资料，对灾害年表进行了充实。先后参加这项工作的人员达40人之多。虽然我们力求把所有的气象灾害完整、全面、客观地记载下来，但是由于历史的原因，新疆解放以前的资料十分贫乏，收集起来很困难。解放之后，虽然政府比较强调档案的重要性和完整性，但是事物总是有一个发展过程，而且文化大革命时期（1966—1976年）灾情资料的收集、保存工作再次遭到破坏，给编撰工作带来了极大的麻烦。直到1980年以后，灾情资料才逐渐增多，但仍存在很多问题，特别是灾害损失的评估人为因素还比较大；各个地区灾情的收集范围和完整程度也不尽相同，因此在使用时是要注意的。

本书通过对大量的资料加工、提炼、评估，去粗取精、去伪存真，并参考了大量科研成果，按照2002年6月太原会议确定的《大典》资料编纂加工细则编写而成。包括干旱、寒潮、雪灾、霜冻、冻害、低温冷害、风灾、洪水、冰雹、病虫害、雷击、雾、碱害、雨凇和雾凇及森林和草原火灾等15个灾种。本书于2003年2月形成初稿，在对初稿进行反复修改的基础上，于2003年11月完成送审稿，并上报中国气象局《大典》编委会。

史玉光、任宜勇对本书的编写作了全面指导，陈洪武对全书的编写作了精心安排，在成书后，又对全书进行了审定。王秋香负责对所有资料进行筛选和对灾害年表的校核，季元中负责全书的统稿。自治区15个地州气象局和新疆环境气象中心的有关人员也参加了部分资料的收集工作。

本灾害大典因时间跨度长，资料收集难度大，错误和不妥之处在所难免，敬请读者批评指正。

本书在编写过程中，始终得到了中国气象局和新疆气象局领导的亲切关心和大力支持，15个地州气象局领导、地方志编委会以及农业厅、畜牧厅、民政厅等部门的大力支持，在此一并致谢。

《中国气象灾害大典·新疆卷》编委会
2006年2月18日